高校土木工程专业规划教材

建筑结构设计软件 PKPM2010 应用与实例

张晓杰　主编

中国建筑工业出版社

图书在版编目（CIP）数据

建筑结构设计软件 PKPM2010 应用与实例/张晓杰主编.
北京：中国建筑工业出版社，2013.9
高校土木工程专业规划教材
ISBN 978-7-112-15615-3

Ⅰ.①建… Ⅱ.①张… Ⅲ.①建筑结构-结构设计-计算机辅助设计-应用软件 Ⅳ.①TU318-39

中国版本图书馆 CIP 数据核字（2013）第 162051 号

作者根据长期从事 CAD 教学及工程实践的经验体会，结合 PKPM2010（V1.3）版本，在本书编写过程中，采用规范条文、设计方法、软件操作和设计实例四条主线同时推进，设计原理和 PKPM 操作二个层面顺序展开的写作思路，实现了由简至全、由易到难、方法与应用并举，操作与实例同存的写作初衷。本书采用了活泼多样的体例形式，内容条理性层次性十分明显。全书共分建筑结构 CAD 基本知识、PKPM 软件简介、结构建模方法及 PMCAD 应用、混凝土结构的复杂建模问题、PKPM 结构分析模块的选择、用 PK 进行排架设计示例、SATWE 软件分析混凝土结构、PMSAP 软件基本功能介绍、结构弹性动力时程分析、绘制结构施工图、JCCAD 应用及基础设计实例共 11 章。

本书可作为高等院校土木工程专业 CAD 课程教材及研究生课外读物，也可作为初中级建筑结构设计人员的设计参考书。

* * *

责任编辑：牛　松
责任设计：张　虹
责任校对：姜小莲　党　蕾

高校土木工程专业规划教材
建筑结构设计软件 PKPM2010 应用与实例
张晓杰　主编
*
中国建筑工业出版社出版、发行（北京西郊百万庄）
各地新华书店、建筑书店经销
霸州市顺浩图文科技发展有限公司制版
北京建筑工业印刷厂印刷
*
开本：787×1092 毫米　1/16　印张：29¼　字数：710 千字
2014 年 4 月第一版　2020 年 9 月第七次印刷
定价：**55.00** 元
ISBN 978-7-112-15615-3
（24244）

前　　言

PKPM软件是目前国内应用最广、用户最多、功能最强大的建筑结构CAD软件系统之一，PKPM2010（V1. 3）是PKPM于2012年6月30日推出的执行所有新编设计规范的版本。

本书依照PKPM软件操作顺序，通过一个贯穿全书的坡屋面多层框架结构设计实例，对钢筋混凝土框架结构CAD的基本方法和相关概念进行了详细论述，并把相关设计规范条文应用融入设计方法、软件操作和设计实例中。采用组织结构图方式介绍较复杂的PKPM操作和设计过程，使读者能更加直观地了解PKPM的操作。全书共分11章。

在建模操作相关章节，详细论述了以建筑条件图作为参考底图的轴网、构件及荷载输入方法，讨论了建立网格时的力学关系与结构模型的协调性问题、标准层划分原则、主次梁设置及相应的设计方法，叙述了虚梁、虚板、虚柱及刚性杆应用，叙述了柱、异形柱、短肢墙、框支墙、剪力墙、深梁、深受弯梁、浅梁、连梁、设缝连梁等诸多构件类型的概念及应用，叙述了荷载统计、普通风荷载、特殊风荷载及荷载等效的方法、楼梯与主体结构关系处理、错层和结构下沉、坡屋顶设计方法等诸多概念和建模方法。

在结构分析软件相关章节，在论述了结构分析模型的选择原则及PK、SATWE、PMSAP及弹性动力时程分析等软件的基本功能之后，叙述了各种软件的主要设计参数的基本含义及选取方法，并讲解了如何通过SATWE输出结果对所设计的结构进行评价，判断结构各项指标是否满足规范要求，如何进行结构弹性动力时程分析，如何用PMSAP创建复杂大空间组合结构设计模型以及对“病态”结构进行修改的方法。

在绘制建筑结构施工图相关章节，介绍了图纸的基本组成及表达深度，在讲解了梁柱墙施工图的不同表达方式之后，重点叙述了平法施工图的绘制过程及操作。

在基础设计相关章节，详细讲解了JCCAD用于独立基础、交叉梁基础、承台桩基础和阀板基础的设计操作、计算和绘图功能。

本书由山东建筑大学张晓杰编著，参加本书编写工作的还有王中心、杨文、赵全斌、张岩、刘强。中国建筑科学研究院的金新阳研究员、济南大学的徐新生教授以及山东省城镇建筑设计院的辛崇东院长对本书的写作提出了十分珍贵的建议和意见，殷守统、陈如、武晓军、赵庆邦对本书最后书稿进行了校对，在此表示深深的谢意。

限于作者水平，书中难免有不妥之处，恳请读者批评指正。

目　录

第1章 建筑结构CAD基本知识

学习目标

建筑结构CAD的五个基本内容

结构分析结果的评价方法

人为错误和软件BUG的甄别

CAD软件的选用原则

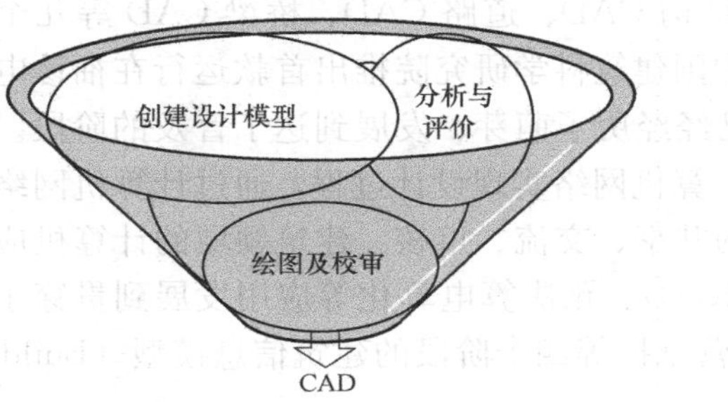
创建设计模型
分析与
评价
绘图及校审
CAD

建筑结构CAD包括创建设计模型、分析计算及对分析结果进行评价、绘制施工图纸及图纸校审三个主要内容。

建筑结构CAD过程中的建模、分析与评价、绘图与校审是三个既彼此独立又存在密切关联的三个过程。

学习CAD分为三个层面

入门层面：熟悉建筑结构CAD软件各个模块的功能及关系，会使用CAD常用模块进行建模、分析、绘图。

见习工程师层面：了解规范重要条目，熟悉常遇结构的设计方法，掌握软件的操作方法及技巧，能绘制基本合格的施工图纸。

工程师层面：熟悉设计规范条目，有应对较复杂结构设计的知识和经验，能正确对设计结果进行分析、评价并绘制合格的建筑施工图纸。

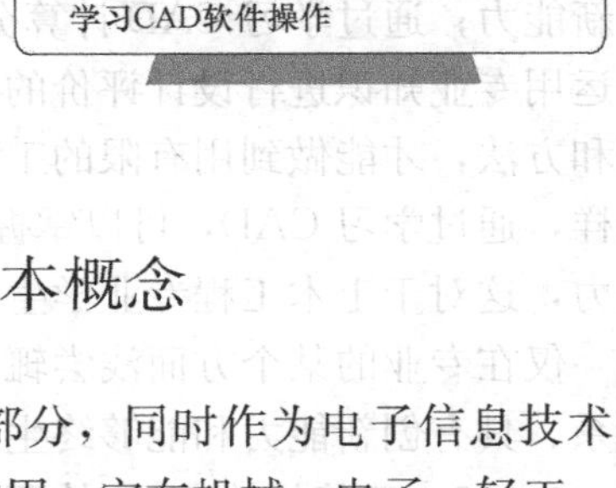
熟知设计规范，用力学和工程思维处理复杂工程问题
学习建模、分析的基本方法，熟悉常用图纸表达方式，了解各类图纸表达深度
掌握CAD软件各模块间的衔接关系，学习CAD软件操作

1.1 建筑结构CAD的基本概念

计算机辅助设计（CAD）技术是现代设计方法的一部分，同时作为电子信息技术的一个重要组成部分，在现今的知识经济时代起着重要的作用。它在机械、电子、轻工、航空航天、汽车制造、建筑等行业的产品设计中都有广泛的应用。

1.1.1 什么是CAD

建筑结构CAD是设计师借助CAD软件，在计算机上进行建模、分析、绘图的过程，是计算机机器特点和设计师人文特征高度和谐统一的过程。单独利用计算机进行图形绘制与编辑或单独利用计算机进行数值分析计算都仅仅是 CAD 的一个部分。在使用 CAD 过程中，设计人员的专业技能、人文特征始终占据主导地位，同样一款 CAD 软件，同样一个设计对象，不同水平的设计师会设计出不同技术经济指标、不同文化美学特征的产品。创建设计模型、对设计模型进行分析以及对分析结果进行评价、绘制施工图纸及图纸校审是建筑结构 CAD 的三个基本内容。

在 CAD 发展过程中，国内的 CAD 研发工作者研发了许多实用有效的 CAD 软件，出现在用户视野的有 TUS、Strat、MTTCAD、TBSA、TB、ABD、HOUSE、BICAD、TArch、GSCAD、PKPM、Revit、YJK 等等，在此对曾经为我国 CAD 发展作出贡献的各种软件的研发人员致以崇高敬意。多少年的沧桑浮沉，有的软件已经消弭于历史之中，有的软件生命力依旧旺盛且昌盛不衰。在建筑结构 CAD 领域，国内目前应用最为普遍的软件是由中国建筑科学研究院开发的大型建筑工程综合 CAD 系统 PKPM。

对土木工程专业而言，CAD 包括建筑结构 CAD、道路 CAD、桥梁 CAD 等几个方面。建筑结构 CAD 从 20 世纪 80 年代，以中国建筑科学研究院推出首款运行在袖珍电脑 PC1500 的框架分析程序 PK 为始端，至今已经经历了萌芽、发展到达了普及的阶段。目前 CAD 设计过程已由一人一机发展到通过计算机网络实现设计过程，通过计算机网络或 CAD 软件本身的工程数据库实现设计数据的共享、交流、审核。建筑领域的计算机应用已经从单一的建筑设计 CAD、项目管理（R&D）、预决算电算化等应用发展到贯穿于建筑物全生命期的规划、勘察设计、施工和运营维护等四个阶段的建筑信息模型（Building Information Model，BIM）阶段。

1.1.2 CAD 的意义和作用

与施工项目管理、预决算、电算化一样，CAD 是建筑行业计算机应用的一个重要方面。CAD 技术不仅提高了设计的效率和质量、缩短了设计周期、改变了设计活动的粗放型生产方式，而且给设计方法、设计理念、设计思维带来了变革，使得设计师可以借助计算机和 CAD 软件设计出功能更加复杂、形式更加多样的建筑产品。同时 CAD 的普遍应用，也改变了现代的教育方式，了解和掌握 CAD 技术是从业者必须具有的一项技能。

对于初学者而言，通过学习 CAD 软件的基本操作，可以初步具有利用计算机进行结构设计的操作能力；通过学习 CAD 的基本方法，可以初步具有处理复杂工程设计问题的创新能力；通过学习 CAD 计算分析结果的评价和图纸校审的基本技巧，可以初步具有综合运用专业知识进行设计评价的思辨能力。只有了解并切实掌握建筑结构 CAD 的基本原理和方法，才能做到用有限的工程投资建造出经济技术指标和人文价值更高的建筑产品。同样，通过学习 CAD，可以掌握图纸的合理表达方式和表达深度，提高对工程图的读识能力，这对于土木工程专业学生也是十分重要的。

仅在专业的某个方面浅尝辄止，只能成为高级工匠和高级瓦匠。拥有系统的专业知识体系、具有创新能力和能够终生学习，是走向大师和大家所必须具备的学识条件。

1.1.3 建筑结构 CAD 的两个工作循环

建筑结构施工图设计阶段包括创建设计模型、对设计模型进行分析以及对分析结果进行评价、绘制施工图纸及图纸校审五个基本内容。创建设计模型、对设计模型进行分析与评价、绘图与校审间既彼此独立又存在密切关联，它们之间的关系如图 1-1 所示。

从图 1-1 可以看到，建筑结构 CAD 过程是由两层循环过程组成。首先进行的工作是创建结构设计模型，选用合适的结构分析软件或模块进行结构分析设计，之后再对分析设计结果进行评价，依据评价结果，确定是返回结构建模软件修改模型还是紧接进行图纸绘制工作。这个过程构成了 CAD 过程的第一层循环。

当第二层循环的施工图绘制工作结束，还要对图纸进行校审，进一步研判结构模型是否需要修改，如要修改结构模型，则从第二层循环退回到第一层循环，如果图纸校审通过，则整个 CAD 设计过程宣告完毕。

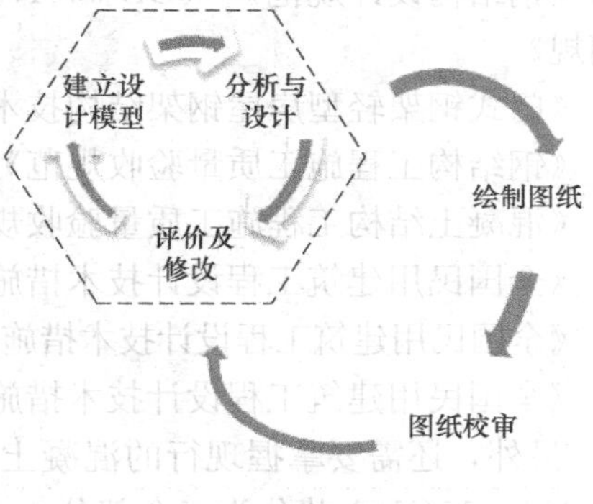

图 1-1　CAD 各关键环节间的关系——两个工作循环

1.2　建筑结构 CAD 的关键环节

在前面一节，我们已经知道结构施工图设计阶段包括创建设计模型、对设计模型进行分析以及对分析结果进行评价、绘制施工图纸及图纸校审等五个基本内容。

1.2.1　建筑结构 CAD 的基本内容

要成为一个优秀的设计师，不仅需要渊博的专业知识，熟练掌握 CAD 软件的操作技巧，还需要进行大量的设计实践。只有进行大量的练习，才能在学习中掌握 CAD 方法。在学习 CAD 的具体操作方法和原理之前，首先让我们了解一下 CAD 的基本过程及内容。

1. 熟悉建筑结构设计所需的规范、规程和标准，它们是结构设计的依据

在进行建筑结构设计时，应了解和掌握的基本规范、规程有：

《建筑制图标准》(GB/T 50104—2010)，后文简称《制图标准》

《建筑结构制图标准》(GB/T 50105—2010)，后文简称《结构制图标准》

《建筑结构可靠度设计统一标准》(GB 50068—2001)，后文简称《可靠度标准》

《混凝土结构设计规范》(GB 50010—2010)，后文简称《混凝土规》

《建筑工程抗震设防分类标准》(GB 50223—2008)，后文简称《分类标准》

《建筑抗震设计规范》(GB 50011—2010)，后文简称《抗规》

《混凝土结构异形柱技术规程》(JGJ 149—2006)，后文简称《异规》

《高层建筑混凝土结构技术规程》(JGJ 3—2010)，后文简称《高规》

《建筑地基基础设计规范》(GB 50007—2011)，后文简称《地基规范》

《建筑桩基技术规范》(JGJ 94—2008)，后文简称《桩规》

《建筑地基处理技术规范》(JGJ 79—2012)

《建筑地基基础工程施工质量验收规范》(GB 50202—2009)

《建筑结构荷载规范》(GB 50009—2012)，后文简称《荷载规范》

《砌体结构设计规范》(GB 50003—2011)，后文简称《砌体规范》

《砌体工程施工质量验收规范》(GB 50203—2011)

《钢结构设计规范》（GB 50017）（2011 年已发布新规范征求意见稿），后文简称《钢规》

《门式钢架轻型房屋钢架结构技术规程》（CECS102），后文简称《门规》

《钢结构工程施工质量验收规范》（GB 50205）

《混凝土结构工程施工质量验收规范》（GB 50204）

《全国民用建筑工程设计技术措施》（结构体系）（2009），后文简称《措施（结构）》

《全国民用建筑工程设计技术措施》（混凝土结构）（2009），后文简称《措施（混凝土）》

《全国民用建筑工程设计技术措施》（地基与基础）（2009），后文简称《措施（基础）》

另外，还需要掌握现行的混凝土结构施工图平面整体表示方法制图规则和构造详图 11G101，11G101 共分为三个部分，它们是：

《民用建筑工程结构设计深度图样》（2009 年合订本）（G103-104）

《民用建筑工程设计互提资料深度及图样-结构专业》（05SG105）

（现浇混凝土框架、剪力墙、梁、板）　　　　11G101-1

（现浇混凝土板式楼梯）　　　　11G101-2

（独立基础、条形基础、筏形基础及桩基承台）11G101-3

2. 收集与结构设计有关的设计条件，并对设计条件进行详尽的了解

在对一个建筑结构进行具体的设计之前，首先要收集如图 1-2 所示的必要设计条件，并对各设计条件进行统筹，确定结构的设计方案。

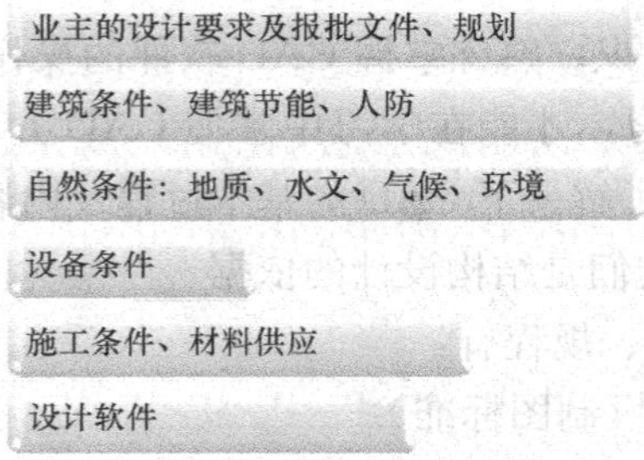

业主的设计要求及报批文件、规划
建筑条件、建筑节能、人防
自然条件：地质、水文、气候、环境
设备条件
施工条件、材料供应
设计软件

图 1-2　结构设计的各种设计条件

建筑条件包括建筑的总平面、建筑平面、建筑立面、建筑剖面、屋面施工图，它们是确定结构方案、结构总信息、结构层的划分、层高、结构标高、结构构件布置方式等信息的重要依据。其中，建筑节点详图对结构构件的选型与布置也有至关重要的影响；建筑节能设计、消防设计和人防设计要求也是选定结构材料，确定结构设计参数的重要依据。

设备条件包括给水、排水、暖通、设备、工艺等方面的方案图纸、设备参数等，它们影响着结构构件的布置、结构构件的截面尺寸、荷载的统计等。如采用地暖的建筑物，现浇楼板要预留位置以便布置地暖管道以及保温隔热层；设有电梯的建筑，要考虑电梯设备、机房控制设备的放置及其产生的相应荷载；有大型机械设备的楼层，要考虑机器设备的隔振，设计设备基础，统计设备荷载，考虑其结构的预埋件及开洞等。

水文地质资料包括建设场地的土层分布、地基承载力、常年地下水位、水质、冻土深度、气候及环境条件等，它们对基础设计、建筑材料选择、结构荷载、结构首层层高、风荷载、地震作用、筏板抗浮设计、地下室外墙水压力荷载都有影响；其中，温度变化剧烈的建筑物需要计算温度荷载等。

另外，某些复杂的建筑物，在进行结构设计时要预先考虑施工企业采用的施工方案、材料供应等。施工工艺、混凝土模板类型、施工机械、工期要求、施工时的气候环境等，不仅影响建筑物的造价，也影响建筑物的质量。

3. 进行结构选型，建立结构设计模型

选择一个合理的结构方案是设计取得成功的前提，结构方案选择包括选定可行的结构形式和结构体系。结构形式要结合工程实际情况，考虑结构规范、建筑、设备、节能、施工技术等多方面因素，结构体系要受力明确、传力简捷、能简不繁、能齐不乱。从结构选型到结构方案的确立，往往需要不断地调整完善，调整应在概念设计的基础上，运用力学和工程思维，从宏观和整体上对方案予以完善。结构方案对结构最后的经济技术指标有决定性影响。

在使用CAD过程中，选定结构方案与结构构件布置也可以同步进行。结构设计模型是结构实体模型与CAD软件力学分析模型的中间过渡媒介，设计师是这个媒介的创造者，设计师应该了解结构设计模型的应有特征。设计模型是实体结构的一个虚拟映射，是在力学和工程学原则指导下对实体结构的抽象。完整的设计模型经由CAD分析设计模块的自动加工，可转化为用于力学分析的力学模型。

之所以说设计模型是实体结构的一个映射，是因为设计模型不必照搬实体结构的一切细节，但是必须反映实体的力学和工程特征。一个好的结构设计模型首先应与建筑等设计条件完美协调，并能正确体现实体结构的主要力学特征，符合实体结构的工程学要求。

另外，由于实体建筑千姿百态变化无穷，无论CAD软件怎么优秀，也总会有其力所不及之处，这样，一个优秀的设计师还要学会在实体结构、结构模型、力学模型、软件功能之间作出变通，通过一些合理的替代构件模拟实际结构，从而完成设计分析，得到准确、经济、安全的设计结果，并绘制出正确的设计图纸。这些变通方法，我们将在后面章节中详细论述。

4. 对设计模型进行分析与设计

建立了结构设计模型之后，即可通过CAD软件的分析设计模块对结构进行分析设计。

目前CAD软件的分析设计过程是由计算机自动完成的，在进行分析设计之前，设计人员需要依据所建结构模型的具体情况，确定采用哪种结构分析方法，并据此选择适当的分析设计模块，之后按照对应的结构设计规范规定，确定模型的分析参数并进行分析设计。

众所周知，设计规范是我们进行结构设计所依据的法规性文件，结构设计规范中对结构分析方法、参数以及对结构分析结果所体现的结构特性作了明确的规定。在本章的第1.3节我们还将进一步讨论建筑结构CAD与设计经验、设计规范之间的关系。

5. 对结构分析结果进行评价

对结构分析结果进行评价是结构设计的一个重要环节，通过分析结果评价，判断设计模型的结构方案、结构体系、构件选用及布置是否存在问题，我们可以把模型存在的问题划分为三种类型，其处理方法如图1-3所示。建模、分析、评价与修改是结构CAD设计过程中的第一层循环，结构越复杂则对设计结果的评价分析和模型修改过程就越明显。

对分析结果评价的主要目的有两个：一是评价结构方案的合理性，二是评价计算分析结果的可信度。对计算结果可信度的评估实际是评判出现超常结果的原因，此内容将在后面详细论述。本节先讨论依据分析结果评价结构方案合理性的一般性方法，对分析结果评价的作用如图1-4所示。在CAD中，设计人员评价结构方案合理性主要体现在如下几个

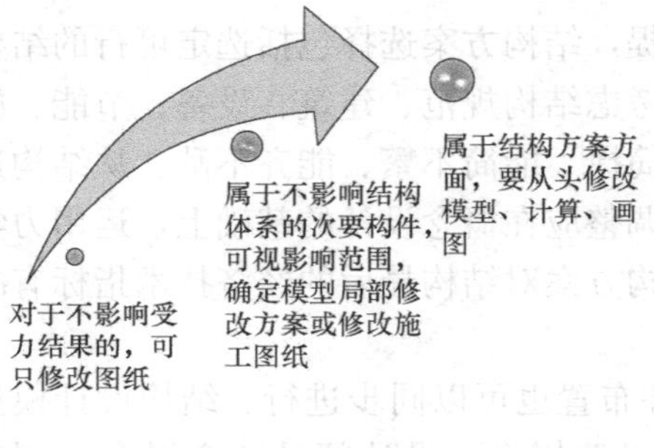

图 1-3 对模型问题的处理方式

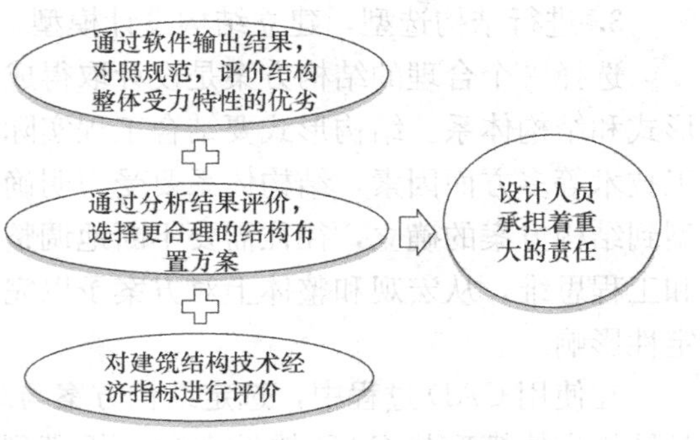

图 1-4 分析结果评价的作用

方面：

(1) 评价结构分析得到的结构整体特性参数是否满足规范规定

此项判断的主要依据是设计规范的具体条文。以混凝土结构为例，结构的周期比、层刚比、位移比、剪重比、刚重比，水平力与整体坐标夹角、自振周期、地震有效质量系数等。这些计算结果是反映结构整体特性的控制性参数，须满足相应规范条目的规定，如不满足，通常需要对结构方案和构件布置进行较大调整。

(2) 考察结构分析得出的构件特性参数是否满足规范规定

此项判断的主要依据是设计规范的具体条文。以混凝土结构为例，梁板的挠度、裂缝宽度、基础沉降量、柱的轴压比、构件配筋率等，须满足相应规范条款的限值规定。此项如不满足，则应从调整混凝土标号、钢筋等级、构件传力途径、构件截面尺寸、构件布置密度等方面着手调整设计模型。

(3) 依据结构构件内力分布，评价结构方案及结构构件布置是否合理

此项主要对软件计算输出的内力指标、配筋指标、柱轴压比等分布情况进行定性分析，考察结构内力变化及分布是否合理，检查构件内力值是否异常，判断是否需要对构件布置或结构方案进行调整。此时，对称性、相似性是可利用的方法。尽管我们要设计的建筑结构千姿百态，变化无穷，但是对计算分析结果的评价还是有规律可循的。随着设计经验的增加，每个设计师都会总结出一套适合自己的行之有效的方法。

(4) 依据分析设计结果，评价结构设计的技术经济指标的优劣

有经验的设计师可以运用“配筋率”、“单位建筑面积用钢量”、“概算造价”等指标判断出建筑物的造价水平。此项判断是结构设计的一个重要方面，是体现设计师职业道德和设计水平的一个重要标志之一。

在此需要说明的是，“经济配筋率”指标不是评价结构设计的经济技术指标的充要条件。如截面为 350mm×700mm 的梁，某支座截面配筋为 8Φ25 5/3，配筋率为 1.6%，超过经济配筋率；另一种方案是做 500mm×1000mm 的梁，某支座截面配筋为 12Φ25，配筋率为 1.2%，属于经济配筋率，但是后者显然并不经济。

用“概算造价指标”评价设计结果的经济技术指标是比较科学的方法，但是在具体设计过程中，设计师并不能对每一次设计改变均进行概算造价统计。因此在某些情况下，评价设计的技术经济指标时还需要设计师的经验。

综上所述，对分析结果的评价通常采用定性和定量相结合的方法，如图 1-5 所示。当

然，如果在设计过程中，能用优化设计软件对结构进行优化设计则是一种更好的选择。

6. 绘制施工图纸

经过建模、分析、评价与修改这几个过程之后，即可进入在施工图绘制阶段，在CAD中，施工图的绘制可由计算机自动完成。对于大多数初学者而言，进入绘制施工图纸这个环节之后，会感觉设计工作已经完成了。其实，对于整个CAD过程而言，还远远不够。

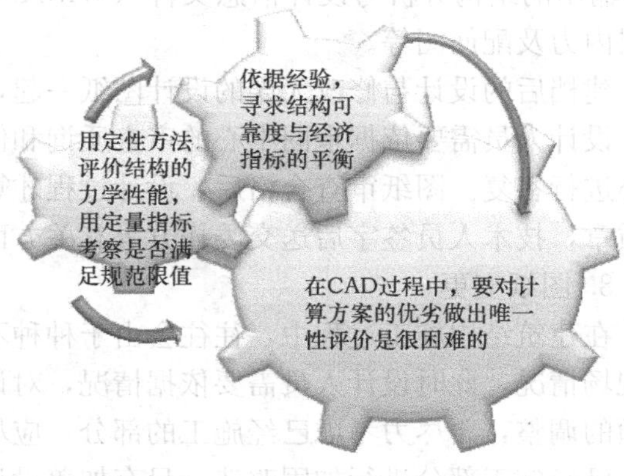

图 1-5　对分析结果评价采用的方法

7. 图纸校审、修改及审查，计算书建档

图纸校审与修改是CAD过程中占据十分重要地位的一个过程。图纸是工程师的语言，在人际交往中，一口流利的普通话会获得对方的尊重，同样，表达准确细腻且合乎行业标准要求的施工图纸，也是反映一个设计师水平高低的重要要素。关于图纸的绘制我们在后续章节中会有专门叙述。图纸绘制之后，必须对图纸进行校审和修改。图纸校审修改的主要内容为：

（1）消除设计模型与实际结构间的差异

由于结构设计模型与真实的实体结构有一定差异，而这个差异会传到施工图纸上，设计人员要通过图纸的校审、修改、补画图纸，来消除掉这些差异。准确性高的设计图纸，其可施工性也高。

（2）提高施工图纸的可施工性

此部分内容包括减少钢筋规格数，对某些配筋进行拉通、归并处理，进一步对比设计规范和构造要求，对施工图纸进行必要的修改，以便使施工图纸具有更高的可施工性。某些情况下，图纸的可施工性对设计的经济技术指标也有影响。

（3）进一步协调与其他专业图纸

CAD软件自动绘制施工图之后，结构设计人员还要仔细考虑次要构件（大多是在创建结构模型时，未考虑的混凝土结构的线脚、填充墙、檐口、压顶、空调板、构造柱、过梁等）及其构造措施，是否与主结构构件、建筑及设备等有冲突，并在施工图纸上补画必要的索引和详图。有经验的设计人员，在主体结构设计初期就会对这些次要因素进行综合的统一考虑。

（4）进一步检查是否有违背设计规范的情况

尽管在分析设计阶段，我们已经依照规范条款和设计经验对分析结果进行了评价，并对结构设计模型进行充分的修改，但是由于前期的分析评价大多只能定性地进行，有时难免犯经验主义错误。在施工图纸校审期间，同时要检查是否有违背设计规范要求的情况，如有则应视问题轻重区分处理。

经过设计人员自查和专业总工的图纸审核之后，还要进行计算书建档，设计计算书是可供设计、审核、审查的归档技术文件，是建筑结构设计成果的一部分。以PKPM为例，CAD设计的设计计算书一般需包括PMCAD输出的各层平面简图、各层荷载简图，SAT-

WE 输出的结构分析与设计信息文件（WMASS. OUT、WZQ. OUT、WDISP. OUT 等）、各层内力及配筋图等。

建档后的设计与修改无误的设计图纸一起，呈交有审图资质的审图中心进行最后的审查，设计人员需要依据审图中心的审查质询和修改建议，对图纸进行最后修改，并向审图中心进行答复。图纸审查合格后，设计过程才算基本完成，最后打印晒制蓝图，加盖设计资质章，技术人员签字后送交委托方等有关方面，一个结构设计就基本完成了。

8. 图纸变更

在建筑结构施工过程中，往往会由于种种不可预料的原因导致原来的设计图纸不能满足现场情况，此时设计人员需要依据情况，对设计图纸出具图纸变更。图纸变更时对结构方面的调整，要尽力考虑已经施工的部分，应尽量减小变更影响范围和程度，必要时需同时对已经施工部分进行加固改造。只有加盖设计资质印章，有设计人员签字的变更才是合法有效的变更。

导致图纸变更发生的因素很多，比如地基出现未探明情况、建筑材料供应发生变化、建筑功能发生改变、建筑设备方面发生变化等等，在此不再一一列举。

1.2.2 计算分析结果出现异常错误的原因及类型甄别

在前面我们叙述了建筑结构 CAD 的基本内容，并对结构分析设计结果进行评价的基本方法进行了较详细地讨论，这些内容可以涵盖在 CAD 设计的大多数情况。但是应该指出的是，这些方法是以在设计过程中没有人为错误和软件错误为前提的。作为一个高脑力消耗的技术过程，CAD 设计中我们追求的目标是设计的准确、高效、安全和经济，但是在某些极个别情况下，难免还会出现一些小小的疏漏和错误，导致 CAD 分析结果出现异常。因此对计算分析结果评价时，我们还要对计算分析结果进行可信度评价，通过可信度评价判断在此前的设计活动中，是否犯了一些低级错误。

1. 异常结果的分类及判断方法

结构分析结果出现的问题可以分为三类：第一类是从专业逻辑角度讲，所建模型的构件定义及输入等都没有问题，但是分析计算结果不符合规范要求或者经济技术指标不好；第二类从专业逻辑角度讲，所建模型方案合理，但是存在专业逻辑上的错误。例如同一跨梁的不同梁段截面宽度不同。第三类是不论是设计方案还是模型的逻辑关系都正确，但是由于软件缺陷导致分析结果异常。

在上面的三个类别问题中，后两种则会导致结构分析出现异常结果。导致结构分析结果异常的原因有：

- 结构建模过程中向计算机输入了错误的模型数据；
- 结构分析程序的计算错误造成分析结果的不准确；
- 使用的结构分析程序不适合于设计的结构。

判断结构分析结果是否有异常的方法是：检查结构模型或计算简图、构件位置、构件断面、荷载数值及位置、荷载类型及个数、支座设置等是否正确；考察结构分析得到的内力图是否有异常，是否超出了分析前做出的内力预期；考察配筋结果是否与其他类似结构或构件有很大的差异；使用另外一种结构分析软件做对比性分析。

2. 导致结果异常的原因

在 CAD 过程中，错误输入必将造成错误的后果（“Rubbish in cause to rubbish

out”）。在多数情况下，计算机输出错误的结果的主因是由错误的输入引起的。错误的输入往往具有隐蔽性，不易被发现，危害很大。产生错误输入的原因是多种多样的，有人为疏忽造成的，有对软件功能领会出现偏差造成的，有设计人员专业过失造成的。对于CAD初学者而言，进行建模练习时态度不认真导致结构病态，对规范条款领会不深入而定义了错误的分析参数，也会导致分析结果异常。

大多数CAD软件为了减少产生错误结果的概率，通常会在程序中设定一些查错功能，但这些功能只能检查那些具有普遍性的错误。在结构设计中，CAD软件不可能知道设计人员输入的一根梁到底应该是悬臂梁还是简支梁，所以如果输入了错误的结点连接信息，而使计算机把一根悬臂梁当成了简支梁，则必然会产生模型输入错误。错误的输入通常有以下几种：

（1）不正确的结构总信息

结构的总信息包括结构标准层划分、结构标高、层高、底层柱从正负零标高到基础顶的附加高度、杯型基础的杯口深度、结构抗震等级、地震烈度、地震作用方向、场地类型、风载参数等等。由于这些结构总信息对结构设计起全局控制作用，如果有误势必会扩散到整个建筑结构。比如标准层划分不正确，会从根本上影响结构体系的正确性。结构标高、层高的错误，会影响计算简图的正确性，并最终扩散到施工图上。结构抗震等级、地震烈度、地震作用方向、场地类型、风载参数会影响结构的总体分析结果。这些总控参数很重要，必须依据规范条款，仔细斟酌后确定。

要避免和改正这些错误，首先要正确理解和使用设计规范，其次在填写分析设计参数时，要正确理解软件的技术条件，认真斟酌参数的选项值。

（2）力学模型错误

一个CAD软件的建模程序不仅要帮助用户完成结构构件的布置，也要为后面的结构分析软件提供结构分析数据，用户不能简单地把结构建模模块看成是一个数据漏斗，它也是一个数据加工中心，要为后面的结构分析软件提供可靠的力学模型，所以在结构建模过程中，用户必须考虑后续的结构分析软件的要求，了解计算分析软件的力学特征及其所依据的力学原理，在此基础上，进行构件数据的输入。这类错误通常是对结构体系、结构构件、结构分析方法概念不清或者对CAD软件的功能理解不深造成的。这类错误大致有如下几种情况：

- 把非结构构件当成结构构件输入模型中；
- 错误的节点关系导致构件支座或边界错误；
- 构件力学关系定义错误；
- 错误地定义了荷载传递方向；
- 连续板按照单板进行分析计算，且边界定义错误。

随着计算机性能的不断提高，目前大多数结构CAD软件都是采用有限单元方法进行结构受力分析，在有限单元方法中，构件是通过构件的节点编号来定位的，如果梁、柱具有相同的节点，则有限元分析程序会认为此梁柱形成了一个结构节点，在结构刚度矩阵里，矩阵会在对应元素位置将梁柱刚度叠加，最后绘图软件也会依据节点编号关系来处理梁柱间的钢筋锚固关系。

在结构模型录入时，如果有两个靠得很近的网点，且某根梁和某根柱的端点分别设置

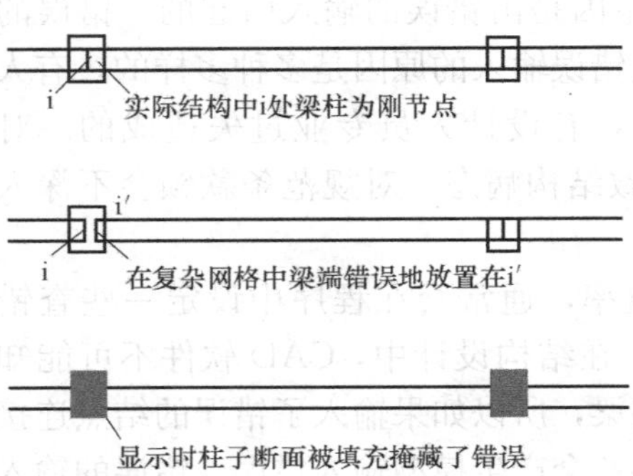
i
实际结构中i处梁柱为刚节点
i′
i
在复杂网格中梁端错误地放置在i′
显示时柱子断面被填充掩藏了错误

图 1-6　梁构件非法断开

在两个网点上，则这根梁和这根柱之间就不会形成力学意义上的节点，如图 1-6 所示。由于建模软件显示时对柱做了填充，就会造成二者交接的假象。这种错误可以称之为“数理不合”，这里的“数”指的是 CAD 软件描述结构物信息的数值模型，“理”为图形化显示的结构物理模型。

（3）在钢筋混凝土结构中，不能输入框架填充墙

从框架结构的施工顺序可以知道，框架填充墙不是框架结构体系的组成部分。目前大多数 CAD 软件都是把填充墙按照结构体系的荷载来处理，如果在框架结构中输入了填充墙，就会导致结构分析程序把填充墙当成是结构构件，这样就可能会导致楼板传力路径不清的问题。当然，在部分框架结构中，也有一些砌体墙会成为结构构件，这些砌体墙的施工顺序和构造处理与填充墙是不同的。

（4）结构方案以及结构体系上的不足

由于结构构件不是孤立地存在于一个结构之中，所以如果结构分析结果显示一个构件的承载力不够或断面尺寸过大，并不能简单地认为就是这个构件本身的原因。当结构方案存在缺陷或结构体系有问题时，也可能造成部分构件承载力不够或显得断面过大。

假设有一个框剪结构，其纵向构件的某个方向抗侧移刚度较小，在水平力作用下结构水平侧移较大，此时与剪力墙同向连接的梁（如图 1-7 所示）会承受很大的剪力，结构分析结果可能显示该梁抗剪能力不够。此时如果调整竖向构件的布置或把此梁改为墙开洞，减小结构的侧向位移或更换分析时的单元类型，该梁问题可能会自然消失。

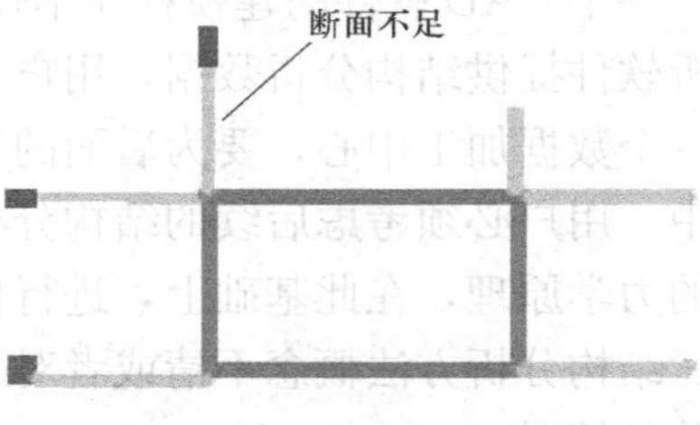
断面不足

图 1-7　剪力墙与梁连接

在高层建筑结构中，为了节省混凝土用量，减小结构自重，柱子断面可能会在某个楼层处变小，这样会引起结构竖向刚度的突变，导致突变楼层处梁柱内力的突然增加，按常规尺寸布置的楼面梁可能会出现承载力不足，此时可以考虑减小柱子断面的变化值，而不应片面增加梁的断面尺寸。

（5）输入了错误的荷载数据

这类错误会造成局部构件内力的异常或大部分构件内力的失真。由于结构构件可以承受多个荷载，而这些荷载由于不是已经输入的构件产生的，建模软件不能自动统计，故这样的荷载需要用户交互输入。用户在交互输入荷载过程中，可能会犯下面一些错误：

- 重复输入或者漏失某部分荷载；
- 恒载中包括了构件的自重而计算机又自动重复计算了该构件的自重；
- 由于不了解 CAD 的特征而输入了其他构件传递来的荷载，而计算机在结构计算时，又自动导算了这些内力，导致荷载重复考虑（如由楼板传递到梁上的内力、上层柱传

递到下层的内力等)；

• 输入了错误的风载、地震参数，这类错误会影响结构的整体分析结果；

• 软件要求输入的是荷载标准值，而输入时乘上了荷载分项系数，错误地输入了荷载设计值，导致分项系数重复乘积累计。

这些错误会导致最后的计算分析结果失真。为了避免发生录入错误，用户应该仔细了解 CAD 软件的功能及操作说明，养成严谨的设计习惯，不断提高 CAD 的水平。

在荷载的输入过程中，应该依照个人的喜好，按一定的次序一定的规律输入，不可漫无目的地随意输入。养成良好科学的荷载录入习惯，是避免荷载错漏的有效方法之一。可以参考下面的次序：

• 先恒载后活载；

• 先板后梁再柱墙，先主梁后次梁；

• 先横轴再纵轴，先左后右，先下后上；

• 对于复杂的结构，也可事先在草纸上标出荷载的录入草图；

• 最后对输入的荷载进行校对。

(6) 构件尺寸错误

所谓结构，是由许多不同类型、不同尺寸的构件，按一定的规则组成具有一定承载力的体系。结构构件布置是 CAD 过程中的主要交互输入工作，结构建模不仅要对结构构件进行定位、确定构件的尺寸，还要考虑构件间的构造关系和传力要求。输入结构模型时的尺寸错误通常有如下几种：

• 同一跨梁的不同梁段的高度或宽度不同；

• 截面类型错误；

• 传力路径中，上级构件尺寸大，下级构件尺寸小。

由于结构模型大多是以结构平面图的形式逐层显示在屏幕上，所以这种错误具有很大的隐蔽性，不易排查。有经验的设计人员在进行梁的布置之前，一般会通盘考虑结构所用的梁截面类型数，先行建立梁的截面类型表，之后按表分门别类地逐类输入。

(7) 构件定位错误

在同一楼层内的构件定位错误比较容易检查，如果在构件录入时注意随时复查，一般可以避免此类错误的发生。

在楼层之间有时会发生构件定位错误，比如上层结构的墙偏出下层梁、上层的柱子断面大于下层的柱、上层的柱子偏出下层的柱等，在设计过程中要加以注意。对于有复杂网格的建筑结构，由于复杂的网线导致网点会很密且分布杂乱，进行构件布置时要特别注意避免发生此类错误。这种错误会明显地改变梁的内力图形状，也会导致楼板形状异常。

有一些定位错误虽然不会导致受力变化，但会影响后期图纸的钢筋配置。如卫生间的现浇降板顶标高比应该设计的标高高了 40mm，但是该板的支座仍为其周边的楼面梁，则对计算分析结果不会产生任何影响，此类错误可只在图纸校审阶段对板的标高及盖筋进行修改。

(8) 构件遗漏和异型

以一个规则框架结构设计为例，如建模时遗漏了一个较小级别的荷载，主要影响该梁的配筋，其他影响不大，属于局部的错误；如遗漏了一段梁或一根柱子，则改变了结构的

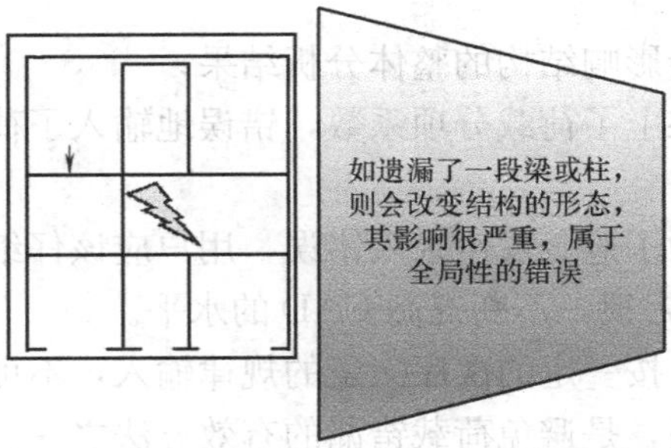
如遗漏了一段梁或柱，
则会改变结构的形态，
其影响很严重，属于
全局性的错误

图 1-8　框架结构模型中遗漏一段梁

形态，其后果很严重，属于全局性的错误，如图 1-8 所示。

在后面我们将学习的 PKPM 软件中，我们还会发现在梁柱布置不合理的情况下，可能会出现一些异型板块。这里的异型板块是指锯齿型、凹字型、重叠型、回字型等内力传递关系不明确、不合理、无法进行合理布筋的板型。在程序围板运算结束后，必须对围板结果进行异样检查。如果发现异样板块，应该修改结构布置。

（9）选择了不合适的软件

在通常情况下，每个软件都会有其适用范围，不能用不适合于所设计结构的软件来进行工程设计和分析。比如不能用平面框架设计程序设计框剪结构，不能用框剪设计软件设计底层框架结构。每一个 CAD 软件并不是一个单纯的结构分析程序，在 CAD 软件中还包括对规范规定的处理、对特定设计经验的运用，超范围适用软件会导致设计错误。

在排除了上述情况之后，如果结构内力分布仍然不理想，那就需要考虑结构选型是否合理，结构布置是否存在体系上的不足，对结构进行大的修改。

3. CAD 软件的缺陷

CAD 软件的开发需要经过市场调研、立项、开发、调试测试、发行等阶段，软件发行后还要根据需要不断升级。一个 CAD 软件在开发升级过程中，往往 80％的技术投入是为了解决不到 20％的罕遇工程问题，但是仍不能穷尽所有的小概率问题，所以软件在某种特殊工程情况下，难免会存在缺陷或错误。

当对结构分析结果的可信度产生怀疑时，应首先考虑排除人为错误，之后通过选择另一个 CAD 分析软件进行校核分析。当确信是 CAD 软件的缺陷导致分析结果失准后，应及时咨询软件开发人员。

1.2.3　CAD 软件的选用原则

在结构设计过程中，选用结构设计软件应从软件的适用范围、结构分析方法、研发单位及应用情况、是否符合现行规范等几个方面考虑，具体的选用原则为：

1. 满足设计规范原则

《工程结构可靠度设计统一标准》GB 50153—2008 规定：“结构设计时应对结构的不同极限状态进行计算和验算。当某一极限状态起控制作用时，可仅对该极限状态进行计算和验算。”选用的 CAD 软件，应以符合国家现行规范的原则为前提。应了解拟选用的 CAD 软件考虑了哪些规范的哪些条目，哪些规范公式程序未考虑。

2. 设计范围及设计类型适用原则

要考虑设计软件的适用范围是多层还是高层，是框架还是厂房排架，是混凝土结构还是钢结构，是单纯的计算还是带有 CAD 绘图等。真正的 CAD 软件，必须承担一定的设计专家角色，能针对不同的情况，自动激活软件内嵌的设计规范，辅助设计人员进行结构设计。由于一个 CAD 软件不可能涵盖所有的结构设计规范，因此 CAD 软件的用户书册中会明确说明软件的特点、功能及解题能力范围。

在设计过程中，要有针对性地选择软件产品，属于多层平面框架交叉梁的决不选择高层空间程序计算而把问题复杂化；反之属于复杂的高层结构决不能用简化的平面程序去解决。

以 PKPM 软件为例，PMCAD 用于创建结构设计模型；PK 按平面框架体系进行结构分析，可以设计排架或异型框架（如加腋梁）；SETW、PMSAP、TAT 可以设计高层建筑结构和不规则平面布置的多层建筑结构，按三维空间结构分析，SETWE 和 PMSAP 采用的是有限元分析方法；STS 可设计钢结构等。

3. 结构分析方法先进及分析单元精度高原则

在实际设计过程中，不同的结构可用不同的结构分析方法，选用不同的结构分析方案。通常情况下，结构分析有二维或三维计算两种方案。二维为平面计算，三维为空间计算。杆系结构单元是三维空间刚接杆单元还是铰接二力杆单元，实体结构单元是薄壁柱单元还是三维壳单元等。不同的单元适用不同的结构，也有不同的计算精度。空间铰接为二力杆系适用于网架，三维杆单元适用于三维框架结构，三维壳单元适用于分析板和墙。总之软件的选用应从力学概念和工程经验方面加以分析判断。

4. 绘图准确，图纸编辑修改工作量小

选择软件时还应考虑其绘制的施工图纸能否符合行业内习惯的图纸表达方式，以及其构造处理是否详细合理，所绘制的施工图纸是否满足设计与审查的需求，是否能给设计人员有一种完整、清晰、归档的图形效果。

5. 人机交互界方便，流程清晰原则

选用 CAD 软件还要考虑其人机交互能力。要十分注意软件前处理的包装、界面、易操作性和易编辑效果。设计软件的后处理功能，有无多种工况的最不利组合，混凝土截面的配筋，钢结构应力验算，柱子的轴压比，有无计算结果的图形输出和归档文件。

6. 其他需考虑的方面

选用 CAD 软件还要考虑其他一些方面，如注意设计软件的应用平台，其运行的操作系统是否熟悉，选用的软件是否符合自己的使用机型。

注意设计软件是网络版还是单机版。网络版适用于单位的计算机联网系统，而单机版只适用于单台计算机的使用。

应考察设计软件的开发单位（或公司）的综合能力，素质修养，软件的鉴定时间，批准单位，应用年限，成熟程度，还应了解其对设计软件的维护和升级能力。

1.3 建筑结构 CAD 与传统设计方法的比较

由于 CAD 过程中，计算机可以替代人们进行设计信息储存、整理、检索工作，可以替代人们进行所有的计算工作和手工绘图工作，所以使得 CAD 同传统的手工设计相比，不论在思维方式上还是设计操作上都有着根本的区别。

1.3.1 CAD 与传统手工设计之间的区别

在 CAD 技术与应用业已日臻成熟和技术大众化的今天，讨论 CAD 与传统手工设计间的区别似乎是个过时的话题。但是对初涉 CAD 领域的见习工程师和在校学生，还是十分必要的。

1. 思维方式和工作方式

由于CAD中计算机软件能帮助我们进行自动计算和绘图，使得我们免去了从荷载传导到结构内力计算、从内力组合到构件配筋设计过程中繁琐的计算工作，也使得我们不需再用绘图工具手工绘制图线和标注文字。CAD不仅提高了设计效率和质量，提高了设计人员设计复杂结构的能力（如图1-9所示），也改变着人们的设计思维和工作方式。

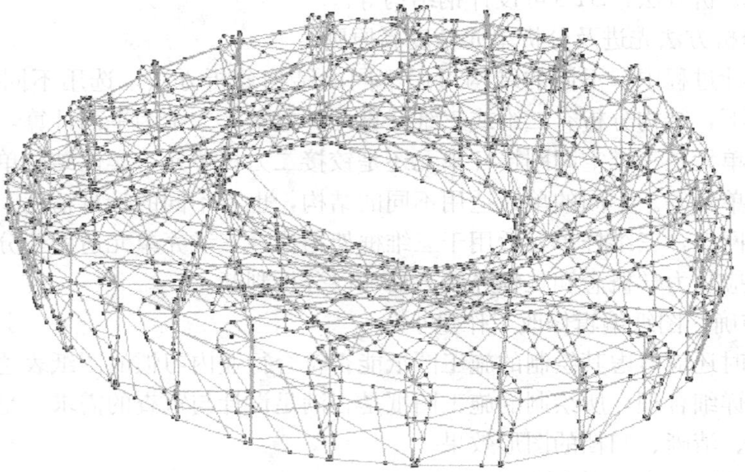

图1-9　SpaS CAD创建的鸟巢罩棚结构模型

以一榀平面框架设计为例，传统的手工设计工作大致包括以下内容：首先要根据轴线位置、柱的偏心、梁的跨度以及构件断面，绘出框架计算简图，而后手工统计作用在框架简图上的荷载并在确定荷载分布后，进行各单项内力分析，竖向活载内力折减再进行荷载组合和内力组合、绘制梁柱的内力包络图，并且需依据规范手工进行配筋计算、选筋、布筋，进行构件断面归并，最后绘制施工图。有手工设计经验的人都知道，在这个过程中需要进行大量的烦琐的计算工作。

利用计算机辅助设计软件进行框架设计时，设计者只要向计算机输入框架的定位网线、布置梁柱构件、确定材料类型、布置荷载，CAD软件会替代设计人员进行分析计算与设计，直至绘出施工图纸。

在CAD过程中，由于计算机替代人进行了烦琐的计算工作，因此，人的主要工作变为依据设计规范，优选结构方案、创建设计模型、评价分析计算结果、图纸校审和修改。人的思维重点是怎样合理使用软件并把复杂的结构实体变为能得到正确分析结果的设计模型；怎样正确运用规范条文设定合理的设计参数；怎样分析评价设计计算结果的可靠性和正确性，并针对可能出现的错误或者疑点选择适当的校核方法进行评判，对设计进行修正。

总之，和传统设计相比，设计人员更像一个构想者、甄别者和评判者。设计人员对规范的理解要更高更系统更完整，人的创造性能得到更大的发挥，设计的建筑结构复杂程度会更高、更合理、更安全、更经济。

2. 学习方式和生活方式

在CAD过程中，尽管计算机和CAD软件可以替代人做许多繁琐重复的工作，但是，不管科学技术怎样进步，人机关系始终都不会改变。设计过程中，人是主导，计算机是辅助。责任由人负，荣誉由人享。通过CAD软件这个高科技媒介，使得设计人员能够较早地接触到行业最新的科技成果，这就要求设计人员能及时更新自己的知识，做到终生学习。

另外由于设计效率的提高，结构复杂度增加以及工作方式的改变，也带来了学习方式和生活方式的改变。CAD设计的设计周期比传统的手工设计周期明显缩短，人均设计产品数量明显提高，设计人员的脑力劳动强度远大于以往的传统方法设计，所承担的技术责任和社会责任也越发重大。

1.3.2 建筑结构CAD与设计经验、设计规范之关系

有一个桥段是叙说AutoCAD学习使用者的五个层次：第一层次：能画出图来，知道点菜单修改或删除图形，第二层次：熟悉AutoCAD各种命令的使用技巧，能改变系统变量；第三层次：知道AutoCAD各种高级技法，知道如何用AutoCAD进行三维操作，能自己定义菜单、图案、线型，能自己编程改变AutoCAD不方便的地方，能指出AutoCAD的Bug；第四层次：AutoCAD仅是一个工具，不管老版本还是新版本，不管有没有插件，都没什么区别，画图速度比打字速度还要快。可以用AutoCAD来画素描，画照片，比PhotoShop还PhotoShop；第五个层次：不画图，也不需画图，这个层次没几个人能达到，达到的也不会说。

上面桥段尽管有些玩笑成分，但也的确说出了学习CAD学易会难、习有贵贱的过程。依照这个桥段，我们也把建筑结构CAD的学习及应用分为五个层面：

1. 入门层面

熟悉建筑结构CAD软件各个模块的功能及关系，会操作CAD常用模块进行建模、分析、绘图。严格说，入门层面尚不具备从事建筑结构设计的能力。

2. 见习工程师层面

了解设计规范重要条文，熟悉常遇建筑结构的设计处理方法，掌握各常用模块的操作方法及技巧，了解软件分析结果评价的基本方法和基本内容，并能发现较明显的设计缺陷，掌握施工图纸的表达方式及表达深度，能绘制基本合格的施工图纸。

3. 工程师层面

了解并掌握设计规范大多数条文，有应对较复杂结构设计的知识，有一定设计经验积累，能创建比较复杂的建筑结构模型，能正确进行分析设计结果评价并能快速独立地进行模型修改调整，能绘制准确清晰合格的建筑施工图纸。

4. 技术专家层面

在多种类型建筑结构设计方面有丰富的设计经验，具有设计复杂结构的能力；对领域内设计规范、技术规程、设计理论、设计方法十分熟悉，了解本专业的CAD软件的各种特点，并能熟练使用；拥有图纸审核的能力。

5. 领域专家层面

对领域内设计规范、技术规程、设计理论、设计方法融会贯通。了解领域内建筑结构的现状，引导领域内建筑结构的发展趋向；引领超大型复杂工程结构的设计；无需参与具体的设计过程，只需听取简要汇报或了解设计结果扼要介绍，就能指出团队或助手设计的复杂建筑结构的不足，并能给出具体可操作的指导意见。

思 考 题

(1) 建筑结构 CAD 的五个基本内容是什么？简要叙述其基本内容及相互关系。

(2) 建筑结构设计的基本过程有哪些？简要叙述其基本内容。

(3) 对结构分析结果进行评价的目的是什么？评价结构方案合理性的基本内容有哪些？

(4) 如何评价计算分析结果的可信度？结构设计时人为错误有哪些？

(5) CAD 软件的选用原则是什么？

第 2 章　PKPM 软件简介

学习目标

了解 PKPM 软件的基本功能及应用现状

掌握各种结构的分类情况及相关规范规定

掌握本章讲述的特殊混凝土构件名称的划分原则及规范规定

了解 PKPM 的 CFG 及 TCAD

了解 PKPM 设计常遇建筑结构的基本流程

PKPM 软件是由中国建筑科学研究院研发的集建筑、结构、设备、工程量统计、概预算及节能设计等于一体的大型建筑工程综合 CAD 系统。

PKPM 软件为中国软件行业协会推荐的优秀软件产品，目前国内用户已有一万两千余家，占建筑 CAD 软件应用市场 90％以上份额。

PKPM 结构 CAD 软件几乎具备覆盖所有结构类型的设计能力，有先进的结构分析软件包，容纳了国内流行的各种计算方法。全部结构计算模块均按 2010 系列设计规范编制，全面反映了新规范要求的荷载效应组合，设计表达式，抗震设计新概念的各项要求。

PKPM 结构 CAD 软件是结构工程师设计中必不可少的工具，学习掌握 PKPM 也是基本的从业要求之一。

2.1　PKPM2010 的基本组成及工作方式

PKPM2010（后文除需要版本说明外，一律简称 PKPM）的出现，加快了 CAD 在建筑设计领域的普及步伐，到上个世纪末，建筑行业的 CAD 化已经达到 100％。同时 PKPM 还与其他新技术一起，不断推动设计理念、设计方法和设计人员设计思维的变革。

2.1.1　PKPM 系列软件的发展、特点

作为一个大型建筑工程综合 CAD 系统，PKPM 软件采用了模块化软件架构，软件在其自主开发的图形支撑系统（CFG）下工作，各模块实现了工程数据的完全共享。

早在 20 世纪 80 年代，中国建筑科学研究院结构所就开发研制了国内最早的混凝土框架设计软件 PK，之后又不断推出结构平面设计 CAD 软件 PMCAD 等其他模块，PKPM 软件名称也由此诞生，随着三维结构分析软件 TAT（采用薄壁柱模型模拟剪力墙）、基础工程计算机辅助设计软件 JCCAD 等的研发成功，使得 PKPM 软件在 20 世纪 90 年代已然成为 CAD 行业的领军软件。后来，又有结构空间有限元分析设计软件 SATWE、钢结构计算机辅助设计软件 STS、复杂空间结构分析与设计软件 PMSAP 以及其他软件模块陆续推出，使得 PKPM 软件功能更加完美更加强大。进入 21 世纪，PKPM 结构软件大致经历了如下版本变迁：

• 2002 年以前，PKPM 用软盘加密以及并口加密锁的方式；

• PKPM2002 版，改为 USB 加密锁；

• PKPM2005 版，简称 PKPM05；

• PKPM2008 版，简称 PKPM08，加密锁为黄色，软件模块做了重大调整，功能有大幅改进。尤其是各层拥有独立的网格系统、梁跨层传载、广义层楼层组装的提出，极大地提高了软件的性能和稳定性；

• PKPM2010 版，简称 PMPM10，加密锁为蓝色。针对《混范》、《抗规》、《高规》、《基础规范》新规范的颁布，对软件进行了跨版本升级，在软件改进方案设计阶段仅上部结构设计软件 SATWE、PMSAP、TAT 的改进即达 187 条。

在 PKPM 结构的各个模块中，既彼此相对独立又彼此相互联系，在 CAD 过程中，单独或依次运行各子模块，即能完成整个 CAD 过程。如子模块 PMCAD 进行结构建模和绘制楼板配筋图，SATWE 进行结构分析设计，TCAD 进行施工图的校审和打印，JCCAD 进行基础设计与绘图等。PKPM 软件的常用结构设计模块如图 2-1 所示。

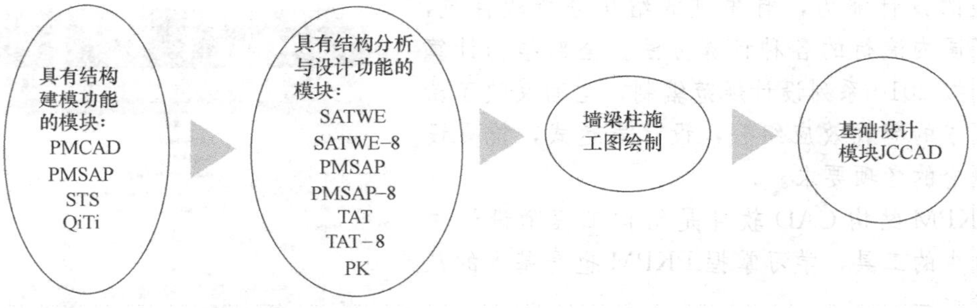

图 2-1　PKPM 的常用结构设计模块

PKPM2010 版软件与结构设计有关的模块主要有“结构”、“特种结构”、“钢结构”和“砌体结构”四个部分。由于本书的内容仅限于建筑结构设计，故在表 2-1 中仅给出与此相关的常用模块介绍。

在 PKPM 软件中，依据软件的功能及不同设计阶段的工作特征，灵活采用了面向过程或面向对象的人机交互界面，最大限度地实现了结构设计的过程化特征和 Windows 操作系统面向对象特征的合理融合，拓展了软件的功能。但是，某些模块的面向对象人机交互界面，对初学者来说掌握起来有一定难度，这是初学者对结构设计的过程理解不是很透彻造成的，只要有了较好的专业概念，学习过程中多加练习，即能很快跨过第 1 章 1.3.2 节中我们所说的入门层次。

PKPM 软件与建筑结构设计相关的常用模块 表 2-1

模块名称	模块主要功能简介	前导模块	后续模块
结构平面计算机辅助设计软件 PMCAD	创建上部结构设计模型，还可以进行楼盖设计，并绘制楼板配筋图。PMCAD 是 PKPM 软件的核心。可与 STS、PMSAP、QITI、PREC1 等软件的部分子模块交叉运行，共享模型数据		SATWE、SATWE-8、PMSAP、PMSAP-8、TAT、TAT-8、PK
建筑结构空间有限元分析软件 SATWE、SATWE-8	对上部结构进行整楼三维空间有限元分析设计。SATWE-8 为多层版	PMCAD、STS、QITI	墙梁柱施工图模块
复杂多层及高层建筑结构分析与设计软件 PMSAP、PMSAP-8	复杂结构建模、复杂结构空间有限元分析与设计。PMSAP-8 为多层版		墙梁柱施工图模块
墙梁柱施工图	绘制剪力墙、梁、柱平法或立剖面表示的施工图	SATWE、SATWE-8、TAT、TAT8、PMSAP、PMSAP-8	图形编辑打印 TCAD
钢结构 STS	创建钢结构设计模型，绘制钢结构施工图纸，可与 PMCAD、PMSAP 交叉运行，共享模型数据	SATWE、TAT	STS 工具箱
平面框架 PK	目前主要用于异型框架、排架设计、连续梁设计与绘图	PMCAD	图形编辑打印 TCAD
基础设计 JCCAD	基础设计模块，用于创建基础设计模型，对基础分析与设计，绘制施工图	SATWE、SATWE-8、TAT、TAT8、PMSAP、PMSAP-8	图形编辑打印 TCAD
砌体结构 QITI	砌体结构设计模块，进行砌体结构建模、分析与施工图绘制		图形编辑打印 TCAD

2.1.2 PKPM 软件的安装

PKPM 适用于目前常用的操作系统，如 Win2000、WinXP、Win2003、Win2008、Win 7 等，根据用户的类型，PKPM 分为单机版和网络版两种。单机版通过单机软件锁验明用户合法性并仅授权用户在本机上运行 PKPM；网络版是通过 PKPM 服务器上的网络锁验明用户合法性，并可以在局域网内其他安装了 PKPM 客户端软件的计算机上运行的 PKPM 版本。网络版一次可以授权多个客户端用户同时使用 PKPM 软件，授权客户端的多少取决于所购买的网络版节点数，例如 20 节点的 PKPM 网路版，同时可以允许 20 个客户端用户同时使用。

由于单机版和网络版的软件读锁原理不同，故单机版和网络版有不同的安装方式。

1. 单击版的初次安装

安装 PKPM2010，首先要将计算机的杀毒软件或其他安全软件处于静默状态或停运状态。单机版安装过程大致分为“选择单机版”、“选择安装路径”、“选择安装模块”、“安装文件”和“安装 USB 锁软件驱动”五步。安装软件完成之前，不要在计算机上插入软件锁。

第一步：将 PKPM2010 盘置入光盘驱动器，安装程序自动运行后，会弹出如图 2-2 所示的窗口，点击【下一步】，在弹出并阅读“重要信息”之后选择【是（Y）】，接下来从弹出的“选择要安装的软件类型”对话框中选择【单机版】，如图 2-3 所示。若光盘不能自动运行，则需要运行光盘根目录上的 SETUP 应用程序进行安装。

图 2-2　安装向导对话框

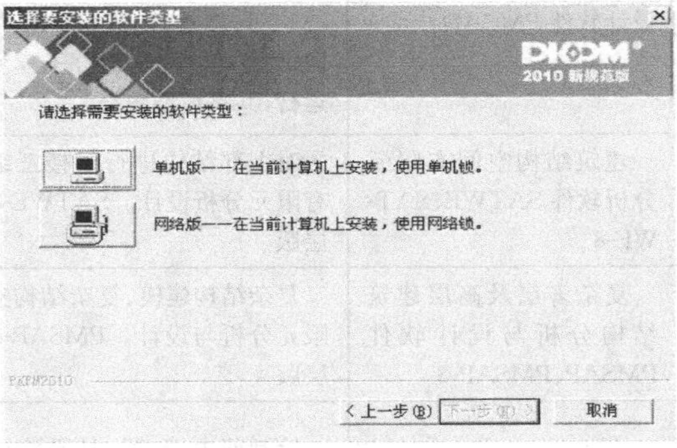

图 2-3　选择安装类型

第二步：安装向导程序弹出如图 2-4 所示“选择目的位置”对话框，安装程序默认的安装路径为 C：\PKPM，用户可点击【浏览】按钮，自定义其他安装路径。

第三步：确定安装路径之后，程序弹出如图 2-5 所示“安装类型选择”对话框。用户可以选择自定义安装方式，自行选择需要安装的模块，提高安装速度。

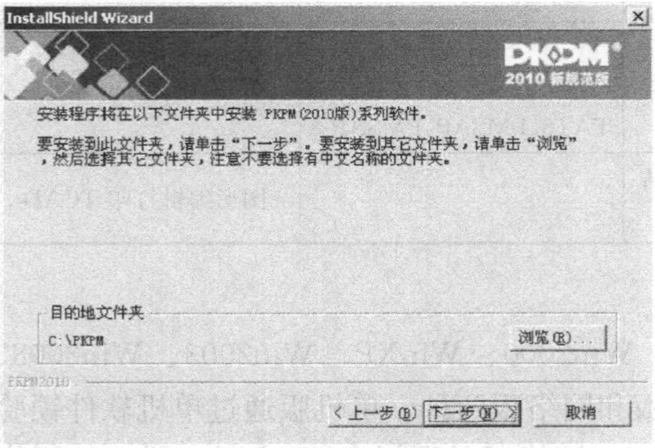

图 2-4　选择安装路径

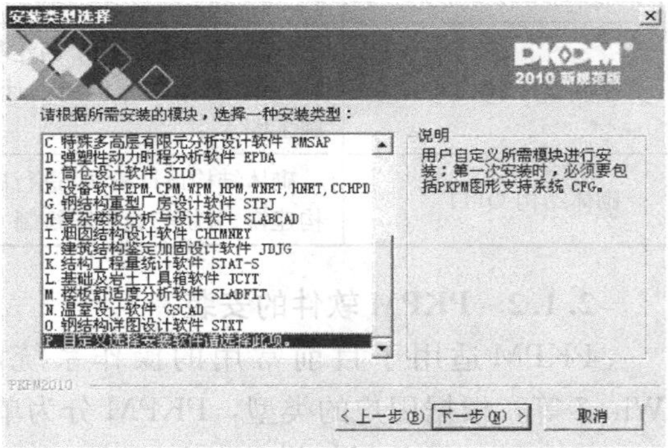

图 2-5　选择要安装的模块

第四步：选择了安装类型之后，点击【下一步】进入软件安装过程，安装软件会通过一个进度条显示安装进度。如果安装过程中光盘驱动器频繁读盘且进度条长时间停迟，则应考虑光盘可能有污损或划伤。如果出现此种情况，应更换光盘。

第五步：软件安装到硬盘后，安装程序会弹出如图 2-6 所示“软件安装”信息框安装软件 USB 锁驱动，若提示有“数字签名”未经认证时，仍选择【仍然继续】，直到弹出“请重新启动计算机”信息框，点击【确定】完成整个安装过程，安装程序会自动在计算机桌面生成 PKPM2010 快捷图标。

重启计算机，插入 USB 软件锁，计算机会自动识别加密锁，并在计算机上添加相应的 USB 设备图标。双击桌面上的 PKPM08 图标，即可进入 PKPM 程序主界面。

2. 单机版 PKPM 更新

当在已经安装了 PKPM 的计算机上重新安装同一 PKPM 版本时，仍需通过运行 PKPM 光盘的安装向导程序。运行安装向导程序之后，弹出如图 2-7 所示“PKPM 系列软件安装维护”对话框，如果只是维护性安装，可选择【修复】或【修改】方式。若是完全更新安装，则应先选择【删除】操作，删除早先安装的版本，再重新安装 PKPM。

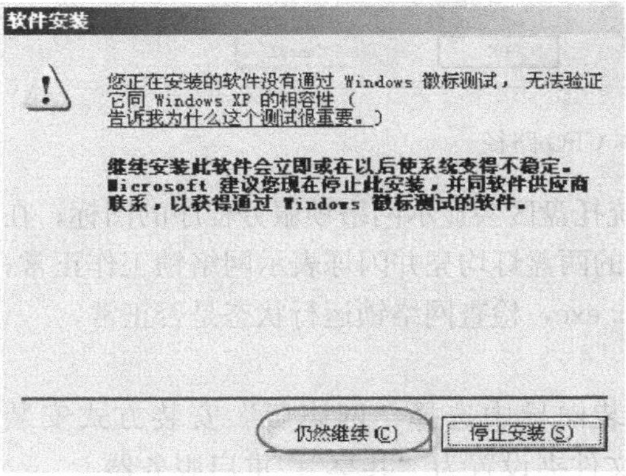

图 2-6　安装加密锁驱动

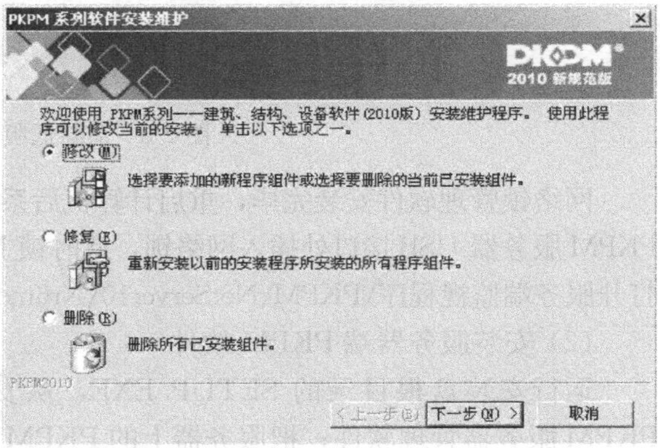

图 2-7　修复安装对话框

3. 单机版 PKPM 的升级

应该注意的是，PKPM 软件安装过程中，安装向导会自动向系统注册表添加 PKPM 主键标记，以及向系统驱动文件夹添加 USB 锁驱动程序。如果某台计算机从来没有安装 PKPM 软件，则它并不能采用从其他计算机上复制 PKPM 文件的方式取得软件使用权。

在已经安装 PKPM08 或较低版本的计算机安装 PKPM2010 时，如果不卸载原来安装的低版本 PKPM，则必须首先找到原有的 PKPM08 版文件 pkpm08\cfg\regpkpm. exe，依照图 2-8 所示把原有 CFG 路径清空，再选择不同的安装目录安装 PKPM2010，比如原有的 PKPM08 安装在“C：\PKPM”，则 PKPM2010 不能再安装在这个目录中。安装完成以后，PKPM2010 会在桌面生成一个“多版本 PKPM”快捷方式，点击此快捷方式，可以选择运行 PKPM08 或 PKPM2010。

警示角

在已经安装了 PKPM08 的计算机安装 PKPM10 必须依照左文所述操作（或按照 PKPM10 安装说明），把原有 CFG 路径清空。否则会造成 PKPM10 安装不能成功，并带来其他麻烦。

4. PKPM 网络版的安装

PKPM 网络版安装过程与单机版稍有不同，其安装过程包括安装网络锁驱动、服务器端和客户端三个步骤，具体如下：

(1) 安装网络锁驱动

首先检查网络环境，确保要安装 PKPM 的计算机连接在同一个局域网之内；在未插入 PKPM 网络锁的状态下，进入光盘\server 目录，双击执行 setup. exe，依据提示输入正确的网络锁号，输入服务器计算机的 IP 地址，并依照提示完成其他步骤。

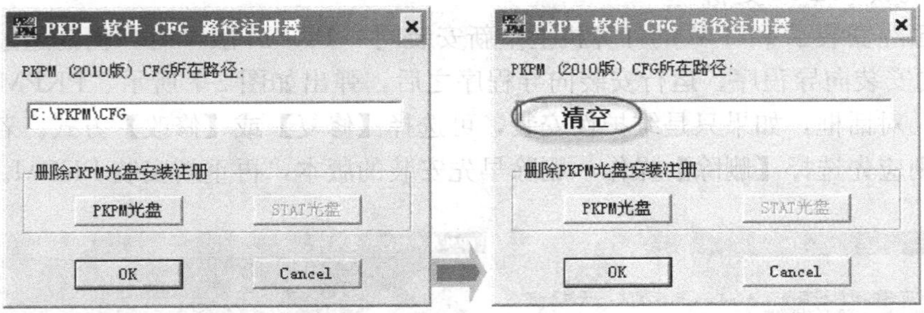

图 2-8　清除低版本 CFG 路径

网络锁管理软件安装完毕，重启计算机后系统托盘区会显示网络锁服务程序的图标；在PKPM服务器USB接口处插入网络锁，此时锁上的两盏灯均亮并闪烁表示网络锁工作正常；打开服务端监视程序\PKPM\NetServer10\Nr6mon. exe，检查网络锁运行状态是否正常。

(2) 安装服务器端 PKPM 软件

运行安装盘根目录的 SETUP. EXE，从安装向导中选择“网络版”安装方式安装PKPM服务器管理软件；把服务器上的PKPM文件夹设置为“共享”；重启服务器。

(3) 安装 PKPM 客户端：

从客户端登录PKPM服务器，把服务器共享的PKPM文件夹映射成网络盘，并勾选“登陆时重新连接”选项；打开映射的网络盘，找到client. set 目录，双击执行 setup. exe，安装PKPM到客户端计算机；客户端软件和服务端软件可以安装在同一台计算机上，但是要确保该机接有网线。

当在以后的工作中，若改变服务器的IP地址或更换了网络锁ID，可以直接修改服务器的PKPM\CFG文件夹中PKPM. INI的网络锁ID号（如NetKeyID01＝＊＊＊＊＊＊＊）和CLIFIG. INI的服务器IP地址，并把它复制到客户端计算机的CFG文件夹下。具体详细的网络版安装过程可以参见PKPM安装光盘\SERVER文件夹内的“PKPM (2010) 网络版说明”。

2.1.3　PKPM 的主界面

安装好PKPM2010后，双击桌面的PKPM2010快捷方式，即可进入如图2-9所示PKPM主界面。在其主界面中，PKPM按建筑、结构、特种结构、钢结构、砌体结构、设备等专业划分了不同的模块组，用户可以根据需要选择相应的程序模块来完成不同的设计任务。在进行具体设计工作之前，首先要选择工作目录。

1. 选择或创建工作目录

PKPM默认的工作目录为C:\PKPMWORK，这个目录在安装PKPM软件时由安装向导自动创建。为了避免同一工作目录设计多个工程，易引起设计数据混淆并导致设计出现问题，在开始一个新工程设计或某些特别的环节之前，都应依据需要创建工作目录，并通过【改变目录】按钮，把它设定为当前工作目录。指定了工作目录后，选择需要运行的软件模块及菜单，点击PKPM主菜单的【应用】按钮，即可进行下一步工作。

当本地机联入局域网并有网络映射驱动器或共享目录时，【改变目录】操作可能出现操作延时的情况，此时可以先在本机硬盘创建好工作目录，再直接把目录输入到【当前工

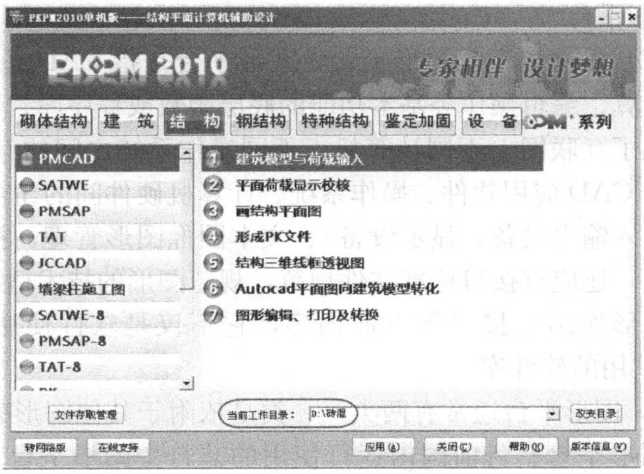

图 2-9 PKPM 主界面

作目录】编辑框里后，点击【应用】进入下一步的设计操作。

知识角

后面章节中，我们会学到当在主体结构中创建了参数化楼梯，或者进行基础设计之前，同一工程也需要创建不同的工作目录和备份。

2. 文件存取管理

位于 PKPM 主界面左下角的【文件存取管理】按钮向用户提供了备份工程数据功能。点击该按钮，软件进入“数据备份”界面，用户可以依据界面显示的数据文件类型选择需要备份的文件，PKPM 会自动把选择的备份文件压缩到名称为“工程名 . RAR”的压缩包中，为用户复制备份。备份压缩包保存在当前工作目录下。

备份文件功能可以为用户方便地实现设计文件备份、计算书备份等不同操作。如果用户单纯为了备份整个设计，也可以不通过 PKPM 的“备份数据”操作而自行压缩整个设计目录。

提示角

有少量用户习惯了 Windows 的点击工作文件，启动相应的应用软件的工作方式。在此需要指出的是，PKPM 并不适用这种方式。要打开一个已有的 PKPM 工程，必须从主界面选定改工程所在的文件夹，之后点击【应用】按钮。

3. 版本转换

在 PKPM 主菜单的左下角有“单机版”和“网络版”切换按钮，用于用户同时使用单机版和网络版间的切换。此按钮在使用不同的软件锁时，是一个比较方便的功能。当然，没有两种软件锁的用户，也要特别注意软件的版本状态。

2.1.4 PKPM 的图形平台与 TCAD

图形平台是 CAD 系统实现图形功能的必备平台，软件通过图形平台把用户输入的模型数据以图形方式显示在计算机屏幕上，从而实现人机交互；施工图绘制阶段，用户通过图形工具对施工图纸进行编辑加工。图形平台与图形工具二者之间联系十分密切，所以有时我们也把图形平台和图形工具统称为图形平台。

1. PKPM 的图形平台

工程建设（AEC）软件离不开图形平台，图形平台是指 CAD 系统中提供图形生成、存储、显示、图形计算、编辑操作等基本功能的底层函数或程序库。与互联网上的互联软件使用中间软件实现了互联网上不同计算机、不同操作系统之间的互访一样，CAD 软件的图形平台是连接于 CAD 应用软件、操作系统、计算机硬件间的纽带程序。图形平台不仅具有设备管理（输入输出设备、显示设备）、文本图像图形管理、视窗视区管理、图形要素管理等许多功能，还应有接口标准文件规范，规范图形的技术标准、存储格式、显示方式、编辑加工、图形库函数接口等方面内容，它不仅是软件使用者的好帮手，也是 CAD 程序开发团队共用的软件库。

在 CAD 系统中，图形平台通常有两类，一类是依附于其他图形软件的非自主图形平台，另一类是自主图形平台。目前国内运行使用的非自主图形平台，大多是利用 AutoCAD 提供的二次开发功能实现的，使用这类图形平台的 CAD 软件一般都有类似 AutoCAD 的用户界面。使用非自主图形平台的 CAD 软件用户，需要了解 CAD 软件开发商与原创图形软件开发商之间合作类型，弄清购买这类 CAD 软件时，是否还需要额外购买这个通用图形软件，以免违反国家关于知识产权方面的法律法规。CFG 及 PKPM 软件自身的界面以及软件的维护升级不受 AutoCAD 版本的制约。

自主图形平台是 CAD 软件自主开发者开发的图形平台。PKPM 系列软件的图形平台采用 Windows API 函数由底层做起，是 PKPM 研发团队自主研发的图形平台。由于 PKPM 安装后有一个 CFG 子文件夹，PKPM 的图形平台程序大多放置于此，故习惯上用户把 PKPM 的图形平台称为 CFG。CFG 经过了 20 多年的发展，期间有很多次升级，主要版本有两个：一个是与 2005 规范软件配套的图形平台；另一个是与 2008 规范软件配套的图形平台 CFG50。

CFG 的图形文件后缀为“T”，行业内通常称之为 T 文件。T 文件具有向下兼容性，即低版本 CFG 生成的 T 文件，可以用高版本的 CFG 打开，反之则不能。

2. PKPM 的图形工具软件 TCAD

以图形平台作为底层支撑开发的具有人机交互功能和可视化界面的部分，我们称之为图形工具软件。

PKPM 图形平台工具 TCAD 如图 2-10 所示，TCAD 嵌入在 PKPM 设计系统中。

在后期学习 PKPM 时，我们可以了解到 PKPM 的多个子模块都有一个“图形编辑、打印及转换”菜单，通过它们用户可以启动并进入 TCAD。由于 PKPM 软件使用了自主的图形平台和自主图形平台工具 TCAD，这种架构使 PKPM 不像很多其他 CAD 软件那样必须先要配置一个其他的图形平台（如 AutoCAD），从而大大减少了用户的负担，而且安装轻便，设计过程非常流畅。

由于国内、国际上 Autodesk 公司的 AutoCAD 图形平台应用很多、发展很快，TCAD 多年来一直在跟踪和学习 AutoCAD 的发展。TCAD 在界面、基本功能操作、编辑方式等方面全面模仿 AutoCAD 的功能和风格，使广大熟悉 AutoCAD 的用户可同样无障碍地使用 TCAD。TCAD 在图形显示缩放、图形编辑、图档管理等主要性能指标上并不落后，有些方面甚至优于 AutoCAD。

CFG 通过 TCAD 实现了与 AutoCAD 实现文件单向交换，用户可以通过 PKPM 的图

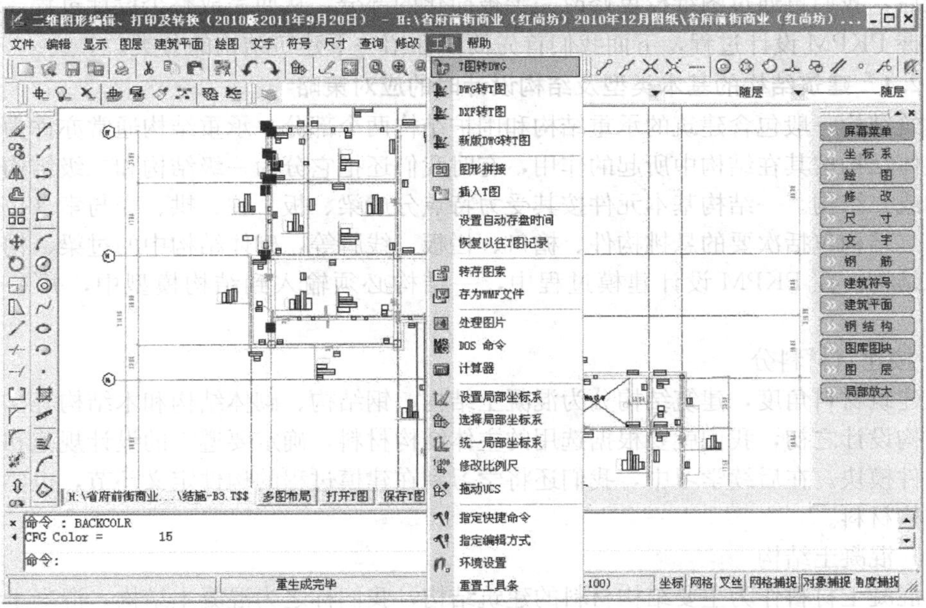

图 2-10 TCAD 界面

形工具软件 TCAD 软件，实现 T 文件和 DWG 文件的相互转换。在后期 PKPM2010 学习中，我们还将学到通过 PKCAD 的“AutoCAD 平面图向建筑模型转化”操作，可以方便地实现利用建筑图的 DWG 文件建立结构的基本结构设计模型的过程，这个功能也是以 CFG 为基础实现的。

TCAD 不仅是 PKPM 的组成部分之一，它还可以作为一个独立的图形平台使用，TCAD 也可以提供软件开发包给其他软件开发商供其二次开发用，多年来，TCAD 的发展得到国家科技部、建设部的九五、十五、十一五科技攻关项目和 863 项目的支持，多次获得国家和建设部科技进步奖奖励。

近几年来 PKPM 研发人员在 CFG/TCAD 研究基础上，还对建筑 IFC 数据标准（International Alliance for Interoperability）和建筑信息模型 BIM（Building Information Modeling）技术应用进行了卓有成效的研究，PKPM 的空间结构建模及分析软件 SpasCAD 是其代表性研发成果。

另外，目前 PKPM 软件已经研发成功并正在不断完善的、基于 AutoCAD 环境的 PAAD 软件模块，是其首款完全基于 BIM 技术的混凝土施工图绘制软件，目前已经推出其试用版。PAAD 直接利用 AutoCAD 进行二次开发，可以弥补 TCAD 图形编辑功能稍弱的缺憾，使设计绘图过程更加流畅。PAAD 与 AutoCAD 签有知识产权方面的战略合作协议，用户使用 PAAD 不会出现 AutoCAD 的版权侵权问题。

2.2 用 PKPM 进行建筑结构设计的操作流程

在用 PKPM 进行建筑结构设计过程中，我们通常是根据结构的分类和特点，对次要的构件进行合理简化，向结构模型中输入起主要作用的结构构件，经由 CAD 软件的分析绘图之后，我们再通过图纸校审修改完善被简化的部分，从而完成整个设计过程。为了更好地掌握 PKPM 设计过程，下面我们首先简要介绍一下建筑结构的分类。

2.2.1 建筑结构的基本类型及结构设计时的应对策略

建筑结构一般包含建筑的承重结构和围护结构两个部分。承重结构通常亦称为主体结构。主体结构按其在结构中所起的作用，有时我们还把它分为一级结构和二级结构，简称一结构或二结构。一结构基本元件按其受力特点分成梁、板、柱、拱、壳与索（拉杆）六大类，二结构包括次要的悬挑构件、檐口、栏板、线脚等，砌体结构中的过梁、构造柱等也是二结构。在 PKPM 设计建模过程中，一结构必须输入到结构模型中，并参与结构分析。

1. 按建筑材料分

从建筑材料角度，建筑结构分为混凝土结构、钢结构、砌体结构和木结构等。在进行建筑结构设计之初，我们就要根据选用的主体结构材料，确定要遵守的设计规范和选用合适的软件模块。在后续学习中，我们还将学习到在建模过程的构件定义环节，也要定义选用的结构材料。

（1）混凝土结构

由混凝土材料作为主要结构材料的建筑结构，我们称之为混凝土结构。混凝土结构包括素混凝土结构、钢筋混凝土结构及预应力钢筋混凝土结构，混凝土结构是常用的建筑结构，与混凝土结构设计有关的规范有《混凝土规范》、《分类标准》、《抗规》第 7 章、《异形柱规程》、《高规》等；混凝土结构通常使用的 PMCAD 建立结构模型，对于复杂的组合结构，也可以采用 PMSAP 的“空间结构建模及分析”SpasCAD 模块。

（2）钢结构

钢结构是指以钢材为主制作的结构；钢结构设计规范有：《抗规》第 8 章、《门规》、《钢结构规》、《网架规范（2007 年）》等。钢结构建模时按其结构类型可以选用 PKPM 的 STS、PMSAP、PMCAD 等不同模块。

（3）砌体结构

砌体结构是指由块材（如普通黏土砖、硅酸盐砖、石材等）通过砂浆砌筑而成的结构，砌体结构按材料又分砖砌体、砌块砌体和石砌体。砖砌体包括烧结普通砖、非烧结硅酸盐砖和承重黏土空心砖砌体。砌块砌体包括混凝土中型、小型空心砌块和粉煤灰中型实心砌块砌体。砌体结构还分为无筋砌体、配筋砖砌体、配筋混凝土空心砌块砌体等。砌体结构设计规范有《砌体规范》、《小砌块规程》等。砌体结构设计建模时选用 PKPM2010 的砌体结构 QITI 进行建模、分析与设计。

在此需要补充的是，与 PMPM05 相比，PKPM08 和 PKPM2010 的砌体结构设计部分做了较大调整，PKPM08 以后版本整合了 PKPM05 版本中分散于 PMCAD、QIK、SATWE、PK 等模块的砌体设计与计算程序，形成一个新的软件模块——砌体结构辅助设计软件（QITI）。

2. 按竖向承重体系分

建筑结构按其承重结构的类型可分为墙承重结构、框架-剪力墙结构、框架结构、筒体结构、大跨度结构等。

（1）排架结构

采用柱和屋架构成的排架作为其承重骨架，外墙起围护作用，单层厂房是其代表性结构。在 PKPM 中，可用 PMCAD 创建混凝土单层厂房设计模型，之后生成 PK 文件，用 PK 进行排架分析、设计及绘图。也可直接通过 PK 创建排架模型，并进行分析与设计。

（2）框架结构

以柱、梁、板组成的空间结构体系作为骨架的建筑结构。框架结构中，房屋的围护墙和隔墙是框架填充墙，不是框架结构的“一结构”构件。在 PKPM 中，通常用 PMCAD 创建结构设计模型并绘制楼板施工图，用 SATWE 或 SATWE-8 进行三维空间分析与设计，用“墙梁柱施工图”模块绘制施工图纸。

框架结构是常见的一种建筑结构形式，其中关于混凝土框架结构的构件划分需要明确以下方面：

• 异形柱

框架结构中的异形柱框架结构，通常用于小高层住宅，也是一种常见的结构类型。柱子有两个以上不共轴的侧肢，且侧肢长度与宽度之比介于 3 和 5 之间的框架柱，为异形柱。在 PMCAD 建模中，异形柱按框架柱输入，混凝土异形柱的具体设计规定，详见《异形柱规范》。

• 框支柱与框支梁

框支梁与框支柱用于转换层，如下部为框架结构，上部为剪力墙结构，支撑上部结构的梁柱在 03G101-1 中表示为 KZZ 和 KZL。框支梁与框支柱的设计，在《抗规》、《高规》中有专门条文规定。

• 深梁

从弹性力学中我们知道，当跨度与截面高度之比小于 2，受力后截面上弹性弯曲应力不再为线性分布，这样的梁我们称之为深梁。《混凝土规范》第 9.2.15 条文说明指出“根据分析及试验结果，国内外均将 $l_0/h \leqslant 2.0$ 的简支梁和 $l_0/h \leqslant 2.5$ 的连续梁视为深梁，并对其截面设计方法和配筋构造给出了专门规定。”依据《混凝土规范》第 G.0.1 条“简支钢筋混凝土单跨深梁可采用由一般方法计算的内力进行截面设计；钢筋混凝土多跨连续深梁应采用由二维弹性分析求得的内力进行截面设计”的规定，在 PMCAD 中，深梁宜以剪力墙开洞构件输入。

• 深受弯构件

《混凝土规范》第 9.2.15 条文说明在给出深梁定义的同时，还指出：“试验研究表明，l_0/h 大于深梁但小于 5.0 的梁（国内习惯称为‘短梁’），其受力特点也与 $l_0/h \geqslant 5.0$ 的一般梁有一定区别，它相当于深梁与一般梁之间的过渡状态，也需要对其截面设计方法作出不同于深梁和一般梁的专门规定。本条将 $l_0/h < 5.0$ 的受弯构件统称为‘深受弯构件’，其中包括深梁和‘短梁’。深受弯构件（包括深梁）是梁的特殊类型，在承受重型荷载的现代混凝土结构中得到越来越广泛的应用，其内力及设计方法与一般梁有显著差别。本条给出了深梁及深受弯构件的定义，具体设计方法见本规范附录 G。”

《混凝土规范》第 9.2.15 所界定的“短梁”在 PMCAD 建模中按梁还是墙输入，需要设计人员依据具体情况酌情处理。

• 框架梁与框架柱

不属于上述情况的组成框架结构的梁柱构件，我们可以视为框架梁和框架柱，在 PMCAD 中可以按梁或柱构件输入。

(3) 墙承重结构

用墙体来承受由屋顶、楼板传来的荷载的建筑，称为墙承重受力建筑。如混合结构的住宅、办公楼、宿舍。

底部框架、部分框架、内框架等结构形式是介于墙承重结构和框架结构间的一种组合结构类型，是砌体房屋的一种特殊形式。在进行这类结构设计时，要结合现行《抗规》和《砌体规范》，融合设计经验，对底部框架进行抗震设计和对分析参数进行控制。在PKPM2010中，砌体结构辅助设计软件（QITI）是用于墙承重结构设计的模块。

(4) 剪力墙结构

剪力墙结构也是一种重要的结构形式，剪力墙结构的楼板与墙体均为现浇或预制钢筋混凝土结构。我们需明确下列构件类型：

• 框支剪力墙，简称框支墙

框支剪力墙是指结构中，部分剪力墙因建筑要求不能落地，需落在下层框架梁上，再由框架梁将荷载传至框架柱上，这种类型的剪力墙就叫框支剪力墙。这样的梁就叫框支梁，柱就叫框支柱。在结构设计中，框支剪力墙比较少见，大部分剪力墙一般都会落地直通基础，这样的墙为剪力墙。《抗规》第6.4.6条“抗震墙的墙肢长度不大于墙厚的3倍时，应按柱的有关要求设计”。也就是说，如果墙肢长度不大于墙厚的3倍，该墙在PMCAD中应按框架柱建模。

• 短肢剪力墙

剪力墙墙肢长度与宽度之比介于5和8之间的剪力墙，为短肢剪力墙，侧肢长度与宽度之比大于8的为剪力墙。短肢剪力墙结构是剪力墙结构的一种特殊形式，常用于高层住宅结构。在PMCAD建模时，短肢墙、框支墙、剪力墙都按墙构件输入。对框支墙、短肢墙的设计规定，在《抗规》、《高规》中有专门条文。

(5) 框架-剪力墙结构

在框架结构中设置部分剪力墙，使框架和剪力墙两者结合起来，共同抵抗水平荷载的空间结构。

(6) 筒体结构

框架内单筒结构、单筒外移式框架外单筒结构、框架外筒结构、筒中筒结构和成组筒结构。

(7) 大跨度空间结构

该类建筑往往中间不设柱子，而通过网架等空间结构把荷载传到建筑四周的墙、柱，如体育馆、游泳馆、大剧场等。

3. 按层数分

建筑物按层数分类分为多层建筑结构（包括单层）、高层建筑结构和超限高层建筑结构三种，其设计过程的技术控制有所不同，如图2-11所示。

《高规》总则第1.0.2条规定：“本规程适用于10层及10层以上或房屋高度超过28m的住宅建筑以及房屋高度大于24m的其他高层民用建筑结构。非抗震设计和抗震设防烈度为6至9度抗震设计的高层民用建筑结构，其使用的房屋最大高度和结构类型应符合本规程的有关规定。”因此，通常我们可以认为建筑结构层数在10层以上或房屋高度超过28m的住宅或高度超过24m的其他民用建筑结构为高层建筑结构，少于上述分界的建筑结构为多层或单层建筑。

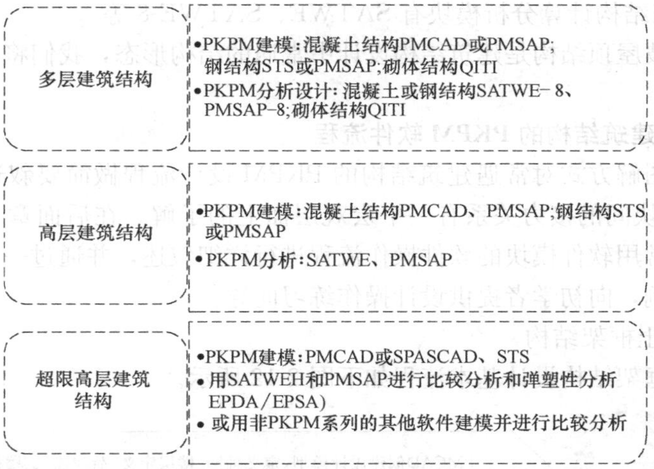
多层建筑结构
•PKPM建模：混凝土结构PMCAD或PMSAP；钢结构STS或PMSAP；砌体结构QITI
•PKPM分析设计：混凝土或钢结构SATWE-8、PMSAP-8；砌体结构QITI
高层建筑结构
•PKPM建模：混凝土结构PMCAD、PMSAP；钢结构STS或PMSAP
•PKPM分析：SATWE、PMSAP
超限高层建筑结构
•PKPM建模：PMCAD或SPASCAD、STS
•用SATWEH和PMSAP进行比较分析和弹塑性分析EPDA/EPSA)
•或用非PKPM系列的其他软件建模并进行比较分析

图 2-11　不同层数的结构设计

高层建筑或多层建筑结构都可用 PMCAD 或 PMSAP 创建设计模型，然后高层建筑结构用 SATWE、PMSAP 等进行分析设计，多层建筑结构用 SATWE-8、PMSAP-8 进行分析设计。

超过《高规》第 3.3 条规定的钢筋混凝土高层建筑结构的最大适用高度和高宽比的高层建筑结构，我们称之为“超限高层建筑结构”。超限高层建筑结构在项目初步设计阶段，即要报省级超限高层审查委员会进行审查，有关审查程序请参见有关政府部门政务公开网站。

知识拓展

国家标准《工程设计资质标准》（000013338/2007-00045）的第二章确定了设计企业的工程设计资质核定标准，设计企业行业设计资质分为甲、乙、丙三个资质等级。

在附件 3-21-1 的“建筑行业（建筑工程）建设项目设计规模划分表”对工程等级划分为“大型”、“中型”、“小型”三个等级。

在第三章对具有不同行业资质的设计企业业务范围做了规定，其中甲级设计范围不受限制，乙级可以承担中小型工程设计，丙级承担小型工程设计。

4. 按体系特征分

建筑结构按体系特征还可划分为规则结构、不规则结构、错层结构、坡屋顶结构、大空间结构、格构梁与转换层、多塔结构等。

规则结构通常指结构平面或立面无显著凹凸变化，结构构件布置比较规则划一，结构传力方式比较简单的建筑结构，规则结构通常具有对称特性。

所谓不规则建筑是指背离传统建筑空间构成法则，外表和空间构成不规则的建筑。依据《抗规》第 3.4.1 条、第 3.4.3 条对不规则结构的判断标准，不规则建筑结构有平面不规则和竖向不规则两类。

（1）平面不规则分为扭转不规则、凹凸不规则、楼板局部不规则三种。

（2）竖向不规则有侧向刚度不规则、竖向抗侧力构件不连续、楼层承载力突变等。《抗规》第 3.4.4 条、第 3.10.1 条等条文对不规则的内力、抗震性能优化设计等做出了专门的设计规定。第 3.4.4 条特别规定不规则结构应采用空间结构模型进行分析计算，PK-

PM 中常用的空间结构计算分析模块有 SATWE、SATWE-8 等。

错层结构、坡屋顶结构是建筑结构设计中常遇的结构形态，我们将在后面章节中专门讨论。

2.2.2 常遇建筑结构的 PKPM 软件流程

本节我们用图解方式对常遇建筑结构的 PKPM 设计流程做简要叙述，以便使初学者对 PKPM 软件模块间的接力关系有一个宏观层面上的了解。在后面章节中，我们会对混凝土结构设计的常用软件模块的软件操作流程进行详细叙述，并通过一个贯穿全书的多层框架结构设计实例，向初学者提供设计操作练习向导。

1. 多层混凝土框架结构

多层混凝土框架结构设计基本流程如下图 2-12 所示。

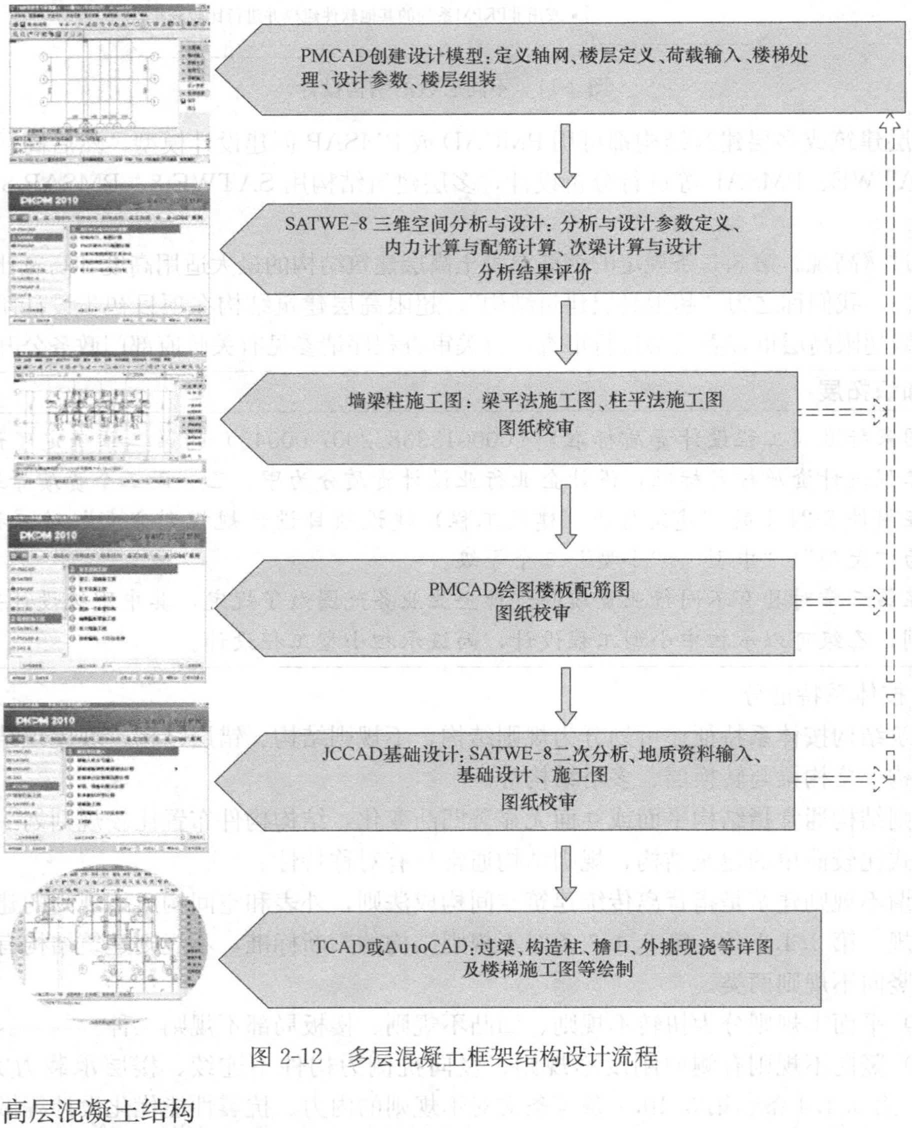

图 2-12　多层混凝土框架结构设计流程

2. 高层混凝土结构

与多层建筑相比，高层建筑往往具有更加复杂的平面，楼层间的竖向交通关系组织方式往往也比较多样，这就使得高层建筑结构具有比多层建筑结构更加复杂的构件关系，其在地震、风载作用下的特性也比多层建筑结构复杂得多。错层、结构变刚度、转换层、格构梁、空心楼盖、结构薄弱层、地下室嵌固端、弹性楼板等复杂的结构特征的出现，导致高层建筑结构要受到规范条文更加严格的限制，方案优选、设计过程、图纸表达内容比多层建筑结构更加复杂。

为了让大家对高层混凝土结构的 PKPM 设计流程有个整体了解，我们给出了图 2-13 所示的高层混凝土结构设计基本流程。

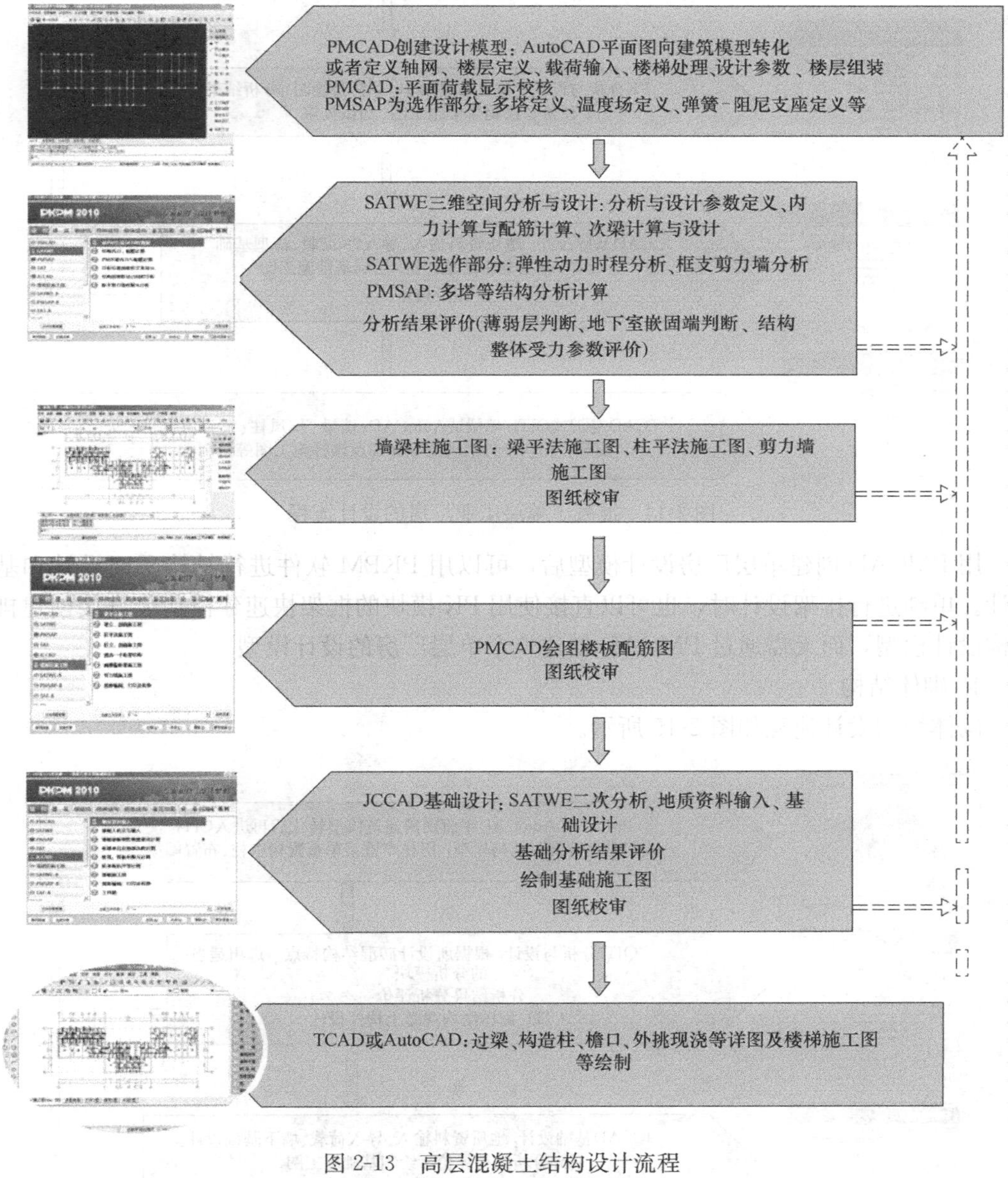

图 2-13　高层混凝土结构设计流程

3. 单层工业厂房

单层工业厂房根据主体结构材料分为混凝土厂房和钢结构厂房两种。在 PKPM 中，钢结构厂房设计是通过钢结构模块实现的。

混凝土单层厂房抗震设计详见《抗规》第 9 章。在本书中，我们通过图 2-14 给出混凝土单层工业厂房的主体结构设计流程。

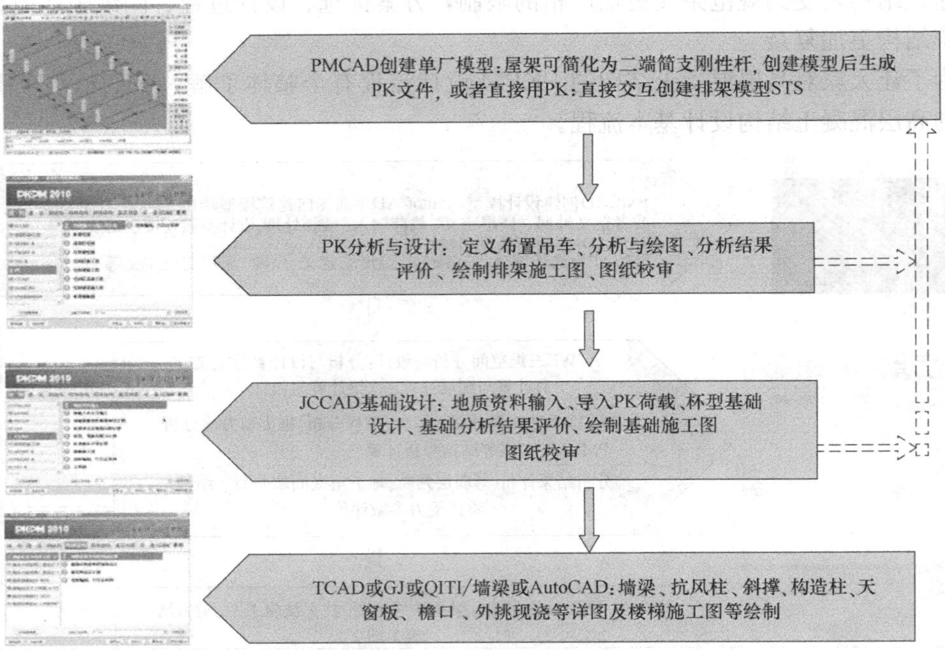

图 2-14　混凝土单层工业厂房的设计流程

用 PMCAD 创建单层厂房设计模型后，可以用 PKPM 软件进行结构平面设计和基础设计。单纯进行排架设计时，也可以直接使用 PK 模块的框架快速建模功能直接创建排架结构设计模型，而无需通过 PMCAD 创建整个单层厂房的设计模型。

4. 砌体结构

砌体结构设计流程如图 2-15 所示。

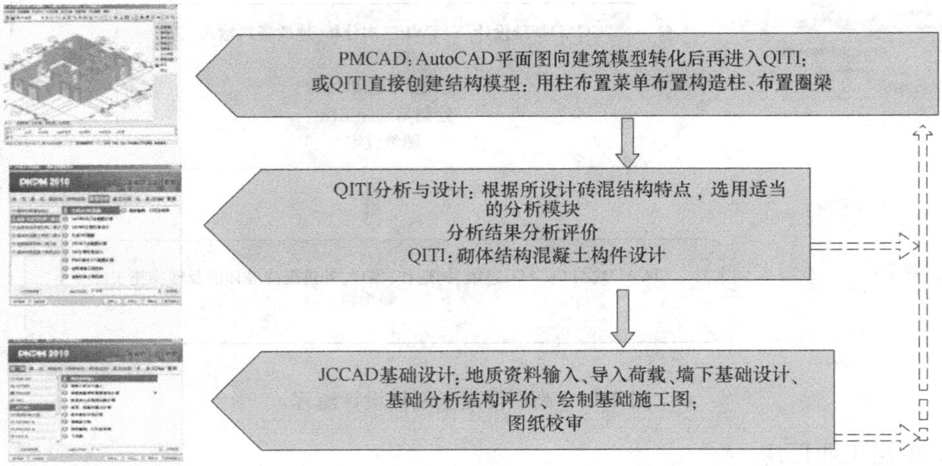

图 2-15　砌体结构设计流程

思考题与练习题

1. 思考题

(1) 简述一下 PKPM 软件的名字由来，它是由哪个研究院开发的?

(2) 如果在一台已经安装了 PKPM08 的计算机上安装 PKPM2010，应该如何操作?

(3) PKPM2010 共包括几个用于建筑结构设计的模块组?

(4) 什么是自主图形平台? 它有何优缺点? PKPM 的图形平台及图形工具名称为什么?

(5) 请说出 5 个以上常用于结构设计的 PKPM2010 软件模块名称英文简写及其主要功能。

(6) 请说出什么是规则建筑结构，什么是非规则建筑结构? 它们的主要区别有哪些? 请查阅并说出《抗规》第 3.4 节关于不规则结构设计的规定。

(7) 请说出什么是超限高层?

(8) 请说出框支梁、框支柱、框支剪力墙、框架柱、异形柱、短肢剪力墙、框架梁、深梁、深受弯梁的判断标准。

(9) 请说出多层框架结构和砌体结构的设计基本流程及所使用的 PKPM 软件模块。

(10) PKPM 软件所生成的图形文件后缀是什么? 通过什么工具可以把它转换为 DWG 文件?

2. 练习题

(1) 请用 TCAD 工具，自己找一个 DWG 文件并将其转换为 T 文件（如果 DWG 文件转换不成功，请把它保存为 R14 版本，如果 DWG 文件是天正建筑生成的文件，应把它转换为纯 DWG 格式再进行此题操作）。

(2) 请把上面操作生成的 T 文件改名，用 TCAD 打开并进行适当编辑操作后，再转换为 DWG 文件。

第 3 章　结构建模方法及 PMCAD 应用

学习目标

了解 PKPM 设计常遇建筑结构的基本流程

熟悉 PMCAD 建模常用菜单操作

掌握结构设计参数确定方法，熟悉相应的规范条款

掌握从 DWG 识别轴网和交互创建轴网方法，学会建筑底图的使用

掌握主次梁定义及主次梁设计方法，深入理解梁配筋构造

掌握 PMCAD 房间、楼板生成及 PMCAD 导荷原理，了解导荷修改操作

掌握梁间载荷及楼面载荷的统计及布置，了解荷载等效操作

掌握楼层组装的基本方法，了解广义层的作用

掌握根据数据检查修改模型及模型恢复方法

PMCAD与PKPM其他结构模块联系图

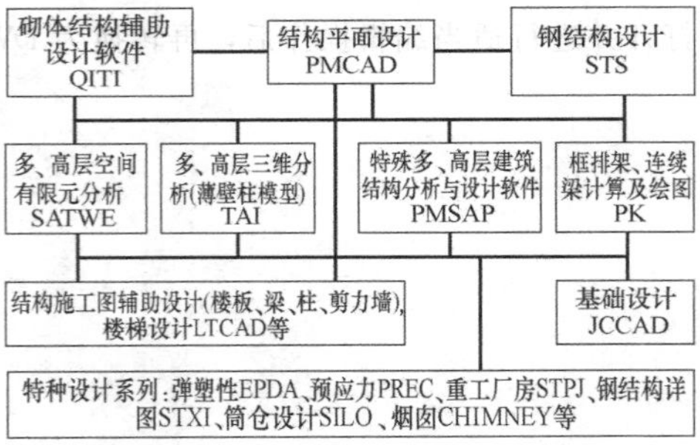

本章我们将通过软件操作、设计原理、规范条目和设计实例四条主线介绍 PMCAD 软件创建结构设计模型的方法和操作，这一章中的轴网定义、构件布置、荷载定义、楼板生成、楼层组装及模型检查修改是学习 PKPM 软件过程中比较重要的内容。

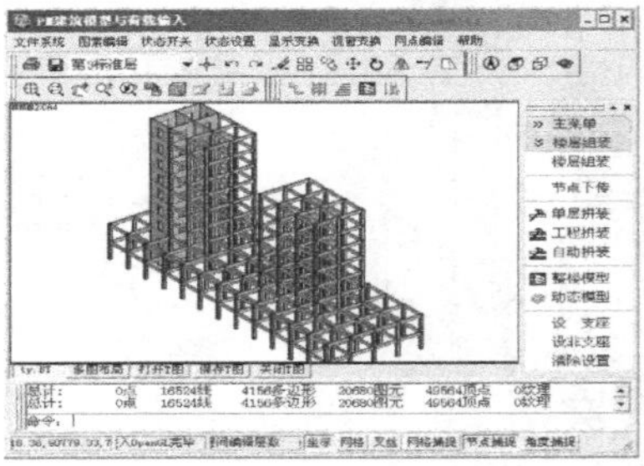

通过对本章的深入学习，并辅以必要的自我练习和思考，相信我们一定能掌握快速准确创建设计模型的方法。读者如果采用自学方式学习本书，可通过模拟本书设计实例完成对 PKPM 的初步学习后，再回头细细品味本书其他内容以提高学习效率。

3.1　PMCAD2010 基本功能及使用简介

结构平面计算机辅助设计系统 PMCAD2010（下文除特别需要注明版本外，简称 PM-CAD）是 PKPM2010 系列 CAD 软件的基本组成模块之一，也是 PKPM 进行混凝土结构设计的核心模块，它采用面向对象的人机交互用户界面，能引导用户逐层地布置结构构件和荷载，自动进行荷载导算，自动计算构件自重，且具有结构模型查错功能，用户通过

PMCAD可方便地建立整栋建筑的结构设计模型。

3.1.1 PMCAD的基本功能及适用范围

由于结构建模在CAD过程中处于十分重要的地位，因此我们有必要先了解PMCAD的功能及适用范围。

1. PMCAD的适用范围

PMCAD适用于任意平面形式结构模型的创建，现把《PMCAD2010用户说明书》中列出的适用范围摘录如下：

（1）可创建不大于190层的建筑结构模型。

（2）网格节点总数不大于9000，用户命名轴线总数不大于8000。

（3）标准梁、柱截面数量不大于300，标准墙截面数量不大于80。

（4）每层柱根数不大于3000。每层主梁根数、墙数各不大于8000，每层房间总数不大于3600，每层次梁总根数不大于1200。

从上面内容可以看出，PMCAD所具有的建模能力是十分强大的，完全可以创建目前建筑技术条件下的所有建筑结构模型。

2. PMCAD的基本功能

PMCAD作为PKPM软件的核心模块，它具有人机交互建立设计模型、荷载导算、为计算分析模块和施工图绘制模块生成数据以及利用建筑图快速创建结构模型等功能。

（1）PMCAD2010具有把建筑平面图转化为结构模型的能力

在PKPM2010版本中，“AutoCAD平面图向建筑模型转化”的能力得到强化，并在PMCAD2010主菜单增加了此项内容。

（2）人机交互建立结构模型与荷载输入及导算

PMCAD软件采用人机交互方式，引导用户逐层布置梁、柱、墙、洞口、楼板等结构构件，输入对应楼层的荷载，最后通过楼层组装建立整楼结构模型。

PMCAD具有较强的荷载输入、荷载统计和荷载导算功能，除计算结构构件自重外，还能自动完成从楼板到次梁，从次梁到主梁的荷载导算。设计时，为了节省荷载统计工作量，可以定义混凝土容重为26～28kN/m^3，以便让软件自动计算包括构件表面抹灰在内的构件自重。

（3）为PKPM的各种计算分析软件提供计算模型

PMCAD能为分析设计软件块SATWE、TAT、PMSAP等提供计算模型所需的数据。在向SATWE提供数据时，PMCAD对墙构件自动划分壳单元并生成SATWE数据文件，向TAT提供数据时，PMCAD把所有梁柱转换成三维空间杆单元，把剪力墙肢转换成薄壁柱计算模型。

通过PMCAD的“生成PK文件”菜单项，可以生成用户指定的框架计算数据文件或任意结构平面上的多组连续梁数据，供平面框架分析设计软件PK使用。

为基础设计软件JCCAD提供底层结构布置与轴线网格布置，以及按结构平面导算的上部结构传到基础的恒、活荷载，通过PMCAD导算的上部结构传到基础上的荷载我们称之为PMCAD荷载，PMCAD荷载可用于砖混结构下的条形基础设计。

（4）为上部结构施工图绘制软件提供绘制施工图所用的数据

PMCAD为其“画结构平面图”和PKPM的“墙梁柱施工图”模块提供绘制施工图

所需的精确的梁柱墙关系、截面尺寸及轴线定位尺寸等数据。

3.1.2　PMCAD 的主菜单

在 PKPM 主界面上选中【结构】模块组的 PMCAD 模块后，PKPM 主界面右侧菜单栏即会显示图 3-1 所示的 PMCAD 主菜单。从图 3-1 可以看出，PMCAD 有【建筑模型及荷载输入】、【平面荷载显示校核】、【画结构平面图】、【AutoCAD 平面图向建筑模型转化】、【图形编辑打印及转换】等菜单项。PMCAD 主界面的工作流程如图 3-2 所示。

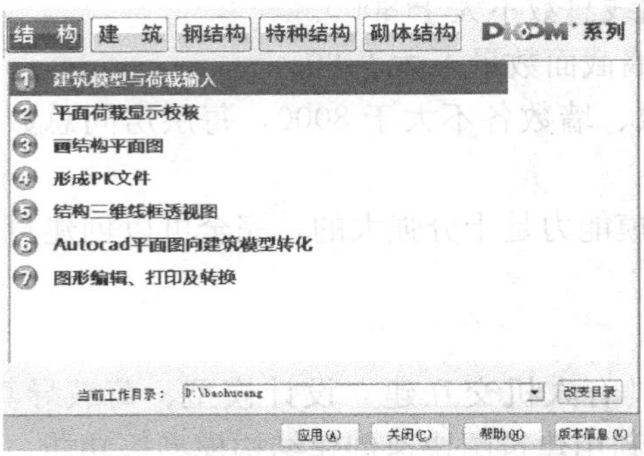

图 3-1　PMCAD 主菜单

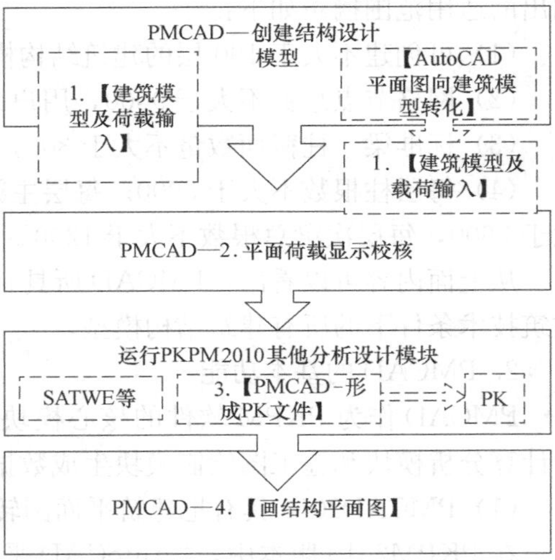

图 3-2　PMCAD 主工作流程

前面我们已经知道 PMCAD2010 除【建筑模型及荷载输入】之外，还强化了【AutoCAD 平面图向建筑模型转化】建模方式，并且二者可以实现数据共享，这种建模方式的强化，使得 PMCAD 建模能力更加强大，极大地提高创建结构模型的效率。【AutoCAD 平面图向建筑模型转化】不能输入荷载数据，因此，用【AutoCAD 平面图向建筑模型转化】之后，还需要进入【建筑模型及荷载输入】过程，输入荷载数据。在后面的具体工程实例中，我们会详细介绍【建筑模型及荷载输入】与【AutoCAD 平面图向建筑模型转化】的操作。

3.1.3　创建工程文件及工程名

PMCAD 软件的文件创建与打开方式与 AutoCAD 有所不同，下面介绍其具体操作。

1. 创建 PMCAD 工程名

开始创建 PMCAD 模型，首先要指定工作目录，之后再给创建的结构模型命名“工程名”，以后 PMCAD 生成的大量以该工程名为文件名的文件，将保存在预先设定的工作文件夹之内。其过程如下：

• 点击图 3-1 界面的【改变目录】按钮，或直接在【当前工作目录】编辑框输入要创建工作目录的路径，指定或创建当前工程的工作目录。

• 选中图 3-1 中 PMCAD 主菜单的【建筑模型及荷载输入】或【AuotCAD 平面图向建筑模型转化】后，点击【应用】按钮；或直接双击交互建模菜单项，即可进入交互建模过程。

• 对于新工程，此时 PMCAD 弹出图 3-3 所示【请输入 PKPM 工程名】对话框，在该对话框中输入要建立的新工程名，如输入“办公楼”然后按 Enter 键确认，即可创建一个新的工程。

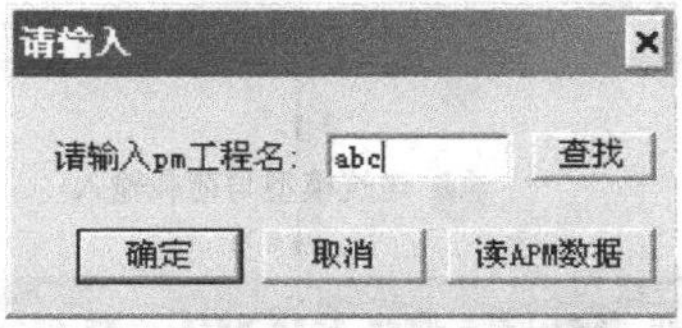

图 3-3 PMCAD 创建新工程

与 PMCAD2005 相比，PMCAD2010 对创建或打开一个工程时的交互过程做了改进，不再在屏幕上询问用户“旧文件/新文件（1/0）:”以及需要用户输入确认标志数，这细微的改变使得软件操作更加流畅。此种改进，使得 PKPM2010 只能在一个工作目录内完成一个工程的设计，从而保证了数据的安全性。

2. 在已有的结构模型上继续工作

如果需要对一个已有的结构模型进行修改或在已有的模型上继续进行建模工作，只需从 PKPM 的主界面上选定该工程的工作目录，之后点击 PMCAD 的【建筑模型及荷载输入】或【AutoCAD 平面图向建筑模型转化】，即可进入交互建模界面并直接打开以前所创建的结构模型。此处与 PKPM2005 相比，PKPM2010 也做了改进，去掉了一直被用户诟病的询问环节。

3. PMCAD 的工程文件组成

在创建模型过程中，PMCAD 会创建若干后缀为 PM 的文件来描述一个建筑结构的模型数据，作为用户一般不需关心其各个文件所记录的数据内容。若需要在其他计算机上对该工程进行操作，比较简捷的操作方法是复制该工程的整个工作目录。

4. 不能通过双击 PMCAD2010 生成的文件打开一个工程

与 AutoCAD 等单工作文件软件不同，由于 PKPM 在设计过程中会生成很多平级工作文件，因此要打开一个 PMCAD 创建的模型，不能采用类似 AutoCAD 那种双击某个后缀为 DWG 文件启动程序的方式开始工作。要打开 PMCAD 创建的模型，必须在 PKPM 界面上指定该模型所在的工作目录，之后点击 PKPM 相应的菜单才能开始工作。

3.1.4 PMCAD 创建设计模型的主界面及常用按钮

前面我们介绍了 PMCAD 具有【建筑模型及荷载输入】与【AutoCAD 平面图向建筑模型转化】这两种创建结构模型的方法，在创建结构模型时，用户可根据工程的具体情况自行选择其中一种结构建模方法。

1. PMCAD 创建设计模型的主界面

图 3-4 为【建筑模型及荷载输入】与【AutoCAD 平面图向建筑模型转化】操作主界面。从图 3-4 可以看出二者基本相似，但是【建筑模型及荷载输入】方式可以进行【荷载输入】，而【AutoCAD 平面图向建筑模型转化】操作主界面则无荷载输入功能；同样【AutoCAD 平面图向建筑模型转化】有【DWG 转图】，而【建筑模型及荷载输入】则没有。

当然，二者的下级子菜单还有一些区别。如【AutoCAD 平面图向建筑模型转化】有轴线和构件识别子菜单，而【建筑模型及荷载输入】则没有。

2. PMCAD 人机交互界面的快捷按钮

从图 3-4 可以看出，PMCAD 创建结构设计模型的人机交互界面主要分六个部分，我们把这六个部分划分为常用区和不常用区，它们分别是：

• 中间的图形区，用图形方式交互显示用户输入的模型数据，此部分是交互建模时使用最频繁的部分。

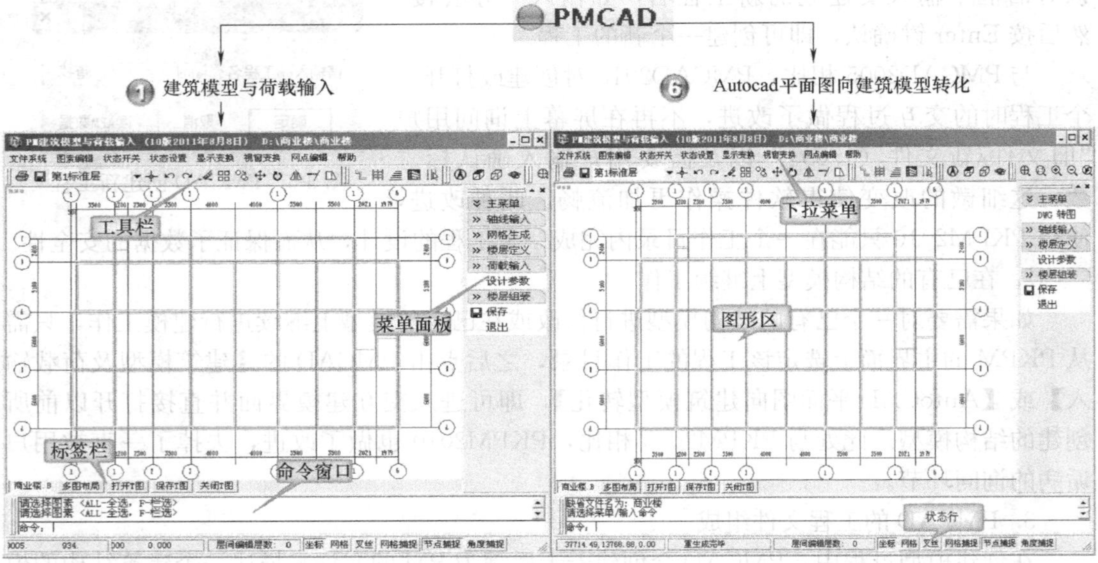

图 3-4 PMCAD交互建模主界面

• 图形区右侧的菜单面板区，该部分是交互建模使用最频繁的部分。

• 图形区上部的工具栏面板区，用于放置快捷按钮，部分按钮在建模过程中要频繁使用。

• 图形区下方的命令行，提示用户当前操作及输入操作命令，初级用户要特别注意在交互过程中，程序对于下一步操作的提示性信息。

• 面板区上方的下拉菜单，对于初级用户，此部分菜单在实际工作中较少用到。

• 命令区下方的状态栏，用于显示当前操作状态，在交互操作时有时需要注意状态栏显示的状态信息。

接下来在表 3-1 中介绍创建结构设计模型时常用的按钮功能，表中黑体部分是常用且在其他菜单中找不到替代工具的常用按钮，在建模过程中对它们的熟悉尤其重要。

PMCAD 交互建模界面常用按钮 **表 3-1**

按钮	自左至右按钮的功能
	后悔功能：向后回退一步（后悔）、向前回退一步（反后悔）
第1标准层	选择当前标准层：在构件及荷载编辑时快速变换标准层
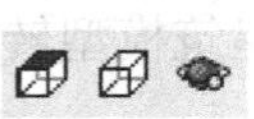	视图方式：平面视图、轴测视图、实体视图，用于轴测图和平面图间转换。轴测视图时，滚动鼠标中间滚轮可以放大缩小模型，同时按住【Ctrl】及鼠标中间滚轮，移动鼠标可以缓慢旋转轴测模型观察方向。按住鼠标滚轮移动鼠标可以平移轴测图
	显示变换：全屏显示、窗口显示、平移显示、实时缩放、三维线框视图
	主菜单：轴网输入、网格生成、楼层定义、楼层组装、荷载定义
	构件编辑：构件显示、构件删除、构件修改、构件编号、定位错误

3.1.5 PMCAD进行特殊操作时的快捷键及快捷操作

在创建结构设计模型过程中，大多数时候我们通过使用菜单或快捷按钮，即能完成我们将要进行的建模工作。但在某些特别情况下，如果我们不通过某些快捷键，往往就不能完成需要的操作，这些快捷键是：

1. 绘制单根网线、输入次梁时

在以后的学习中，我们会知道创建网格系统是结构设计过程中最基础的工作。在创建较复杂的网格系统时，单根网线绘制操作是必不可少的，届时会发现此处介绍的“相对坐标输入”、【S】、【F4】热键是非常有帮助。

（1）相对坐标输入：在图形区右下方状态栏上的【节点捕捉】处于按下状态时，把光标移动到已有的网格节点上，软件会在鼠标所在的网点上显示磁吸标志，表示已选中磁吸点为参考点，自动转入相对坐标输入状态，此时可直接输入相对该参考点的相对坐标，来确定单根网线或次梁的一个端点，此操作在绘制倾斜的单根网线或次梁时必会用到。

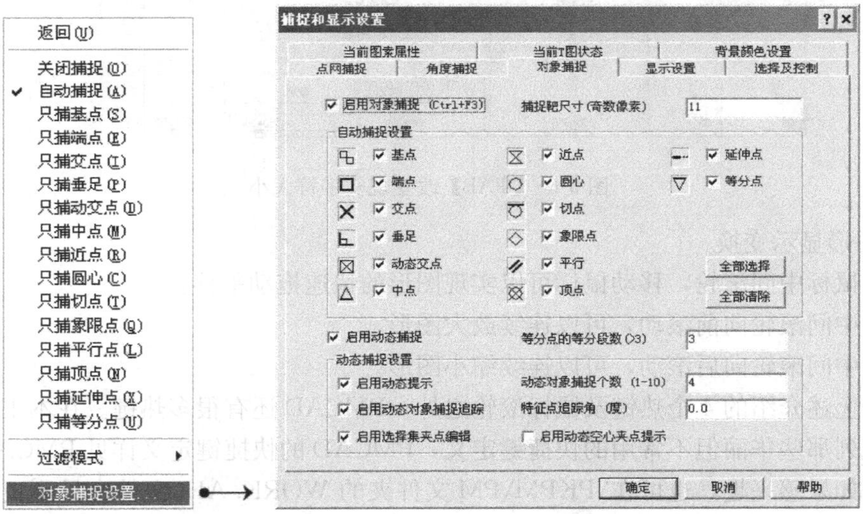

图 3-5 捕捉方式及捕捉设置

（2）【S】热键：绘制单根网线或确定网线组在图形区的插入点时，键入【S】键会弹出图 3-5 所示的捕捉方式选择窗口。

通过该窗口可快速选择适当的捕捉方式，常用的捕捉方式有【中点】、【垂足】、【等分点】及【对象捕捉方式】。【对象捕捉方式】可以设置等分点的等分份数等参数。

（3）【F4】热键：在绘制单根网线且已确定网线第一点后，键入【F4】快捷键，会进入角度捕捉方式（界面左下角的状态栏上的【角度捕捉】处于按下状态），移动鼠标，鼠标会按照【S】键【对象捕捉方式】定义的角度捕捉方式自动捕捉角度增量，在命令区直接输入极半径，即可定位网线第二点。也可点击图形区上方的【状态设置】下拉菜单的【点网设置】和【角度设置】设置捕捉增量。此种方式在绘制复杂定位关系的网线时可能会用到。

2. 显示构件截面尺寸时

有一定 PMCAD 使用经历的用户往往都有这样的经历，当要对已经布置的构件截面进行检查校核时，发现屏幕上显示的构件尺寸重重叠叠，根本无法看清。此时可使用【TAB】热键解决此难题。

【TAB】热键：当进行如图 3-6 所示对构件进行编辑修改且需显示构件截面尺寸，如果屏幕显示的文字大小不合适，可通过【TAB】热键调节字符大小。

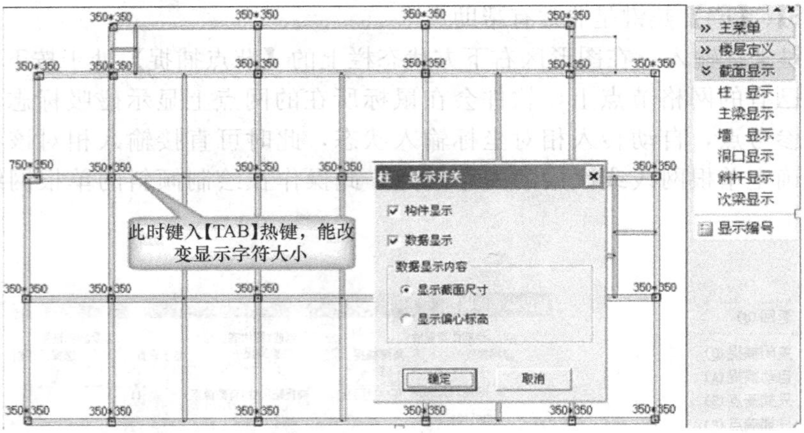

图 3-6 【TAB】改变现实字符大小

3. 图形显示变换

按住鼠标中间滚轮，移动鼠标可以实现图形的快速拖动平移。

鼠标中间滚轮向前滚动，可以连续放大图形。

鼠标中间滚轮向后滚动，可以连续缩小图形。

除了上述介绍的 4 个热键及鼠标滚轮之外，PMCAD 还有很多热键。在本书中我们不再详细罗列那些华丽但不常用的快捷键定义，PMCAD 的快捷键定义详见 PMCAD 的使用说明书。如果感兴趣，也可在\PKPM\PM 文件夹的 WORK. ALI 文件中见到更加详细的快捷键定义，当然也可以对此文件修改，定义自己的 PKPM 快捷键。

4. 轴测观察结构模型时

按住鼠标中间滚轮并移动鼠标可以对轴测模型进行平滑移动；按住 Ctrl 或者 Shift 键并同时按下鼠标中间滚轮，移动鼠标可以实现对轴测模型的平滑转动。这两热键在结构建模时十分有效和实用。

3.1.6 PMCAD 创建设计模型的常用菜单关系图

为了适应结构建模时的多样性、复杂性要求，PMCAD 给用户提供了面向对象方式的人机交互界面。与学习 WORD、AutoCAD 不一样的是，学习 PMCAD 还要求要有一定的专业功底，要对结构设计的方法和过程要有所了解。对软件的学习都是学易会难，要达到工程师层面或技术专家层面，才能真正领悟 PMCAD 的精妙之处。

有 Word 学习使用经历的读者，也许都有过这样的经历：当最初用电脑书写文稿时，由于不熟悉软件功能和键盘输入方法，往往在文字输入时会使写作思维陷入停顿状态，但是随着坚持不懈地练习，会发现用电脑书写文稿其实是一件比用纸笔写作更惬意的事情。对 PKPM 的学习与学习其他软件一样，当达到心灵交融之时，会不经意发现不知不觉之间，你已经成了一个让人尊敬的结构设计专家。

1.【AutoCAD 平面图向建筑模型转化】菜单关系图

在 PKPM2005 版本中，实现 DWG 建筑图向建筑结构模型转化是通过一个名字叫 DwgToPKPM 的工具软件实现的。DwgToPKPM 软件的运行环境为 AutoCAD R14 或 AutoCAD2000。由于在安装 PKPM 时大多时候并不能自动在 AutoCAD 中加入 DwgToPKPM 的 ARX 工程菜单，故在 PKPM2005 版时期了解和掌握此项功能的人并不多。由于 DwgToPKPM 的工具软件并不能很容易被用户了解、掌握和使用，在 PKPM2008 跨版本升级时，PKPM 在 PMCAD 的主界面上增加了【AutoCAD 平面图向建筑模型转化】菜单，并增强了其 DWG 直接向建筑模型转化的能力，从而使得 PMCAD 建模能力得到进一步提高，方便了用户。【AutoCAD 平面图向建筑模型转化】菜单关系图如图 3-7 所示。

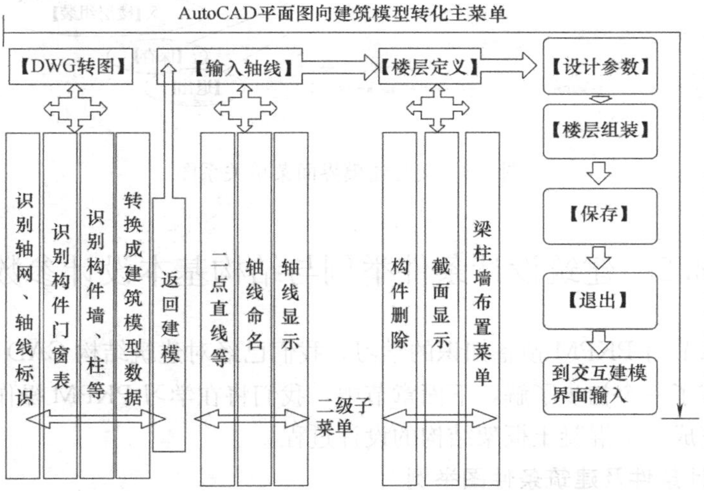

图 3-7　DWG 图向建筑模型转化菜单关系图

在该交互界面中，我们可首先通过该交互界面上的【DWG 转图】菜单，读入 AutoCAD 2004 以下版本的 DWG 文件并把它转化为 PKPM 的 T 格式图形文件，之后执行图 3-7所示的【DWG 转图】的二级子菜单，进行轴网及构件识别操作，识别结束后再点击【返回建模】菜单返回到【AutoCAD 平面图向建筑模型转化】交互主界面，再进行轴网、构件的交互操作，从而完成模型的大部分创建工作。

2.【建筑模型及荷载输入】菜单关系图

点击 PMCAD 主菜单的【建筑模型及荷载输入】，进入其主界面后的菜单关系如图3-7所示。由于 PMCAD 采用的面向对象交互界面与结构设计所具有的过程性特征有所不同，设计经验不多的初学者要快速掌握有一定困难，为了使读者从大的顺序上了解 PMCAD，在这里我们不详细介绍其菜单细节，仅在图 3-8 中粗略地勾列了 PMCAD 人机交互建模的主要菜单及其执行顺序。

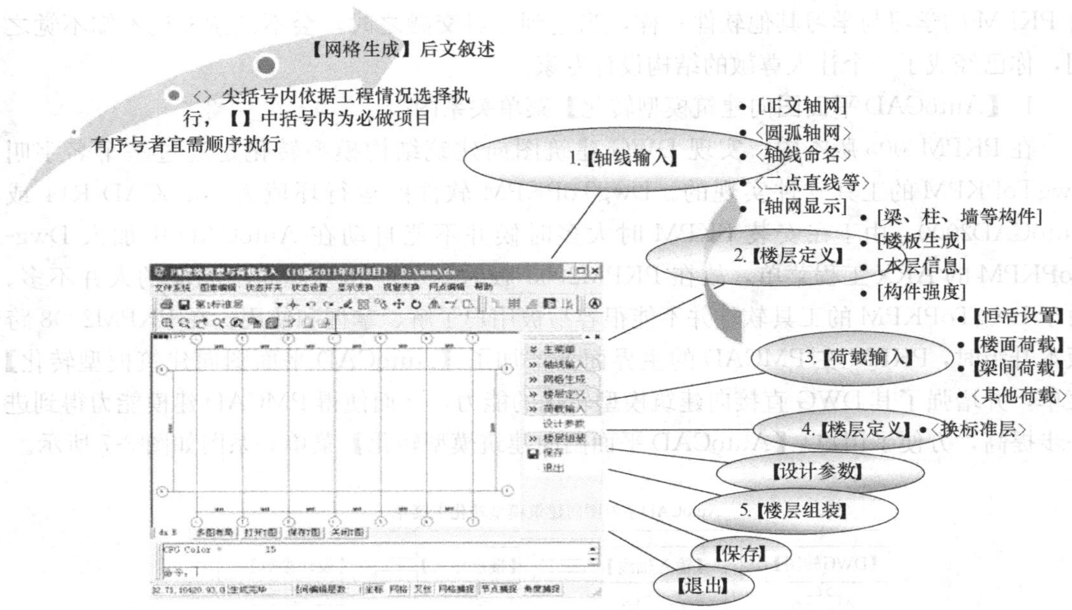

图 3-8　交互建模界面菜单关系图

3.2　建筑设计条件举例与结构基本设计参数

通过上面章节对 PKPM 预备知识的学习，我们已经对建筑结构 CAD 以及创建结构设计模型的过程有了一个初步了解，下面章节中，我们将在学习 PKPM 操作及 CAD 方法的同时，一起来完成一个混凝土框架结构的设计过程。

3.2.1　设计条件及建筑条件图举例

该工程为烟台市区的某临海商场建筑，依据业主设计要求，该商场建筑为设计建筑面积约 $1600m^2$ 的三层建筑，其屋面采用部分双坡屋面形式，屋面坡度为 0.5。经过方案设计阶段后，其建筑施工图如图 3-9 所示，1-1 剖面图如图 3-10 所示，屋顶平面图如图 3-11 所示，主立面图如图 3-12 所示，为了便于初学者读识图纸，我们提供的图 3-13 为其他软件创建的该建筑三维模型轴测示意图供大家参考。图纸及建筑做法中标高单位为 m，尺寸单位为 mm。

该商场建筑的建筑做法及部分部位的构造为：

• 外墙除注明外均采用 200 厚加气混凝土砌块，外墙面与柱面平。外饰 120 厚清水砖墙，清水砖墙与混凝土砌块间设 35 厚夹芯保温层。

• 所有室内楼面均为 10 厚防滑砖地面，20 厚 1∶3 水泥砂浆结合层兼找平，保温层为 80 厚聚苯板上覆铝箔。

• 所有室内墙面为 20 厚混合砂浆，表面刷乳胶漆。

• 所有室外墙面为 20 厚水泥砂浆找平＋80 厚聚苯板＋20 厚找平＋10 厚面砖。

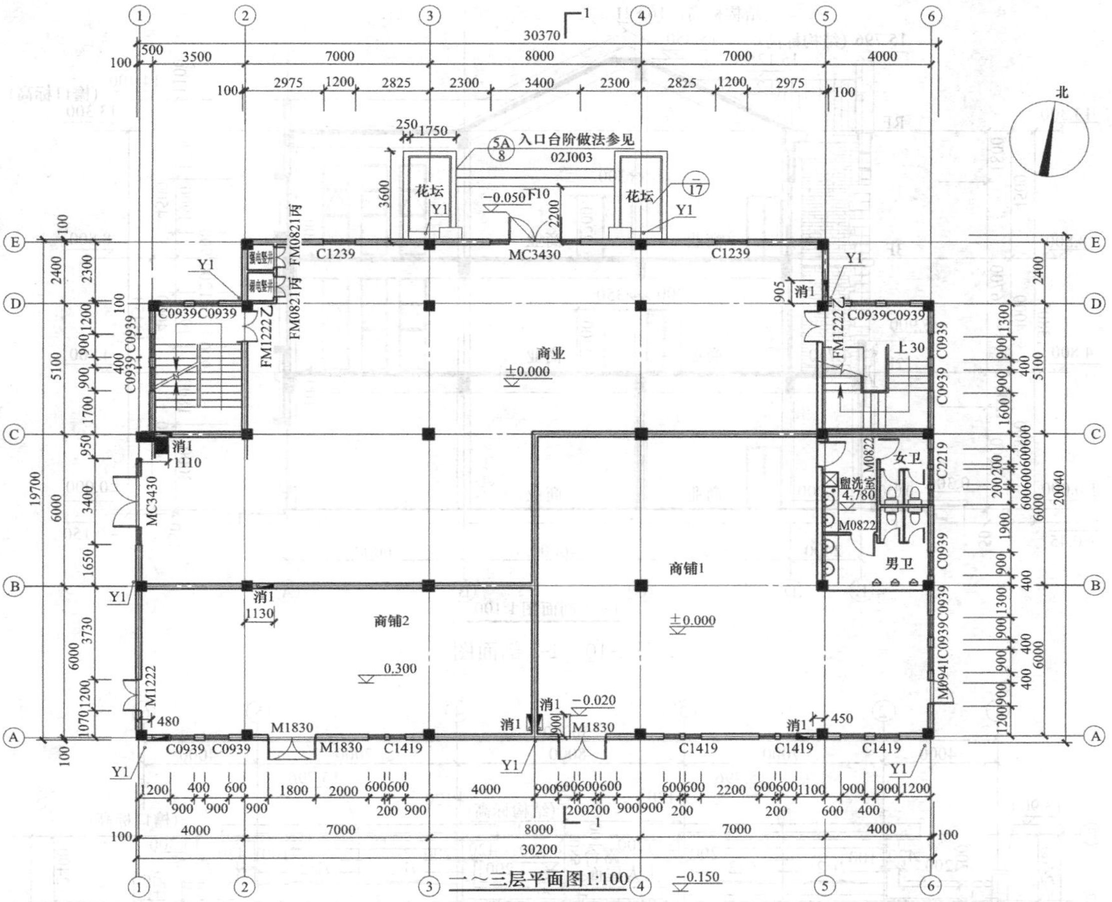

图 3-9 一至三层建筑平面图

（所描述尺寸单位如无特殊注明，均为“mm”）

• 所有室内顶棚为刮腻子二遍＋刷乳胶漆。

• 所有窗均为铝合金 6＋12＋6 真空双层玻璃窗。所有室内门均为胶合板门，室外门为铝合金 6＋12＋6 真空双层钢化玻璃门。

• 平屋面做法为 20 厚找平＋最薄 60 厚水泥蛭石＋20 厚找平＋3 层改性沥青自粘卷材。

• 坡屋面做法为 20 厚找平＋60 厚水泥蛭石＋20 厚找平＋小青瓦屋面。

• 所有加气混凝土填充墙与楼面或地面交接部位，下砌 3 皮粉煤灰砖。

• 卫生间墙底设与墙同宽的高 300 的 C20 混凝土止水台。卫生间排水采用层间排水方案，卫生间等有水房间楼面、地面均比其相邻其他房间低 20。

• 坡屋面檐口外挑 370 外，所有山墙均采用高 300 的混凝土出屋面山墙，平屋面均采用女儿墙内天沟排水，女儿墙宽度为 120 机制砖砌筑，高 1100。

3.2.2 进行结构选型

依照结构设计的基本流程，在对前一节给出的商场建筑进行结构设计之前，我们首先要在仔细读识已有的建筑条件图及建筑做法的基础上，进行结构选型及确定构件布置方案。

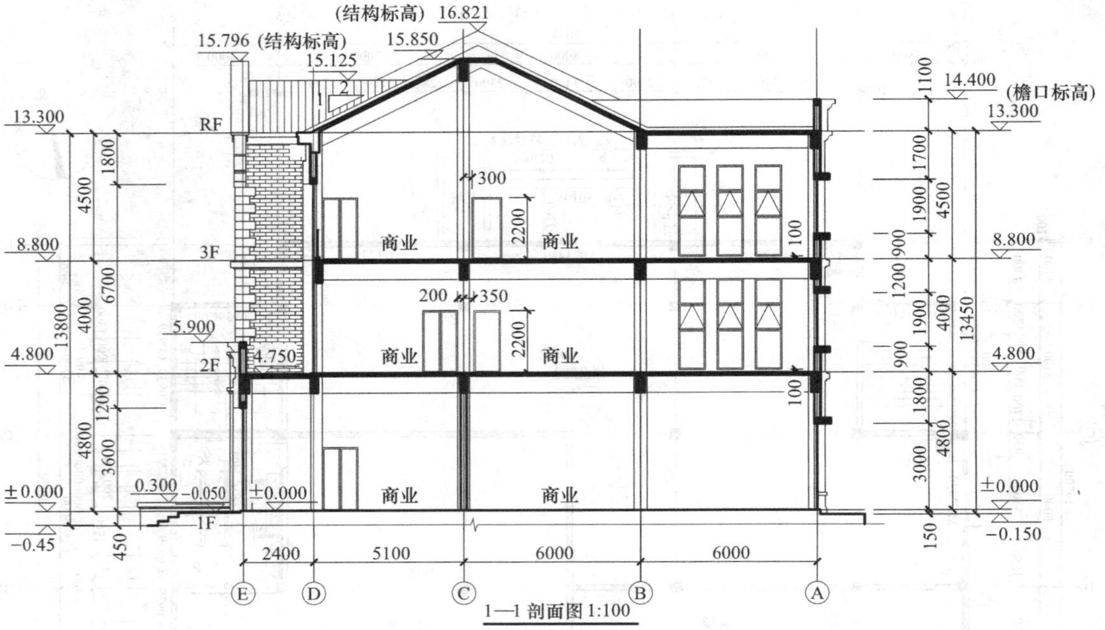

图 3-10　1-1 剖面图

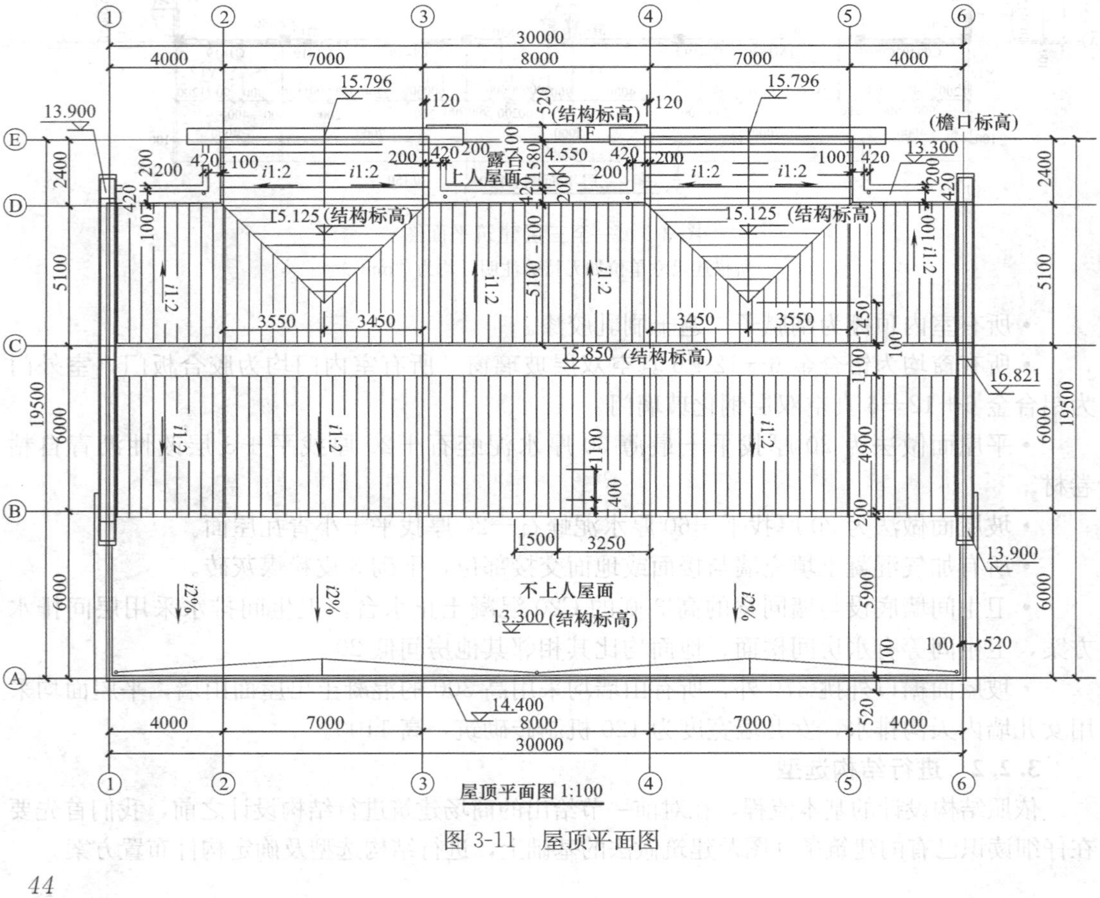

图 3-11　屋顶平面图

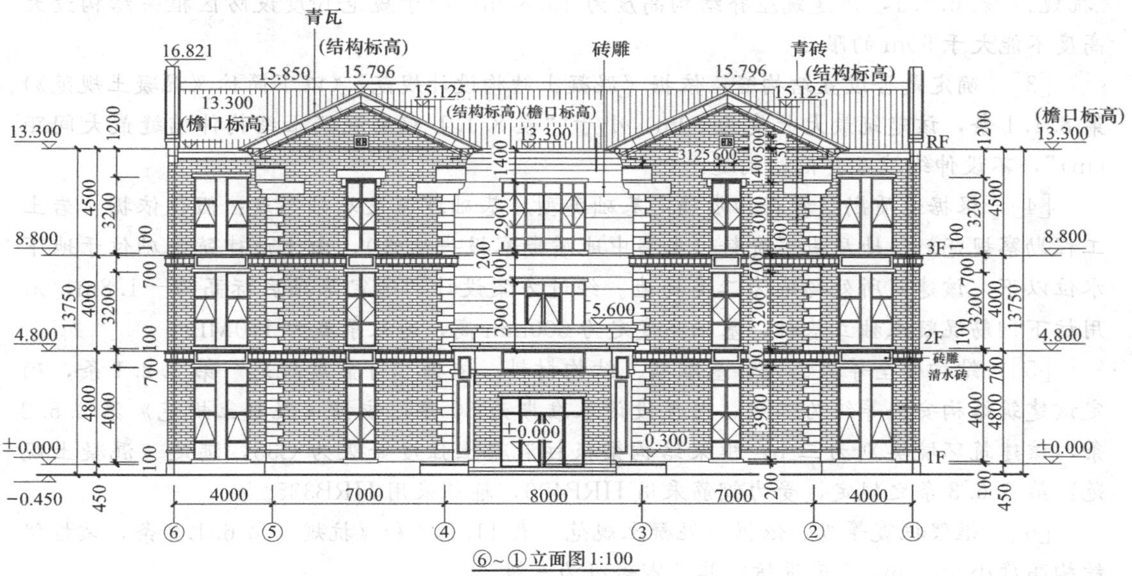

图 3-12　主立面图

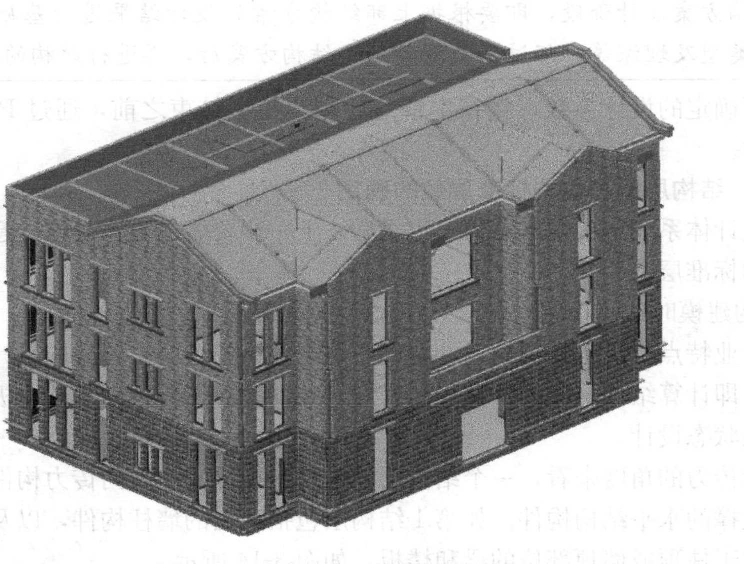

图 3-13　建筑物的三维轴测模型图

设计实例（建模 1）—3-1、设计参数

[1]　确定结构体系：该建筑的建筑平面比较规则，房间隔墙比较少，屋面为部分坡屋面部分平屋面，正面入口，有门斗及门斗顶部屋面，平面右侧屋面有部分需要采用悬挑结构，故拟选定采用框架结构体系和现浇混凝土楼盖结构。

[2]　抗震设防烈度、结构体系选择：依据《抗规》第 A.0.13 条，该建筑抗震设防烈度为 7 度，设计基本地震加速度值为 0.10g，依据《建筑抗震设计规范》（以下简称

《抗规》）表 6.1.1，该建筑屋脊结构高度为 15.85m，小于规范 6 度设防区框架结构最大高度不能大于 50m 的限值。

[3] 确定是否设置结构缝：依据《混凝土结构设计规范》(以下简称《混凝土规范》）第 8.1.1 条，该建筑最大长度为 30m，小于“表 8.1.1 钢筋混凝土结构伸缩缝最大间距(m)”，不设伸缩缝及其他结构缝。

[4] 根据地质勘察资料初步确定基础类型、基础埋深及基础高度：假设依据《岩土工程勘察规范》及地质勘察资料（本书中地质勘察报告从略），由于该建筑基础位于地下水位以下，该建筑所处场地为二类场地。经过方案设计，选定基础底标高为－1.8m，采用柱下钢筋混凝土独立基础，基础高度定为 600mm 高，地基承载力 170MPa。

[5] 结构安全等级、设计基准期、结构材料：依据“可靠度规范”第 3.2.1 条，确定该建筑结构安全等级为二级。房屋设计基准期为 50 年，依据《混凝土规范》第 3.5.2 条，该建筑环境类别为三 b，框架结构梁板柱混凝土强度等级为 C35，满足《混凝土规范》第 3.6.3 条之规定，受力钢筋采用 HRB400，箍筋采用 HRB335。

[6] 框架抗震等级：依据《混凝土规范》表 11.1.2 和《抗规》第 6.1.2 条，该框架结构高度小于 24m，7 度设防，其抗震等级为三级。

提示角
在结构方案设计阶段，即要根据上部结构方案的设计结果进行基础设计方案设计，确定基础类型及埋深等。经过不断调整确定结构方案后，再进行结构的施工图设计。

本例所确定的设计参数，将在本章最后创建模型结束之前，通过 PMCAD 输入到结构模型之中。

3.2.3 结构层数和结构标准层数的确定

结构设计体系及结构基本参数确定之后，下一步要做的工作是根据建筑方案确定结构层数和结构标准层数。

1. 结构建模时的结构层

由于专业特点所决定，结构设计中创建结构设计模型的主要目的是计算荷载对结构产生的作用，即计算结构的内力、位移和变形，并以此对结构进行承载力极限状态设计和正常使用极限状态设计。

从结构传力的角度来看，一个结构层的构件包括该层的竖向传力构件以及这些竖向传力构件所支撑的水平结构构件。如第 1 结构层包括该层的墙柱构件，以及以该层墙柱构件为支撑的位于柱顶或墙顶部位的梁和楼板，如图 3-14 所示。

从图 3-14 可以看出，结构层与生活中我们习惯的自然楼层不一样的，实际上结构层所包含的不仅仅是墙柱梁板构件，还包括作用在这些构件上的荷载。

2. 结构层数与自然楼层数

在这里我们所说的结构层数，是指在用 PMCAD 所创建的结构设计模型的层数。在大多数情况下，建筑的自然层数与结构层数是相同的，但是当一个建筑出现局部夹层或错层时，其自然层数和结构层数是否相同，取决于建模软件的性能。在 PMCAD 中，软件规定在同一个结构层的同一个投影范围内只能输入一层楼板，因此：

(1) 当建筑有局部夹层时，建筑楼层数和结构层层数会不一致

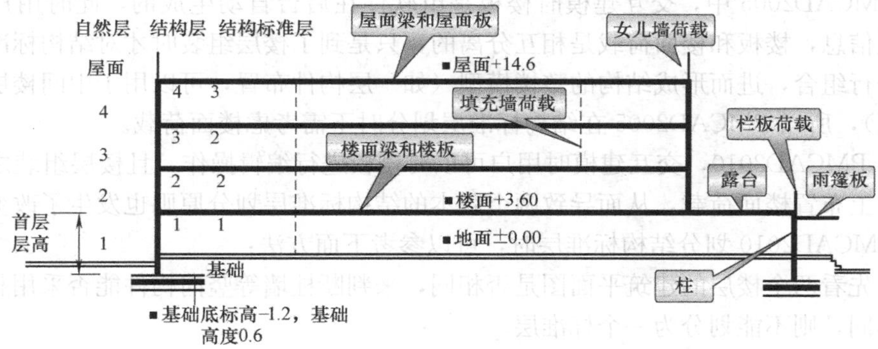

图 3-14 划分结构层与结构标准层

与 PMCAD2005 一样，PMCAD2010 也不允许在同一个结构层的同一个投影位置布置两块标高不同的楼板（不允许出现夹心层）。如果一个建筑内部出现局部夹层，且该夹层在创建结构模型时不能忽略或简化，则建筑的自然层和结构层就不一致。

（2）建筑有错层或空间关系不明确时，结构层与自然层数可能会不一致

对于各塔层高不同的多塔建筑或建筑空间构成比较复杂的体育场馆等建筑，其建筑自然层和结构层的对应关系就不会很清晰。在学习楼层组装时，我们将了解到 PMCAD2010 在楼层组装时引入了广义层概念，广义层就是能很好地解决夹层、楼层关系不明确等建筑的整体建模。使用广义层时，结构楼层与建筑自然层之间关系就没有了明确的一一对应关系。

当结构层和自然层对应关系不明确时，正确确定结构层的层底标高是一个十分重要的工作，通过层底标高和层高，我们就可以准确定义所输入的结构层在建筑中的具体位置。

3. 结构标准层的划分原则

对于具有多个结构层的建筑，可以把构件布置和荷载完全相同的结构层划分到同一个组，一个楼层“组”构成一个“结构标准层”，每一组相同的楼层可以同时输入到 PMCAD 中。最早输入的楼层组在 PMCAD 中，会被默认为第 1 结构标准层。

（1）PMCAD2010 的结构标准层划分方法

在 PMCAD2010 中，如果两个结构层间构件的截面参数、布置位置以及作用在构件上的荷载完全相同，则这两个楼层可以划分到同一个标准层。从图 3-14 所示的某建筑剖面示意图可以看到，该建筑总计有 4 个自然层，每一个自然层对应一个结构层。

在假定其建筑平面、层高及建筑做法等一致的情况下，第 1 自然层由于有露台和雨篷，结构在此处的构件布置与其他层不同，应单独划分为第 1 结构标准层；第 2、3 自然层属于中间层，要比较第 2、3 层的荷载是否相同，需要对比 3、4 自然层的建筑图。对比后发现，3、4 层中间隔墙在结构第 2、3 层产生的荷载相同，这两个结构层划分到同一组，即第 2 结构标准层；第 3 结构层为顶层及屋面，单独作为第 3 标准层。

（2）由于软件功能发生变化，PMCAD2010 与 PMCAD2005 划分标准层的方法不同

提示角

在实际设计时，如果建筑层数较多，在划分结构标准层时，应该给出一个自然层、结构层和结构标准层的对应关系表，以便于以后的建模操作。

在 PMCAD2005 中，交互建模时楼板是由软件在后台自动生成的，此时用户尚不能修改楼板信息，楼板和楼面荷载是相互分离的，只是到了楼层组装时才对结构标准层和楼面荷载进行组合，进而形成结构的整楼模型（如一层构件布置，可以用于中间楼层，也可用于屋面），所以 PMCAD2005 在结构标准层划分时不需考虑楼面荷载。

到了 PMCAD2010，交互建模时用户可以对楼板进行编辑操作，且楼层组装之前，即可在楼板上布置楼面荷载，从而导致两个版本的结构标准层划分原则也发生了改变。

在 PMCAD2010 划分结构标准层时，可以参考下面方法：

• 首先看两个楼层的建筑平面图是否相同，来判断柱墙等竖向构件能否采用相同的布置。如不同，则不能划分为一个标准层。

• 再对这两个楼层的上一层建筑平面进行对比，如果相同，则表示可以采取相同的梁板布置方案，若不同，则同样不能划分为一个标准层。

• 再继续对这两个楼层的上一层建筑楼面装修做法进行对比，若不同，则作用在楼板上荷载不同，也不能划分到一个标准层。

• 最后在上面对比基础上，再对比这两个楼层的上一层建筑层高及墙面装修是否一致，若一致则作用在梁上的荷载相同，最后可以确定这两层可以划分为一个结构标准层。

（3）结构标准层的划分规律

划分结构标准层时，可以参考以下规律：

• 由于只有建筑的首层有雨篷等构件，尽管其建筑物内部平面可能与其他层一致，但通常首层作为一个单独的结构标准层。

• 对于阶梯式建筑或有露台的建筑，不仅仅是最顶层有屋面。有屋面的楼层，通常会作为一个单独的标准层。

• 结构标准层数永远小于或等于结构层数，但对于复杂的建筑，结构层数不应小于自然层数。

（4）结构标准层与施工图纸标注

结构标准层的划分仅是为了便于创建结构设计模型，而在施工图上标注图纸名称用到楼层序号时，不能用结构标准层，而是要按照工程常规方法表示，如自然层序号、楼层结构标高等。

设计实例（建模 2）—3-2、划分楼层

［1］ 划分结构层：通过查阅建筑平面图、建筑剖面图等，未见该建筑有夹层情况，故该商场建筑的结构层数与该建筑的自然层数相同，为三个结构层。

［2］ 划分结构标准层：该层首层 E 轴线入口位置有一个门斗屋面而其他层没有。该层只有三层有斜屋面板，且该建筑由于每层层高不同，故三层之间荷载不同、楼板布置也可能不同。该结构划分为三个标准层。

本工程的每一个结构层对应一个结构标准层。

4. 首层层高、层底标高、构件标高

在确定楼层层高时，应该以结构高度为准。首层层高是指基础顶至一层顶板顶面的高度，其他层的层高是本层楼板顶面至上层楼板顶面之间的高度。

在实际设计时，由于楼层楼面做法通常不会很厚，为了加快建模速度，我们可以近似

地认为首层层高是基础顶至二层自然层楼面的高度，其他层层高是指本层楼面至上层楼面（或屋面）的高度，该误差不会对结构内力造成很大影响。坡屋面的层高我们将在后面章节中详细论述。

（1）绝对标高和相对标高

标高有绝对标高和相对标高之分。我国是把黄海平均海平面定为绝对标高的零点，其他各地标高以此为基准。任何一地点相对于黄海的平均海平面的高差，我们就称之为绝对标高。施工图上标高单位为米，一般要精确到小数点后三位。

在施工图上的标高标注通常采用的是相对标高。在建筑施工图的总平面图说明上，一般都含有“本工程一层地面为工程相对标高±0.000m，绝对标高为36.550m”。当图纸上给出的二层地面建筑高度为＋4.500m，就表示二层地面比一层地面±0.000高出4.500m，亦即一层的建筑层高为4.5m。

（2）结构标高和建筑标高

从专业角度，标高还分为建筑标高和结构标高。在结构施工图上标注的标高使用的是结构标高。

结构标高是指结构图纸上明确的结构完成施工后的最终标高。施工图上的标高标注要依照有关的行业标准进行标注。目前结构施工图采用较为广泛的平面整体表示法，对施工图标高标注有专门的规定，如《11G101-1》第28页第6条规定了梁平法施工图的标高标注方法，如果图上某梁跨标注有（－0.500）表示该梁跨比楼层标高低0.5m，如果某梁跨标注有＋15.850，则表示该梁跨相对±0.000的高度为15.850m。对于施工图纸上标高标注方法的使用，我们将在后面绘制施工图章节中详细讨论。

（3）同一层有多个结构标高时

当一个楼层有多个标高时，我们需要选择一个基准层高。比如一个楼层卫生间板顶标高通常要低于其他房间，对于这种情况首先要根据大多数楼板的位置设置一个基准层高，再通过设置卫生间楼板相对本层基准层高的高差，即可达到准确建模的目的。

在结构设计时，如果建筑楼面标高一致而楼面建筑做法厚度不同，则需要根据做法厚度，逐间调整板顶的结构标高。

（4）同一个自然层有多种板厚时

板厚不同而板顶标高一致时，应采取板顶平齐的方法进行设计。通常在设计时，板厚的选择要考虑建筑的房间分割，同一个建筑房间的顶板应尽可能采用相同的板厚。

（5）结构建模时确定层底标高、结构构件标高的作用

结构标高能影响构件层内或层间的连接关系，是保证计算分析结果可靠性的一个重要参值。层底标高对基础设计有影响。另外，在绘制施工图纸时，结构标高和构件标高还需要标注在施工图纸上。实际在结构建模时，设计人员往往可以忽略楼面的建筑做法厚度，这样确定结构层高时可以不考虑层间楼面装饰层厚度的变化，而采用建筑层高作为结构层高，其由此带来的误差微乎其微，可以忽略不计，但是最后施工图纸标注标高时必须仔细核对，以免出错。下面实例考虑了建筑做法的变化。

设计实例（建模3）—3-3、确定层高和标高

[1] 确定层高和层底标高：从实例1的设计过程我们知道，该结构基础顶标高为

—1.200m。结合建筑剖面图，我们确定建筑的层高和层底标高如表 3-2 所示。做法厚度参见 3.2.1 节建筑做法。

［2］ 屋面斜板标高将在后面的斜屋面章节中详细叙述。

［3］ 由于本建筑楼面做法相同，卫生间建筑标高比其他楼面低 20mm，则卫生间的板顶结构标高也同样比其他房间低 20mm。

［4］ 从图 3-11 的 1-1 剖面图看到，檐口结构标高为 13.3m，故创建结构模型时顶层层高为二层板顶至檐口距离，为 4.5＋0.14＝4.64m。

结构层高与层底标高 **表 3-2**

自然层	结构层	标准层	层底标高＝建筑剖面建筑标高－建筑做法厚度（画施工用）（m）	层高（m）＝建筑层高＋层底做法－层顶做法	楼面做法厚度（m）
1	基础				
2	1	1	基础顶：－1.200	4.8＋1.2－0.14＝5.86	0.14
3	2	2	4.8－0.14＝4.66	4－0.14＋0.14＝4.00	0.14
屋面	3	3	8.8－0.14＝8.66	4.5＋0.14＝4.64	—
坡屋面顶			13.3	（第四章介绍）	

3.3 轴网的确定方法及输入操作

在选定了结构体系，确定了结构的主要设计参数以及楼层划分关系之后，即可进入具体的结构建模环节。

3.3.1 轴网的基本概念及作用

依照 PMCAD 的建模操作顺序，创建结构模型的第一个操作环节是建立轴线及网格系统。轴线及网格系统我们简称轴网。下面我们首先学习了解轴网的一些基本知识。

1. 定位轴网的基本概念

轴网是由多根网线交汇而成的结构定位系统，轴网系统不仅是结构建模时布置梁墙柱等结构构件的定位系统，而且也是 PMCAD 生成力学分析模型的重要依据之一，结构模型的各个结构层应该使用竖向位置相互对应的网线，这样才能确保上层结构正确地搭建在下层结构构件之上，保证荷载传递和受力分析的准确性。

完整的轴网包括三部分：

• 网格系统：由网线和网点组成。网点是网线与网线的交叉点，每个楼层的网点编号由楼层号、平面坐标顺序号组合而成。

• 轴线系统：轴线和轴号。一个结构模型的轴线系统须与建筑施工图相互对应，编号一致。在 PMCAD 中轴线用稍暗于网线的暗红色绘出。

• 定位尺寸系统：PMCAD 在标注轴线时，能自动绘制标示网格间距的尺寸线，供用户创建模型和向施工图绘制软件输出绘图数据时使用，在 PMCAD 中网格的定位尺寸线也用暗红色绘制。

在 PMCAD 中，用户通过【轴网输入】菜单交互输入定位轴网。由于轴网系统起着关键的定位和索引作用，故创建轴网系统是结构建模时的第一步操作。

2. 轴网的作用

轴网的作用有如下几种：

（1）建模时起定位的作用

轴网是定位结构构件，是建立结构计算模型的重要工具。网格由网线和网点组成，在PMCAD中网格默认颜色是红色，网点默认颜色是白色。并不是所有网线的交汇点都会自动产生网点，网点的产生与网线的绘制方式有关。

在PMCAD中，梁、墙、水平分布的线荷载等定位均需要网格线，也就是说梁墙等是布置在网线上的，柱、节点荷载是布置在网点上的。

（2）向施工图软件传递尺寸数据

轴网在PMCAD中是模型数据的一部分，其在PMCAD图形区的显示位置、颜色、字体大小仅是数据的一种交互显示，其显示样式、组成方式与最后施工图纸的绘制效果无关。

绘制施工图时，绘图软件会依照PMCAD传递的轴网数据，依照其自身的绘图算法绘制施工图上的轴线和尺寸线。

(3) 轴网在力学模型中起索引定位作用

PMCAD对各层网格及其网格点有一个专门编码规则，PMCAD生成力学分析模型数据时，将依据该编码规则向力学分析模块传递构件定位索引数据。

3. PKPM的轴网与建筑轴线的关联与区别

由于轴网的作用有构件定位、传递绘图定位尺寸数据和建立分析模型的索引定位作用，故轴网不是单纯的建筑轴线，它与建筑施工图上的轴线既有关联又有区别。轴网与建筑轴线的区别如下：

• 结构轴网的轴线编号务必与建筑图一致，否则在施工图上容易引起歧义。

• 必要时可增加分轴：通常情况下建筑施工图标有轴线的位置都需要绘制网线。当要在没有标注建筑轴线的位置布置梁柱构件，则需要增加轴网，如要对该轴网命名，则需要用“分轴线号”，如在建筑图的1、2轴间命名新的轴线，则应按顺序分别命名为1/1、2/1等。

4. 轴线网格在PKPM软件中存储方式及对设计操作的影响

在PKPM2005以前的版本中，PMCAD采用各个结构标准层共用一个轴网的数据组织方式，当设计人员在进行某个标准层建模时，发现已有的轴网系统不能满足构件布置，需要而对已有的轴网进行了删除或添加操作，这样会导致其他楼层的网点编号发生改变，在特殊情况下可能会导致其他标准层的结构模型数据发生连带改变，从而产生隐性错误。

与PKPM2005不同的是，在PKPM2008以后，PMCAD每个结构标准层采用如图3-15所示的相互独立的轴网系统，提高了PMCAD建模的稳定性。

3.3.2 确定轴网方案及对自动清除多余轴网的提示

创建轴网系统时，要统筹考虑建筑施工图的已有轴线、结构构件布置定位需要以及构件间力学关联关系。

1. 定位轴网的确定

在实际教学过程的上机设计环节中，会时常看到总有部分初学者用了2个学时甚至更多的时间，在PMCAD界面上反复绘制单根直线、弧线，点击图形区上方的下拉菜单，

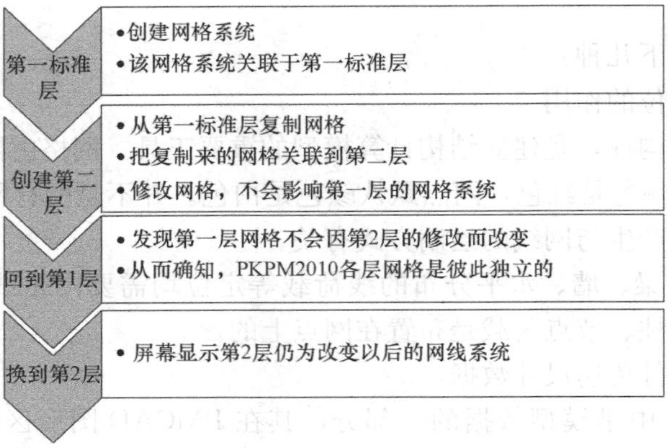

图 3-15　PKPM2010 标准层间网格彼此独立

对这些线条进行编辑操作，每到此时作者总是感觉有些无奈。

在此我们郑重提醒初学的读者，PMCAD 不同于 AutoCAD，我们用 PMCAD 的终极目的是创建结构的设计模型，建立轴网的目的主要是为了建立构件的定位系统，轴网的类型只与结构的布置方案有关。也就是说，在创建轴网之前，首先要做的工作是熟读每张建筑施工图，确定结构构件的布置方案，需要布置梁墙的位置则要绘制网线，需要布置柱等构件的位置需要形成网点。进行上机设计练习，必须要有较正规的建筑设计图纸，用凭空想象的建筑方案做结构设计，是学不好也学不会 PKPM 的。当然，若有初学者想尽快完成整个设计过程以便对用 PKPM 设计建筑结构的过程有个整体感性认识，可以在后面的学习中，先专门模仿本书例题进行上机操作，之后再回过头来细细品读本书的其他内容。任何知识的学习必须有一个思辨过程，盲目的模仿和凭空的想象都不能真正体会到 PKPM 的精妙所在。

设计实例（建模 4）—3-4、初定轴网

［1］　熟读每张建筑施工图，确定构件布置方案：此过程我们仅分析图 3-9 所示的建筑平面图。结构布置方案并不是由建筑设计人员提供，图 3-9 中的建筑施工图已经反映了结构框架柱的布置方案，这个方案实际是在方案设计阶段，由结构设计人员主导提出，其他专业人员从其各自专业角度进行审议并最终认可的。在实际设计中，因为专业表达的原因，建筑图纸不会反映所有的结构布置情况（如图 3-8 未画出的梁）。分析图 3-9，我们确定在所有 1～6 轴线、A～E 轴线建筑平面图围绕范围内布置框架梁，在它们的交叉点布置框架柱。

［2］　另外由于 2～5 轴线开间过大，所以在 2～5 轴框架梁中间布置与框架梁平行的非框架梁，卫生间及平面图右上角设备管井上部有填充墙，填充墙下部也需要布置梁。

［3］　依据上面梁柱布置情况，我们即可确定该建筑的轴网的初步情况。

2. 交互输入轴网时多余或无用轴网的清理

在进行具体的轴网交互输入操作之前，我们要先很郑重地提醒初学者下面一个值得注意的问题。

当进入 PMCAD 交互输入轴网后，再退出 PMCAD 时，PMCAD 会弹出图 3-16 所示

询问窗口，如果勾选“清理无用的网格、节点”选项，程序将自动清理无用的轴网和网点。

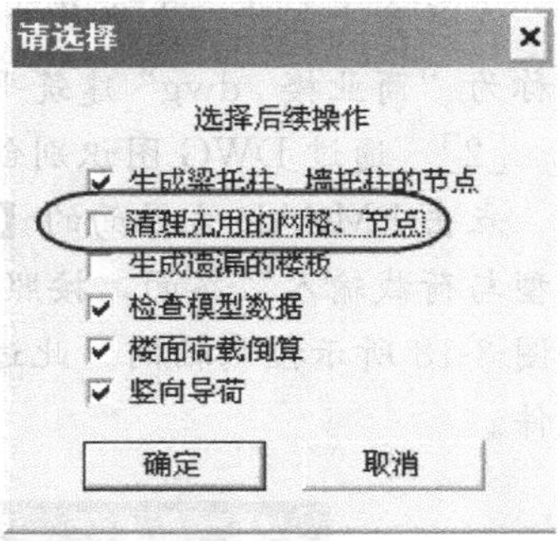

图 3-16　防止误“清洗”

所以在识别创建了轴网系统或交互输入网格后，而未布置构件、未进行构件识别或只做了部分构件布置或识别，需去掉“清理无用的网格、节点”的勾选，否则PMCAD会把有用但暂时未用的网格当成无用网格而全部清理掉。由于该清理不具有可逆性，有用的网格一旦被清理，只能重新布置。因此：

（1）在交互建模未完成之前，【退出】PMCAD程序时尽可能不要由软件对轴网进行自动清理。

（2）交互建模结束时，也尽可能不要清理无用的网格，这些多余的网格线不会绘制到施工图中。

（3）通常只有网格系统中含有大量无用网线和网点，影响到构建布置和视觉清晰度时才选择自动清理，自动清理之后应该返回建模系统，检查是否改变了构件布置状态。

3.3.3　从DWG底图识别轴网、轴网交互输入及编辑实例

在确定了轴线系统方案之后，即可开始进行轴网的创建操作。下面我们用两种方法，分别讲解轴网的创建。

1. 从建筑平面图上识别输入轴网

如果有建筑施工图的DWG文件，可以依照图3-17所示操作顺序，先从DWG文件上识别主控轴网，之后再补画建筑图没有绘出的部分。

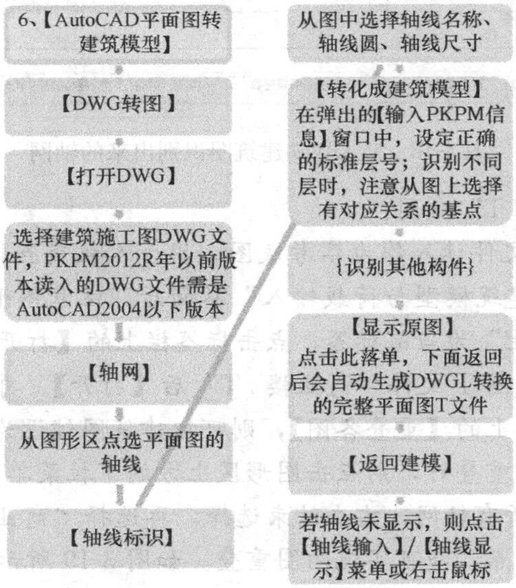

图 3-17　轴网识别过程

设计实例（建模5）—3-5、识别轴网

[1]　创建工作目录：

在硬盘上创建一个名称为“商业楼”的文件夹，并指定该文件夹为当前工作目录。把名称为“商业楼.dwg”建筑平面图复制到该文件夹备用。

[2] 通过DWG图识别创建轴网：

点击PMCAD主界面的【6、AutoCAD平面图转化建筑模型】菜单，进入“PM建筑模型与荷载输入”界面，按照图3-17所示操作顺序点击菜单并进行相应操作。即可创建如图3-18所示控制轴网。此过程中，PMCAD会在当前工作目录生成一个“商业楼.T”文件。

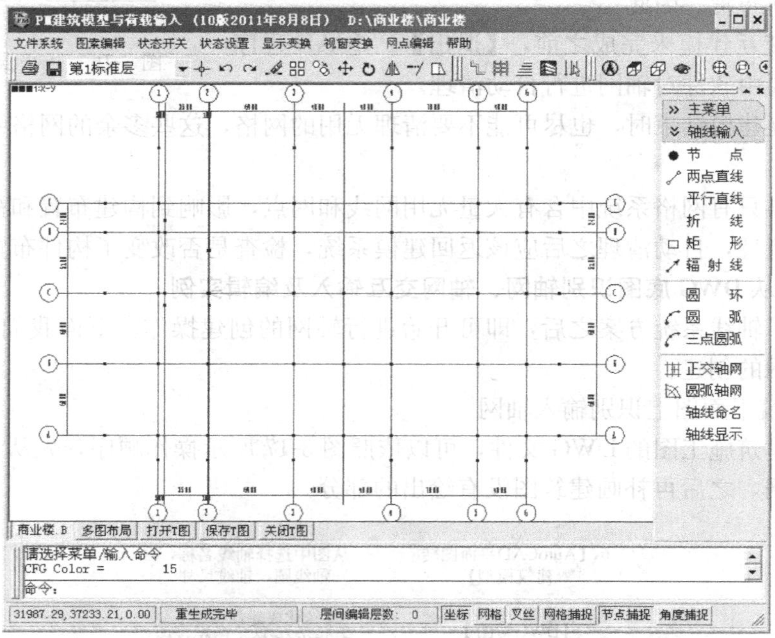

图3-18 从DWG建筑图识别出来的轴网

[3] 读入“商业楼.T”底图：

可把“商业楼.T”文件读入作为参考底图，用于人机交互输入。具体操作为：点击【返回建模】回到“PM建筑模型与荷载输入”界面后，注意图形区下方标签栏上用于显示轴网图形的“商业楼.B”为当前标签，点击标签栏上的【打开T文件】，从工作目录中选上一步生成的建筑平面图T文件“商业楼.T”后【打开】。再选择“商业楼.B”标签转换到轴网图，点击标签上的【重叠各图】，则可把建筑图铺设为底图。

如果此时两张图没有重叠好，则点击图形区上方的下拉菜单【图素编辑】/【平移】，窗口选择“商业楼.B”的所有轴网，右击结束选择，再选择“商业楼.B”的某一点，以及底图对应重叠位置的另一点，即可实现两图重叠。如图3-19所示。

[4] 完成其他构件的识别和交互输入（选做内容）：

读入建筑平面图底图之后，可以继续进行构件的交互输入。构件输入内容将在后面详细叙述。构件输入完毕，选择图形区下方标签栏的“商业楼.T”标签后，点击【关闭T图】标签，关闭建筑平面底图。

在PKPM2010版本中，进行建筑平面图识别轴网及构件时，要注意以下问题：

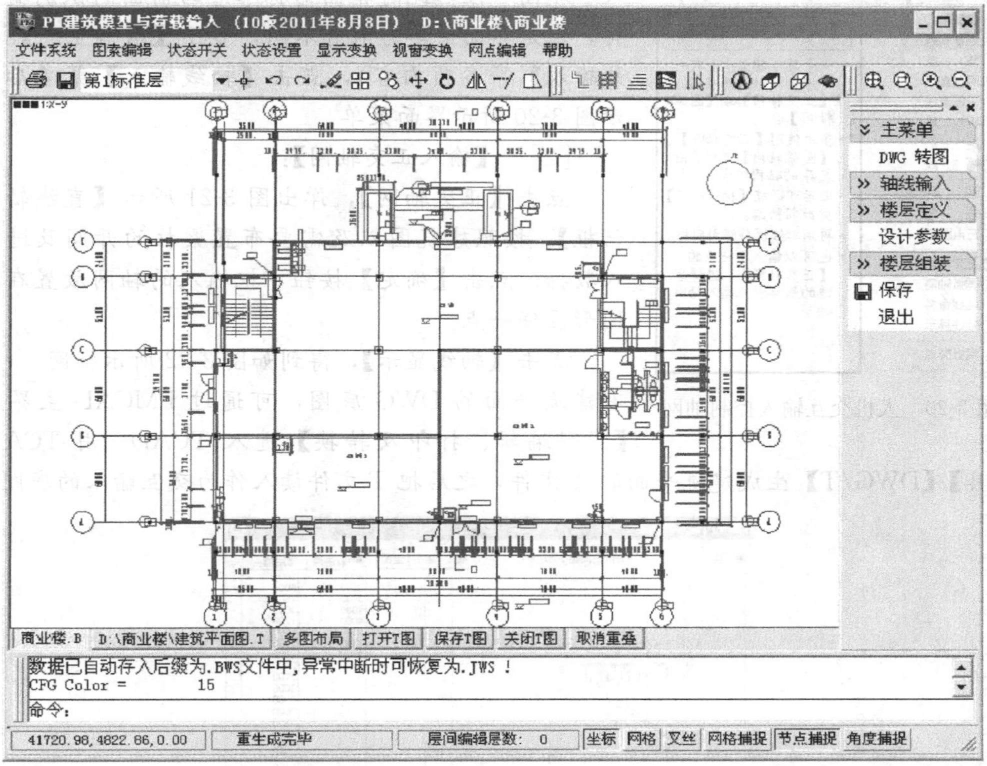

图 3-19 把建筑平面图作为底图

（1）可以在识别前用 AutoCAD 对建筑平面图 DWG 文件进行必要的整理，删除不需要的建筑元素（如家具等），整理图形元素所属的图层，以方便 PMCAD 的识别转化。

（2）在 PKPM 2012 年以前版本读入的 DWG 文件必须是 R2004 以前版本，PKPM2010（V1.3）可以读入 R2006 以后的 DWG 版本。如果是其他 CAD（如天正建筑）加密的图纸，可通过 AutoCAD 的【修复】打开加密图纸，之后用动态块编辑编辑"TCH-PR"图块，从块编辑器中复制图形后粘贴到新文件。

（3）在【DWG 图转结构模型数据】界面中，点击【轴网】或【轴线标识】后，如果在图形区未选中图形元素，光标会从光靶状态变为箭头，此时不能再继续选择图形元素，若要继续应重新点击【轴网】或【轴线标识】菜单。

轴网识别工作告一段落之后，即可保存退出，稍后进行其他交互输入操作。

2. 用人机交互方式创建正交轴网系统

如果手头没有要设计结构的 DWG 建筑图或不喜欢用交互识别方式创建轴网，则可用人机交互方式创建轴网系统。下面设计实例仍以"商业楼"为设计对象。

设计实例（建模 6）—3-6、创建轴网

［1］ 人机交互方式创建轴网：

点击 PMCAD 主界面的【建筑模型与荷载输入】菜单，进入"PM 建筑模型与荷载输

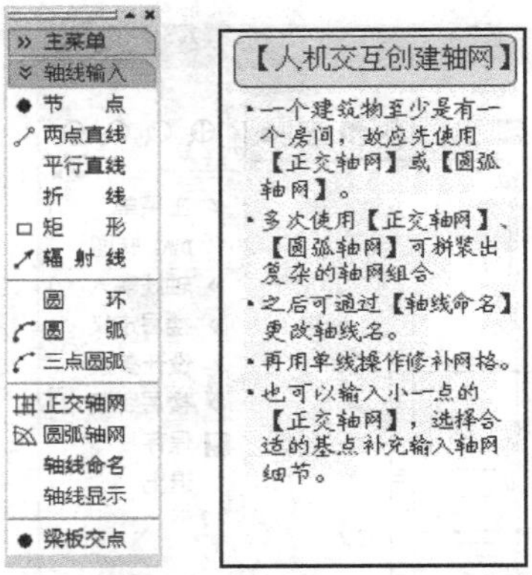

图 3-20　人机交互输入控制轴网

入”界面（注：此时界面名称尽管与前面的识别输入一样，但是界面菜单与前者不同，多了【网格生成】、【荷载输入】等多项内容），点击【轴线输入】菜单后，显示图 3-20 所示界面菜单。

［2］　【输入正交轴网】：

点击【正交轴网】，弹出图 3-21 所示【直线轴网对话框】，按照建筑图以及需要布置梁柱的开间及进深输入数据。点击【确定】按钮，把输入的轴网放置在屏幕图形区任一点。

点击【轴线显示】，得到如图 3-22 所示轴网。（如果有建筑平面的 DWG 底图，可通过 PMCAD 主界面的【图形编辑、打印及转换】进入 TCAD，用 TCAD 的【工具】/【DWG/T】生成建筑平面的 T 文件，之后把 T 文件读入作为交互输入的底图）。

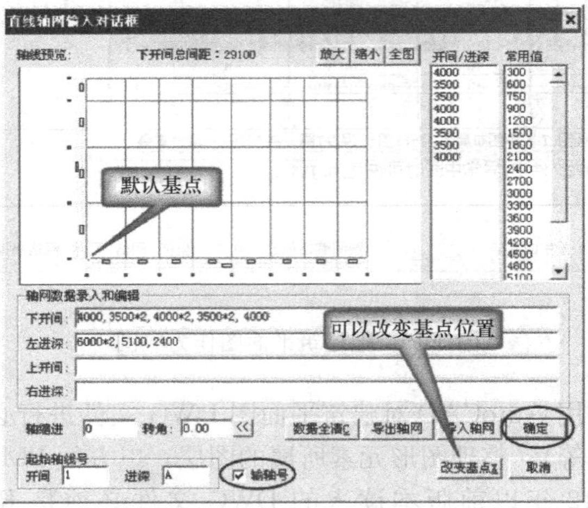

图 3-21　直线轴网输入对话框图

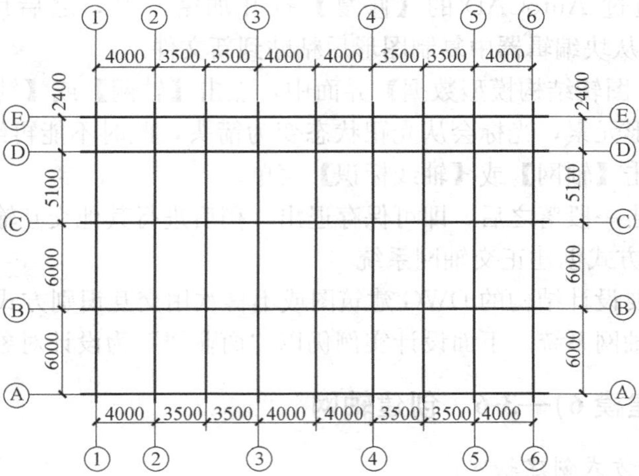

图 3-22　人机交互创建的正交轴网

3. 圆弧轴网

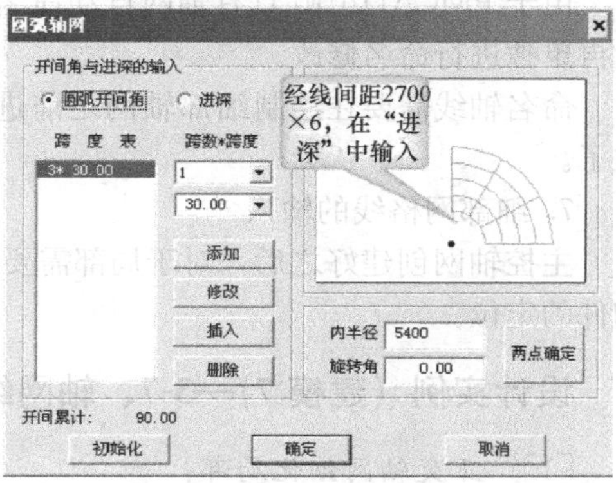

图 3-23 圆弧轴网对话框

点击【圆弧轴网】，PMCAD 弹出【圆弧轴网】对话框，在对话框中输入相应的数值，以圆弧中心为基点，可以把圆弧轴网放置到屏幕上。圆弧轴网是由多条有等角度夹角的径线和等距离的多条弧线组成的网线组，圆弧轴网的基点是圆弧的圆心，如图 3-23 所示。

如果在【圆弧轴网】对话框中把内径设为非零值，则圆弧轴网变为扇形。如果圆弧轴网的第一条直径线与正 X 轴有夹角，则在【圆弧轴网】对话框的【旋转角度】编辑框中输入相应的角度即可，角度值逆时针为正。

圆弧轴网不能自动命名轴线，也不能交互定义轴线名。

4. 椭圆网格问题

目前，PMCAD 尚不能创建椭圆形网格，如果有椭圆形网格，可以先在 AutoCAD 中创建椭圆形网格组，之后把椭圆弧换成短直线，并把 DWG 文件转换为 T 文件，在交互输入时把该 T 文件以底图方式读入，在底图上用单根网线方式绘制拟椭圆网格。该方法创建的结构模型，只要短直线足够多，就可以保证模型计算内力的精度。

5. 人机交互创建复杂网格

在实际设计过程中，有的建筑平面呈凹凸形、蝶形、Y 字形等复杂形态，此种情况下可以把建筑平面划分成多个正交、圆弧网格的组合。通过创建不同的网格组，并选择适当的基点，则可以分次组合完成复杂网格的创建。

当在已有的网格上找不到合适的插入点时，可以用第二章介绍的“相对坐标输入”方法来操作，具体操作为：把鼠标移到某个参考网点显示磁吸标志后，再输入相对该点的相对坐标，从而完成需要的插入。也可以通过【S】热键直接捕捉其他特征点。

6. 轴线命名操作及作用

【轴线命名】可以用来对成组网线命名，也可以对单根网线命名，还可以用来修改已有的轴线名称。

提示角

某些网格操作具有不可逆性，不具有回退能力，因此创建网格过程中要注意保存。建议进行不熟悉的操作之前先【保存】/【退出】一次 PMCAD。

如发现操作失误，应即刻点击【回退】操作，重新回到上次保存点。

成组命名轴线操作过程是：点击【轴线命名】菜单，按命令行提示键入【TAB】进入成批命名状态，鼠标选择某个方向的某条轴线，软件会自动捕捉到与该线平行的其他网线（PMCAD2010 有的版本，此时需要滚动一下鼠标中间滚轮，可以看到选中的轴线变为黄色），此时程序在命令窗口提示用户选择不需标注轴线的网线（用户选择后，滚动一下中间滚轮，可以看见选择后的图形效果），若没有显示或选完键入【ESC】，在输入起始轴线名即可。

由于 PMCAD2010 具有轴网自动命名功能，通常可以通过自动命名创建轴线名，之后再单独进行命名修改。

命名轴线需要在绘制细部轴网之前进行，这样在绘制细部时就可以做到快速准确定位了。

7. 细部网格线的输入

主控轴网创建好之后，对于局部需要布置次要构件的位置也需要绘制网格线，以便于构件的定位。

设计实例（建模 7）—3-7、轴网细化

［1］ 正交轴网细化局部：

为了便于叙述，我们在本例中把前面生成的“商业楼 .T”作为底图读入。从图 3-24 可以看出，在卫生间有 100mm 厚度的隔墙下需要布梁，故要布设网线。我们按照图 3-24 图示顺序，用【正交轴网】菜单，分两次创建“口”字形正交轴网，插入到原有网格上来完成网格细化。

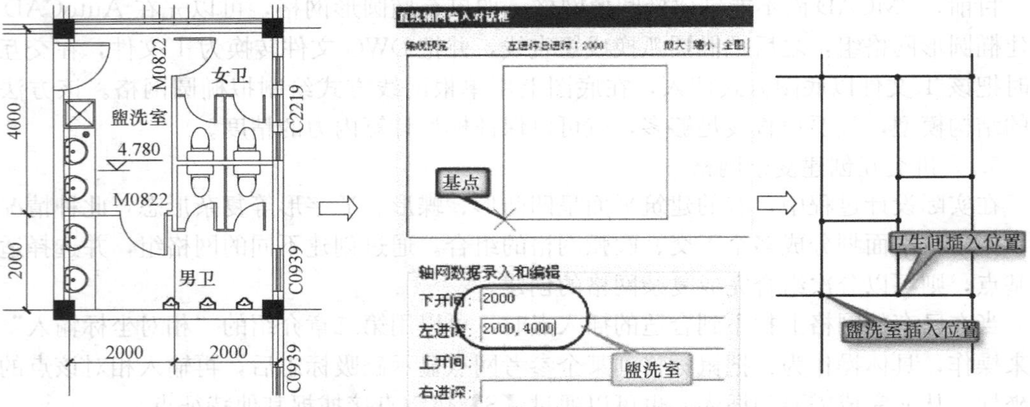

图 3-24 用正交轴网绘制细部网轴

［2］ 两点直线补画局部：

另外，从建筑平面图我们还发现，3 轴右侧 4m 位置介于 A 轴至 C 轴间还有一道 200mm 厚隔墙，此处也需要布设网线，同时考虑部分房间开间为 8m×7m，这部分房间宜在中间加设一道次梁，以降低楼板厚度，利于后面的构件布置。用【二点直线】绘制过程如图 3-25 所示。

［3］ 也可以通过先捕捉参考点，之后输入相对参考点的相对坐标来绘制二点直线。通过上面两种方法，我们绘制出的轴网如图 3-26 所示。

8. 对轴网的编辑修改

网格的编辑菜单是【网格生成】菜单下的【平移网点】、【删除轴线】、【删除节点】、【删除网格】等菜单。这几个菜单的具体功能如下：

- 【平移网点】

当需要改变轴网的某个开间或进深时，可用此菜单进行操作。首先选择要平移的基

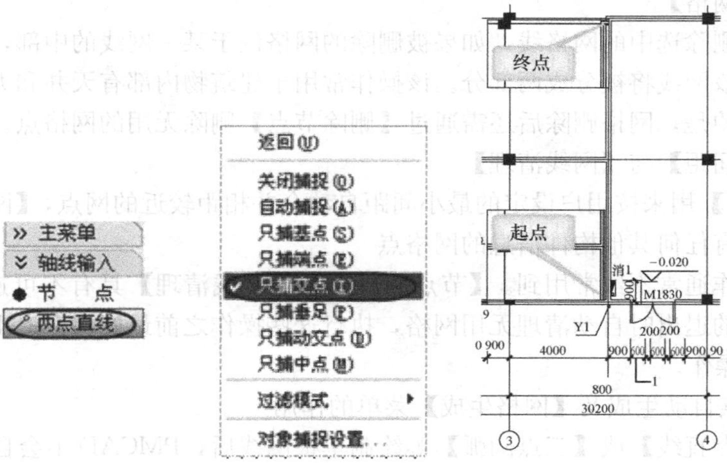

图 3-25　用二点直线绘制细部网格

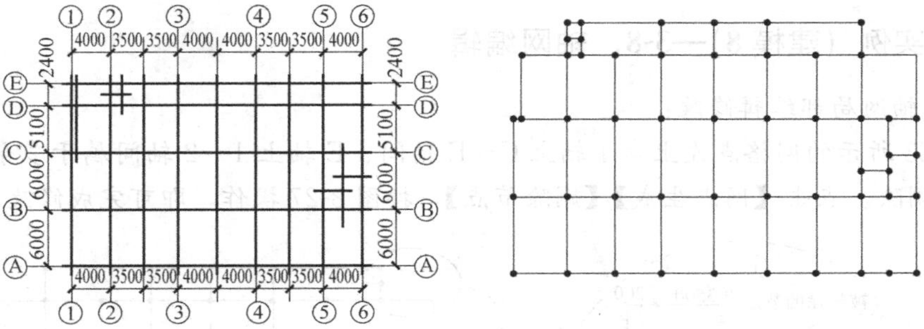

图 3-26　最后轴网（需修改，夹次梁）

点、平移方向和平移距离，之后根据命令行提示，通过【TAB】热键选择选点方式（窗口、轴线等），实现开间或进深的改变。

其操作过程是：点击【平移网点】菜单，按提示选择平移【基点】、【平移方向】、平移距离，之后框选要平移的网点即可。网格平移不具可逆性。

• 【删除轴线】

当某网线不需命名轴线时，可用此菜单。操作过程是：点击【删除轴线】后，鼠标左键选择轴线所在的网线（不是选择网点和轴线名称），之后根据提示操作，即可删除所选位置的轴线，轴线删除后，PMCAD不能自动调整其后的轴线名称。实际上，用【轴线命名】选择要改名的轴线，之后在提示输入轴线名时，键入“空格”也可以实现轴线名的删除。

• 【删除节点】

执行此菜单可以删除选中的网点，此命令通常用于处理局部有多个距离十分接近的网点，通常在【AutoCAD平面图向建筑模型转化】中，自动识别的轴网往往出现以上这种情况。

如果被删除的网点位于网线的端部，则 PMCAD 会删除与该节点相连网格的网线。如果删除的网点位于网线中间部位，则只删除网格点，网线不会被删除。

• 【删除网格】

该菜单能删除选中的网格线。如果被删除的网格位于某一网线的中部，则执行【删除网格】之后，该网线将被分成两部分。该操作常用于建筑物内部有天井和大开空的情况。

需要注意的是，网格删除后还需通过【删除节点】删除无用的网格点。

9.【节点间距】与【网线清理】

【节点间距】用来按用户设定的最小间距自动合并相距较近的网点，【网线清理】用于清理节点上没有任何其他构件信息的网格点。

这两项操作通常不经常用到。【节点间距】和【网线清理】具有不可逆性，【网线清理】前面提到的退出时自动清理无用网格，执行这些操作之前最好保存退出，再重新进入PMCAD进行操作。

10. 网格点自动生成及【网格生成】菜单的作用

当用【二点直线】或【三点圆弧】等绘制单根网线后，PMCAD不会自动在新绘制的网线与已有网线的交点处生成网格点，如果形成网点，则应点击【网格生成】/【形成网点】菜单。【网格生成】操作具有不可逆性。

设计实例（建模 8）—3-8、轴网编辑

［1］ 轴网局部编辑修改：

图 3-23 所示的网格点左上角 1 轴上 C～E 轴间、E 轴上 1～2 轴间属于多余部分，此部分可以删除。点击【网点生成】/【删除节点】，按图 3-27 操作，即可完成修改。

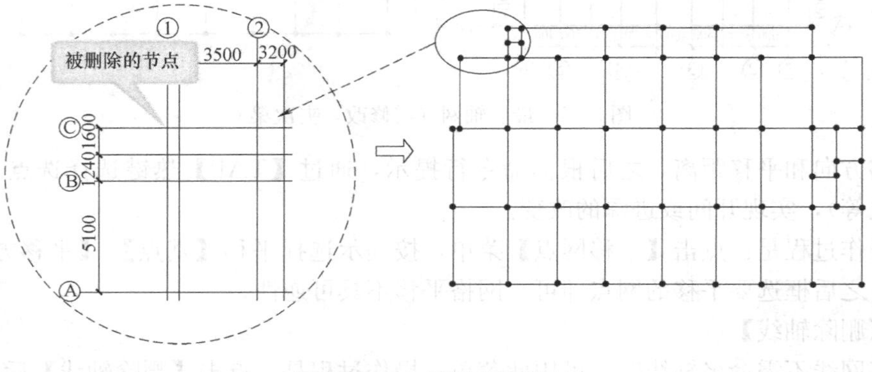

图 3-27 轴网的编辑

3.3.4 定位网格对力学模型的影响

在 SATWE 等计算分析软件对结构进行分析设计时，分析软件首先要依据 PMCAD 传递过来的分析模型数据，创建刚度矩阵［K］和荷载列阵｛R｝。轴网是结构分析时形成刚度矩阵［K］和荷载列阵｛R｝的关键。

以图 3-28 为例，在某工程中，柱是梁 a、b 的共有支座，即梁 a、b 与柱刚接。在创建结构模型时，我们往往会把梁 a 的一个端点布置在 1 号网点，梁 b 的一个端点布置在 2 号网点，框架柱也布置在 2 号网点，这样得到的模型轴测图貌似与实际完全吻合。但是通过［K］、｛R｝可知，内力分析时 a 梁在 1 号网点处会成为悬臂端，分析结果将出现与结构实际受力严重不符的情况。

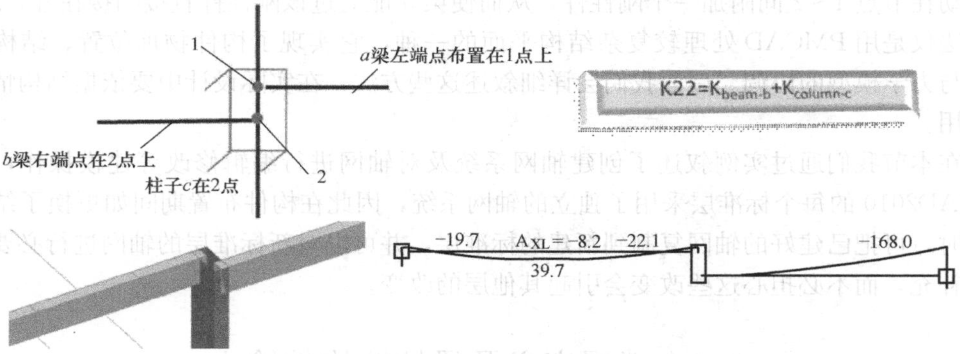

图 3-28　力学模型与实际受力不吻合

这样与实际结构工作状态不吻合的分析结果会给结构带来危险。这是因为在力学模型中，构件间的力学关系是通过其端节点发生的，而和它截面范围内覆盖的其他网点没有任何的力学关系。那么，在结构建模时应该怎样处理，才能使结构模型、力学模型和结构实际工作状态吻合一致呢？

1. 首先要尽量避免网点密集的情况

当建筑平面构成情况比较复杂，或采用 DWG 识别方法创建轴网模型时，往往会出现某个位置网格点比较密集的情况，此时应综合考虑构件布置以及构件间的传力关系，对轴网进行修删处理，采用交互方式删除无用的网格点以及网线。

2. 要正确了解 PMCAD 生成力学模型时都做了哪些工作

在后面的构件布置章节里，我们将详细讨论 PMCAD 在对构件偏心、柱包短梁等情况的结构向力学模型转化时所做的特殊处理。随着对这些内容的学习，我们将更深入地理解轴网、网点、构件与力学模型之间的关联关系。

3. 在了解软件功能基础上，进行合理的建模操作

当实际结构出现图 3-28 所示的构件关系时，PMCAD 能够提供几种比较有效的解决方案。图 3-29 所示构件布置是其中一种。

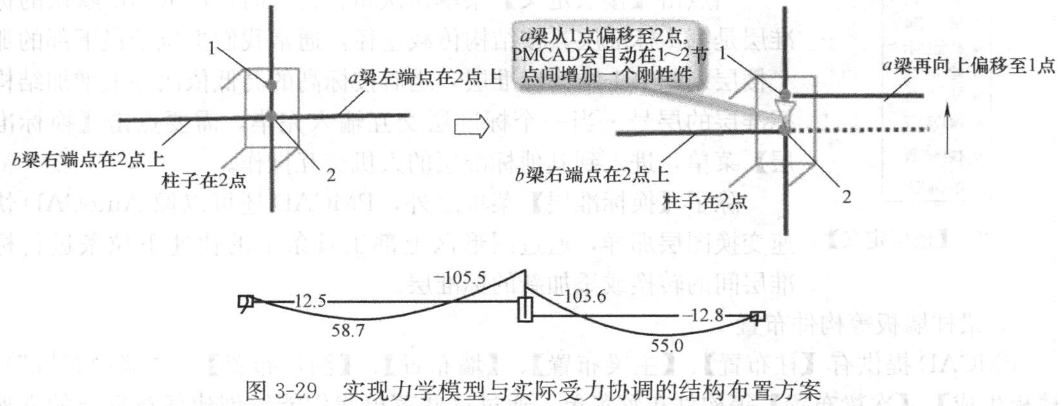

图 3-29　实现力学模型与实际受力协调的结构布置方案

在梁 b 和柱 c 布置不变的情况下，首先把梁 a 布置在 2 点，之后偏移梁 a 到 1 点（在 PMCAD 构件布置操作中，布置与偏移可以合并进行）。当梁 a 从 1 偏移到 2 后，PMCAD

会自动在节点 1～2 间附加一个刚性件，从而使梁 a 能通过该刚性件直接刚接在柱 c 之上。此方法仅是用 PMCAD 处理较复杂结构平面的一种，它实现了构件物理位置、结构实际受力与力学模型的协调。后面我们会详细叙述这些方法，在实际设计中要依据结构情况灵活选用。

在本节我们通过实例叙述了创建轴网系统及对轴网进行编辑修改等建模操作，由于 PMCAD2010 的每个标准层采用了独立的轴网系统，因此在构件布置期间如更换了结构标准层时，可把已建好的轴网复制到新建的标准层，并可以对新标准层的轴网进行必要的修改和补充，而不必担心这些改变会引起其他层的改变。

3.4 楼层定义及梁柱墙构件输入

在 PMCAD2010 中，楼层定义菜单下可以进行梁、柱、墙以及楼板的交互建模操作，为了叙述方便，楼板的交互输入我们将在下一节详细叙述，在本节我们只介绍【楼层定义】菜单的主要功能以及梁、柱、墙构件的交互布置操作及相关的概念和方法。

3.4.1 PMCAD【楼层定义】的基本功能

【楼层定义】的主要作用是：定义用于各结构标准层的柱、主梁、次梁、墙、板等构件类型和截面，在已建好的轴网上布置已定义的构件，对已布置的构件进行编辑及修改，布置作用在构件上的荷载，定义楼层的设计参数，【楼层定义】的下层子菜单如图 3-30 所示。下面简要介绍一下【楼层定义】下各个子菜单的基本功能。

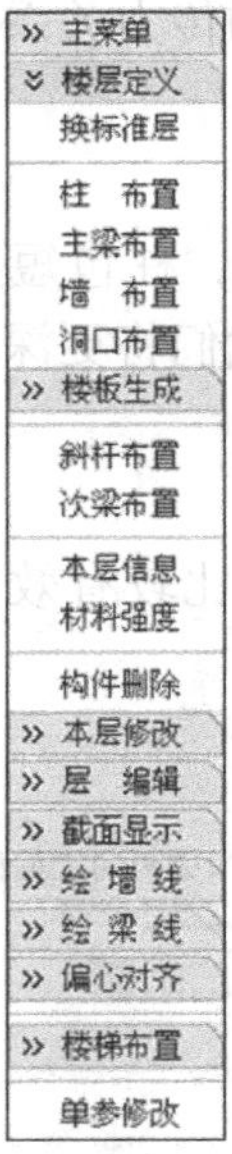

图 3-30 【楼层定义】

1. 换标准层

PMCAD 中的构件是按结构标准层布置的。在 3.2.2 节我们已经学习了结构层和结构标准层的概念，以及 PKPM2005 和 PKPM2010 在处理楼层问题时的区别。在 PKPM2010 中，所有构件布置和所有荷载布置皆相同的结构层才能划分到一个结构标准层。

当点击【楼层定义】菜单初次布置构件时，PMCAD 默认的标准层是第 1 标准层。按结构传载途径，通常我们把位于最下部的那个楼层划归第 1 结构标准层，之后按标高的高低依次往上增加结构标准层的层号。当一个标准层交互输入完毕，需要点击【换标准层】菜单，进入到其他标准层的人机交互操作。

除了【换标准层】菜单之外，PMCAD 还可以像 AutoCAD 快速变换图层那样，通过图形区上部工具条上的快速下拉条进行标准层间的转换或添加新的标准层。

2. 梁柱墙板等构件布置

PMCAD 提供有【柱布置】、【主梁布置】、【墙布置】、【洞口布置】（“墙洞布置”）、【楼板生成】、【次梁布置】等构件布置菜单，通过这些菜单我们能够创建任意复杂的常遇建筑结构。

在 PMCAD 布置梁柱墙构件时，用户可以采用【单个布置】、【轴线布置】、【窗口布置】、【任意窗布置】等多种方式布置构件。在构件布置时，可通过【TAB】热键转换构件布置方式。

与 PKPM2005 不同的是，PKPM2010 对构件布置进行了多处改进，表 3-3 罗列了 PKPM2005 与 PKPM2010 在构件布置方式上的变化，通过该表，会更加清楚地了解它们之间的异同。

PKPM2005 与 PKPM2010 构件布置的变化 **表 3-3**

构件	PKPM2005	PKPM2010
板	在【楼层定义】菜单，只对楼板按同一板厚进行隐式布置，用户不能干预	在【楼层定义】菜单，交互布置楼板，且用户可以对楼板进行修改
	在同一投影区域内，只能布置一块板	同 PKPM2005
	用户可以修改板的整个标高，但不能修改板的某部分标高	同 PKPM2005
	只能布置等尺寸外挑的悬挑板	可以布置不同外挑尺寸的异型悬挑板，如半圆、梯形
梁	同一水平位置，只能布置一根主梁	同一空间位置，可布置多根主梁，参见图 3-31 所示
	同一空间位置，后布置的主梁自动替换前期布置的主梁	同 PKPM2005
柱	后布置的柱将替换同一位置上的柱	同 PKPM2005
	用户不能定义柱底标高	用户可以定义柱底标高
墙	后期布置的墙将替换前期同一位置上的墙，可以布置带山尖的墙	同 PKPM2005
	用户不能定义墙底标高	用户可以定义墙底标高

3. 构件层内编辑及构件属性查询

PKPM2010 版本在构件编辑删除上也比 PKPM2005 有了改进，PKPM2010 的常用构件编辑方式有以下几种：

可以从交互【删除构件】窗口勾选不同种类型构件，进行同时删除，见图 3-32。

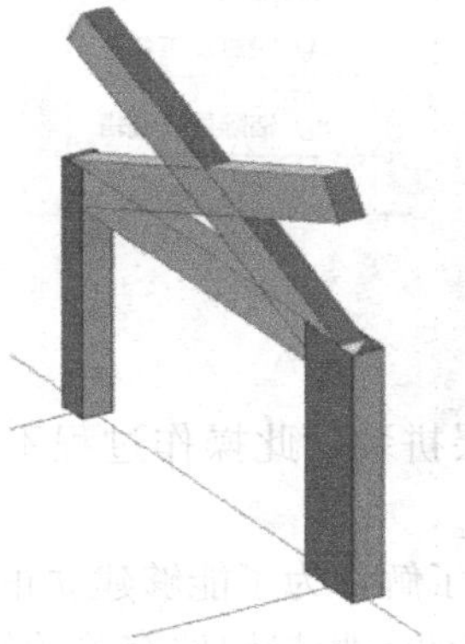

图 3-31 同一网线上布置多根梁

图 3-32 构件删除选项

• PKPM2010 用窗口方式交互选择构件时，窗口选择方式有了叉窗和围窗两种方式。PKPM2005 只有围窗一种方式。

• 在任意构件或节点上右击鼠标，可以弹出属性窗口，可以随时检查遇到的构件特

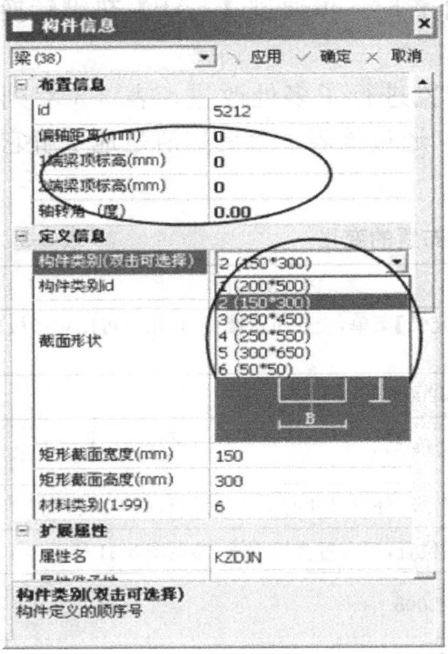

图 3-33　构件特性对话框

性，如图 3-33 所示，在构件特性对话框中，可以修改构件的某些特性参数。该方法可直观修改构件，是一种比较好的构件修改方式。

• 选用新的截面重新布置构件。

• 有多种人机交互偏心对齐方式。

• 从截面列表修改截面参数，能批量修改整栋建筑中同类构件。该方式影响面太大，应慎用。

• 从截面列表中删除截面，能删除整楼中用该截面布置的构件。

4. 【层编辑】实现构件整层或层间编辑

【层编辑】是 PKPM2010 中比较高级的构件编辑方法，当确定要废弃某个标准层，可以通过【删除标准层】一次性删除该层所有内容，包括楼层表中该层编号（相当于注销一个部队的编制）。

【层间编辑】是设置构件编辑关联层。通过【层编辑】/【层间编辑】设定层间关联关系后，当某层的构件被改变截面、改变偏心、被删除或被重新布置时，PMCAD 会提示用户关联层相关位置构件是否也相应改变，构件层间关联编辑参见图 3-34。

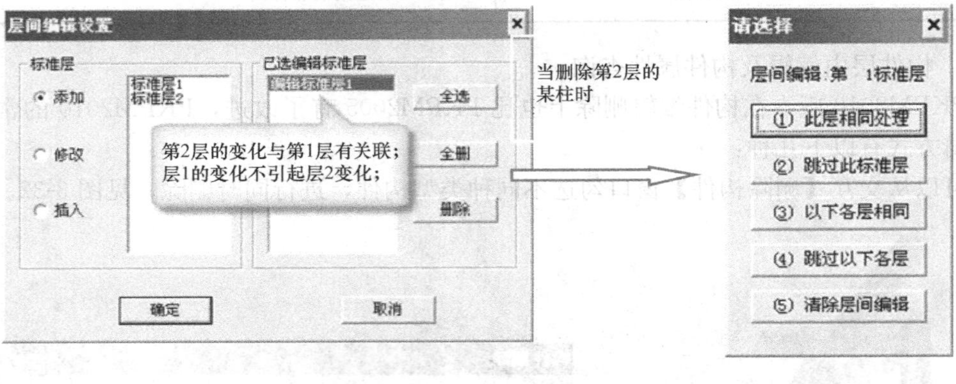

图 3-34　构件层间关联编辑

PMCAD 通过【层编辑】还能实现多个模型的层内和异层拼装，此操作过程不是很难，在本书中此部分不做详细叙述。

通过上述内容，我们对【楼层定义】的功能有了一个基本了解，为了能够建立正确的结构模型，掌握处理复杂结构问题的方法，我们还需要学习其他一些与构件有关的知识。初学者对这些编辑方法一次性掌握有困难，可以在以后的设计练习中循序渐进地练习，直至最后完全掌握。

3.4.2　主次梁的划分、作用及与施工图的对应关系

区分梁的主次是结构设计中一个比较重要的内容，在本节我们介绍主次梁的常规划分

方法，以及主次梁与建模分析和施工图纸中梁的表达方式之间的关系。

1. 区分梁主次关系的作用

把梁划分为主梁和次梁，是为了在特定情况下，使设计人员能创建正确描述结构状态的设计模型，充分协调 PKPM 软件的功能、力学准则、图纸构造之间的关系，使其设计意图得以体现而采取的一种设计策略。与结构标准层划分一样，梁的主次之分仅仅体现在设计建模分析过程中，当设计过程进入施工图绘制阶段，主梁和次梁这个称谓方式就要放弃，改为符合图纸语言的梁名称，梁称谓变化如图 3-35 所示。

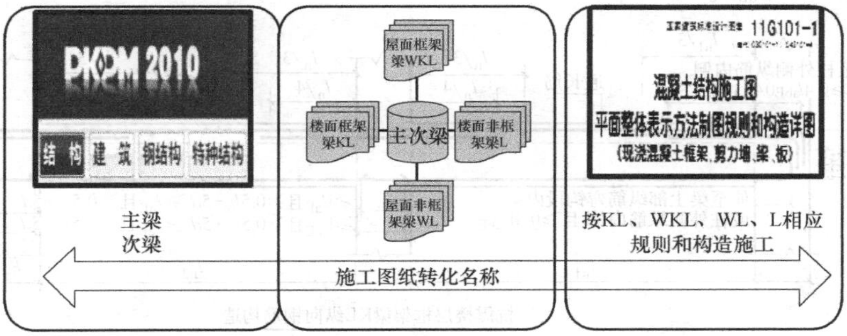

图 3-35 设计过程中梁称谓的变化

平面整体表示法《11G101-1》把梁主要分为五种，分别是框架梁 KL、非框架梁 L、屋面框架梁 WKL、屋面非框架梁 WL 和井字梁 JZL。如果梁以框架柱、承重墙等竖向受力构件为支撑，则该梁为 KL 或 WKL（《11G101-1》还有墙连梁 LL、暗梁 AL、框支梁 KZL 等）。井字梁是在框架梁围成的楼板区域内的呈井字型相交的梁，目前 PKPM 软件绘制施工图尚不能自动判断梁是非框架梁 L 还是井字梁 JZL，对于井字梁 JZL 需要设计人员在施工图纸上自己修改名称，因此在本节我们暂时把井字梁 JZL 看成是非框架梁 L。施工图中之所以把梁分为框架梁 KL 和非框架梁 L，是由于其钢筋节点锚固、箍筋加密等构造属于两种不同的类型。

在 PKPM 的【墙梁柱施工图】模块，软件首先根据梁跨之间的连接关系进行梁段串并运算，形成连续梁之后，再根据连续梁的支撑类型，来判断该梁是框架梁 KL 还是非框架梁 L，并自动对框架梁 KL 和非框架梁 L 进行归并、编号、命名。梁的命名过程完全是由软件自动完成的，不需设计人员参与。

因此从一定意义上说，设计阶段的主次梁和施工图上的梁名称既有联系又彼此无关，其“联系”是设计人员需要保证梁所用的计算模型与施工图上的梁配筋构造相吻合，保证结构的安全；“无关”是指设计人员对梁的命名不起主导作用。尽管设计人员可以修改施工图上的梁名称，但是除非某些特殊需要，设计人员不需做此工作。

2.《11G101-1》中对框架梁 KL 和非框架梁 L 的构造要求不同

在《11G101-1》中，框架梁 KL 和非框架梁 L 除了在箍筋加密要求不同外（框架梁 KL 抗震构造要求，所以箍筋有加密区；非框架梁 L 无抗震要求，故没有箍筋加密区），框架梁 KL 和非框架梁 L 受力钢筋在支座处的锚固也不相同。图 3-36 是《11G101-1》对框架梁 KL 和非框架梁 L 的纵筋构造要求。《11G101-1》对梁柱节点的构造要求与《高规》的第 6.4.5 条和 6.5.5 条吻合。

在图 3-36 中对框架梁 KL 梁底纵筋锚入端支座的要求是：当纵筋入端支座采用弯锚方式时，纵筋平直段“伸至梁上部纵筋弯钩段内侧或柱外侧纵筋内侧，且不小于 $0.4l_{abE}$”后，再向上弯锚 $15d$，而非框架梁 L 梁底纵筋只需锚入支座 $12d$ 即可。以混凝土等级 C30，三级框架，柱截面 400mm×400mm，钢筋直径 20mm 的二级钢筋为例，框架梁 KL 梁底纵筋弯锚总长度大约为 580mm，而非框架梁 L 梁为 240mm；和 03G101-1 的非框架梁 L 梁顶筋端部仅有一个 $0.4l_a$ 相比，《11G101-1》对于非框架梁 L 梁的顶筋锚固规定的更加具体，一个是“设计按铰接时，‘弯锚平直段’$>0.35l_{ab}$”；一个是当“充分利用钢筋受拉强度时$>0.6l_{ab}$”。

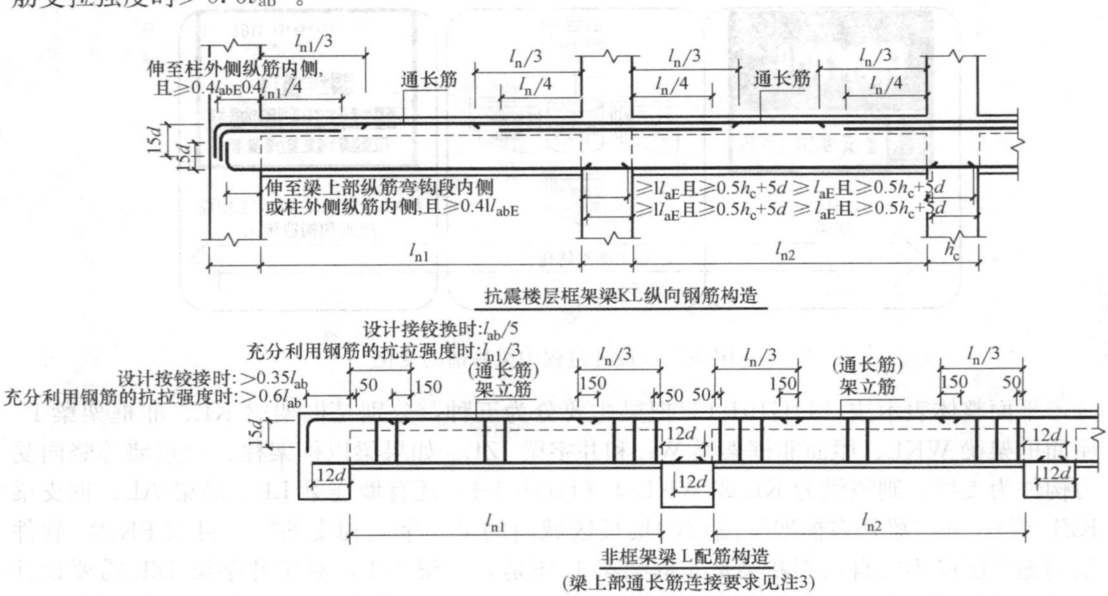

图 3-36 《03G101-1》中梁的纵筋构造

因此，从《11G101-1》的梁节点钢筋锚固看，框架梁 KL 梁节点的刚性远大于非框架梁 L 梁，如果与结构力学对应起来看，框架梁 KL 梁的柱梁节点接近于刚节点。而《11G101-1》对非框架梁 L 梁更是直接规定了“按铰接”和“充分利用钢筋受拉”两种设计。

与框架梁 KL 和非框架梁 L 差异能从图集中得到形象解释相比，在 PKPM 中的主梁和次梁只是对现实梁构件的一个虚拟描述，要真正理解二者区别有时会显得比较困难。但是当我们对框架梁 KL 和非框架梁 L 的节点构造要求有所了解之后，再来学习主次梁的概念也许就不会觉得像虚空漫步一般。

3. 主梁和次梁的常规定义

结合图 3-37 所示的梁布置情况，我们大致可以从梁跨（不能仅从建模时的梁段看）所处位置、梁在结构中所起作用等方面来区分梁的主次。主梁和次梁的直观区分方法为：

• 两端支撑在柱或混凝土墙上的梁，一定是主梁。

• 两端支撑在梁上的梁可以是次梁。

• 在 PMCAD 中次梁可以当成主梁输入，但是反过来从专业概念上讲，不允许主梁按次梁输入。

从力学角度看，传力路径总是次梁传至主梁；次梁以主梁为支座；次梁的破坏不会影响主梁，而主梁破坏会导致次梁失去支撑或受力发生改变。

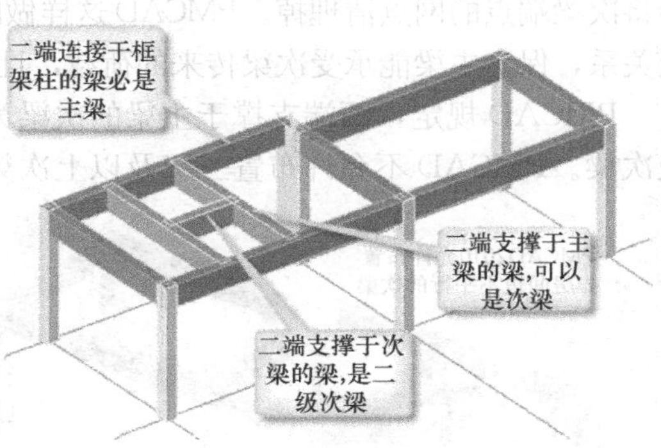

图 3-37　主次梁常规定义

如果一个主梁的跨端支撑是框架柱或剪力墙，则该梁一定是 *KL* 梁。如果一个连续梁的所有跨端支撑都是梁支撑，则不管这个梁是主梁还是次梁，它都是 *L* 梁。

由于有的建筑平面组成十分复杂，所以在施工图绘制之前软件把梁段串并成连续梁的运算过程中，如果两跨相邻梁的切向夹角不大于 15°，它们就会被串并成一根连续梁。因此对于复杂的结构，框架梁 KL 可以单纯由主梁组成，也可由主梁和次梁共同组成，非框架梁 L 可以单纯由次梁组成，也可以由主梁（该主梁不是真正的主梁，是按主梁输入的次梁，因为其支撑不是柱墙支撑）和次梁共同组成。也就是说，由于在创建结构模型时，并不是 PMCAD 中的主梁只能对应框架梁 KL，次梁只能对应非框架梁 L，在后面我们讨论主次梁的作用时会给出更加明确的解释。

4. PMCAD 中主梁和次梁的输入方法

在 PMCAD 中，可通过【楼层定义】/【主梁布置】菜单来布置主梁。布置主梁之前，首先要定义梁截面类型、选择材料、定义梁截面尺寸，之后从定义好的截面列表中选择要布置的梁截面，进行主梁布置。主梁必须布置在轴网之上。主梁布置有逐段、整轴、围窗、叉窗几种方式，布置时可以设定梁的两端标高和偏轴距离。

在 PMCAD2010 中，如果在同一空间位置再次布置梁，后布置的梁会自动替换前面已布的梁；如果虽然在同一网线上但是梁的空间位置不同，则不会替换。主梁布置时的截面定义、布置窗口如图 3-38 所示。

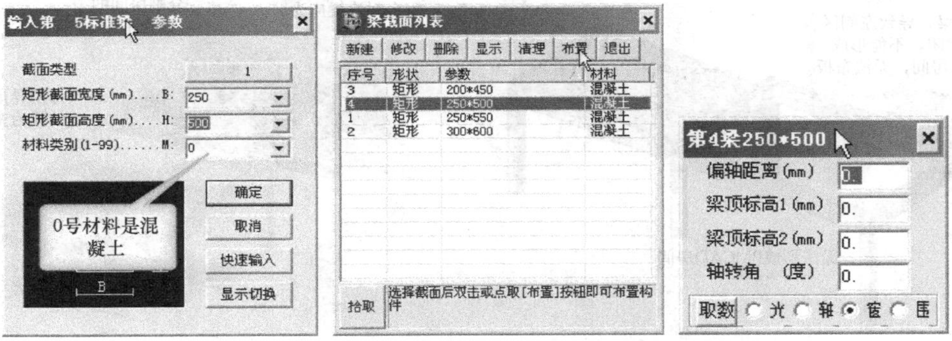

图 3-38　主梁布置对话框

次梁是通过【次梁布置】菜单进行的。主次梁使用同一个截面列表。从梁截面列表中选择梁截面后，需要通过定义两个端点的方式布置次梁。次梁的端点不会生成节点，如果次梁端点已经绘制了轴网，且该轴网也未另作他用，退出时选择自动清除无用网格时，PMCAD

会将次梁端点的网点清理掉。PMCAD这样做的目的是为了确保主梁不会与次梁形成交叉平级关系，保证主梁能承受次梁传来的荷载，且主梁正弯矩钢筋在次梁支撑点位置不会断开。

PMCAD规定，两端支撑于主梁的次梁为一级次梁，两端支撑于一级次梁上的梁为二级次梁。PMCAD不允许布置三级及以上次梁，如果设计时遇到有三级次梁的情况，可以通过把一级次梁改为主梁或改变结构布置方案的方法来减少次梁的排列等级。

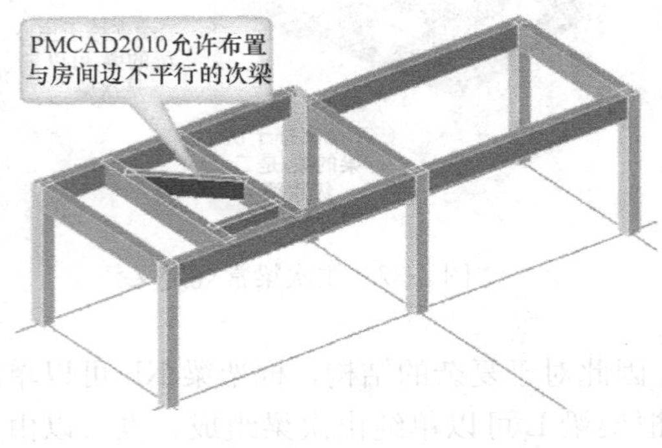

图 3-39　可以布置与主梁不平行的次梁

另外，在PKPM2005时，PMCAD要求次梁至少要与其房间周边的某一主梁平行，PMCAD2010对此要求做了改进，允许次梁布置与其他梁不平行如图3-39所示。

5. 主次梁在PMCAD中的围板作用不同

在PMCAD中，主次梁在围板、导荷中的作用是不同的。这是学习PMCAD时应该着重领会的重点。

在PMCAD中，软件把由主梁或承重墙围成的最小封闭区域称为“PMCAD房间”。在PMCAD自动生成楼板时，每一个PMCAD房间内的板会被单独编号。由于次梁是布置在PMCAD房间之内的，所以次梁不具有围板资格。图3-40所示是一个由于两个节点过于靠近，框架柱填充显示，导致建模时在柱截面内漏掉了一个梁段，造成无法形成PMCAD房间的情形。在后面的学习中，我们会进一步了解到，如果该位置恰好是楼梯间，则这种不封闭情况往往不易被发现。

由于主次梁在围板中作用不同，导致了其在荷载导算中的作用也不相同，该内容我们将在后面章节中做进一步讨论。

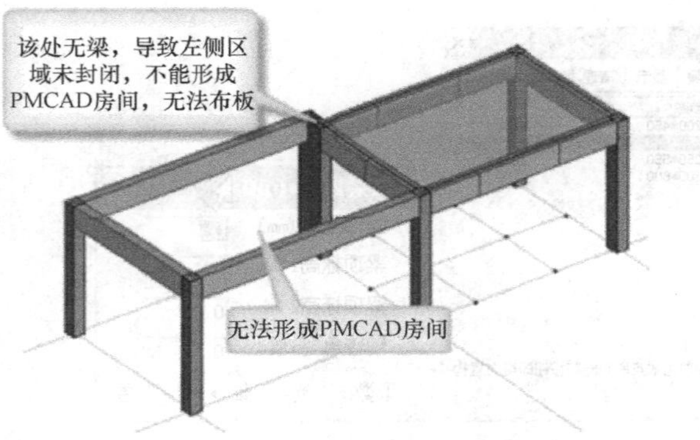

图 3-40　主梁不封闭

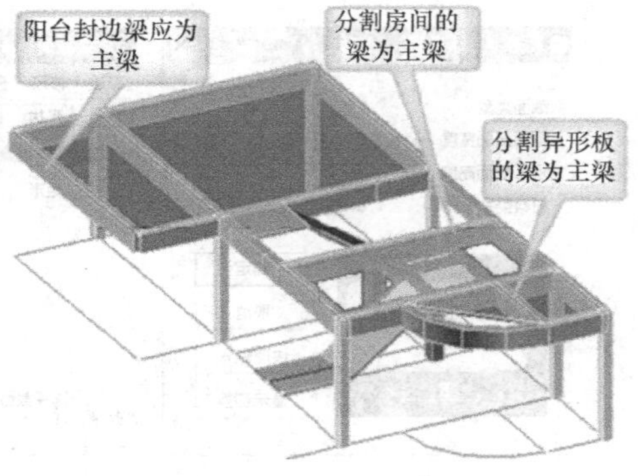

图 3-41　不能设为次梁的梁

6. 梁在某些特殊情况下的主次划分

鉴于主梁有围板作用，在如图3-41所示的某些梁按外观特征尽管属于次梁，但是也把其按主梁输入。这些梁是：

• 阳台、雨篷等悬挑部的封边梁。

• 为避免出现异形板或异型洞而设，起分割板块作用的梁。

• 为改变楼面荷载传导方式而设的梁。

当 PMCAD【画结构平面图】时，软件会以 PMCAD 房间为单位进行楼板的归并、布筋绘图，如果房间太小会使楼板钢筋过短和板型过多，不方便施工。所以创建结构模型时，如果出现个别房间太小（如管井、卫生间），且梁截面较小载荷较小时，不管采用哪种主次梁设计方案（后面章节会讲设计方案）我们应当把这些梁布置为次梁。

7. SATWE 分析计算和绘制施工图时主次梁的地位不同

在用 SATWE 等三维分析软件对建筑结构进行分析计算时，主梁能与柱、墙等一起构成整体结构的三维力学模型，而次梁不参与结构整体分析，如图 3-42 为 SATWE 的主菜单。

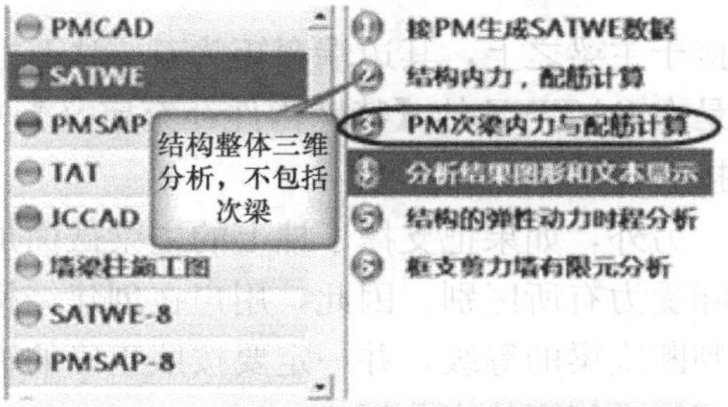

图 3-42　SATWE 主菜单

在 SATWE、SATWE-8 等计算时，对 PMCAD 中输入的次梁均隐含设定为“不调幅梁”，用户用 SATWE 或 SATWE-8 的【特殊梁柱定义】菜单也不能将次梁更改为“调幅梁”。

3.4.3　对主次梁设计方法的讨论

在很多具体工程设计、参考书、科技文献和网上讨论中，我们可以发现很多对于主次梁问题的讨论和争论，它牵扯到 PKPM 软件使用、规范条文、力学分析方法、钢筋构造、图纸表达乃至施工技术等很多方面。在本节我们将从 PKPM 软件中主次梁的作用地位、PKPM 软件处理主次梁的特点等几个方面进一步理清主次梁问题。

1. 同样的结构形式采用不同的主次方案，主梁承受的荷载不同

创建好结构模型后，PMCAD 会按照“PMCAD 房间”逐间导算荷载，把房间内的荷载导算到围成房间的主梁或承重墙上，并为后面的结构分析软件生成力学模型。

如果一个 PMCAD 房间内布有次梁，且房间内部次梁间没有形成交叉梁关系，PMCAD 导荷程序会先把次梁分割的子板载荷导给次梁，次梁再导给主梁，次梁在主梁上产生集中荷载；如果把所有梁全部布置为主梁，则主梁上承受的只有分布荷载，如图 3-43 所示。

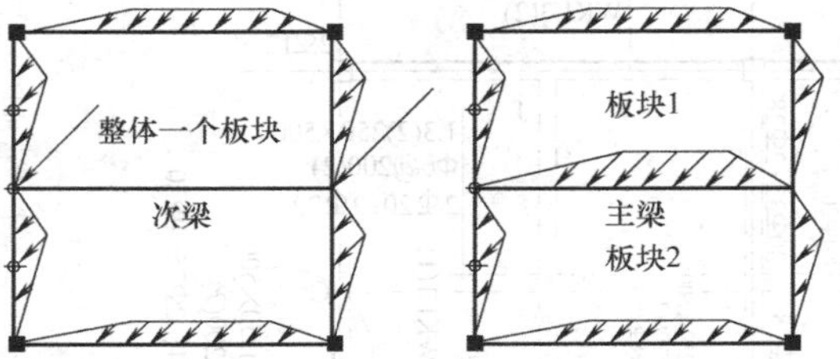

图 3-43　不同的主次方案主梁荷载不同

2. 次梁等级变化会影响结构分析结果

由于次梁在分割房间和荷载传导以及 SATWE 分析计算时的地位与主梁不同，不同的次梁等级在次梁上产生的内力不同。图 3-44 中，$a \sim c$ 次梁按一段布置，$J \sim h$ 次梁按一段布置，$d \sim e$ 段次梁分二段布置，则程序判断 $d \sim e$ 为两根二级次梁，$a \sim b$、$b \sim c$、$j \sim h$ 为一级次梁，$b \sim c$ 和 $j \sim h$ 呈交叉次梁关系。同样的截面尺寸下它们的内力明显不同。

3. PKPM 认为次梁边端铰支于主梁之上

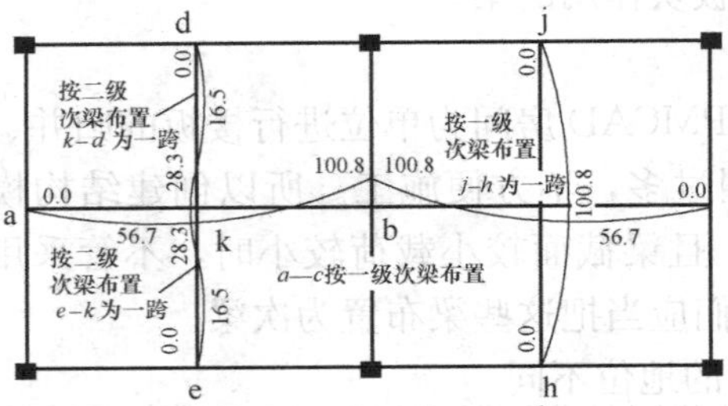

图 3-44　不同的主次方案主梁内力不同

如果一个 PMCAD 房间内布有次梁，且房间内部呈交叉关系时，PMCAD 软件会先把子板荷传给梁，再假定次梁铰支于 PMCAD 房间周边，并对房间内次梁做交叉梁分析（与其他房间无关），最后得到导算到主梁上的荷载。

在 SATWE 中，软件认为主梁是次梁的固定铰支座，且用户不能改变次梁支座形态，从而次梁在分析计算时，软件认为次梁铰接于主梁之上，其边端弯矩为 0；对于主梁，PKPM 默认其与任何支座都是刚接关系，但是在 SATWE 的【特殊构件补充定义】中，软件允许用户把指定的主梁刚接端修改为铰接。

另外，如果把支撑于柱上的主梁截面加大或改小，次梁内力没有变化，这也和结构的实际受力有所区别。因此，用户在创建结构模型时，对于传力关系复杂的多级次梁，要仔细判断次梁的等级，并一定要按照正确的输入顺序输入到结构模型之中，并对结构分析结果仔细进行可信度分析。

4. 不同的次梁布置会影响施工图内容

在 SATWE 分析计算时，分析软件的【结构内力、配筋计算】过程只对主梁及墙、柱构成的三维结构模型进行整体分析，再通过【PM 次梁内力与配筋计算】对次梁进行追加计算。SATWE 对次梁进行追加计算时，会把与该次梁相连的其他房间次梁一起组成连续次梁模型后，再对连续次梁进行计算和配筋。

对图 3-44 所示梁布置方案形成的结构模型，用 SATWE 分析计算之后，再用【墙梁柱施工图】模块绘制梁平法施工图如图 3-45 所示。从梁平法施工图中可以看到，尽管在

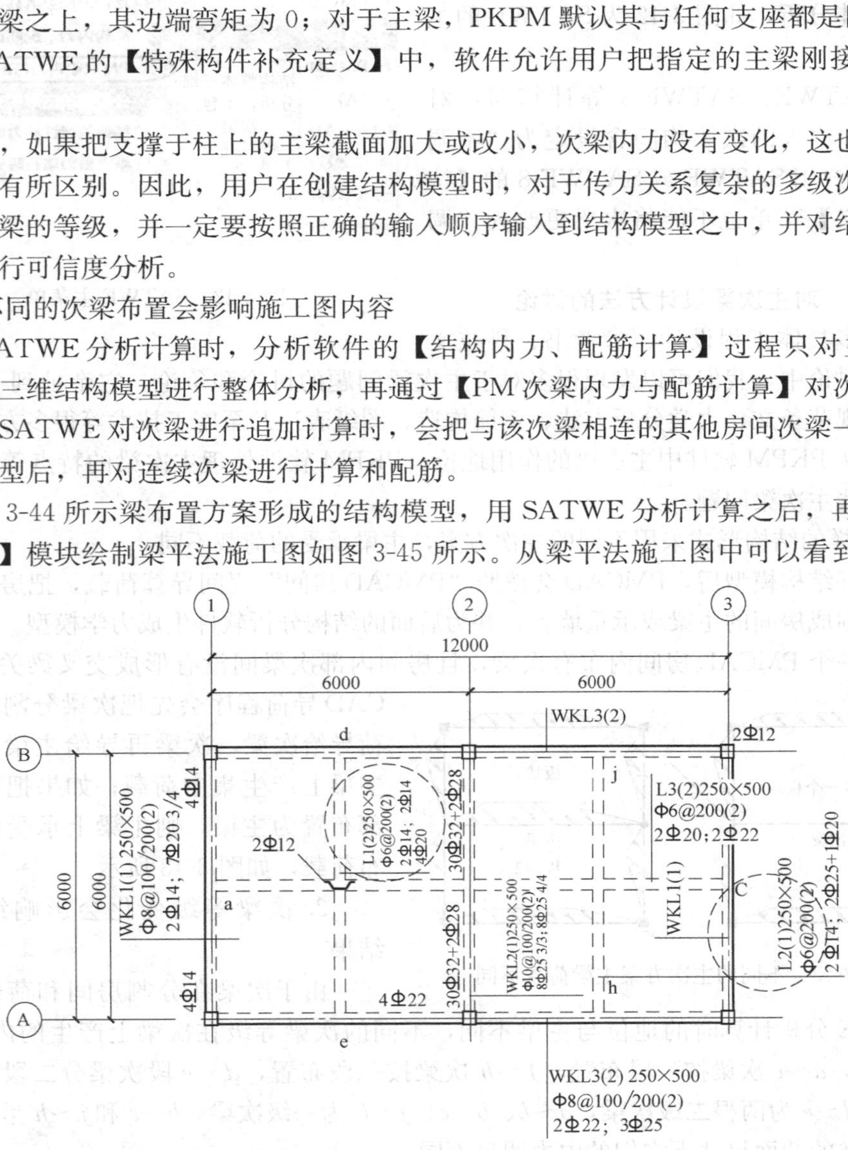

图 3-45　二级次梁与一级次梁施工图对比

实际状态中非框架梁 L1（$d\sim e$）和非框架梁 L2（$j\sim h$）与水平次梁 L3 都是交叉关系，但是由于采用了不一样的建模操作，导致二者配筋差异很大（注意图中画圆圈内次梁的配筋），显然非框架梁 L1（2）是偏于不安全的。

5. 对结构其他受力特性的影响

由于在 PKPM 中，主梁在围板、导荷、支座形态、结构分析中的地位等方面不同于次梁，对次梁而言，导荷仅在单个房间内进行，而内力计算时同级别的次梁可多房间组成连续梁进行分析，这样能导致导算到主梁上的荷载与计算得到的次梁支反力不一致。另外，由于 SATWE 是把主次梁分别进行分析计算，因此连续次梁内跨节点的竖向位移与该位置主梁的挠度并不一致，不能满足位移协调性原则。另外，由于次梁不参与结构整体分析，还会导致计算得到的结构自振周期偏大（楼盖刚度偏柔）。

设计建议

［1］ 房间内次梁有交叉关系时，如果要按次梁布置，应仔细判别次梁的等级，并按照正确的输入顺序创建结构模型，最后要对设计结果进行认真的校核分析，并采取与设计模型分析假定一致的构造措施。

［2］ 错误的主次梁级别定义，可能会改变图纸表达内容，影响设计的安全性。

3.4.4 扭转零刚度方法与协调扭转设计方法

由于在 PKPM 中，次梁和主梁的地位不同，为了保证在结构分析时能体现次梁和主梁的协同工作特征，我们可以把次梁按主梁输入。在本部分叙述中，为了行文方便，我们在这里把按主梁输入的次梁仍称之为次梁。

当次梁按主梁布置后，SATWE 分析计算时默认次梁与主梁间的节点是刚节点。由于结构分析是按弹性理论计算的，而混凝土结构配筋设计是按塑性的，在结构正常工作状态或极限工作状态钢筋混凝土梁在扭矩作用下，框架边梁会产生扭转变形，混凝土若产生裂缝进入弹塑性状态，边梁对次梁的约束实际是介于刚接和铰接之间。这样就给设计人员带来一个近年来一直争论不休的问题：要是次梁与框架边梁节点按刚节点分析（次梁不设铰），当次梁弯曲产生塑性变形导致内力重分布，次梁底纵筋配少了怎么办？如果次梁与框架边梁节点按铰节点计算（次梁边端设铰），导致没有考虑框架边梁的协调扭转，如果边梁抗扭、次梁负筋的配筋少，抗扭、抗拉能力差，导致框架抗剪不够或次梁负弯矩开裂过大怎么办？

1. 次梁边端设铰与次梁边端不设铰设计方法

次梁边端设铰是当次梁按主梁布置时，在 SATWE 中把次梁的两端与框架主梁交接的节点改为铰点的方法。该方法是对按主梁布置的单跨次梁，在次梁的两个支座都设铰点；对按主梁布置的连续次梁，则在连续次梁的两个端部设置铰点，中间跨之间仍按刚性连接的设计方法，如图 3-46 所示。

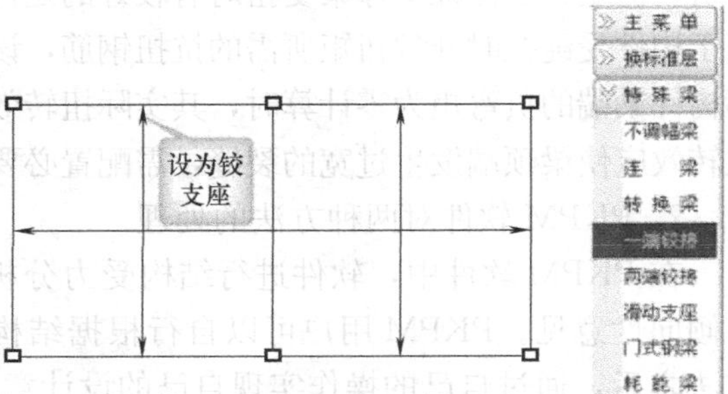

图 3-46 对按主梁布置的次梁设铰

次梁边端设铰是一种通俗叫法。实际上与次梁边端设铰相对应的设计方法叫“扭转零刚度法[1]”，当然与“扭转零刚度法”对应的次梁边端不设铰的设计方法叫“协调扭转设计方法[2]”。下面我们先简单介绍一下这两种方法：

• 协调扭转设计方法——次梁边端不设铰

协调扭转是超静定结构中受弯变形转动受到支撑构件的约束，该约束反作用于支撑构件而使其产生的扭转为协调扭转。协调扭转的变形角大小与构件所受的扭矩及连接处构件各自的抗扭刚度有关，是利用静力平衡条件和变形协调条件求其扭矩的，属于这类的构件有钢筋混凝土框架边梁等。

协调扭转有别于平衡扭转。平衡扭转通常是由静定结构荷载引起的其支撑构件上的扭矩效应，与构件抗扭刚度无关，是利用静力平衡条件求其扭矩的，属于这类的构件有吊车梁、阳台梁等。图 3-47（a）悬挑阳台在 AB 边梁上产生的扭矩沿梁轴均匀分布，其值为 $ql^2/2$，平衡扭转设计时扭转构件应该按规范的纯扭转条文进行设计。

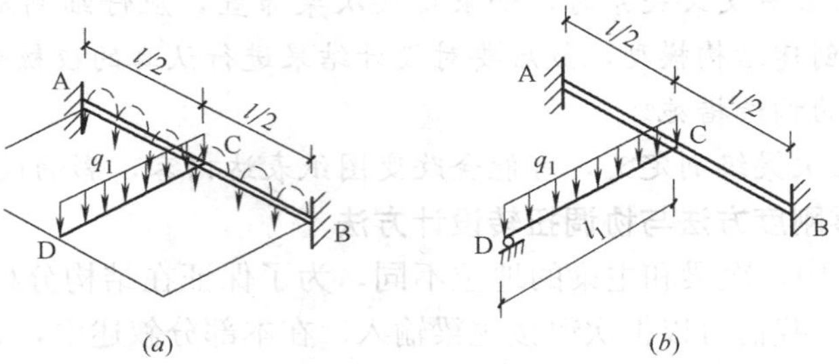

图 3-47　平衡扭转和协调扭转

（a）平衡扭转；（b）协调扭转

图 3-47（b）为协调扭转计算简图的例子。在次梁 CD 点 D 的铰支座也可以是固定端或与其他构件连续，当其在荷载作用下产生弯曲变形后，在 C 端产生支座负弯矩 M_c，在弹性状态下边梁 C 点扭矩 $T_c=M_c$，同时边梁点 C 的扭转角与次梁在点 C 的挠曲角度相等。手工计算时，M_c 可根据力平衡条件和唯一协调条件求出。

• 扭转零刚度方法——次梁边端设铰

钢筋混凝土超静定结构受弯、剪、扭共同作用的构件，计算分析时取支撑梁（如框架边梁）的扭转刚度为零，即不考虑相邻构件（如次梁）传来的受扭作用，仅按受弯剪进行内力分析，但是为了保证支撑梁受扭时有较好的延性以及控制裂缝的开展，在构造上必须配置相当于构件受纯扭时开裂扭矩所需的抗扭钢筋，该方法为扭转零刚度方法。当按零刚度法取相邻构件梁端的负弯矩为零计算时，其实际扭转效应仍然存在，因此，为了控制因实际存在的扭转效应使梁顶端发生过宽的裂缝，需配置必要的抵抗负弯矩的纵向受拉构造钢筋。

2. PKPM 软件对两种方法的处理

在 PKPM 软件中，软件进行结构受力分析时，并没有向用户提供使用哪种设计方法的倾向性意见。PKPM 用户可以自行根据结构的实际情况和个人意愿，在选择某个设计方法之后，通过自己的操作实现自己的设计意图。

• 在建模时以次梁布置方式布置次梁，这相当于选择了“扭转零刚度方法”。

• 在建模时按主梁布置次梁，但在 SATWE 的【特殊构件补充定义】中，把次梁

（按主梁布置的）端部设置为铰，实际上选择的是“扭转零刚度方法”，也就是俗称的“次梁设铰”。

• 在 SATWE 分析计算时，软件中用三维杆单元分析所有按主梁输入的梁构件，三维杆单元每个端点有包括旋转位移、线位移等 6 个位移量，有弯、剪、扭六个内力分量，能够支持“协调扭转设计方法”。

• 在建模时按主梁布置次梁且不点铰，由于 SATWE 默认只有框架梁可以进行弯矩调幅，如果考虑次梁与框架边梁不是真正的刚结点，结点受力发生塑性变形会引起梁内力重分布，考虑此对梁的不利影响，用户可以自行在【特殊构件补充定义】中更改次梁（按主梁布置的）为调幅梁，实际上选择的是“协调扭转设计方法”。图 3-48 为次梁按主梁布置后，进入 SATWE 软件默认的弯矩调幅系数，用户可以通过交互方式修改梁调幅系数。

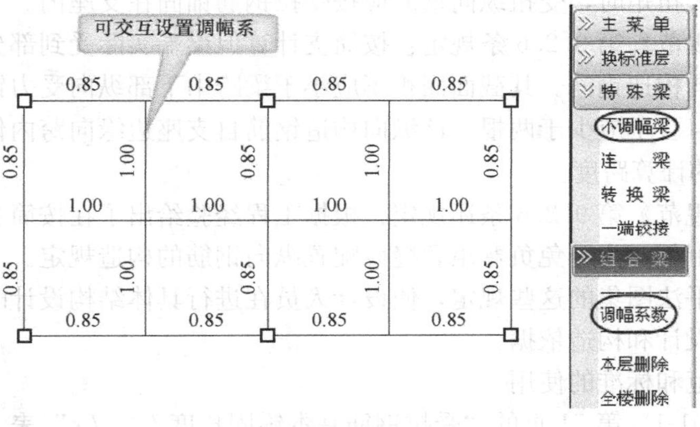

图 3-48　对按主梁布置的次梁调幅

• SATWE 在选筋设计过程中，能自动依据软件内嵌的规范条文，按照受弯、弯剪、弯剪扭等各种构件受力类型，很好地处理各种受力状态的梁配筋设计及构造选筋等要求。

因此，PKPM 从功能上讲，完全可以满足两种设计方法的功能要求。

（1）次梁边端设铰和次梁边端不设铰争论的起源

查阅大量文献后，我们发现“次梁边端设铰和次梁边端不设铰争论”比较激烈的时期是使用《03G101》时期，自 10 版新的《混凝土规范》和《11G101》发布实施以来，对于这个问题的争论有减弱乃至消失之趋势。

《03G101》中，对于非框架梁端节点纵筋锚固并没有区分“次梁边端设铰和次梁边端不设铰”的区别，以梁顶纵筋锚固为例，《03G101》笼统地定义为一个 $0.4l_{ae}$，而旧的混凝土设计规范除其 9.3.1 条规定了充分利用钢筋强度时的受拉钢筋锚固长度，并未对这两种方法做出明确的界定，使设计人员在钢筋构造上无法可依，是导致争论的主要原因。

（2）现行规范对相关方法的规定和《11G101-1》对次梁边端设铰的处理改进

在《11G101-1》的第 86 页的“非框架梁 L 配筋构造”图例中，明确地规定非框架梁梁顶纵筋“设计按铰接时，采用弯锚方式锚固的平直段锚固长度需大于等于 $0.35l_{ab}$，充分利用钢筋的抗拉强度时，弯锚平直段长度需大于等于 $0.6l_{ab}$”。其中的“设计按铰接”可应用于扭转零刚度（“次梁边端设铰”）设计方法，“充分利用钢筋的抗拉强度”钢筋适用于协调扭转（“次梁边端不设铰，但调幅”）设计方法。

在《混凝土规范》中也有相应的条文对这两种方法做了设计要求，其中：

•《混凝土规范》第 6.4.12 条和第 6.4.13 条中对矩形、T 型、I 性和箱型截面弯剪扭构件承载力计算做了明确规定。

•《混凝土规范》第 9.2.10 条中，专门对弯剪扭构件的最小箍筋的配筋率做了规定，其“箍筋的配筋率 ρ_{sv} 不应小于 $0.28f_t/f_{yv}$”。

• 在第 9.2.10 条规定“在超静定结构中，考虑协调扭转而配置的箍筋，其间距不宜大于 $0.75b$”，其中 b 为第 6.4.1 条规定的不同截面类型梁宽度。

•《混凝土规范》的第 9.2.5 条：梁内受扭纵向钢筋的最小配筋率应符合规定为：$\rho_{tl,min}=0.6$，沿截面周边布置的受扭纵向钢筋的间距不应大于 200mm 和梁截面短边长度；应在梁截面四角设置受扭纵向钢筋，其余受扭纵向钢筋宜沿截面周边均匀对称布置。当梁支座边作用有较大扭矩时，受扭纵向钢筋应按受拉钢筋锚固在支座内。

•《混凝土规范》第 9.2.6 条规定：按简支计算但梁端实际受到部分约束时，应在支座区上部设置纵向构造钢筋。其截面面积不应小于梁跨中下部纵向受力钢筋计算所需截面面积的四分之一，且不应少于两根。该纵向构造钢筋自支座边缘向跨内伸出的长度不应小于$l_0/5$，l_0 为梁的计算跨度。

•《混凝土规范》第 9.2.6 条还规定：根据工程经验给出了在按简支计算但实际受有部分约束的梁端上部，为避免负弯矩裂缝而配置纵向钢筋的构造规定。

新规范和新平法图集的这些规定，使设计人员在进行具体结构设计时，采用哪种设计方法有了明确的设计和构造依据。

（3）现行规范和标准的使用

依据《11G101-1》第 51 页的“受拉钢筋基本锚固长度 l_{ae}、l_{ab}”表，我们制作了当非框架梁二种规格直径钢筋 18mm 和 25mm 按弯锚的 $0.35l_{ab}$平直段长度，见表 3-4。

按铰接设计时非框架梁顶纵筋梁端节点弯锚平直长度（单位：mm） **表 3-4**

钢筋种类	混凝土强度等级	C25	C30	C35	C40
HPB300	抗震等级三级时的	36d	32d	29d	26d
	纵筋直径 18 弯锚平直长度 $0.35l_{ab}$	227	202	183	164
	纵筋直径 25 弯锚平直长度 $0.35l_{ab}$	315	28	254	228
HRB335	抗震等级三级时的 l_{ab}	35d	31d	28d	26d
	纵筋直径 18 弯锚平直长度 $0.35l_{ab}$	221	194	177	164
	纵筋直径 25 弯锚平直长度 $0.35l_{ab}$	307	272	245	228
HRB400	抗震等级三级时的 l_{ab}	42d	37d	34d	30d
	纵筋直径 18 弯锚平直长度 $0.35l_{ab}$	265	234	215	189
	纵筋直径 25 弯锚平直长度 $0.35l_{ab}$	368	324	298	263

从表 3-4 中可以发现，采用扭转零刚度（“次梁边端设铰”）设计方法设计次梁，其梁宽度可以选择介于 200～400mm 的常用梁宽范围，钢筋锚固长度容易满足。而采用协调扭转设计，弯锚平直段长度需大于等于 $0.6l_{ab}$，求的梁宽度将近是扭转零刚度设计方法的二倍，故不属于经济截面之内，应当慎用。

（4）对次梁边端设铰的设计建议

通过以上内容，我们从PKPM软件功能、规范条文、平法标准、钢筋构造等多方面讨论了扭转零刚度（“次梁边端设铰”）设计方法和协调扭转（“次梁不设铰”）设计方法的设计操作及相互关联关系，不管采用哪种设计方法，只要能做到的力学分析模型、规范条文和配筋构造要相互呼应，就能保证结构的可靠度和安全度。在这些讨论基础上，我们给出如下设计建议。

设计建议

［1］　当常规混凝土现浇有梁板楼盖，次梁支撑于框架主梁上时，可把次梁按主梁布置，并把次梁边端支座改为铰接点。

［2］　对于单跨、受荷载较小且分割房间较小的次梁可以按次梁布置，这样能使板底钢筋在适当大的范围内拉通配置，从而减少钢筋种类，降低图纸编辑校审修改工作量，便于施工。

［3］　对于次梁和主梁组成交叉梁系，当主次梁线刚度比较大时（可以考虑大于8时），主梁可作为次梁的不动支座，次梁可简化为支承于主梁上的连续梁，但须满足钢筋锚固要求。

［4］　《高规》第6.1.1条：“框架结构应设计成双向梁柱抗侧力体系。主体结构除个别部位外，不应采用铰接”。与框架柱相连的次梁端不应设为铰接；若把主梁与次梁间连接按刚接计算，应保证主梁有足够的抗扭能力，且在图纸上说明主次梁节点具体的钢筋锚固方式，且保证满足锚固要求。

［5］　对于跨度较大的次梁、截面高宽比h/b较大时（如$h/b>6$）、构件有限长度内（如次梁靠近柱边时）边梁有较大的扭转荷载，宜按刚接时弯矩设计边框架梁抗扭筋。

［6］　当梁跨度较大（有的资料显示梁跨在15米以上），次梁受荷载后挠度较大，为充分考虑次梁对主梁的协调扭转效应，次梁应按主梁输入，且应先按与框架梁间关系为刚结点分析设计。如果所有梁承载力分析正常，应人工适当考虑次梁的弯矩调幅；如果框架边梁抗剪不够，则可改为铰接点，但应用其他方法对边梁扭筋做专门设计计算。

(5)“次梁边端设铰”和“次梁不设铰”设计方法技术经济指标比较

我们继续以前面所作的算例工程为讨论对象，分别把所有梁截面皆布置为250mm×500mm和只是框架边梁截面为400mm×900mm的两种截面布置的结构，经SATWE计算分析，得到的两种方法的弯矩图如3-49和图3-50所示。

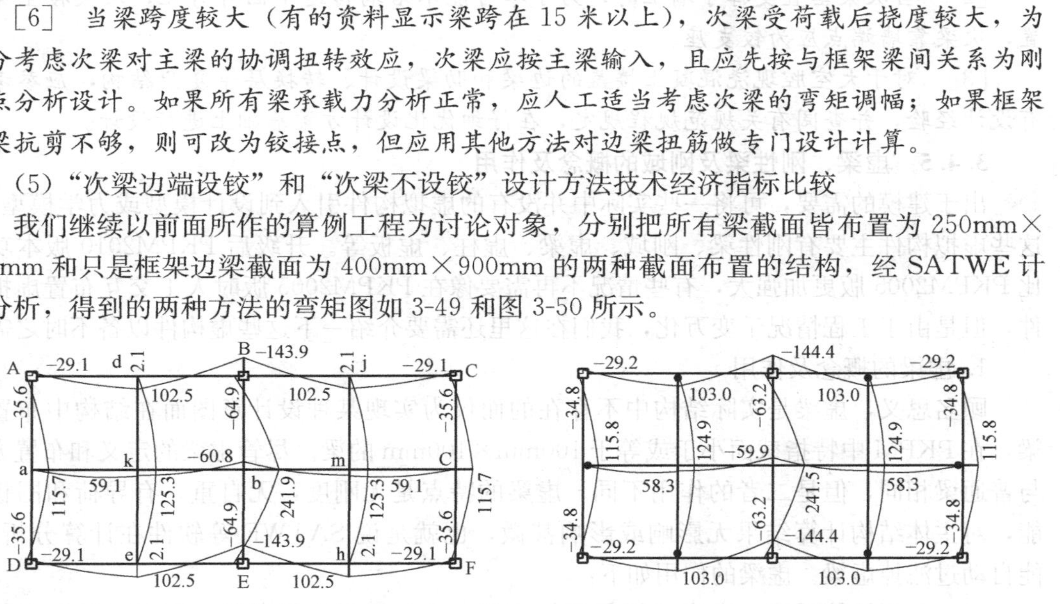

图3-49　梁截面250×500

(a) 交叉梁刚接于主框架梁；(b) 交叉梁铰接与主框架梁

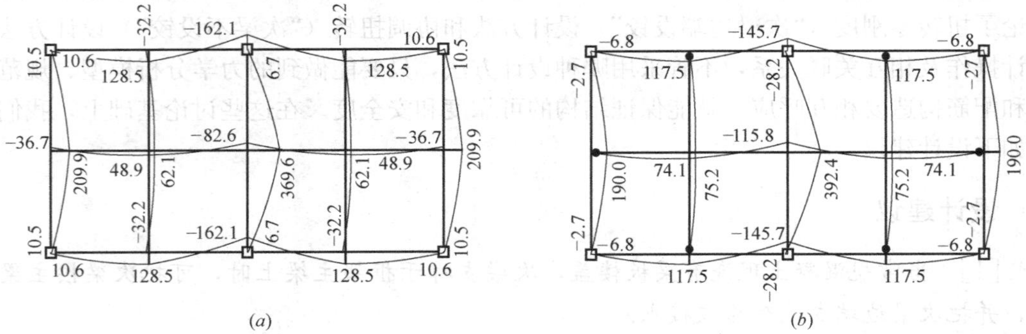

图 3-50 主框架梁截面 400×900

(*a*) 交叉梁刚接于主框架梁；(*b*) 交叉梁铰接与主框架梁

从图 3-49 和图 3-50 可以看出，当主框架梁与交叉梁刚度相差较大时，两种建模方式使得主框架梁跨中正弯矩变化幅度稍大于所有梁全用 250mm×500mm 的情况。但是交叉梁铰接于主框架时，交叉梁底正弯矩增大，框架梁弯矩变小，结构总体上弯矩分布更趋均匀。我们分别依据这两种支撑状态的计算分析结果绘制施工图，发现个别梁配筋有少量变化，但钢筋总用钢量总体变化不大。

设计建议

［1］ 当同一结构中采用"次梁边端设铰"和"次梁不设铰"两种方法混合设计次梁时，应在施工图纸上明确区分两种不同设计梁的支座处钢筋锚固构造要求。

［2］ 当次梁垂直支撑于墙上时，为了尽可能不给墙传递平面外弯矩，次梁按主梁布置，次梁靠墙端点应为铰支座。

［3］ 对于大空腔现浇混凝土楼盖的边梁和肋梁设计、转换层等复杂结构，应参考已有设计经验，并查阅有关规范规程规定，在仔细优化设计方案基础上进行设计。

3.4.5 虚梁、刚性梁及刚域的概念及作用

出于建模的需要，可将一些实际中并没有的虚拟构件引入到设计模型或力学模型中，这些虚拟构件主要有刚性梁、刚域、虚梁、虚柱、虚板等。升级后 PKPM2010 版本功能比 PKPM2005 版更加强大，有些情况不再需要像在 PKPM2005 版时人工交互布置虚拟构件，但是由于工程情况千变万化，我们在这里还需要介绍一下这些虚构件以备不时之需。

1. 虚梁的概念及作用

顾名思义，虚梁是实际结构中不存在的而仅为实现某种设计意图而在结构中布置的梁，在 PKPM 中特指截面小于或等于 100mm×100mm 的梁。尽管虚梁的定义和布置方法与普通梁相同，但是二者的作用不同。虚梁的特点是无刚度，无自重，有导荷和围板功能，对主体结构计算结果无影响或影响甚微，也就是说 SATWE 等软件在计算分析时，能自动过滤掉虚梁。虚梁的作用如下：

(1) 在板柱体系中，布置虚梁起围板作用，为板提供边界条件。在 PMCAD 中软件默认楼板荷载先传递到梁，之后由梁传递到柱，在用 SATWE 计算板柱体系时，当设定楼板为弹性板时，虚梁为软件划分板单元起引导作用。

（2）在设计无板屋面造型框架、使用彩钢板或轻钢结构的玻璃采光顶、单层厂房排架设计等，虚梁与虚板结合，可以创建这些结构的替代模型，实现正确布置荷载和传载功能。

（3）楼板开洞不能布置实梁时（钢梁加固等情况），可以布置虚梁实现围板并传载。

（4）位于建筑阴角的纯板雨篷，既不属于悬挑构件也不属于楼板构件，可通过布置虚梁实现布板，再通过修改板导荷为多变型传载，以达到预期的设计目的。

通常情况下虚梁截面可以定义为较小截面，如10mm×10mm或50mm×50mm，这样其自重几乎可以忽略不计，不会给结构造成实际影响。PMCAD退出检查时，会对布置虚梁给出一个数据警告，如果确定是虚梁，则不必理会数检结果。

2. 刚性梁、刚域的概念及作用

刚性梁和刚域在PMCAD把结构设计模型转化为力学模型时处于十分重要的地位，它能很好地协调结构模型和力学模型之间的差异，实现设计与分析的协调。

（1）刚性梁的概念

在PMCAD如果用户交互输入的普通主梁的两个端点都在同一柱截面内，则PMCAD生成力学模型时，会把这一短梁转换为刚性梁，刚性梁的特性为：

• 凡是两端在同一柱的截面范围内的梁，SATWE软件都会自动识别为刚性梁。

• 刚性梁无自重，可以布置附加荷载，同时还可以传递外荷载。

• 刚性梁不参与绘制施工图，可以用任意已有的梁截面布置，对其他构件的计算结果无影响或影响甚微。

• 刚性梁刚度无限大，自身没有变形，只随其所在的墙或柱做刚体平动和转动。

• 刚性梁具有主梁的作用，可以围板导荷，但不参与图纸绘制。

• 在SATWE的【特殊构件补充定义】中，可以将普通梁定义为刚性梁。因为刚性梁处于梁柱节点锚固区，如果在SATWE的【分析结果图形和文本显示】中显示刚性梁超筋和承载力不够，可不用理会，在施工图中删除即可。

（2）刚性梁的应用

以下情况可以在交互建模时布置刚性梁，可以正确完成导荷和计算：

• 一柱截面内若有多个梁端，可以通过布置刚性梁使主梁与柱之间产生内力传递关系，并形成PMCAD房间。柱两侧梁偏心不同时（参见3.3节），可按建筑位置布置实梁，之后在二梁之间的柱截面内布置刚性梁。

• 不等高单层厂房、底层车库上部多塔、错层或错位转换结构等结构，可能会有大截面柱上托变形缝两侧的两个小截面的柱或梁的情况，此时可用刚性梁使它们联系起来，如图3-51所示。

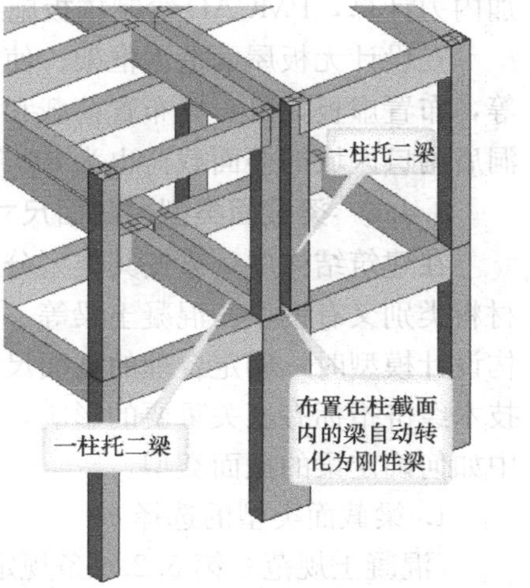
一柱托二梁
一柱托二梁
布置在柱截面内的梁自动转化为刚性梁

图3-51　刚性梁举例

（3）刚域

在PMCAD中，如梁偏心后致使梁的实际位置与柱搁置节点发生偏位，程序为了使得力学分析时仍保证柱梁间的传力关系，自动在梁端网点与实际偏心后所处位置的端点间附加一刚性构件，在 PMCAD 中这个由程序自动放置的刚性杆被称为刚域，如图 3-52 所示。

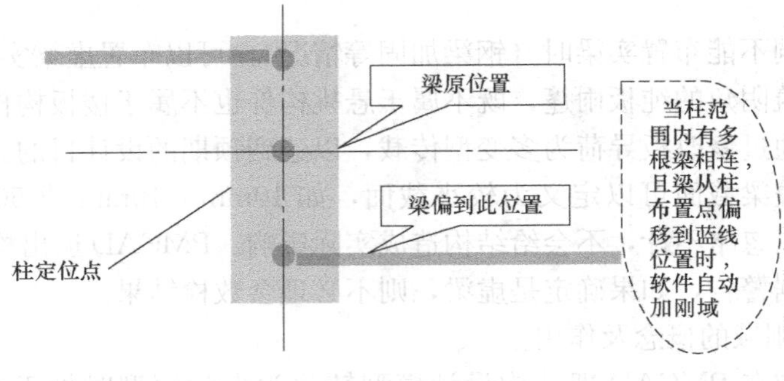

图 3-52　软件自动加刚域

刚域是个虚拟构件，只参与力学分析，不参与绘图，绘制施工图时，软件会自动判别梁支撑或柱支撑。

刚域的作用与刚性梁类似，二者的区别是刚域是由软件自动施加的。如果梁偏心超出柱截面之外，建议应该布置悬挑实梁以承担柱外梁的荷载。

3. 虚柱

在 PKPM2005 以前版本中，梁的支撑端只能是本层柱的柱顶，梁的荷载不能跨层传递。故当有斜屋面的情况，且屋面的支撑构件是下一个楼层的框架柱时，SATWE 计算时不能建立与下层柱的刚接关系，导致计算异常，此时需要在屋面斜梁端部布置一个虚柱，实现正确的荷载传递与计算。

PKPM2005 时，软件认为高度小于 200mm 的柱为虚柱。

在 PKPM2008 和 PKPM2010 版本，由于引入了广义层概念，梁可以实现跨层传载，故虚柱在 PKPM2010 中基本不再需要。

4. 虚板

在 PKPM 中，厚度为 0 的板为虚板。虚板可以布置荷载，有荷载传导功能，但不参加内力计算，PMCAD 绘制楼板施工图时，也不给虚板配置钢筋。

在设计无板屋面造型框架、使用彩钢板或轻钢结构的玻璃采光顶、单层厂房排架设计等，布置虚板，可正确布置荷载和实现传载功能。虚板不同于整个房间开洞。整个房间开洞后洞口区域的楼面载荷也为 0。

3.4.6　梁截面类型、截面尺寸的初选及截面尺寸定义

在建筑结构中，梁按其类型分为框架梁、楼面梁、圈梁、过梁、基础梁等很多种。按材料类别又有钢梁、混凝土梁等。在本节我们主要讨论混凝土楼面梁和框架梁。在创建结构设计模型时，确定合理的截面尺寸和选择合理的截面类型，对设计结果能否取得较好的技术经济指标有至关重要的影响，下面介绍如何初选梁的截面类型、截面尺寸和 PMCAD 中如何确定梁的截面类型。

1. 梁截面类型的选择

《混凝土规范》第 5.2.4 条规定：“对现浇楼板和装配整体式结构，宜考虑楼板作为翼缘对梁刚度和承载力的影响”，“也可采用梁刚度增大系数法近似考虑，刚度增大系数应根

据梁有效翼缘尺寸与梁截面尺寸的相对比例确定”。规范在其第 5.2.4 条规定了梁受压区有效翼缘计算宽度。在 SATWE 的【分析与参数补充定义】的【调整系数】表单，有“梁刚度放大系数按 2010 规范取值”勾选项，软件会自动依据规范规定考虑楼板的翼缘作用，如图 3-53 所示。

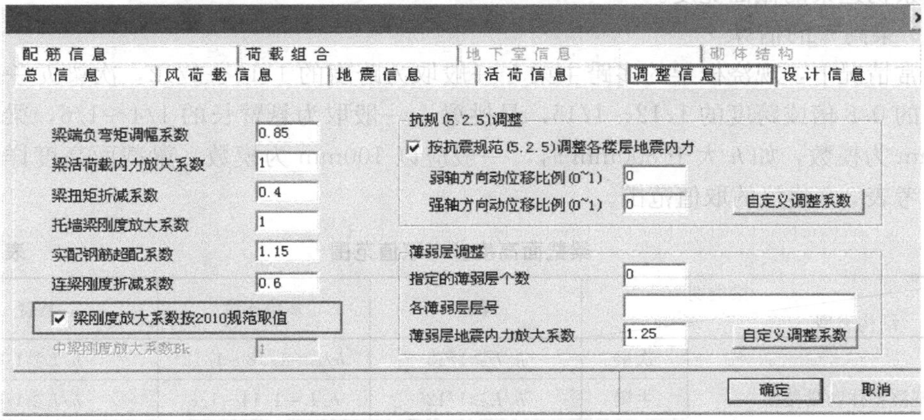

图 3-53　SATWE 自动考虑楼板的翼缘作用

因此，在混凝土结构中，目前应用较多的楼盖为现浇整体楼盖，梁的截面类型通常选择矩形截面。

混凝土楼板采用预制空心楼板时，楼面梁宜采用花篮梁、左花篮梁、右花篮梁、不等高花篮梁。左右花篮梁用于只在一侧铺有预制板的情况，不等高花篮梁只有在梁两侧预制板厚不同时才会取用。

2. 梁截面有关的规范条文

在确定梁截面时，需依据设计的结构情况应用相应规范的有关条文规定。梁的截面高度主要与跨度、荷载有关。梁的跨度是指两柱轴线之间的距离，净跨度是指两柱内面边线之间的距离。《混凝土规范》第 11.3.4 条和《抗规》第 6.3.1 条对框架梁截面尺寸规定相同，现把规范对梁截面规定罗列于表 3-5 中。

《混凝土规范》、《抗规》和《高规》对梁截面尺寸的规定　　表 3-5

截面尺寸	《混凝土规范》第 11.3.6 条	《抗规》第 6.3.1 条	《高规》第 6.3.1 条
截面高度			主梁截面高度可按计算跨度的1/10～1/18 确定
截面宽度	不宜小于 200mm		也不宜小于 200mm
截面高度与宽度的比值	不宜大于 4		不宜大于 4
净跨与截面高度的比值	不宜小于 4		不宜小于 4

另外，《高规》第 6.3.1 条规定：当梁高较小或采用扁梁时，除应演算其承载力和受剪截面要求外，尚应满足刚度和裂缝的有关要求。在计算梁的挠度时，可扣除梁的合理起拱值。对现浇结构，以考虑梁受压翼缘的有利影响。

《高规》第 6.1.7 条还对梁、柱中心线之间的偏心值做了规定，其中：非抗震和 6～8

度抗震设计时不宜大于柱截面在该方向宽度的 1/4，如大于 1/4 可采取增设梁的水平加腋。该条文对高层建筑结构梁的宽度也有影响。

3. 梁截面尺寸的初选

在创建结构设计模型时，可首先根据梁的跨度估算梁的截面高度，再根据梁的高度和其他因素初选梁的截面宽度。

(1) 梁高 h 的估算

通常情况下，现浇框架的多跨主梁 h 一般取为跨度的 1/10～1/12，次梁 h 一般取为主梁高的 0.8 倍或跨度的 1/12～1/15，悬挑梁 h 一般取为悬臂长的 1/4～1/6，梁高通常以 50mm 为模数，如 h 大于 800mm 时，一般应以 100mm 为模数。梁截面高度详细情况还可参考表 3-6 建议的取值范围。

梁截面高度参考取值范围 **表 3-6**

结构类型 \ 梁类别		单跨	多跨连续	悬臂
现浇整体肋梁楼盖	次梁	$h/L \geqslant 1/15$	$h/L=1/18 \sim 1/12$	$h/L \geqslant 1/8$
	主梁	$h/L \geqslant 1/12$	$h/L=1/14 \sim 1/8$	$h/L \geqslant 1/6$
	独立梁	$h/L \geqslant 1/12$	$h/L=1/15$	$h/L \geqslant 1/6$
现浇整体式框架	框架梁		$h/L=1/12 \sim 1/10$	
	框架扁梁		$h/L=1/22 \sim 1/16$	
装配式整体或装配式框架梁	框架梁		$h/L=1/10 \sim 1/8$	
预应力混凝土框架	扁梁		$h/L=1/25 \sim 1/20$	
	圈梁、过梁	墙厚或造型		

在估算现浇钢筋混凝土结构中梁截面高度时，还需要考虑下面结构因素：

- 主梁的截面宽度不小于 200mm。
- 如主梁下部钢筋为单层配筋时，一般主梁至少应比次梁高 50mm。
- 框架扁梁的截面高度除满足表中规定的数值外还应满足刚度要求。
- 跨度较大时截面高度 h 取较大值，跨度较小时截面高度 h 宜取较小值。
- 同时扁梁的截面高度 h 不宜小于 2.5 倍板的厚度。
- 在需要时，还可以考虑加腋梁。
- 必要时需兼顾相邻跨刚度不要相差悬殊。

在估算梁高时，还要考虑下列建筑方面的因素：

- 建筑学允许的室内净高。
- 梁底距门窗洞口的净距，如净距较小，是把梁高适当加高还是仍用洞口过梁。
- 阳台、雨棚的翻檐或止水檐可否也考虑在梁高之内。

(2) 梁宽 b 的估算

通常情况下，b 与 h 比为 1/4～1/2，框架扁梁截面宽度 b 允许取截面高度的 1/2 甚至更宽的数值。主梁截面宽度 b 可取 200、250、300……，对于承载较大的梁截面宽度可以达到 800，承载稍大的次梁截面宽度 b 可为 150、200……，承载较小跨度较小的管井、厨房、卫生间隔墙下的梁可以取到 120、150；梁宽模数一般也是 50（单位：mm）。

估算梁宽时，还要考虑如下因素：

• 梁宽不宜超过柱截面。

• 相邻跨梁宽宜取相同值，以便于支座负筋能贯通支座两侧。

• 梁宽宜大于等于其上的填充墙或剪力墙墙宽。

设计实例（建模 9）—3-9、梁截面估算

［1］ 估算纵向梁：从图 3-9 商场建筑的建筑平面图可以知道，A～E 轴方向梁跨度主要有 6m 和 2.4m 二种，参考表 3-4，现浇楼盖框架梁高度宜为跨度的 1/12～1/10，建筑层高为 4m 或 4.5m，故 6 米跨梁高取 550mm，宽度取 250mm；2.4 米跨取梁高 450mm，宽度与相邻跨相同。

［2］ 估算横向梁：1～2 轴跨度分别为 8m、7m 和 4m，参照表 3-4，8m 跨连续框架梁若取跨度的 1/12，则梁高为 666mm，由于中间布置次梁后，楼板变薄，荷载传导发生变化，传递到 A～E 方向的楼面荷载多于不布置次梁的情况，故 8m 跨梁取定为 650mm，梁宽取为 300mm；考虑建筑外立面效果及空间受力分析时协调工作等因素，7m 和 4m 跨梁也取定与 8m 跨相同截面。

［3］ 估算次梁：介于 8m 开间的次梁，参考表 3-4 建议范围，取截面为 200×500，卫生间及管井次梁受荷较小，宽度取大于墙宽值，截面取 150×300。

4. 在 PMCAD 中定义梁截面

在 PMCAD 中可以定义多种截面类型的梁。在 PMCAD 的【楼层定义】菜单下，单击【主梁布置】可以打开图 3-54 所示【梁截面列表】对话框，点击对话框上部的【新建标签】，再打开【输入梁参数】对话框，点击该对话框的【截面类型】按钮，可见 PMCAD 支持的梁截面类型。需要说明的是，PMCAD 默认要定义的梁为混凝土矩形截面梁，如果是其他材料和截面类型才需定义截面类型，而对于混凝土矩形截面，直接在【输入梁参数】对话框输入梁宽度和高度即可。对话框默认的量纲为毫米。

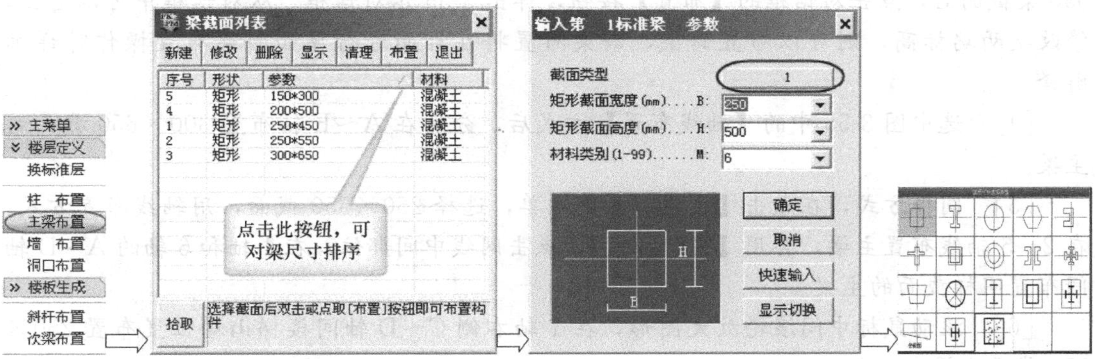

图 3-54 PMCAD 截面类型

在 PMCAD 中，梁的材料类别中有“刚性杆”类型，此种类型可用于创建钢屋架或混凝土屋架的替代构件。比如在排架结构中，我们通常用两端铰支的刚性杆替代单层厂房的屋架。

设计实例（建模10）—3-10、梁截面定义

［1］ 参照图3-54输入上面实例估算的梁截面尺寸，材料类别选“6-混凝土”。材料类别若为0，PMCAD也默认为是混凝土材料。

［2］ 最后输入得到的梁截面定义见图3-54。

3.4.7 基于参考底图的梁的输入、编辑与校核

在PMCAD2010中，软件整合简化了旧版软件建模三步走方式，所有构件的定义、布置、修改、查询等均可在构件布置一项菜单内完成。在上一节我们已经做了梁柱截面尺寸定义工作，实际上如果对软件操作熟练到一定程度，可以把定义和布置合并进行。下面我们通过【主梁布置】学习构件的布置操作。

1. 多层框架结构的主梁布置实例

PMCAD主梁布置方式有光标布置（单段布置）、轴线布置、窗口布置、围栏布置多种方式。窗口布置操作类似AutoCAD，围栏布置可以定义多边形窗口进行主梁布置。在前面已经完成的轴网定义和梁柱截面定义基础上，我们继续在“商业楼”工作目录进行梁的布置工作。

在PMCAD中，主梁是布置在两个网点间的网线之上的。当两个网点间有一条直线网线和一条圆弧网线时，为了使软件能够把二者区分开来，需要在圆弧上增加一个网点。

设计实例（建模11）—3-11、主梁布置

［1］ 点击【楼层定义】，进入构件布置状态，注意当前默认的结构标准层为第一层。

［2］ 点击PMCAD图形区下方的【打开T图】标签，读入前面章节中已经生成的“建筑平面图.T”图形文件，分别点击【商业楼.B】和【重叠各图】标签，把建筑平面图作为底图，平移T文件使之与轴网对齐。

［3］ 点击【主梁布置】，打开前面已经定义好的【梁截面列表】对话框，选中300×650梁截面后，点击对话框的【布置】按钮，弹出3-55示对话框。从对话框中可以看出，修改梁两端标高，则可以布置斜梁，斜梁布置将在后面进行屋面斜梁布置操作时详细解释。

［4］ 选中图3-55中的【轴线布置】方式后，分别在A～E轴布置300×650截面的主梁。

［5］ 同样方式，在点击【主梁布置】菜单，选择250×550截面，用轴线布置方式，在2～5轴线布置主梁，再用【光标方式】，点击网线中间部位，在1轴和6轴的A～D轴间布置同样截面的主梁。

［6］ 滚动鼠标中间滚轮放大图形，在1轴右侧C～D轴间楼梯山墙位置布置250×550截面主梁。

［7］ 点击【截面显示】/【主梁选择】菜单，从弹出的图3-56对话框中选择【数据显示】，对布置的梁截面进行校核。本实例已经布置的主梁截面尺寸如图3-57示。

［8］ 从图3-57中可以看到由于前面按照轴线方式布置主梁，把C～D轴间梁布置成了250×550，根据前一节估算此2.4米跨梁截面为250×450，故要用单段布置方式布置250×450主梁，覆盖掉原来已有的梁。布置过程为点击【主梁布置】，从梁截面列表中选

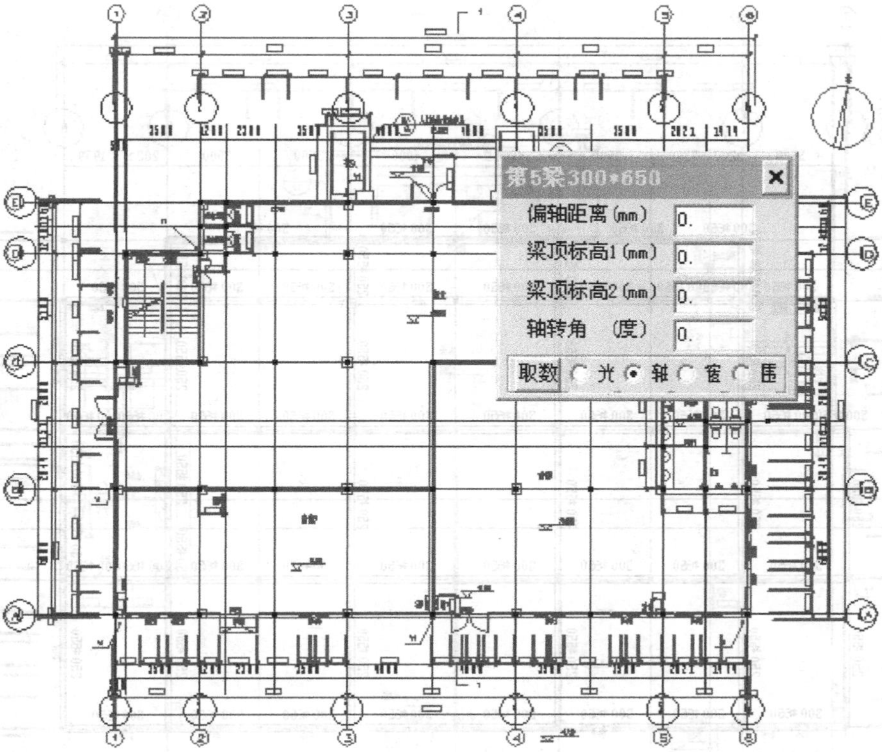

图 3-55　梁布置方式

择 250×450 截面，选择【光标方式】，逐个点击 C～D 轴网线中间布置主梁。

[9]　再参照前面布置方法，选择合适的截面，用主梁布置方式布置房间中间、卫生间、设备井位置的次梁，具体操作从略。

[10]　点击图形区上方的【轴测显示】和【实时漫游开关】得到如图 3-58 所示画面。按住 Ctrl 或 Shift 键并同时按住鼠标中间滚轮，移动鼠标可以旋转观察轴测模型。

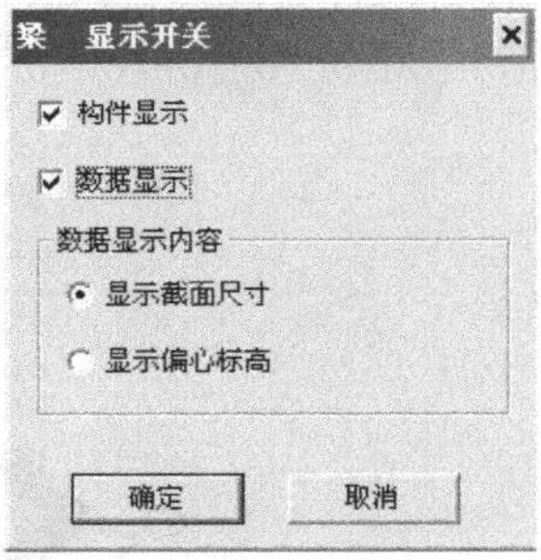

图 3-56　截面显示

2. 层间梁布置

在 PKPM2010 中，可以在同一段网线上布置两根标高不同的主梁，使得当楼层有局部错层时建模比 PKPM2005 更容易更准确。

布置层间梁时，只需在图 3-58 梁布置参数对话框中输入梁的两个端点【梁顶标高】即可。【梁顶标高】为相对于本层层顶的相对标高，梁顶标高为 0 时，软件默认梁位于该层的层顶位置，层顶位置与最后【楼层组装】时设定的层高有关。

需要指出的是，由于 PMCAD 在同一楼层只能布置一层楼板，所以尽管在某种情况下布置的层间梁构成了封闭平面区域，PMCAD 也不会在该区域布置楼板。若需要布置楼

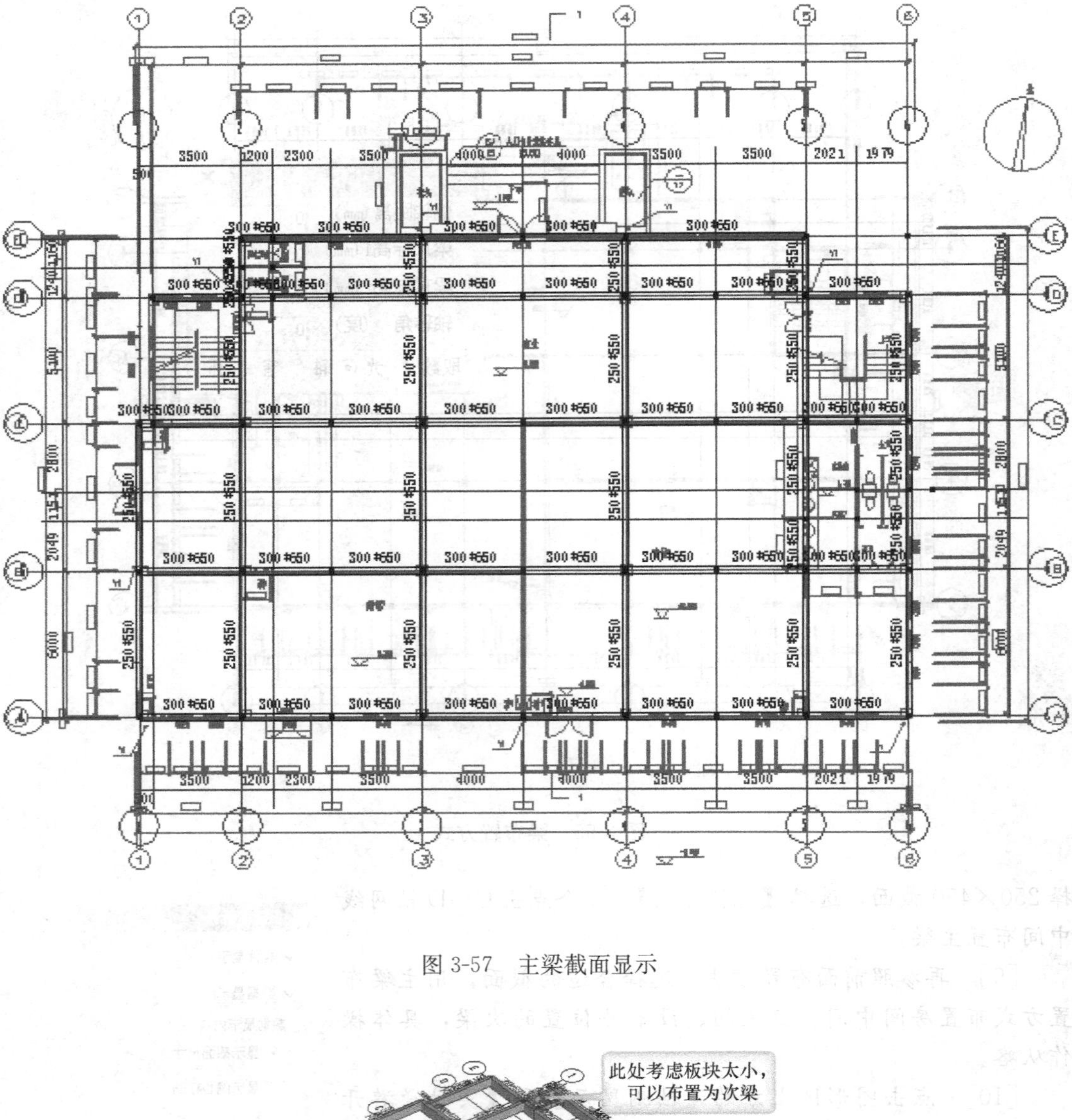

图 3-57　主梁截面显示

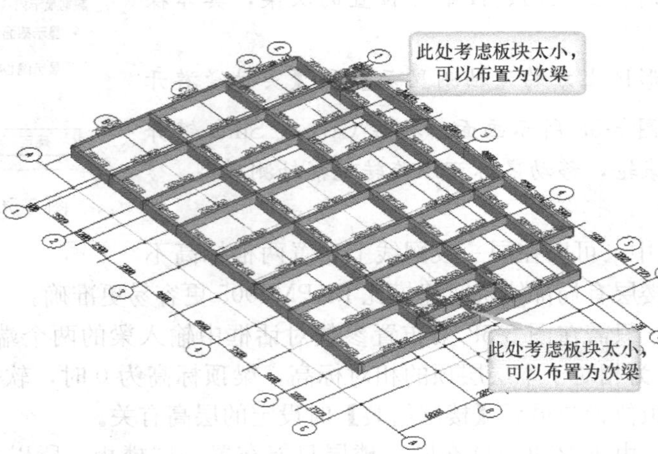

图 3-58　主梁轴测显示

板，则只能把该位置单独设置为一个结构层。

3. 构件编辑

在图 3-58 中，由于设备管井及卫生间位置次梁按主梁布置后，所围房间太小，考虑施工方便，此处次梁按次梁布置可以使板底钢筋拉通。在布置次梁之前可以先删除已经按主梁布置的次梁。

在 PMCAD 中，删除构件的方式有两种，一种是从构件截面定义列表中删除某个构件截面定义，此方式可以删除用此截面尺寸布置的所有构件，如图 3-59，在建模过程中，应慎重使用此种方式。

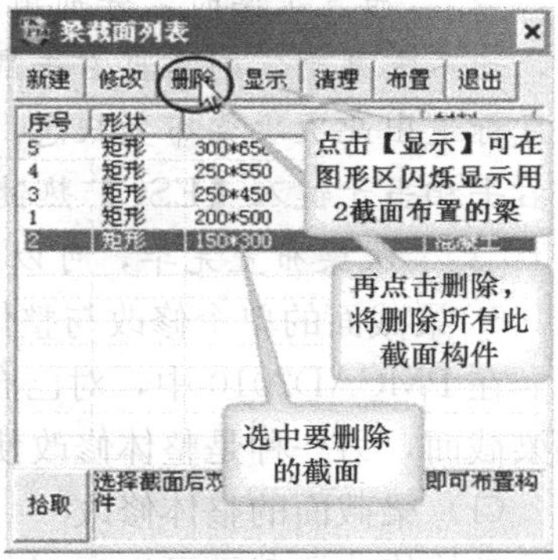

图 3-59　从列表删除构件

另一种是点击【楼层定义】下的【构件删除】菜单，按照弹出的如图 3-60 窗口选择要删除的构件类型后，从图形区选择要删除的构件即可。本实例使用【构件删除】方式。

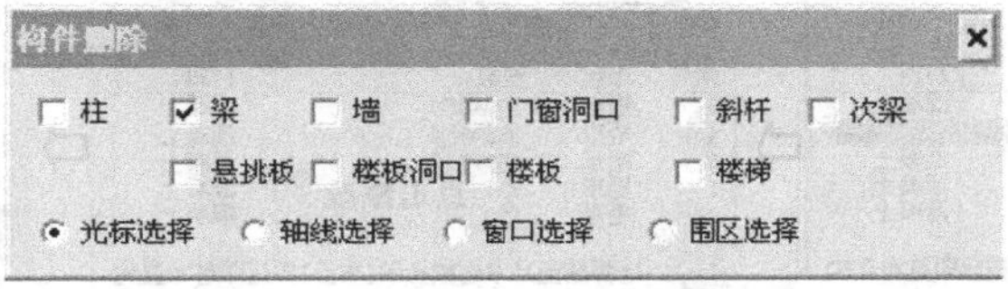

图 3-60　构件删除

设计实例（建模 12）—3-12、构件删除

［1］　点击【楼层定义】下的【构件删除】菜单，弹出图 3-60，勾选【梁】和【光标选择】。

［2］　从图形区选择设备管井和卫生间处水平方向的主梁，右击鼠标予以删除。

4. 同一网线有多道梁构件时的删除操作

当某网线上不同标高布置多道梁时，要删除其中某条梁，则先进入三维轴测显示状态，再把鼠标点移至梁所在的网线段，此时布置在该线上的不同标高的梁都被选中且亮显，右击鼠标程序会选中其中某根梁保持亮显，若不想删除次梁，则左击鼠标则程序会自动亮显另一条，直至选中要删除的梁后，再右击鼠标即可删除要删除的梁构件。

在 PKPM 中，鼠标左键是选择对象捕捉对象键，右键是命令确认键，与操作系统及 AutoCAD 等鼠标功能按键完全一致。

5. 多层框架结构的次梁输入实例

在 PMCAD2010 中，次梁布置只能通过二点直线方式布置。在前面我们已经知道，布置次梁时，如果次梁端点没有可用的网格点，可以移动鼠标磁吸选择参考点并输入相对参考点的相对坐标来实现次梁定位。

设计实例（建模 13）—3-13、次梁布置

［1］　点击【楼层定义】下的【次梁布置】菜单，弹出梁截面定义对话框，选中150×300 截面尺寸后，点击对话框的【布置】标签，即可进行次梁布置。

［2］ 布置次梁时，分别用鼠标选定次梁的二个端点，之后右击鼠标进入复制布置状态，如不需复制，则需再右击鼠标，再选择其他点布置其他次梁，若不继续布置，则再右击鼠标退出此次次梁布置状态。初学者布置次梁时要注意命令行的提示。布置次梁时，鼠标右击相当于键入【ESC】热键。

［3］ 次梁布置完毕，可以关闭 T 文件底图。

6. 梁截面的单个修改与整体修改编辑

在 PMCAD2010 中，对已布置的主梁或次梁截面修改有两种方式，一种是仅修改个别梁截面，另一种是整体修改使用某截面尺寸的梁。这两种修改可用不同的方式实现。

(1) 梁截面的整体修改

整体修改梁截面可以通过修改【梁截面定义】对话框的梁截面实现，修改过程如图 3-61 所示。

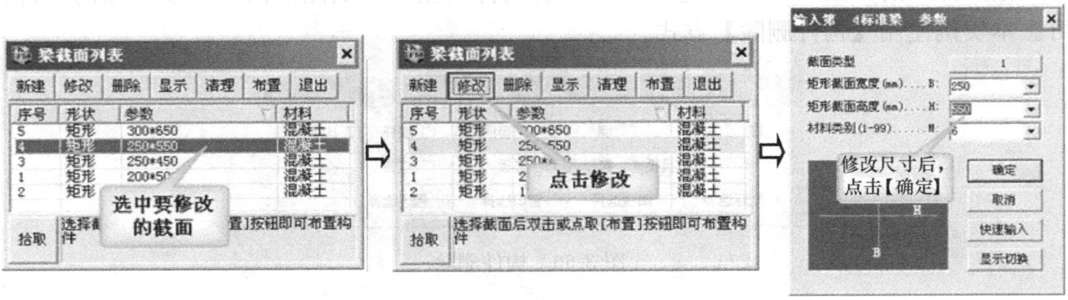

图 3-61 构件截面整体修改

(2)【拾取】方式修改梁的顶标高和偏心

点击图 3-61 对话框的【拾取】按钮，弹出图 3-62 梁布置参数对话框，修改对话框内参数，在从图形区点击要修改的梁。此种修改方式在处理复杂结构平面时是一种比较有效的修改方式。

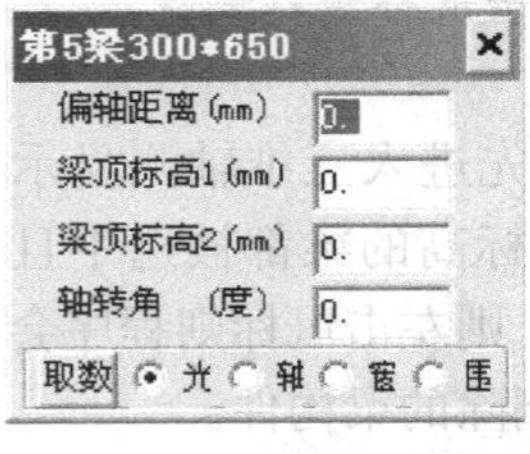

图 3-62 拾取后弹出窗口

(3) 梁截面的个别修改

此种修改方式即在【梁截面列表】中选择某一个梁截面后，点击【布置】重新对已布置的梁进行覆盖布置的操作。如果没有要修改的某截面尺寸，可以即时创建。覆盖布置需注意只能覆盖位置完全相同的已有构件。

(4) 在梁图形上右击鼠标，弹出构件属性窗口。

该方法在前面第 3.4.1 节已有叙述，此处不再重复。

在通过 SATWE 分析计算后，如果某些梁的承载力、配筋率、挠度及裂缝等不符合规范要求或技术经济指标不高，可以通过前面叙述的四种方法修改梁的截面尺寸。

3.4.8 柱截面初选

在创建结构方案时如何确定框架梁柱截面尺寸，对于有经验的结构工程师来说是比较容易的，但对于经验不多的设计人员却是比较复杂的问题。

1. 规范条文

在《混凝土规范》、《抗规》和《高规》对框架柱截面都有条文规定，现把这些规定罗列在表 3-7 中：

《混凝土规范》、《抗规》和《高规》对框架柱截面尺寸的规定表　　表 3-7

截面尺寸	《混凝土规范》第 11.4.6	《抗规》第 6.3.5	《高规》第 6.4.1
柱的截面宽度和高度均	均不宜小于 300mm	四级或不超过 2 层时不宜小于 300mm，一、二、三级且超过 2 层时不宜小于 400mm；	非抗震设计时不宜小于 250，抗震设计时，四级不宜小于 300mm，一、二、三级时不宜小于 400mm；
圆柱的截面直径	不宜小于 350mm	四级或不超过 2 层时不宜小于 350mm，一、二、三级且超过 2 层时不宜小于 450mm	非抗震和四级抗震设计时不宜小于 350mm，一、二、三级时不宜小于 450mm
截面长边与短边的边长比	不宜大于 3	不宜大于 3	不宜大于 3
柱的剪跨	宜大于 2	宜大于 2	宜大于 2

2. 混凝土结构的经济柱距

对于混凝土结构，柱距是影响结构经济技术指标的一个重要参数。柱距不仅影响柱的截面尺寸，还影响梁的截面尺寸和板的厚度。

在设计时，柱距要根据所建房屋的性质、类型、用途以及建筑平面布置灵活确定。一般普遍认为经济柱距为 5～8m，若建筑布局需要，柱距超过 8.4m，此时的框架梁截面高度比较大，不是很经济。在具体设计中，也可以做大柱距，楼盖可以用井字梁、密肋梁、空腔楼盖或预应力梁，可以将梁高度适当降低。

(1) 多层厂房的跨度（进深）应采用扩大模数 15M 数列，宜采用 6.0、7.5、9.0、10.5 和 12.0m。

(2) 厂房的柱距（开间）应采用扩大模数 6M 数列，宜采用 6.0、6.6 和 7.2m。

(3) 内廊式厂房的跨度可采用扩大模数 6M 数列，宜采用 6.0、6.6 和 7.2m。

(4) 走廊的跨度应采用扩大模数 3M 数列，宜采用 2.4、2.7 和 3.0m。

(5) 厂房各层楼、地面上表面间的层高应采用扩大模数 3M 数列。

(6) 地下车库建筑，柱距采用 7.2～8.4m 比较经济。车库柱距不仅要考虑车库车位的划分，还要综合考虑上部建筑的室内空间分割，6m 的柱距显得小了一些，9m 的车库柱距分成 4 个车位太浪费，5 个车位又小了一些，从结构上讲，9m 计算后一般梁柱配筋指标较高，9m 柱距的框架梁中通长筋长度要比钢筋的定尺长度大 150～400mm，施工时需要增加接头数量，不经济。

3. 柱截面初选

柱的截面尺寸与柱的受荷面大小、竖向荷载、水平荷载、混凝土标号、抗震等级等有关。下面我们介绍柱截面初选的过程。

(1) 计算竖向荷载作用下柱轴力预估标准值 N

$$N = nAq \tag{3-1}$$

上式中：

n——柱所承受的楼层荷载层数；

A——柱子从属面积；

q——竖向荷载标准值（已包含活荷载）对于不同的结构和填充墙类型，q 可近似按下取值范围近似计取，《措施（结构）》第1.4.10条："进行结构方案设计时，可参考下列单位楼层面积的平均结构自重数据估算结构总自重标准值或竖向构件承受的结构自重标准值：砌体结构、钢筋混凝土结构多层建筑：9～12kN/m²；钢筋混凝土结构高层建筑：14～16kN/m²、钢结构房屋6～8kN/m²"。对于隔墙比较稀疏和层高比较低的建筑，可酌情降低上面的预估值。

（2）柱轴力设计值 N_c

$$N_c = 1.25\alpha_1\alpha_2\beta N \tag{3-2}$$

上式中：

N——竖向荷载作用下柱轴力标准值（已包含活荷载）；

α_1——水平力作用对柱轴力的放大系数，7度抗震：$\beta=1.05$；8度抗震：$\beta=1.10$；

α_2——中柱取1、边柱取1.1、角柱取1.2；

β——柱由框架梁与剪力墙连接时，柱轴力折减系数，可取为0.7～0.8。

（3）柱估算截面面积 Ac

$$Ac \geqslant N_c/(af_c) \tag{3-3}$$

上式中：

a——轴压比（一级0.7、二级0.8、三级0.9，短柱减0.05）

f_c——混凝土轴心抗压强度设计值

N_c——估算柱轴力设计值

（4）参照层高，依据规范条文及设计经验，适当进行调整

框架柱截面估算，高与宽亦可以（1/10～1/15）层高为参考指标。对于矩形截面可取 $H=(1\sim3)b$，柱截面宜以50mm为模数。

设计实例（建模14）—3-14、柱截面估算

［1］ 柱从属面积：

为了便于施工，商场建筑柱截面暂按首层最大从属面积估算。图3-63阴影区为柱最大从属面积，其值为45m²。

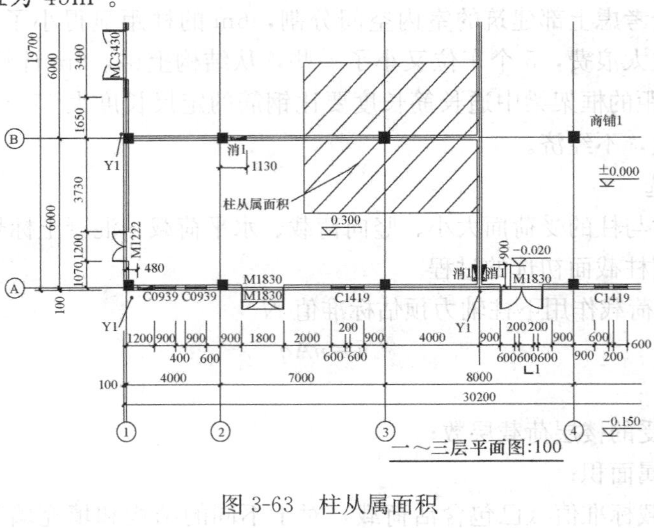

图3-63 柱从属面积

［2］ 估算标准荷载：

依据式 3-1，$N=nAq=3\times45\times(10\sim12)=1350\sim1620\text{kN}$

［3］ 估算设计载荷：

由于取的柱从属面积为最大面积，且为纯框架结构，故 $\alpha_1\alpha_2\beta$ 均按 1 取值，则 $N_c=1.25\alpha_1\alpha_2\beta N=1.25\times(1350\sim1620)=1687\sim2025\text{kN}$

［4］ 估算柱截面：

从 3.2.2 节已选定梁柱混凝土标号为 C35，从《混凝土规范》表 4.1.1-1 得知，C35 混凝土的 f_c 为 $14.5\text{N/mm}^2=1.65\times10^4\text{kN/m}^2$，则 $Ac\geqslant N_c/(a\times f_c)=(1687\sim2025)/(0.9\times1.65\times10^4)\approx0.1136\sim0.1363\text{m}^2$，若取柱截面为正方形，则暂估边长为 0.34～0.37m。

［5］ 估算柱边长：

如果以层高为参照，该建筑首层层高为 4.8m，框架柱截面估算为层高的（1/10～1/15），取正方形截面，则边长亦可为 0.32～0.48m。

［6］ 依照表 3-7，该工程为三级框架，《抗规》规定柱边长不宜小于 400mm，《混凝土规范》规定柱边长不宜小于 300mm。

［7］ 最后初步确定柱截面为 350mm。

3.4.9 多层框架结构的柱输入、编辑与校核实例

在前一节我们详细叙述了梁构件的布置、修改、替换、编辑方法，由于柱构件的布置修改方式与梁类似，相关的编辑操作等本节不再叙述。

1. 柱截面定义

在 PMCAD 中可以定义多种截面类型的柱。在 PMCAD 的【楼层定义】菜单下，单击【柱布置】可以打开图 3-64 所示【柱截面列表】对话框，点击对话框上部的【新建标签】，再打开【输入柱参数】对话框，点击该对话框的【截面类型】按钮，可见 PMCAD 支持的柱截面类型。同梁定义相同，PMCAD 默认要定义的柱为混凝土矩形截面，对于混凝土矩形截面，直接在【输入柱参数】对话框输入柱截面宽度和高度即可。对话框默认的量纲为毫米。

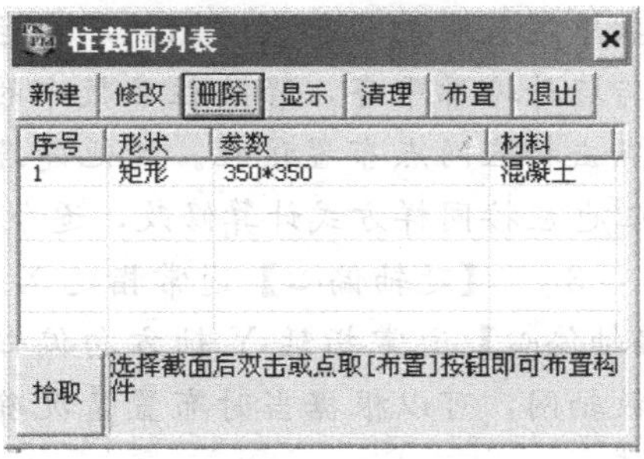

图 3-64 柱截面定义

设计实例（建模 15）—3-15、柱截面定义

［1］ 在 PMCAD 中定义的柱截面如图 3-64 所示。

［2］ 输入柱截面过程不再叙述。

2. 异形柱截面定义

对于异形柱，可以通过选择自定义截面来实现。点击【柱布置】/【截面类型】，从弹出的【截面类型】选择对话框中选择【任意多边形】截面类型，PMCAD 在命令窗口提示："输入绘制窗口的高度"时回车，可在软件默认的 5m 范围大小的绘图窗口绘制自定义的任意多边形，绘制时可打开屏幕右下角的【节点捕捉】方式，以便精确定位多边形顶点，

当确定了任意截面的基点后，右击鼠标结束定义，回到【柱截面列表】对话框，选中定义的任意截面即可进行柱布置，具体定义如图 3-65 所示。

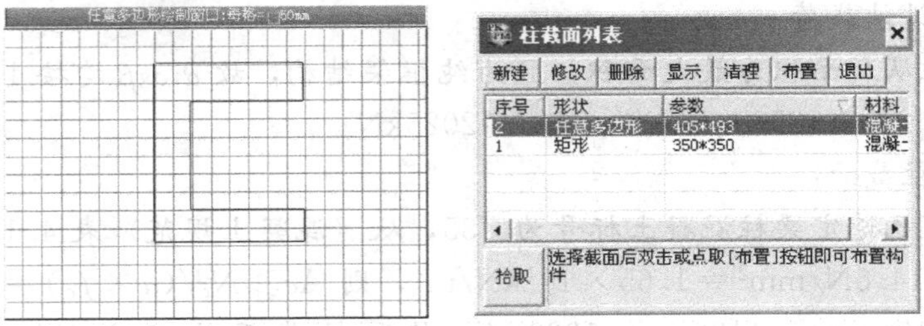

图 3-65　任意柱截面定义

3. 柱布置

截面定义之后，即可进行柱的布置操作。

设计实例（建模 16）—3-16、柱布置

[1]　点击【楼层定义】下的【柱布置】菜单，从弹出的【柱截面列表】对话框中选择已经定义好的柱截面后，点击对话框的【布置】按钮，弹出【柱参数】对话框，如图 3-66 所示。

[2]　从图 3-66 可以看出，建筑外墙宽度为 200mm，柱截面边长为 350mm，故需要在柱布置参数中定义柱的偏心为 75mm，才能保证柱外边缘与墙外轮廓平齐，修改柱参数中的偏心后，即可点击相应网点布置该柱。其他建筑凹凸外角的偏心也应按同样方式计算修改，逐个布置。

[3]　【延轴偏心】通常指延 X 方向的偏心，【偏轴偏心】通常指延 Y 轴方向偏心。多余斜交斜放轴网，可以根据当时布置情况确定具体的偏心值。

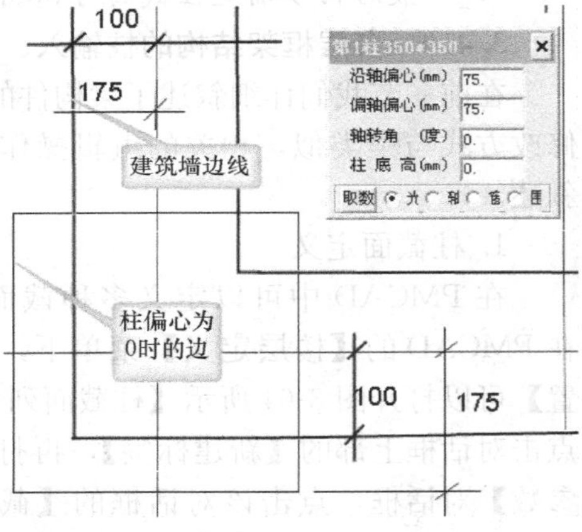

图 3-66　柱参数及偏心计算

[4]　所有柱布置完毕，分别顺序点击图形区下方的【建筑平面图 .T】和【关闭 T 图】标签，关掉建筑底图。

[5]　分别点击【截面显示】的【柱截面显示】和【梁截面显示】菜单，关闭梁尺寸，显示柱尺寸显示。

[6]　点击图形区上方的【轴测显示】和【实时漫游开关】得到图 3-67 所示图。同时按下【Ctrl】键及压住鼠标中间滚轮，移动鼠标，可以缓慢变换轴测角度。单独按住鼠标滚轮移动鼠标，可以平移轴测显示。

提示角
可以在输入柱偏心后，把鼠标光标移动到要布置的网点，PMCAD 会预先显示柱的位置而暂不布置，若不合适则重新修正偏心值。 布置柱时只需确定某几根柱的正确位置，其他构件位置可通过【偏心对齐】调整，这样可以提高构件布置速度。

3.4.10 短柱问题

在混凝土结构中，若设计建模时同一楼层中的柱长度以楼层高度设计，而在实际结构中部分柱子因与窗下墙相连（窗下混凝土墙、窗台压顶与柱相连、填充墙拉结筋、硬质外装修等），使柱子的有效长度减短，以致柱之实际刚度大于设计刚度，且一旦地震来临，短柱会比其他正常柱吸收更多的水平力，从而导致此短柱剪应力超过负荷而开裂破坏，此效应称为短柱效应。少数短柱的严重破坏，使得同楼层柱各个击破，对结构安全有极大的危险。

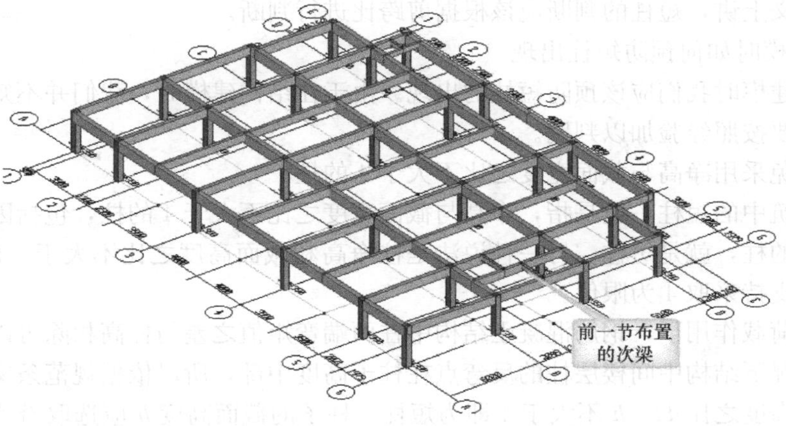

图 3-67　柱梁轴测显示

1. 相关规范条文

《混凝土规范》第 11.4.11 条规定：剪跨比不大于 2 的柱轴压比限值应降低 0.05；剪跨比小于 1.5 的柱，轴压比限值应专门研究并采取特殊构造措施。

《混凝土规范》第 11.4.6 条中要求柱的剪跨比宜大于 2。《抗规》6.3.5 条中要求柱子的剪跨比宜大于 2。剪跨比=M/Vh_0。

《混凝土规范》第 11.4.7 条、第 11.4.12 条、第 11.4.17 条规定：若反弯点在柱子层高范围内，当柱子的剪跨比小于 2 时，需要全长加密，一、二、三级抗震等级的柱宜采用复合螺旋箍或井字复合箍，其箍筋体积配筋率不应小于 1.2%；9 度设防烈度时，不应小于 1.5%。对于框架柱而言，剪跨比主要防止柱剪切脆性破坏，尽量实现柱偏心受拉延性破坏，这是设计取向问题，钢筋受拉比混凝土抗剪优势大得多。

《高规》对剪跨比也有相同的规定。框架柱的剪跨比不大于 1.5 时，为超短柱，破坏为剪切脆性型破坏。《抗规》第 10.1 条对于单层空旷房屋“当大厅采用钢筋混凝土柱时，其抗震等级不应低于二级。当附属房屋低于大厅柱顶标高时，大厅柱成为短柱，则其箍筋应全高加密。”《抗规》第 13.3.4 条：钢筋混凝土结构中的砌体填充墙，在平面和竖向的布置，宜均匀对称，宜避免形成薄弱层或短柱。《抗规》中 H.1.17 条条文说明：抗震设计应尽量避免采用超短柱，但由于工艺使用要求，有时不可避免（如有错层等情况），应采取特殊构造措施。在短柱内配置斜钢筋，可以改善其延性，控制斜裂缝发展。

2. 短柱的几种类型

短柱形成的原因多种多样，我们大致可以把短柱归纳为如下几种：

（1）错层短柱：出现于楼层不同标高相连接的柱。

（2）夹层短柱：出现于带走马廊的夹层中。

（3）全层短柱：全层短柱产生的原因也有两种：一是由于建筑原因（如坡屋面各楼层），这类短柱属于真正的短柱。二是由于结构设计创建结构模型的需要，设置的辅助楼层层高较小，导致短柱出现，此类短柱可能不是真正的短柱。

（4）窗间短柱或填充短柱：这是柱被结构墙体或硬质装修所约束形成的短柱。虽然柱身较长，在构造上仍应按短柱对待。

严格意义上讲，短柱的判断应该根据剪跨比进行判断。

3. 在建模时如何预防短柱出现

在结构建模时我们应该预防短柱的出现。由于在结构建模时，我们并不知道柱的剪跨比，故通常要按照经验加以判别。

（1）避免采用净高与截面宽度之比不大于4的柱

房屋建筑中的短柱一般是指，净高与截面宽度之比不大于4的柱，包括因嵌砌黏土砖填充墙形成的柱，就是短柱。另一种说法是柱净高和截面高度之比不大于3的柱是短柱。目前较多人支持采取4为限值。

在侧向荷载作用下，钢筋混凝土结构中柱两端弯矩值之差与柱高相除可以得到柱的剪力，通常情况下结构中间楼层柱的反弯点在柱子高度中部，所以依据规范条文，认为柱净高与柱截面高度之比 H_n/h 不大于4即为短柱。柱子的截面高度 h 应选取沿填充墙平面内的柱子截面尺寸，而不是选取柱子截面尺寸最大值。

（2）注意实心黏土砖填充墙对框架柱的约束

实际工程设计中，应注意实心黏土砖填充墙对框架柱的约束，如：框架柱间砌筑不到顶的隔墙、窗间墙以及楼梯间休息平台使框架柱变成短柱。当在框架柱边砌墙时（尤其是窗间墙），无论墙和柱的施工顺序如何，墙沿柱的高度方向应连续（至少有一皮砖），否则易形成短柱。

是否形成短柱，还与墙柱间连接方式有关，如果是刚性连接墙会对柱产生约束，如果柔性连接则没有。而我们常用的轻质填充墙加拉筋连接的方式可以判断为柔性连接，玻璃隔断、玻璃幕墙、彩钢板墙等与墙的连接可以视为柔性连接。

（3）楼梯间部位

在楼梯间，半平台或者因为建筑上开窗需要将框架梁设置在半平台处时，在半平台处会对框架柱有约束作用，容易形成短柱。可以把楼梯间的柱子单独区别出来，箍筋全程加密。

（4）高层住宅短肢剪力墙结构的窗间短肢墙

当窗间短肢墙肢长与墙厚之比小于3时，短肢墙就退化为异形柱。窗下墙可用轻质墙体材料，增加柱的净高度，避免出现短柱。

（5）坡屋面各楼层

带各楼层的坡屋面为了增加阁楼的层高，在坡屋面檐口方向设置矮墙时，容易在各楼层出现短柱，并且将增加结构的上部楼层刚度，计算控制层刚度比时要注意校核分析设计结果。层刚度比的概念我们将在第7章有关章节详细讨论。

3.4.11 超长柱问题

通常认为，钢筋混凝土柱按长细比可分为短柱（$l_0/h\leqslant4$）、长柱（$4\leqslant l_0/h\leqslant30$）和细长柱（$l_0/h\geqslant30$），短柱和长柱为材料达到强度而破坏，细长柱是失稳破坏。工程中不允许出现失稳破坏，则必须对钢筋混凝土柱的长细比加以限制。

3.4.12 混凝土结构中非受力构件的处理

混凝土结构中的构造柱、圈梁、过梁等混凝土构件称为二级结构构件。PKPM设计框架结构时，软件不进行二级结构的辅助设计，此类构件需设计人员依据有关规范和设计经验自行计算、绘图，以完成对它们的设计。

在进行混凝土结构设计时，需根据规范、砌体构造要求等在填充墙或屋面砌筑女儿墙上附设构造柱，以保证墙的整体性。

在砌体结构中，承重墙是结构的主要承载构件，故砌体结构中承重墙需要布置。另外构造柱、圈梁对结构的抗震性能亦有贡献，因此也需要输入。PKPM2010用于进行砌体结构辅助设计的模块是QITI。

1. 在混凝土结构中填充墙要作为荷载输入

由于PMCAD在进行楼面荷载传导时，楼面荷载传导的优先级顺序是先墙后梁，如果在同一位置既有墙也有梁，则楼面荷载会优先传给墙。而在混凝土结构中，由于填充墙是后砌墙体，它是非承重墙，如果在框架结构中布置了填充墙，会导致荷载导算错误，图3-68为布置了一道水平填充墙后的荷载导算结果。

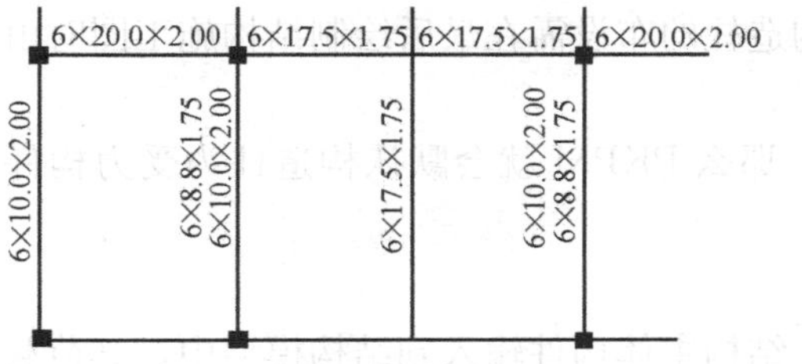

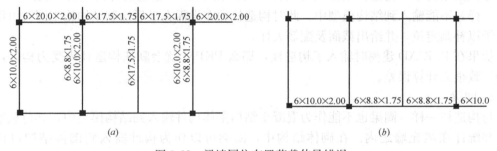

图3-68 梁墙同位布置荷载传导错误

(*a*) 楼板传导到梁上的恒荷载；(*b*) 楼板传导到墙上的恒荷载

在框架结构中布置了填充墙，还会导致SATWE分析结果出现错误。如图3-69所示。

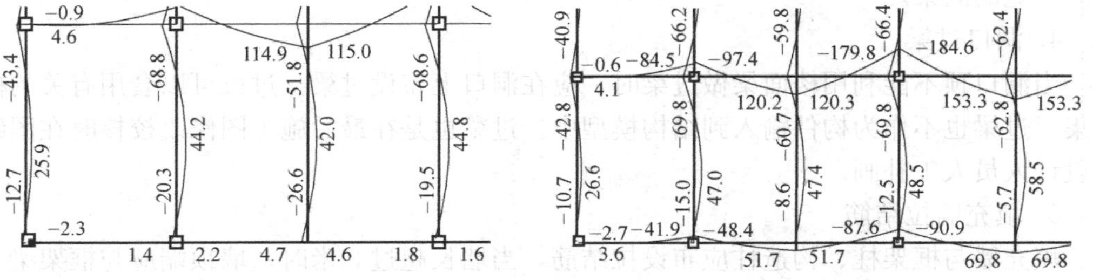

图3-69 梁墙同位布置导致梁弯矩不正常

(*a*) 布墙后的梁恒荷载弯矩；(*b*) 不布墙的梁恒荷载弯矩

2. 构造柱的处理

在用 PMCAD 创建混凝土结构设计模型时，构造柱不能作为结构构件输入到模型中，它与填充墙一样，是主体结构上的荷载，通常统计填充墙重量时一并考虑构造柱的重量。混凝土结构中按规范要求布置的填充墙构造柱通常是在结构设计总说明中加以明确。

在砌体结构建模软件 QITI 中，构造柱可以作为受力柱输入到砌体结构设计模型中，也可在定义柱截面时勾选“构造柱”类型。

（1）填充墙内构造柱

在《抗规》的第 13 章对非结构构件的抗震设计要求做了规定，特别是第 13.3.4 条规定“墙长超过 8m 或层高 2 倍时，宜设置钢筋混凝土构造柱；墙高超过 4m 时，墙体半高宜设置与柱连接且沿墙全长贯通的钢筋混凝土水平系梁。”

（2）女儿墙构造柱

依据《砌体填充墙结构构造》(06SG614-1) 第 28 页规定：屋面砌筑女儿墙内构造柱间距需按计算设计，且不能大于 3m。女儿墙顶应设封闭的混凝土压顶或圈梁。

（3）填充墙交接处构造柱的设置

部分抗震设防要求的地区，也有在填充墙接头处设构造柱的设计习惯。如果不布置构造柱，也应说明按《砌体填充墙结构构造》规定施工。

（4）不便于砌筑的短小填充墙应用构造柱替代

当窗间墙尺寸较小或填充墙上的建筑造型不便于砌筑施工时，设计时也需用构造柱。由于在框架结构中，构造柱不是受力构件，所以在 PKPM 创建设计模型时，构造柱和填充墙一样，不能输入到结构模型中。此时构造柱的布设需在最后绘制结构施工图时由设计人员予以补画定位，并给出截面及配筋大样。

如果在 PMCAD 建模时输入了构造柱，那么 PKPM 就会默认构造柱为受力构件，这样会导致很大计算误差。

3. 圈梁

与构造柱一样，圈梁也不能作为混凝土结构主体构件输入到结构模型中，其荷载通常也一并统计在填充墙之内。在砌体结构中，圈梁可以作为构件输入到砌体结构设计模型中。

对于框架结构填充墙，《抗规》第 13.3.4 条第 4 项规定：“当墙高超过 4 米时，墙体半高宜设置与柱相连且沿墙全长贯通的钢筋混凝土水平系梁。”应在填充墙中间部位加设与墙等宽的圈梁。

4. 洞口过梁

当洞口顶不能利用楼面梁做过梁时，应在洞口上布设过梁。过梁可以套用有关的标准图集。过梁也不作为构件输入到结构模型中。过梁也是在最后施工图修改校核时在图纸上由设计人员人工补画。

5. 填充墙拉结筋

填充墙与框架柱、构造柱应布设拉结筋，当墙长超过 8 米时，墙顶端应与框架梁设拉结筋。

在进行混凝土结构建模设计时，这些非受力构件不需输入到设计模型中，它们的配筋大样及相关布置需设计人员人工绘制，并应尽量在结构平面图上做相应的标注，如果在楼板配筋图上绘制构造柱平面位置并进行命名标注，同时应注意对构造柱钢筋结点锚固，以及构造柱所在楼层并作出清晰的说明。

3.4.13 混凝土墙、连梁及洞口的处理及布置

用 PMCAD 进行混凝土结构设计建模时，剪力墙构件有时不可避免地要开洞口。如果洞口间墙肢尺寸较小，可能该墙就转化为短肢墙甚至异形柱，相应的洞口上的墙可能会是连梁也可能是普通框架梁，这在设计时要注意的。

1. 墙体定义及布置

墙体的定义及布置方式与梁构件类似，在此不再详细叙述。需要说明的是，在 PMCAD 中允许布置两端顶点高度不同的斜墙，也允许布置离楼层底标高有一定距离的悬空墙。这两种墙的参数定义在图 3-70 所示墙布置参数定义对话框中设置。

2. 洞口布置

洞口布置方式类似构件布置，也是要先定义洞口尺寸，之后在布置时确定洞口位置参数，之后在墙上布置洞口。具体布置方式从略。

3. 墙、短肢墙、异形柱、柱的区别

此部分内容已在第 2.2.1 节有专门叙述。

4. 连梁与普通梁的区别

当 SATWE 分析 PMCAD 中布置的墙体构件时，SATWE 会自动把二层洞口间的墙转化为连梁，之后用通用墙元对墙进行有限元划分，用加密的墙元模型划分连梁，之后与其他构件单元一起进行整体三维有限元分析与设计。

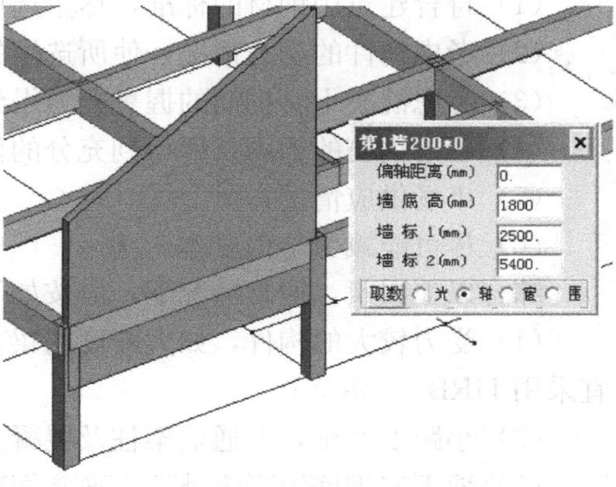

图 3-70 悬空斜墙布置参数

因此，对于目前实际设计中运用较多的短肢剪力墙住宅，当遇到洞口下贴楼面情况，可以在 PMCAD 中用普通梁替代洞口上的墙，这样可以省去开洞环节从而加快建模速度，但是在计算分析之前依据规范，要在 SATWE 的【特殊构件补充定义】中把这些梁转换为【连梁】。

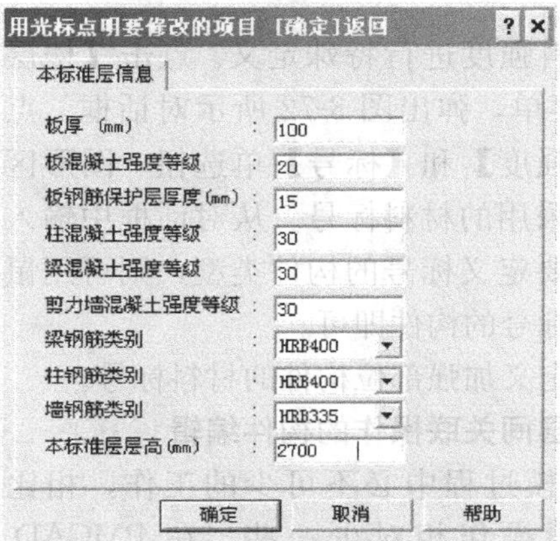

图 3-71 本层信息输入

在具体设计时，哪些梁需要转化为【连梁】需依据规范规定。《高规》第 7.1.3 条规定“跨高比小于 5 的连梁应按本章的有关对顶设计，跨高比不小于 5 的连梁宜按框架梁设计”。也就是说与墙同向相连且 L/h≤5 的梁为连梁，连梁在图纸的名称为 LL。

3.4.14 【本层信息】及【材料强度】定义

当构件布置完毕，还需要定义【本层信息】，本层信息用以定义自动生成楼板的厚度、各类构件的混凝土标号、钢筋类别。

1. 本层信息操作的作用

点击【本层信息】菜单后，若弹出的图 3-71

所示对话框中的信息数据不需修改，则可直接点击【确定】退出。

在本层信息对话框中的【本标准层层高】仅为交互建模用于轴测显示所建模型时的柱高，真正用于计算分析的层高是在楼层组装中定义的。

在 PMCAD 创建模型时，【本层信息】菜单常常被初学者忽略，这样可能会导致后面其他模块运行时出现错误信息。

此时输入的钢筋类别信息将传递到后续的分析设计软件模块，如 SATWE 软件直接读取这里按标准层设置的梁柱墙钢筋类别进行结构的分析设计，到那时用户不能再修改钢筋配置信息。

2. 构件主筋选择应考虑的因素

主筋的选择应考虑以下几个因素：

（1）符合建筑用钢材的标准，尽量选用规范推荐的钢筋品种；

（2）考虑构件的受力情况，使所选用的钢筋强度能充分利用；

（3）考虑混凝土对钢筋的握裹能力得到保证；

（4）考虑钢筋的锚固长度得到充分的保证；

（5）市场供应情况；

（6）尽可能减少结构成本。

综合以上因素，通常情况下，应按如下原则选择钢筋：

（1）受力较大的构件，如大跨度的梁、板构件，框支梁、柱构件，约束边缘构件等，宜采用 HRB400 钢筋；

（2）小跨度的梁，普通框架柱及混凝土墙的构造边缘构件宜采用 HRB335 钢筋；

（3）地下室钢筋混凝土外墙，通常情况下由裂缝控制，宜采用 HRB335 钢筋；

（4）楼板应采用 HRB400 钢筋，楼梯等根据跨度、荷载大小采用 HRB400 钢筋或 HRB335 钢筋。

设计实例（建模 17）—3-17、本层信息

［1］ 点击【楼层定义】/【本层信息】菜单，弹出图 3-71 所示对话框。

［2］ 在对话框中输入 3.2.2 节“设计实例—1”所实现设定的混凝土标号和钢筋等级，点击【确定】。

在 PMCAD2010 中，还允许单独对某构件的材料强度进行特殊定义。点击【楼层定义】/【材料强度】菜单，弹出图 3-72 所示对话框。点击对话框的【混凝土强度】和【标号】单选钮，图形区的构件上会显示当前采用的材料标号。从对话框中输入混凝土标号后，选择要定义标号的构件类型，则可用鼠标点击图形区要变更标号的构件即可。

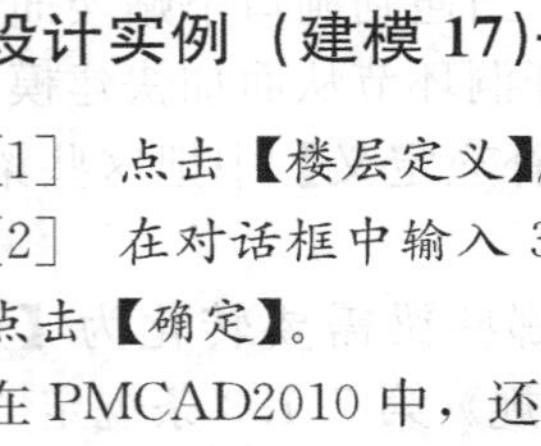

图 3-72　材料强度

该操作可用于定义加强部位构件的材料标号。

3.4.15　实现层间关联操作的构件编辑

构件编辑是建模过程中必不可少的工作，相比构件编辑，楼层编辑操作相对少一些。在 PMCAD 的【楼层定义】下与构件编辑相关的菜单有【本层修改】、

【层编辑】、【偏心对齐】、【单参修改】等，这些菜单不是必做项，在实际设计建模中，要依据具体情况决定具体使用那些菜单，下面我们先介绍这些菜单的功能和基本操作要领。

1. 楼层编辑

点击【楼层定义】/【楼层编辑】菜单，可以进入【楼层编辑】的下层子菜单，如图3-73所示，其中各项功能如下：

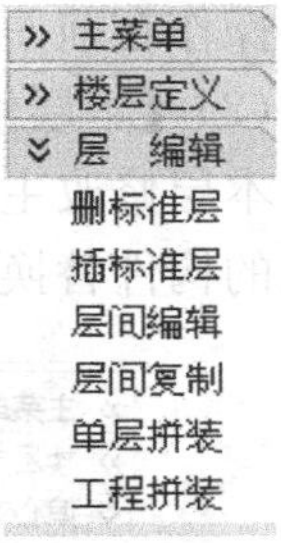

图 3-73 层编辑

（1）【删标准层】

点击此菜单，弹出【选择删除标准层】对话框，从对话框中选择要删除的标准层后，点击【确定】后，再在命令窗口键入【Y】予以确认后，即可删除选中的标准层所有内容。删除后不能回退。该操作一次只能删除一个标准层。

（2）【插标准层】

在制定标准层后插入一个标准层，其网点和构件布置可从制定标准层上复制。此项操作用得较少，如果标准层号没按自下向上输入，通常可以通过楼层组装予以弥补。

（3）【层间复制】

首先点击图形区左上方的【标准层】下拉框，把当前标准层设到复制源层；再点击【层间复制】菜单，在程序弹出的【层间复制目标层】对话框确定层间复制的目标标准层后，用单选或窗口选择方式从屏幕上选择源楼层的构件，选完后右击鼠标或键入【ESC】，再根据命令窗口提示，键入【Y】（键入Y前需滚动一下鼠标中间滚轮，否则Y输入得不到确认）对复制内容予以确认，即可完成层间复制。

此项操作与【添加新标准层】时的复制操作类似。

（4）【单层拼装】与【工程拼装】

对两个工程模型进行拼装操作，对于多人协作设计时，此项操作有用。

（5）【层间编辑】

【层间编辑】实际是设置编辑操作的关联层。当设置了关联关系的楼层中某构件发生变化，程序会根据关联关系，提示用户关联层是否也做同样的改变。通过设置关联层，可以使构件编辑操作在多个或全部标准层上进行，从而省去了切换到不同标准层再去执行同一操作的麻烦，此项功能十分有用。

比如某模型有20个标准层，在【层间编辑】中定义了1～20层相互关联，则只需在一层调整某梁的偏心后，则其他层对应位置梁的偏心则可由程序自动完成调整。

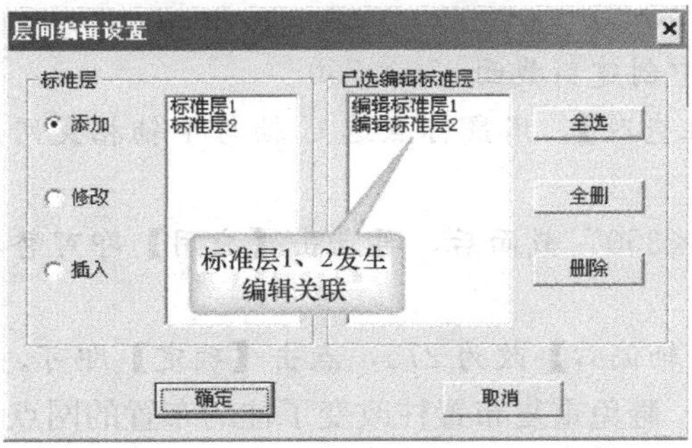

图 3-74 层间编辑

此菜单操作要点是：点击【层间编辑】，向【层间编辑】对话框中的【已选编辑楼层】列表中加入相互关联的楼层，点击对话框的【确定】即可。此后其他菜单的编辑操作将按照设置的关联关系由软件自动进行。图3-74设置了标准层 1、2 为关联楼层。

2. 构件编辑

在 PMCAD 中构件编辑包括【构件删除】、【本层修改】、【偏心对齐】等，下面我们简单对其功能予以简单介绍。

（1）【构件删除】

操作在前一节构件布置时我们已做了介绍，在此不再重复。

（2）【本层修改】

本层修改主要包括“构件替换”和“构件查改”两个内容。“构件替换”操作可以把选定的构件替换为另一种，该操作与直接从构件截面列表修改构件截面尺寸不同，“构件替换”仅限于本标准层，而修改构件截面列表则是针对所有楼层。

例如：如果要把本层的 200mm×500mm 的梁截面改为 250mm×500mm，则需要用“构件替换”操作，若要把整个结构所有层的梁都改为 250mm×500mm，则直接从截面列表修改即可。

以【柱替换】为例，“构件替换”操作要点是：点击【柱替换】，从弹出的对话框中选择目标截面，在点击对话框的【选择】后，再点击下一个对话框的【确定】，之后选择要替换成的新截面，重复上面过程，即可完成对本层柱的替换。

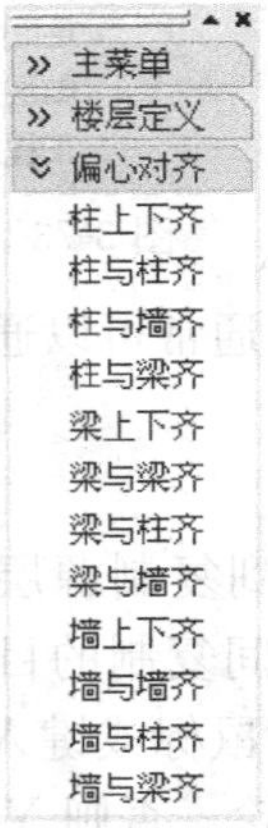

图 3-75　偏心对齐

（3）【偏心对齐】

偏心对齐是 PMCAD 创建结构模型时一个频繁使用的编辑操作，此项操作可以与【层间编辑】设计的关联楼层一起，快速实现楼层的构件偏心设置。【偏心对齐】方式有多种，如图 3-75 所示。

为了体现层间关联编辑的作用，“商业楼”设计实例的偏心对齐待第 2 结构标准层构件布置之后再进行操作。

（4）通过【本层修改】查改构件

设计实例（建模 18）—3-18、查改柱截面

［1］　本操作主要是要把 C 轴与 1 轴相交位置的柱截面由 350×350 加大到 350×750，以使结构传力更加合理。

［2］　先点击【柱布置】，从柱截面列表中创建新截面 350×750。

［3］　点击【楼层定义】/【层内编辑】/【柱查改】，用鼠标点选 C 轴与 1 轴相交网点选择要查改的柱，弹出【构件信息】对话框。

［4］　从【构件类别】下拉框选择“750×350”截面后，再点击【应用】即可替换截面。具体操作提示如图 3-76 所示。

［5］　再把【构件信息】对话框柱的【延轴偏心】改为 275，点击【确定】即可。

上面实例操作主要是为了通过查改操作，避免重复布置柱改变了柱的布置的网点，实际设计时，也可以直接通过柱布置替换掉已有的柱。

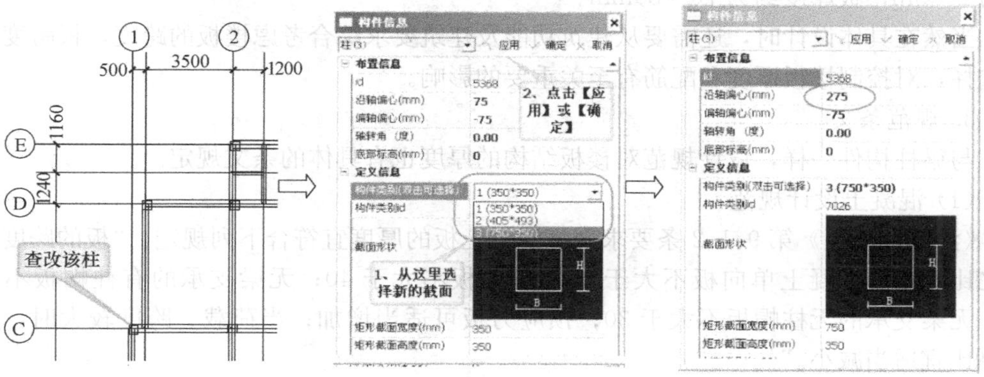

图 3-76　柱查改

大量实际设计实践表明，通过查改方式修改柱截面比替换布置方式更加明了更加实用更方便。

3.5　楼板生成

在前面章节我们已经描述了 PMCAD 房间的概念。PMCAD 房间不仅与主次梁布置有关，还与楼板板块构成及荷载传导、楼板施工图绘制有密切关系。

在 PMCAD 中，一个 PMCAD 房间是由封闭的主梁或承重墙围成的区域，自动生成楼板时，PMCAD 会给每一个 PMCAD 房间布设一个板块构件。PMCAD 中对楼板的建模操作都是针对房间板块进行的。

3.5.1　初估楼板厚度

初估楼板厚度要根据规范条文、混凝土标号、楼面荷载、楼板开间和设计经验进行。由于楼盖的混凝土用量在结构总混凝土用量中占据较大比例，因此楼板类型及厚度的确定对设计的技术经济指标有较大影响。

1. 混凝土楼盖的类型

混凝土楼盖按施工方法可分为：现浇式楼盖、装配式楼盖、装配整体式楼盖。

混凝土楼盖按预加应力情况可分为：钢筋混凝土楼盖、预应力混凝土楼盖。

混凝土楼盖按结构型式可分为：单向板肋梁楼盖、双向板肋梁楼盖、井式楼盖、密肋楼盖 、无梁楼盖、空腔楼盖等。

2. 楼板的经济跨度

在梁板楼盖中，单向板的经济跨度为 1.7～2.5m；双向板设有次梁和主梁时，其楼板的跨度取决于主次梁的跨度，一般情况下次梁经济跨度为 4～6m，主梁经济跨度为 5～8m。

在现浇肋梁楼盖中，所有的板、肋、主梁和柱都是在支模以后，整体现浇而成，其板的跨度一般为 1.7～2.5m，厚度为 60～80 mm。

砖混结构中楼板跨度一般在 3.0～3.9m 之间较为合理。当承重墙的间距不大时，如住宅的厨房间、卫生间不设梁和柱，钢筋混凝土楼板可直接搁置在承重墙上，板的跨度一般为 2～3m，板厚度约为 70～80mm。

当然在具体设计时，还需要从建筑功能及建筑要求综合考虑楼板的跨度，板跨度的合理选择，对控制楼板厚度和配筋有至关重要的影响。

3. 规范条文

与梁柱构件一样，设计规范对楼板结构的厚度也有具体的条文规定。

（1）混凝土设计规范

《混凝土规范》第 9.1.2 条要求现浇混凝土板的厚度宜符合下列规定："板的跨度与板厚之比：钢筋混凝土单向板不大于 30，双向板不大于 40；无梁支承的有柱帽板不大于 35，无梁支承的无柱帽板不大于 30；预应力板可适当增加；当荷载、跨度较大时，板的跨厚比宜适当减小。"

另外，《混凝土规范》还要求现浇钢筋混凝土板的厚度不应小于表 3-8 规定的数值。

（2）抗震规范

《抗规》第 3.5.4 条规定："多、高层的混凝土楼、屋盖宜优先采用现浇混凝土板。当采用预制装配式混凝土楼、屋盖时，应从楼盖体系和构造上采取措施确保各预制板之间连接的整体性"。

现浇钢筋混凝土板的最小厚度（mm） **表 3-8**

楼板类型		最小厚度
单向板	屋面板	60
	民用建筑楼板	60
	工业建筑楼板	70
	行车道下的楼板	80
双向板		80
密肋板		50
悬臂板	悬臂长度不大于 500mm	60
	悬臂长度不大于 1000mm	100
	悬臂长度不大于 1500mm	150
无梁楼板		150
空心楼板	筒芯内模	180
	箱体内模	250

《抗规》第 6.1.14 条地下室顶板作为上部结构的嵌固部位时，应符合下列要求：地下室顶板应避免开设大洞口；地下室在地上结构相关范围的顶板应采用现浇梁板结构，相关范围以外的地下室顶板宜采用现浇梁板结构；其楼板厚度不宜小于 180mm，混凝土强度等级不宜小于 C30，应采用双层双向配筋，且每层每个方向的配筋率不宜小于 0.25%。

（3）高层规范

《高规》第 3.6.1 条规定："房屋高度超过 50 米时，框架-剪力墙结构、筒体结构及本规程第 10 章所指的复杂高层建筑结构应采用现浇楼盖结构，剪力墙结构和框架结构宜采用现浇楼盖结构"。

《高规》第 3.6.2 条规定："房屋高度不超过 50m 时，8、9 度抗震设计时宜采用现浇楼盖结构；6、7 度抗震设计时可采用装配整体式楼盖”。

《高规》第 3.6.3 条：“房屋建筑的顶层、结构转换层、大底盘多塔楼结构的底盘顶层、平面复杂或开洞过大的楼层、作为上部结构嵌固部位的地下室楼层应采用现浇楼盖结构。一般楼层现浇楼板厚度不应小于 80mm，当板内预埋暗管时不宜小于 100mm；顶层楼板厚度不宜小于 120mm；普通地下室顶板楼板厚度不宜小于 160mm；作为上部结构嵌固部位的地下室楼层的顶盖应采用梁板结构，板厚度不宜小于 180mm，应采用双向配筋，且每个方向配筋率不宜小于 0.25%”。

《高规》第 3.6.4 条规定：“现浇预应力混凝土楼板厚度可按跨度的 1/45～1/50 采用，且不宜小于 150mm”。

4. 板厚的经验估算厚度

楼板厚度估算：单向板板厚取板短边长的 1/35～1/45，双向板板厚取板短边长的1/40～1/45，悬臂板板厚取悬臂长的 1/10～1/12，同时要遵守混凝土规范对板的最小厚度规定。

设计实例（建模 19）—3-19、估算楼板厚度

[1] 依据《抗规》第 3.5.4 条，本商业楼工程采用梁板现浇楼盖。

[2] 进过对结构平面观察分析，楼板分为二种，其中一种是 D～E 轴间 2.4 米跨度部分，楼板厚度估算为 2400/35～2400/45＝69～53mm，依据规范条文，调整为 60mm。

[3] 卫生间楼板取为 60mm。

[4] 其他营业房开间为 4 米，板厚取 4000/40～4000/45＝100～88mm，最后取 100mm，满足规范要求。

3.5.2 自动生成现浇板与修改板厚度

自 PMCAD2008 以后，PMCAD 把其原来 PMCAD2005 版的“主菜单 2-结构楼面布置信息”取消，把其功能整合到【建筑模型与荷载输入】模块之中，使得建模流程更加流畅清晰。PMCAD 的【楼板生成】菜单位于交互输入主菜单【楼层定义】之下，它包含了【自定生成】楼板、【楼板错层】、【修改板厚】、“板洞布置与删除”、【布预制板】、“布删悬挑板”、【房间复制】等，其菜单参见图 3-77。

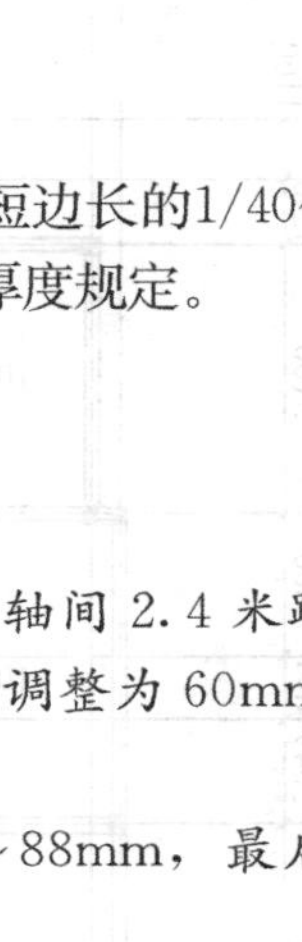

图 3-77 楼板生成

1. 【生成楼板】

点击【楼板生成】/【生成楼板】菜单，PMCAD 将自动产生由主梁和墙围成的房间信息，同时按【本层信息】中设置的楼板厚度自动生成各房间楼板，并在模型平面上显示板厚度。如果有房间板厚不同，可以在后面人机交互修改。

通过屏幕上方的【实时漫游开关】，可以看到以灰色半透明的楼板。在【楼板生成】菜单下，除悬挑板相关操作外，其他板及洞的操作都是按房间进行的。

设计实例（建模 20）—3-20、生成楼板

[1] 点击【楼层定义】/【本层信息】，从【本层信息】对话框中定义本标准层板厚为

100mm。其他板厚待自动生成后再交互修改。

[2] 点击【楼层定义】/【楼板生成】/【生成楼板】，自动生成楼板，如图 3-78 所示。

提示角
在 PMCAD 中，后期布置的主梁不会自动分割已经生成的楼板。所以不论什么情况下，只要布置了主梁，都要记得执行【生成楼板】，以便保证设计的准确性。

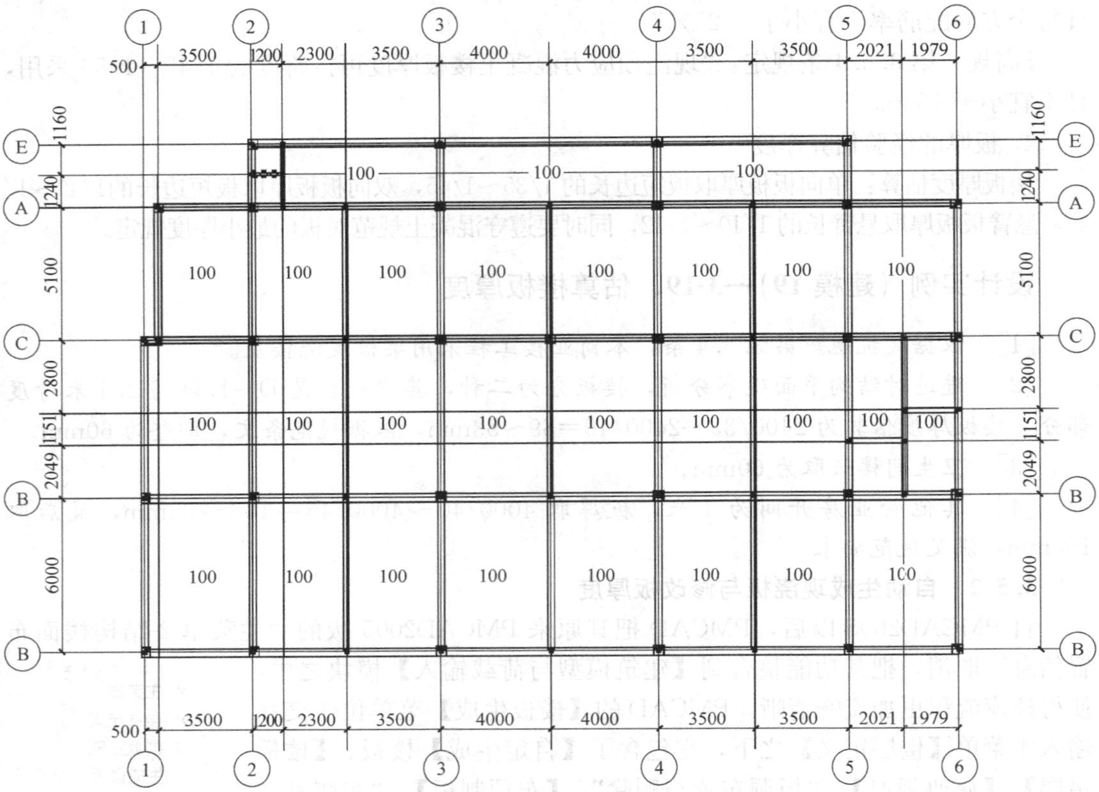

图 3-78 生成的楼板

2.【板厚修改】

在 PKPM2005 版本中，楼板厚度的修改需要在人机交互建模完毕并退出建模后，再通过 PMCAD 主菜单的第 2 项进行。与 PKPM2005 版本不同，PKPM2008 以后楼板厚度调整部分的菜单调整到了 PMCAD 的【楼层定义】之内，使得建模过程更加流畅。通过【板厚修改】，可以在自动生成的楼板基础上，单独修改某一个房间的楼板厚度。

设计实例（建模 21）—3-21、修改板厚

[1] 点击【楼层定义】/【楼板生成】/【修改板厚】菜单，弹出图 3-79 所示对话框。

图 3-79 修改板厚

[2] 在对话框中输入板厚 60，用鼠标点击 D~E 轴板块和卫生间板块，即可把原来自动生成的 100mm 厚板改为 60mm 厚，修改后的板厚如图 3-80 所示。

3.5.3 用【楼板错层】菜单处理降板错层问题

所谓的错层建筑是指同一楼层的楼面不在同一标高的建筑，错层建筑会导致楼板标高或梁标高发生错位。错层结构可以分为两种：降板错层和梁错层。梁错层问题处理我们将在下一章专门讨论。

1. 降板错层的适用范围

《混凝土规范》第 7.1.7 规定“多层砌体房屋的建筑布置和结构体系，应符合下列要求：……房屋错层的楼板高差超过 500mm 时，应按两层计算；错层部位的墙体应采取加强措施。……，房屋有下列情况之一时宜设置防震缝，缝两侧均应设置墙体，……，2）房屋有错层，且楼板高差大于层高的 1/4。”因此，对于砌体结构当其楼板降板幅度在上述条文范围之内时，可以用【楼板错层】操作处理。

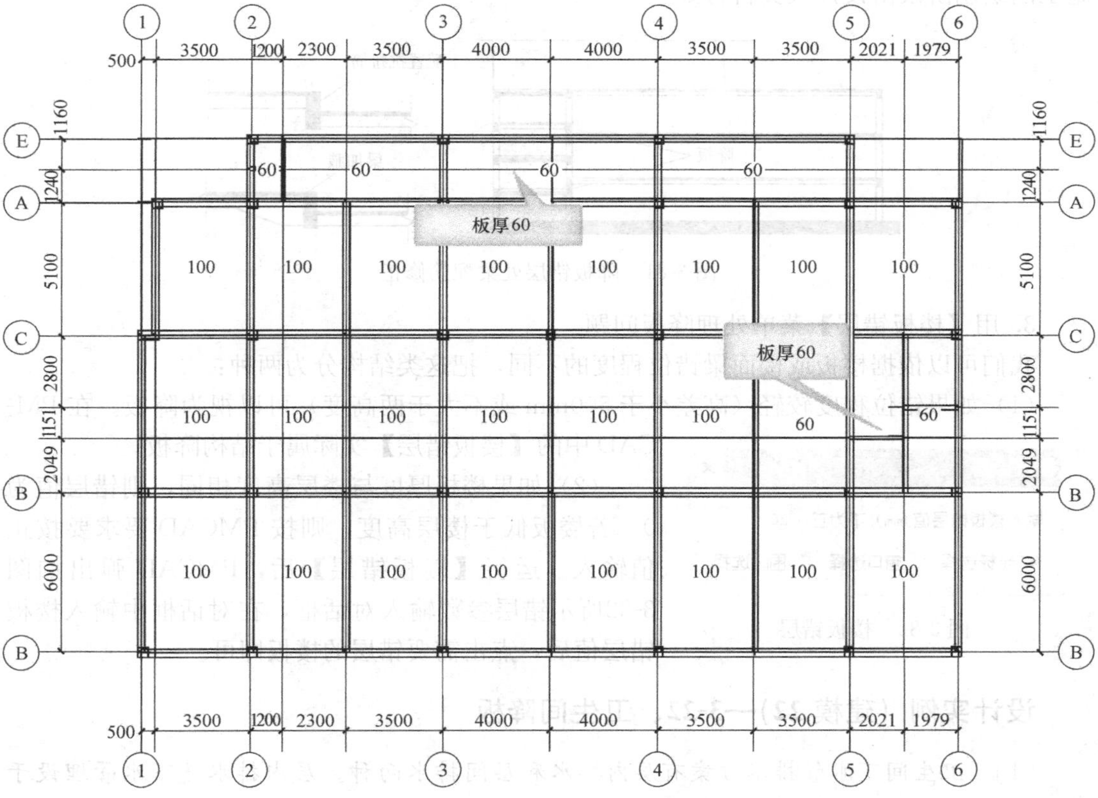

图 3-80　修改后的楼板

对于混凝土结构错层设计问题，规范没有明确的条文规定。在实际设计时，如果降板范围较小且降板值不大（如卫生间、厨房等），或者错层高度不大于框架梁梁高时，可合并为一个标准层输入，此时发生的楼板降板可以通过【楼板错层】来进行处理。

在 PMCAD 中，降板处理主要是为了保证 PMCAD 进行楼板施工图绘制时，能够把降板周边的负筋断开，减少图纸编辑修改工作量。

2. 降板错层按一个结构层进行设计对结构内力的影响

从建筑设计角度来看，同一层楼面标高不一致就是错层；结构错层比建筑错层复杂得多，设计结构错层时要从结构的连接构造和传力关系来综合考虑；结构错层时，其传力关系与非错层相比，发生了不可忽略的改变，则在结构建模和绘图时就要采取相应的技术措施加以应对。

大多数结构设计人员在处理降板错层情况时，是用一根顺着错层缝的梁来连接两边不同标高的楼板，之后用软件按同一层的结构模型进行计算并以此绘制施工图。但是在实际结构中，两边楼板高差可能会导致错开的两段楼盖在水平力作用下，不能始终一致地产生水平位移，不能保证协调传力，而使沿错层缝布置的梁发生扭转变形，在传力路径上容易出现薄弱环节，这样该梁可能潜藏着更大的危险。

因此对于降板结构可按图 3-81 所示建议，设置梁加腋或配置抗扭纵筋[3]。在 PMCAD 创建设计模型时，软件不能建立考虑加腋的梁模型，因此要采取加腋措施，只能在施工图绘制阶段由设计人员自行处理。

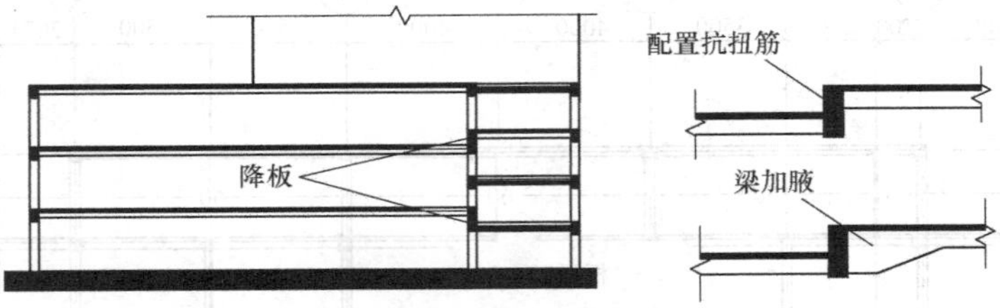

图 3-81　降板错层处梁配筋修正

3. 用【楼板错层】菜单处理降板问题

我们可以依据楼板或楼面梁错位程度的不同，把这类结构分为两种：

（1）如果错位程度较轻（高差小于 500mm 或不大于两高度）可以视为降板。在 PMCAD 中的【楼板错层】实际属于结构降板。

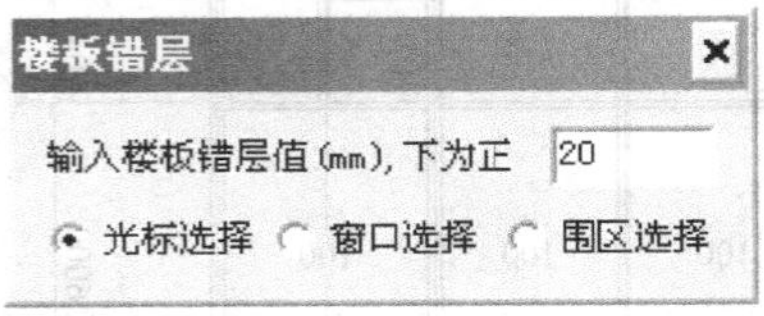

图 3-82　楼板错层

（2）如果楼板厚度与楼层高度相同，则错层值为 0。若楼板低于楼层高度，则按 PMCAD 要求要按正值输入。运行【楼板错层】后，PMCAD 弹出如图 3-82所示错层参数输入对话框，在对话框中输入楼板错层值后，点击需要错层的楼板即可。

设计实例（建模 22）—3-22、卫生间降板

［1］　卫生间下水管排水方案有层内排水和层间排水两种。层内排水是下水管埋设于本层楼板之上的轻质填充层之内，此种方法通常填充层厚度需采用 500mm 左右；另一种是层间排水，下水管附设于下一层顶棚处，此时本层卫生间降板通常在 20～30mm，如图 3-83 所示。到底采用哪种降板，需参考设备专业和建筑条件图。本商业楼建筑卫生间采用层间排水方式。

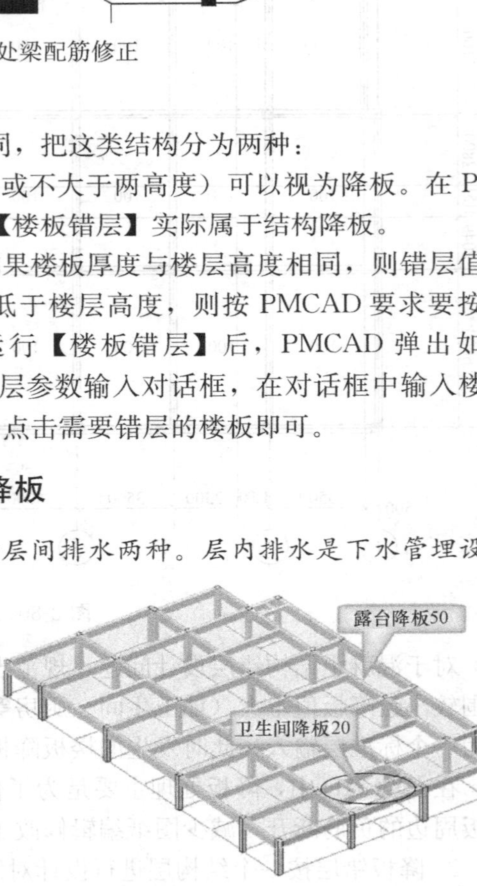

图 3-83　楼板错层位置及幅值

［2］　点击【楼层定义】/【楼板生成】/【楼板错层】菜单，弹出如图 3-82 所示对话框。

在对话框中输入板厚 20，用鼠标点击卫生间板块，即可把原来板标高降低 20mm。

[3] 从图 3-10 屋顶平面图和图 3-11 剖面图可以发现，门斗顶部屋面板标高为 3.75，比楼层标高 3.8 低 50mm。在图 3-82 对话框中，输入 50，点击 D～E 轴和 3～4 轴间入口顶板，把入口顶部门斗顶部屋面板降低 50mm。

3.5.4 虚板、全房间洞及楼板开洞的应对策略与操作

由于种种原因，往往需要在钢筋混凝土板内开洞以便管道及其他设施通过，下面我们介绍楼板开洞相关的设计概念和软件操作。

1. 虚板

通常情况下 PMCAD 自动生成的楼板厚度取值为【本层设置】设定的楼板厚度，在设计时由于设计建模的需要，用户可以把某个房间板块的厚度修改为 0，我们通常称厚度为 0 的板为 0 厚度板或虚板。

虚板可以布置楼板荷载，且能把作用虚板上的荷载传导到其周边梁或墙上，但 0 厚度板不参与结构分析计算，最后的平面图也不绘制虚板钢筋。

虚板所具有的这种可以布载传载但不绘制配筋的特性，可以帮助我们实现某些特定的建模意图。虚板不同于楼板开洞。

2. 楼板开洞时洞口边缘的加强方式选择

在设计中，楼板上所开的洞口会破坏板的荷载传递方式，也会改变钢筋混凝土板的受力特性，尤其会在洞口附近产生局部应力集中，因此在进行结构设计时就需要对楼板开洞进行设计处理。

国内已有学者对此做了相应的研究[4]，研究结果指出板洞占板的比例不同，对楼板内主应力分布影响也不相同，图 3-84 为该研究用 ANSYS 分析得到的 3000mm×3000mm 固支板，分别开 200mm 和 600mm 洞后的板中面主应力分布云图。依据分析结果，研究者指出楼板开洞可以划分为三种情况：

（1）对于周边固支板，当板洞面积小于板面积的 10%时，为了减小结构建模的工作量，建模时可以忽略这些小洞口，在绘制施工图时再依据构造要求进行加强处理，板洞四周加配不超过被截断钢筋的 2～3 倍受力加强筋（或假设暗梁），如图 3-85 所示。

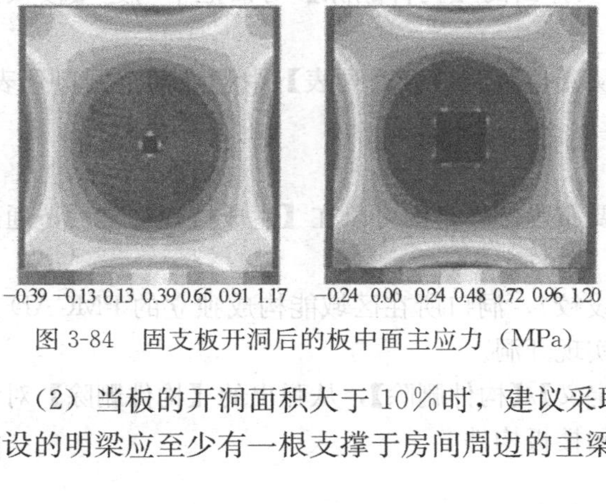

图 3-84　固支板开洞后的板中面主应力（MPa）

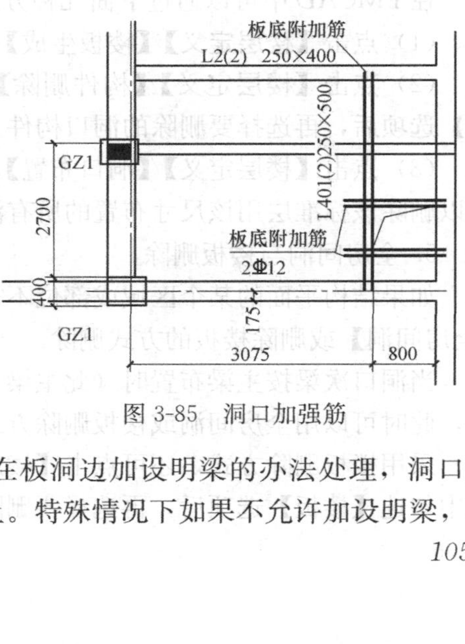

图 3-85　洞口加强筋

（2）当板的开洞面积大于 10%时，建议采取在板洞边加设明梁的办法处理，洞口边加设的明梁应至少有一根支撑于房间周边的主梁上。特殊情况下如果不允许加设明梁，可

在洞口角部粘贴加固钢板等其他加强措施。

（3）由于周边简支板的受力性能比周边固支板差，应尽量避免开洞，若开洞不可避免，则设计时应采取构造措施改善简支板四周支撑条件，其洞口四周也采取相应的加强措施。

3. 楼板开洞操作

在 PMCAD 中，当楼板自动生成之后，如果点击【楼层定义】/【楼板生成】/【楼板开洞】，则可以依照程序提示在某个楼板上开洞。其具体操作过程如下：

首先在图 3-86 所示的【楼板洞口截面列表】对话框中定义洞孔类型及洞口尺寸。PMCAD 可以开矩形洞、圆洞和任意形状洞多种。

在洞口列表中选中要布置的洞口，点击【布置】，PMCAD 弹出图 3-87 所示洞口布置信息对话框，即可移动鼠标到要布置洞口的房间，PMCAD 首先选择与光标相邻的房间角点为基准点，并自动在此基准点显示一个较大的圆点，移动鼠标，PMCAD 会根据鼠标位置，自动改变基准点。当确认要以某个基准点为参考点布置洞口时，用户在洞口信息对话框中定义洞口左下角距房间边缘距离后，即可进行板洞布置。

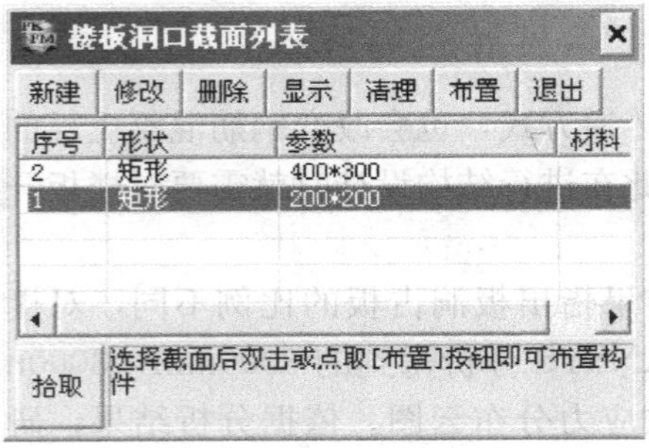

图 3-86　板洞类型及尺寸定义

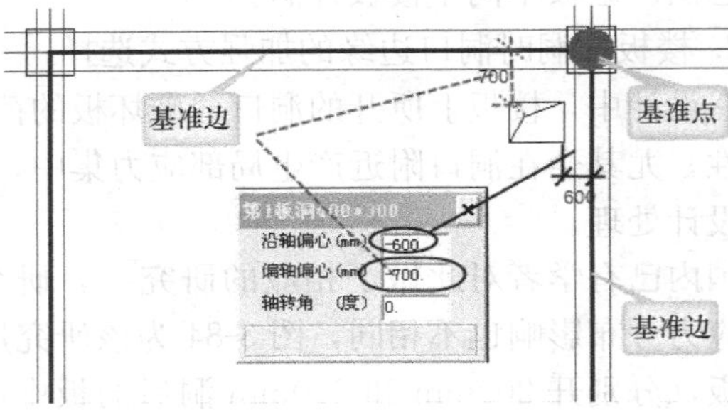

图 3-87　板洞布置参数

板洞布置可以有多种方式，通过【TAB】热键可以进行方式转换。

4. 板洞删除

在 PMCAD 中可以通过下面几种方式删除板洞。

（1）点击【楼层定义】/【楼板生成】/【板洞删除】菜单，用鼠标选择要删除的洞口。

（2）点击【楼层定义】/【构件删除】，从弹出的【构件删除】对话框中勾选【楼板洞口】选项后，再选择要删除的洞口构件。

（3）点击【楼层定义】/【洞口布置】，从【楼板洞口截面列表】中删除某个洞口列表，可以删除该标准层用该尺寸布置的所有洞口。

5. 全房间洞与楼板删除

如果结构平面的某个区域或部位不需要布置楼板，则可以在【生成楼板】之后，通过【全房间洞】或删除楼板的方式删除。

当洞口次梁按主梁布置时（此主梁可设铰），洞口所在区域能构成独立的 PMCAD 房间，此时可以用全房间洞或楼板删除方式实现开洞。

采用楼板删除方式，还可点击【楼层定义】/【构件删除】，从弹出的【构件删除】对话框中勾选【楼板】选项后，再选择要删除的楼板构件。

> **提示角**
>
> 如果在某些情况下板洞布置操作不方便，也可在板洞四周布置虚梁，之后用全房间洞方式开设较小的洞口。

全房间开洞和删除楼板的房间都不能布置楼面荷载；如果对已经布置了楼面荷载的房间进行全房间洞和楼板删除操作，楼面荷载也会随之自动删除。

从一定意义上讲，全房间洞与楼板删除二者没有本质区别。

设计实例（建模 23）—3-23、楼板开洞或设虚板

［1］ 从建筑平面图可以看到，在平面图左上角有两个电气竖井，此处楼板钢筋施工主体时可照常通过，待管道安装完毕后，再用微膨胀混凝土封闭，因此该商场建筑的电气管井不需开洞。

［2］ 楼梯间楼板可以有三种方式处理楼梯间楼板：整房间开洞、设虚板和不进行处理。虚板设置可以通过修改板厚实现。对于该商场建筑，楼梯间楼板的处理将在后面楼梯处理章节专门讨论。整房间开洞比较简单，其操作此处不详细罗列。

［3］ 观察建筑平面图其他部位，最后确定该工程其他楼板无需开洞。

3.5.5 悬挑板的布置与删除

PMCAD 在交互创建结构模型时，可以通过【楼板生成】/【布悬挑板】菜单进行悬挑板布置。在 PMCAD 中输入的悬挑板可以布置楼面荷载，计算悬挑板配筋并绘制板施工图。

1. 悬挑板布置与删除

与其他构件布置类似，在 PMCAD 中布置悬挑板首先要定义悬挑板构件，之后再选择布置悬挑板的网格线，即可完成悬挑板的布置。在 PMCAD2010 中悬挑板布置过程如下：

（1）定义悬挑板

点击【楼层定义】/【楼板生成】/【布悬挑板】菜单，程序弹出如图 3-88 所示【悬挑板截面列表】对话框，点击对话框的【新建】标签，在弹出的如图 3-89 所示对话框中定义悬挑板宽度、外挑尺寸及板厚。

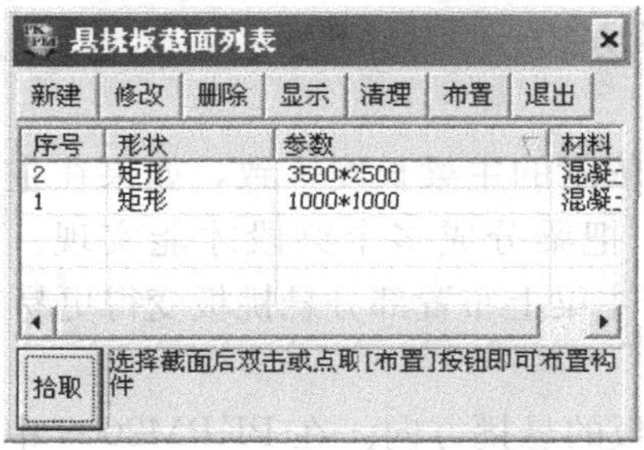

图 3-88　悬挑板定义

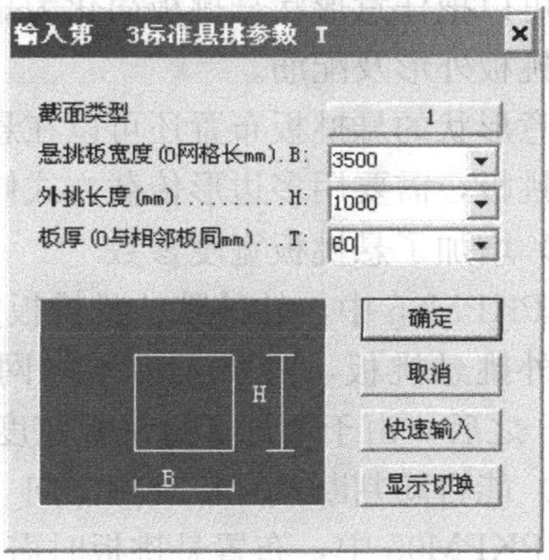

图 3-89　悬挑板参数定义

（2）布置悬挑板

定义好悬挑板参数之后，回到【悬挑板截面列表】对话框，用鼠标选择建好的悬挑板定义，点击【布置】标签，再在弹出的图 3-90 所示【悬挑板布置】对话框中，输入悬挑板起始点定义及悬挑板相对楼层标高后，就可以从图形窗口中选择要布置悬挑板的网格线，进行悬挑板布置。

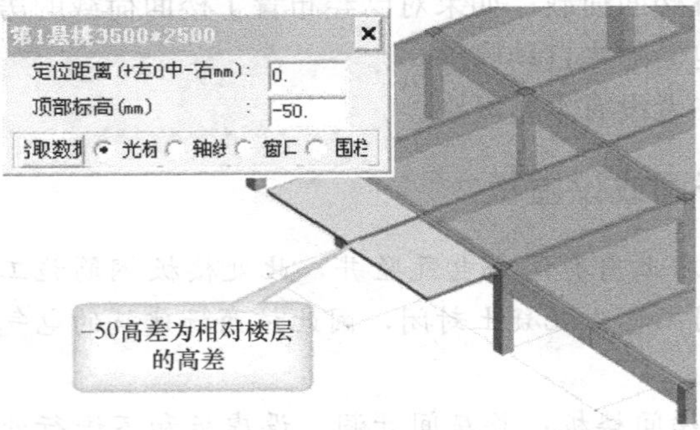

图 3-90　悬挑板布置参数

如果在布置悬挑板之前布置了楼面荷载，PMCAD 会自动把悬挑板荷载取为与之相邻房间楼面的荷载。

（3）删除悬挑板

与其他构件删除类似，在 PMCAD2010 中，删除悬挑板的方式也是三种。用户可以通过【楼层定义】/【楼板生成】/【删悬挑板】菜单或【楼层定义】/【构件删除】二种途径删除已布置的悬挑板。也可以通过删除悬挑板定义，来批量删除用该定义布置的所有悬挑板。

2. PKPM08 以后版本对悬挑板的改进

与 PKPM05 版本相比，PKPM08 对悬挑板做了较大改进，主要体现在如下几个方面：

（1）以布置平面投影为异型的悬挑板

在 PKPM2010 中，点击图 3-89 所示【截面类型】按钮，即可弹出图 3-91 所示【悬挑板类型】对话框，点击对话框的【任意多边形】类型，在命令行依照程序提示输入网格尺寸大小，即可进入【任意多边形绘制窗口】，在该窗口中用户可以自己定义任意悬挑板的平面外轮廓，完成之后即可布置所定义的异型悬挑板。

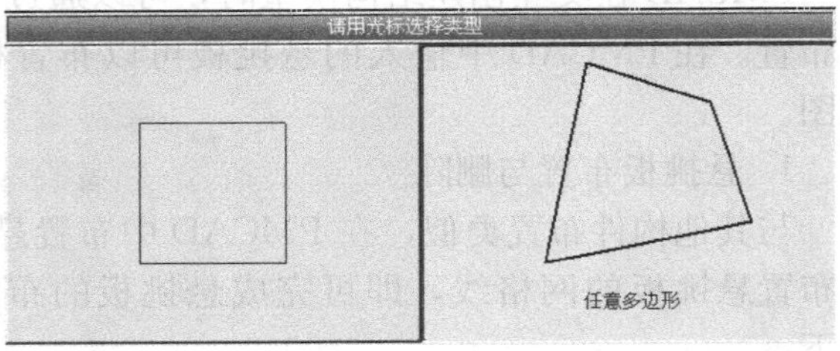

图 3-91　选择任意悬挑板类型

在自定义任意悬挑板外轮廓时，可以开启命令窗口下方【状态栏】上的【节点捕捉】开关，以方便绘制自定义悬挑板平面轮廓。由于悬挑构件属于单向传载静定构件，在实际设计时可以把任意形状悬挑板简化为矩形悬挑板，以便提高建模效率，最后再在施工图中修改悬挑板外形及配筋。

任意形状的悬挑板布置还可以在悬挑自由边布置虚梁的方式实现，采用此种方式布置任意悬挑板，需要用多边形传载方式修改板的导荷方式。

（2）增加了悬挑板宽度参数

在 PKPM05 中，软件默认悬挑板宽度与其所依附的主梁长度一致，如果在主梁的某一部分外挑悬挑板，需要人为增加网格及网点，把梁分成多个梁段才能实现。在 PKPM2008 之后，由于增加了悬挑板宽度参数，对于主梁上布置部分悬挑板变得更易实现。

（3）能自动判断悬挑板外挑方向

在 PKPM05 中，布置悬挑板时需要给定悬挑板的悬挑方向。在 PKPM2008 中，如果悬挑板的邻侧房间不是全房间开洞，则软件会自动判断板悬挑方向，使得悬挑板布置更加流畅。

如果邻侧房间是全开洞房间，在 PKPM2010 中则只需点击主梁有悬挑板的那一侧边线即可。

3. 关于悬挑板其他问题的解释

在 PKPM2010 中，有模块未考虑悬挑板对梁产生的扭矩，但计算结果基本完备。其主要原因是程序考虑到悬挑板布置位置所对的房间，一般情况下很少有整板开洞的情况，此时悬挑板会使房间内楼板对梁产生扭矩。因此，如果悬挑板毗邻房间楼板被整体开洞，设计时要对悬挑板所依附的主梁进行人工附加抗扭钢筋计算，并人工修改梁的施工图。PKPM 官网指出，一般悬挑尺寸大于 1 米时，毗邻主梁需加 4 根 14mm 直径的抗扭钢筋；悬挑尺寸不大于 1 米时，可近似增加 4 根直径 12mm 抗扭钢筋。

在绘制楼板施工图时，如果悬挑板毗邻房间布有楼板，则在布置该房间楼板钢筋时，软件会自动绘制包括悬挑板钢筋的房间配筋，如图 3-92 所示为悬挑板与毗邻板顶平齐情况下的板配筋图。如果悬挑板毗邻房间楼板被整体开洞，则需要在 PMCAD 的【画结构平面图】时，通过【楼板钢筋】/【支座负筋】菜单和点击悬挑板所毗邻的主梁网格进行人工布置悬挑板钢筋。

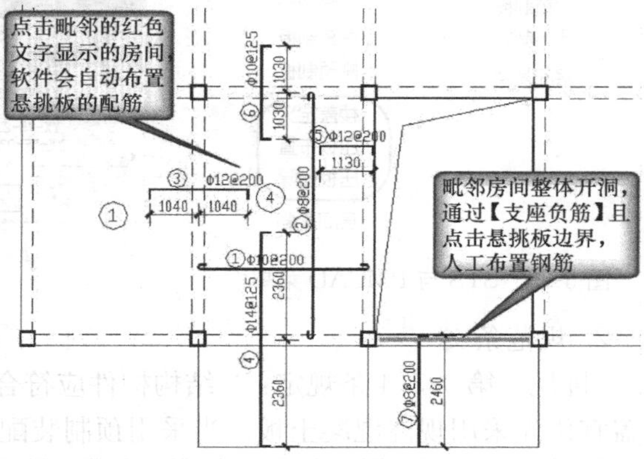

图 3-92　悬挑板布筋

3.5.6　预制板的布置与删除

在 PMCAD2010 中，预制板布置之前首先需要运行【生成楼板】，使软件生成现浇板以及房间信息。现浇板生成之后，方能点击【布预制板】菜单进行预制板布置。在介绍预制板布置操作之前，我们首先了解一下楼盖的相关知识和规范条文。

1. 楼盖类型

楼板（盖）按施工方法分为现浇式，装配式和装配整体式。装配式楼盖、屋盖由预制构件在现场安装连接而成，有节约劳动力，加快施工进度，便于工业化生产和机械化施工等优点，但结构的整体性和刚度较差，在我国多层住宅中应用最为普遍。

装配整体式楼盖、屋盖是将各预制梁或板（包括叠合梁、叠合板中的预制部分），在现场吊装就位后，通过整结措施和现浇混凝土构成整体。

现浇楼盖的刚度大，整体性好，抗震抗冲击性能好，对不规则平面的适应性强，开洞方便。缺点是模板消耗量大，施工工期长。

目前，装配式楼盖或整体装配式楼盖在某些地区的一些多层住宅仍有应用。另外装配式楼盖在某些单层工业厂房的屋盖结构中也有应用。

在 PKPM 钢结构（STS2010）的多层钢结构模块中，其【楼板生成】菜单与 PMCAD2010 稍有不同。在 STS 中的【楼板生成】中比 PMCAD2010 多了【楼盖定义】等菜单，如图 3-93 所示。用户可以定义压型钢板屋盖并对定义的屋盖按房间和房间内局部区域等方式进行布置。STS 中定义压型钢板屋盖对话框如图 3-94 所示。

图 3-93　STS 与 PMCAD 菜单

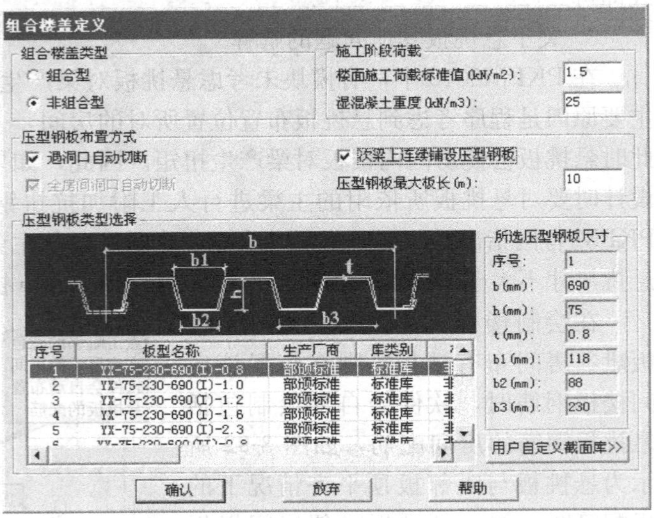

图 3-94　STS 的楼盖定义对话框

2. 规范条文

《抗规》第 3.5.4 条规定："结构构件应符合下列要求：…；4、多、高层的混凝土楼、屋盖宜优先采用现浇混凝土板。当采用预制装配式混凝土楼、屋盖时，应从楼盖体系和构造上采取措施确保各预制板之间连接的整体性。"第 6.1.7 条规定："采用装配整体式楼、屋盖时，应采取措施保证楼、屋盖的整体性及其与抗震墙的可靠连接。装配整体式楼、屋盖采用配筋现浇面层加强时，其厚度不应小于 50mm"。

因此在实际设计中，考虑到楼盖结构的整体性能、楼盖技术经济指标以及楼板裂缝控制等因素，多高层混凝土结构通常采用整体现浇楼盖。

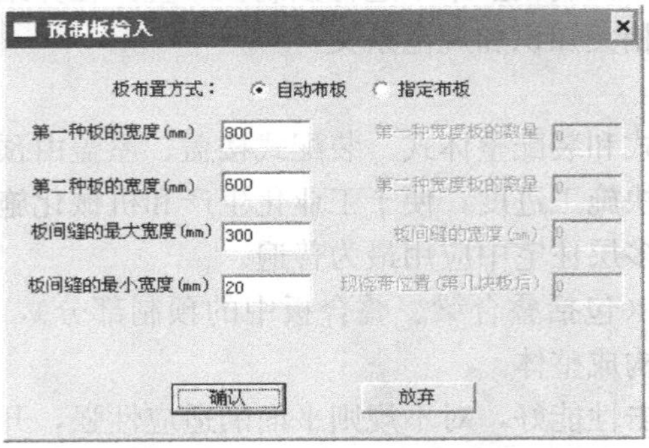

图 3-95　预制板输入

3. 预制板布置

点击【楼层定义】/【楼板生成】/【布预制板】菜单，程序弹出图 3-95 所示【预制板输入】对话框。从该对话框可以看出，PMCAD2010 预制板布置方式分为【自动布置】和【指定布板】两种方式，二者区别是"指定布板"方式用户需自己计算并定义预制板块数。在通常情况下，用户不必选择【指定布板】方式。

选择布板方式和定义了预制板宽度和板缝之后，用户可以根据命令窗口提示，键入【TAB】热键改变布板方向，并只需点击需要布置预制板的房间，即可完成预制板布置。

在此需要提醒的是，布置预制板之后，PMCAD 会自动根据预制板的布板方向，调整楼面荷载的导荷方式，用户不需再对导荷方式进行修改。

4. 预制板删除

点击【楼层定义】/【楼板生成】/【删预制板】菜单，可以删除不需要布预制板房间的预制板。

3.5.7 创建新标准层、楼层复制及层间关联编辑

点击【楼层定义】/【换标准层】或点击图形区左上部的【换标准层】下拉框的【添加标准层】，PMCAD 会弹出图 3-96 所示对话框，点击对话框的【添加标准层】，选择【新增标准层方式】后即可完成新标准层的创建。

在完成了当前结构标准层的构件输入之后，用户可以选择两种不同的操作路线继续进行后面的结构建模工作。

- 一是创建新的结构标准层并交互输入新标准层的构件。
- 二是输入当前标准层的荷载输入，再创建新的标准层。

下面在介绍各种新增标准层方式区别的同时，讨论如何结合模型的具体情况，来决定采取哪种建模路线。

1. 全部复制

该方式能把当前标准层的包括梁、柱、板、荷载以及楼层信息等所有内容，复制到新创建的标准层上。创建新标准层后，用户只需对新标准层进行适当的构件和荷载编辑即可完成新层的建模。

如果两层之间构件和荷载差别不大，则应先输入当前标准层的荷载，之后再进行添加新标准层操作，这样可以减少构件和荷载的重复输入工作量。反之，如果两个标准层作用在构件上的荷载相差较大，则可以先创建新标准层，之后再逐层输入标准层的荷载，参见图 3-97。

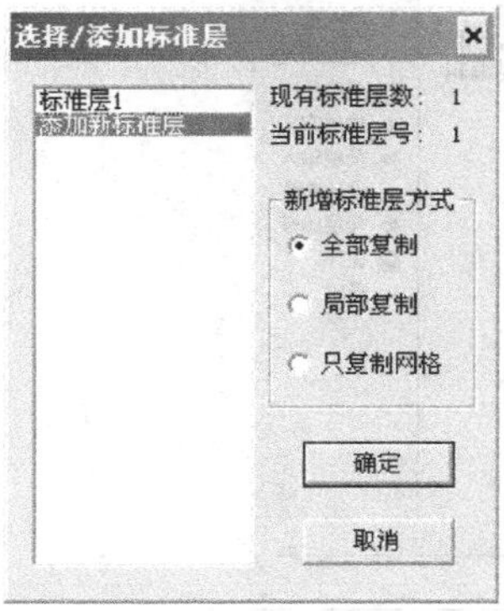

图 3-96 选择/添加标准层对话框

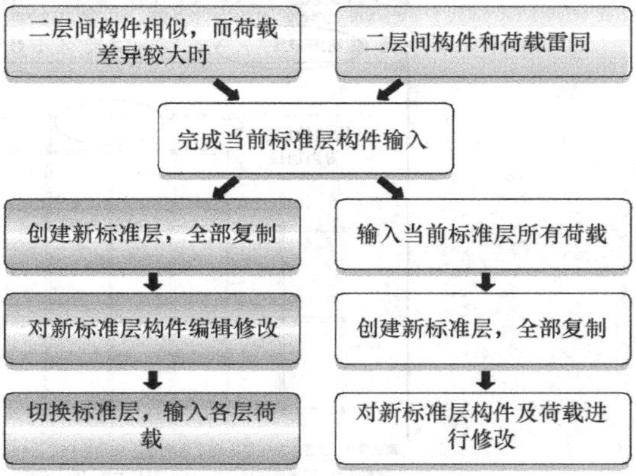

图 3-97 交互建模换标准层策略

2. 局部复制

该方式能把当前标准层上用户指定的某个局部所有内容复制到新建标准层。局部复制操作策略与全部复制类似。

3. 只复制网格

此方式仅把当前标准层的网格复制到新建的标准层中，适合于二层之间构件和荷载差

别较大的情况。

设计分析——添加新标准层策略

[1] 从图 3-9～图 3-12 建筑条件图可以看到，该商场建筑一层至三层建筑平面布局，除 E 轴中上门斗顶部屋面部分稍有变化（门斗顶部屋面仅一层结构有）外，其他基本相同。

[2] 该建筑一至三层皆为商业用途，且楼面建筑做法相同，可以确定第一、第二结构标准层楼板及板上荷载相同。

[3] 从 1-1 剖面图可以看到，虽然该建筑的第二层、第三层的内外墙装饰做法相同，但是第二层层高为 4 米，第三层层高为 4.5 米，由于层高不同，导致填充墙重量不同，故第一结构层与第二结构层梁上恒载值不同。

[4] 由于建筑第一层至第三层平面布置开间相同，尽管作用在二个标准层上的梁上静载有区别，但是其绝对差值不是很大，所以初步确认第一、第二结构标准层梁、柱构件布置可以采用相同的布置方案；

[5] 最后确定，该工程第二标准层的换标准层策略采取先创建复制标准层，在对新标准层构件进行编辑后，再分别输入第一、第二标准层的载荷。

设计实例（建模 24）—3-24、创建新标准层

[1] 点击【楼层定义】/【换标准层】菜单，在弹出的图 3-99 对话框选择【全部复制】增层方式，点击【确定】后 PMCAD 自动把新建的标准层序号确定为第 2 标准层，并自动把第 2 标准层作为当前楼层，图 3-98 为全部复制方式下创建第 2 标准层的操作结果。

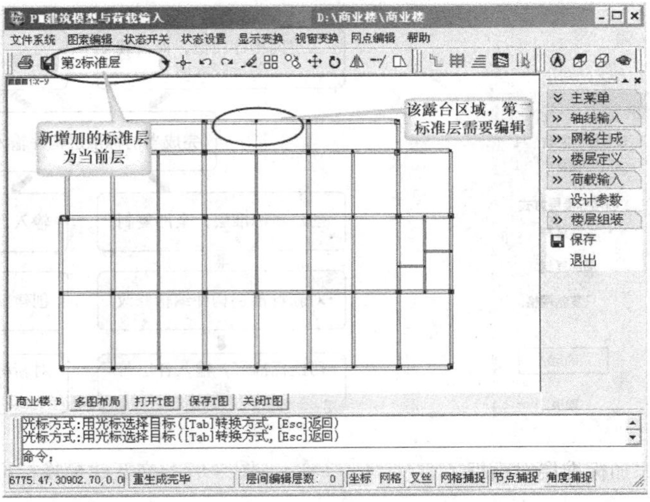

图 3-98 创建第二标准层

[2] 由于位于 8.8 米附近的第二结构层没有门斗顶部屋面，依据建筑条件，图 3-98 门斗顶部屋面位置的主梁和楼板应该删除。

[3] 点击【楼层定义】/【构件删除】菜单，打开如图 3-99 示【构件删除】对话框，勾选对话框的【梁】后，用鼠标点击图 3-98 的主梁，对其予以删除。

［4］ 点击【楼层定义】/【楼板生成】/【修改板厚】，但不进行任何操作，再点击图形区上方的按钮，得到删除操作之后的第二结构标准层的轴测实时显示如图 3-100 示。

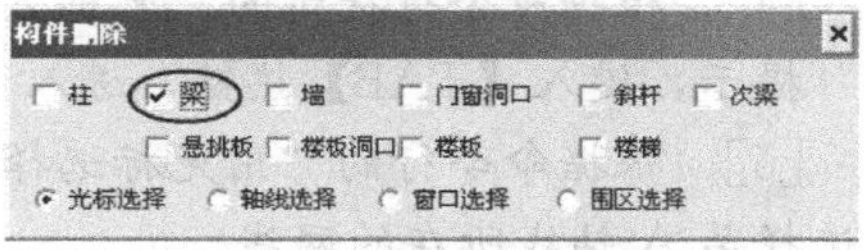

图 3-99　构件删除对话框

［5］ 观察图 3-100，发现门斗顶部屋面位置主梁被删除之后，由于该门斗顶部屋面位置主梁不再能构成一个封闭房间，其在第一层原有的楼板也被 PMCAD 自动删除。

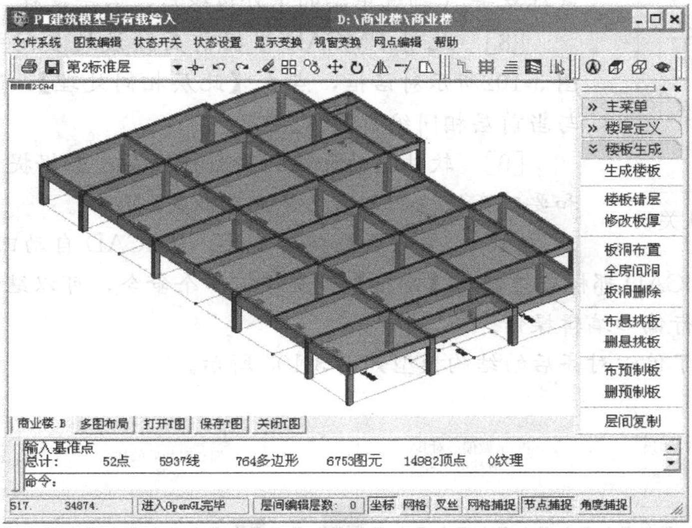

图 3-100　对第二标准层进行构件编辑

［6］ 对于该商场建筑的屋顶层，由于其是坡屋面结构，该层的具体设计操作我们将在后面第 3 章专章论述。

4. 层间关联编辑

在第 3.4.13 节我们已经提到了可以利用【层间编辑】实现构件的层间联动编辑操作，现在我们通过调整柱偏心操作来说明【层间编辑】的实用效果。

设计实例（建模 25）—3-25、柱与梁偏心对齐以及层间关联编辑

［1］ 把当前楼层设为第 1 标准层。

［2］ 点击【楼层定义】/【层编辑】/【层间编辑】菜单，打开图 3-101 所示对话框，把第 2 标准层添加到【已选编辑标准层】列表，把第 2 标准层设为当前标准层的关联层。

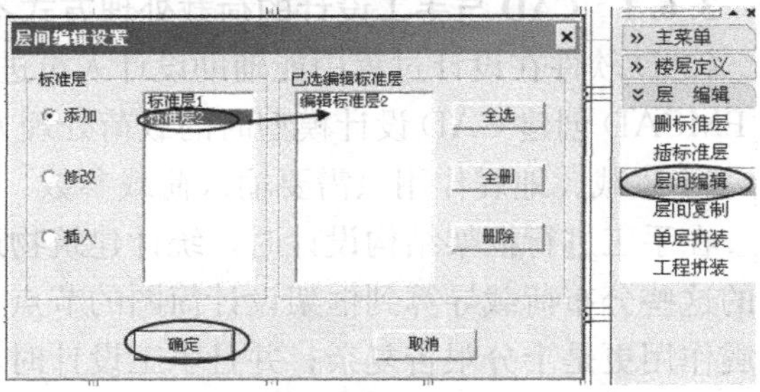

图 3-101　层间关联

［3］ 点击【楼层定义】/【偏心对齐】/【柱与梁齐】菜单，当命令行显示“边对齐/中对齐/退出？< Y［ENT］/A［TAB］/N［ESC］”时，键入回车或左击鼠标，表示采用边对齐方式。

[4] 根据命令行提示的“光标方式：用光标选择目标【TAB】转换方式，【ESC】返回”提示，键入【TAB】热键，进入“轴线偏心对齐”模式。

[5] 根据命令行的“用光标选择轴线【TAB】转换方式，【ESC】返回”提示，用鼠标选择第A轴线所在的网线。

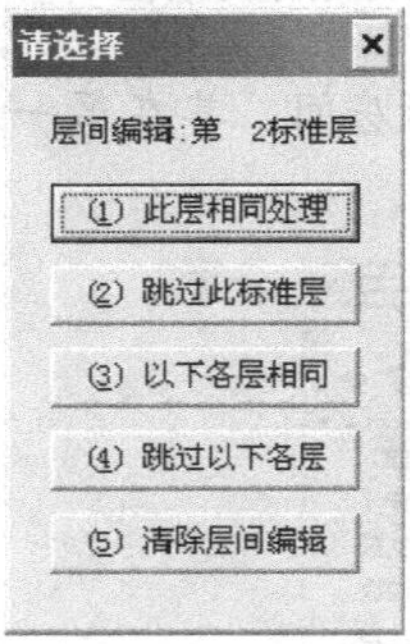

图 3-102 确认关联

[6] 根据屏幕提示：“请用光标点取参考梁”提示，用鼠标选择A轴任意梁段的网线。

[7] 根据命令行提示：“请用光标指出对其边的方向”，用鼠标点击A轴选中梁的下外边缘后，右击鼠标。

[8] 此时PMCAD根据前面预设的层间关联关系，弹出图3-102所示对话框，点击【此层相同处理】，选择第2标准层与当前层相同编辑操作。

[9] 软件自动切换到第2标准层，根据提示再选择参考梁和要对齐的边，则第2层也完成关联编辑。

[10] 本次关联操作完毕，PMCAD自动回到第1标准层，用户可类似AutoCAD那样直接键入【空格】键继续前一个命令，可以继续沿建筑外围轴线，对其他柱进行偏心编辑操作。

[11] 进行了偏心对齐后的结构模型如图3-103所示。

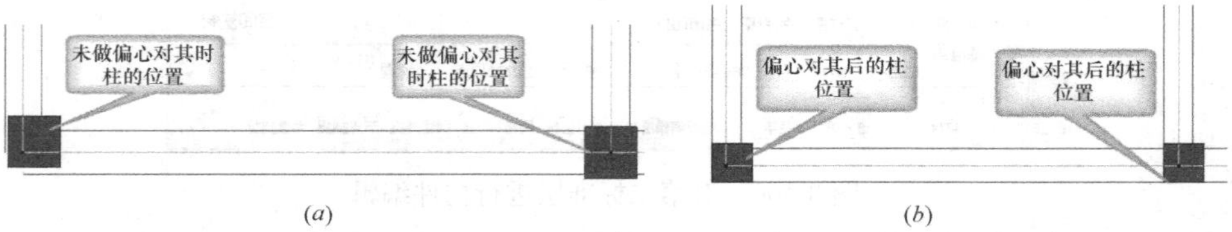

图 3-103 层间关联偏心对齐

3.6 荷载输入

交互创建结构设计模型的工作主要有两个：一是确定结构布置方案并进行构件定义布置，二是构件荷载的统计与输入。通过前面章节的叙述，我们已经对怎样通过PMCAD进行构件定义、布置、复制、编辑有了比较深入的理解，在本节我们将进一步讨论建模过程中如何进行荷载输入与处理。

3.6.1 CAD与手工设计的荷载处理方式不同

CAD软件在设计过程中能辅助设计人员进行大量的统计计算工作，与手工设计相比，用PMCAD创建CAD设计模型时的载荷处理方式有如下特点：

1. 风载、地震作用只需要输入荷载参数

在手工进行框架结构设计时，统计建筑物迎风面、背风面承受的风荷载，并把统计所得的这些分布荷载导算到框架设计简图的节点上是一个十分繁琐的过程，计算框架承受的地震作用更是十分艰苦复杂；并且手工设计时不能考虑复杂高层结构的风震效应（《荷载规范》第8.4.1条规定：对于高度大于30m且高宽比大于1.5的房屋和基本自振周期 T_1

大于 0.25s 的各种高耸结构以及大跨度屋盖结构，均应考虑风压脉动对结构发生顺风向风振的影响。风振计算应按随机振动理论进行，结构的自振周期应按结构动力学计算）等。另外《荷载规范》新增加的横风向风振作用和扭转风振作用，在 SATWE、PMSAP 等结构分析计算软件模块中都将得到很好地处理。

在用 PMCAD 创建设计模型时，用户只要点击位于【楼层定义】下面的【设计参数】菜单，从弹出的图 3-104 示【设计参数】对话框的【风荷载信息】表单中输入相关风载参数，风载和地震作用效应计算即可由软件自动完成。与风载参数输入类似，从【设计参数】对话框的【地震信息】表单中输入结构对应的地震信息，软件将来即可自动计算出建筑结构的地震效应。

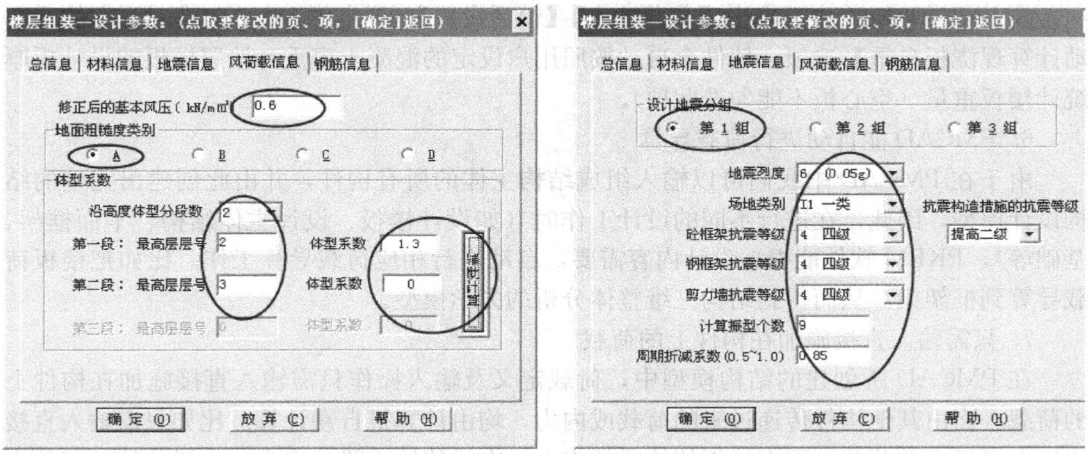

(*a*) 风载参数　　　　(*b*) 地震作用参数

图 3-104　风载及地震作用参数

2. PMCAD 能依照用户选择，自动进行荷载折减计算

手工结构设计中对活荷载的折减计算是一个十分耗时的计算过程，当用 PMCAD 创建结构模型时，这一切就变得十分简单，只要用户根据程序提示选定活荷载折减计算方案后，软件会依据规范条文对柱、墙、基础活荷载进行折减运算，关于活荷载折减我们会在本节后面内容中详细讨论。

3. PMCAD 中恒荷载、可变荷载是按标准值输入

《荷载规范》第 3.2.4 条规定，计算荷载的基本组合时，荷载标准效应应乘以荷载分项系数。如当其效应对结构不利时，恒荷载的分项系数应取 1.2 或 1.35；可变荷载的分项系数一般为 1.3 或 1.4；3.2.5 条规定了考虑可变荷载设计使用年限的调整系数 γ_L。

与手工设计不同，在 PMCAD 中输入作用于构件上的荷载时，只需按照荷载标准值输入，软件在对结构进行内力分析计算时，会自动套用荷载规范，对标准荷载内力乘以分项系数。

4. PKPM 软件能自动套用荷载规范，进行内力组合

《荷载规范》第 3.2.1 规定：“建筑结构设计应根据使用过程中在结构上可能同时出现的荷载，按承载能力极限状态和正常使用极限状态分别进行荷载组合，并应取各自的最不

利的效应组合进行设计”。第 3.2.2 条还规定：“对于承载能力极限状态，应按荷载的基本组合或偶然组合计算荷载组合的效应设计值”。第 3.2.7 规定：“对于正常使用极限状态，应根据不同的设计要求，采用荷载的标准组合、频遇组合或准永久组合”。

在 PKPM 中，结构分析与设计软件在进行构件设计和裂缝、挠度计算时，能自动依照规范进行内力组合。

5. PMCAD 能自动统计构件自重

PMCAD 能自动统计构件自重，点击【设计参数】菜单，打开图 3-105 对话框，如果在该对话框的【材料信息】表单中，把混凝土容重定义为非零值，则 PMCAD 能自动根据输入的梁柱墙构件尺寸，统计梁柱墙的自重。在实际设计中，设计人员可以把混凝土容重值设定为 27～28kN/m^3 自动包括梁柱构件表面装饰在内的构件重量。

在 PMCAD2010 中，点击【荷载输入】/【恒活设置】，弹出图 3-106 勾选对话框的【自动计算现浇板自重】选项，软件会自动按照用户设定的混凝土容重，按照楼板的设计板厚统计楼板重量（空心板不能勾选此项）。

6. PMCAD 能自动进行荷载导算

由于在 PMCAD 中我们可以输入组成结构主体的所有构件，并由此创建出完整的结构设计模型，因此，在进行不同的设计工作时（如设计楼板、设计主体结构、平面框架、基础等），PKPM 软件能根据设计内容需要，自动进行相应荷载导算工作。比如把楼板荷载导算到框架梁，从而得到结构三维整体分析的力学模型。

7. 只需输入直接施加在构件上的荷载

在 PMCAD 所创建的结构模型中，荷载定义及输入操作只需输入直接施加在构件上的荷载，而由其他构件传递过来的荷载或内力，均由计算机自动计算。比如只需输入直接作用在楼板上的荷载，而由楼板传给梁的内力，次梁传给主梁的内力，主梁传给柱子的内力，都由计算机自动计算。

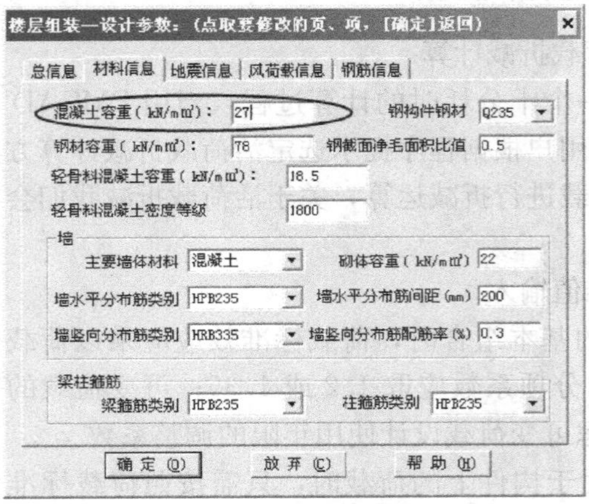

图 3-105 材料容重

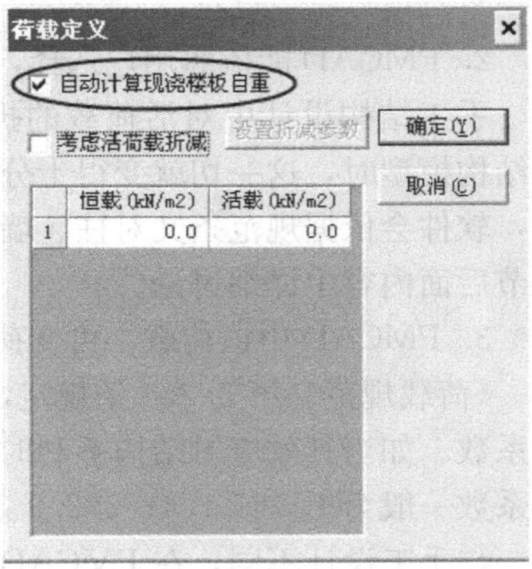

图 3-106 楼板自重

3.6.2 PMCAD 处理楼面荷载的菜单

在 PMCAD 中处理楼面荷载的菜单如图 3-107 所示。下面我们介绍一下 PMCAD 处理楼面荷载输入的相关菜单及主要功能。

1.【建筑模型与荷载输入】下的菜单

【建筑模型与荷载输入】下的菜单主要用于输入荷载，其菜单有【荷载输入】下的【恒活设置】和【楼面荷载】两项，其中：

（1）【设计参数】：该菜单可以定义混凝土材料容重。通常情况下，钢筋混凝土材料的标准容重为 $25kN/m^3$，在设计时，用户可以根据工程情况，自行确定容重输入值。若混凝土容重输入为 0，则构件重量需要用户自己统计和输入；若要软件自动统计包括构件表面抹灰重量，则容重需要适当增加，实际设计时有的设计人员采用的输入值是 $27\sim28kN/m^3$。

（2）【恒活设置】：用以定义楼面恒活荷载值、是否考虑活荷载折减和是否由程序自动计算现浇板重量。当初次定义恒活荷载值后，程序会自动把荷载值布置到楼面之上。当采用空腔现浇楼板或预应力空心楼板时，不能由软件自动计算楼板自重。

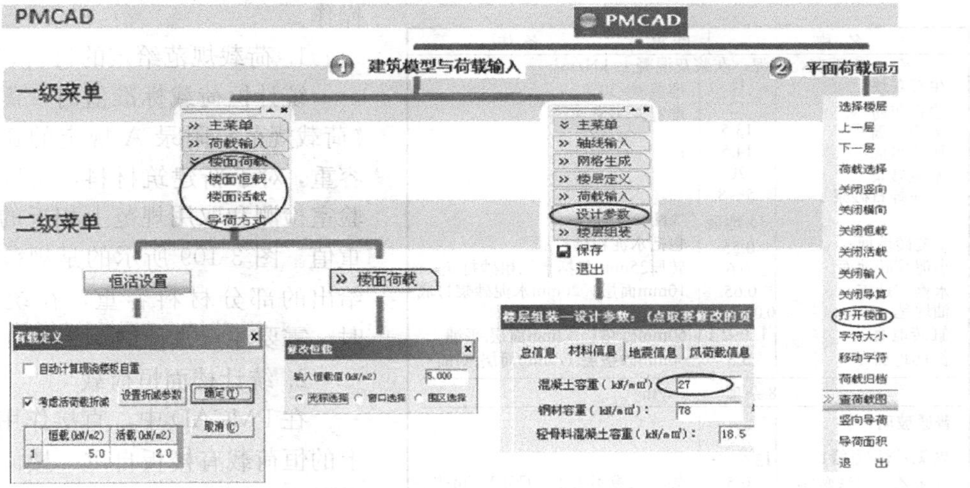

图 3-107　楼面荷载相关的菜单

（3）【楼面荷载】：当楼面房间荷载不同时，需要操作该菜单。该菜单下又有【楼面恒载】和【楼面活载】两个子菜单，点击该两个子菜单，程序弹出图 3-108 所示对话框，在对话框中输入荷载值后，用鼠标点击模型上的房间，可以修改【恒活设置】已经布置在楼面上的恒荷载或活荷载。

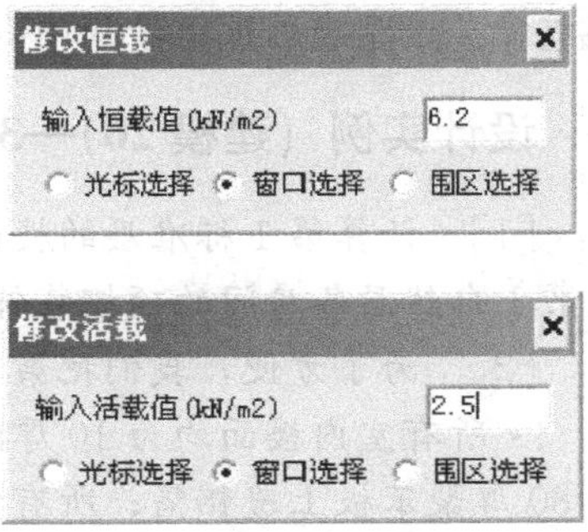

图 3-108　恒载和活载修改

2.【平面荷载显示校核】菜单

【平面荷载显示校核】菜单下可以校核输入的楼面荷载情况，在进行楼面荷载校核时，可以用到下面菜单：

（1）【选择楼层】：选择要校核荷载的楼层。

（2）【关闭横向】和【关闭竖向】：关闭梁恒荷载显示。

（3）【打开楼板】：显示布置在楼面上的恒活荷载，其中活荷载数值在括号内。如果图形数字过多过密，可以用【关闭恒荷载】或【关闭活荷载】关闭某项载荷内容。

（4）【竖向导荷】：可以从弹出窗口中查看活荷载折减系数设置、荷载分项系数取值。

图形显示的是由软件自动计算出的上一层柱子等传递到本层的荷载值。

（5）【荷载归档】：在荷载校核时，需要注意屏幕下方显示的荷载图 T 图形文件名，可以通过不同显示操作，获得不同内容的 T 图，并及时通过 PMCAD 主界面的【图形编辑、打印及转换】菜单，转换为 DWG 文件予以保存。

在进行荷载校核时，如果图形区显示的内容消失，可点击图形区上部的全图显示按钮或点击【选择楼层菜单】，荷载校核菜单下不能修改楼面荷载值，要修改楼面荷载，需要回到人机交互建模界面。

3.6.3 确定楼面恒荷载及板上隔墙荷载等效

由于 CAD 软件毕竟仅仅是一个辅助设计工具，要保证结构设计的安全性和正确性，设计人员必须做到如下几点：正确地统计构件荷载；正确地输入到荷载作用的构件上，做到不漏项不重复；对输入的荷载进行认真校核。下面我们介绍具体的荷载处理方法和软件操作。

名称	自重	备注
6.石灰、水泥、灰浆及混凝土 kN/m²		
生石灰块	11	堆置,φ=30°
生石灰粉	12	堆置,φ=35°
熟石灰膏	13.5	
矿渣水泥	14.5	
水泥砂浆	20	
水泥蛭石砂浆	5～8	
15.地面 kN/m²		
小瓷砖地面	0.55	包括水泥粗砂打底
小泥花砖地面	0.6	砖厚25mm,包括水泥粗砂打底
水磨石地面	0.65	10mm面层，20mm水泥砂浆打底
油地毡	0.02～0.03	油地纸，地板表面用
缸砖地面	1.7～2.1	60mm砂垫层,53mm面层,平铺
缸砖地面	3.3	60mm砂垫层,115mm面层,侧铺
8.杂项 kN/m²		
普通玻璃	25.6	
聚氯乙烯板(管)	13.6～16	
聚苯乙烯泡沫塑料	0.5	导热系数不大于0.035[W/(m·K)

图 3-109 荷载规范给出的楼面材料容重

1. 荷载规范给定的材料容重

统计恒荷载标准值时，需要依据《荷载规范》附录 A 规定的建筑材料容重，对于新建筑材料，可以采用实验室检测和取用规范上相近的材料容重值。图 3-109 所示的是规范附录 A 给出的部分材料容重，在统计荷载时，需要注意其量纲。

2. 统计楼面恒荷载

在 PMCAD 中，直接作用在楼板上的恒荷载有楼板自重、楼面装修层重量、天棚或吊顶重量。如果在【恒活设置】中选择了由计算机自动计算楼板自重，则恒荷载就只有楼面装修层重量、天棚或吊顶重量两项内容需要用户自己统计。

设计实例（建模 26）—3-26、统计楼面恒荷载

［1］ 计算第 1 标准层的楼面恒载要依据建筑第 2 自然层各房间的楼面装修做法和建筑第 1 自然层各房间的顶棚装饰做法综合计算。

［2］ 为了方便，我们把第 3.2.1 节相关建筑做法罗列如下：

• 所有室内楼面均为 10 厚防滑砖地面，20 厚 1∶3 水泥砂浆结合层兼找平，保温层为 80 厚聚苯板上覆铝箔；所有室内顶棚为刮腻子二遍十刷乳胶漆。

［3］ 计算楼面恒荷载如表 3-9 所示。

［4］ 另外，在建筑第 2 层建筑入口位置有一个门斗顶部屋面，此处为局部屋面，其荷载要按照屋面做法计算。

［5］ 第 3.2.1 节相关平屋面做法如下：

• 平屋面做法为 20 厚找平，最薄 60 厚水泥蛭石，20 厚找平，3 层改性沥青自粘卷

材；坡屋面做法为20厚找平＋60厚水泥蛭石＋20厚找平＋小青瓦屋面

计算楼面恒荷载如表3-10所示。

楼面恒荷载统计过程（软件自动统计楼板自重） **表3-9**

序号	做　法	说　明	标准值(kN/m²)
1	10厚防滑砖地面，20厚1∶3水泥砂浆结合层	从图3-94取值，参照水磨石	0.65
2	保温层为80厚聚苯板上覆铝箔	取1m²地面聚苯板体积，铝箔近似取0.01，容重0.5	0.5×0.08×1.0＋0.01＝0.05
3	天棚刮腻子二遍，刷乳胶漆	取二遍腻子4mm厚，按石灰膏计算重量，容重13.5	13.5×0.004×1.0＝0.054
楼面小计			0.76

屋面恒荷载统计过程（软件自动统计楼板自重） **表3-10**

门斗屋面	门斗顶部屋面房间	顶棚近似取0.05，防水层取0.03	20×0.02＋8×0.06＋20×0.02×＋0.03＋0.05＝1.37
瓦屋面	坡屋面	顶棚近似取0.05，防水层取0.03，小青瓦屋面1.1	20×0.02＋8×0.06＋20×0.02＋0.03＋0.05＋1.1＝2.47

[6] 下面计算以体积计取荷载时，皆为标准容重×厚度×单位面积顺序列式，单位面积为1.0m²。

顶棚引起的楼面恒荷载计算，必须根据建筑顶棚的具体做法确定，常用建筑顶棚恒荷载取值可参考表3-11，常用楼面恒荷载值参见表3-12。

参照上面楼面荷载统计过程，可以对常用的楼面、顶棚、屋面做法恒载进行制作成计算表格，在设计时可直接套用。依据建筑节能有关规程，目前对于住宅等建筑楼面或顶棚一般也需做保温及隔热处理，在统计荷载时还应该考虑该部分做法的重量。

3. 板上固定轻质隔墙的等效荷载

对于位置固定的轻质隔墙，当建筑条件不允许在隔墙下布设梁构件来传递隔墙荷载时，按照《荷载规范》第5.1.1条注6规定，固定隔墙应按恒载考虑。由于在PMCAD中不能直接在板上布置线荷载，这样就给隔墙导致的荷载布置带来一定困难。

常用建筑顶棚恒荷载取值参考表 **表3-11**

顶棚名称	用料做法	参考指标
纸筋灰顶棚	钢筋混凝土楼板，用水加10%火碱清洗油腻；2mm厚1∶1水泥砂浆抹底、打毛；8mm厚1∶3∶9水泥石灰砂浆层；2mm厚石灰纸筋面层；喷石灰浆两道	总厚度：12mm；单位重量：0.20kN/m²
水泥砂浆顶棚	钢筋混凝土楼板，用水加10%火碱清洗油腻；8mm厚1∶1∶4水泥石灰砂浆层；7mm厚1∶2.5水泥砂浆；喷石灰浆两道	总厚度：15mm；单位重量：0.30kN/m²
木质面板顶棚	钢筋混凝土楼板，50mm×70mm大龙骨中距1200mm；50mm×50mm小龙骨中距400mm；50mm×50mm方木吊挂钉牢，再用8#铅丝绑牢；面板钉牢；涂料粉刷两道	单位重量：0.15～0.20kN/m²
轻钢及铝合金吊顶	轻钢龙骨支架；轻质面板	单位重量：0.1～0.15kN/m²

注：商品房装修中，业主常常会在原来纸筋灰顶棚（或水泥砂浆顶棚）基础上设置新的吊顶，新设置吊顶的重量属于二次装修荷载，如果甲方没有提出需要考虑二次装修引起的荷载增量，则设计不予考虑。

常用建筑楼面面层恒荷载取值参考表 **表 3-12**

楼面面层名称	用料做法	参考指标
水泥砂浆面层	30mm 厚 1∶2 水泥砂浆抹面压光；素水泥浆结合层一道	总厚度：30mm；单位重量：0.60kN/m^2
细石混凝土面层	30mm 厚 C20 细石混凝土随打随抹光；素水泥浆结合层一道	总厚度：30mm；单位重量：0.72kN/m^2
水磨石面层（现浇）	12mm 厚 1∶2 水泥石子磨光；素水泥浆结合层一道；18mm 厚 1∶3 水泥砂浆找平层；素水泥浆结合层一道	总厚度：30mm；单位重量：0.65kN/m^2
水磨石面层（预制）	25mm 厚预制水磨石板，素水泥浆擦缝；30mm 厚 1∶3 干硬性水泥砂浆，面上撒 2mm 厚素水泥；素水泥浆结合层	总厚度：55mm；单位重量：1.25kN/m^2
地砖面层	8～10mm 厚地砖，素水泥浆擦缝；2～3mm 厚水泥胶结合层；20mm 厚 1∶3 水泥砂浆找平层；素水泥浆一道	总厚度：30mm；单位重量：0.65kN/m^2
大理石面层、花岗岩面层	20mm 厚大理石或大理石面层，素水泥浆擦缝；30mm 厚 1∶3 干硬性水泥砂浆，面上撒 2mm 厚素水泥；素水泥浆一道	总厚度：50mm；单位重量：1.16kN/m^2

注：关于二次装修荷载是否考虑问题，如果甲方提出某些房间需要考虑二次装修的荷载增加量，则设计应给予考虑，并在结构设计总说明中注明已经考虑的二次装修荷载增量值；否则不予考虑。

（1）不能通过布置虚次梁或虚主梁，并在虚次梁或虚主梁上布置隔墙产生的荷载进行楼板配筋设计。在这里需要注意的是，虚主梁具有分板功能，而虚次梁则不会改变原有的板块划分。在 PMCAD 中，由于虚梁具有传载功能，采用此种方式布置在虚梁上的荷载将直接传递给虚梁的支撑梁，而不能对楼板发生作用，故其设计出的楼板钢筋偏于不安全。但是此种方式对 STAWE 进行的结构主体三维空间分析设计来说，则比较准确。

（2）采用上翻梁和暗梁方案

在固定隔墙下布设底标高与板底平齐的上翻梁，梁截面采用倒 T 型截面，梁肋宽度采用与隔墙同样宽度的截面，可以实现建筑与结构的协调，是一种较好的处理方案。结构上加混凝土梁不好实现时，也可以采用结构加固处理中在板内加设型钢梁方案。暗梁通常可用与板同厚的宽扁梁，适合板厚加厚的情况，当板厚较薄时，由于暗梁刚度较低，暗梁可能会退化为板内附加筋方案，这是在设计时需要注意的。

4. 位置可灵活自由布置的板上轻质隔墙等效荷载

在结构设计中，通常把厚度小于 120mm 的墙视为轻质隔墙，可灵活自由布置的轻质隔墙一般是由业主后期二次装修时自行设定，设计时无法确定其位置，故不能在隔墙下布设梁来传递隔墙荷载，因此灵活布置的轻质隔墙重量只能直接施加在楼板之上。

《荷载规范》第 5.1.1 条注 6 规定："对固定隔墙的自重应按恒荷载考虑，当隔墙位置可灵活自由布置时，非固定隔墙的自重可取每延米长墙重（kN/m）的 1/3 作为楼面活荷载的附加值（kN/m^2）计入，附加值不小于 1.0kN/m^2"。

板上固定隔墙的等效荷载大致可用下面几种方法：

（1）荷载规范建议的方法

规范规定第 B.0.4 条规定：单向板上局部荷载（包括集中荷载）的等效均布活荷载 q_e，可按下式计算：

$$q_e = 8 \times M_{max} / (b \times L^2) \tag{3-4}$$

式中 L——板的跨度，m；

b——板上荷载的有效分布宽度，按规范的附录 B. 0. 5 确定，m；

M_{max}——为简支单向板的绝对最大弯矩，按设备的最不利布置确定，kN·m；

q_e——单向板上局部荷载（包括集中荷载）的等效均布活荷载，kN/m²；

依据规范规定，可以导出对于单向板上布置固定隔墙的等效荷载为：

当隔墙沿单向板跨度方向布设时：

$$q_e = q/(b_{tx}+2s+h+0.7L) \tag{3-5}$$

当隔墙沿单向板跨度方向布设时：

$$q_e = q/(b_{tx}+2s+h) \tag{3-6}$$

式中 q 为隔墙（墙面抹灰在内）的单位长度重量，kN/m；b_{tx} 为隔墙厚度，m；s 为板上垫层厚度，m；h 为板厚，m。

另外，在附录 B. 0. 6 中荷载规范还规定，“双向板的等效均布荷载可按与单向板相同的原则，按四边简支板的绝对最大弯矩等值来确定”。

M_{max} 可以通过《建筑结构计算手册》或《建筑结构静力计算手册》的局部荷载作用下的双向板弯矩系数法、通过薄板理论建立双向板局部荷载作用下的挠曲面方程的求偏导数得到弯矩方程等方法求得。但是，由于在实际工程中，隔墙布设位置和布设方向、楼板开间进深比值的变化，手工求解隔墙作用于双向板上的绝对最大弯矩 M_{max} 是一件让人头痛的问题。

（2）实用计算表格法

针对荷载规范对板上固定隔墙的等效只做了原则性规定，且计算 M_{max} 比较麻烦，国内有的研究人员提出一种实用表格方法[5]，该方法是在设计时，依据楼板的不同开间和进深、隔墙荷载的大小等参数，从相应的表格上查找出板上隔墙等效荷载均布静载值。该方法具有一定的方便性。

（3）板上隔墙等效荷载简化计算公式法

上面的实用表格法只能给出表格所含的楼板开间、进深时的隔墙等效荷载，如果超出表格范围，则仍不能顺利求解等效荷载，因此又有的学者[6]通过用 ANSYS 软件对四边简支薄板上有隔墙时的受力进行了大量有限元分析，通过对计算结果的回归分析，得到了如图 3-110 示仅按隔墙位于板的跨中，且隔墙荷载沿板某向满布的（最不利情况）板面等效均布荷载近似计算公式：

$$q_e = \lambda q/b \tag{3-7}$$

其中，q 为隔墙每延米重量，kN/m；b 为现浇板的短边尺寸，m；λ 为等效系数，可按式（3-5）和式（3-6）计算。

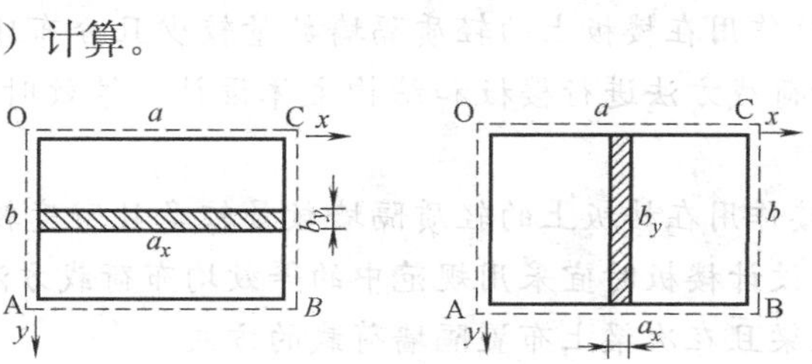

图 3-110　板上隔墙沿板某向满布

当隔墙沿板长边方向布置时：

$$\lambda=0.7\left(\frac{a}{b}\right)^2-2.71\left(\frac{a}{b}\right)+4.74 \tag{3-8}$$

当隔墙荷载沿板短边方向布置时：

$$\lambda=0.77\left(\frac{a}{b}\right)^2-1.93\left(\frac{a}{b}\right)+3.89 \tag{3-9}$$

其中$\frac{a}{b}$为板的长边与短边尺寸之比，且$1\leqslant\frac{a}{b}\leqslant 2$。

该方法通过大量计算表明，其计算结果与《荷载规范》附录C规定的计算结果误差在3%以内。

设计举例——板上位置灵活的隔墙等效活载计算

[1] 假设有开间4.8m×6.9m的板厚150mm，无垫层，楼下是个大客厅，楼上分两间房，加气混凝土隔墙在长跨6.9m的中间，墙厚100mm，墙净高3m，墙面两侧无抹灰。

[2] 加气混凝土湿容重取为$7kN/m^3$，墙每米重量$q=7\times3\times0.15=3.15kN/m$。

[3] 按《荷载规范》第5.1.1条注6规定："对固定隔墙的自重应按恒荷载考虑，当隔墙位置可灵活自由布置时，非固定隔墙的自重可取每延米长墙重（kN/m）的1/3作为楼面活荷载的附加值（kN/m^2）计入，附加值不小于$1.0kN/m^2$"，则$q_e=3.15/3=1.05kN/m^2$。

[4] 隔墙沿板长边分布，依据公式3-8：

$$\lambda=0.7\left(\frac{a}{b}\right)^2-2.71\left(\frac{a}{b}\right)+4.74=0.7\left(\frac{6.9}{4.8}\right)^2-2.71\left(\frac{6.9}{4.8}\right)+4.74=2.2908$$

[5] 把λ带入式（3-7）得：

$$q_e=\frac{\lambda q}{b}=2.2908\times\frac{3.15}{4.8}=1.503kN/m^2$$

[6] 上式计算等效值大于规范的最小1.0限制，取板上位置不定轻质隔墙等效活荷载为

$$\max(1.0, 1.05, 1.503)=1.503kN/m^2$$

基于前面分析，我们可以有这样的设计建议：

设计建议——直接作用在楼板上的位置不定的轻质隔墙处理

[1] 当楼层中直接作用在楼板上的轻质隔墙数量较少且分布比较分散时，宜按位置不定隔墙的等效楼面活荷载方法进行楼板和结构主体设计。等效时可参考（3-8）、（3-9）公式。

[2] 当楼层中直接作用在楼板上的轻质隔墙数量较多且密度较大时，宜把楼板和结构主体设计分别建模。设计楼板时宜采用规范中的等效均布荷载方法，但是在设计结构主体时，宜采用布置虚次梁且在次梁上布置隔墙荷载的方式。

[3] 通常情况下，在墙下板还应配置附加钢筋，附加筋通常依据经验配置。设计时可把墙下这条板带看作一个梁，人工计算一下配2根直径为16mm的钢筋能承担多少荷载，并据此与墙载荷进行比较，并调整确定附加钢筋量。

5. 如何处理倾斜楼板的荷载

在 PMCAD 中荷载布置输入之后，软件会按主梁围成的 PMCAD 房间逐间自动进行楼面荷载导算过程，先把房间内荷载导算到次梁，在通过次梁导算到房间周边的主梁上。如果房间内没有次梁，则直接进行楼板到梁的导算过程。

点击【荷载输入】/【楼面荷载】/【导荷方式】菜单，软件弹出【导荷方式】对话框，用户可以在对话框选择导荷方式，并通过点击要修改的房间来修改导荷路径及方式。对话框 PMCAD 的荷载导算界面如图 3-111 所示。

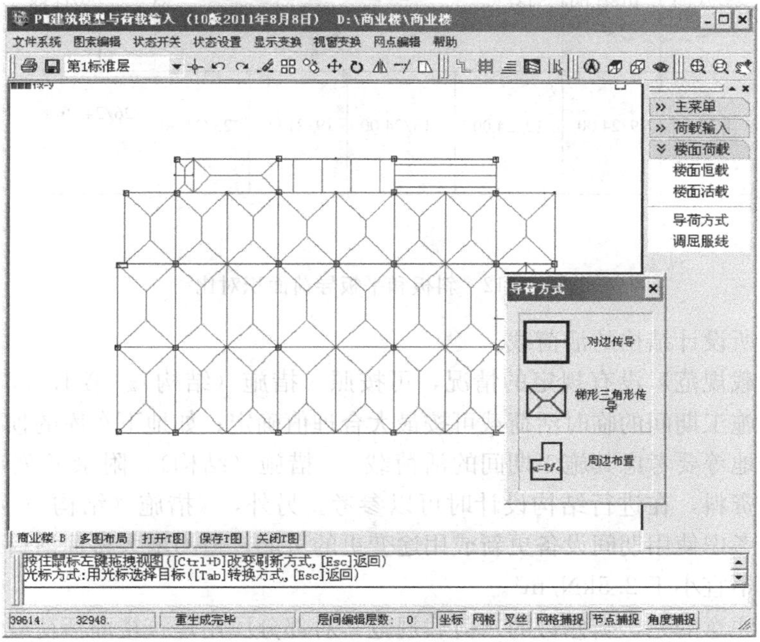

图 3-111 荷载规范给出的楼面材料容重

在此需要特别指出的是，PMCAD 导算楼面荷载是按照房间的水平投影来导算楼面荷载的（可以从【平面荷载显示校核】/【导荷面积】查的），如图 3-112 所示开进进深相同的斜板和平板，导荷面积都是 $21m^2$ 完全相同。因此在统计或输入楼面荷载时，如果楼板是斜板，则需考虑斜板投影积聚到水平面后数值的增大效应，斜板荷载值应为统计标准值除以斜板倾角的余弦。

在下一章我们介绍坡屋面和楼梯问题时，我们还会通过设计实例介绍斜板荷载的处理方法。

3.6.4 活荷载取值与楼面活荷载折减

与《荷载规范》2001 相比，《荷载规范》2012 对楼面活荷载的折减规定有了一些变化，使得楼面活荷载折减问题的处理比 2001 规范时期更容易实现，PKPM 2012 年 6 月版，后文称之为 PKPM 2010（V1.3）也针对这一变化，对软件计算结果做了调整。

1. 楼面和屋面的活荷载取值

《荷载规范》第 5.1.1 条规定了民用建筑楼面活荷载取值，第 5.2.1 条规定了工业建筑活荷载取值，第 5.3.1 条规定了屋面活荷载取值。在进行结构设计时，应按照《荷载规

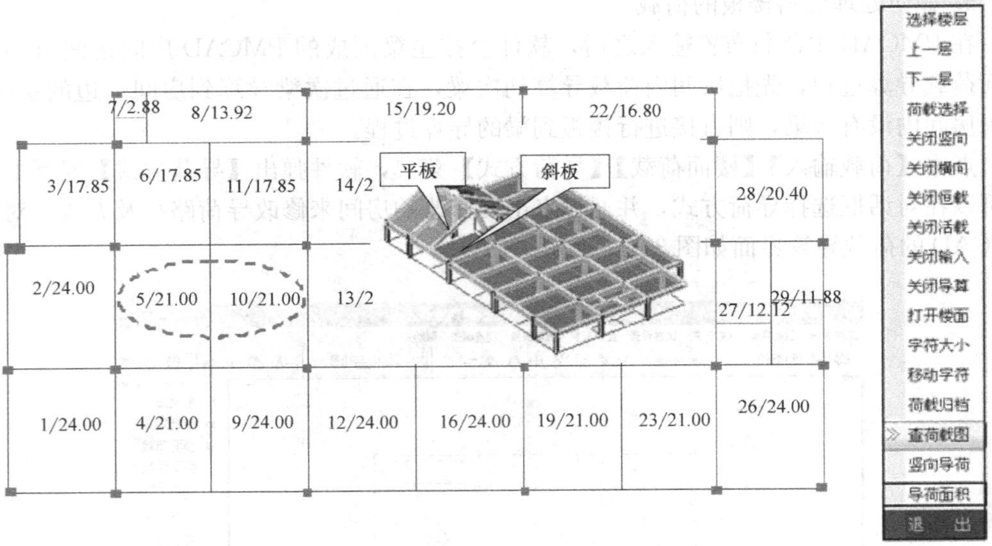

图 3-112　斜板和平板导荷面积对比

范》规定确定所设计结构的活荷载。

对于《荷载规范》没有规定的情况，可按照《措施（结构）》第 1.4.3 条规定取值；第 1.4.1 条：施工期间的临时活荷载可按最大合理值确定；如地下车库的顶板施工期间作为材料堆放场地等要考虑其施工期间的活荷载。《措施（结构）》附录 F 列出了一些有关荷载及作用的资料，在进行结构设计时可以参考。另外，《措施（结构）》第 1.4.2 条规定：设计时宜考虑使用期间设备更新或用途变更的可能，适当增大楼面活荷载标准值。对办公用房一般不宜小于 2.5kN/m^2。

特别需要注意的是，新修订的《荷载规范》对部分民用建筑楼面活荷载标准值进行了调整，如教室、浴室及卫生间的活荷载由 2001 规范的 2.0kN/m^2 改为 2.5kN/m^2，除多层住宅以外的楼梯活荷载均取 3.5kN/m^2，新荷载规范还增加了屋顶运动场的活载项，该项值取为 4.0kN/m^2。

2. 楼面活荷载折减的规范条文

《荷载规范》第 5.1.2 条是与楼面活荷载折减有关的条文。需要注意的是《荷载规范》（GB 5009—2012）关于楼面梁的活荷载折减虽然仍是强制性条文，但与《荷载规范》（GB 50009—2001）条文限定词相比，发生了变化。《荷载规范》（GB 5009—2001）规定："设计楼面梁、墙、柱及基础时，楼面活荷载标准值在下列情况下应乘以规定的折减系数"；而《荷载规范》（GB 5009—2012）第 5.1.2 条改为：设计楼面梁、墙、柱及基础时，楼面活荷载标准值的折减系数取值不应小于规范规定。

3. 对荷载规范活荷载折减条文的理解

新的荷载规范虽然规定对楼面活荷载进行折减，但是由于规定楼面梁折减时的折减系数不应小于规定值，可以理解为在一定情况下楼面梁活荷载可以不折减。

4. PKPM 软件对活荷载折减的处理

在 PMCAD 中可以点击【荷载输入】/【恒活设置】菜单，弹出图 3-113 所示【荷载定义】对话框，用户从该对话框中勾选适当的折减选项，并点击该对话框的【设置折减参数】按钮。计算分析发现，PKPM2010（V1.3）新版本适应了新的荷载规范条文，在楼面梁活荷载折减方面与以前版本的处理结果不同，体现在选择或不选活荷载折减楼面梁内力和配筋没有变化，但是柱墙配筋面积和轴压比选择活荷载折减与不选择活载折减相比变化明显，对于柱墙基础的活载折减我们将在第 7 章 SATWE 和第 11 章 JCCAD 中讨论。

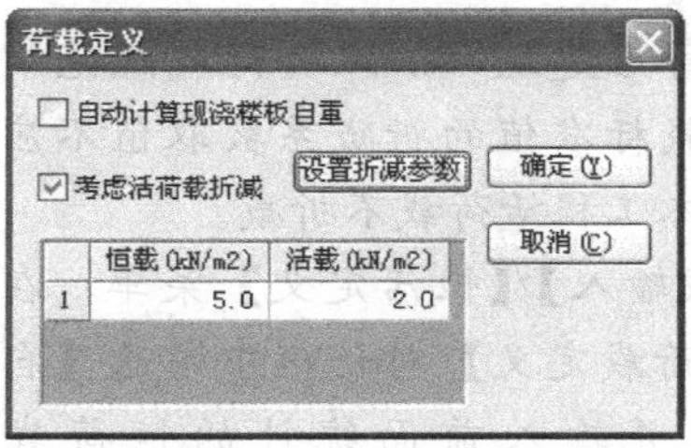

图 3-113　荷载定义

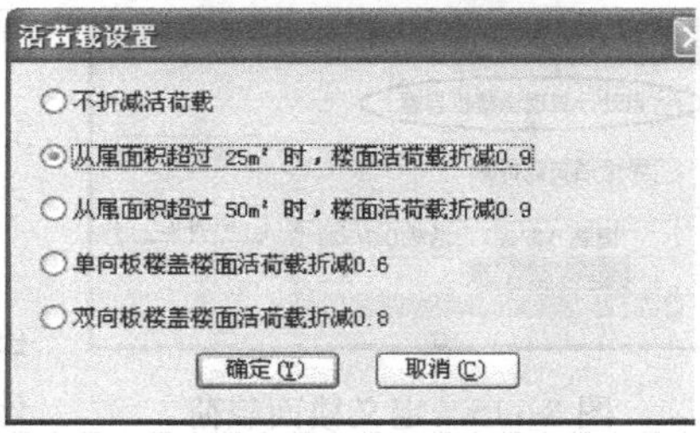

图 3-114　选择折减系数

5. PMCAD 的竖向荷载导算

PMCAD 的荷载竖向导算是将竖向荷载从上至下层层传递的过程，上下层之间只有能够正确连接的构件才可以传递荷载，利用这一特性，则可在荷载传导的过程中得知该柱、墙上方的实际楼层数。由于 PMCAD 未考虑竖向构件的刚度和变形，通常情况下对于混凝土结构一般 PMCAD 竖向导算荷载结果仅可作为初步设计估算用。若要用 PMCAD 竖向导荷，则应在退出 PMCAD 人机交互界面时弹出的【选择后续操作】对话框中勾选【竖向导荷】勾选项。

6. 确定楼面活荷载标准值实例

设计实例（建模 27）—3-27、确定楼面活荷载

［1］　确定第 1 结构标准层的楼面活荷载，需要依据建筑第二层平面图各房间的功能，从《荷载规范》第 5 章的表 5.1.1 选定对应类别的楼面活荷载。

［2］　二层入口门斗顶部屋面属于局部屋面，该门斗顶部屋面为不上人屋面，依据《荷载规范》第 5.3.1 表，其活荷载取为 0.5。具体取值见表 3-13。

荷载规范楼面活荷载取值　　**表 3-13**

序号	类别（参见《荷载规范》表 5.1.1、5.3.1）	建筑二层房间	标准值（kN/m^2）
1	4(1)商店、展览厅、车站、港口、机场大厅及其旅客等候	商业房间	3.5
2	10 室浴室、厕所、盥洗室	厕所	2.5
3	11(3)其他民用建筑走廊、门厅 12 楼梯	走廊、楼梯	3.5
4	不上人屋面	二层门斗顶部屋面	0.5

3.6.5　楼面荷载定义与输入

在前面我们叙述了楼面荷载的确定方法、规范对楼面活荷载折减的条文以及用 PKPM 软件进行结构设计时活荷载折减的应对策略，下面我们介绍楼面荷载的定义、输入与修改。

1. 材料容重、活荷载折减方案选择及楼面荷载的定义

当楼面恒荷载统计完毕以及楼面活荷载标准值确定之后，即可通过 PMCAD 的荷载

输入菜单进行楼面荷载的交互输入。

设计实例（建模 28）—3-28、设计参数、恒活设置及楼面荷载输入

[1] 点击图形区右上角的标准层下拉框，把当前标准层设为第 1 标准层。

[2] 点击【设计参数】菜单，在【设计参数】对话框的【材料信息】表单，把混凝土容重改为 27kN/m³。

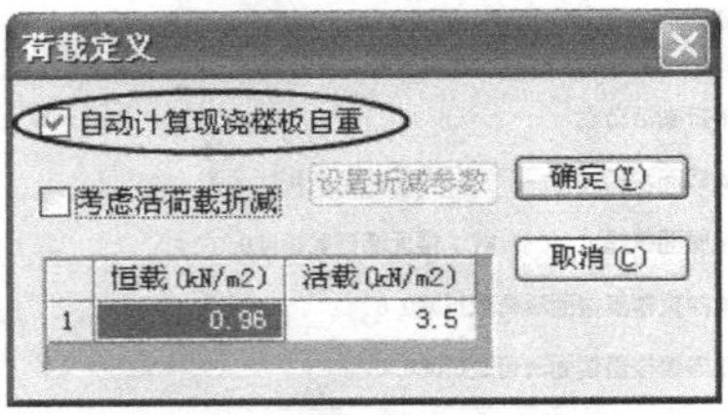

图 3-115 定义楼面载荷

[3] 本建筑为商店建筑，依照《荷载规范》第 5.1.2 条的楼面活荷载标准值的折减系数取值不应小于规范规定的要求，本工程活荷载不折减。

[4] 点击【荷载输入】/【恒活定义】菜单，在弹出的图 3-115 所示【荷载定义】对话框中勾选【自动计算现浇板自重】，并输入前面统计的恒荷载值 0.96kN/m²，活荷载暂统一按 3.5kN/m²。

[5] 点击【荷载输入】/【楼面恒载】或【楼面活载】菜单，会发现刚定义的楼面荷载已经被自动布置到楼板上。

2. 不同荷载板块的修改

初次进行荷载定义之后，PMCAD 会自动把用户定义的楼面恒荷载和活荷载布置到楼板之上，但是对于大多数建筑来说，由于房间楼面装修以及使用功能不同，楼层内房间的荷载不可能完全一致，因此还需要对荷载值与荷载定义不同的房间进行单独的荷载修改布置。为了避免输入错误的荷载，可以把建筑平面图的 T 图形作为荷载输入时的底图。

设计实例（建模 29）—3-29、楼面荷载修改输入

[1] 点击图形区下方的【打开 T 图】标签，读入前面实例操作时保存在工作目录的“建筑平面图.T”文件，PMCAD 在图形区下创建“建筑平面图.T”标签。

[2] 点击图形区下方的【重叠各图】标签，如果此时发现读入的底图与原有结构模型不能对齐，则进行第 [3] ～ [7] 操作。

[3] 点击【商业楼.B】标签，切换到【商业楼.B】后，结构模型图线为彩色，底图颜色变灰。

[4] 点击图形区上方下拉菜单【图素编辑】/【编辑方式】/【ACAD 编辑方式】。

[5] 再点击上方下拉菜单【图素编辑】/【平移】，点击鼠标右键结束平移，点击鼠标右键结束此次平移。

[6] 再点击【建筑平面图.T】标签，切换后结构模型变灰，底图又变为彩色，再在点击上方下拉菜单【图素编辑】/【平移】或点击按钮，用鼠标框选刚读入的所有底图图形后，右击鼠标，此时命令行显示“请输入基点”，用鼠标选择彩色底图的 A 轴与 1 轴交点（底图图线）为平移前基点后，再选择灰色的 A 轴和 1 轴交点（模型图线）为目的点，平移 T 底图与模型对齐。

[7] 点击【商业楼.B】标签，切换到【商业楼.B】，开始准备对模型进行其他建模操作。点击图形区下方的【商业楼.B】标签，转换到设计模型，此时 PMCAD 的界面显示内容如图 3-116 所示。

重要提示

在实际操作中，发现读入底图后如果底图与模型不对齐，需要进行平移操作时，应按［6］～［10］顺序，才能做到简单稳定地对底图进行平移，与模型对齐。

如果读入底图后直接在底图标签上执行对齐，则可能会连带模型图线一起移动，并且导致模型数据丢失。如果切换到模型标签移动对齐，则要对其所有标准层模型，操作比较麻烦。

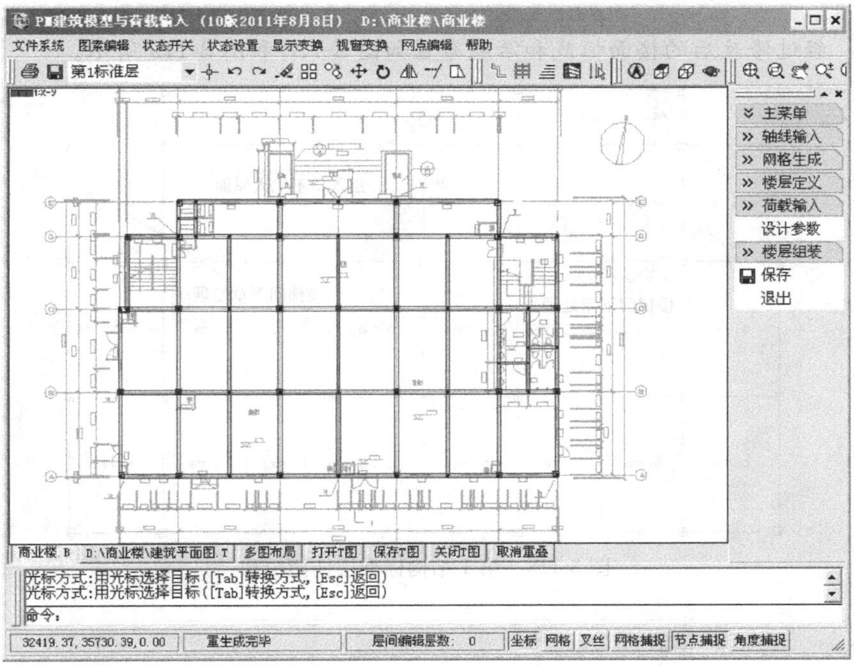

图 3-116　修改楼面荷载前读入底图图

［8］　点击【荷载输入】/【楼面荷载】/【楼面活载】菜单，依照前面表 3-13 的该建筑楼面活荷载取值，其卫生间活载为 2.5kN/m²，在弹出的【修改活载】对话框，输入 2.5kN/m² 后，点击图 3-116 的卫生间所在房间，修改楼面活载值，修改过程及修改后楼面活荷载如图 3-117 所示。

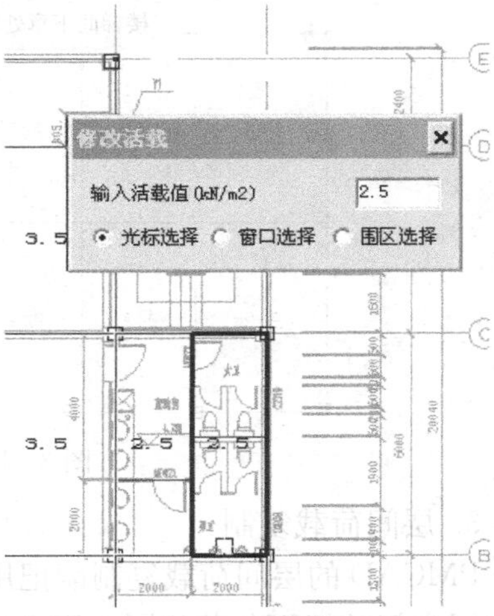

图 3-117　修改卫生间活载

［9］　重复前面第［4］项操作，把门斗顶部屋面位置房间荷载改为 0.5kN/m²。本建筑该门斗顶部屋面面积较小，如果将来在实际设计时，遇到较大面积的不上人门斗顶部屋面，则应考虑不上人屋面其活荷载不应折减，是否会与其所处楼面的折减方案冲突，如冲突可通过布置实梁或虚梁加以协调。

［10］　电气管井的活荷载规范没有规定，本建筑电气管井的活荷载可适当低于楼面房间，本实例

考虑其面积较小故采用与商业房间相同的活荷载。

[11] 该建筑的楼梯荷载处理在下一章详细介绍。

[12] 点击【荷载输入】/【楼面荷载】/【楼面恒载】菜单，把门斗顶部屋面所处房间恒载修改为前面表 3-10 统计得到的不上人屋面荷载，其值为 1.37kN/m²。

[13] 由于本设计实例中，楼层各房间楼面及顶棚装饰做法皆相同，故室内楼面荷载不需修改。

[14] 点击图形区下方的【建筑平面图 .T】标签后，再点击【关闭 T 图】关闭 T 底图。

[15] 经过修改后的楼面恒载和活载布置如图 3-118 和图 3-119 所示。

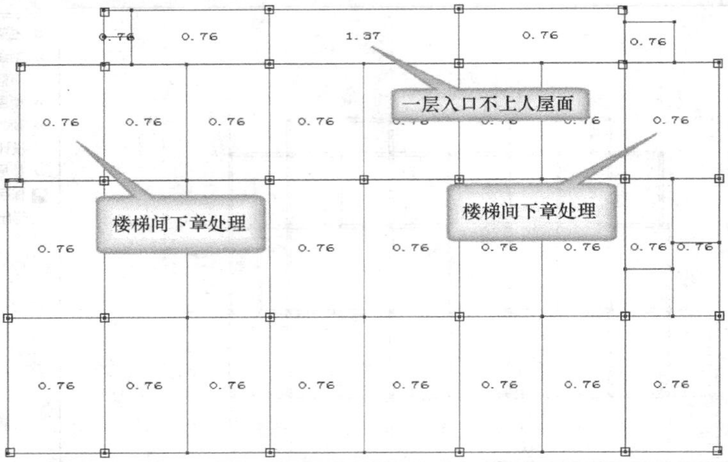

图 3-118　第 1 结构标准层楼面恒载

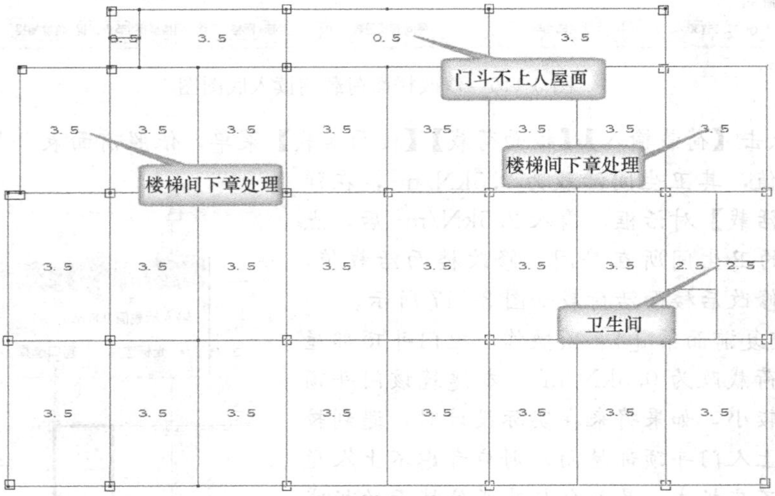

图 3-119　第 1 结构标准层楼面活载

3. 层间荷载复制

PMCAD 的层间荷载复制能把用户指定的荷载从其他层复制到当前标准层。如果两个标准层之间的楼面荷载相同，则可通过层间荷载复制操作进行层间复制，从而简化楼面荷载输入工作量。层间荷载复制在进行复杂建筑平面荷载布置时尤其有效。

设计实例（建模 30）—3-30、楼面荷载层间复制

[1] 把当前标准层从第 1 标准层切换到第 2 标准层。

[2] 点击【荷载输入】/【层间复制】菜单，打开图 3-120 所示对话框，点选对话框的【楼板】树状节点，勾选对话框的【拷贝前清除当前层的荷载】勾选项，点击【确定】复制第 1 标准层的楼面荷载到第一标准层。

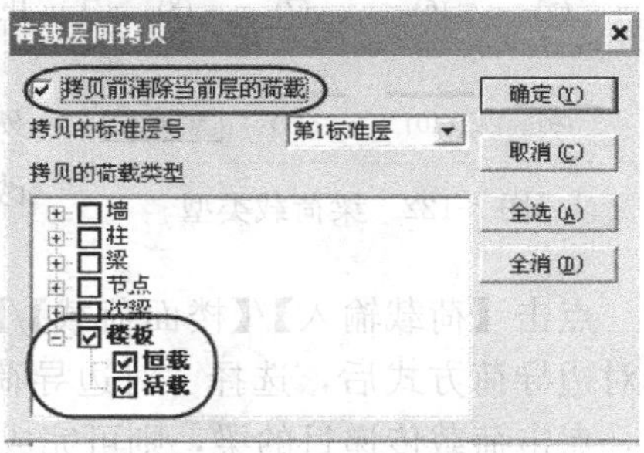

图 3-120 楼层荷载复制

[3] 点击【荷载输入】/【楼面恒载】或【楼面活载】，会发现第 1 层的楼面荷载已复制到第 2 标准层。

3.6.6 楼面荷载的传导

我们已经知道，当楼面荷载布置完毕，退出 PMCAD 时软件会自动把楼板或 PMCAD 房间的载荷导算到楼面梁上，并为后续的计算分析模块提供分析用力学模型的荷载数据。但是由于建筑结构千变万化，对于某些特殊情况，设计人员对 PMCAD 自动导荷仍需要进行一些人工干预。

1. PMCAD 导荷机理

PMCAD 对楼面荷载的导荷计算，是按板的屈曲线（即板的塑性铰线或破损线）把板的荷载导算到分界线一侧最相邻的梁的过程。图 3-121 是某开间为 6000mm×1200mm 验证模型的恒荷载布置及 PMCAD 的荷载导算结果（该验证模型不计构件自重和楼板自重，PKPM 默认现浇板荷载导算是以双向板为计算模型）。在图 3-121 中，传导到梁上的导算荷载单位为 kN/m：6×3.0×0.6（荷载类型×荷载计算值×等腰梯形的斜腰水平投影长），其中按照图 3-122 所示荷载类型，①为均布线荷载，④为集中荷载，⑥为梯形荷载，⑩为三角形荷载（荷载类型从梁荷定义窗口的荷载列表中可以看到）；荷载计算值：楼面均布荷载×(短边长度/2)＝5×(1.2/2)＝0＝3.0；梯形斜腰投影：1.2/2＝0.6。

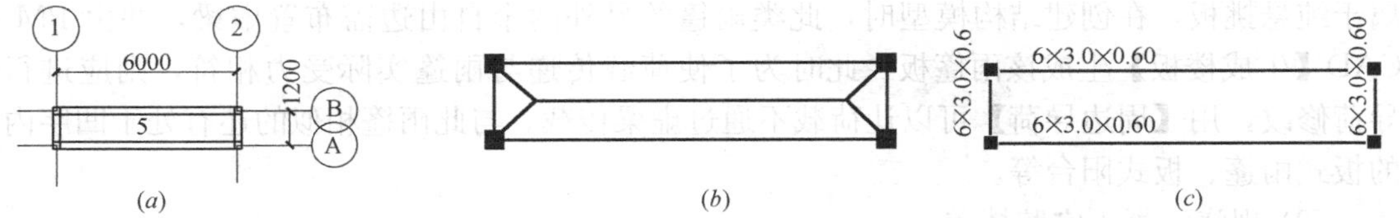

图 3-121 楼面荷载传导

(a) 楼面恒载；(b) 导构屈服线；(c) 传导到梁上的恒荷载

对于有主次梁的房间导荷，在前面讨论主次梁问题时我们已有叙述。

在前面我们已经提到过，布置了预制板的房间，PMCAD 会按照预制板的支撑方向，自动按单项传递进行荷载导算。

2. 规范有关条文

《混凝土规范》第 9.1.1 条规定，混凝土板按下列原则进行计算：

(1) 两对边支承的板应按单向板计算。

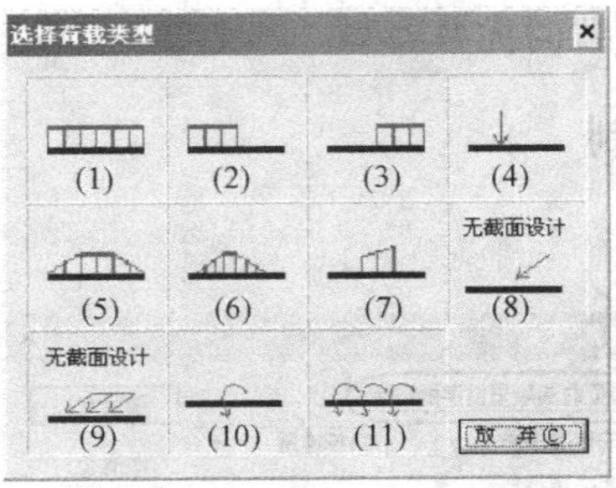

图 3-122　梁荷载类型

（2）四边支承的板应按下列规定计算：当长边与短边长度之比小于或等于 2.0 时，应按双向板计算；当长边与短边长度之比大于 2.0，但小于 3.0 时，宜按双向板计算；当长边与短边长度之比大于或等于 3.0 时，应按沿短边方向受力的单向板计算。

从规范第 9.1.1 条可以知道，图 3-121 所示楼板显然应为单向板，此时 PMCAD 向四周导荷方式需要修改为单向导荷方式。

3. 修改楼板导荷方式

点击【荷载输入】/【楼面荷载】/【导荷方式】菜单，从弹出的图 3-123（*a*）对话框选择对边导荷方式后，选择“对边导荷”方式的楼板，之后在软件提示指定楼板的受力边后，点击荷载传递目的梁，则可完成荷载传导修改，如图 3-123（*b*）所示。图 3-123（*c*）中梁的荷载列式为：荷载类型（均布满跨）×荷载值。

4. 其他需要进行导荷修改的情况

在结构设计中当遇到某些特殊情况和特别的结构形式时，需要根据所设计结构的实际传力情况，确定是否需要修改导荷方式。

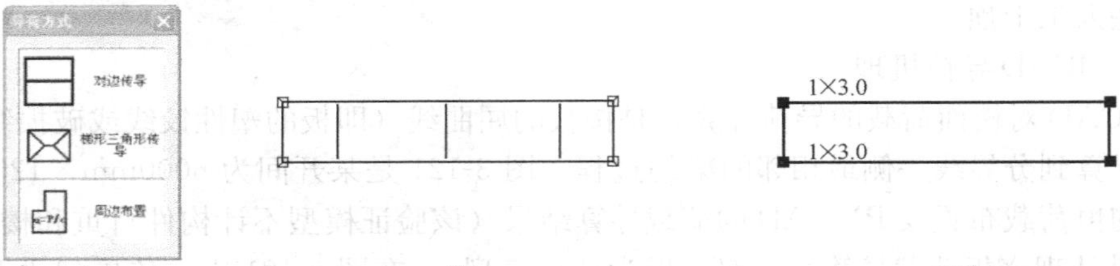

(*a*)　(*b*)　(*c*)

图 3-123　楼面荷载传导

（*a*）选择对边导荷；（*b*）对边导荷；（*c*）传导到梁上的恒载

（1）处于建筑阴角处的雨篷

对于图 3-124 所示的处于建筑阴角处的两边支撑于墙的钢筋混凝土板式悬挑雨篷，不属于纯悬挑板，在创建结构模型时，此类雨篷的另外两个自由边需布置虚梁，并由 PMCAD【生成楼板】生成该雨篷板，此时为了使荷载传递与雨篷实际受力相符，则应进行导荷修改，用【周边导荷】可以让荷载不通过虚梁传载。与此雨篷相似的还有处于凹字内的板式雨篷、板式阳台等。

（2）现浇混凝土空腔楼盖

密肋空腔现浇楼盖结构是我国近年来发展起来的新型混凝土结构类型，该楼盖结构利用空腔板良好的力学性能，能适用于大跨、大开间的公共建筑、商场建筑、住宅建筑，广泛替换原有的梁板式楼盖结构。空腔楼盖有多种，图 3-125 是一种空心管现浇楼盖。当用 PKPM 设计该种楼盖结构时，也需要修改软件默认的导荷方式。

3.6.7　梁间荷载和次梁荷载统计方法及输入操作

在 PMCAD2010 中，梁间荷载是指主梁荷载，它和次梁荷载分属两个子菜单。两者有一定的相似性，下面叙述主次梁荷载的相关内容。

1. PMCAD 的梁间荷载菜单

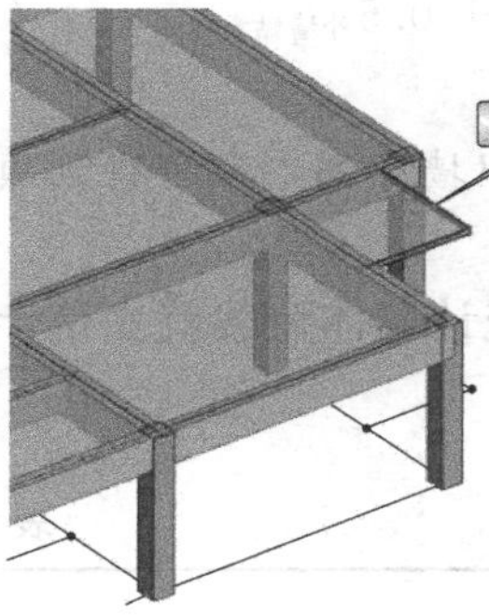

图 3-124　阴角处的雨篷

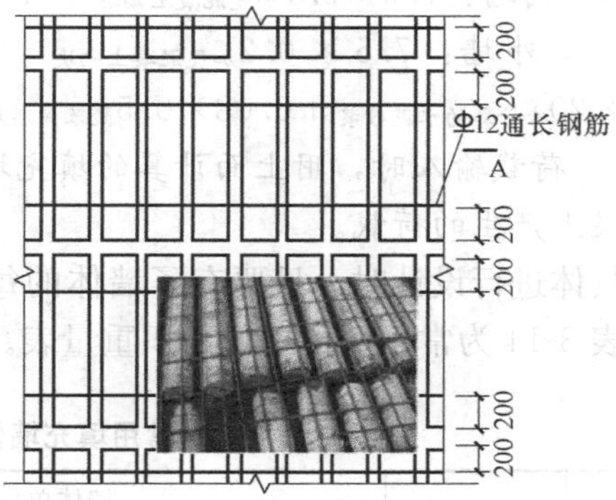

图 3-125　PCM 现浇空心楼盖

点击【梁间荷载】或【次梁荷载】，即可进入梁间荷载的下级子菜单，如图 3-126 所示。从图 3-126 可以看出，主梁荷载和次梁荷载布置完全相似，其区别只是荷载布置的梁类型不同。梁上荷载的下级菜单包括【数据开关】、【荷载定义】、【恒载输入】、【恒载修改】、【恒载删除】等。由于 PKPM 里面的梁间荷载，一般的就是梁上墙所产生的荷载，故活荷载菜单极少用到。

2. 梁上荷载的统计

PMCAD 的梁上荷载包括作用于主梁或次梁上的荷载，两者都是由其上一层填充墙产生，通常梁上荷载的统计是计算包括填充墙自身以及其表面装修层的每延米重量。依照填充墙上有无洞口以及洞口类型，梁间荷载的统计可以分为下面几种：

图 3-126　梁荷载菜单

（1）无洞口满砌填充墙

统计满砌填充墙时的梁上荷载，可以先计算出墙体的每平方米重量，之后再乘以墙净高即可。对于加气混凝土砌块墙，还需要考虑作为基础的几皮砖可能是用黏土砖和粉煤灰砖砌筑。

设计实例（建模 31）—3-31、统计满砌填充墙每平方米重量

［1］　为了便于阅读，我们把第 3.2.1 节商场建筑相关建筑做法罗列如下：

• 外墙除注明外均采用 200 厚加气混凝土砌块，外墙面与柱面平。外饰 120 厚清水砖墙，清水砖墙与混凝土砌块间设 35 厚夹芯保温层。

• 所有室内墙面为 20 厚混合砂浆，表面刷乳胶漆。

• 所有室外墙面为 20 厚水泥砂浆找平＋80 厚聚苯板＋20 厚找平＋10 厚面砖。

［2］　对于加气混凝土砌块，《荷载规范》给出的干容重为 5.5～7.5kN/m³，在实际设计时一般需要考虑墙面施工时墙体受浸水影响，故加气混凝土填充墙一般就取 6.5～8.5kN/m³。本实例取值为 7.5kN/m³，水泥砂浆粉刷墙面 0.36kN/m²，水泥砂浆 20kN/m³，聚苯板 0.5kN/m³，面砖墙面包括水泥打底总厚 25mm，规范值为 0.5kN/m²，则满砌 200mm 及 100mm 厚加气混凝土以及其包括表面抹灰的每平方米重量为：

• 200 内墙：$7.5\times0.2_{\text{加气混凝土砌块}}+0.36\times2_{\text{双面水泥墙面}}=2.22\text{kN/m}^2$

- 100 内墙：$7.5\times0.1_{\text{加气混凝土砌块}}+0.36\times2_{\text{双面水泥墙面}}=1.47\text{kN/m}^2$
- 200 外墙：$7.5\times0.2_{\text{加气混凝土砌块}}+0.36_{\text{内墙水泥砂浆面}}+0.5_{\text{外墙贴瓷砖墙面}}+(0.02+0.005)\times20_{\text{未计算的水泥砂浆}}+0.08\times0.5_{\text{聚苯保温层}}=2.9\text{kN/m}^2$

[3] 荷载输入时，用上面计算的填充墙单位面积量乘以墙净高，即可得到填充墙每延米在梁上产生的荷载。

在具体进行设计时，只要有了墙体的每平方米重量，统计墙体荷载就变得十分轻松了，下表 3-14 为常用墙体单位面积重量表。

常用填充墙体单位面积荷重 **表 3-14**

类别	墙厚(mm)	墙体单位面积荷重(kN/m²)					备注
		清水	单面	双面	外墙贴马赛克内墙粉刷	外墙水刷石内墙粉刷	
黏土实心砖	120	2.28	2.64	3.00	3.14	3.14	①内墙面粉刷：20mm 厚混合砂浆，取规范水泥粉刷墙面 0.36kN/m²；②外墙饰面包括打底总厚 25mm，取规范值为 0.5kN/m²
	180	3.42	3.78	4.14	4.28	4.28	
	240	4.56	4.92	5.28	5.42	5.42	
	370	7.03	7.39	7.75	7.89	7.89	
粉煤灰砖	120	1.02	1.38	1.74	1.88	1.88	
	180	1.53	1.89	2.25	2.39	2.39	
	240	2.04	2.40	2.76	2.90	2.90	
	370	3.15	3.51	3.87	4.01	4.01	
加气混凝土	75	0.56	0.92	1.29	1.43	1.43	
	100	0.75	1.11	1.47	1.61	1.61	
	150	1.13	1.49	1.64	1.99	1.99	
	200	1.50	1.86	2.22	2.36	2.36	
	250	1.88	2.36	2.60	2.74	2.74	

注：1. 机制黏土砖重度按 19kN/m³ 计算；粉煤灰泡沫砌块砌体重度按 8.5kN/m³ 计算；加气混凝土砌块重度按 7.5kN/m³ 计算。

2. 填充墙的线荷载＝填充墙净高×该墙体的面荷载。(有洞口时＝(墙体长度×墙体高度－洞口面积)÷墙体长度×墙体面荷载＋窗线荷载)

(2) 有满开或近似满开门窗洞口的填充墙

当墙上有满开门窗洞口时，则只要知道了门窗的单位面积重量，就可以通过分别用墙单位面积重量和门窗单位面积重量乘以其各自的净高，之后二者相加即可得到作用于梁上的荷载。常用建筑门窗荷重取值可参考表 3-15。

(3) 有非满开门窗洞口的填充墙

填充墙上存在的门、窗洞时，墙施加到柱间梁的线荷载不是等值线荷载，由于门、窗洞大小以及宽高各异，且由于洞口两侧和上部通常存在二级结构构件（过梁、构造柱、填充墙拉结筋），致使填充墙传递到一级结构构件的实际荷载分布十分复杂，虽然理论上应按墙长度范围内的梁跨中弯矩相等和两端剪力相等的原则输入该“等值线载”，但在实际设计时很难准确计算出这个“等值线载”，因此在设计输入该梁荷载时一般按平均线荷载。

如果门窗洞口所占比例不大，可以按满砌墙考虑。当门窗洞口所占比例较大时，有经验的设计人员往往在满砌墙重基础上，最后再乘一个系数如 0.8～0.9。设计经验不足时，应采用下面方法求的墙上墙体及门窗的平均线荷载：

常用建筑门窗荷重取值参考表　　表 3-15

门窗种类	荷重参考指标(kN/m²)	附　注
钢门、钢框玻璃窗	0.4～0.5	按照 3mm 厚单层普通玻璃计算，如玻璃厚度改变，荷重须适当调整
塑钢门窗	0.2～0.3	
铝合金门窗	0.2～0.3	
木门	0.1～0.2	
木框玻璃窗	0.2～0.3	
玻璃幕墙	1.0～1.5	根据玻璃厚度，按照单位面积玻璃自重增加 20%～30%采用

注：对于特种门窗（如变压器室钢门窗、配交电所钢门窗、防射线门窗、冷库门、人防门、保温门、隔声门等）的荷重，必须根据厂家样本提供的荷重采用。

有洞口时＝((墙体长度×墙体高度－洞口面积)×墙体单位面积荷重＋门窗洞口面积×门窗单位面积荷重)/墙体长度

设计实例（建模 32）—3-32 统计有门窗洞口填充墙每延米重量

［1］　为了便于阅读，我们把 3.2.1 节商场建筑相关建筑做法罗列如下：

所有窗均为铝合金 6＋12＋6 真空双层玻璃窗。所有室内门均为胶合板门，室外门为铝合金 6＋12＋6 真空双层钢化玻璃门。

［2］　为了简化叙述，我们这里仅 A 轴上位于 1～2 轴间梁上荷载，第 1 标准层的荷载需要看建筑的第 2 层，从建筑平面图知道该位置有 2 个 C0939 窗，其尺寸为 900×3900，玻璃厚度为 12mm，取表 3-13 铝合金窗的 3 倍，墙净长为 4.0－0.7＝3.3（m），净高为 4.0－0.65＝3.35（m），则：

梁上每米荷载＝((墙净长×墙高-洞口面积)×墙及抹灰每平方米重＋门窗洞口面积×门窗单位面积重)/墙长

＝((3.3×3.35－2×0.9×3.9)×2.9＋2×0.9×3.9×0.9)/3.3

＝5.46kN/m

在进行设计时，可以参照上面计算公式，自己建立一个计算表格，用于计算有洞口的墙上荷载，图 3-127 是一个 EXCEL 计算表格截图。

(4) 短肢剪力墙窗台以下的填充墙

高层住宅多采用短肢剪力墙结构，由于住宅中窗洞口较多，在结构设计中为了提高建筑的技术经济指标，有时在墙肢间砌筑高度至窗台的砌体墙并在洞口上设梁，此时窗下填充墙荷载应布置在下层构件之上。

提示角

有经验的设计人员，在统计梁上荷载时，一般只需记住表 3-12 中的 5.28、2.76、2.22 几个数字，之后根据墙体的高度及洞口分布，快速计算出作用梁上的荷载标准值。

由于梁上墙体荷载会产生边移效应，没有洞口的梁间荷载也不是均布的，设计时很难计算实际荷载分布，在统计输入梁间载荷时要考虑这些额外因素，通常情况下只要误差不超过误差范围即可接受。

(5) 女儿墙荷载

屋面女儿墙通常由砌体做成，所以屋面女儿墙作为附属构件无法直接参与主体结构的分析，故在创建结构设计模型时，可按下面情况处理：

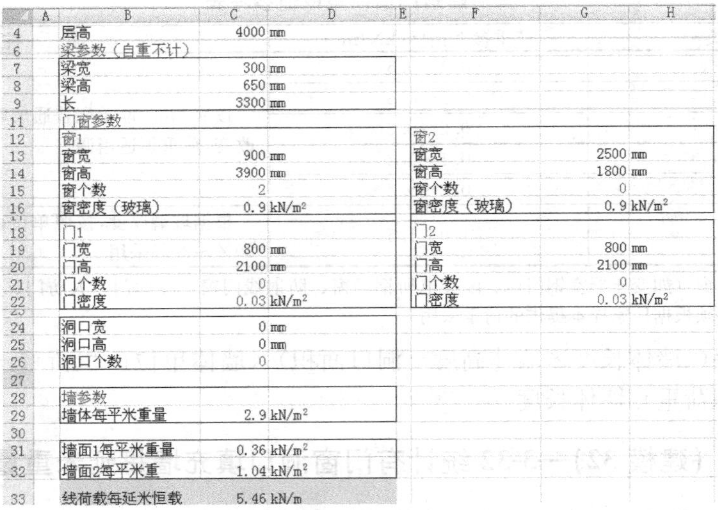

	A	B	C	D	E	F	G	H
4		层高	4000	mm				
6		梁参数（自重不计）						
7		梁宽	300	mm				
8		梁高	650	mm				
9		长	3300	mm				
11		门窗参数						
12		窗1				窗2		
13		窗宽	900	mm		窗宽	2500	mm
14		窗高	3900	mm		窗高	1800	mm
15		窗个数	2			窗个数	0	
16		窗密度（玻璃）	0.9	kN/m²		窗密度（玻璃）	0.9	kN/m²
18		门1				门2		
19		门宽	800	mm		门宽	800	mm
20		门高	2100	mm		门高	2100	mm
21		门个数	0			门个数	0	
22		门密度	0.03	kN/m²		门密度	0.03	kN/m²
23								
24		洞口宽	0	mm				
25		洞口高	0	mm				
26		洞口个数	0					
27								
28		墙参数						
29		墙体每平米重量	2.9	kN/m²				
30								
31		墙面1每平米重量	0.36	kN/m²				
32		墙面2每平米重	1.04	kN/m²				
33		线荷载每延米恒载	5.46	kN/m				

图 3-127　荷载定义及荷载类型对话框

• 当屋面女儿墙按惯常高度设计时，可只考虑女儿墙自重属于竖向荷载，可以采用与填充墙类似的方法进行统计，这种简化方法是符合设计精度要求的，且不会影响主体结构的安全。

• 如果屋面女儿墙较高，则应统计女儿墙地震作用和女儿墙风荷载。

对于女儿墙地震作用，可采用文献［8］建议以主体结构第一自振周期为女儿墙的场地周期，并考虑结构的鞭梢效应，把屋面女儿墙看作是竖立在刚性地面上的独立悬臂构件，用底部剪力法计算其地震力，其建议计算女儿墙的地震力为：

$$T=\frac{\pi h^2}{6}\sqrt{\frac{10\rho g}{EI}} \tag{3-10}$$

$$F_{EK}=\alpha_1 G_{eq}=0.85\alpha_1 G \tag{3-11}$$

$$F=\beta F_{EK}=3.0F_{EK} \tag{3-12}$$

式中 T 为屋面女儿墙的自振周期；h 为屋面女儿墙高度；ρ 为宽度为 1m 时单位高度女儿墙质量；EI 为屋面女儿墙抗弯刚度；g 为重力加速度；F 为计算水平地震作用标准值；F_{ek} 为水平地震作用标准值；α_1 为相应于自振周期的水平地震影响系数；G_{eq} 为等效重力荷载；G 为重力荷载代表值；β 为地震作用效应增大系数。

屋面女儿墙侧向刚度小，对风压的变化敏感，故计算其风荷载时，须考虑由于风的脉动性引起的风压增大系数，即顺向风振系数。屋面女儿墙顺向风振系数的计算在现有规范中尚无明确规定，且若要考虑其主体结构的动力特性以及相互之间的耦联影响则将使问题复杂化，为了简化计算，屋面女儿墙顺向风振系数的计算参照同为弯曲型结构的高耸结构参数计算。根据《荷载规范》的第 8.1.1 条和第 8.4.3 条规定和上述屋面女儿墙风荷载的计算特点，垂直于屋面女儿墙的风振系数和基本风压可取为（《荷载规范》2012 对顺风风振计算公式有较大改动，这是在应用规范时需要特别注意的）：

$$\beta_z=1.0+2gI_{10}B_Z\sqrt{1+R^2} \tag{3-13}$$

$$w_k=\beta_z\mu_s\mu_z\omega_0 \tag{3-14}$$

式中：w_k 为风荷载标准值（kN/m^2），式 3-11 参见《荷载规范》8.1.1 条公式；β_z 为高度 z 处的风振系数，参见《荷载规范》第 8.4.3 条公式；μ_s 为风荷载体型系数；μ_z 为风压高度变化系数；ω_0 为基本风压（kN/m^2）；其他系数详见《荷载规范》第 8.4.3 式。

计算举例——计算女儿墙风载

[1] 设某单层建筑物，其顶层结构高度 7.0m，屋顶为 4m 高网架，外附女儿墙高 4m 的混凝土墙板。女儿墙的自振周期 $T_1=1.13$s，基本风压 $\omega_0=0.75$kN/m^2，$\omega_0 T_1^2=0.96$；查规范第 7.4.3 条，得脉动增大系数 ξ 为 1.436；

[2] 查规范 7.4.3 表第 15 项，得女儿墙风荷载体型系数 μ_s 为 1.3；变化系数按 10m 高度和地面粗糙度 2 类考虑 μ_z 为 1.0；振动系数 φ_z 按规范 F.1.1 按女儿墙高与主体结构顶高 $z/H=0.7$，$\varphi_z=0.59$；

[3] 故本工程算例脉动影响系数 ν 按地面粗糙度 2 类，根据《荷载规范》第 8.4.4、8.4.5 条计算相应参数过程从略，最后算得 $\beta_z=1.72$；垂直作用于女儿墙上的风压 $w_k=1.57$kPa；

[4] 女儿墙引起的作用于主体结构柱顶的水平风荷载值 $Q_k=w_k Lh$（L 为柱两侧间距一半之和，h 为女儿墙高）。

[5] 可以据此按水平活荷载布置到屋面外侧框架梁上。

(6) 栏杆和栏板等荷载

楼梯、阳台栏板与栏杆的恒荷载计算与建筑做法、采用的材质有关。对于楼梯、阳台的栏板恒荷载，可按下式计算：

栏板荷重(kN/m)= 栏板高度(m)×栏板容重(kN/m^3)×栏板厚度(m)+栏板高度(m)×栏板面荷重(kN/m^2)

对于栏杆恒荷载，可近似取 0.5kN/m 均布荷载做简化计算。

(7) 设备恒荷载取值

为满足建筑使用功能需要，常常需要配置一些设备。

设备恒荷载的取值依据生产厂家提供的设备样本，设备恒荷载作用的位置依据建筑图中的平面布置。

(8) 一般设备恒荷载

如电梯机房、自动扶梯、自动人行道等设计时，必须根据厂家提供的产品样本，确定支承钢梁所在的平面位置与设备恒荷载作用的大小；同样屋顶布置了风机房，设计者要根据厂家提供的产品样本，确定风机支承点所在的平面位置与作用恒荷载的大小。

(9) 振动设备恒荷载

《荷载规范》第 5.6 节明确规定：对于在使用期间有可能产生振动的设备，在有充分的依据时，有必要考虑一定的动力系数，将设备的自重乘以动力系数后按照静力荷载计算。如：搬运和装卸重物以及车辆起动和刹车的动力系数可采用 1.1～1.3；直升机在屋面上的荷载也应乘动力系数，对具有液压轮胎起落架的直升机可取 1.4，其动力荷载只传至本层屋面板和梁。

如设备振动比较剧烈，或没有足够的经验参数，则应对设备本身安装必要的减振设施，或对设备基础采取必要的减振措施。

3. 梁间荷载定义

点击【梁间荷载】/【荷载定义】菜单，可以打开图 3-128 所示荷载定义对话框，点击【添加】，打开并选择荷载类型后，可以把事先统计好的梁荷载输入到对话框中，以待后用。

由于在设计过程中，梁上荷载分布往往比较复杂，除非进行简化输入，一般情况下可以不进行荷载定义，而是直接进入荷载输入菜单，一边定义荷载一边在梁上进行布置。

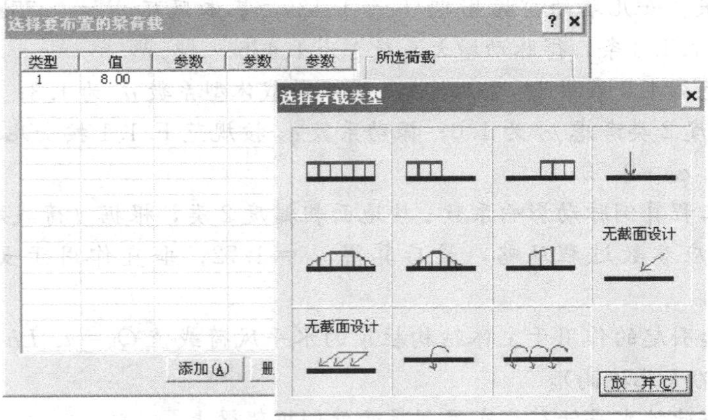

图 3-128　荷载定义及荷载类型对话框

4. 数据开关及荷载显示

点击【梁间荷载】/【数据开关】菜单，打开图 3-129 所示【数据显示状态】对话框，勾选【数据显示】对话框，可以在屏幕上显示输入的梁载数据，以供随时检查。

5. 主梁荷载输入

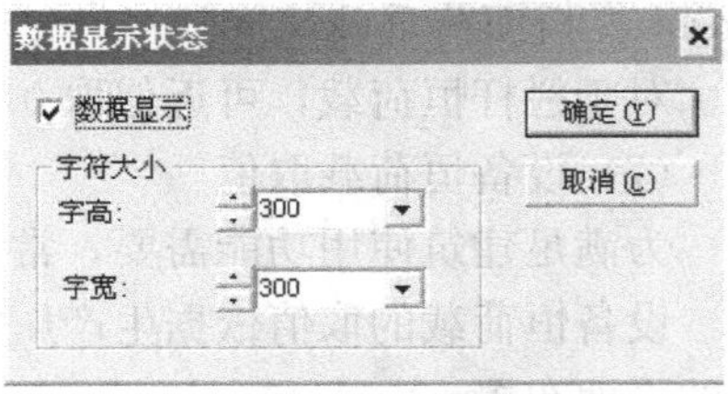

图 3-129　荷载显示选择

在输入梁间荷载时，可以把建筑平面图读入作为荷载输入的底图，这样可以避免荷载输入时出错。在梁载输入时要参考如下建议：

(1) 读入的建筑底图应该是该结构层的上一层建筑图。

(2) 输入荷载时要尽可能依照一定的规律，如按照先框架梁再非框架梁，先水平梁再竖直梁，在平面图上先左后右、先下后上等顺序输入梁间荷载。

(3) 输入荷载时，应开启荷载显示开关，以便及时检查是否漏输、错输或重复输入，一经发现应立即修正。

(4) 对于有悬挑板的梁，由于软件不能自动导算板在梁上产生的扭矩，可以在梁载输入时人工输入。

设计实例（建模 33)—3-33、梁间荷载输入

[1]　点击图形区下方的【打开 T 图】标签，读入前面实例操作时保存在工作目录的“建筑平面图.T”文件，PMCAD 在图形区下创建“建筑平面图.T”标签。

[2]　点击图形区下方的【重叠各图】标签（如果读入的建筑平面图与结构模型不重

叠，则应回到“建筑平面图.T”标签，通过图形区上方的下拉菜单，对T图进行平移)。

[3] 点击图形区下方的【商业楼.B】标签，转换到设计模型。

[4] 确定当前标准层是第1标准层。

[5] 点击【楼层定义】/【截面显示】/【柱显示】或【梁显示】，开启构件截面显示。

[6] 点击【梁间荷载】/【恒载输入】对话框，打开图3-130所示对话框，以便定义梁载，以便进行荷载输入布置，布置过程中以及最后得到的荷载输入如图3-131，图3-132所示。

[7] 第1标准层输入完毕，把楼层切换到第2标准层。(如果第3层建筑平面图与第1层不同，则关闭当前T图，再读入第3层的建筑底图)

[8] 第2标准层梁载要依据第3建筑层统计。

[9] 第3层为坡屋面，梁荷载选择“梯形荷载”布置山墙引起的梁上荷载。具体布置过程不再赘述。

[10] 输入完毕，关闭T底图，关闭构件尺寸显示，保存退出。

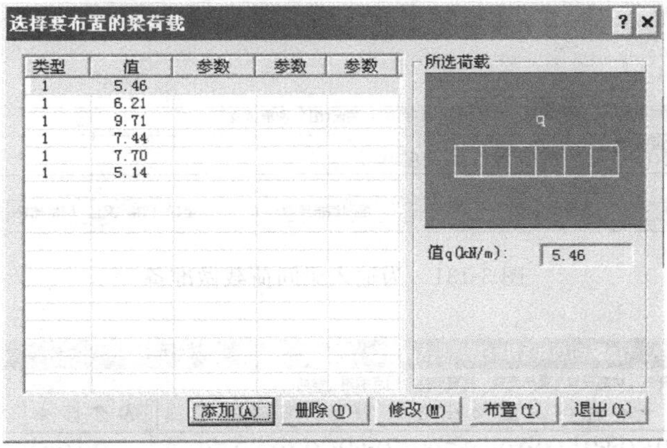

图3-130 荷载输入

6. 次梁荷载输入

次梁输入过程与主梁相似，在此不再重复。

7. 荷载修改

当所有梁荷载输入完毕，点击【荷载修改】菜单，检查梁载输入情况，如发现有的梁载输入错误，可以点击该梁从弹出的对话框中修改梁荷载，也可以【删除梁载】，重新布置。

3.6.8 节点荷载、墙间荷载、柱间荷载、吊车荷载

在PMCAD中，节点荷载、墙间荷载、柱间荷载输入操作类似梁间荷载。由于这些荷载在通常建筑结构设计中较少遇到，我们在这里仅对其可能发生的情况做简单的介绍。

1. 门窗及墙面装饰形成的墙间荷载

在这里我们所说的墙对于混凝土结构而言，是指剪力墙。墙间荷载与梁间荷载类似，如果在输入混凝土容重时没有充分考虑墙上装饰的重量，则应参照填充墙荷载统计方法，补充计算漏算的墙面装饰重，并把它按均布荷载方式施加到墙构件之上。另外，墙上门窗重量、洞口部位的栏板或栏杆等也会在洞口部位产生荷载，在墙上布置这些荷载时要一起合并考虑这些因素。

对于短肢剪力墙洞口设连梁时，可在墙按整体布置后，再在墙上开窗洞口，这样计算

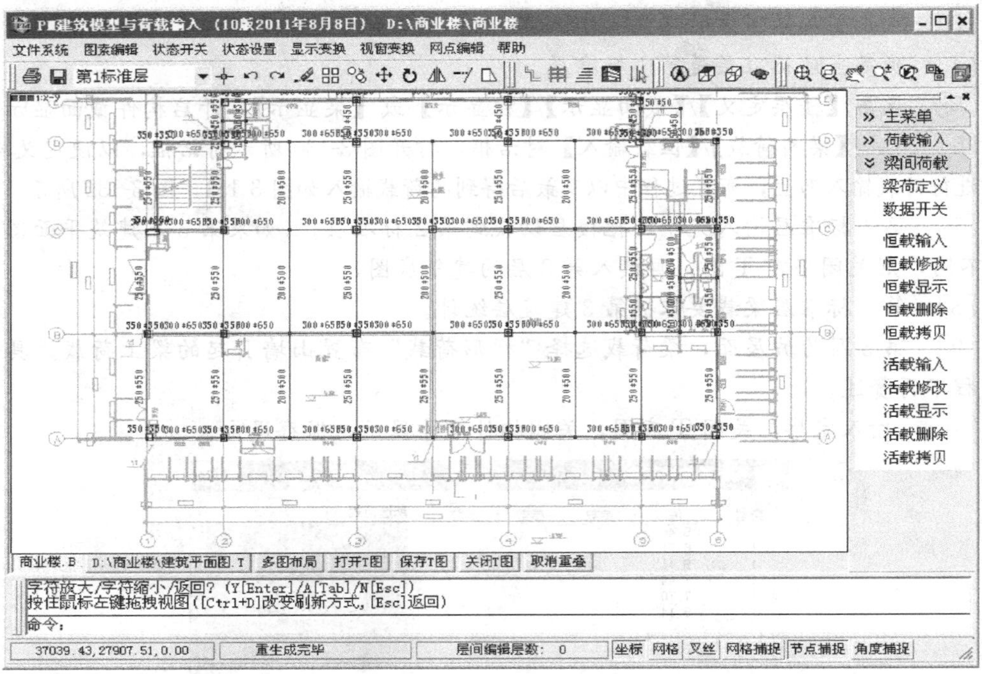

图 3-131 为输入梁间荷载做准备

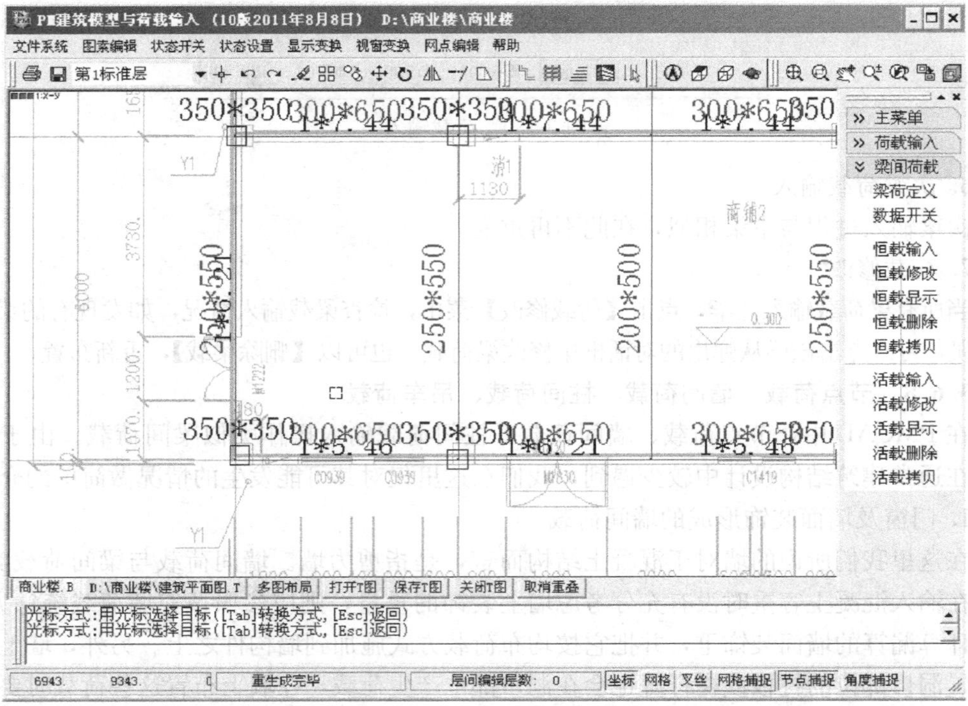

图 3-132 第 1 标准层梁载

分析时 SATWE 会把洞口上的墙转换为连梁构件，此时如果窗洞口下是用填充墙砌筑，则应在墙上布置窗台下填充墙荷载。

2. 依附于柱的其他设施形成的柱间荷载

与上面情况类似，通过斜拉杆锚固在柱子上的雨棚、依附于柱子的玻璃幕墙、柱子通过牛腿支撑其他设施等产生的直接作用在柱上的荷载，应按柱间荷载输入。

3. 屋顶广告牌等形成的节点荷载

顾名思义作用在网点上的不是由当前模型中其他构件传来的荷载都属于节点荷载。在实际工程中，能够产生节点荷载的情况很多，如屋顶的广告牌在屋顶锚栓处、屋顶铁塔锚固屋面处、依附外边梁上的钢制楼梯或钢制雨篷、悬挂设备、玻璃幕墙或彩钢板墙通过龙骨传来的荷载等。这些荷载要依据具体工程情况，进行认真统计并把它们布置在相应的网点上。

4. 电梯荷载

电梯的上下是靠曳引机上钢丝绳拉着上下运行的，主要荷载是由主机承载的，实际井内的支架梁主要起到固定导轨作用。依据《荷载规范》表 5.1.1 第 7 项规定：通风机房、电梯机房的活荷载标准值为 7.0kN/m^2。在进行电梯井及电梯机房设计时，应注意以下问题：

(1) 电梯井道一般不考虑电梯荷载。

(2) 电梯基坑底板应按照电梯资料考虑荷载，并留较大富余量。

(3) 电梯机房按 7.0kN/m^2 活载考虑。

(4) 还需要依据电梯厂家提供的土建工艺图设计电梯机房的承载梁（可以是混凝土梁或钢梁)，并依据电梯资料上的荷载布置承载梁的荷载。

(5) 电梯机房顶的吊钩是仅考虑安装及维修时电梯的重量，一般为 30kN。

另外，对于框架结构电梯井的填充墙应当为实心砖墙，因为电梯运行时有震动。电梯角部要布置同墙厚相同的构造柱。根据不同电梯厂家的要求，除楼层梁外，沿墙高度每 2 米到 2.5 米设砼圈梁，用于安装固定电梯轨道等的埋件。

3.7 设计参数

在 CAD 设计中，设计参数对设计结果有至关重要的作用。2011 新版本的《混凝土规范》、《高规》、《抗规》对设计参数有重大调整，在 PMCAD2010 中也按新规范的要求对设计参数项目进行了相应的调整。下面我们详细叙述设计参数方面的概念。

3.7.1 总信息

点击【设计参数】菜单，PMCAD 会弹出图 3-133 所示对话框，其中当前表单即默认为【总信息】。

1. 结构体系、结构主材

主要是不同的结构体系有不同的调整参数。按结构布置的实际状况确定。分为框架结构、框剪结构、框筒结构、筒中筒结构、板柱剪力墙结构、剪力墙结构、短肢剪力墙结构、复杂高层结构、砖混底框结构，共 9 种类型。结构主材有钢筋混凝土，砌体，钢和混凝土。按结构主材分为钢筋混凝土结构、钢与混凝土混合结构、有填充墙钢结构、无填充

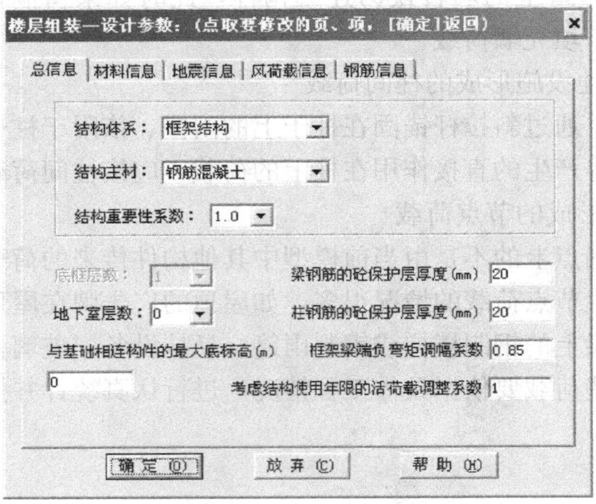

图 3-133　总信息

墙钢结构。砌体结构，按含义选取，砌体结构用于底框结构。

对于初学者来说，首先要掌握的是框架结构、框剪结构、剪力墙结构三大常用结构形式。在此基础上，再进一步了解框支剪力墙、异形柱等结构类型的设计。

2. 地下室层数

建筑结构分为地上部分和地下部分，通常我们认为地面±0.00 以上的为地上结构，地下室为地下结构。通常初学者首先要掌握不含地下室而只有上部结构的建筑结构设计，地下结构设计包含地下室顶板、地下室侧壁、地下室底板，其荷载比较复杂（如侧壁土侧压力、土约束、水头压力、地下室抗浮、阀板抗冲切、桩阀联合）。

地下室层数必须准确填写，PKPM 在计算风荷载、地震作用效应的计算需要用到此参数，属于地下室的楼层不计算风荷载效应。地下室层数对地下室的水平地震作用效应的影响，PKPM2010 本与之前版本做了改变，需结合 SATWE 中的地下室计算参数加以理解，此节暂不讨论。

由于在 SATWE 中还可以对地下室参数进行重新定义，故在 PMCAD 中此参数填写正确与否，主要影响风荷载的导算。

3. 与基础构件相连的最大底标高

PMCAD2010 中，此参数默认为 0，其含义是结构模型的最低标高处作为基础，在计算时标高为 0 处当作竖向构件的嵌固支座。

如果建筑物处于坡地或有局部地下室等情况，导致竖向构件底部不处于在同一标高或同一结构层，此时应根据竖向构件底部标高的最大者，修改“与基础相构件相连的最大底标高”，这样 SATWE 等计算分析软件会把处于该数值以下的所有竖向构件底部位置皆作为其相应的嵌固支座。对于竖向构件底标高不同时，如何进行基础设计将在基础设计一章中叙述。

当竖向构件底部标高不同，而“与基础构件相连的最大底标高”仍取 0 值，则 PMCAD 退出时会把底标高大于 0 的竖向构件当成悬空构件，并通知用户修改。若用户强行退出并用 SATWE 计算分析，则这些悬空构件仅作为一般的静定向下悬臂构件处理，将不起承载作用。

4. 结构重要性系数

《混凝土规范》第3.2.1条规定："根据建筑结构破坏后果的严重程度，建筑结构划分为三个安全等级"，第3.3.2条规定："γ_0——重要性系数，安全等级为一、二、三级的建筑结构，分别不应小于1.1、1.0、0.9"。通常我们设计的建筑结构采用系数为1.0，只有当结构使用年限为100年的重要建筑，系数取1.1。

5. 底框层数

如果在前面结构体系选择为"底框结构"，则参数需要定义。《抗规》第7.1.1条规定：第7章《多层砌体房屋和底部框架砌体房屋》适用于普通砖、多孔砖和混凝土小型空心砌块等砌体承重的多层房屋，底层或底部两层框架-抗震墙砌体房屋。虽然PMCAD此处允许的最大底框层数为4，但在执行《抗规》进行底框结构设计时，应遵从《抗规》的规定。

6. 混凝土保护层厚度

《混凝土规范》对混凝土保护层的规定，依据"环境类别及耐久性作用等级"，在第8.2.1条中对其做了详细具体的规定，其中规定"一a"环境及耐久等级的梁柱混凝土构件钢筋保护层为20mm。《混凝土规范》第3.6.2条规定处于"稳定的室内环境"的混凝土建筑结构"环境类别及耐久性作用等级"为"一a"级。

PMCAD2010取新版《混凝土规范》规定，默认"梁、柱钢筋的混凝土保护层厚度"默认值均取20mm。

另外需要注意的是，《混凝土规范》条文说明8.2.1第2条明确提出，计算混凝土保护层厚度方法："不再以纵向受力钢筋的外缘，而以最外层钢筋（包括箍筋、构造筋、分布筋）的外缘计算混凝土保护层厚度"。

7. 框架梁端负弯矩调幅系数

《混凝土规范》第5.4.3条规定："钢筋混凝土梁支座或节点边缘截面的负弯矩调幅幅度不宜大于25%；弯矩调整后的梁端截面相对受压区高度不应超过0.35，且不宜小于0.10。板的负弯矩调幅幅度不宜大于20%"。

对于两端嵌固的梁，其均布荷载作用下端部负弯矩为$ql^2/12$，跨中为$ql^2/24$，通常情况下取软件默认折减系数为0.85，即梁支座负弯矩折减掉15%，为跨中的1.6～1.8倍。此系数规范取值为0.8～0.9。

PKPM软件只对框架梁恒载负弯矩进行调幅，非框架梁不进行调幅计算。

8. 考虑结构使用年限的活荷载调整系数

这个系数是新规范增设的一个系数。在《荷载规范》第3.2.5条规定了楼面和屋面活荷载考虑设计使用年限的调整系数γ_L，《高规》第5.6.1条增加了"考虑结构使用年限的活荷载调整系数"γ_L，规定："按设计使用年限为50年取值，100年对应为1.1"。PMCAD默认该系数为1.0。

9. 材料信息

总信息调整好之后，点击设计参数对话框的【材料信息】标签，即能切换到材料表单，如图3-134所示。

10. 混凝土容重

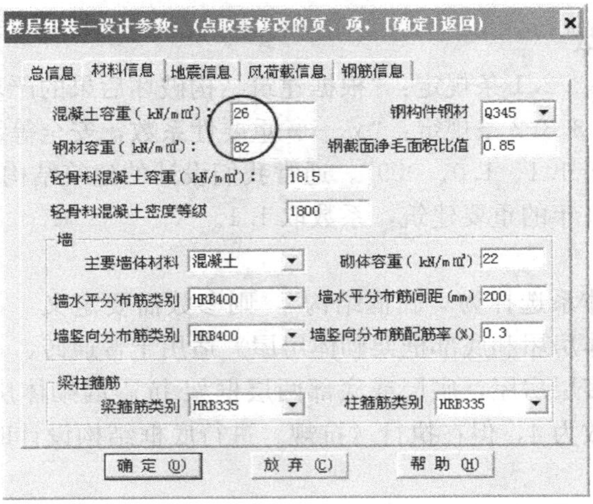

图 3-134　材料信息

通常在设计混凝土结构时，除楼板由于有空心板实心板之分，软件有是否由软件自动计算自重选项外，柱、梁、墙（尤其是柱梁）构件自重应由软件自动计算。《荷载规范》规定的钢筋混凝土容重为 25kN/m³，由于我们在创建结构模型时，柱梁墙是按构件的净截面尺寸输入的，故如果混凝土容重只填 25kN/m³，则构件表面装饰抹灰重量还要人工统计，这是相当繁琐的过程。

因此，当用软件自动统计梁、柱、墙构件自重时对于框架结构可取 25.5～26 kN/m³，框架剪力墙可取 26.5～27kN/m³，剪力墙结构可取 26kN/m³。此项值通常一般在 26～28kN/m³ 之间，以便让软件也自动统计构件表面抹灰重。

对于钢结构，需要考虑钢材表面的防火防腐、拉结构造处理、节点等增加的重量，通常不能单纯按钢材的理论容重 78kN/m³ 取值，而输入 82kN/m³ 左右比较合理。

11. 钢筋类别

新版《混凝土规范》4.2.3 条，增加 500MPa 级热轧带肋钢筋（该级钢筋分项系数取 1.15）和 300MPa 级钢筋，取消 HPB235 级钢筋，并增加了其他多种类别钢筋，修改了受拉、受剪、受扭、受冲切的多项钢筋强度限制规则。

为此，PMCAD2010 增加了 HPB300（ф）、HRBF335（ф）、HRBF400（ⴲ）、HRB500（ⴲ）、HRBF500（ⴲ^F）共 5 种钢筋类别。但仍保留了 HPB235 级钢筋，放在列表的最后，由用户指定。

注意：打开旧版模型数据时，或者新建工程数据时，如果用户执意选用 HPB235 级钢筋进行计算，配筋结果将不符合新版规范要求。

12. 其他材料参数

其中“钢截面净毛面积比值”是指构件成型后和理论计算的截面比值。该值和钢材的厚度负差、钢构件上面的开孔面积、焊接质量等等都有关系，轻钢结构最大可以取到 0.95；框架的可以取到 0.9。

《抗规》第 6.4.3 条规定对抗震墙的竖向、横向分布筋最小配筋率做了规定。另外《抗规》第 6.4.4 条还对抗震墙筋最大分布间距做了规定。

从图 3-137 可知，如无特殊情况，【材料信息】表单下的其他参数，通常取 PMCAD2010 默认参数即可。

3.7.2 地震信息

点击【设计参数】对话框的【地震信息】，可以显示图 3-135 所示对话框。

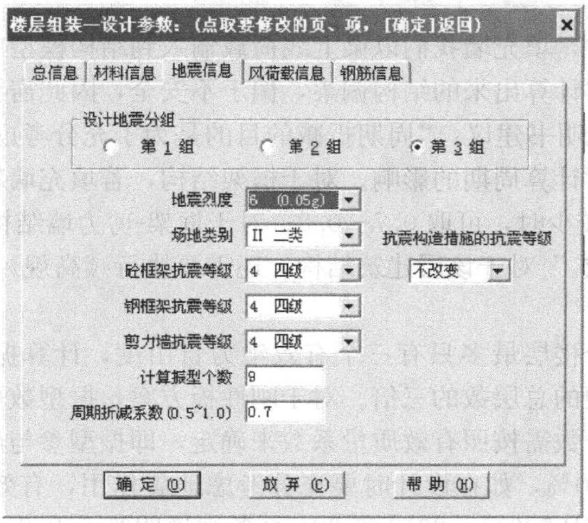

图 3-135　地震信息

1. 地震设计分组

对于考虑地震作用的建筑结构，受震害的建筑离可能的震中距离不同，89 规范时分近震或远震，2011 规范改为 1、2、3 组。2011 规范对 2001 规范的地震分组进行了调整，这在设计时要注意应以新规范规定为准。

2. 地震烈度、抗震等级

设计地震分组、地震烈度需根据《抗规》附录 A 选择，一般情况下地质勘察报告会提供该参数；框架抗震等级需根据《抗规》表 6.1.2 或《高规》第 3.9.3～3.9.6 条确定；剪力墙抗震等级需根据《抗规》表 6.1.2 或《高规》3.9.3～3.9.6 确定。

3. 场地类别

场地类别是指地基的软硬程度，要根据《抗规》4.1.6 或地质勘察报告确定；历次大地震的经验表明，同样或相近的建筑，建造于Ⅰ类场地时震害较轻，建造于Ⅲ～Ⅳ类场地震害较重。

4. 抗震构造措施的抗震等级

抗震构造措施指“强柱弱梁、强剪弱弯”等构造措施。由于不同建筑场地地震对建筑结构的震害作用不同，故新规范允许对抗震构造措施进行调整。

《抗规》第 3.3.2 条规定：“建筑场地为Ⅰ类时，对甲、乙类的建筑应允许仍按本地区抗震设防烈度的要求采取抗震构造措施；对丙类的建筑应允许按本地区抗震设防烈度降低一度的要求采取抗震构造措施，但抗震设防烈度为 6 度时仍应按本地区抗震设防烈度的要求采取抗震构造措施”。

《高规》第 3.9.7 条规定：“甲、乙类建筑以及建造在Ⅲ、Ⅳ类场地且涉及基本地震加速度为 0.15g 和 0.30g 的丙类建筑，按本规程第 3.9.1 条和第 3.9.2 条规定提高一度确定抗震等级时，如果房屋高度超过提高一度后对应的房屋最大适用高度，则应采取比对应抗震等级更有效的抗震构造措施。”

PMCAD2010 新增“抗震构造措施的抗震等级”下拉列表，由用户指定是否提高或降低相应的等级。

5. 周期折减系数

由于在框架结构中，填充墙我们以梁上线荷载输入到结构模型中，而未考虑填充墙对结构的嵌固作用，这样计算出来的结构偏柔，偏于不安全，因此需要对结构计算周期进行折减。PMCAD2010 说明书建议：“周期折减的目的是为了充分考虑框架结构和框架-剪力墙结构的填充墙刚度对计算周期的影响。对于框架结构，若填充墙较多，周期折减系数可取 0.6～0.7，填充墙较少时，可取 0.7～0.8；对于框架-剪力墙结构，可取 0.8～0.9，纯剪力墙结构周期不折减。”对于该层建筑结构，还需要执行《高规》第 4.3.17 条。

6. 计算振型个数

从原理上，因一个楼层最多只有三个有效动力自由度，计算振型个数必须是 3 的倍数，并且不能大于模型的总层数的三倍。对于刚性板方案，振型数可最大取楼层总数。

另外，计算振型个数需按照有效质量系数来确定，即振型参与质量达到总质量的百分比，规范要求不能小 90%，如在设计时要充分考虑地震作用，有效质量系数可以要求更高。具体见抗震规范 GB 50011—2010 第 321 页条文说明第 5.2.2 条。SATWE 的计算结果输出文件 WZQ.OUT（周期 振型 地震力）中能提供有效质量系数计算结果，如果小于 90%则需要增加振型数重新进行计算，与振型个数有关问题还将在后面有关 SATWE 中进行详细讨论。

3.7.3 风荷载信息

风荷载信息对话框参数如图 3-136 所示。风荷载信息依据《荷载规范》第 8 章确定外，设计高层建筑结构时，还应依据《高规》第 4.2 节确定风荷载参数信息。

点击图 3-136 话框的【辅助计算】，可以弹出图 3-137 所示【确定风荷载体型系数】对话框，依据建筑平面图形状，从对话框中选择合适的选项，选择时要注意选取合适的当前体型系数段。

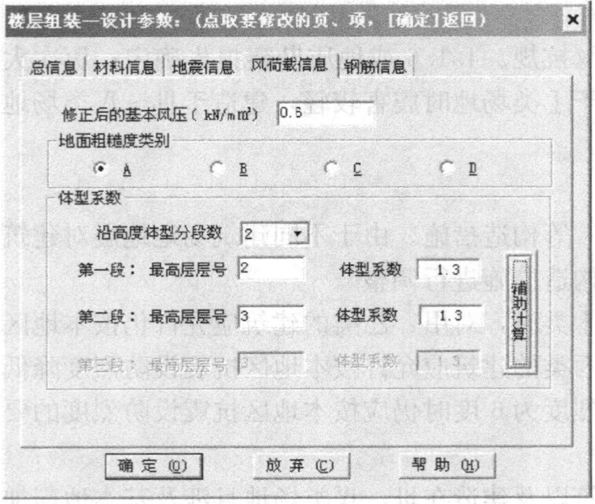

图 3-136 风荷载信息

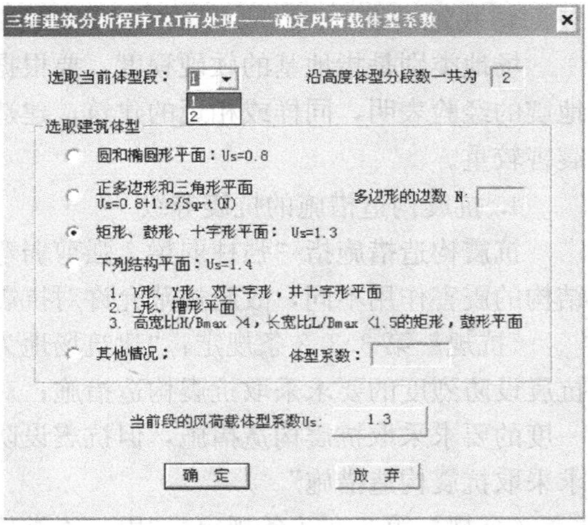

图 3-137 风荷载体型系数选择

1. 基本风压

基本风压依照《荷载规范》第 8.1.2 条规定：“基本风压应采用按本规范规定的方法确定的 50 年重现期的风压，但不得小于 0.3kN/m²。对于高层建筑、高耸结构以及对风荷载比较敏感的其他结构，基本风压的取值应适当提高，并应符合有关结构设计规范的规定”。《荷载规范》附录 E.5 给出了全国主要城市 10 年、50 年和 100 年重现期的基本风压。

《高规》第 4.2.2 条规定“对风荷载比较敏感的高层建筑，承载力设计时应按基本风压的 1.1 倍采用”。

《高规》第 4.2.2 条的条文说明中认为：“对风荷载是否敏感，主要与高层建筑的体型、结构体系和自振特征有关，目前尚无实用的划分标准。一般情况下，对于高度大于 60m 的高层建筑，承载力设计时风荷载计算可按基本风压的 1.1 倍采用了对于房屋高度不超过 60m 的高层建筑，风荷载取值是否提高，可由设计人员根据实际情况确定”。第 4.2.2 条的解释还说：“对于风荷载比较敏感的高层建筑结构，风荷载计算时不再强调按 100 年重现期的风压值采用，而是直接按基本风压值增大 10%。对于正常使用极限状态设计（如位移计算），其要求可比承载力设计适当降低，一般可采用基本风压值或由设计人员根据实际情况确定”。

依照规范规定，如果结构高度较高（超过 60m），依照承载力设计计算配筋时可不再采用旧规范的 100 年一遇基本风压规定，而直接采用基本风压乘 1.1 倍系数取值，计算结构位移时按 50 年一遇基本风压。

2. 地面粗糙度类别

地面粗糙度类别：可以分为 A、B、C、D 四类，分类标准根据《荷载规范》第 8.2.1 条确定。

3. 沿高度体型分段数

沿高度体型分段数：现代多、高层结构立面变化比较大，不同的区段内的体型系数可能不一样，程序限定体型系数最多可分三段取值。各段最高层层高根据实际情况填写。若体型系数只分一段或两段时，则仅需填写前一段或两段的信息，其余信息可不填。

4. 体型系数

常规建筑各段体型系数软件自动根据《荷载规范》第 8.3.1 条确定。用户可以点击辅助计算按钮，弹出确定风荷载体型系数对话框，根据对话框中的提示或点击【辅助计算】按钮，打开图 3-137 所示【确定风载体型系数】对话框，从对话框中【选择当前体型段】及其相应的风荷载体型系数。以建筑平面为矩形为例风荷载体型系数为 1.3，而建筑平面是圆形时体型系数为 0.8。

在这里需要特别说明的是，PKPM05 以前版本计算风荷载的迎风面时，采用的是简化算法，即按照建筑物外边的轮廓线所围成的面积在 X、Y 方向的投影作为迎风面的面积，背风面的面积取值与迎风面的面积相同。它假定迎风面、背风面的受风面积相同，让用户输入迎风面与背风面体型系数之和。同时它也假定了每层风荷载作用于各刚性块质心和所有弹性节点上，楼层所有节点平均分配风荷载。它忽略了侧向风的影响，也不能计算屋顶的风吸力和风压力。PKPM 计算分析程序在计算风荷载作用效应时，仅做正向风（如+X 向）的内力计算，对于负向风（如-X 向）不再做内力计算，直接取正向风的内力计算结果，再取反号后作为负向风的计算结果。程序采用这种简化算法对于比较规则的工程，即楼板刚度较大情况时，其计算结果能够满足设计要求[13]。

对于平、立面变化比较复杂，或者对风荷载有特殊要求的结构或某些部位，例如空旷结构、体育场馆、有大悬挑结构的广告牌、候车站、收费站、坡屋面（图 3-138 所示为荷载规范给出的屋面风载体型系数）、多塔等，则计算方式就显得有些简单。这里 PMCAD 输入风荷载参数主要是为后续计算分析设计软件提供数据参数，对于这些复杂情况的特殊风荷载定义可以在 SATWE 的前处理中通过图 3-139 所示的 SATWE【特殊风荷载定义】进行，与坡屋面有关具体操作我们将在下一章坡屋面问题以及 SATWE 有关章节中讨论。

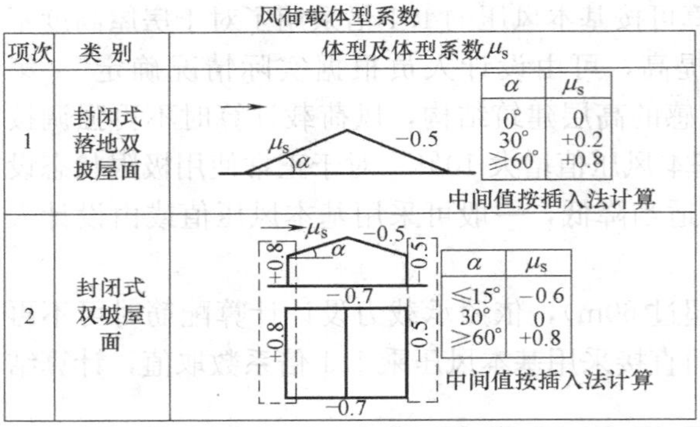

图 3-138　荷载规范表 8.3.1 体型系数

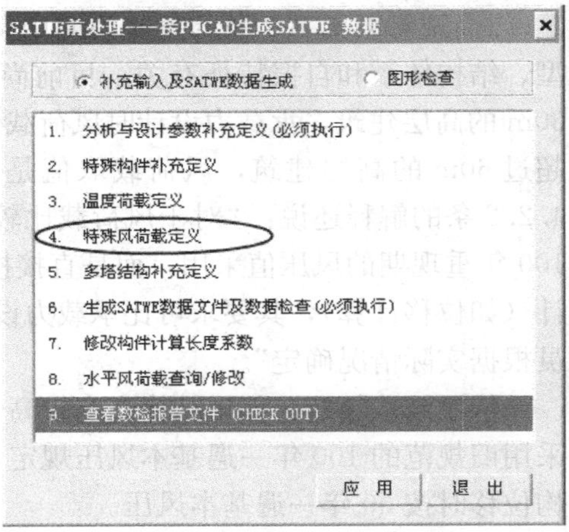

图 3-139　SATWE 特殊风荷载

3.7.4　钢筋信息

钢筋信息对话框内容如图 3-140 所示，在该对话框中定义钢筋的设计强度值，软件已自动按《混凝土规范》第 4.2.3 条规定的钢筋强度设计值给出了默认值，通常不需修改。

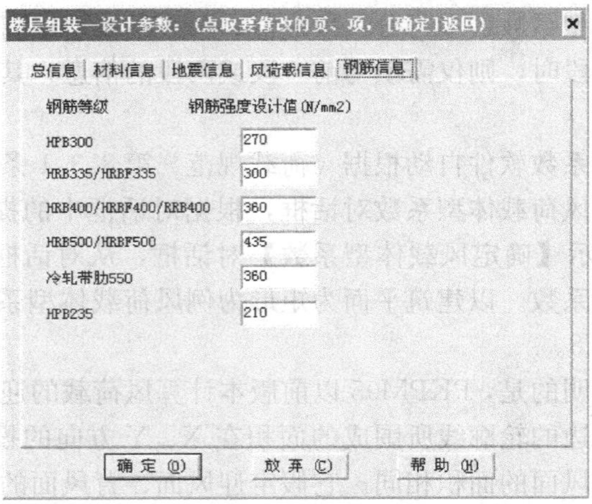

图 3-140　钢筋信息

设计实例（建模 34）—3-34 设计参数

[1]　点击【设计参数】菜单，打开设计参数对话框。

[2] 结合“设计实例-1”确定的部分参数，分别按图 3-133～图 3-140 所示，向相应的参数表单输入相应的参数。

3.8 楼层组装

通过本章前面几节，我们基本掌握了建立楼层模型的基本方法和注意事项，当楼层模型建好之后，我们还需要通过楼层组装，将已输入完毕的各标准层按指定的次序搭建为结构整体设计模型才算真正完成了结构建模工作。

与 PMCAD05 版相比，PMCAD2010 的楼层组装功能得到很大的改进，这就是通过设立广义层概念，使得 PKPM 具有了设计更加错综复杂的建筑结构的能力。PMCAD2010 的楼层组装可以分为比较简单的普通楼层组装和比较复杂的广义楼层组装两种。

3.8.1 普通建筑结构的楼层组装

点击【楼层组装】菜单，打开图 3-141 所示的【楼层组装】对话框即可进行楼层组装。楼层组装的方法是：选择【复制层数】，选择【标准层】号，输入【层高】，选择【自定计算层底标高】或用户自行定义层底标高，点击【增加】，则软件在右侧【组装结果】栏中显示组装后的自然层号。

普通楼层组装时，PMCAD 会按照【复制层数】、【标准层】和输入的层高的数据，按照【增加】的先后顺序，自动向上累加确定组装自然层的层底标高。

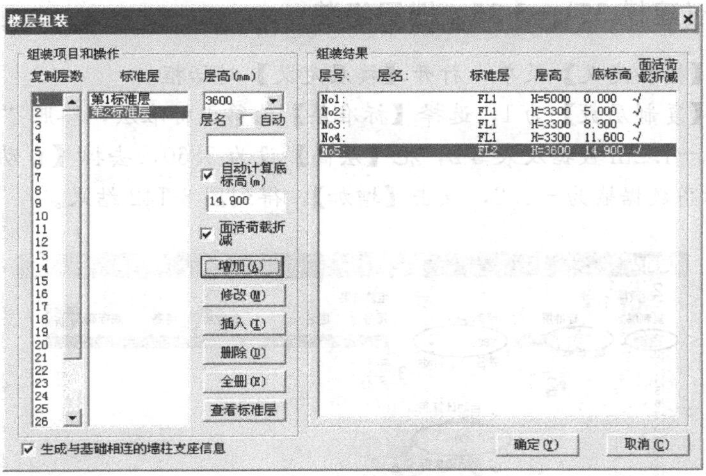

图 3-141 楼层组装

若要修改组装后的自然层，则可点击对话框的【修改】、【删除】、【全删】进行修改操作。

1. 楼层组装注意的问题

在进行楼层组装时，需要注意选定正确的【复制层数】和【层高】等数据。

(1) 首层层高

由于建筑结构的上部结构起算高度是从基础顶面开始，在基础设计尚未开始时，可以按照事先估算的层高计算首层层高。

(2) 标准层的被组装顺序和次数没有限制

在以组装好的自然层中间插入新的楼层，各层标高自动调整。在楼层组装时，可根据结构标准层实际出现的位置，多次穿插使用同一个结构标准层。但是，对于普通楼层组装，不管结构标准层的组装顺序如何，自然楼层组装必须按照从低到高的顺序进行。

(3) 除第1自然层之外，普通楼层组装的特点是由软件自动计算被组装楼层的底标高。

(4) 等层高多塔建筑可用普通楼层组装方式建模

对于多塔建筑，如果不同塔楼处于同一个楼层号的层高相同，则可按照其平面位置在相应位置布置结构构件及荷载，最后组装成多塔结构设计模型。

(5) 生成与基础相连的墙柱支座信息与【设置支座】操作

通常情况下，需要勾选【楼层组装】对话框的【生成与基础相连的墙柱支座信息】项，以便PMCAD可以正确判断和设计常规工程与基础相连的墙柱信息，并为JCCAD生成上部结构定位信息，方便进行基础设计。

如果遇到底层柱墙下的基础顶标高不同的情况，则可以点击【楼层组装】/【支座设置】菜单，修改基础顶标高。

(6) 地下室部分通常应与地上部分共同参与结构建模和三维空间整体分析。地下室建筑的外墙承受的土层侧压力和水头压力可以在SATWE中由软件自动统计。

2. 普通楼层组装实例

设计实例（建模35）—3-35、楼层组装

[1] 点击【楼层定义】菜单，打开【楼层定义】对话框。

[2] 选择【复制层数】为1，选择【标准层】为第1标准层，参照"设计实例-1"确定的基础顶标高−1.2m数据及表3-2，把【层高】设为5860，去掉【自动计算层底标高】勾选，把层底标高数据输为−1.2，点击【增加】，得到图3-142结果。

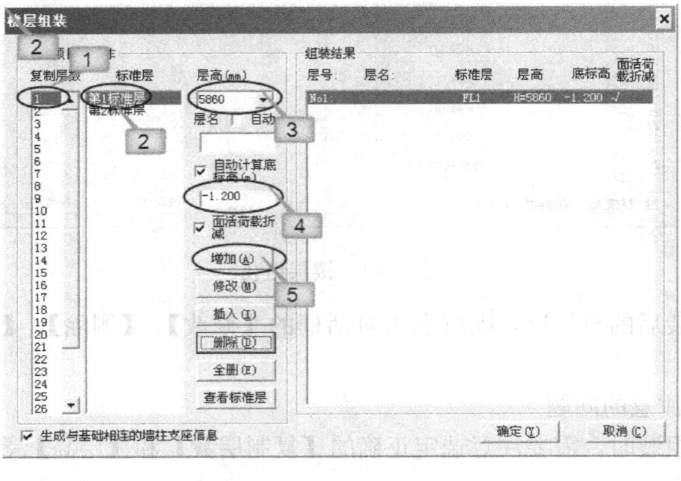

图3-142 组装第1结构层

[3] 仍选择【复制层数】为1，选择【标准层】为第2标准层，勾选【自动计算层底标

高】，把【层高】设置为 4000，点击【增加】得到第 2 自然层组装结果如图 3-143 所示。

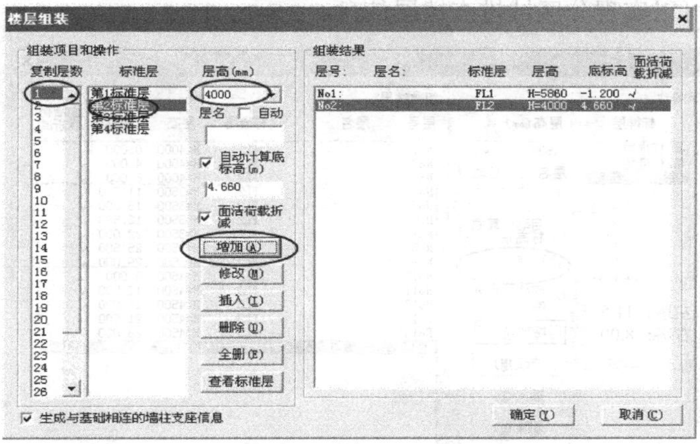

图 3-143　组装第 2 结构层

［4］　由于第 3 层为屋顶坡屋面，将在下一章坡屋面部分做详细讨论。

3.8.2　广义层及楼层组装

在楼层组装时引入“广义层”的概念，是 PKPM2008 跨版本升级时对原来的 PKPM05 所做的一个最重要改进。

广义楼层组装方式可从用来组装更加复杂的不对称多塔结构、连体结构，或者楼层不是很明确的体育场馆、工业厂房等建筑形式。广义楼层方式不仅仅改变了用户的操作，也使 PKPM 软件内部的数据结构和数据组织发生了革命性改变。

1. 广义层

广义层的实现，是通过在楼层组装时为每一个楼层增加一个“层底标高”参数来完成的，这个标高通常是参照建筑的第一自然层的层底标高而来的。有了每一个参与组装的标准层的“层底标高”这个参数，参与组装的楼层在整体结构模型中空间位置则可以由用户自行确定，程序不再需要向普通楼层组装那样，依照组装的先后顺序来判断楼层的空间位置，而改为根据用户给定的位置进行整体模型的组装与生成。

因此，广义层实际上是与组装时的自然层号无关，而其空间位置是由“层底标高”参数定义的一种楼层模型。也就是说，每个楼层不再仅仅与唯一上层和唯一下层相连，而可能上接多个层模型和下接多个层模型，甚至通过设置柱、墙、斜梁等构件的上延和下延，改变原来构件传载仅限于本层构件之间进行的模式。由于采用这种楼层组装时，层模型可以高度自由化地实现层间连接及传载关系，故称之为广义层。

2. 广义层组装

图 3-144～图 3-147 为广义层组装例子及相关图形模型。

3.8.3　楼层组装菜单介绍

点击交互输入结构模型的【楼层组装】菜单，可以进入图 3-148 所示的楼层组装下层子菜单，下面我们介绍一下除【楼层组装】之外的其他菜单功能。

1. 全楼信息

PKPM2010（V1.3）在【楼层组装】下增加了【全楼信息】子菜单，通过该菜单弹出的如图 3-149 所示【全楼各层信息】对话框，我们可以在对话框表格中进一步校对在楼层信息中输入的梁柱板墙、混凝土标号等信息，使得信息更加方便集中。同时当用广义层组装结构时，还可以实现分区域排查楼层信息。

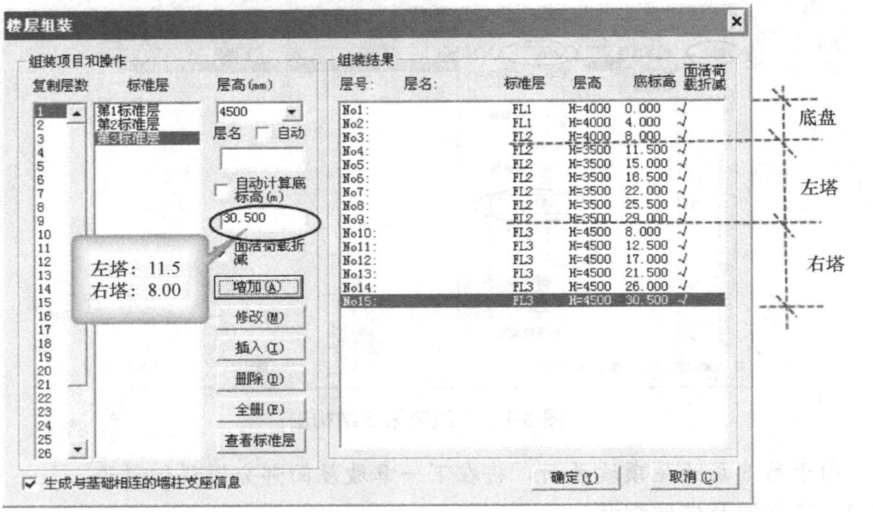

图 3-144　广义层组装参数

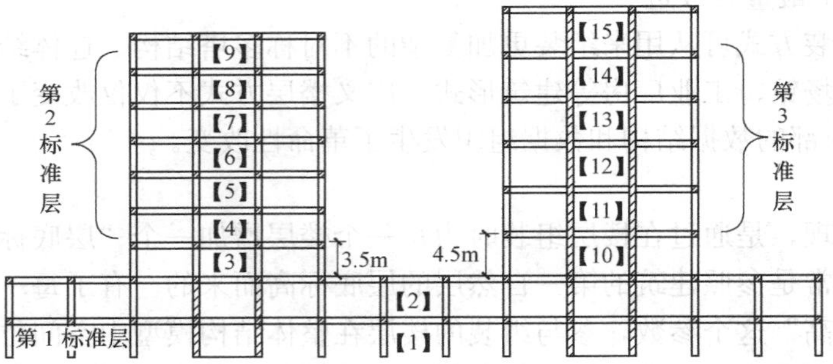

图 3-145　广义层组装模型剖视说明

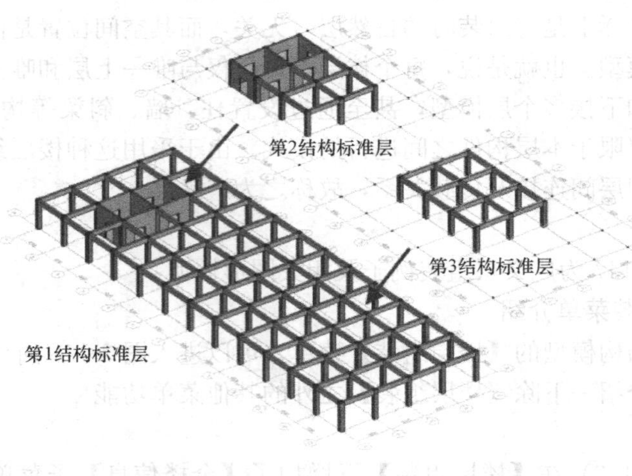

图 3-146　广义层组装时的楼层模型

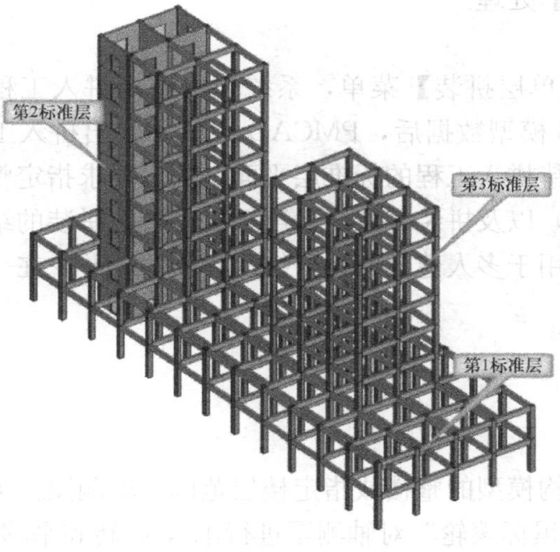

图 3-147　广义层组装后的三维透视图

图 3-148　楼层组装菜单

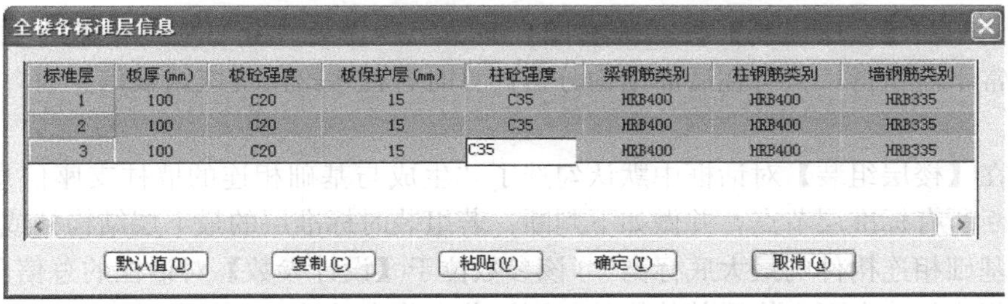
全楼各标准层信息

标准层	板厚(mm)	板砼强度	板保护层(mm)	柱砼强度	梁钢筋类别	柱钢筋类别	墙钢筋类别
1	100	C20	15	C35	HRB400	HRB400	HRB335
2	100	C20	15	C35	HRB400	HRB400	HRB335
3	100	C20	15	C35	HRB400	HRB400	HRB335

图 3-149　全楼信息对话框

2. 节点下传

由于 PKPM2010 采用了分层网格模型，各个标准层可以有不同的网格，即在第一标准层创建网格并输入构件之后，通过楼层复制把已经建好的网格复制到第二层时，PM-CAD 会在第二层创建一个新的网格并复制第一层的内容。在第二层对网格修改不会引起第一层或其他层的改变。这种建模方式提高了模型的稳定性。但如果用户在第二层修改网格并布置构件后，可能会使上层的竖向构件节点在下一层找不到与之相连的下层构件，从而导致传载路径异常断开，从而影响之后的结构计算分析的正确进行并报错提示。

【节点下传】就是为了解决这个问题而设，点击【节点下传】，程序弹出一个窗口，用户可以选择【自动下传】和【交互下传】两种方式中的一种进行下传操作。

如上层柱对应的下层墙所在的柱位置处没有节点，通过节点下传，程序会在下层墙中对应上层柱位置增加一个网点并把该墙断开，这样上层柱就可以通过断开后墙的节点实现力的下传。

通常【自动下传】可以解决模型中类似的大多数错误，可以处理梁托柱、梁托墙、梁托斜杆、墙托柱、墙托斜杆、斜杆上接梁等情况。在退出 PMCAD 时弹出的【选择后续操作】对话框中也会默认进行【自动下传】操作。PMCAD 自动下传时不自动检查“上节点高”调整了的网点、不检查上下层平面投影交叉的墙及梁构件，这部分构件如果出现错误提示，则需要我们自己通过【交互下传】处理。

3. 单层拼装

在当前工程的某个标准层下，点击【单层拼装】菜单，系统弹出选择拼入工程对话框，选中要拼入的工程并读入工程的JWS模型数据后，PMCAD读取并弹出拼入工程的楼层表供设计人员选择后，程序继续读入待拼入工程的标准层平面，之后要求指定整体拼装或局部拼装（局部拼装需选择拼装内容）以及拼装基点、角度等，即可把拼装的结构插入到当前工程的当前标准层中。该菜单可用于多人建模或拆分结构模型的合并，在一般的结构设计中通常不需进行此操作。

4. 整体拼装

其操作类似单层拼装，不再赘述。

5. 整楼显示

点击【整楼显示】菜单，可以查看结构模型的整楼或指定楼层范围的轴测图。可以通过“【Ctrl】＋鼠标滚轮”或“【Shift】＋鼠标滚轮”对轴测图进行平滑 旋转和平移观察，检查结构是否有错误。

6. 设置支座

通常由于在【楼层组装】会默认选择有PMCAD自动设置与基础相连的支座，所以此菜单通常不需执行，只有在后面结构分析计算时若程序给出支座错误信息时，才需执行此菜单。

如果在【楼层组装】对话框中默认勾选了“生成与基础相连的墙柱支座信息”，则程序自动判断所有标准层节点，并做如下判断：若组装时标准层的最下层结构柱或墙底标高低于“与基础相连构件的最大底标高”（该参数位于【设计参数】对话框的总信息内），且与该墙柱相连的节点下方均无其他构件，则该节点将自动设置成与基础相连的支座。

当结构过于复杂或建模存在错误时，可能会导致自动生成支座有误，此时则需要使用此菜单人工设置或删除错误位置的支座信息。

3.9 退出、保存与查错修改

通过前面几节，我们已经掌握了PMCAD创建结构模型的基本方法和操作过程，下面我们介绍PMCAD创建结构模型的最后几个内容。

3.9.1 退出保存、查错信息定位与修改

创建好结构设计模型或创建结构模型中间退出PMCAD时，软件会弹出图3-150所示对话框，提示用户保存模型数据。

1. 保存退出选项

点击【保存退出】后，PMCAD还会继续弹出对话框如图3-150所示。如果是建模中间退出，由于模型尚未创建完毕，则可去掉对话框中所有勾选项后点击【确定】。需要特别注意的是，模型尚未创建完毕中间退出时，务必去掉【清理无用的网格、节点】勾选项，以免PMCAD把尚未布置构件的有用网点或网线清理掉。

2. PMCAD数据检查

如果勾选了图3-151对话框的【检查模型数据】，则PMCAD进行如下内容的检查：

（1）墙洞超出墙高；

（2）两节点间网格数量超过 1 段；

（3）柱、墙下方无构件支撑且没有设置成支座；

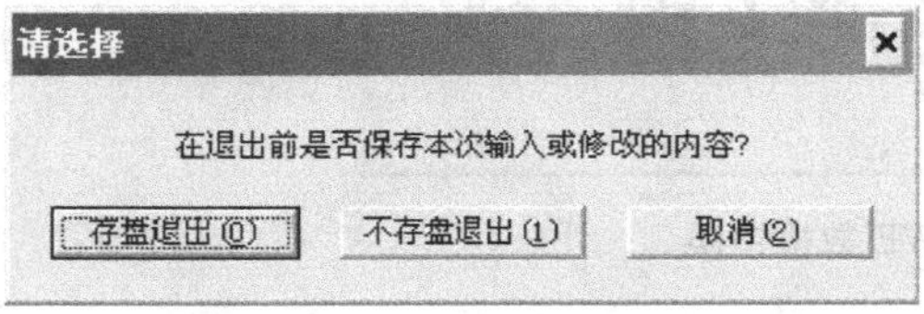

图 3-150　退出保存选择

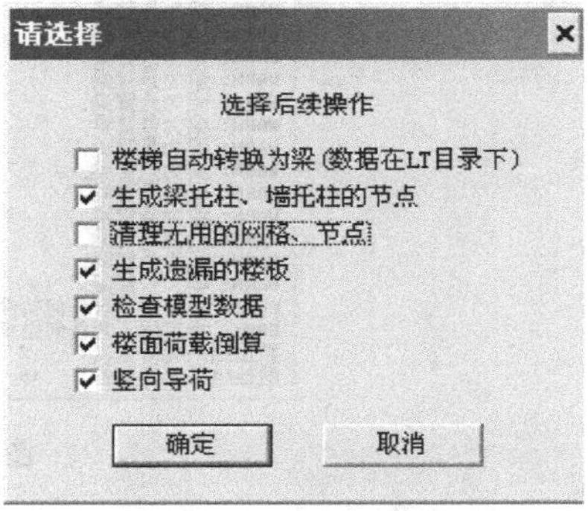

图 3-151　退出保存是操作选择

（4）梁系构件两端没有竖向构件支撑而悬空；

（5）广义层组装时，因底标高输入有误等造成该层悬空；

（6）±0.00 标高以上楼层输入了人防荷载。

PMCAD 发现上述错误后，会弹出图 3-152 所示对话框，用户若点击【返回建模并显示检查结果】，则可以自动回到 PMCAD 交互建模界面，双击错误名称，PMCAD 会自动显示错误所在，如图 3-153 所示，以便用户进行修改查错。

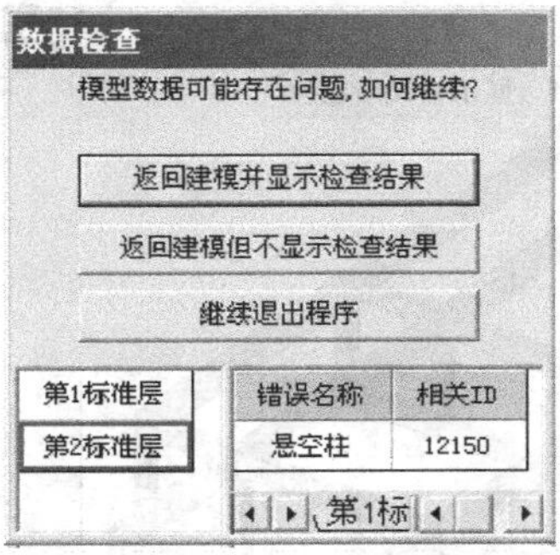

图 3-152　退出保存是操作选择图

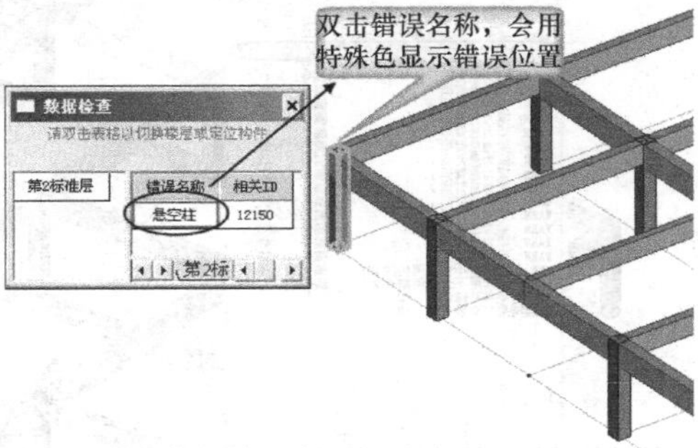

图 3-153　显示错误位置

3. SATWE 数据检查

在此需要进一步指出的是，由于 PMCAD 对模型的检查仅限于上述几种，如在后续执行 SATWE 等其他模块的深度数检时，还可能会显示如图 3-154 所示错误，则仍需要返回 PMCAD 进行检查修改。

若 SATWE 检查出其他模型错误，进入 PMCAD 交互建模界面后，可点击【帮助】/【定位部分 SATWE 数检】菜单，或点击图形区上部的【定位部分 SATWE 数检错误】按钮，打开“CHECK. OUT”文件，按照图 3-155 操作顺序定位并修改模型错误。

3.9.2　对 PMCAD 模型数据异常损坏的恢复

在创建结构模型时，有时难免会出现一些异常情况导致所做工作没有保存而退出了程

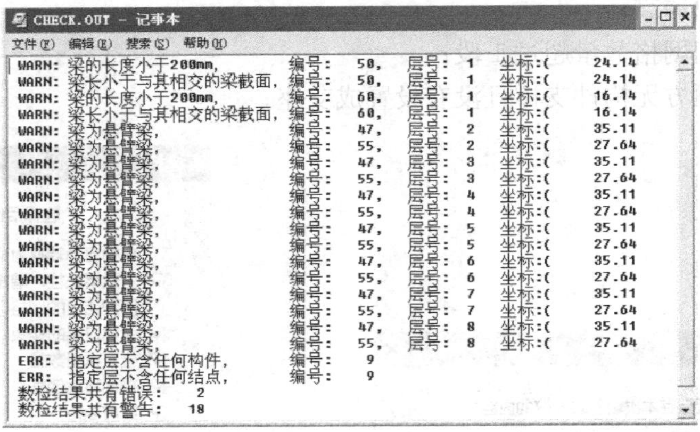

图 3-154　SATWE 数检错误

序（如建模的时候突然停电，导致模型损坏），可以通过 PKPM 的自动保存功能，恢复前面已建好的模型数据。可通过如下具体操作过程，恢复以前的数据。

1. 备份工程数据

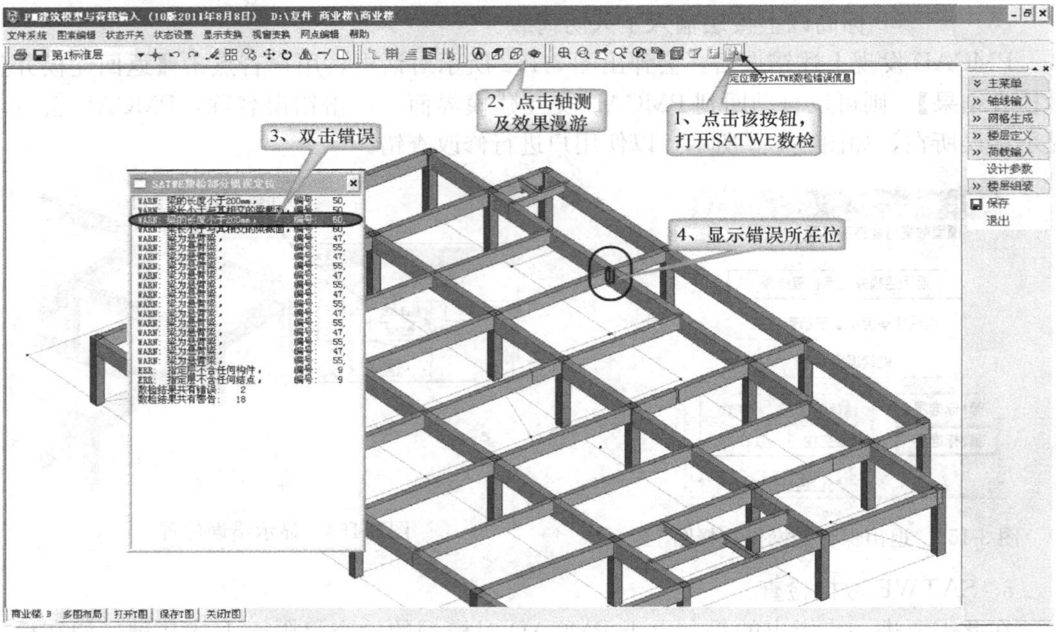

图 3-155　定位 SATWE 数检错误

先将工程数据拷贝至另一目录，把当前工作目录改到备份目录，后再进入 PMCAD 进行操作。

2. 进行数据恢复

执行 PMCAD【帮助】菜单中的【恢复数据】命令，在弹出的图 3-156 对话框中选择需要恢复的记录序号，点击【确定】后，如已进行了楼层组装，则选择【楼层组装】的【整楼模型】查看正常与否（若未进行楼层组装，则可先临时组装一下），若是所需要的则重新选择合适的恢复点进行恢复，若正常则按【保存并进行数据检查】方式退出，再重新进入查看恢复与否。

3. PMCAD2008以后的版本还可这样操作

对于2010年新规范版本及08版本PMCAD模型数据，当模型文件出现异常时，也可按下述方法恢复：

（1）首先新建一个空目录，在新目录位置中进行恢复。

（2）将当前工作目录中的备份压缩包形如abc.zip（其中：abc为工程名）拷贝到空目录中，并解压缩。如无压缩包aa.zip，则可将下面步骤（3）中的文件拷贝到新目录。

（3）解压后的文件aa.1ws，aa.2ws，……aa.9ws（最多9个），可以直接改后缀为JWS文件用PMCAD打开。可按时间排序，找出最接近出错时间的文件，直接改名为AA.JWS。

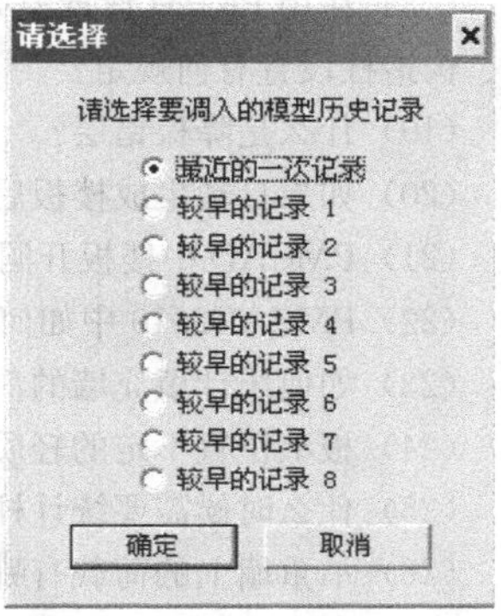

图3-156 数据恢复选项

（4）在PKPM主菜单中更改当前工程目录为第（1）步中新建空目录，进入PMCAD看恢复与否。

（5）如不能恢复，可重复第3步，将aa.1ws、aa.2ws、……aa.9ws（其中：aa为工程名）依次改名为JWS后缀，再进入PMCAD看恢复与否。

（6）如还是不能恢复且模型数据十分重要，则可将abc.zip（其中：abc为工程名）压缩包发送至pub@pkpm.cn，标题写PM模块需要恢复数据，PKPM软件技术人员可以帮助尝试恢复。

思考题与练习题

1. 思考题

（1）简述一下PMCAD的主要流程，它的【交互建模与荷载输入】界面主菜单有哪些？

（2）PMCAD人机交互建模的常用热键是那几个？各有何作用？

（3）PMCAD人机交互建模常用的按钮是那几个？各有何作用？

（4）PMCAD的【楼层定义】下的子菜单是那些？

（5）什么是结构标准层？用PMPM2010交互创建结构设计模型时，如何划分结构标准层？

（6）建筑结构的首层层高如何确定？PMCAD的【设计参数】中的【与基础相连的最大底标高】有何作用？

（7）结构标高与建筑标高的区别？同一建筑楼层做法相同而板厚不同，如何在PMCAD中定义其标高？

（8）如何创建复杂的轴网？如何创建定义轴线名？如何删除或修改一个轴线名？

（9）请说明PMCAD2010网格系统与PMCAD2005相比，有何不同？

（10）请说明轴网在创建结构模型和生成力学分析模型时的作用？

（11）请画图说明一下在《11G1010-1》中规定的框架梁和非框架梁端部钢筋锚固构造做法。

（12）在PMCAD的围板和导荷时，主次梁的作用有何区别？什么样的梁宜按次梁布置？

（13）扭转零刚度和协调扭转设计的主要思想是什么？在PKPM中如何体现这两种方法？你更倾向于那种设计方法？请说出具体的理由。

（14）请说明什么是“虚梁”、“刚性梁”、“刚域”、“虚柱”、“虚板”，并简述一下它们的用途。

（15）PMCAD2010能否在同一根网线上布置两根梁？

(16) 如何进行梁、柱截面初选与定义？PMCAD中如何定义异形柱截面？

(17) PMCAD对构件进行编辑操作的方式有哪些？各有何要点或特点？

(18) 在用PKPM设计混凝土结构时如何处理圈梁、过梁和构造柱？规范对填充墙和女儿墙中的圈梁、构造柱设置有何规定？

(19) 什么是降板错层？

(20) 如果自动生成楼板后又改变了梁的布置，是否需要进行重新生成楼板操作？为什么？

(21) PMCAD中楼板开洞操作有哪些？楼板上洞口多大时可以不在板上布置洞口？

(22) PMCAD2010中如何布置悬挑板？有何特点？

(23) 如何统计填充墙的荷载？开洞和不开洞的填充墙荷载统计方法有何不同？

(24) 板上位置不定的轻质隔墙等效荷载应如何确定？这种隔墙是按恒载输入还是活荷载输入？

(25) 什么时候需要统计柱间和节点荷载？

(26) 承重墙上的荷载有哪些需要统计输入？

(27) PMCAD在那里定义楼面活荷载折减？荷载规范对宿舍和商店建筑的活荷载折减规定有何不同？2010荷载规范与2001荷载规范相比，楼面活荷载折减有何变化？

(28) 楼梯的活荷载是多少？教室的活荷载是多少？2010荷载规范与2001荷载规范相比，在楼梯和教室等活荷载等方面有何变化？对于荷载规范未做规定的房间活荷载如何确定？

(29) PMCAD在进行楼板导荷运算时，平板和斜板是否有区别？设计时应怎样应对？

(30) 什么是广义层？广义层楼层组装的特点是什么？

(31) PMCAD地下室层数参数的作用是什么？

(32) 在PMCAD中，如何定义风荷载和地震作用参数？

(33) PMCAD对模型进行查错修改操作有哪些？如何操作？

(34) 如果PMCAD模型出现打开异常或数据损坏，怎样进行修复？

(35) PKPM中如何实现对三维轴测模型的实时平滑旋转观察和平移观察操作？

(36) 地下室外侧挡土墙荷载包括哪些？如何确定室外地坪附加活荷载？地下车库顶板施工活荷载确定应考虑哪些情况？

2. 练习题

(1) 请自己寻找一套或多套进行设计练习（多层办公楼或教学建筑施工图），并通过PMCAD2010的【AutoCAD平面图向建筑模型转化】操作，用交互识别方式生成轴网系统。

(2) 请在上面操作基础上，划分结构标准层，对该结构采用框架结构体系和现浇楼盖进行结构设计，在第1标准层进行梁、柱、板截面初选及定义，选定主次梁设计方案，以第2层建筑平面图为参考底图进行第1结构层的构件布置。

(3) 显示构件截面尺寸，进行已经布置的构件必要的编辑和修改。

(4) 统计计算楼面、梁上恒载，依据规范确定楼面活荷载，以建筑图为参考底图，进行构件荷载布置，并在界面上显示荷载数值。

(5) 创建新的标准层，通过层间关联编辑，依据建筑图定位，对梁柱进行偏心对齐操作。

(6) 结合该设计，定义PMCAD的设计参数。

(7) 进行楼层组装，并进行校核检查修改。

(8) 请用PMCAD随意创建一个正交轴网，再通过“网格平移”改变某个开间或进深。

第 4 章　混凝土结构的复杂建模问题

学习目标

了解坡屋面结构的受力特点
掌握无阁楼层、带阁楼层、带气窗和类平改坡结构建模技巧及处理方法
掌握坡屋面结构屋面荷载及风荷载处理方法
了解错屋结构的特点
掌握局部错层、整体错层、跃层结构的三种建模方法
掌握楼梯参与结构整体分析的智能楼梯输入方法
了解复杂楼梯的模拟建模过程及方法
了解相关结构规范条文及掌握软件操作方法

本章叙述的坡屋顶、错层结构、楼梯对主体作用与影响等内容，是学习结构 CAD 中比较重要的内容，通过对这些结构设计中常遇的较复杂问题的深入学习理解，能帮助您早日成为一位设计的行家里手。

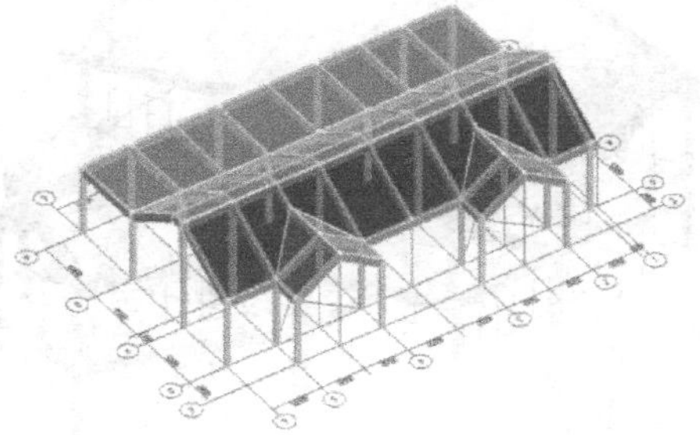

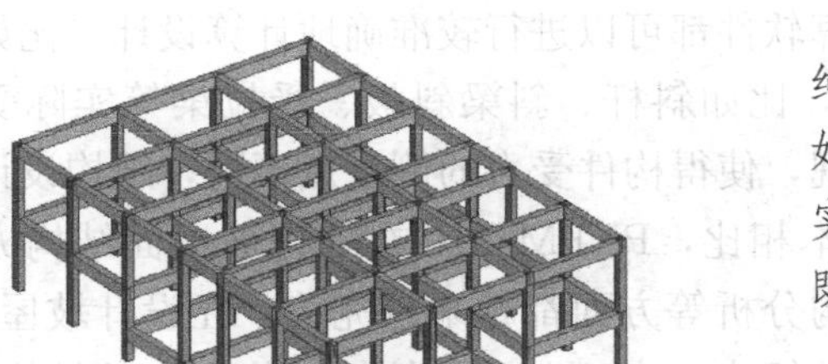

与第 3 章相似，在本章我们也不只是单纯讲解软件操作，而是在叙述过程中，我们始终坚持软件操作、设计方法、规范条文、实例操作的四条主线同时展开，四方面内容既相互融汇，又有序不乱。

因为只有这样才能让您在学习的思辨中，领会 CAD 的真正内涵——CAD 软件仅是个辅助工具，而人的专业素养和态度才是关键。

4.1　坡屋顶结构

坡屋面是中国古建筑不可或缺的一部分，在现代建筑中，由于混凝土材料的广泛使用，使得现代建筑的坡屋面结构有了新的变化。现代建筑的坡屋面风格或造型已不同于传

统的飞檐斗拱，也不再像古建筑那样以砖木瓦为主。

4.1.1　坡屋顶的分类

从建筑学专业角度来说，坡屋面按照坡数分有单坡、两坡、四坡，特殊情况也有 6～8 坡的情况。具体工程中复杂的坡屋面基本均由以上各种基本单元组合而成。

从结构专业角度，通常我们认为坡度大于等于 10°且小于 75°的结构屋面为坡屋面。图 4-1 为框架结构坡屋面的轴测示意图。不同的坡屋面建筑对结构设计有不同的影响，依照坡屋面对结构设计的不同影响，划分为如下几种类型：

1. 无阁楼层的坡屋面

从结构布置方式上看，无阁楼层的坡屋面屋脊有平脊和斜脊两种。图 4-2 给出的是平脊坡屋面。不管是平脊坡屋面还是斜脊坡屋面，其结构内力分布与拱、壳类结构具有相似性，这种屋面，在坡屋面檐口支撑处会产生水平推力。在条件允许时，可在坡屋面檐口标高以上位置设置水平拉梁，这样可以抵消屋面斜梁的部分外张力。

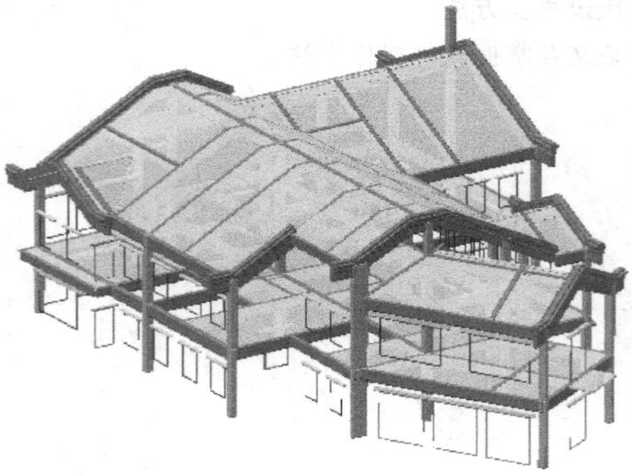

图 4-1　框架结构坡屋面

坡屋面无阁楼层，
其屋面荷载传递给
自己楼层的梁柱

图 4-2　无阁楼层的坡屋面

对于常规梁柱的结构，一般的结构计算软件都可以进行较准确地计算设计（比如 PKPM/TBSA/GSCAD 等），而对于特殊情况，比如斜杆、斜梁斜板、受拉梁等实际受力过程中，杆件可能会有多种受力状况同时出现，使得构件受力的侧重点不同，结构设计中只有抓住重点才是计算正确的关键。与旧版本相比，PKPM2010 在处理坡屋面结构方面有了很大改进，在结构建模、荷载处理、结构分析等方面都越来越完善。在设计坡屋面时，设计者要弄清楚各种荷载的作用形式和软件解决方案，以及与软件功能相应的结构问题。哪些因素可以忽略、哪些可以近似计算乃至哪些必须精确考虑，对于坡屋面设计问题就不难分析了[12]，必要时也可通过有限元程序或其他 CAD 软件进行计算校核分析。

无阁楼层的坡屋面与平屋面结构既有相似之处也有不同的方面：虽然与平屋面建筑一样，坡屋面的屋顶结构与檐口四周的支撑梁或柱都属于同一个结构层，但是无阁楼层坡屋面在受力方面与平屋面有着本质区别，设计时应在受力分析的基础上进行人工调整。

（1）在计算坡屋面板配筋时，除了荷载应按水平投影的方式进行集聚折算之外，由于坡屋面板的空间作用和平面内外的综合受力，设计人员还应自行考虑屋面板可能出现轴向力，配筋应双层双向拉通，并适当加密钢筋间距。

（2）没有设置拉梁的斜屋面屋脊梁（包括三叉折梁）除受弯矩外还承受较大的轴向压力，而 PKPM 软件在计算配筋时目前尚没有自动考虑梁构件轴向压力的影响，同时屋脊梁的楼板翼缘作用有限，不应按 T 形梁计算配筋，而应按矩形梁考虑，因此，设计时对屋面斜梁应进行手算校核，SATWE 的【分析结果图形和文本显示】/【混凝土构件配筋和钢构件验算简图】中有【梁压弯算】菜单，通过它可以对弯压梁进行配筋设计校核。若调整屋面斜梁配筋，还应该按照"强柱弱梁强剪弱弯"原则，对柱做相应的调整。

（3）坡屋面在设计时考虑了空间整体作用，各构件之间相互作用明显，对施工也应提出相应要求，整个坡屋面包括下弦拉梁应同时浇筑，以保证坡屋面的整体作用不被削弱。

2. 带阁楼层的坡屋面

阁楼层或暗楼，是指在房屋建成后，因各种需要，利用房间内部空间的上部搭建的楼层，阁楼层靠近檐口的地方，一般人不能直立。无采光、通风窗的阁楼层称为暗楼，有采光或通风窗，可以居住的为阁楼，如图 4-3 为某住宅建筑的剖面图，从图中可以看出其顶层设有阁楼层，阁楼层屋面结构可采用轻钢结构或混凝土结构，图 4-4 为某阁楼层装饰效果图。

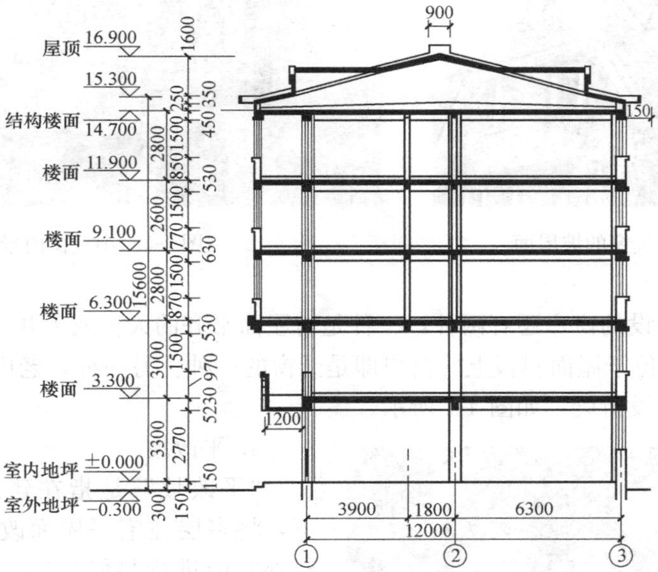

图 4-3　带阁楼层的坡层面

图 4-4　某阁楼层装饰效果

当阁楼层屋面采用轻钢结构而其他层采用混凝土结构时，阁楼层部分可与下部混凝土结构分开设计，此时的结构就退化为平屋面结构，但是设计时，不能漏失阁楼层轻钢结构施加在下部结构之上的荷载，这种结构上不属于坡屋面的结构，其设计方法可采用上一章所述方法创建结构模型。

当阁楼层屋面采用混凝土结构时，阁楼层在用 PMCAD 创建结构模型时，应该按照一个独立的结构层进行处理。由于其侧向墙高度较小或接近于零，可能会使得阁楼层斜屋面梁板与下一层结构共用一根主梁或框架柱，从而使得阁楼层建模时的围板、传载带来一些复杂变化。

3. 带小气窗的坡屋面

小气窗通常指为通风换气，而在屋顶设置的突出屋面的窗。由于气窗通常较小，在结构上通常仅由折板构成，如图 4-5 和图 4-6 所示。当气窗较多且其所占据屋面面积较小时，为了简化设计建模工作量，可以在设计主体结构时暂不考虑其构件布置或荷载，最后依照经验或简化设计方法单独设计气窗部分，通常小气窗配筋可以采用与坡屋面板相同的配筋，钢筋采用遇气窗弯折连续通过方式布筋，楼板弯折处可以视情况附加一定数量的附加钢筋。

图 4-5 带小气窗的坡屋面

图 4-6 小气窗内景

在坡屋面上开设的窗户还有两种，一种是与屋面平齐的天窗或天井，结构处理为板上开洞，图 4-3 所示位于屋面斜板上的窗户即是天窗的一种。另一种是老虎窗，较大尺寸的老虎窗可能需要布设折梁，如图 4-7 所示。

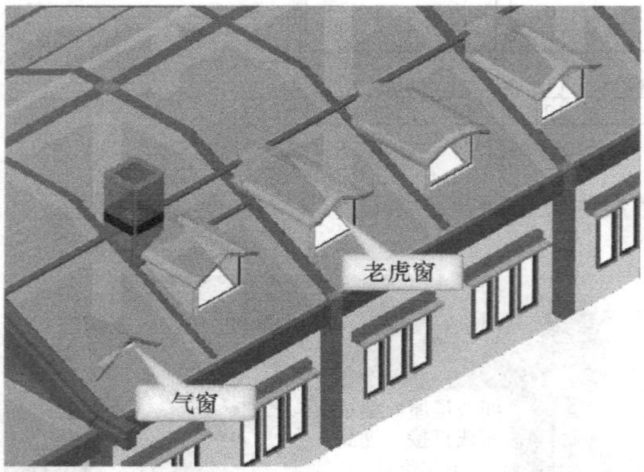

图 4-7 坡屋面老虎窗

4. 平改坡

“平改坡”是指在建筑结构许可条件下，将多层住宅平屋面改建成坡屋顶，并对外立面进行整修粉饰，达到改善住宅性能和建筑物外观视觉效果的房屋修缮行为。“平改坡”可以改善老式顶层房屋的保温隔热和防水功能，改善城市市容环境。

平改坡设计时要首先观察原建筑是否有裂缝、沉降不均匀等现象，判断建筑物的沉降是否已经稳定或者尚在进行中，如果存在以上问题，应慎重处理，以免建筑物沉降时损坏新作屋面的防水层。必要时平改坡设计之前需要对原建筑结构构件的承载力、地基承载力等进行检测，依据检测报告进行平改坡设计。平改坡需要保证原有结构的安全，必要时需依据平改坡所增加的荷载，对原有建筑结构承载力及地基基础承载力验算。

平改坡建筑设计可参照 03J203《平屋面改坡屋面建筑构造》(GJBT-637)。平改坡可依据情况采用轻钢结构平改坡、轻型木桁架平改坡等多种结构形式。采用轻钢结构平改坡时，其平改坡结构设计主要包括改坡增加结构的基脚设计（锚固与屋顶的）、骨架设计、山墙设计和屋面设计几个方面。

对于砖混结构建筑，平改坡部分的基脚通常采用在与原有承重墙重合的位置增设卧梁或架空梁（梁两端搁置在原有承重墙的位置上）方式。对于框架结构，可在原有框架柱上直接起钢筋混凝土立柱。卧梁、圈梁、架空梁及立柱均采用植筋方式与原屋面的承重构件连接牢靠。坡屋面山墙采用配筋约束砌体，坡屋面骨架多采用轻钢结构屋架和檩条体系，轻钢屋架要与卧梁或短柱预埋件连接牢靠，坡屋面多采用油毡瓦屋面、合成树脂瓦屋面、彩钢板屋面和彩色混凝土瓦屋面等。某住宅建筑的平改坡施工现场如图 4-8 所示。

在进行新的建筑坡屋面结构设计时，如果建筑和其他专业允许，为了降低造价也可以采用平改坡方式进行坡屋面设计。

5. 跃层坡屋面

该种坡屋面如图 4-9 所示。跃层坡屋面结构多出现于别墅建筑中，由于 PKPM2010 允许梁跨层传载，其建模方法与其他坡屋面基本类似，只要设定了正确的梁端标高和柱顶标高即可，具体理解可参照本章后面设计实例。

图 4-8　某建筑平改坡施工现场

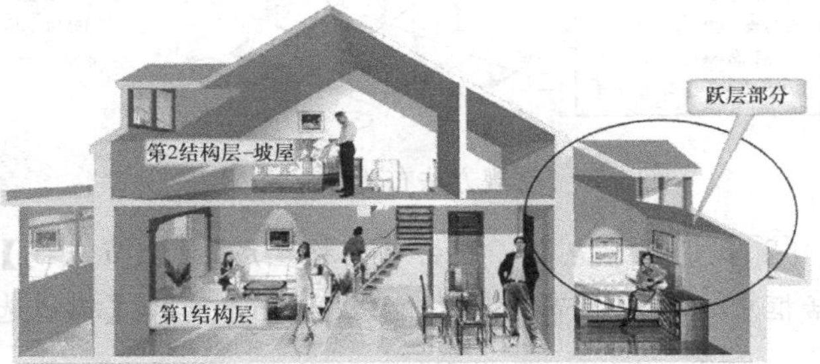

图 4-9　带跃层的坡屋面

4.1.2　创建坡屋面结构设计模型

坡屋面结构与普通楼层的区别在于坡屋面结构有斜梁以及以斜梁为边界的斜板构件，在创建设计模型过程中，用户首先需要依照建筑条件布设正确的斜梁，之后 PMCAD 的【生成楼板】会自动生成斜板构件。

1. 无阁楼层的坡屋面建模

用 PMCAD 建模时，斜梁的输入方式有两种：第一种可以用修改本楼层的上节点高来实现斜梁定义，另一种是输入梁两端的高差方式布置斜梁。

（1）通过调上节点高布置斜屋面

在 PMCAD 中，软件默认网点的下节点位于楼层的底部，网格的上节点标高为 0 时，该上节点位于楼层组装层高位置。墙、柱以及斜杆构件处于上下两个节点之间（斜杆可以设置其上下端离开节点的高度，而柱则只能设置离开下节点的距离），梁构件则位于上节点之上（梁可设置其离开端节点的高度）。在布置构件时，在构件布置对话框修改构件的端部标高是相对其端节点而言的，这是在结构布置时必须加以注意的方面。

对于楼层关系比较复杂的错层结构中，采用调节点上标高的方式还是比较复杂的，需要时刻保持头脑清醒才行，如果下层节点的上节点降了下来，而上层柱的下端忘了下伸则上层柱就成了悬空柱。

虽然调节点标高方式有这么多问题需要注意，但是对于只存在于建筑顶层的坡屋面来说，调整网点的上节点高却是一个很简洁的创建坡屋面的方法，因为不管如何调节点，其上面不会再有其他楼层需要考虑了。

在实际操作时，您会发现如果通过菜单 PMCAD 的人机交互建模模块的【网格生成】/【上节点高】调整了上节点位置，就可以联动与该节点相连的墙、柱、梁构件改变空间位置。通过改变【上节点高】操作定义坡屋面斜梁是一种常用的坡屋面建模方式。

操作示例——调上节点高

［1］ 先按惯常方式创建平顶结构：新定义一个工作目录和工程名，进入 PMCAD 人机交互界面，创建网格，布置梁柱构件，具体过程不再叙述，操作过程及构件布置参数如图 4-10、图 4-11 所示。

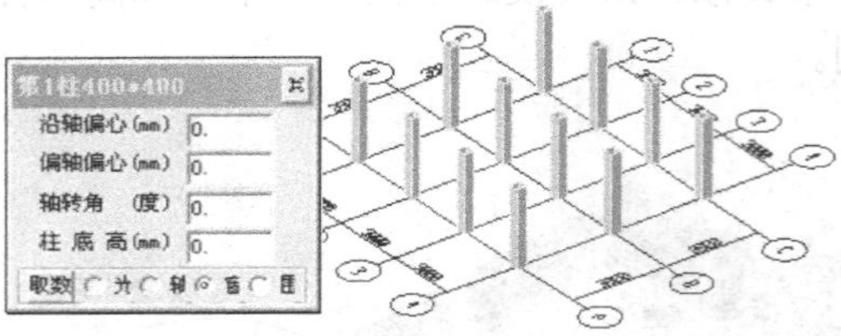

图 4-10 常规方法布置柱

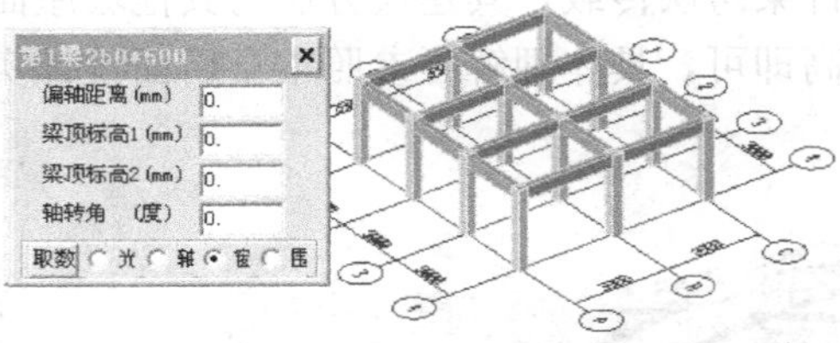

图 4-11 常规方法布置梁

［2］ 调上节点高：点击【网格生成】/【上节点高】菜单，在弹出的【设置上节点高】对话框中，输入上节点高度值 1500mm，选择【轴线选择】方式，如图 4-12 所示。

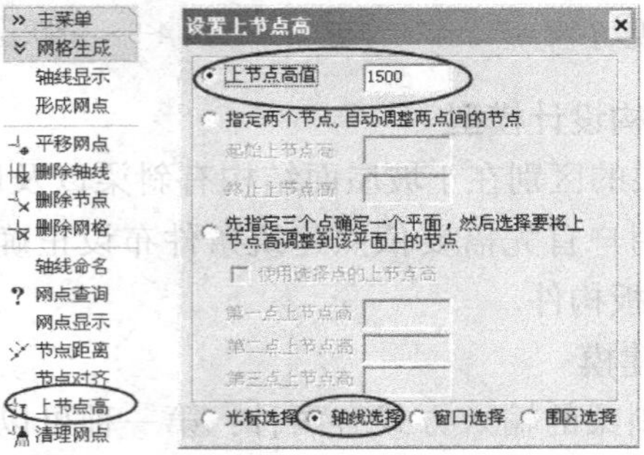

图 4-12 设置上节点高

［3］ 观察结果：移动鼠标，依照图 4-13 提示，选择图中 B 轴所在网线后，B 轴网格上节点上移 1500mm，右击鼠标结束操作，即可发现与上移节点相连的梁、柱都与节点一起上移，坡屋面斜梁及柱高度调整完毕。

［4］ 点击【本层信息】菜单，从弹出的【本层信息】对话框定义现浇板厚度。本操作示例假定屋面板厚度为 100mm，混凝土标号为 C30。

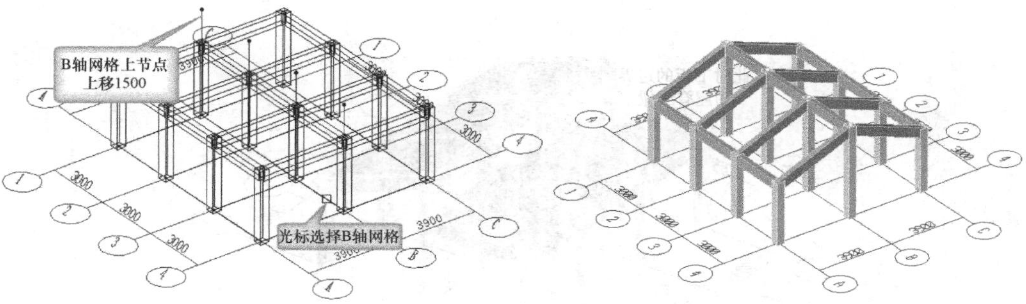

(a)　　　　　　　　　　　　　　　　(b)

图 4-13　设置上节点高定义坡屋斜梁

［5］ 点击【楼板生成】/【生成楼板】菜单，PMCAD自动生成坡屋面现浇板如图 4-14 所示。从图4-14可以看到，PMCAD 生成楼板时能自动以斜梁为边界生成斜板。

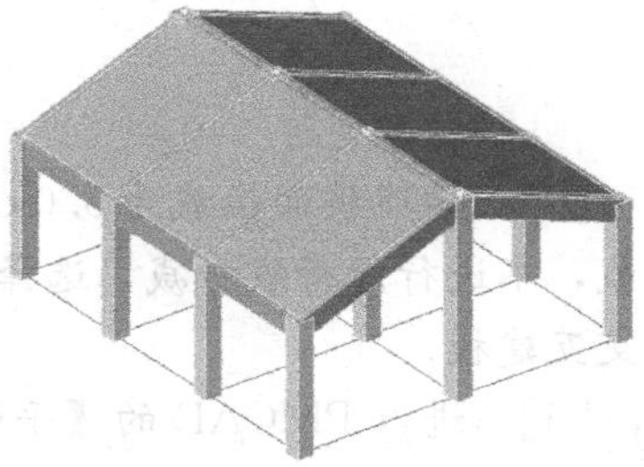

图 4-14　生成屋面斜板

（2）通过梁两端高差定义歇山型斜屋面

在前面调上节点高度布设斜屋面的方式适合于屋面斜梁与柱顶平齐的斜屋面，当遇到歇山型斜屋面时，支撑与柱上的屋面斜梁顶标高并不一致，此时则可通过定义梁两端标高方式顶替斜屋面。

操作示例——定义梁两端标高

［1］ 在上面操作示例基础上，分别把鼠标移动到A～B轴间的 1～4 轴主梁上之后右击鼠标，在弹出的【构件信息】对话框中，重新定义【2 端梁顶标高（mm)】为－1500，并点击【应用】。操作过程如图 4-15 所示。

［2］ 点击【楼板生成】/【修改板厚】菜单，但不进行具体的修改操作（目的是为了显示楼板轴测效果）。

［3］ 点击【透视视图】和【实时漫游】按钮，得到图 4-16 所示模型轴测图。观察发现此时尽管软件可以自动生成水平屋面板，但是其边界为屋脊框架梁，需要进一步修正模型。

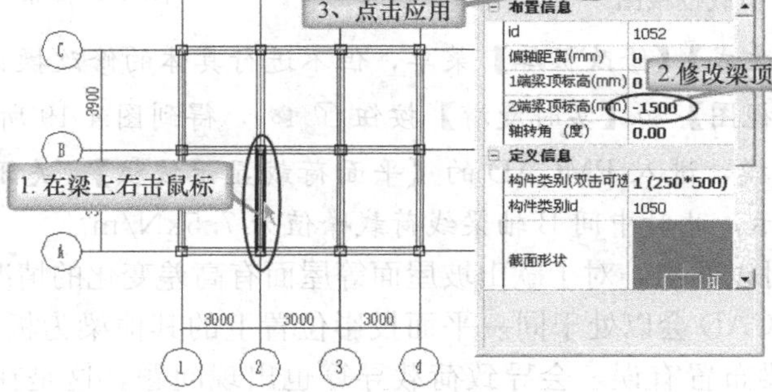

图 4-15　修改梁顶标高

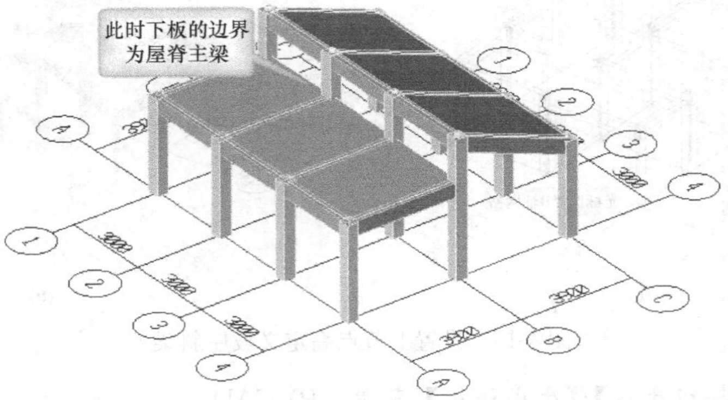

图 4-16　轴测图

［4］　按照楼面恒载为 5.0kN/m²，活载为 0.5kN/m²，不自动计算现浇板重布置屋面荷载，不进行活荷载折减，选择软件默认的【设计参数】，并进行单层楼层组装，退出人机交互建模。

［5］　进入 PMCAD 的【平面荷载显示校核】，关闭活载显示，得到梁上恒载如图4-17所示，此时中间 B 轴梁载荷峰值为 15。

［6］　重新进入 PMCAD 的人机交互建模，点击【楼层定义】/【主梁布置】，在弹出的图 4-18 梁布置参数对话框中分别定义梁两端相对上节点高度为－1500，选择轴线布置方式，点击 B 轴线网线。

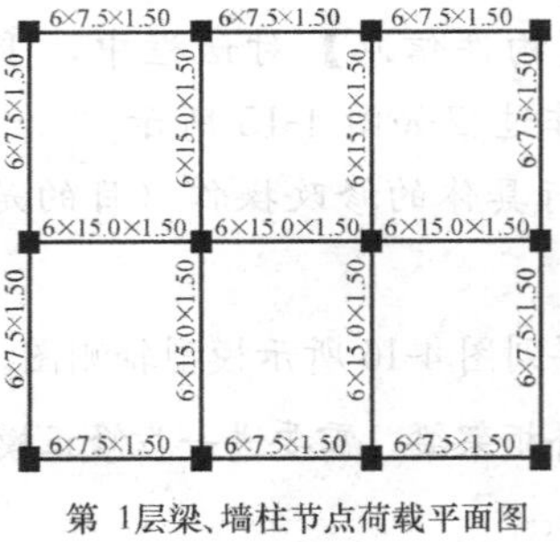

图 4-17　梁上恒载校核图

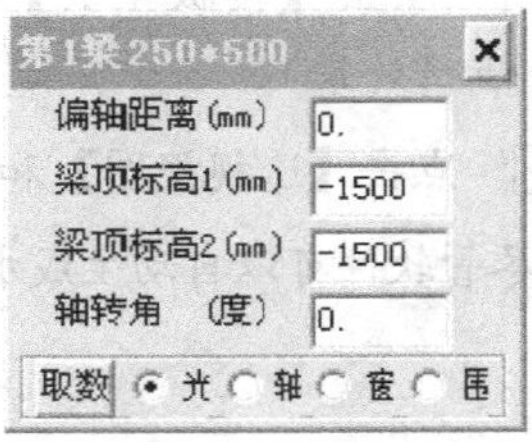

图 4-18　布置层间梁参数

［7］　点击【楼板生成】/【修改板厚】菜单，但不进行具体的修改操作。

［8］　点击【透视视图】和【实时漫游】按钮，得到图 4-19 所示模型轴测图。

［9］　退出交互建模，进入 PMCAD 的【平面荷载显示校核】，关闭活载显示，得到梁上恒载如图 4-20 所示，此时中间 B 轴梁线荷载峰值为 7.5kN/m。

从上面操作示例可以看出，对于歇山坡屋面等屋面有高差变化的情况，如果对下位坡屋面不布置边梁，PMCAD 会以处于同一平面投影位置上的其他梁为板块边界生成楼板，但是荷载导算时由于梁布置有误，会导致荷载导算也出现问题，这是在具体设计时要注意的。

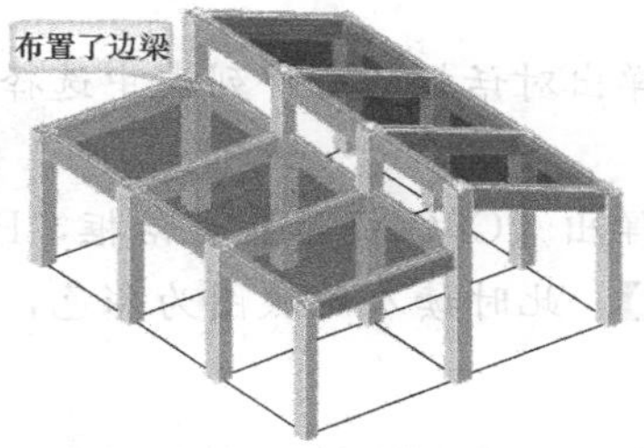

图 4-19　布置平屋面边梁后轴测图

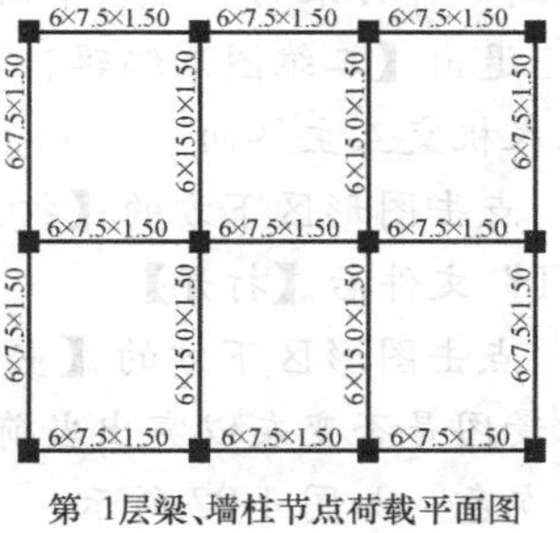

图 4-20　布置边梁后脊梁载荷

设计建议

[1]　屋面梁皆支撑于柱顶的坡屋面可采用调整上节点高方式形成坡屋面。

[2]　屋面梁不全支撑与柱顶的歇山型坡屋面可用设置梁两端不同标高方式形成坡屋面。

[3]　有的研究者建议按屋脊最高处的高度设层高，其他节点的“上节点高”一般设为负值，避免因层高过小引起与层相关的计算指标不正常。

[4]　为保证形成正确的板块和板块荷载的正确传递，每块坡屋面应由梁或承重墙划分成封闭的房间。图 4-21 所示为板块边界不共面时 PMCAD 自动形成的楼板情况。

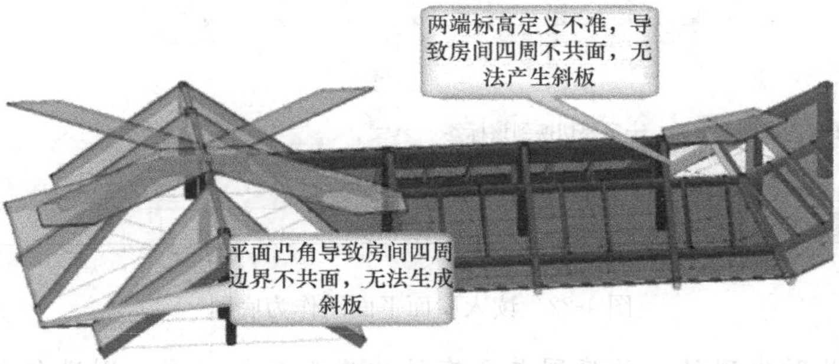

图 4-21　斜板边界不共面

[5]　坡屋面的面荷载要按斜面统计，载荷布置时后，PMCAD 按照水平投影导算荷载，故输入坡屋面荷载时要按斜面荷载值 $q_0/\cos(\alpha)$ 输入，α 为坡屋面与水平面的夹角。软件自动统计楼板自重时，能自动按斜面积计算。

调整梁端标高方式还可用于跃层坡屋面建筑，在此不再进行操作实例演示。下面我们通过详细的操作，来创建本书商业楼坡屋面结构模型。

设计实例（坡屋面 1）—4-1、创建屋面平顶部分的设计模型

[1]　运行 PKPM，选中 PMCAD 模块，选取当前工作目录为第 3 章的“商业楼”文件夹，点击 PMCAD 主界面的【图形编辑及转换】主菜单，进入【二维图形编辑、打印及转换】界面，点击【工具】/【DWG 转 T】菜单，在弹出选择转换文件对话框后，选择

事先复制到工作目录的“屋顶平面图.DWG”文件，转换生成T文件。

[2] 退出【二维图形编辑、打印及转换】界面，点击【建筑模型与荷载输入】主菜单，进入人机交互主界面。

[3] 点击图形区下方的【打开T图】标签，从弹出对话框的文件列表中选择“屋顶平面图.T”文件后【打开】。

[4] 点击图形区下方的【重叠各图】标签，在弹出【CFG提示】对话框，PMCAD询问“背景图是否变灰以突出当前图”时点击【确定】。此时读入的底图为彩色，结构模型图线为灰色，如图4-22所示。

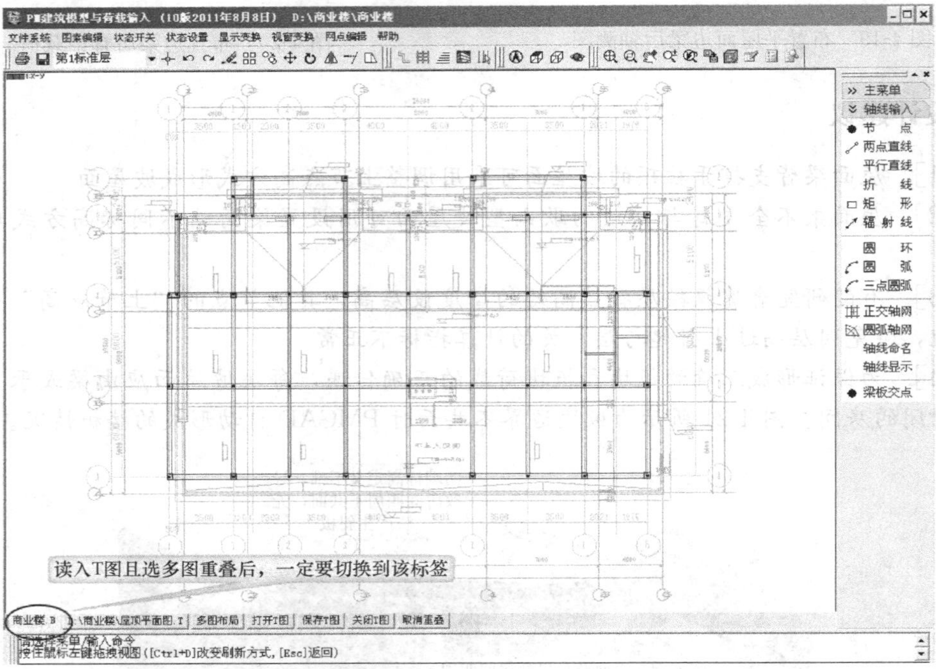

图4-22 读入屋面平面图作为底图

[5] 如果此时发现读入的底图与原有结构模型不能对齐，则进行第[6]～[10]操作。

[6] 点击【商业楼.B】标签，切换到【商业楼.B】后，结构模型图线为彩色，底图颜色变灰。

[7] 点击图形区上方下拉菜单【图素编辑】/【编辑方式】/【ACAD编辑方式】。

[8] 点击上方下拉菜单【图素编辑】/【平移】，点击鼠标右键结束平移，但什么都不要做，点击鼠标右键结束此次平移（目前版本，只有这样做才能保证软件不出错）。

[9] 点击【屋顶平面图.T】标签，切换后结构模型变灰，底图又变为彩色，再点击上方下拉菜单【图素编辑】/【平移】或点击✥按钮，用鼠标框选刚读入的所有底图图形后，右击鼠标，此时命令行显示“请输入基点”，用鼠标选择彩色底图的A轴与1轴交点（底图图线）为平移前基点后，再选择灰色的A轴和1轴交点（模型图线）为目的点，平移T底图与模型对齐，如图4-23所示。

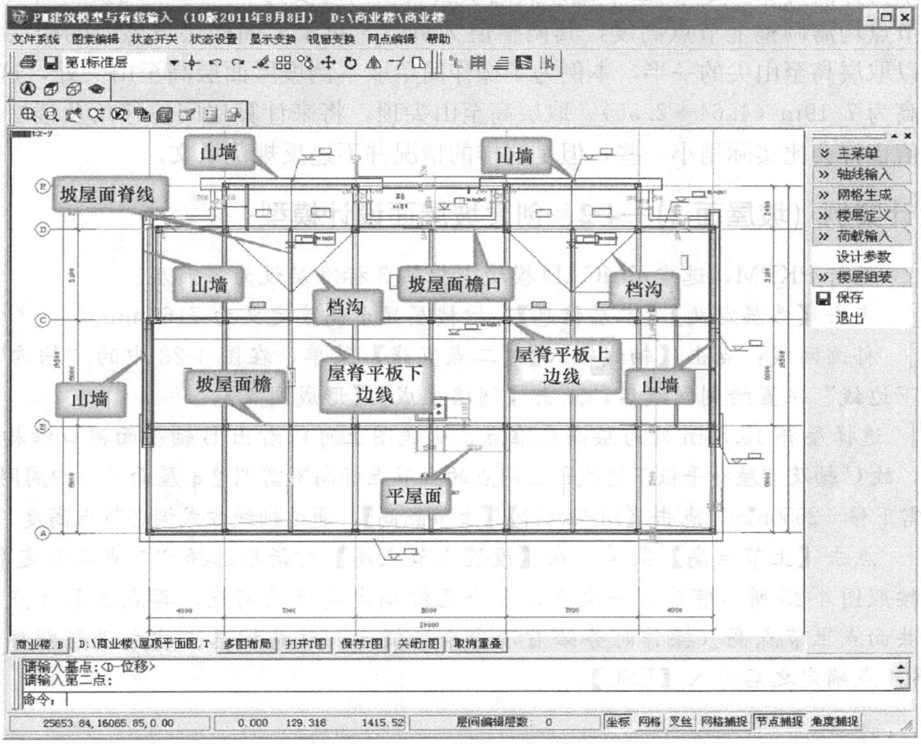

图 4-23　底图对齐

［10］　点击【商业楼.B】标签，切换到【商业楼.B】，开始准备对模型进行其他建模操作。

［11］　点击图形区上方的【选择标准层】下拉框的【添加标准层】，选择【全部复制】方式创建第3结构标准层。

［12］　点击【楼层定义】/【构件删除】菜单，从弹出的【构件删除】对话框勾选【次梁】、【梁】、【板】构件，删除坡屋面下方所有房间的梁、板构件，得到第3结构标准层当前模型如图4-24所示。

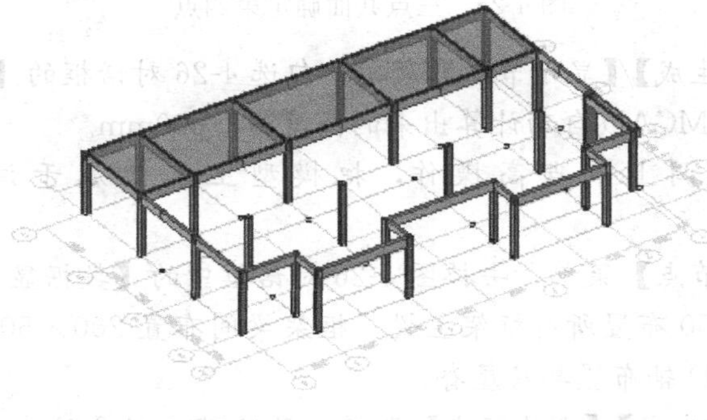
图 4-24　第三层结构标准层

本书设计实例的第3层至檐口的层高为4.64m，坡屋面檐口位置标高为13.30m，C

轴屋脊结构标高为 15.85m，故本设计实例顶层坡屋面高度为 2.55m，凡坡屋面层低于该高度的节点均需调整上节点高度，其调整值为负数。对于无阁楼层坡屋面的楼层组装层高，可以取层高至山尖的一半，本例为了操作简单取本例坡屋面层高至山尖处，这样第 3 层的层高为 7.19m（4.64+2.55）。取层高至山尖顶，将来计算层间位移角及楼层侧向刚度时其值也许会比实际稍小一些，但是这样的情况并不违反规范条文。

设计实例（坡屋面 2）—4-2、创建坡屋面设计模型

[1] 运行 PKPM，选中 PMCAD 模块，把第 3 标准层设为当前层。

[2] 点击【楼层定义】/【本层信息】，把楼层显示高度定义为 7160mm。

[3] 补画网线：点击【轴线输入】/【二点直线】菜单，在图 4-23 中的“档沟”、“屋脊平板下边线”位置绘制网线后，点击【网格生成】/【形成网点】。

[4] 选择屋脊 15.85m 处为层高基准点，从底图上可以看出 B 轴屋面檐口结构标高为 13.30m，故 C 轴及“屋脊平板下边线”上网点的上节点标高不需调整，屋面檐口四周网点的上节点均需下移−2550mm，点击【网点编辑】/【上节点高】，通过轴线方式调整节点高度。

[5] 点击【上节点高】菜单，在【设置上节点高】对话框选择“三点共面定第 4 点”方式，按照图 4-25 所示顺序，一次点击 3 个已经确定高度的网点，再点击第 4 点由软件计算该共面点上节点高（操作时务必看清命令行提示，注意按选点方式进行顺序选点操作），第 4 点确定之后键入【ESC】。

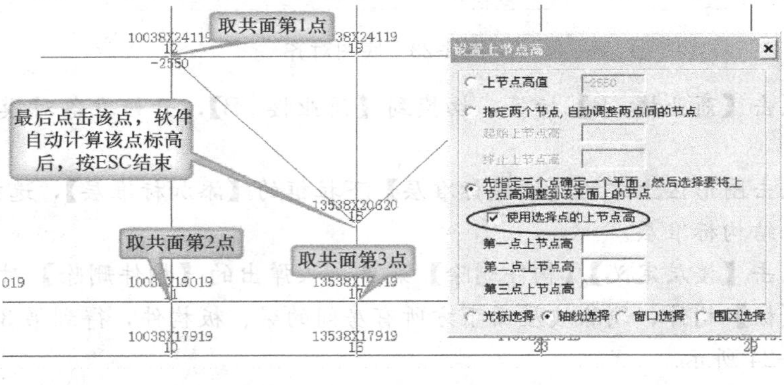

图 4-25　三点共面确定第四点

[6] 点击【网格生成】/【显示节点】菜单，勾选 4-26 对话框的【显示坐标】，可以看到刚才定义的第 4 点 PMCAD 自动计算出来的高度为−800mm。

[7] 参照前例调上节点高操作，把模型上其他属于该高度的其他网点下调−800mm。

[8] 点击【显示节点】菜单，去掉图 4-26 对话框中的【数据显示】勾选。

[9] 按照 250×550 布置所有框架主梁，框架梁间布置 200×500 截面的梁，屋脊线及档沟布置虚梁，A～D 轴布置耳房屋脊。

[10] 点击【网格生成】/【删除节点】菜单（删除节点时要注意命令行提示的删除方式，可键入 TAB 切换删除方式），删除原来第 2 标准层位于管道井位置的网格点，使得此处坡屋面斜梁变为一跨。

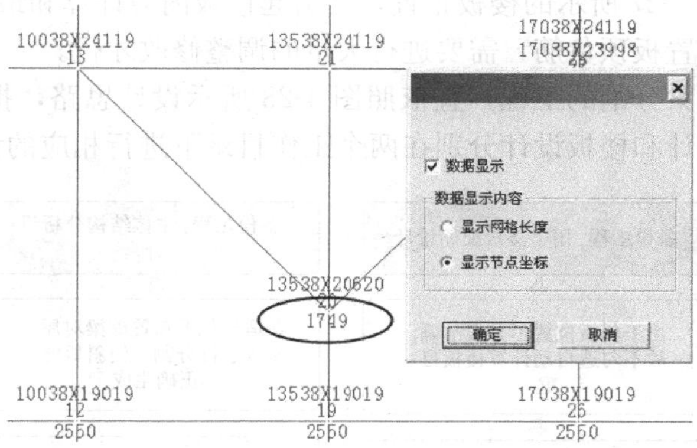

图 4-26　显示节点数据

建议角

调整节点标高时，要特别注意网点密集的区域标高要调整正确，不能遗漏。

为了减少工作量，可删除多余的网点，尤其是靠得很近的多余网点更应删除。

［11］　点击【楼层定义】/【生成楼板】，自动生成楼板。

［12］　点击按钮，得到第 3 标准层构件布置如图 4-27 所示。同时按下【Ctrl】键及压住鼠标中间滚轮，移动鼠标，可以缓慢变换轴测角度。单独按住鼠标滚轮移动鼠标，可以平移轴测显示。

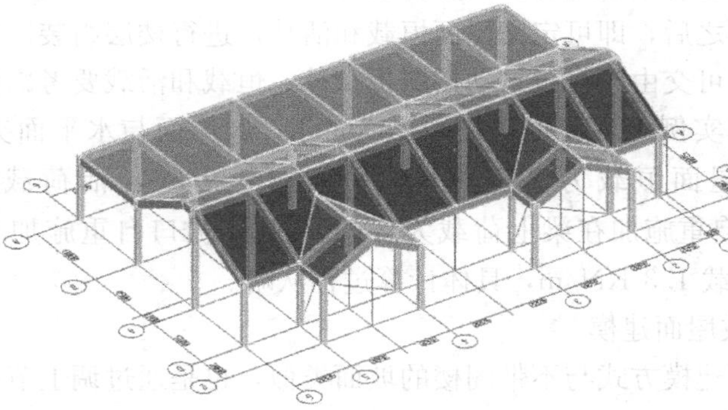

图 4-27　调整节点高后的斜梁

［13］　点击图形区下方的【屋顶平面图 . T】标签后，再点击【关闭 T 图】和弹出对话框的【保存】。

［14］　点击【荷载输入】/【楼面荷载】/【导荷方式】，观察楼面荷载传导图未见异常(板布置异常，但不影响荷载导算)。

至此，坡屋面除了屋面板荷载及檐口、山墙作用到屋面梁上的荷载未布置外，上部结构的结构建模工作基本完成。

2. 坡屋面结构模型的进一步修正

尽管 SATWE 在进行结构计算时，能够忽略虚梁，但是在 PMCAD 导荷以及楼板计算中，由于虚梁属于主梁，改变了楼板的房间分割关系，PMCAD 软件不能自动忽略虚梁的影响，这样对于图 4-27 所示的楼板布置，会引起楼板内力计算和最后的配筋图不准确，虚梁两侧配置还会布置板顶负筋，需要进行大量的调整修改才行。

因此，对于有虚梁分割的工程，宜依照图 4-28 所示设计思路，把工作目录做两个备份，上部结构主体设计和楼板设计分别在两个工作目录下进行相应的设计。

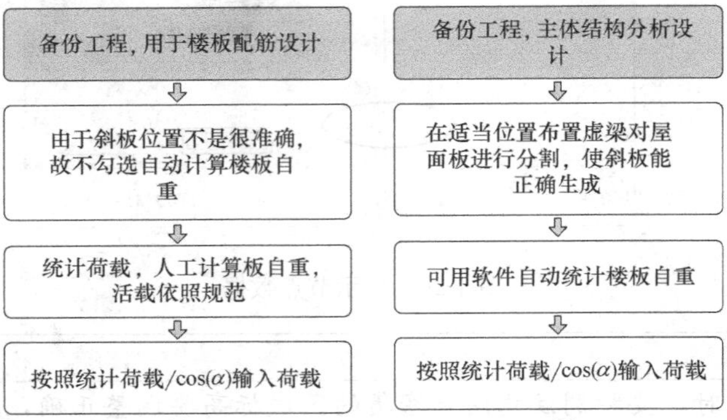

(*a*)　　(*b*)

图 4-28　坡屋面板不能正常生成

当然，实际设计时也可以先布置虚梁创建用于主体结构三维空间分析的设计模型，当上部主体设计结束后再删除虚梁，适当修改屋面荷载，再用删除虚梁后的模型绘制楼板配筋图。在后面学习 SATWE 时，我们还会了解到，为了使得结构设计更加准确安全经济，还有很多情况我们需要对结构进行多次分析设计。

坡屋面创建完毕之后，即可定义屋面恒载和活载，进行楼层组装。屋面斜板布置无误的情况下，楼板自重可交由计算机自动按斜板统计，恒载和活载要考虑斜屋面积聚到导荷水平面上的效应，本实例工程屋面破屋系数为 0.5，斜屋面与水平面夹角 α 为 26.565°，则表 3-9 统计结果屋面恒载为 $2.47/\cos(\alpha)=2.76\text{kN/m}^2$，活荷载为 $0.5/\cos(\alpha)=0.559\text{kN/m}^2$，山墙自重施加在梁上荷载为 3.1KN/m，檐口自重施加在梁上荷载为 2.6 KN/m，屋脊位置荷载 1.3 KN/m，具体计算过程从略。

3. 带阁楼层的坡屋面建模

带阁楼的坡屋面建模方式与不带阁楼的坡面类似，也是通过调上节点高和设置梁两端标高方式形成坡屋面。

对于带阁楼的坡屋面，若出现图 4-29 所示的下一层楼面的封口梁或楼面梁与坡屋面外沿重合时，则可按照下面两种思路进行坡屋面建模。

（1）先按第 3 章所述方法，创建如图 4-30 所示下层楼面结构模型，在下层按梁的实际尺寸输入与坡屋面的共用梁，并按实际情况布设楼板。

（2）再创建图 4-31 所示坡屋面结构层，调整坡屋面檐口位置网点上节点标高，使之与下层实梁端点位置重合，并在坡屋面檐口处布置 100×100 的虚梁，这样就能形成封闭的屋面房间，PMCAD 能自动生成坡屋面斜板。

在 PKPM2005 时期，梁内力不能跨层传递，因此带阁楼层坡屋面建模时需要设置虚柱，檐口封边梁内力分析也不准确。与 PKPM2005 不同，PKPM2010 中的梁内力可以跨层传递到其他层的柱顶，且在处理带阁楼层坡屋面时，会判别出坡屋面虚梁与下层同位置

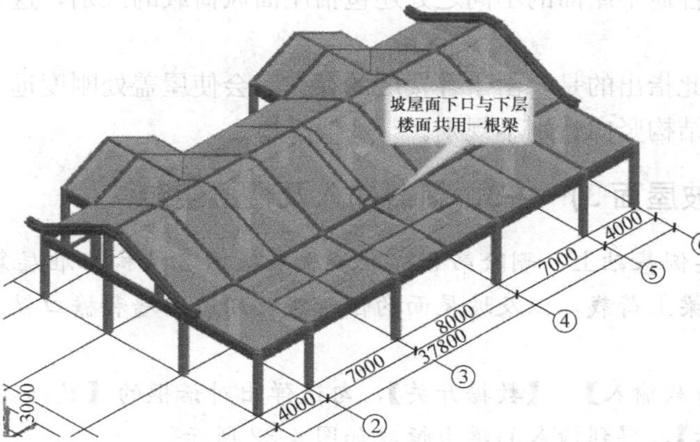

图 4-29　下层封口梁与坡屋面外延重合

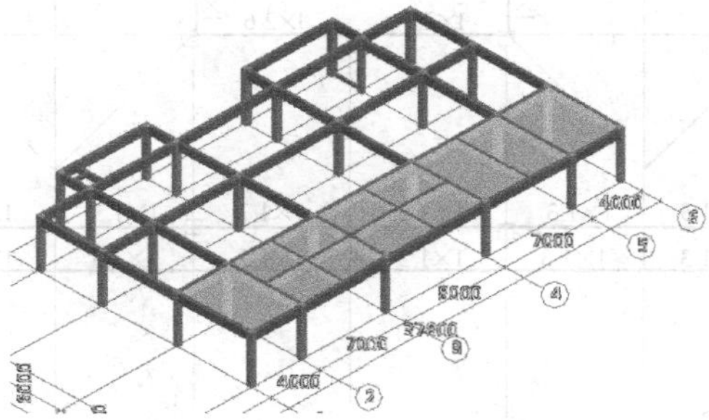

图 4-30　下层楼面结构模型

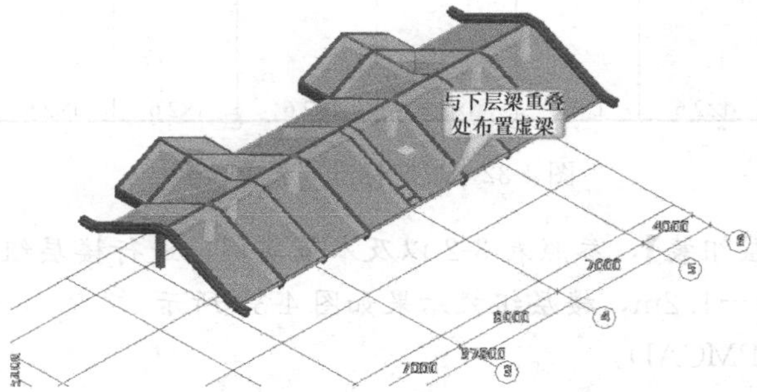

图 4-31　坡屋面结构模型

框架梁的重叠关系，并把屋面斜板传递给虚梁的荷载合并到下层的同位置框架梁上，进行结构分析时斜梁也可以跨层刚接于下层柱的顶端。

按照上面方法布置构件后，PMCAD 在导算荷载和给后续计算分析程序生成力学模型时，会自动仅保留重合处的那根实梁，将上层（坡屋面）虚梁上的荷载加到下层楼层梁上。

对于带阁楼层或者本书设计实例的坡屋面，为了避免在楼层组装时出现零层高，可以选定屋面较高点处为坡屋面的楼层顶部。

坡屋面结构与普通平屋面的不同之处还包括屋面风荷载的区别，这在后面章节中会继续讨论。

但是还需要在此指出的是，由于各楼层的存在，会使屋盖处刚度远大于其下部楼层刚度，有可能将导致结构竖向特别不规则。

设计实例（坡屋面 3）—4-3、荷载输入及楼层组装

［1］ 在上面实例基础上，删除第 3 标准层原来从第 2 结构标准层复制而来的梁上荷载，输入第 3 檐口梁上荷载，以及坡屋面的恒活载及周边山墙和檐口梁上荷载，具体操作过程从略。

［2］ 点击【荷载输入】/【数据开关】，勾选弹出对话框的【数据显示】，点击【荷载输入】/【恒载显示】，得到输入的梁上恒载如图 4-32 所示。

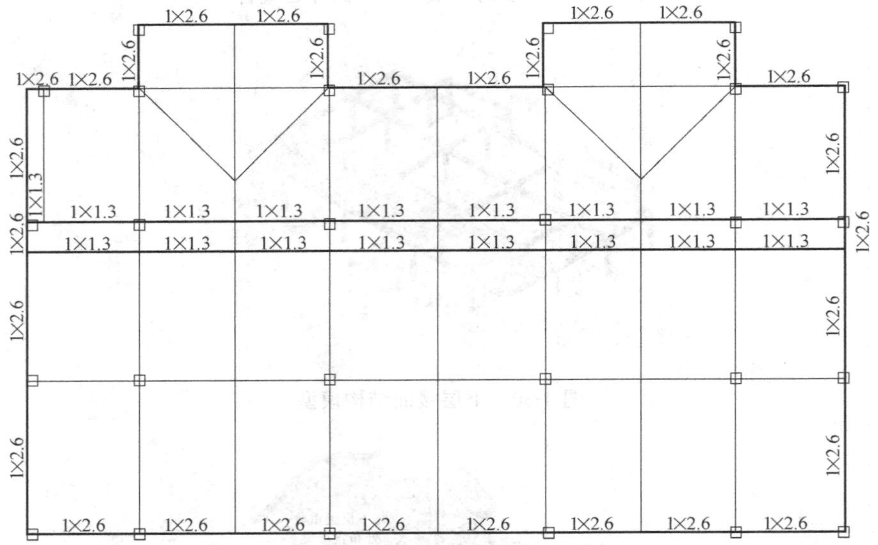

图 4-32 第三标准层梁上荷载

［3］ 点击【楼层组装】，参照表 3-2 以及本节实例，进行楼层组装。楼层组装时，首层层底标高输入值为－1.2m，楼层组装结果如图 4-33 所示。

［4］ 保存退出 PMCAD。

4. 坡屋面风荷载和地震作用

由于斜梁和斜板的存在，导致坡屋面所受的风荷载和地震作用也不同于普通的平屋面。普通平屋面风荷载可以施加在结构楼层节点处，而坡屋面的风荷载需要施加在斜梁上才能使结构分析计算更加准确。对于坡屋面的风荷载和地震作用在 PMCAD 创建结构模型时尚不能确定，只有在结构分析计算时通过才能通过分析设计软件经过细致的计算才能获得。

以使用较多的 SATWE 为例，SATWE 中处理风荷载时有两个方法：一是 SATWE 程序依据《荷载规范》风荷载计算公式（7.1.-1）在其“生成 SATWE 数据和数据检查”时自动计算的水平风荷载，习惯称之为“水平风荷载”或“普通风荷载”，它作用在整体

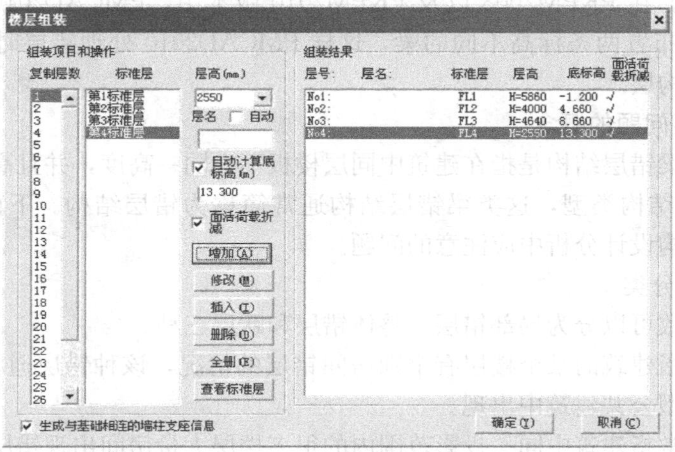

图 4-33　全楼组装

坐标的 X 和 Y 方向；另一个是在 SATWE 的“特殊风荷载定义”菜单中定的特殊风荷载。用户可以根据结构的具体情况，在 SATWE 参数选项中确定是只计算普通风或特殊风，还是全都计算。

对于特殊风荷载，SATWE 还分为程序自动计算还是用户指定参数计算两种。自动计算特殊风与普通风载类似，只是比普通风更加细致，当选择“计算特殊风荷载”时，风荷载信息页也会做相应的改变，以适应特殊风荷载计算的需要；在设计坡屋面时，如果需要考虑屋面风荷载的结构，用户则需通过 SATWE 前处理的【特殊风荷载定义】中来定义坡屋面的【屋面系数】，可指定屋面层各斜面房间的迎风面、背风面的体型系数，之后通过【自动生成】就会自动形成相应方向的梁上生成分布风荷载。

关于 PKPM 风荷载的计算策略参见图 4-34，具体的特殊风荷载计算我们将在 SATWE 一章中继续讨论。

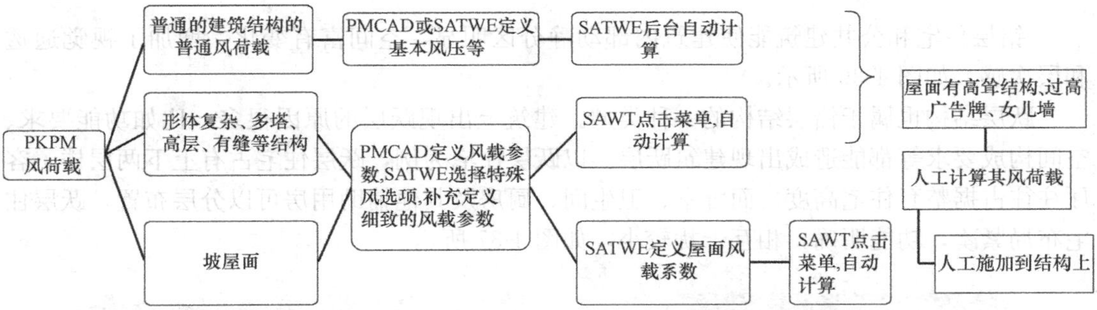

图 4-34　PKPM 风载处理策略

4.2　错层问题

在 PKPM05 版以前，在结构层内的同一网线上不允许创建两条标高不同的梁，这样当某自然层错层高差超过梁高时，为了实现错层位置的围板，我们往往需要把这个错层划分为两个结构层。在 PKPM2008 以及 PKPM2010 版本中，PMCAD2010 对此做了改进，允许在同一网线布置两条标高不同的梁，这样 PMCAD2010 处理错层时就不必把一个自然层分为两个结构层。

4.2.1　错层问题的概念

本章所述的梁错层结构是指在建筑中同层楼板不在同一高度，并且高差大于梁高（或大于 500mm）的结构类型，这类梁错层结构通常简称为错层结构。下面结合 PKPM 软件，谈谈错层结构设计分析中应注意的问题。

1. 错层结构分类

错层结构大致可以分为局部错层、整体错层和跃层三种。

局部错层是指建筑的某个楼层有个别房间错层的情况，该种错层通常会在别墅建筑、娱乐类建筑、大型公共建筑中出现。

整体错层通常指建筑中同一投影范围内的很多楼层大量房间出现错层的情况，此类错层建筑往往在某些高层住宅、高层写字楼等建筑中出现，图 4-35 为整体错层剖视图。

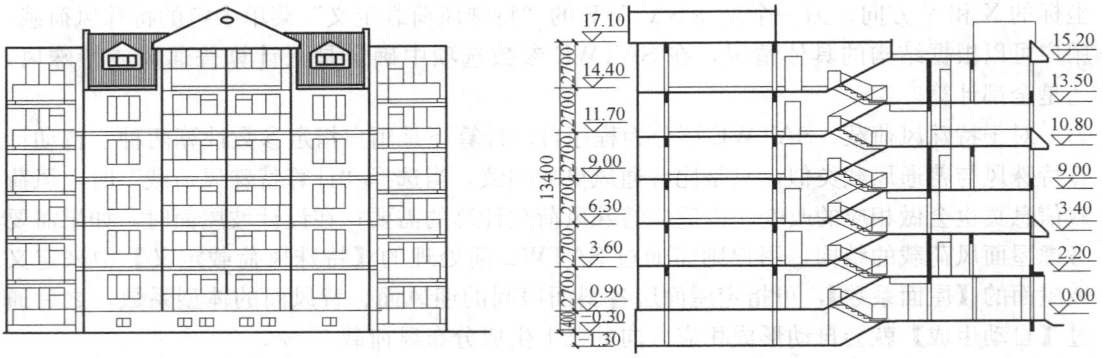

图 4-35　整体错层结构

错层住宅和公共建筑能使建筑内部动静分区明显，空间富有变化，增加了视觉通透和层次感，如图 4-36 所示。

跃层结构也属于错层结构的一种类型。建筑上出现跃层的原因很多，比如功能要求、空间构成要求等都能造成出现建筑跃层。以跃层住宅为例，跃层住宅占有上下两层楼，客厅往往占据整套住宅高度，而卧室、卫生间、厨房及其他辅助用房可以分层布置，跃层住宅布局紧凑，功能明确，相互干扰较小，如图 4-37 所示。

图 4-36　错层住宅客厅

图 4-37　跃层建筑

2. 错层结构的特点

错层结构由于在错层位置梁和楼板不连续和高差的存在，因而引起构件内力传递方式及内力分布复杂化，特别是水平地震作用下与非错层结构的差异更加明显。错层结构属于复杂多高层结构，在建模、计算、出图等各个设计环节上都有其特殊性，比平层结构的设计要困难得多。

对于错层结构，一般认为其不利的因素有两个方面：首先由于楼板分成数块，且相互错置，削弱了楼板协调结构整体受力的能力；其次，由于楼板错层，在一些部位形成竖向短构件，使受力集中，不利于抗震。前者存在由于错层楼板的相对变位，而在错层构件中产生的很大的变形内力，如图 4-38 所示；后者则有可能在同向受力中由于错层构件刚度大，而产生内力集中。

多年来，国内学者对错层结构进行了大量卓有成效的研究。汶川地震调查报告[9]指出："短柱是结构抗震设计中应极力避免出现的，否则会造成柱子剪切破坏。"对于错层建筑，为了产生建筑效果而出现短柱，形成错层结构，再加上结构刚度突变，更容易出现短柱剪切破坏。文献[10]指出："短柱问题主要是针对多层框架结构，其不利于抗震的震害表现也多出现在多层框架中。对于以剪力墙为主要受力构件的高层结构，错层引起的不利影响应有所区别"。针对错层结构可能出现的短柱破坏，研究者提出"抗"和"调"相互结合的设计方法[3]、[11]：

以"抗"为主的技术措施，主要是对错层处构件局部处理，通过采用如图 4-39 所示构造加强处理方法，提高错层处构件的刚度、强度和传力方式来抵制破坏发生，属于"抗"的技术措施是依据错层高差大小以及错层两侧错层梁间是否形成短柱，采取梁加腋、梁设抗扭筋及提高箍筋抗扭能力等多种措施抵抗错层引起的附加内力；

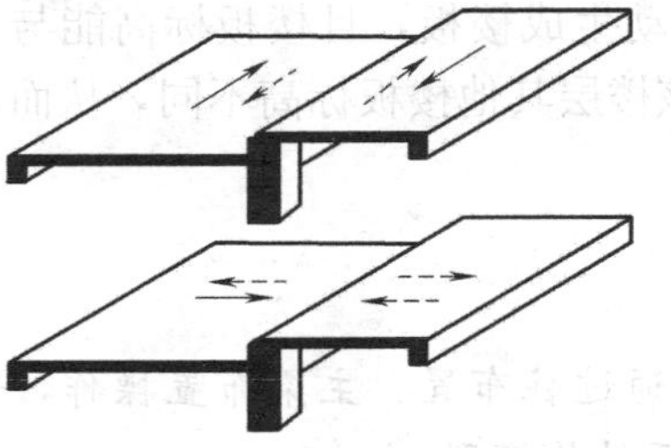

图 4-38　错层楼板地震反应不同步

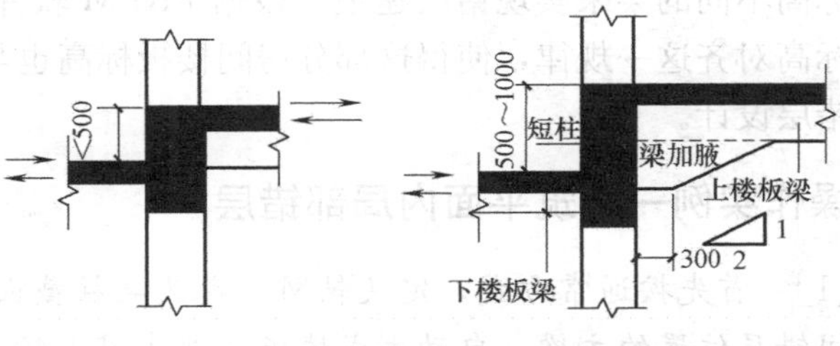

图 4-39　错层位置局部加强处理

而"调"的技术措施不是从单个构件角度出发，主要是从错层结构体系整体布置的角度出发来解决问题，通过增加抗侧力构件，调整结构布置方案使结构的受力和变形向有利方向转变，控制整体结构的水平位移限值和转位移比限等，去弱化错层所导致的不利因素。

3. 有关规范条文

由于错层结构属于复杂建筑结构，《高规》在其"复杂高层建筑结构设计"一章中专门用 10.4 节列出了错层结构设计的有关规定。《高规》规定：

（1）抗震设计时，高层建筑沿竖向宜避免错层布置。当房屋不同部位因功能不同而使楼层错层时，宜采用防震缝划分为独立的结构单元。

（2）错层两侧宜采用结构布置和侧向刚度相近的结构体系。

(3) 错层结构中，错开的楼层不用归并为一个刚性楼板，计算分析模型应能反映错层影响。

(4) 抗震设计时，错层处框架柱应符合：截面高度不应小于 600mm，混凝土强度等级不应低于 C30，箍筋应全柱段加密配置；抗震等级应提高一级采用，一级应提高至特一级，但抗震等级已经是特一级时应允许不再提高。

(5) 在设防烈度地震作用下，错层处框架柱的截面承载力宜按下式要求（属于第 2 性能水准结构的耗能构件）设计

$$S_{GE}+S_{Ehk}^{*}+1.4S_{Evk}^{*}\leqslant R_{k} \tag{4-1}$$

式中

R_k——截面承载力标准值，按材料强度标准值计算；

S_{Ehk}^{*}——水平地震作用标准值的构件内力，不需考虑与抗震等级有关的增大系数；

S_{Evk}^{*}——竖向地震作用标准值的构件内力，不需考虑与地震等级有关的增大系数。

(6) 错层处平面外受力的剪力墙截面厚度，非抗震设计时不应小于 200mm，抗震设计时不应小于 250mm，并均应设置与之垂直的墙肢和扶壁柱；抗震设计时，其抗震等级应提高一级采用。错层处剪力墙的混凝土等级不应低于 C30，水平和竖向分布钢筋的配筋率，非抗震设计时不应小于 0.3%，抗震设计时不应小于 0.5%。

4.2.2 梁错层结构的建模方法与注意问题

在 PMCAD 中，创建错层结构模型的方法有“修改梁端标高方式”、“增加结构层方式”，下面我们介绍这些方法的具体操作。

1. 通过梁端布置参数创建建筑平面内部局部错层结构

由于错层楼板四周需要有主梁承受楼板荷载，所以在错层位置需要布置两个标高不同的梁。在处理楼层平面内部局部错层时，可首先通过惯常方式布置结构，之后在错层位置布置标高不同的梁来实现错层建模。根据 PKPM 软件自动生成楼板，且楼板标高能与周边梁标高对齐这一规律，使得这部分房间楼板标高也与该楼层其他楼板标高不同，从而实现了错层设计。

操作实例—建筑平面内局部错层

[1] 首先按通常方式，定义轴网、定义梁柱截面，通过柱布置、主梁布置操作，删除中间错层位置的主梁，自动生成楼板，创建图 4-40 所示结构模型。

[2] 本例梁错层高度假定为 1.8m。

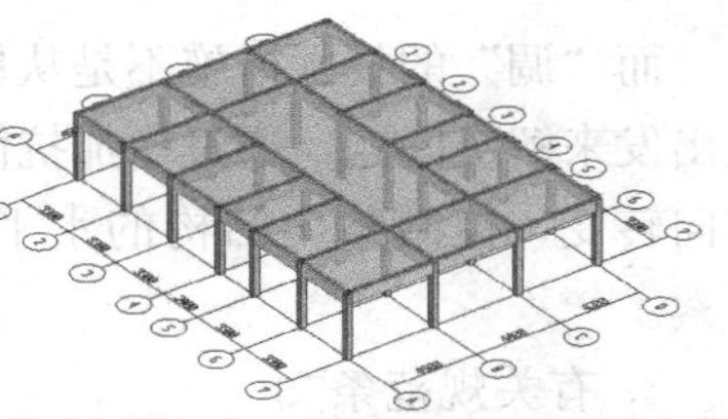

图 4-40 普通方法创建结构模型

[3] （此步可只阅读不操作）尽管 PMCAD 提供了如图 4-41 所示单击鼠标右键的快捷构件修改方式，来指定或修改梁两端的标高，但是目前这种方式修改梁端标高后必须点击对话框的【应用】按钮才能使梁发生真正改变，且每次只能点击修改一根梁，操作效率不高，另外，由于错层部分房间周边的梁与同楼层其他梁标高不同，但是由于错层位置需要有两根不同标高的梁来承担楼板荷载，所以该种方法降低梁标高后，仍需在高位板边布置另一根主梁，故通常不提倡使用通过修改已布置梁参数的方式来处理建筑平面内局部错层的情况。

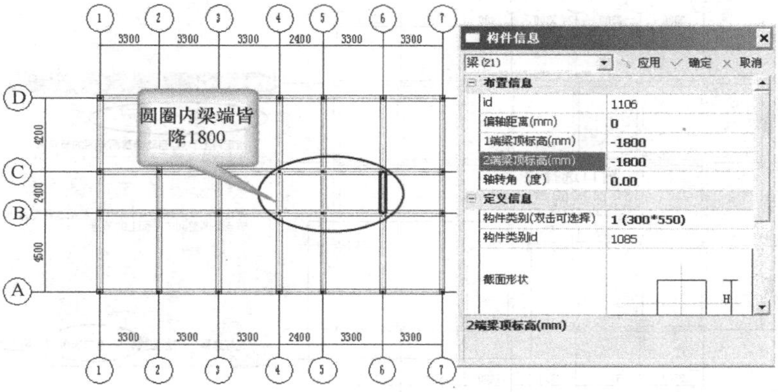

图 4-41　不用此法处理局部内错层

[4]　按照图 4-42 所示梁布置参数，布置中间降板房间四周主梁，删除 B、C 轴间位于 3～5 轴间梁段，重新自动生成楼板。

[5]　点击【轴测显示】按钮，得到如图 4-43 所示局部错层结构模型。

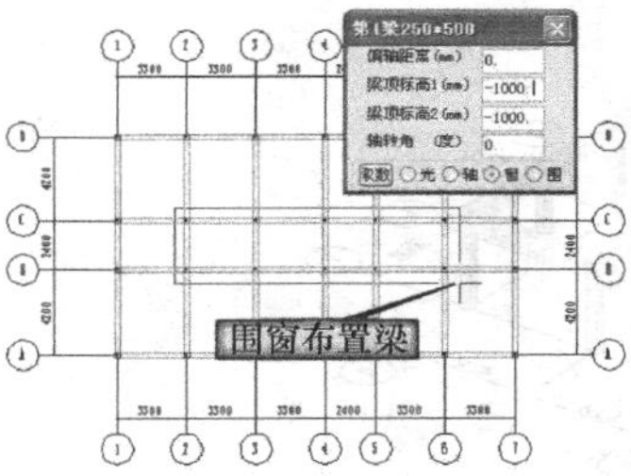

图 4-42　布置低位梁

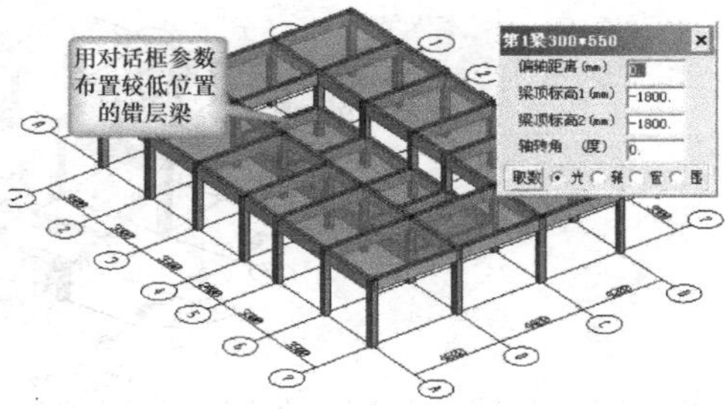

图 4-43　修改梁参数布置错层梁

2. 通过降低上节高和柱底标高方法创建建筑平面外侧错层结构

对于在建筑平面外侧错层结构，可以通过调整该错层部位网点的上节点高度和快速修改梁端标高相结合的方法来实现错层。

操作示例—建筑平面外侧局部错层

[1]　首先按通常方式，创建图 4-40 所示结构基础模型。

[2]　按照图 4-44 所示窗口方式修改网点上节点高，使之降低 1800mm。

[3]　点击【轴测显示】按钮，得到如图 4-45 所示错层模型。

[4]　采用图 4-46 方式修改图 4-45 中斜梁端部标高，使之变为平梁。操作时可在轴测方式下（线框显示），点击梁下网线来进行梁标高调整，修改标高后点击构件特性对话框的【应用】才能修改。这样可以即时看到修改结果。

[5]　按照梁端标高－1800mm 参数布置错层位置的下位主梁，自动生成楼板后的错层模型如图 4-47 所示。

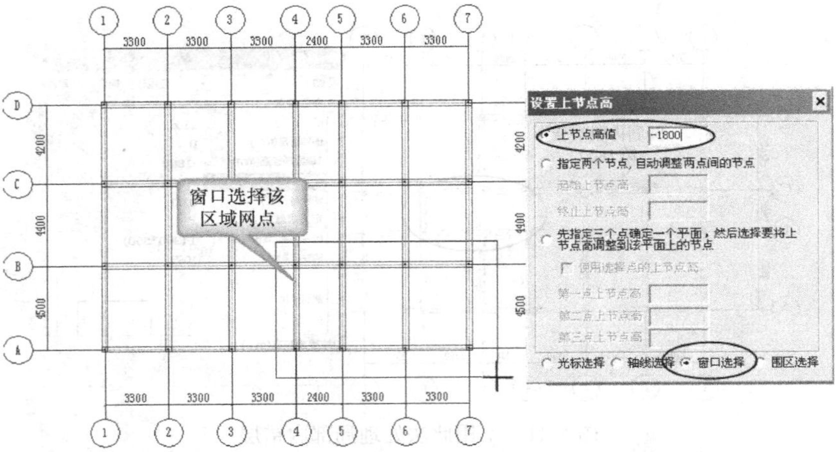

图 4-44　修改网点上节点高

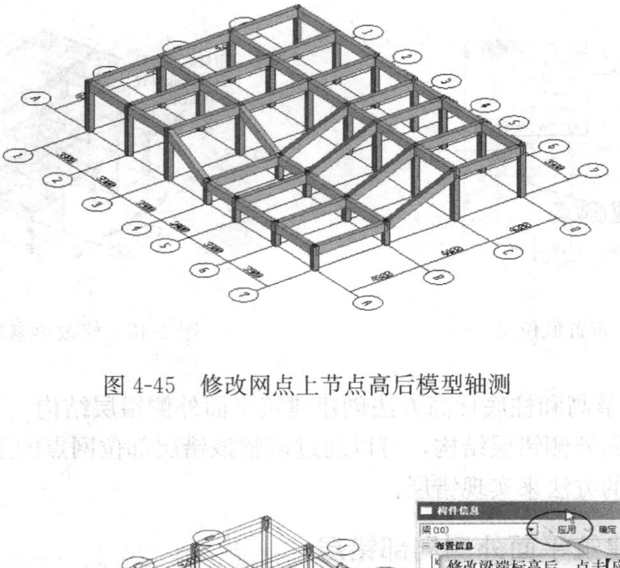

图 4-45　修改网点上节点高后模型轴测

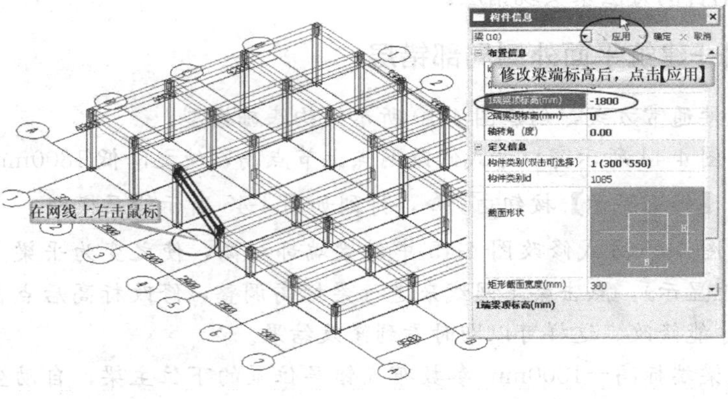

图 4-46　修改网点上节点高

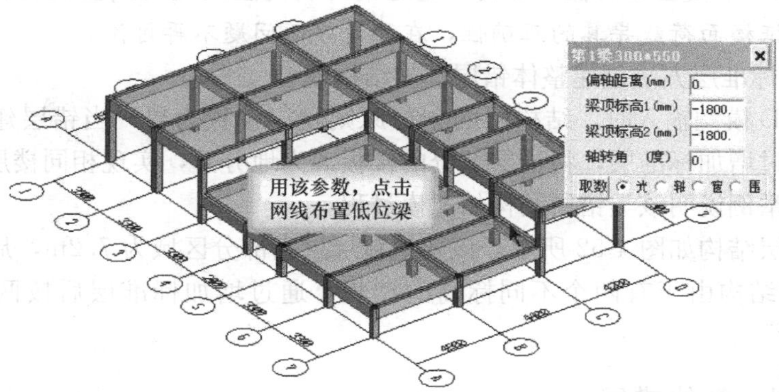

图 4-47　外侧局部错层模型轴测

［6］　用惯常方法创建第 2 标准层模型，在布置柱时依照图 4-48 所示方法，降低与第 1 标准层调整上节点高区域网点相接的框架柱下标高，得到第 2 标准层结构布置如图 4-49 所示。

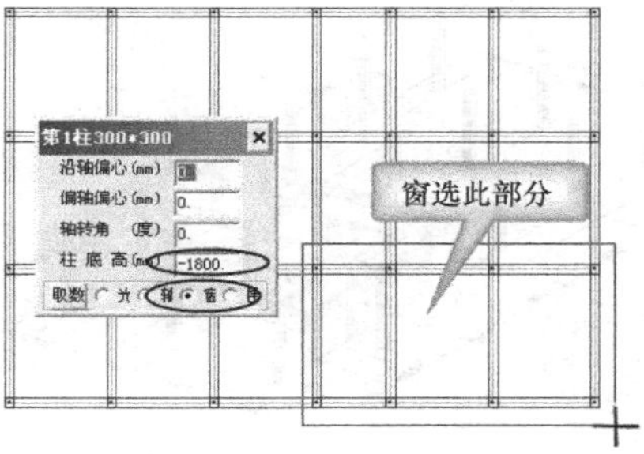

图 4-48　降低柱底标高

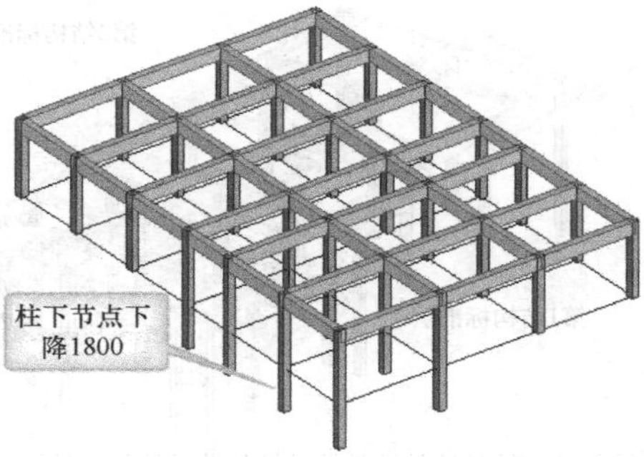

图 4-49　第 2 结构标准层

［7］　楼层组装时，若第 2 层向上的楼层没有错层或错层高度不同，可参照此方法设置上节点高或柱底标高，本例不再赘述。

［8］　按照图 4-50 所示参数进行楼层组装，得到的整楼模型如图 4-51 所示。

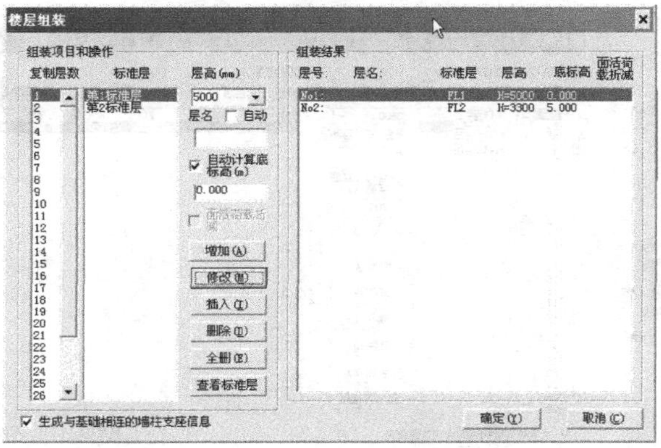

图 4-50　楼层组装

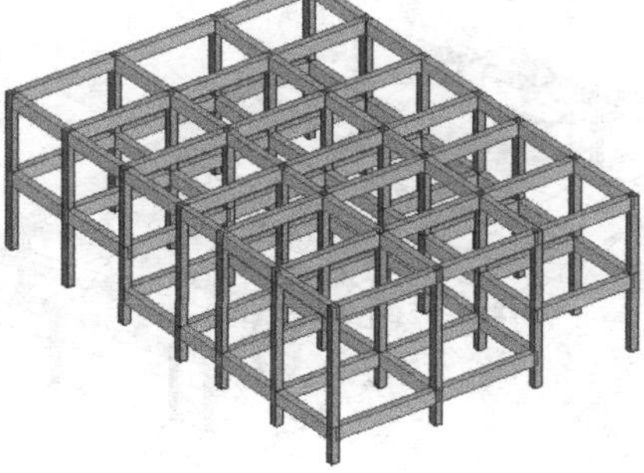

图 4-51　整楼模型

[9] 在上一节坡屋面的操作示例“通过梁两端高差定义歇山型斜屋面”已经叙述过该方式能够保证楼面荷载导算的正确性，在此对导荷问题不再讨论。

3. 用增加标准层方法创建整体错层框架结构模型

在 PMCAD 模型输入时，结构层的划分原则是以楼板为界，当错层建筑属于跃层建筑时，则要通过增加标准层，将错层部分的楼板人为地分开，实现相同楼层梁板标高不同的目的。下面举例说明该类错层结构的建模过程。

某框架跃层结构如图 4-52 所示，该建筑首层层高部分区域为 7.2m，局部二层，层高 3.6m。该错层结构由于有两个不同标高的楼板，通过增加标准层后按两个标准层建立模型。

操作示例—整体错层

[1] 首先创建轴网系统，定义梁柱截面，创建第 1 结构标准层模型如图 4-53 所示。楼板自动生成及荷载输入、本层信息等输入从略。

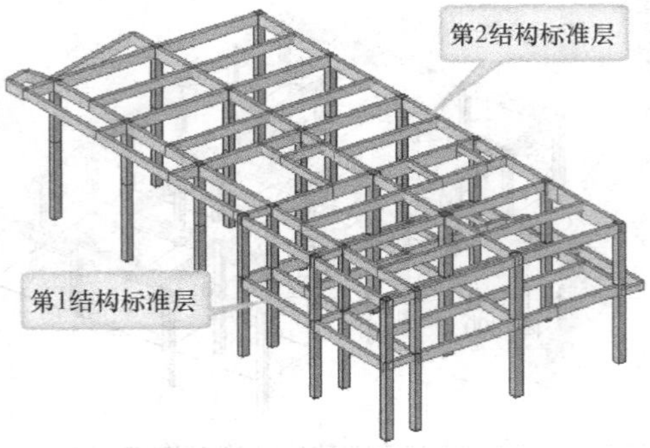

图 4-52 某跃层结构

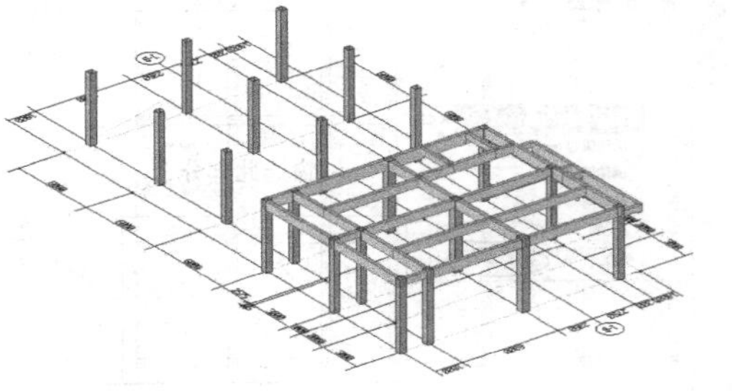

图 4-53 输入第一标准层

[2] 添加新标准层，全部复制第 1 标准层内容。

[3] 创建第 2 结构标准层构件，如图 4-54 所示，荷载输入等过程从略。

[4] 楼层组装，如图 4-55 所示。

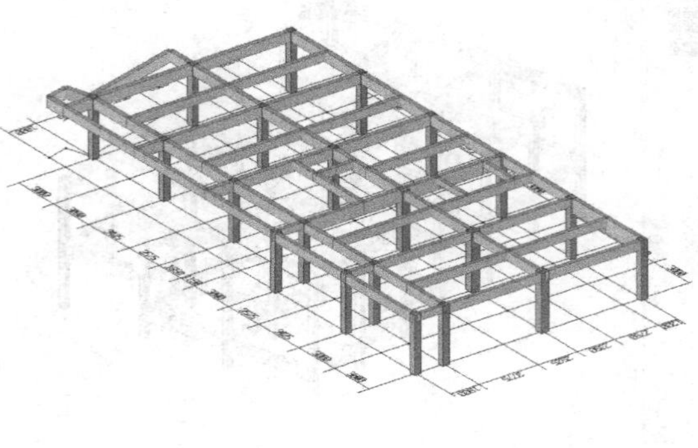

图 4-54 输入第 2 标准层

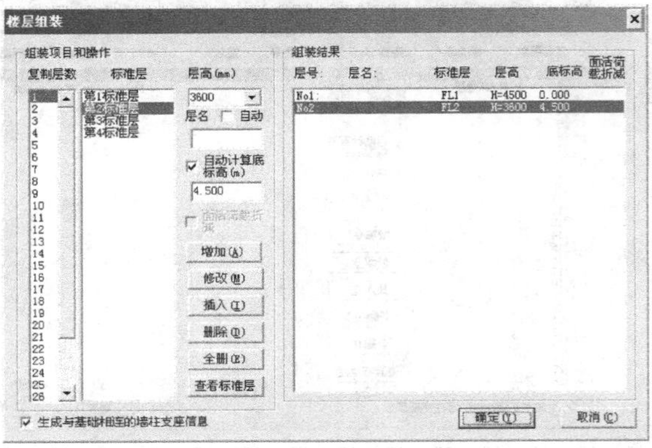

图 4-55 楼层组装

对于建筑或楼层房间错层高度不一的情况，如果使用修改梁标高或调节点上高的方式，需要仔细计算梁、柱端部标高调整数值（梁端是相对上节点即楼顶板位置，柱下节点是针对楼层层底位置计算端相对标高），但手工计算错层标高繁冗易出错，如果修改的工作量大时，也可采用增加标准层方法创建结构设计模型。

综上所述，采用本节所述的三种方法都可以创建错层结构模型，但在具体应用上各种方法都有其优缺点。采用调节点上高和梁端标高方法的缺点是建模工作量较大，采用增加结构层方式创建错层结构模型，在创建结构模型时操作比较便捷简单，但是由于结构层的增加，使得层高变小，在计算分析时可能会使层间位移比、层间刚度比等结构宏观控制参数失真，在后期用 SATWE 计算时，对计算结果要充分利用其他方法加以判断和手工校核；另外，用增加结构层方法绘制的施工图纸校核（同根柱的配筋选柱段钢筋最大者）、合并和修删（删除跃层处多余的柱头）工作量也会增加，这是在选择建模方法时要注意的。

4. 错层剪力墙结构建模

错层剪力墙结构也可采用增加标准层的方式，但由于结构中没有梁，不能以梁确定楼板的标高；同时因为墙在立面上是连续的，也不能以墙确定楼板的标高。楼层标高应通过【楼层组装】命令在楼层表中设定，程序自动在指定标高处布置整层楼板，而错层结构中没有楼板的部分，可以用【楼板开洞/全房间洞】命令将其设置为洞口，或用【修改板厚】命令将板厚设定为 0。这两条命令在开洞效果方面完全一致，不同之处仅在于前者在开洞处没有板荷载，而后者保留了开洞处的荷载，设计人员可以灵活选用。

错层框剪结构建模，可综合采用错层框架结构和剪力墙结构的方法。

5. 错层砌体结构建模

单从建模角度看，错层砌体结构可以采用错层混凝土剪力墙的建模方式；但从设计角度看，由于砌体结构按规范要求应采用基底剪力法作分析，而基底剪力法仅适用于平面规则对称的结构，不适用于错层结构分析。因此在抗震设防烈度较高的地区，不宜设计带错层的砌体结构。如楼板高差小于 500mm，砌体结构可按没有错层设计；如楼板高差大于 500mm，可通过设缝将错层砌体结构转换为不带错层的结构。

4.3 创建主体结构模型时对楼梯的处理

《抗规》第 3.6.6.1 条规定“利用计算机进行结构抗震分析，应符合下列要求：计算模型的建立、必要的简化计算与处理，应符合结构的实际工作状况，计算中应考虑楼梯构件的影响”。

为了适应新的抗震规范要求，PKPM 2010 版给出了在进行主体结构计算时考虑楼梯影响的解决方案。但是由于实际设计活动中，结构主体和楼梯类型千差万别，PMCAD 中的参数楼梯类型不可能包罗万象，所以在遇到复杂情况时，要考虑楼梯对主体结构的影响还需要设计人员人工输入楼梯构件，以便满足规范第 3.6.6.1 条规定。在本节我们将分别介绍用 PMCAD 进行参数化楼梯处理和人工处理楼梯两种方法。

4.3.1 地方法规对《抗规》第3.6.6.1条补充规定

沪建建管［2012］16号《关于本市建设工程钢筋混凝土结构楼梯间抗震设计的指导意见》对《抗规》第3.6.6.1条做了比较明确的解释，现引用如下供参考：

1. 楼梯间的布置应当有利于人员疏散，尽量减少其造成的结构平面特别不规则。楼梯间与主体结构之间应当有足够可靠传递水平地震剪力的构件，四角宜设竖向抗侧力构件。

2. 对钢筋混凝土结构体系，宜在其楼梯间周边设置抗震墙，其中沿梯板方向的墙肢总长不宜小于楼梯间相应边长的50%，角部墙肢截面宜采用“L”形。

3. 设置抗震墙可能导致结构平面特别不规则的框架结构，楼梯间也可根据国家相关技术规范要求，将梯板设计为滑动支撑于平台梁（板）上，减小楼梯构件对结构刚度的影响。

4. 对符合上述第二或第三条规定的钢筋混凝土结构，其整体内力分析的计算模型可不考虑楼梯构件的影响。

5. 对不符合上述第二或第三条规定的钢筋混凝土结构，其整体内力分析的计算模型应考虑楼梯构件的影响，并宜与不计楼梯构件影响的计算模型进行比较，按最不利内力进行配筋。

6. 楼梯间的框架梁、柱（包括楼梯梁、柱）的抗震等级应比其他部位同类构件提高一级（楼梯构件参与整体内力分析时，地震内力可不调整），并宜适当加大截面尺寸和配筋率。

7. 楼梯构件宜符合下列要求：

（1）梯柱截面不宜小于250mm×250mm或200mm×300mm；柱截面纵向钢筋：抗震等级一、二级时不宜少于4d16，三、四级时不宜少于4d14；箍筋应全高加密，间距不大于100mm，箍筋直径不小于10mm。

（2）梯梁高度不宜小于1/10梁跨度；纵筋配置方式宜按双向受弯和受扭构件考虑，沿截面周边布置的间距不宜大于200mm；箍筋应全长加密。

（3）梯板厚度不宜小于1/25计算板跨，配筋宜双层双向，每层钢筋不宜小于d 10@150，并具有足够的抗震锚固长度。

8. 楼梯间采用砌体填充墙时，除应符合《建筑抗震设计规范》（GB 50011—2010）第13.3.4条要求外，尚应设置间距不大于层高且不大于4m的钢筋混凝土构造柱。

9. 钢筋混凝土结构楼梯间抗震设计除应符合上述要求外，尚应符合国家和本市现行有关规范、规程、标准的规定。

沪建建管［2012］16号最后还规定：“本意见自2012年7月1日起实施（以施工图审查合格证上的日期为分界点），适用于新建、改建、扩建工程项目；建设单位和施工单位不得擅自修改审图通过的设计文件中的楼梯间设计内容，确需部分修改的，必须由原设计单位出具设计变更文件，并经原施工图审查机构审查合格后方可施工。”

4.3.2 主体建模考虑楼梯影响的PMCAD参数化楼梯方法

PMCAD的参数化楼梯实际是一种楼梯智能解决方案，它可以大幅度节省用户的建模工作量，在通常情况下如果楼梯结构与PMCAD提供的参数化楼梯有差异，但如果用参数化楼梯替代实际楼梯后对主体内力分析结果影响不大的情况下，应尽量使用PMCAD

的参数化楼梯解决方案。

1. PMCAD 参数化楼梯的种类及布置

PMCAD 参数化楼梯方法大致为：在 PMCAD 的模型中输入 PMCAD 内嵌的参数化楼梯，退出 PMCAD 时软件自动把参数化楼梯转化为梁板模型，之后用户再次进入 PMCAD 对自动形成的包括楼梯的上部结构进行编辑修改，再用 SATWE 等结构分析软件进行上部结构分析，最后绘制出结构施工图，其过程如图 4-56 所示。

目前，PMCAD 创建楼梯模型时的参数化楼梯布置在【楼层定义】菜单下的【楼梯布置】子菜单中。在【楼梯布置】菜单下有三个子菜单，分别为【楼梯布置】、【楼梯删除】、【层间复制】。楼梯建模有如下特点：

（1）点击【楼梯布置】菜单，PMCAD 自动捕捉鼠标光标所在房间，并用亮黄框线显示选中的房间，用户右击鼠标确认后，弹出楼梯类型及参数定义对话框，如图 4-57 所示。

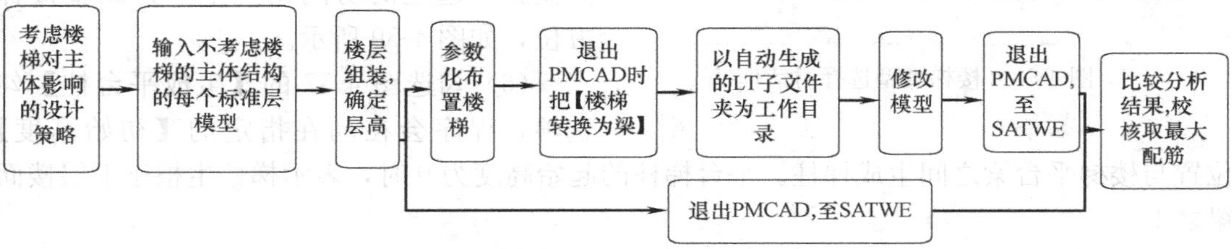

图 4-56　PMCAD 参数化楼梯方案操作策略

（2）在图 4-57 对话框中，对话框右上角显示楼梯的预览图，程序根据房间宽度自动计算梯板宽度初值，用户通常不需修改梯段宽度。

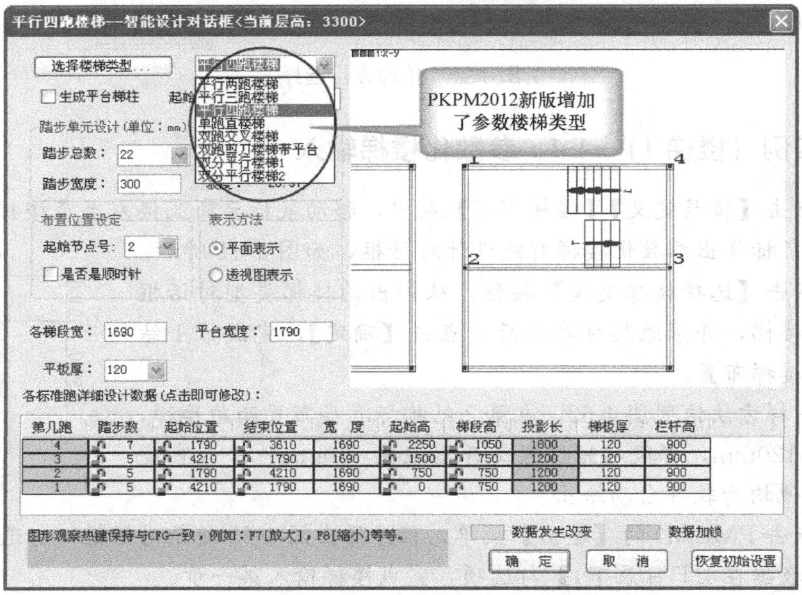

图 4-57　楼梯智能对话框

（3）在用户已经输入所有标准层构件，并进行了整楼的楼层组装（每层层高已知）的情况下，PMCAD能自动依据用户选择的楼梯跑数，给出一个默认的楼梯梯段宽度、平台宽、默认踏步数、踏步高和踏步宽等参数。用户可以修改楼梯踏步高、踏步宽、梯段宽、平台宽和平板厚等参数，PMCAD对上述参数进行了智能关联，如用户修改了踏步高，软件会依据组装楼层高度，自动计算踏步宽度范围，自动修正踏步数。

（4）目前PMCAD可在四边形房间内输入两跑或对折的三跑、四跑楼梯。点击图4-57对话框的【选择楼梯类型】，弹出图4-58所示楼梯类型窗口，用户可以选择两跑、三跑、四跑楼梯。

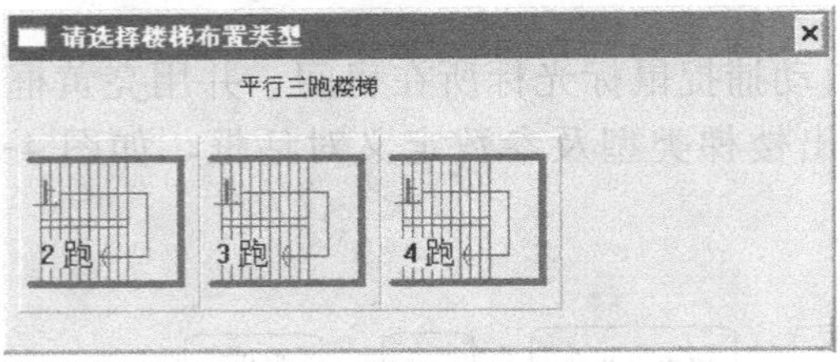

图4-58　楼梯类型选择对话框

（5）点击图4-57的【起始节点号】，PMCAD会自动调整楼梯方位和平台位置。起始节点号为楼梯间的四个角点编号，选中某个角点后，PMCAD会自动把楼梯基点搁置在选定的房间角点上，并调整楼梯方位，如图4-59所示。

（6）勾选图4-57的【生成平台柱】勾选项，程序会在动在指定的【初始高度】位置与楼梯平台梁之间生成梯柱。平台梯柱的起始高度为0时，表示梯柱生根于下层楼面梁之上。

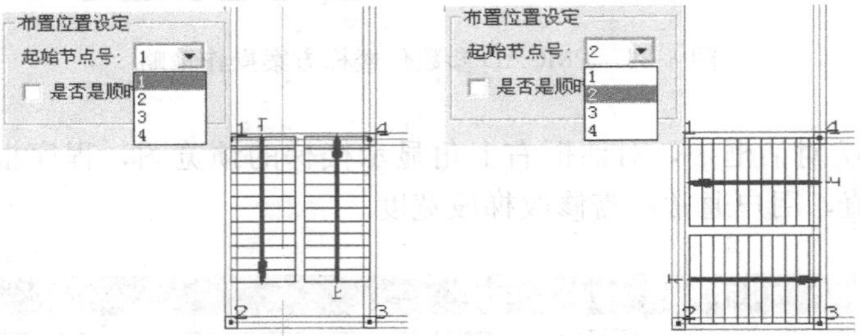

图4-59　楼梯方位选择

设计实例（楼梯1）—4-4、参数化楼梯输入

［1］　点击【楼层定义】/【楼梯布置】菜单，移动鼠标至商业楼左上角楼梯间如图4-60所示，右击鼠标弹出参数化楼梯智能设计对话框，如图4-61所示。

［2］　点击【选择楼梯类型】按钮，从弹出的楼梯类型对话框中选择三跑楼梯，并修改楼梯参数后，点击【确定】，完成第1结构标准层的楼梯布置。

［3］　同样方法依照图4-62，在第2结构标准层布置两跑楼梯，平板厚度取120mm，梯段起始位置离开框架梁150mm，平台宽度150mm，其他均为软件自动给出。

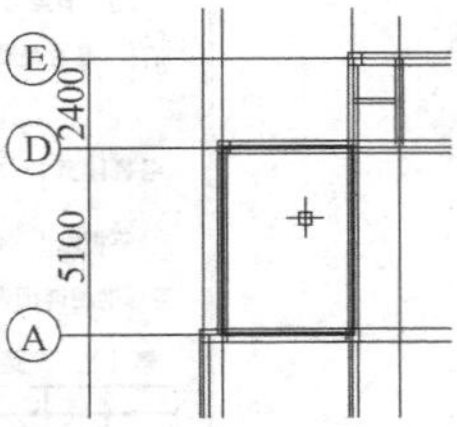

图4-60　选择楼梯间

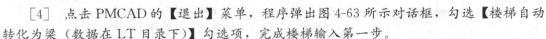

［4］　点击PMCAD的【退出】菜单，程序弹出图4-63所示对话框，勾选【楼梯自动转化为梁（数据在LT目录下）】勾选项，完成楼梯输入第一步。

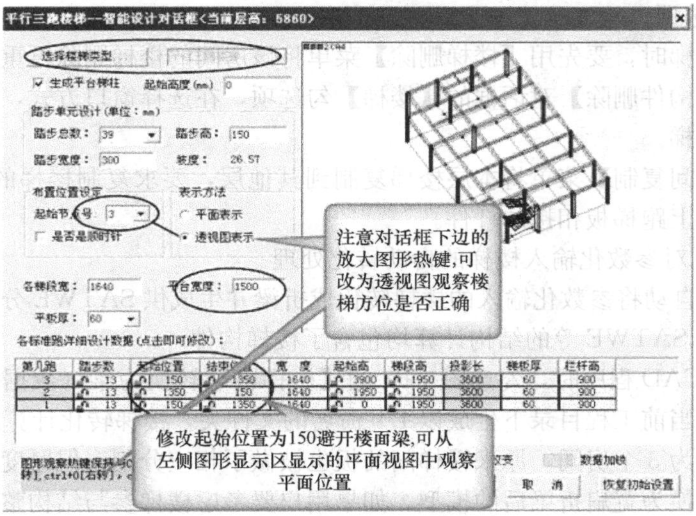

图 4-61　第一标准层楼梯参数

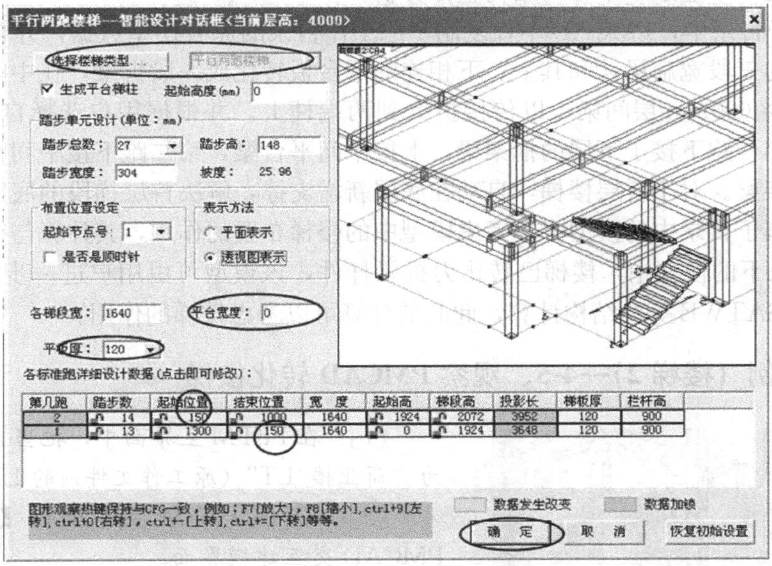

图 4-62　第二标准层楼梯参数

楼梯布置过程中，要注意梯段的上下楼方向能否与相邻层顺利衔接，若不能衔接，可通过调整【起始节点号】和【是否是顺时针】勾选项。也可通过【楼层组装】的整楼模型观察所有层的梯段上下关系。已经布置的楼梯，可以通过修改或删除重新布置。

目前版本中，如果在第 1 标准层勾选了生成短柱，而第 2 标准层不勾选生成短柱，则 PMCAD 会在整个离散楼梯模型中都不生成梯柱。由于后期还可以对多余的梯柱进行删除修改，故建议在实际设计时，都勾选自动

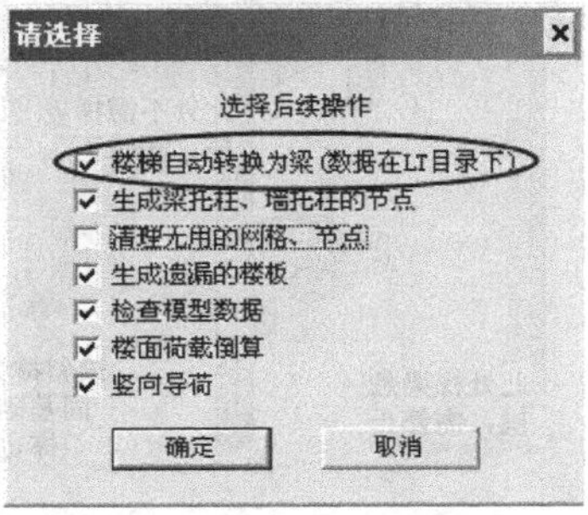

图 4-63　修改楼梯参数

【生成短柱】勾选项。

如要修改楼梯时，要先用【楼梯删除】菜单将该房间的楼梯删除再重新布置，删除楼梯操作需勾选【构件删除】对话框的【楼梯】勾选项，在选择窗口方式，用围窗框选楼梯间后即可删除楼梯。

也可用【层间复制】菜单将本层楼梯复制到其他层，要求复制楼梯的各层层高相同，且必须布置了和上跑梯板相接的杆件。

2. PMCAD 对参数化输入楼梯的自动转化处理

PMCAD 可自动将参数化输入的楼梯转化成折梁并生成供 SATWE 分析模块所用的分析数据，紧接着 SATWE 等的结构计算均包含了楼梯构件。

在退出 PMCAD 程序时，勾选图 4-63 的【楼梯自动转换为梁（数据在 LT 目录下）】选项，则程序在当前工程目录下生成以 LT 命名的文件夹，楼梯转化计算模型将楼梯间处原 1 个房间划分为 3 个房间，原来楼梯间的板也被做了相应分割，但厚度及原楼面荷载不变，并将楼梯转换为宽扁折梁后的模型。如果用户要考虑楼梯参与结构整体分析，则需将工程目录指向该 LT 目录重新进行计算；如果不勾选，则程序不生成 LT 文件夹，平面图中的楼梯只是一个显示，不参与结构整体分析。

在 LT 子目录中，PMCAD 不仅复制了原工作目录的原有模型数据，并自动将每一跑楼梯板模拟为三段宽扁梁，和其上、下相连的平台板转化成一段折梁，在中间休息平台处增设 300mm×600mm 层间梁，以传接折梁到两端柱上。并根据用户选择自动生成梯柱。二跑楼梯的第一跑下接于下层的框架梁，上接中间平台梁，第二跑下接中间平台梁，上接于本层的框架梁。对于首层楼梯，自动在底层新增支撑，解决首层梯段的底层嵌固问题。

原有工作子目录中的模型将不考虑模型中的楼梯布置的作用，其计算与往常相同。而在 LT 子目录下的模型中，楼梯已转化为折梁杆件，该模型可由用户进一步修改。在 LT 子目录下做 SATWE 等的结构计算，此时的计算可以考虑楼梯的作用。

设计实例（楼梯 2）—4-5、观察 PMCAD 转化楼梯

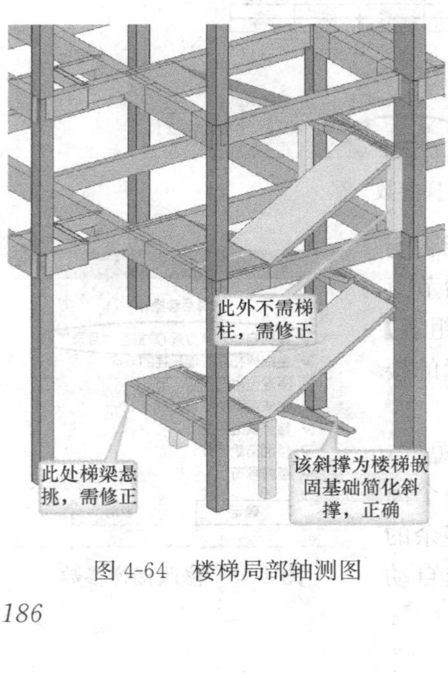
此外不需梯柱，需修正
此处梯梁悬挑，需修正
该斜撑为楼梯嵌固基础简化斜撑，正确

图 4-64　楼梯局部轴测图

[1]　在 PKPM 主界面中，把当前工作目录改为“商业楼/LT”（原工作文件内的 LT 子文件夹）。

[2]　点击 PKPM 主界面的【应用】进入 PMCAD 交互建模界面。

[3]　点击【楼层定义】/【楼板生成】/【修改板厚】，

[4]　点击【楼层组装】/【整楼模型】后，再点击【轴测显示】按钮，得到如图 4-64 所示楼梯局部轴测显示。同时按下【Ctrl】键及压住鼠标中间滚轮，移动鼠标，可以缓慢变换轴测角度。单独按住鼠标滚轮移动鼠标，可以平移轴测显示。

[5]　通过观察，发现 PMCAD 自动生成的楼梯离散模型尚需进一步修改。

3. 对自动生成的楼梯离散模型进行修改

在对楼梯离散模型进行修改时，宜注意以下几点：

(1) 如果已经将目录指向了 LT 目录，则在退出 PMCAD 时不要勾选图 4-62 的【楼梯自动转换为梁】。

(2) 因为楼梯实际的计算模型是生成在 LT 目录下的，里面有完整的模型数据，不影响原来的工程模型，如果发现修改错了，可重新回到原工作目录，重新生成楼梯离散数据即可。

(3) 以往在设计楼梯时，通常的做法是将楼梯荷载换算成楼面荷载布置到楼梯间，将楼梯间处板厚设为 0（不要全房间洞，否则没法布荷载），在楼梯间虚板上布置楼梯恒活载，通过虚板传导楼梯间荷载，在编辑转换楼梯模型时，仍可延续先前的计算方法。

(4) 要把楼梯间虚板荷载的四边传导方式按楼梯实际传力路径进行修改，通常是改为对边导荷方式，并且是搁置踏步板的短边受力，这样楼层梁的受力才比较正确。布置楼梯荷载时需要考虑斜板的集聚到导荷平面的集聚效应。

(5) 目前 PKPM 不能在梁端设置支座信息，而楼梯构件是按三段梁来模拟的，为了解决底层楼梯嵌固问题，现在程序是通过在底层梁端增加一个支撑来解决的，而增加的这个支撑对结构及构件基本没有影响。

(6) 因为 PMCAD 中，斜杆可以定义顶端标高，而柱则是贯通整层的，故 PMCAD 用斜杆构件来模拟楼梯间梯柱，对于多余的梯柱可按斜杆删除掉，对需要补充布置的梯柱可按斜杆来布置。

(7) PMCAD 能自动计算楼梯间梯段及平台等构件自重，不需重复输入。

(8) PMCAD 把楼梯离散成扁梁，主要是为了计算楼梯与主体结构间的相互作用，最后不对离散的扁梁进行配筋，楼梯施工图的绘制仍应采用惯常方法进行。

(9) 对于主体结构而言，宜参照上海市的规定，与不计楼梯构件影响的计算模型进行比较，按最不利内力进行配筋。

设计实例（楼梯 3）—4-6、对离散楼梯模型进行修改

[1] 把楼梯间板改为虚板：点击【楼层定义】/【楼板生成】/【修改板厚】菜单，把楼梯间板厚从原来的 100mm 厚改为 0 厚度，如图 4-65 所示。

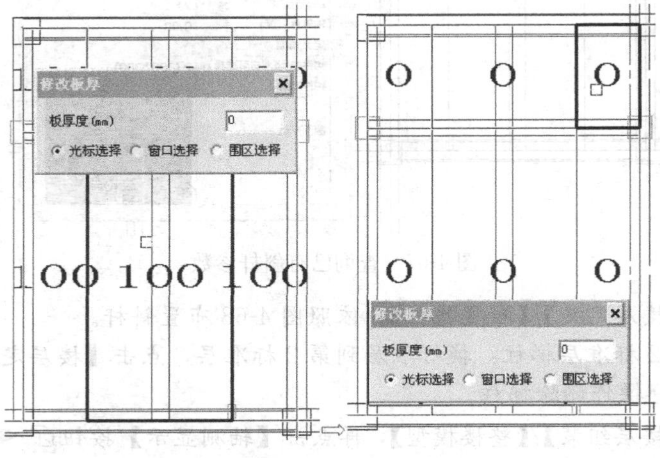

图 4-65 选择楼梯间

[2] 修改楼梯间荷载：考虑楼梯斜面荷载集聚到水平面，按 $q_0/\cos(\alpha)$ 修正楼梯间荷载值，考虑栏杆等，本例恒载取 1.87kN/m²，活载取 3.57kN/m²。梯板自重软件自动计算。

[3] 修改楼梯导荷方式：对于框架结构，不论板式还是梁式楼梯，梯段荷载最终都是先传递到平台梁，之后再由平台梁传递到梯柱或楼面梁上，故梯段应采用对边导荷且以平台梁为受力边。

[4] 休息平台如果是单向板，也应采用对边导荷方式。点击【荷载输入】/【楼面荷载】/【导荷方式】，按图 4-66 所示修改楼梯间导荷方式。

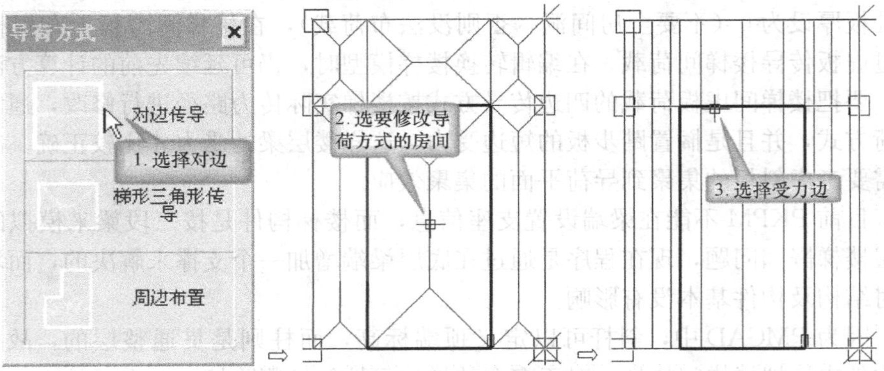

图 4-66 选择楼梯间

[5] 在图 4-64 所示悬挑平台梁右端增加梯柱：在图 4-67 所示梯柱（转化为斜杆）上右击鼠标，查看知梯柱高度为 1950mm、截面为 300mm×300mm 后，点击图 4-67 对话框的【取消】按钮关闭对话框。

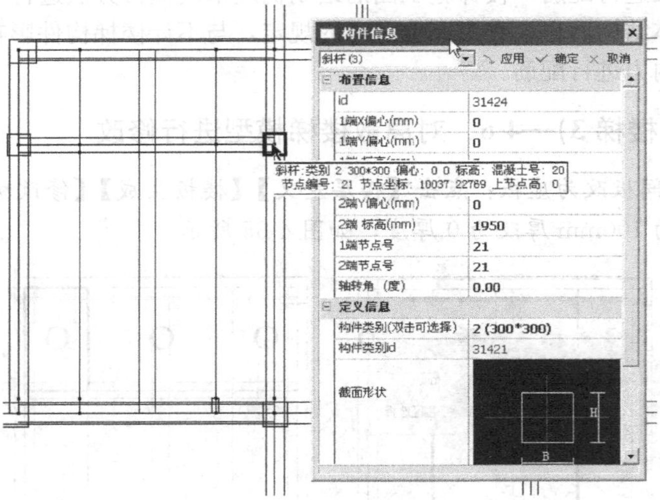

图 4-67 查询已有斜杆参数

[6] 点击【楼层定义】/【布置斜杆】，依照图 4-68 布置斜杆。

[7] 删除第 2 标准层梯柱：换标准层到第 2 标准层，点击【楼层定义】/【构件删除】，菜单，按照图 4-69 操作删除梯柱。

[8] 点击【楼层组装】/【整楼模型】，再点击【轴测显示】按钮，得到如图4-70 所示楼梯局部轴测显示，楼梯转换模型修改完毕，退出 PMCAD 时注意保存。

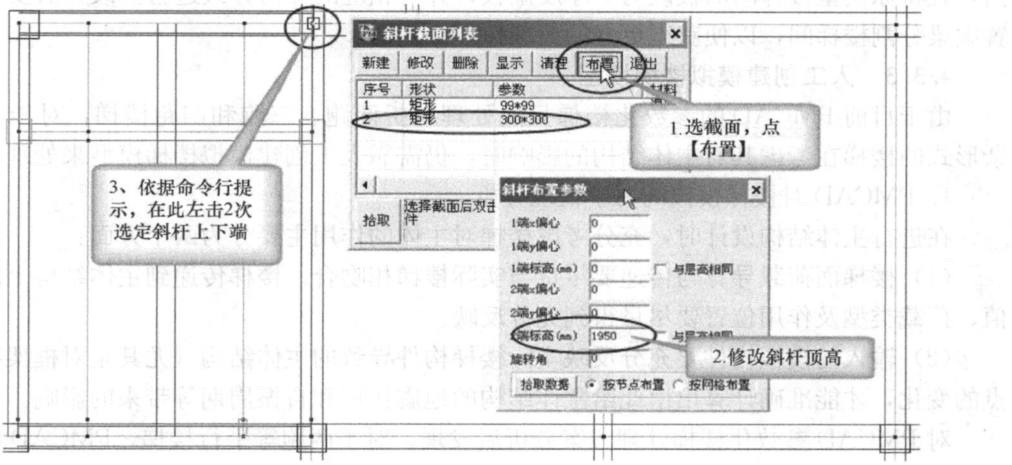

图 4-68　补充布置梯柱（斜杆）

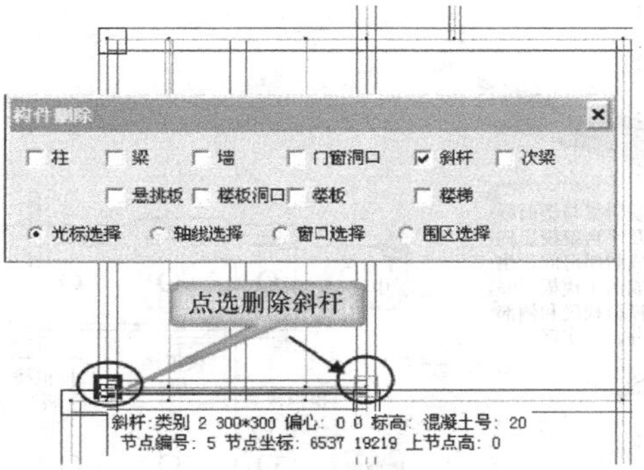

图 4-69　删除第 2 标准层斜杆

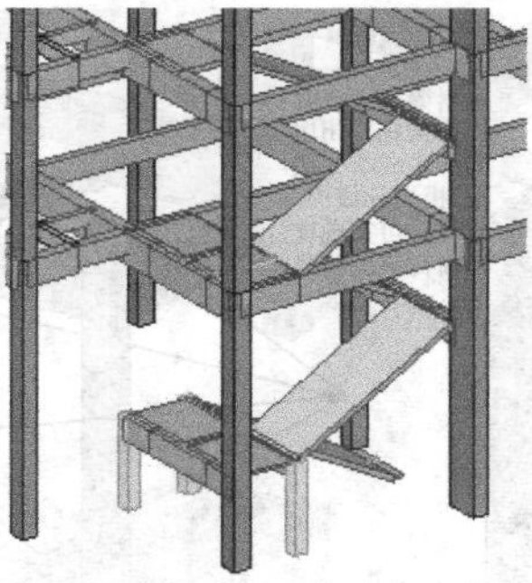

图 4-70　修改后的转换模型

4. 进行结构分析与设计之前的补充说明

至此，两跑和三跑平行楼梯模型创建修正完毕，后面再对其他楼梯处理完毕之后，即可进行结构的分析设计。在交由计算分析模块进行整体结构分析之前，还有必要对楼梯问题做如下说明：

（1）由于楼梯的布置与数据生成是在 PMCAD 中完成，SATWE、TAT、PMSAP 等计算程序接力的是已将楼梯转化成斜梁折梁杆件的三维模型，计算软件一般不用再做设置，直接计算即可。

（2）程序给出的楼梯计算模型主要考虑楼梯对结构整体的影响，对于楼梯构件本身的设计，用户应使用专门的楼梯设计软件 LTCAD 完成。

（3）另外由于 PMCAD 用斜杆构件替代了梯柱，故最后不能绘制梯柱配筋，梯柱配筋需要靠人工计算。

（4）需要注意的是，软件是用宽扁梁来模拟楼梯构件，后面的计算程序不能区分该宽扁梁与其他梁的区别，用户宜注意计算程序在模型指标统计、内力调整、配筋设计等方面对楼梯构件的影响。

（5）在进行考虑楼梯影响的主体结构分析结果与不考虑楼梯的主体分析结果对比之

前，宜将原模型楼梯间的板改为 0 厚度虚板，并对相应的导荷方式进行修改，必要时可布置虚梁分割楼梯间，以便获得更好的荷载传递。

4.3.3 人工创建模拟楼梯模型

由于目前 PMCAD 的参数化楼梯只能处理对折两跑、三跑和四跑楼梯，对于其他复杂形式的楼梯在考虑其对主体结构的影响时，仍需靠人工创建模拟楼梯模型来处理。

1. PMCAD 对楼梯模拟的力学机理分析

在进行主体结构设计时，充分考虑楼梯对主体的作用主要分为两个方面：

（1）楼梯面荷载导算与传递要尽量与实际楼梯相吻合。楼梯传递到主体结构上的荷载值、荷载类型及作用位置要尽量得到充分反映。

（2）输入的模拟构件要充分反映实际楼梯构件导致的主体结构（尤其是对框架柱）节点的变化，才能准确计算出由此给主体结构的地震作用和自振周期等带来的影响。

对 PMCAD 参数化楼梯处理方案分析后发现，对于两跑等平行楼梯，PMCAD 的处理方案是能满足上面要求的，PMCAD 参数化转换模型分析如图 4-71 所示。

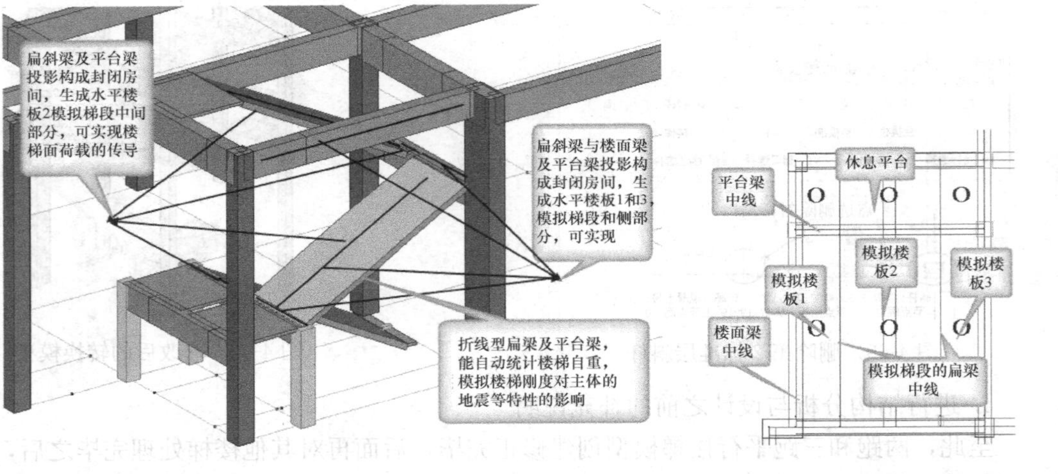

图 4-71　PMCAD 参数化楼梯转换模型力学原理分析

2. 其他形式楼梯的模拟

在此首先需要指出的是，对于楼梯的传力方式的确定本身就是结构设计的工作内容，也就是说设计者应该首先清楚地想象出楼梯构件的具体布置情况，才能根据楼梯的构件布置方式推论出楼梯的传力方式和传力途径。

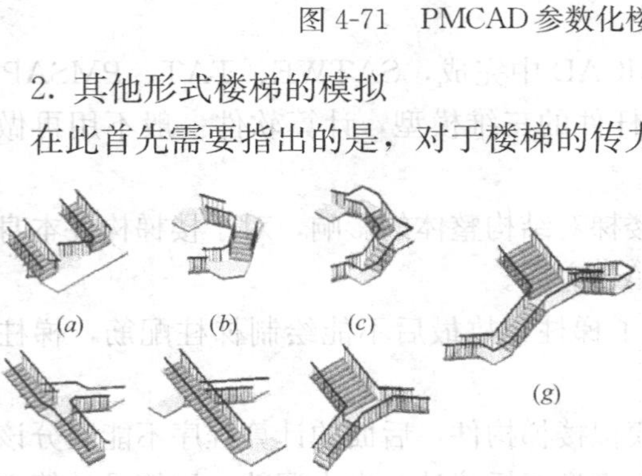

图 4-72　楼梯的其他形式示例

由于建筑功能的复杂多样，在实际设计中楼梯的形式千差万别，如图 4-72 所示。在主体结构考虑楼梯影响时，我们需要考虑的主要是楼梯传递到主体结构荷载的最终效应能否得以充分体现，而不是楼梯构件本身的细节。

对于初学者而言，首先要明确要设计的楼梯是板式还是梁式，是折梁还是斜梁，是梁板混合方式还是纯粹的梁式或板式，之后再分析其荷载传递效应如何体现。进行楼梯模拟时其实与主次梁定义相似，只要模拟楼梯荷载传递方式与实际楼梯相吻合，设计时遵守设计规范的规定，并采取相应的构造措施，就能够保证设计的正确性。

3. 带楼梯井的三跑楼梯

下面我们以如图 4-73 所示商业楼C～D 轴及 5～6 轴间四跑折线楼梯为例，分析人工处理复杂楼梯的主要思考过程及主要操作。

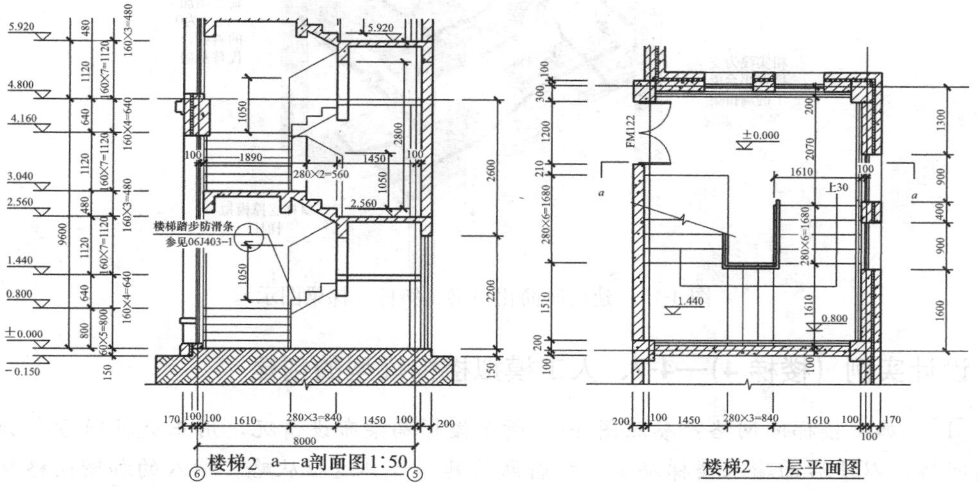

图 4-73 楼梯的其他形式示例

在进行楼梯处理之前，首先要确定楼梯的结构类型。该楼梯是一种比较复杂的楼梯，为了叙述方便，我们首先给出它的结构轴测图（在实际设计时，这个轴测图只存在于设计者的脑海里），如图 4-74 所示。

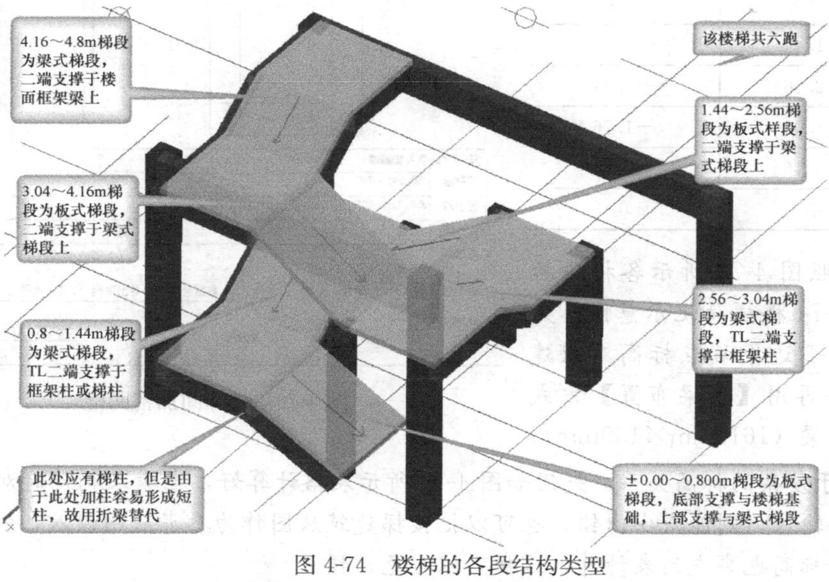

图 4-74 楼梯的各段结构类型

参照前一节 PMCAD 参数化楼梯转化方式，我们给出如图 4-75 所示六跑楼梯简化模型示意图，实际设计时取梯板厚度为 120mm，考虑简化时未输入真正的楼梯折梁，故简化扁梁取厚度为 140mm，宽度取梯段宽度。由于 PMCAD 楼面荷载只能按楼梯间水平投影面积导算一次，对于本实例的六折楼梯可在输入时适当放大楼梯间荷载。

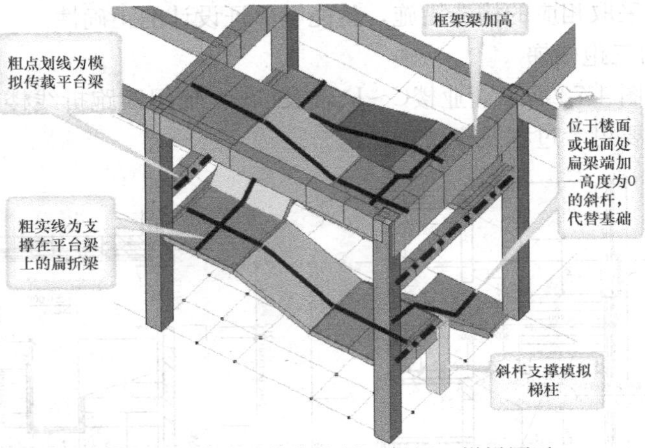

图 4-75　建模时简化扁梁、斜杆、梯梁图示

设计实例（楼梯 4)—4-7、人工模拟楼梯模型的创建

［1］　加密楼梯间网格：参照图 4-75 所示楼梯扁梁布设情况，用正交轴网方式加密楼梯间网格，以便后面输入楼梯扁梁。加密网格具体计算过程从略，输入的加密网格数据如图 4-76 所示，把加密网格放置到楼梯间左下角。

边梁端点标高索引　表 4-1

序号	图 4-73 标高	梁端结点高
1	0	−4.8
2	0.8	−4
3	1.44	−3.36
4	2.56	−2.24
5	3.04	−1.76
6	4.16	−0.64
7	4.8	0

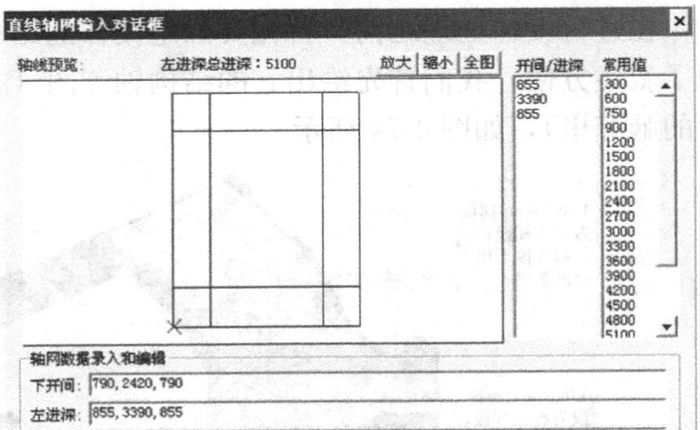

图 4-76　楼梯间加密网格

［2］　依照图 4-73 所示各梯段标高，以及图 4-74 楼梯简化示意图，先计算出如表 4-1 边梁端点标高对应建筑标高索引，再用【主梁布置】方式布置梯段宽扁梁（1610mm×130mm)。

［3］　对于复杂的标高关系，先用如图 4-77 所示表格计算好，在输入构件时对应计算好的标高顺序输入，则能减少出错。也可以把楼梯建筑底图作为参考底图读入，能加快输入速度，斜杆标高也事先列表计算，这样可以避免出错。

［4］ 用 200mm×400mm 布置 TL，用虚斜杆 99mm×99mm 布置支撑斜杆替代楼梯基础，用 200mm×200mm 斜杆布置梯柱。

［5］ 修正楼梯间荷载，考虑栏杆及六跑楼梯重叠效应等，本例恒载取 2.57kN/m^2，活载取 4.47kN/m^2。

［6］ 修改楼梯间板厚为 0 厚度，天井开洞忽略。

［7］ 按扁梁传载路径，修改梯板导荷方式为对边导荷，短边为受力边，得到图 4-77 所示导荷图。输入过程中，可以通过【Ctrl】+【鼠标滚轮】进行实时三维旋转观察。

［8］ 第 2 标准层楼梯模拟输入过程从略。

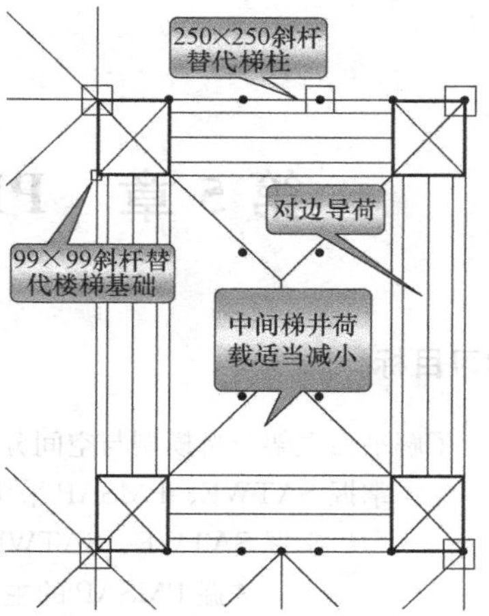

图 4-77　楼梯模拟模型导荷平面

在操作时需要注意扁梁端点标高是相对本层层顶标高，斜杆标高是相对本层层底标高。由于规范规定进行主体结构分析设计时，需要考虑楼梯对主体的影响，对于 PKPM 目前版本来说，人工创建模复杂楼梯拟模型的过程是比较繁琐的。但随着 PMCAD 新版本中参数化楼梯类型的增加（2012 年 6 月 V1.3 版本较之 V1.2 增加了许多参数化楼梯解决方案），我们相信楼梯模拟建模的过程会越来越简捷方便。

思考题与练习题

1. 思考题

(1) 简述一下坡屋面主要有几种类型，创建结构模型时的主要操作要点是什么？

(2) PKPM 是如何处理坡屋面风荷载的？

(3) 简述错层结构的种类有哪些？创建错层结构模型的方法有哪些？试简述一下其具体操作要点。

(4) 简述考虑楼梯对主体结构影响设计时，PKPM 参数化楼梯解决方案的主要操作要点。

2. 练习题

(1) 请在前一章设计练习（多层办公楼或教学建筑施工图）基础上，完成该设计练习的楼梯智能输入操作及转化后楼梯模型的修改处理。

(2) 请自行通过一套建筑施工图，做错层和坡屋顶建模操作练习。

(3) 请自行找几套各种楼梯的建筑图，自己创建考虑楼梯的结构模型，并进行结构计算，与未加楼梯之前的结构分析结果进行比较，了解各种楼梯对主体框架内力的影响程度。

第 5 章　PKPM 结构分析模块的选择

学习目标

了解平面框架分析模型与空间分析模型的区别及各自特点

掌握 SATWE、PMSAP 采用哪些有限单元特点模拟建筑结构构件

掌握 SATWE、SATWE-8 的适用范围及主要功能特点

掌握 PMSAP 的主要功能特点

了解 TAT、TAT-8 采用的分析模型特征及适用范围

了解 PK 软件的主要功能是适用范围

在进行分析设计之前，设计人员要依据结构的具体情况，确定采用哪种分析设计模型和方法。结构分析设计模型有平面框架分析模型与三维空间分析模型两种，通常情况下，三维空间分析的准确度要高于平面框架分析模型。

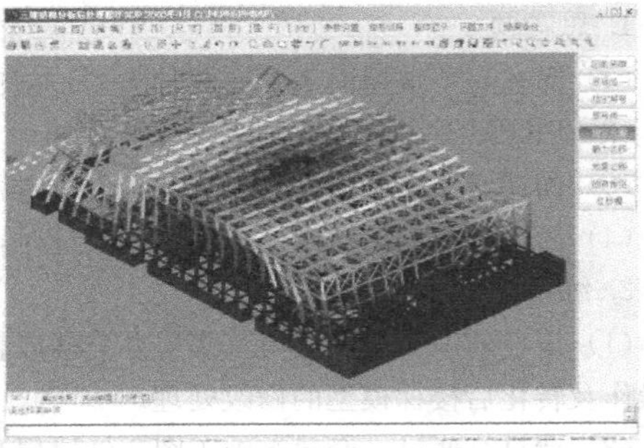

为了选择合理的分析设计模块，我们必须了解软件的计算原理及适用范围。

在本章我们将介绍 PKPM 中 SATWE、PMSAP、TAT、PK 分析设计软件采用的分析设计模型和分析单元特征，介绍这些软件的主要功能特点及适用范围。

5.1　平面框架分析模型与空间分析模型

当结构设计模型创建之后，CAD 要进行的下一步工作是对结构模型进行分析与设计。由于在 CAD 过程中，CAD 软件的分析设计模块尽管能够替代设计人员进行结构的分析与设计，但是，在进行分析设计之前，设计人员需要依据所建结构模型的具体情况，确定采用哪种结构分析方法，并据此选择适当的分析设计模块。为了选择合理的分析设计模块，我们必须了解各种分析设计方法的区别，并要对软件的计算原理及适用范围有一个清晰的认识，只有这样，才能选择适合相应结构体系的软件进行计算，并对计算结果进行认真分析，以确保计算结果的准确性和合理性。

在多高层建筑结构分析中，对剪力墙和楼板的模型化假定是关键，它直接决定了多高

层建筑结构分析模型的科学性，同时也决定了软件分析结果的精度和可信度。对于上部结构而言，常用的分析设计方法有平面框架分析、平面结构空间协同法、三维空间分析法。

5.1.1 平面框架分析方法

平面框架分析模型又分为单榀平面框架分析方法和平面框架空间协同分析方法，下面我们来简单介绍一下它们的主要特点。

1. 单榀平面框架分析方法

单榀平面框架分析方法假定可将一个建筑结构划分若干榀正交平面抗侧力结构，这每一榀平面抗侧力结构我们通常称为平面框架。由设计人员根据结构情况，对各榀框架进行归并，受力相同的划分为一组，最后从每组中选取一榀框架为代表，进行命名及分析设计。

对单榀框架进行计算时，可以考虑楼板的刚度影响，也可以认为楼板在其自身平面内刚度无限大。假定楼板刚度无限大时平面框架梁的轴向没有变形。

另外，采用这种方法的同时，还把联系各榀框架间的梁设定为框架连系梁，它们的分析设计模型为多跨连续梁。对联系梁的设计过程也包括所有楼层联系梁的归并、命名及计算。

平面框架分析方法适用于平面非常规则的纯框架结构。单榀平面框架分析的计算模型主要是在早期的结构计算中采用。其特点是与平面框架手算步骤一致，由于它只适用于非常规则的纯框架结构和剪力墙结构，适用范围有限，所以现在已很少使用。

PKPM 中的 PK 即采用单榀平面框架分析方法，对于排架结构、异型框架结构、单根连续梁可用 PK 进行设计，或用 PK 绘制详细的配筋构造。

2. 平面框架空间协同分析方法

平面框架空间协同分析方法，是将结构划分为若干榀正交或斜交的平面抗侧力结构，在任一方向的水平力作用下，由空间位移协调条件进行各榀结构的水平力分配。它适用于平面布置较为规则的框架。

5.1.2 三维空间分析方法

三维空间分析方法是把建筑整个结构作为一个统一的分析模型整体进行结构分析的方法。三维空间分析方法的精度和适用范围主要取决于分析程序所用的结构分析模型。三维空间分析方法所用的模型分为三维空间杆元模型、三维空间开口薄壁杆件模型、墙板单元模型、板壳单元模型、墙组元模型。

1. 三维空间杆元模型

三维空间杆元是一种常用的 2 节点 12 个自由度的杆件单元，杆单元的每个端点分别有三个线位移和三个角位移，每个位移对应一个杆件内力。在 PKPM 软件中，TAT、SATWE、PMSAP，依照杆单元的轴线类型又分为直线型梁元、等截面圆弧曲梁单元、柱元等多种。

2. 三维空间开口薄壁杆件模型

开口薄壁杆件理论，是将整个平面连肢墙或整个空间剪力墙模拟为开口薄壁杆件，每一杆件有 2 个端点，7 个自由度，前 6 个自由度的含义与空间梁、柱单元相同，第 7 个自由度是用来描述薄壁杆件截面翘曲的。在小变形条件下，杆件截面外形轮廓线在其自身平面内保持刚性，在出平面方向可以翘曲。采用薄壁杆件原理计算剪力墙，忽略剪切变形的影响，实际工程中的许多剪力墙难以满足薄壁柱理论的基本假定，在计算越来越复杂的多高层剪力墙结构或框剪结构，尤其是计算地震作用时有较大误差，现在设计时已经很少采用该模型方法。

PKPM 软件中的 TAT 软件用的就是这种分析模型。

3. 墙组元模型

墙组元模型是改进的薄壁杆件模型，它考虑了剪切变形有影响，而且引入节点竖向位移变量代替薄壁杆件模型形心竖向位移变量，更准确的描述剪力墙的变形状态，是一种介于薄壁杆件单元和连续体有限元之间的分析单元。它假定沿墙厚方向，纵向应力均匀分布；纵向应变近似定义为墙组截面形状保持不变。

4. 剪力墙为墙板单元模型

在墙板单元模型中梁、柱、斜杆为空间杆件，把无洞口或有较小洞口的剪力墙模型化为允许设置内部节点的改进型墙板单元，把由加大洞口的剪力墙模型化为板-梁连接体系。该模型的剪力墙，具有竖向拉压刚度、平面内弯曲刚度和剪切刚度，边柱作为墙板单元的定位和墙肢长度的几何条件，一般墙肢用虚柱定位，带有实际柱端的墙肢直接用柱端定位。在单元顶部设置特殊刚性梁，其刚度在墙平面内无限大，平面外为零，既保持了墙板单元的原有特性又使墙板单元在楼层边界上全截面变形协调。

这类软件对剪力墙的模型化不够理想，没有考虑剪力墙的平面外刚度和单元的几何尺寸影响，对于带洞口的剪力墙，其模型误差加大。

5. 板壳单元模型

板壳单元模型中梁、柱、斜杆为空间杆件。该模型用每一节点 6 个自由度的壳单元来模拟剪力墙单元，剪力墙既有平面内刚度又有平面外刚度，楼板既可以按弹性考虑，也可以按刚性考虑。

基于壳单元理论的三维组合结构有限元分析程序，由于壳单元既有平面内刚度，又具有平面外刚度，用单壳元模拟剪力墙和楼板可以较好地反映其实际受力状态。基于壳单元理论的多高层结构分析模型，理论上比较科学，分析精度较高。尽管这种程序功能全面，适用范围广，但美中不足的是现有的基于壳单元理论的软件均为通用的有限元分析软件，虽然其功能全面，使用领域广，但其后处理功能较弱（结构设计的后处理包括内力组合、配筋设计等等），在一定程度上限制了这类软件在实际工程中的使用。

目前，PKPM 的 SATWE、SATWE-8、PMSAP、PMSAP-8 等分析设计软件采用的是在壳单元基础上凝聚而成的墙元模拟剪力墙。PKPM 的墙元是专用于模拟高层建筑结构中剪力墙的，对于尺寸较大或带洞口的剪力墙，按照子结构的思路，由程序自动进行细分，然后用静力凝聚原理将由于墙元的细分而增加的内部自由度消去，从而保证墙元的精度和有限的出口自由度。这种墙元对于剪力墙洞口（仅考虑矩形洞）的大小及空间位置无限制，具有较好的适应性。墙元不仅具有平面内刚度，也具有平面外刚度，可以较好地模拟工程中剪力墙的实际受力状态。

PKPM 的墙元采用广义协调技术处理墙-墙协调内部网格自动剖分，解决了网格畸变问题，其中 PMSAP 允许最小 30cm 的细分网格，可以对墙梁、墙柱做精细分析。

SATWE 与 PMSAP 采用的模型原理基本接近，但是 PMSAP 更适合于多塔、错层、转换层等建筑上的复杂情形。

5.1.3 钢筋混凝土楼盖分析模型对结构分析有重大影响

对于比较规则的常规建筑结构进行分析时，可以采用楼板刚性假定进行上部结构的分析计算，但是对于下列情况下，楼板变形比较显著，楼板刚度无限大的假定不符合实际情况，如果仍采用刚性楼板假定，则计算也会有较大的误差：

- 楼面有很大的开洞或缺口，楼面宽度狭窄。
- 平面上有较长的外伸段。
- 底层大空间的剪力墙结构的转换层楼面。
- 错层结构，楼面不能保证平面内无限刚度。
- 楼面的整体性差的结构体系。
- 板柱体系。

上述楼盖结构，在进行结构三维空间分析时，应采用非刚性楼板假定。SATWE 和 PMSAP 都有楼板非刚性分析的多种选择方案，采用三维空间整体有限元分析设计方法，可用于设计复杂的多高层建筑结构。

综上所述，在实际工程设计时，设计人员应根据工程的实际情况，深入了解各计算机软件的适用范围和特点，选择适合于本工程的计算软件进行分析。

5.2 PKPM 结构分析设计软件功能特征简介

PKPM 软件有多个具有计算分析功能的模块，如 PK、SATWE、PMSAP 以及砌体、钢结构、基础设计等，在本节我主要介绍 PK、SATWE、PMSAP 软件的功能特征。

5.2.1 PK 软件的功能及适用范围

PKPM 的 PK 模块是一个平面杆系的结构计算软件，具有二维结构计算和钢筋混凝土梁柱施工图绘制两大功能，其用户主界面如图 5-1 所示。

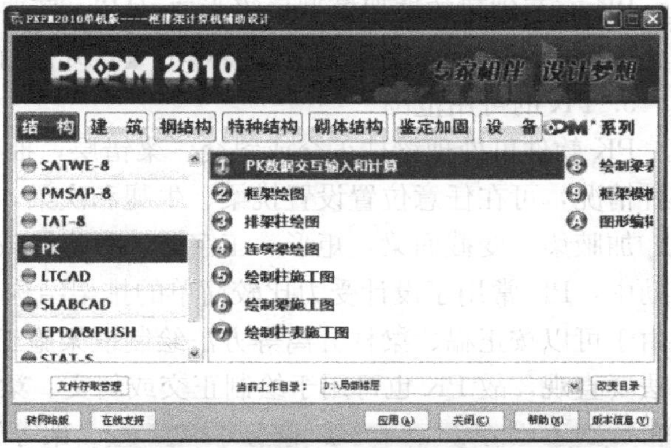

图 5-1 用户主界面

它能按新规范要求做强柱弱梁、强剪弱弯、节点核心、柱轴压比，柱体积配箍率的计算与验算，还进行罕遇地震下薄弱层的弹塑性位移计算、竖向地震力计算、框架梁裂缝宽度计算、梁挠度计算。且能按新规范和构造手册自动完成构造钢筋的配置。

如果要用 PK 复杂平面框架的配筋详图，可有两个途径创建 PK 框架模型：

1. PMCAD 生成 PK 数据模型

在 PMCAD 创建整个结构的结构模型，之后通过“PMCAD”软件主菜单的【生成 PK 文件】主菜单，生成用户指定轴线或交互指定的多跨连续梁模型，PMCAD 以“PK-”打头，后加轴线名作为生成的框架数据文件名，文件后缀为 PK；PMCAD 生成的连续梁名称以“LL-”打头，后加梁所在结构层号，一个 LL 文件包括同一结构层的多个连续梁。PMCAD 生成数据文件之后，再通过 PK 的【PK 数据交互输入和计算菜单】通过【打开已有数据文件】后，对 PMCAD 生成框架模型进行计算和绘图。

2. PK 人机交互创建数据模型

如果单独进行一榀框架或一榀排架的设计，可直接通过 PK 的【PK 数据交互输入和计算菜单】的【新建】文件进入 PK 交互界面创建框架模型。通过人机交互方式创建框架计算模型，需要用户自行定义框架网格、定义地震等参数、输入梁柱构件、布置恒活载，并点击菜单自动生成左右风荷载，数据输入完毕通过 PK 计算后，即可检查梁挠度及裂缝情况，并绘制整榀框架施工图，如图 5-2 所示。

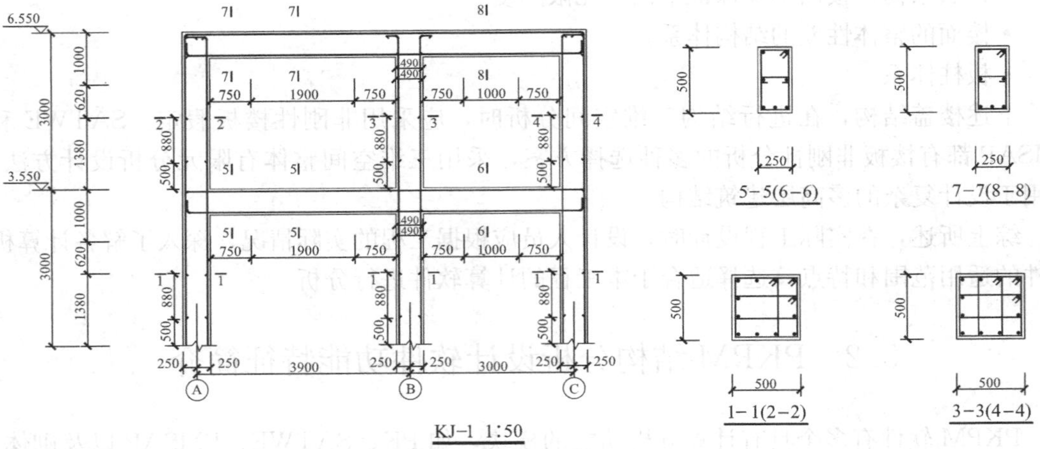

图 5-2　平面框架配筋图示例

PK 交互创建的框架模型后缀为“.JH”，若要在以前交互生成的数据基础上进行其他任务，则进入人机交互界面之前需点击【打开已有交互文件】。

3. PK 的可用范围

PK 软件可处理梁柱正交或斜交、梁错层，抽梁抽柱，底层柱不等高，铰接屋面梁等各种情况，可在任意位置设置挑梁、牛腿和次梁，可绘制十几种截面形式的梁，可绘制折梁、加腋梁、变截面梁，矩形、工字梁、圆形柱或排架柱，柱箍筋形式多样。在实际设计活动中，PK 常用于设计受力比较简单的排架结构设计、砌体结构中的连续梁设计等。另外由于可以按正榀、梁柱分离等方法绘制框架施工图，其在处理梁柱节点上比平面整体表示法要直观，故 PK 也可用于绘制正交或斜交、梁错层，抽梁抽柱、梁加腋、带牛腿柱框架等施工图。

目前某些大专院校在毕业设计环节，也用 PK 与手工计算结果进行比对分析。

5.2.2 TAT、TAT-8 软件的功能及适用范围

TAT 是采用薄壁杆件原理的空间分析程序，它适用于分析设计各种复杂体型的多高层建筑，不但可以计算钢筋混凝土结构，还可以计算型钢-混凝土结构、混合结构、纯钢结构，井字梁、平框及带有支撑或斜柱结构，其主界面如图 5-3 所示。

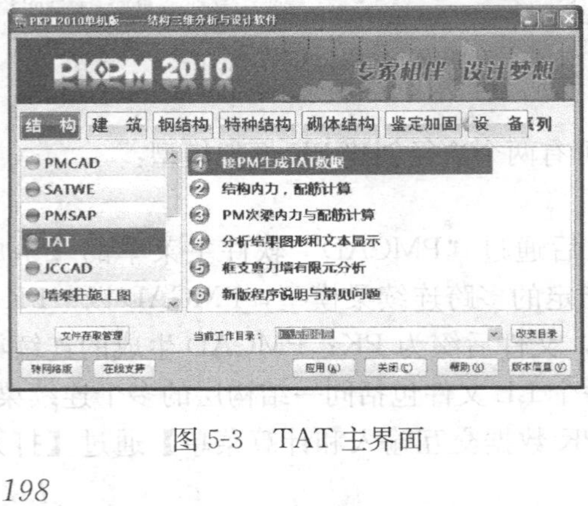

图 5-3　TAT 主界面

TAT 可计算框架结构，框剪和剪力墙结构、筒体结构。对纯钢结构可作 P-Δ 效应分析；可以进行水平地震、风力、竖向力和竖向地震力的计算和荷载效应组合及配筋；可以与 PMCAD 联接生成 TAT 的几何数据文件及荷载文件，直接进行结构计算；可以进行动力时程分析，并可以按时程分析的结果计算结构的内力和配筋；可将计算结果下传给施工图设计软件完成梁、柱、剪力墙等的施工图设计，并可为各类基础设计软件提供各荷载工况荷载。

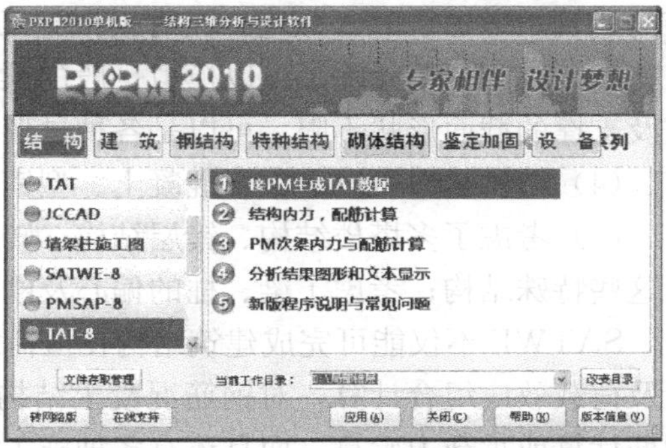

图 5-4 TAT-8 主界面

TAT-8 是针对多层建筑结构的 TAT 版本，其程序主界面如图 5-4 所示。

用薄壁杆件单元模拟剪力墙，能显著降低分析设计三维结构时所需的计算机资源，该模块在以前计算机性能较低的年代，它是一种比 PK 更好的三维空间计算解决方法，目前，由于薄壁杆件模型分析剪力墙误差较大，现在实际设计中应用较少。TAT-8 可用于纯框架建筑结构的分析与设计。

5.2.3 SATWE、SATWE-8 软件的功能和特点

SATWE 和 SATWE-8 都是三维空间有限元分析设计软件，其采用的力学原理是一致的。由于结构设计时，高层建筑结构所用的规范包括《高规》，故有了高层版 SATWE 和多层版 SATWE-8。在后面章节中，如无特殊说明，关于软件功能和参数的相关叙述对这两个模块都基本适用。

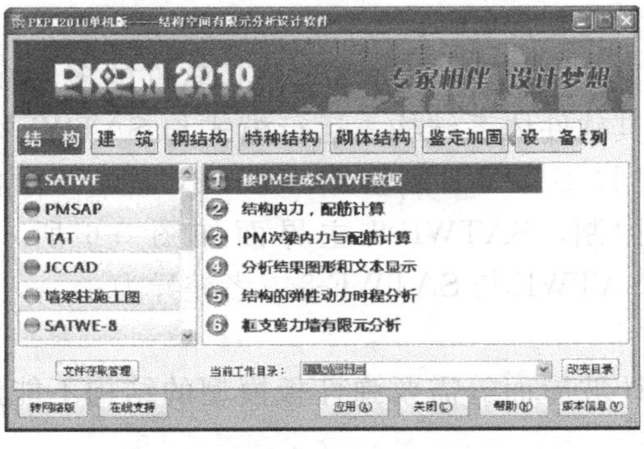

图 5-5 SATWE 主界面

1. SATWE 与 SATWE-8 的基本功能及适用范围

SATWE 程序采用空间杆-墙元模型，采用空间杆单元模拟梁、柱及支撑等杆件，用在壳元基础上凝聚而成的墙元模拟剪力墙，其程序主界面如图 5-5 所示。

对于楼板，该程序给出了四种简化假定，即楼板整体平面内无限刚性、楼板分块平面内无限刚性、楼板分块平面内无限刚性带有弹性连接板带、弹性楼板，平面外刚度均假定为零。在应用时，可根据工程实际情况和分析精度要求，选用其中的一种或几种。

SATWE 是专门为高层建筑结构分析与设计而研制的空间组合结构有限元分析软件，适用于各种复杂体型的高层钢筋混凝土框架、框架-剪力墙、剪力墙、筒体等结构，以及钢-混凝土混合结构和高层钢结构。其主要功能有：

（1）可完成建筑结构在恒荷载、活荷载、风荷载以及地震作用下的内力分析、动力时程分析和荷载效应组合计算；可进行活荷载不利布置计算；可将上部结构与地下室作为一个整体进行分析。

（2）对于复杂体型高层建筑结构，可进行耦联抗震分析和动力时程分析；对于高层钢结构建筑，考虑了 P-Δ 效应；具有模拟施工加载过程的功能。

（3）空间杆单元除了可以模拟一般的梁、柱外，还可模拟铰接梁、支撑等杆件；梁、柱及支撑的截面形状不限，可以是各种异形截面。

（4）结构材料可以是钢、混凝土、型钢混凝土、钢管混凝土等。

（5）考虑了多塔楼结构、错层结构、转换层及楼板局部开大洞等情况，可以精细的分析这些特殊结构；考虑了梁、柱的偏心及刚域的影响。

SATWE 不仅能可完成建筑结构在恒荷载、活荷载、风荷载、地震力作用下的内力分析及荷载效应组合计算，对钢筋混凝土结构、钢结构及钢-混凝土混合结构均可进行截面配筋计算或承载力验算，而且还有多种施工模拟算法可供选用，可指定楼层施工次序，可考虑多个楼层一起施工。

另外 SATWE 还可以处理结构顶部的山墙和非顶部的错层墙。可进行上部结构和地下室联合工作分析，并进行地下室设计。

SATWE 所需的几何信息和荷载信息都从 PMCAD 建立的建筑模型中自动生成，SATWE 还有多塔、错层信息自动生成功能。SATWE 还可接力复杂空间模型软件 SPASCAD 进行计算。

SATWE 完成计算后，可将计算结果下传给施工图设计软件完成梁、柱、剪力墙等的施工图设计，并可为各类基础设计软件提供各荷载工况，也可传给钢结构软件和非线性分析软件。

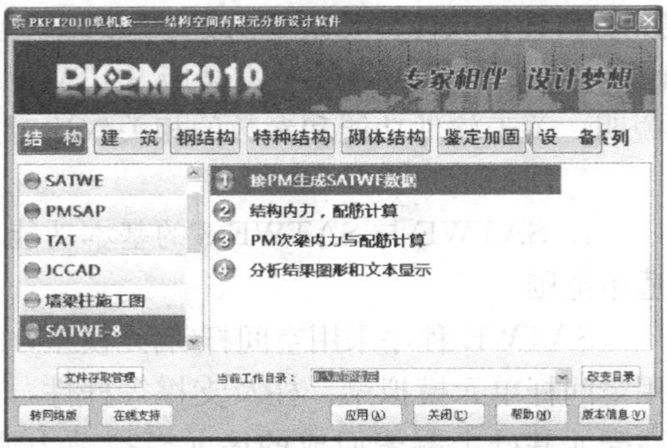

图 5-6 SATWE-8 主界面

2. SATWE-8 的适用范围

SATWE-8 只能计算 8 层以下的结构（含地下室），而且 SATWE-8 中没有附带弹性动力时程分析程序和框支剪力墙分析设计软件 FEQ。

SATWE-8 是 SATWE 软件的多层板，其软件体系结构、运行模式与 SATWE 相同，SATWE 涵盖 SATWE-8，没有 8 层的限制，SATWE-8 主界面如图 5-6 所示。SATWE 与 SATWE-8 二者差异为：

（1）SATWE-8 解题最大结构层数≤8。

（2）SATWE-8 不考虑楼板弹性变形，设计坡屋面等需要弹性板模型的结构不能用 SATWE-8。

（3）SATWE-8 无动力时程分析及吊车荷载分析。

（4）SATWE-8 无“高精度平面有限元框支剪力墙计算及配筋软件”FEQ。

3. SATWE 与 PK、TAT 的区别

SATWE、PK 和 TAT 这三个程序是 PKPM 的软件模块，都具有分析设计功能。其共同特点是可与 PMCAD 接力运行。SATWE 和 TAT 程序运行后，可接力施工图绘制模块绘制平法施工图纸，PK 在其程序中即能对平面框架进行计算与设计，也可以绘制框架施工图纸。SATWE、PK 和 TAT 三个程序都可为各类基础设计软件提供柱、墙底的组合内力作为各类基础的设计荷载。

从计算模型上分，虽然 SATWE 和 TAT 都能对建筑结构进行三维空间分析设计，但

是 SATWE 采用空间有限元模型，TAT 程序采用空间杆-薄壁柱模型，从采用的模型上看，计算带剪力墙的建筑结构时，SATWE 精度和功能要优于 TAT。TAT 可用于框架结构的分析与设计，SATWE 可用于所有多高层建筑结构分析与设计。

PK 进行按平面框架和连续梁模型对结构进行分析设计，其采用计算模型落后于 TAT，更落后于 SATWE。

相比 TAT 和 PK，目前 SATWE 在结构计算设计上使用的更广泛，更为普及。

5.2.4 PMSAP 的功能特点

复杂空间结构设计软件 PMSAP 是 PKPMCAD 工程部继 SATWE 之后推出的又一个三维建筑结构设计工具。PMSAP 与 SATWE 由不同的开发人员独立完成，其程序主界面如图 5-7 所示。PMSAP 在程序总体构架上具备通用性，在墙单元、楼板单元的构造以及动力算法方面采用了先进的研究成果，具备较完善的设计功能。作为同一公司的产品，PMSAP 与 SATWE 的关系可类比于也是同一公司产品的 SAP2000 和 ETABS。尽管它们的侧重有所不同（PMSAP 更多地考虑各种复杂情况），但对于多数建筑结构的分析、设计而言，它们的功能是基本相当的。当复杂工程需要两个或两个以上软件做对比计算时，SATWE 和 PMSAP 是合适的选择。PMSAP 与 SATWE 都可以与建模软件 PMCAD、STS-1 接口，用于对比计算时可省去多次建模的繁琐工作，减少建模出错机会，给设计人员提供了便利。

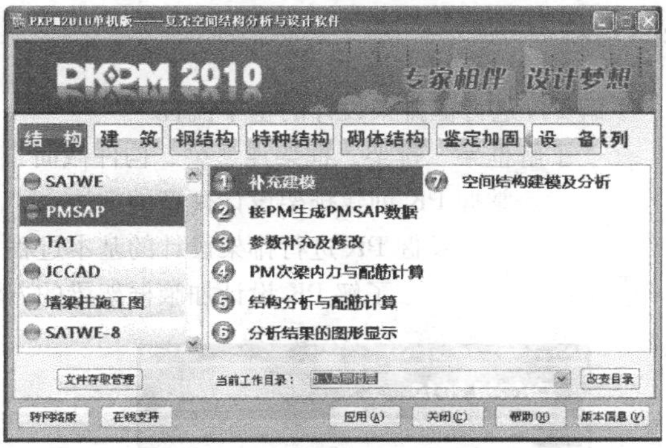

图 5-7 PMSAP 主界面

PMSAP 的计算核心是有限元通用程序。适用于任意空间结构。杆件可以在空间任意放置。结构可分层，楼层是广义概念，指构件的集合。比如把一栋楼房的首层和三层定义为一个 PMSAP 楼层也是可以的。可考虑多塔、错层、转换层等建筑上的复杂情形。

在 PMSAP 中，可以将厚板转换层结构中的厚板、板柱体系结构中的楼板，或者一般结构中的楼板进行全楼整体式分析与配筋设计。楼板的计算结果同梁、柱、墙一样是从整体分析中一次得出，严格考虑了楼层之间、构件之间的耦合作用及地震作用的 CQC 组合，精度高，更能保障设计的安全性、合理性。

思 考 题

思考题

(1) 结构分析模型都有哪几种？它们分别采用什么分析单元？各有何特点？

(2) 简述一下 PK 软件采用的是那种结构分析模型？它的适用范围是什么？

(3) 简述一下 TAT 软件采用的是那种结构分析模型？它的适用范围是什么？

(4) SATWE 软件采用的什么有限单元模拟结构构件？它在进行结构分析设计时的主要功能有哪些？

(5) SATWE 和 SATWE-8 的主要区别是什么？

(6) PMSAP 软件有何特点？

第 6 章　用 PK 进行排架设计示例

学习目标

了解 PK 进行框排架设计的基本流程

了解框架、排架、框架连系梁、构件截面、结构平面归并的概念及方法

掌握 PK 创建排架设计模型的方法

掌握 PK 进行排架设计的基本过程及操作

了解 PK 设计加腋框架梁的方法

平面钢筋混凝土框架 CAD 软件 PK，可设计多层框架、排架、连续梁等，可设计挑梁、牛腿和次梁，折梁、加腋梁、变截面梁，矩形、工字梁、圆形柱或排架柱，在某些特定结构设计情况下，PK 仍不失为一个优秀的软件。

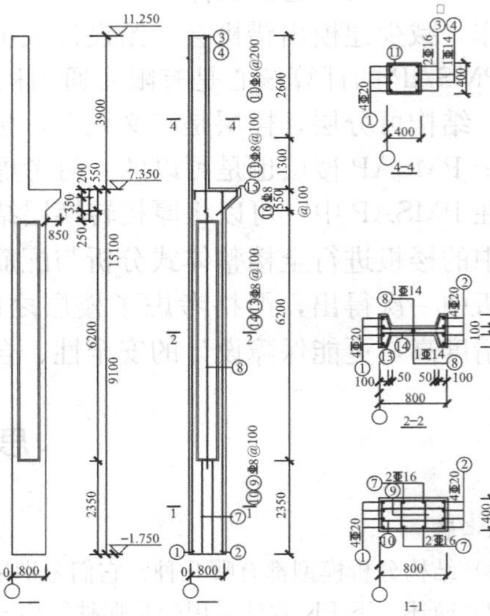

通过本节排架操作示例的学习，我们可以了解 PK 的基本操作方法。

通过 PK 我们可以与某些手工设计结果进行对比分析，以便进一步理解手工设计与 CAD 的区别，并通过手工结果与计算机分析结果的深入比较，了解 CAD 软件的工作原理。

6.1　用 PK 进行钢筋混凝土排架结构设计的基本流程

PK 是平面钢筋混凝土框架、框排架、排架、连续梁结构计算与施工图绘制软件，可处理梁柱正交或斜交、梁错层、抽梁抽柱、底层柱不等高、铰接屋面梁等各种情况，可在

任意位置设置挑梁、牛腿和次梁，可绘制十几种截面形式的梁，可绘制折梁、加腋梁、变截面梁，矩形、工字梁、圆形柱或排架柱。

6.1.1 用 PK 设计排架结构的流程

PK 软件是 PKPM 系列结构设计软件最早推出的模块之一，PK 名称来自“平面框架”的汉语拼音。随着计算机性能的不断提高和建筑结构设计方法的改变，目前已经很少有人用 PK 进行多层框架的结构设计，但是在设计单层工业厂房排架结构时，我们有时还需要用 PK 来进行设计。下面我们介绍一下如何用 PK 进行排架结构设计。

1. 单层工业厂房的结构组成

本节我们以图 6-1 所示单层工业厂房为样本，进行排架结构设计。从图中可以看到，单层工业厂房是由很多不同的结构构件组成的，但是对于单层工业厂房来说，屋面板、吊车梁、支撑、系杆、托架、屋架、天窗架等通常都是采用标准设计，需要进行设计分析计算的结构构件仅有基础、基础梁、墙梁、柱、抗风柱等。抗风柱、基础梁、墙梁可采用单跨杆件模型进行计算设计，屋架可视为联系厂房两侧柱的构件，通常在设计时简化为铰支于柱顶的刚性杆，这样厂房主体就简化为沿轴线布置的排架结构。排架结构的基础通常为杯型独立基础。

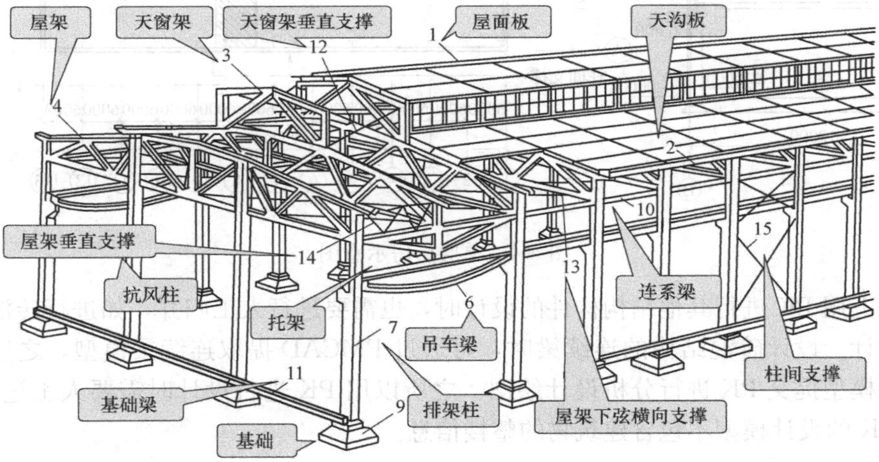

图 6-1 单层工业厂房结构分布轴测图

2. PK 设计排架的流程

用 PK 交互建模设计排架的主要操作流程如图 6-2 所示：

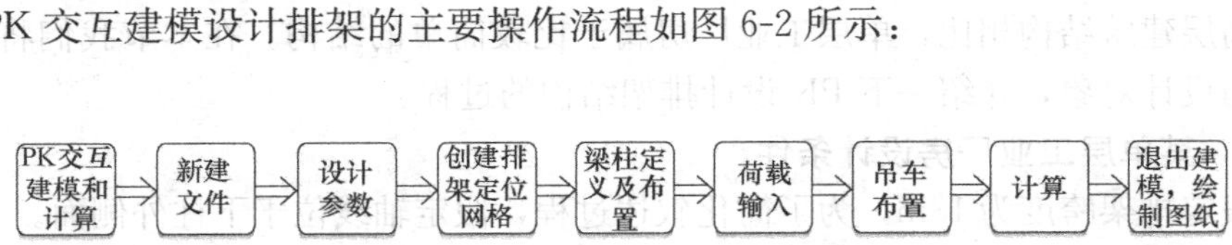

图 6-2 PK 设计排架主要流程

3. 用 PK 设计加腋梁

在 PK 的梁截面定义时，可以通过梁的【截面参数】对话框定义加腋梁。操作过程如下：进入 PK 交互建模界面，点击【梁布置】/【截面定义】菜单，打开图 6-3 所示【截面

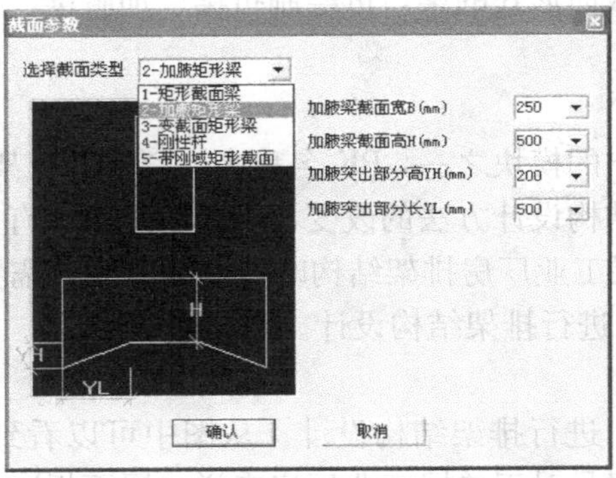

图 6-3　选择加腋梁或变截面梁

参数】对话框，从【梁截面类型】下拉框中选择加腋矩形梁类型，定义参数即可。

6.1.2　排架人工归并简介

由于 PK 使用的是单榀框排架设计模型，因此在用 PK 设计排架之前，设计人员首先要对排架进行人工排架归并，排架的归并就是把排架几何尺寸相同和荷载相同的排架划分为若干分组，在设计时每一分组抽取一榀框架进行分析设计。归并之后，同组排架采用相同的排架图纸。图 6-4 所示单层工业厂房归并后 1、13 轴和中间 2～12 轴分别为 2 个归并组。排架归并之后，需要由设计人员对排架进行命名。

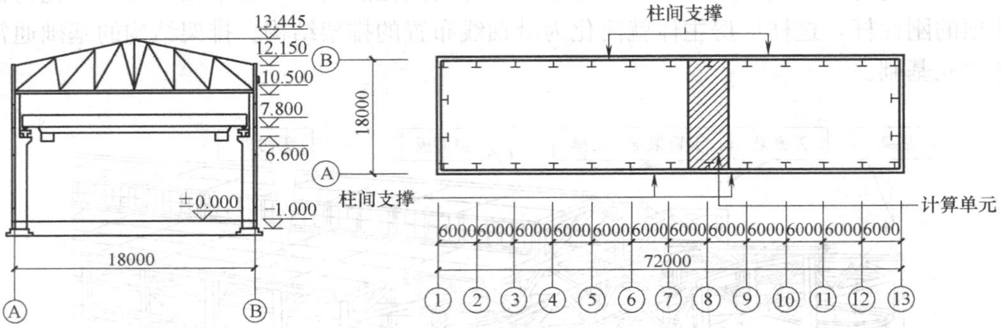

图 6-4　单层厂房示意图

实际上用 PK 进行其他结构构件的设计时，也需要进行人工归并，如进行砖混结构的连续梁设计。设计砖混结构的连续梁时，可通过 PMCAD 提取连续梁模型，之后把提取的连续梁模型提交 PK 进行分析设计绘图。之所以用 PK 进行设计时需要人工进行归并，是由于 PK 的设计模型不包含建筑物的整楼信息。

6.2　排架设计条件及操作示例

与多高层建筑结构相比，单层工业厂房属于比较简单的结构。在本节我们将以图 6-4 所示排架为设计对象，介绍一下 PK 设计排架结构的过程。

6.2.1　某单层工业厂房设计条件

我们假定排架跨度为 18m，为了简化叙述过程，假定轴线位于下柱外侧面。下柱为工字型截面，下柱牛腿顶面高度为 6.6m，室内地面至基础顶面的距离为 1.0m，上柱高度为 3.9m，柱开间采用 6m 标注柱距；屋架高度详见图 6-4。地震设防烈度为 6 度。

根据柱的高度、吊车起重量及工作级别等条件，确定柱截面尺寸：

下柱：工字型截面，400×800×100×150（单位：mm）；柱高度为＝牛腿顶面标高一基础顶标高＝7.6m

上柱：矩形截面，400×600（单位：mm）；上柱高度＝柱顶标高－牛腿顶标高＝10.5－6.6＝3.9m

屋架在 PK 中用刚性杆替代，二端铰支于柱顶。

为了让 PK 自动统计风荷载，在柱顶设置高度为 2.1m 高刚性杆提到屋架侧面高度。

牛腿由 PK 自动设计。

柱总高为：11.5m

厂房各主要构件选型见下表 **表 6-1**

构件名称	标准图集	选用型号	重力荷载标准值	容许荷载
预应力混凝土屋面板	G410(一)1.5×6m	YWB-3Ⅱs	1.5kN/m²(包含灌缝重)	3.65kN/m²
预应力混凝土折线型屋架	G415(一)	YWJ18-2-Aa	69kN/榀；0.05kN/m²(屋盖钢支撑)	4.5kN/m
预应力卷材防水天沟板	G410(三)	TGB68-1	1.91kN/m²	
钢筋混凝土吊车梁	04G323(二)	DL-9B(边跨)	39.5kN/根	40.8kN/根
吊车轨道及轨道连接构件	04G325	DGL-10	0.8kN/m	
钢筋混凝土基础梁	04G320	JL-1	16.1kN/根	
200 厚加气混凝土墙及粉刷				
预埋件	04G362	详见施工图	5.24kN/m²	
柱间支撑	05G336	详见施工图		

6.2.2 创建排架网格系统

有了上面设计条件之后，我们首先进入 PK 的交互建模界面创建排架的定位轴网系统，如图 6-5 所示。

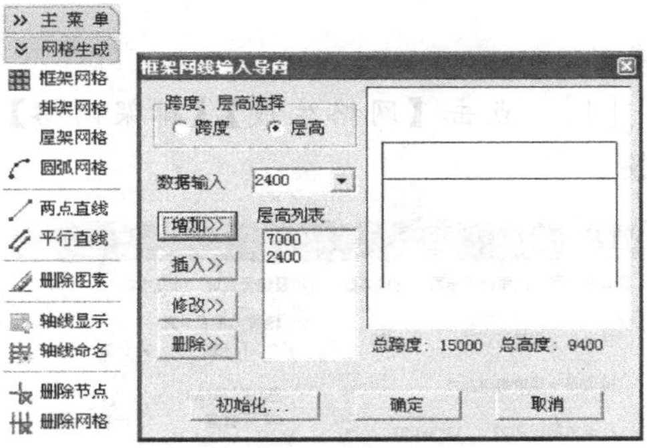

图 6-5 定位网格菜单

排架的定位轴网可以采用多层框架网格，也可采用排架网格。

采用多层框架网格时，可创建层数为两层的网格系统，下层层高为下柱高度，上层层高为上柱高度，当排架上部带有天窗时，还可以给出天窗的网格，天窗部分可布置刚性杆或虚梁，以便起到布置荷载或自动传载作用。跨度可以直接用原有建筑轴线间距定义，也可换算到柱截面的中心线位置，不同的跨度及轴网定义方式，对节点荷载的等效弯矩值有影响。

本节单厂采用的是排架网格，跨度采用原建筑轴线位置。

操作示例—设置排架设计参数和创建定位网格

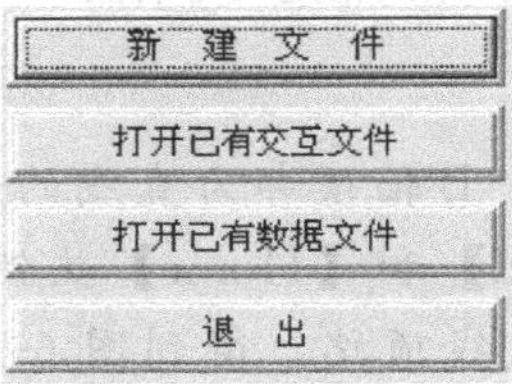

图 6-6 排架简图

［1］ 把当前工作目录设为“pj-a”，从 PKPM 主界面选择 PK 程序后，点击【PK 数据交互输入与计算】菜单，PK 弹出图 6-6 所示窗口。

［2］ 点击图 6-6 的【新建文件】按钮，命名文件名为“PJ-A”后进入交互界面如图 6-7 所示。

［3］ 点击【参数输入】菜单，在图 6-8 对话框中定义适当

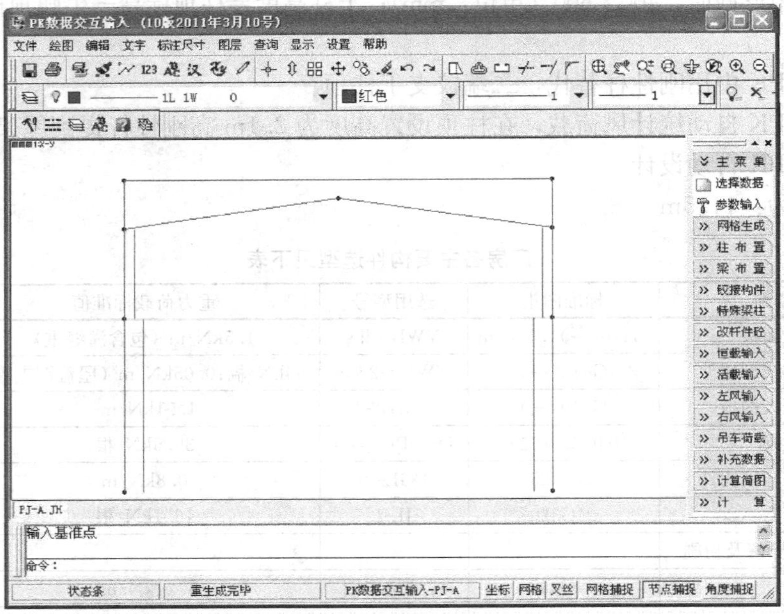

图 6-7　PK 交互建模与计算界面

的参数。

［4］　点击【网格生成】/【排架网格】菜单，依照图 6-9 所示对话框定义排架网格参数。

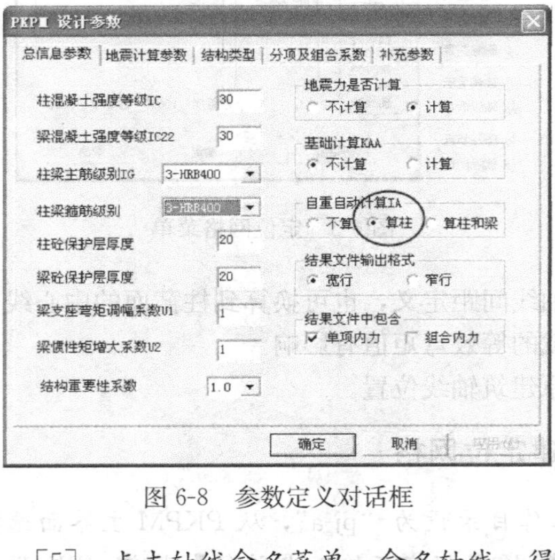

图 6-8　参数定义对话框

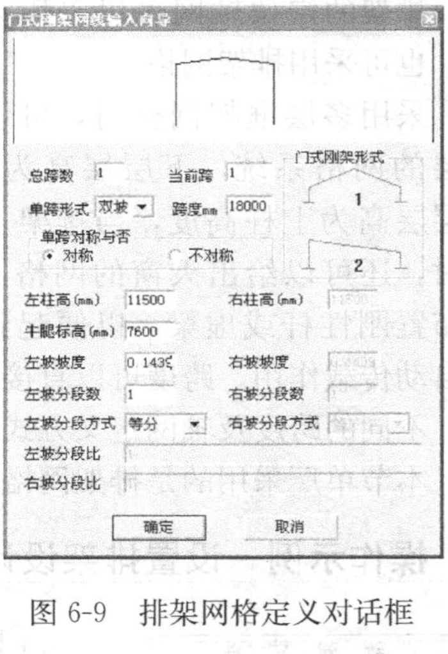

图 6-9　排架网格定义对话框

［5］　点击轴线命名菜单，命名轴线，得到图 6-10 所示网格。

［6］　点击【二点直线】菜单，分别以图 6-10 排架网格 A、B 轴顶部为直线的起点，再把鼠标移到图 6-10 排架网格 A、B 轴顶部，点击【TAB】和【Home】热键，从顶部输入高度为 2100mm 的竖直线，再用二点直线连接竖直线顶端，得到图 6-11 所示网格。

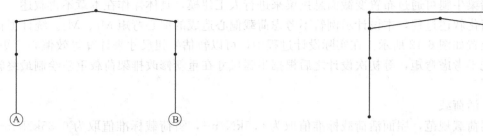

图 6-10　排架网格定义

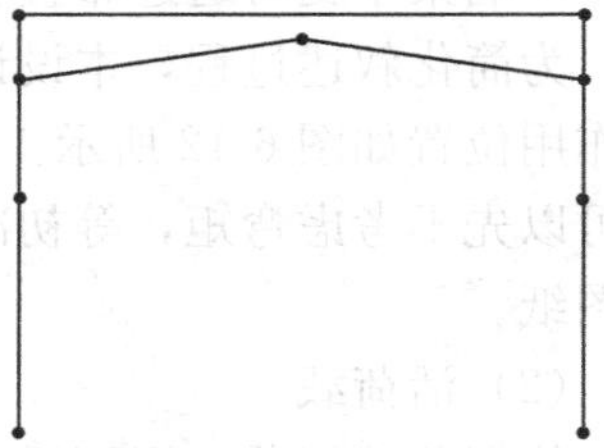

图 6-11　补充排架网格

当一次不能全部完成排架所有设计工作而需要退出时，退出之前可点击下拉菜单的【保存文件】再退出 PK。第二次进行 PK 继续以前工作，可选择图 6-3 的【打开已有交互文件】菜单打开以前的模型文件，进入 PK 之后需检查已输入的内容是否与前次退出时完全一致。

6.2.3　荷载统计与布置

作用在排架上的荷载有恒荷载、活荷载和风荷载，与 PMCAD 相同，用 PK 进行排架设计时输入到排架模型中的柱自重软件会自动统计，故与手工设计相比，PK 荷载统计相对要简单一些，荷载具体计算过程如下：

（1）恒荷载

需要统计的恒荷载主要包括屋架重量、水平系杆、屋面水平支撑、屋面板及保温防水层、檐口、吊车梁及轨道、通过墙梁传来的围护墙及粉刷重等。

• 屋盖恒载

SBS 防水卷材 0.25kN/m^2

20mm 厚水泥砂浆找平层 20kN/m^3×0.02m＝0.40kN/m^2

20～30mm 厚挤塑板保温层 0.10kN/m^2

20mm 厚水泥砂浆找平层 20kN/m^3×0.02m＝0.40kN/m^2

预应力混凝土屋面板（包含灌缝重）1.50kN/m^2

屋盖钢支撑 0.05kN/m^2

共计：2.70kN/m^2

• 屋架重力荷载为 69kN/榀，把屋架折算成沿 18m 跨度方向分布的线荷载后，得到作用于屋架上的线荷载荷载标准值为：

$$q_1=2.70\text{kN/m}^2\times 6\text{m}+69\text{kN}/18\text{m}=20.03\text{kN/m}$$

• 外墙 200mm 厚加气混凝土砌块、吊车梁及轨道重力荷载标准值：

墙：0.20×8.5＝1.7kN/m^2

内侧粉刷：0.4kN/m^2

外墙瓷砖：0.5kN/m^2

墙及粉刷小计：1.7＋0.4＋0.5＝2.6kN/m^2

设墙高设为 6.5m，墙梁位于吊车牛腿外侧稍下方，具体位置绘制施工图时再确定。墙梁自重为 2.7 kN/m。

$$G_2=39.5\text{KN}+0.8\text{kN/m}\times 6\text{m}+2.6\text{kN/m}^2\times 6.5\text{m}\times 6.0\text{m}+2.7\text{kN/m}\times 6.0\text{m}$$
$$=161.9\text{kN}$$

• 墙梁牛腿可通过布置变截面悬挑梁来进行人工建模，具体操作在本章不再叙述。

为简化叙述过程，本设计示例暂不考虑荷载偏心造成的偏心弯矩 M_1、M_2。统计恒荷载作用位置如图 6-12 所示。在实际设计过程中，可以暂估牛腿尺寸来计算等效偏心弯矩，也可以先不考虑弯矩，等初次设计之后根据牛腿尺寸在重新修改排架荷载重新绘制最终施工图纸。

（2）活荷载

依据荷载规范，屋面活荷载标准值取为 0.5kN/m²，雪荷载标准值取为 0.35kN/m²，后者小于前者，故按 0.5kN/m² 计。

• 6m 计算单元分布面荷载导算到屋架位置的分布线荷载为：

$$q_1=0.5\text{kN/m}^2\times6\text{m}=3\text{kN/m}$$

活荷载作用简图如图 6-13 所示。为了用软件计算风荷载，上柱之上为屋架侧面简化为刚性杆，用虚线代替。

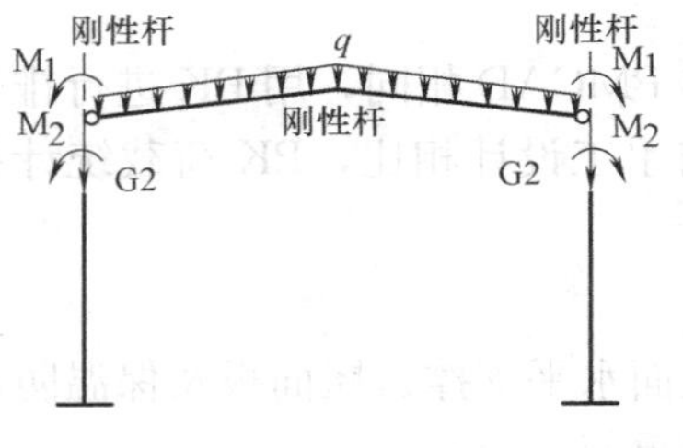

图 6-12　恒荷载作用简图

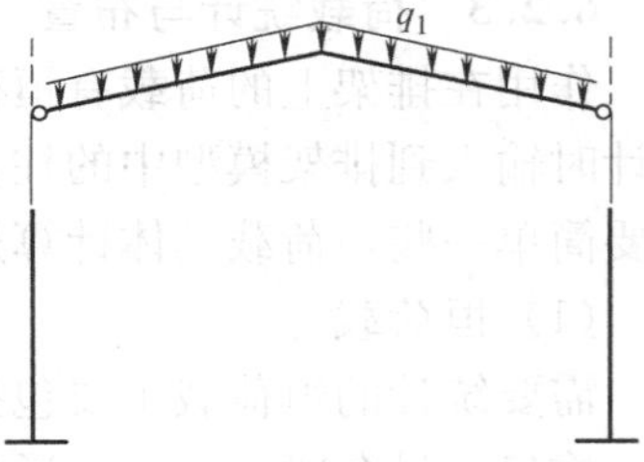

图 6-13　活荷载作用简图

（3）互斥荷载

互斥荷载是指不能同时出现的荷载。如屋面检修活荷载和雪荷载、屋架组装时的特殊加工机械施工荷载和其他活荷载以及雪荷载就是不可能同时出现的荷载，在结构设计时，若需考虑积雪荷载，则应把活荷载和雪荷载输入进互斥荷载，把积灰荷载输入到活荷载里。在 PK 中可以进行互斥荷载布置，首先设定互斥荷载组数（活载个数），之后选定【当前组号】，在输入其中一种互斥荷载；输入另一种是需改变【当前组号】。

（4）构件恒荷载、活荷载布置

在完成了构件荷载统计之后，即可通过荷载定义和荷载布置操作来进行各种荷载布置。

（5）风荷载

用 PK 进行排架设计时，作用在排架上的风荷载可通过点击【左风输入】和【右风输入】两个菜单的【自动布置】，由 PK 软件自动计算风荷载，并把风荷载布置到排架结构上。对于屋面、屋架、天窗等风荷载可以人工计算后，通过风荷载菜单下的【节点左风】和【节点右风】进行交互布置，也可以在柱顶设置虚拟钢柱及虚梁，让 PK 自动计算部分屋面风荷载。

6.2.4　计算分析与施工图绘制

当模型创建及荷载布置完毕，即可点击【计算】菜单进行自动计算。计算结束后，PK 会给出多种内力计算图，通过这些我们可以对设计结果进行校核分析。计算无误后，则可返回到 PK 主界面，点击【框架施工图】菜单绘制施工图。

操作示例—创建排架设计模型与排架计算

［1］ 分别按照前面所述，定义梁、工字型下柱、矩形上柱和刚性杆构件，进行构件布置。布置时注意下柱外侧与网线重合，分别按 400mm 或－400mm 偏心布置。若布置后发现偏心位置不准，可删除重新定义偏心值后重新布置。

［2］ 下柱布置之后再布置上柱。

［3］ 点击【偏心对齐】菜单，依照命令行提示，输入－1 或 1 数值开关确定柱对齐方式，点击上柱使之与进行偏心对齐。

［4］ 再分别用刚性杆截面类型，按柱布置柱顶刚性柱，按梁布置屋架的等效刚性梁，得到图 6-14所示构件布置，图 6-14 顶端水平线为排架定位网格线。

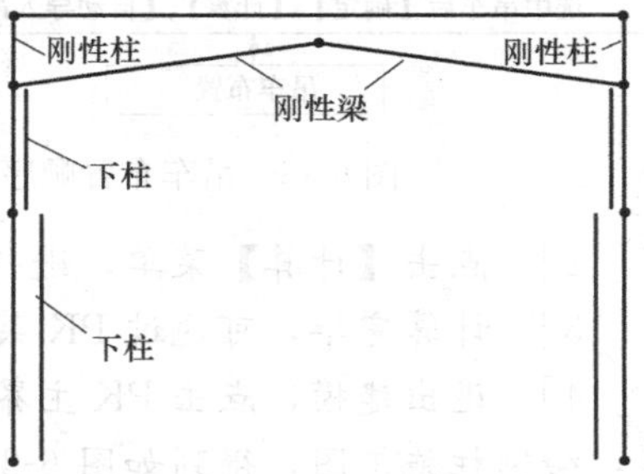

图 6-14 构件布置

［5］ 点击【铰接构件】/【梁铰布置】菜单，分别在屋架刚性梁端部布置梁铰。布置时注意数据开关选择。

［6］ 依照《混规》表 B.0.4，有吊车厂房排架平面内下柱计算长度系数为 1.0，上柱为 2.0，有柱间支撑时排架平面外上柱计算长度系数为 1.25，下柱为 0.8。根据柱段原长，计算上下柱的平面内、平面外计算长度，点击【柱布置】/【计算长度】菜单，定义柱计算长度。

［7］ 分别依照前面统计的恒载和活荷载输入梁间恒载、节点恒载、梁间活载，过程从略。

［8］ 点击【左风输入】/【自动布置】和【右风输入】/【自动布置】，在弹出的风荷载参数对话框，选择地面粗糙度为 B，基本风压为 $0.45kN/m^2$，迎风面宽度取厂房开间 6m，自动布置风荷载。

［9］ 点击【计算简图】菜单，分别显示恒荷载、活荷载、风荷载作用如图 6-15～图 6-17 所示。

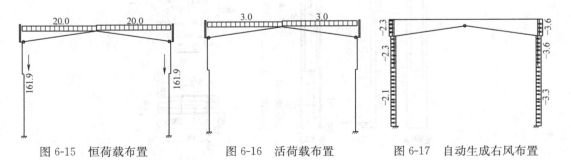

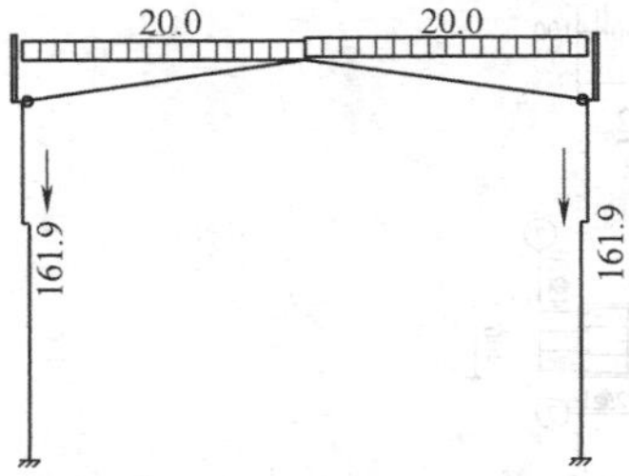

图 6-15 恒荷载布置

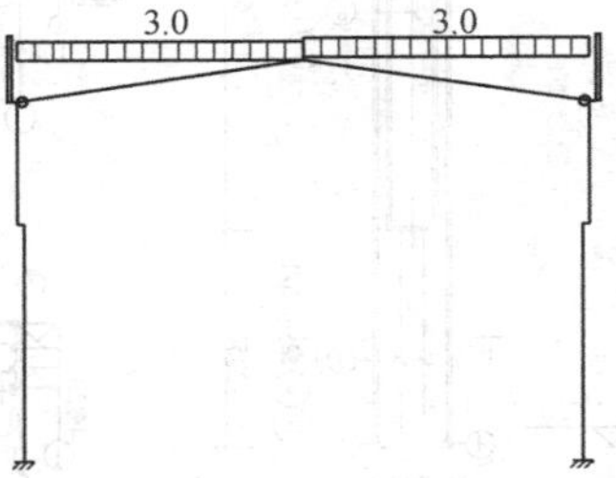

图 6-16 活荷载布置

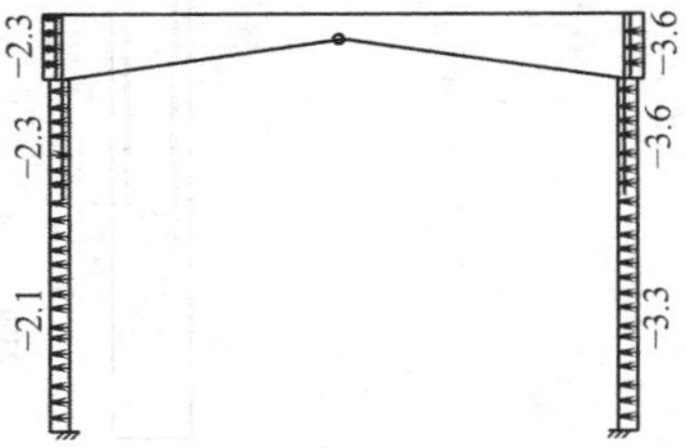

图 6-17 自动生成右风布置

［10］ 按照图 6-18 所示顺序布置吊车荷载。

［11］ 图 6-18 所示顺序为属于不同对话框的菜单或按钮，注意要按照图中所示顺序选定或计算吊车参数。PK 软件具有丰富的吊车数据库供用户创建排架模型时选用，当用

户选择了合适的吊车之后，软件能自动计算吊车移动荷载的影响线，并布置在排架的牛腿所在网点上，最后得到的吊车布置简图如图 6-19 所示。

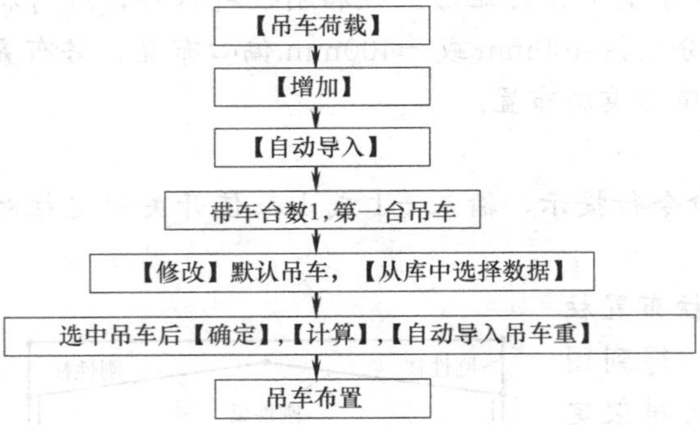

图 6-18　吊车布置顺序

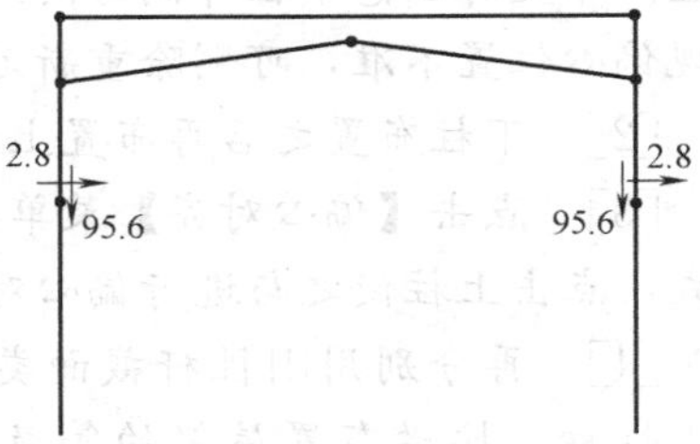

图 6-19　参数化布置吊车荷载

［12］　点击【计算】菜单，进行排架计算。

［13］　计算完毕，可通过 PK 菜单查看各种荷载作用下的单项内力图，进行校核。

［14］　退出建模，点击 PK 主界面的【排架柱绘图】菜单，进入绘图界面，进行吊装验算，绘制柱施工图，得到如图 6-20 所示柱施工图，注意此时图形区下方状态栏给出的图形文件名称。

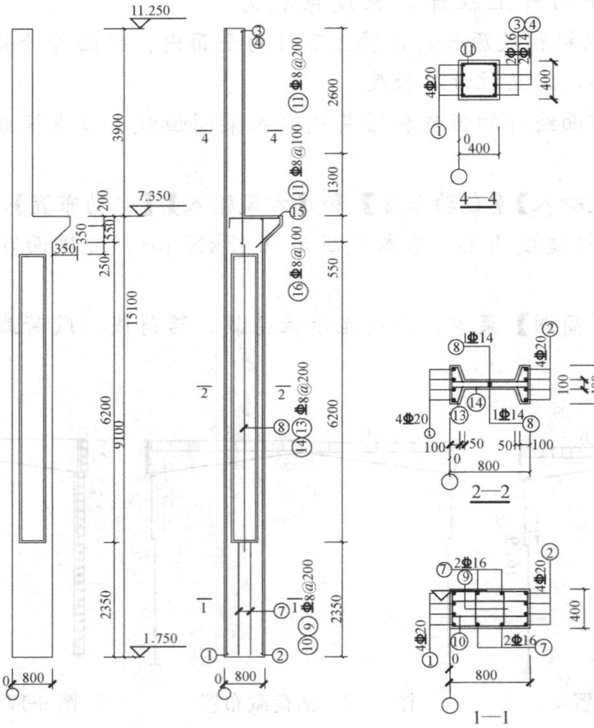

图 6-20　吊车布置顺序

［15］　点击【图形编辑、打印及转换】菜单，进入图形编辑转换界面，点击【工具】/【T 转 DWG】菜单，把当前工作目录下的图形转换为 dwg 文件后，退出 PK。

[16] 进入 AutoCAD，对所绘制的图形进行编辑修改。

得到排架施工图后，还需要到 AutoCAD 补充绘制吊车梁、走道板、支撑等预埋件的详图索引或详图，具体内容可参考其他参考书。

思考题与练习题

1. 思考题

(1) PK 所用的设计模型都有哪几种？它们分别采用什么创建？

(2) PK 能否自动计算框排架的风荷载？如要 PK 自动计算女儿墙或者屋架所受风荷载，在创建模型时可用什么方法实现？

(3) PK 能否自动设计柱的牛腿？PK 如何定义加腋梁和变截面梁？

(4) 什么是互斥荷载？

2. 练习题

(1) 请自己在 PMCAD 中创建一个多层框架结构模型，该模型要带有悬挑梁构件，悬挑部分的封边梁布置为虚梁；之后通过 PMCAD 的【形成 PK 文件】菜单生成任意一榀框架和任意结构层连续梁模型，用 PK 进行框架和连续梁设计，并试着修改某梁为加腋梁，修改悬挑梁为变截面梁。

(2) 请参照其他参考书，设计一个单程厂房的排架，直至绘制完成排架柱施工图。

第 7 章　SATWE 软件分析混凝土结构

学习目标

了解 SATWE 软件的功能及特点
掌握 SATWE 各种参数的设置方法，熟悉与其相关的规范条文
掌握 SATWE 特殊构件补充定义操作要领
掌握 SATWE 特殊风荷载及坡屋面风荷载的处理方法及操作
掌握 SATWE 分析结果输出检查、评价及常规的模型调整方法
了解 SATWE 计算上部结构的方法

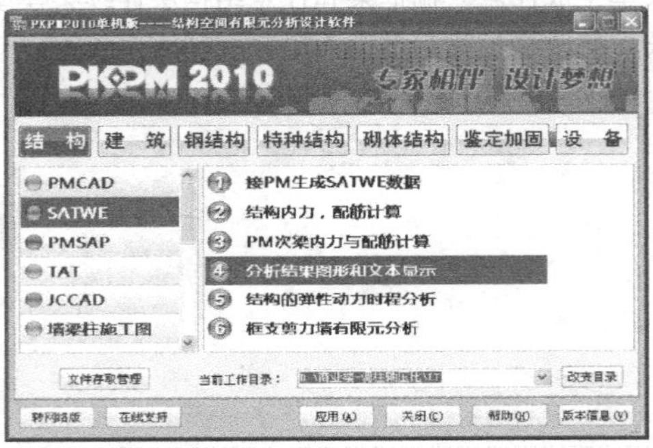

SATWE 是中国建筑科学研究院 PKPM CAD 工程部开发的基于壳单元理论的三维组合结构有限元分析软件。SATWE 可用于多高层钢筋混凝土结构以及钢-混凝土组合结构的分析和设计，能处理多塔、错层、转换层及楼板局部开洞等多种结构形式。

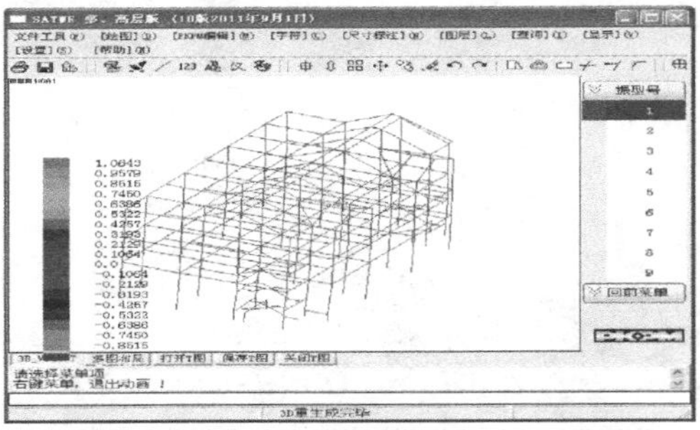

对特殊构件补充定义、分析与设计参数补充定义和对计算进行检查评价，是运用 SATWE 进行结构设计过程中的重要步骤，是保证结构设计可靠性的重要保障。要做好这些工作，必须充分理解相关的规范条文，充分理解与这些工作相关的设计方法。如果仅仅会点击菜单运行程序，是不可能成为一名结构工程师的。

7.1　SATWE 软件组织结构与操作流程

在本章详细介绍 SATWE 软件的参数设置、特殊构件定义、计算分析方法及相关操作之前，我们首先介绍一下 SATWE 软件的主要功能特点和操作流程。

7.1.1　SATWE 的功能和特点

SATWE 是中国建筑科学研究院 PKPM CAD 工程部应现代高层建筑发展的要求，专门为高层结构分析与设计而开发的基于壳元理论的三维组合结构有限元分析软件。其核心

是解决剪力墙和楼板的模型化问题，尽可能地减小其模型化误差，提高分析精度，使分析结果能够更好地反映出高层结构的真实受力状态。

1. SATWE 的功能

SATWE 适用于多层和高层钢筋混凝土框架、框剪、剪力墙、筒体结构以及钢-混凝土组合结构的分析和设计，可完成复杂体型的建筑、多塔、错层、转换层及楼板局部开洞等特殊结构形式的分析与设计。

SATWE 的基本功能如下：

（1）自动读取 PMCAD 的建模数据、荷载数据，并转换成 SATWE 所需的几何数据和荷载数据，用户可以通过参数补充定义和特殊构件交互补充定义等方式对这些数据进行编辑修改。

（2）程序中的空间杆单元除了可以模拟常规的柱、梁外，通过特殊构件定义可以有效地模拟铰接梁、耗能梁等，这些修改的特殊数据能够被 PMCAD 接受，这样可以在设计过程中依据情况不断返回 PMCAD 修改结构布置方案，实现 SATWE 与 PMCAD 往复互动。

（3）SATWE 可完成建筑结构在恒荷载、活荷载、风荷载、地震作用下的单项内力分析，并依据规范对内力进行必要的调整，进行荷载效应组合计算，进行构件的极限承载力配筋计算和正常使用状态的裂缝挠度计算。在进行内力计算过程中，还具有模拟施工加载功能，并可考虑活荷载的最不利布置。

（4）可进行上部结构和地下室联合工作分析。地下室设计时可考虑人防设计要求，完成地下室人防设计。

（5）SATWE 具有完善的数据检查和图形检查功能，有较强的容错能力。

（6）SATWE 完成计算后，可接力运行“墙梁柱施工图”程序绘制剪力墙、梁、柱施工图，并可为基础设计软件 JCCAD 提供设计荷载。

SATWE 具有强大的分析计算能力，能计算结构层数≤200、每层梁数≤8000、每层柱数≤3000、每层塔数≤9 的建筑结构。

2. SATWE 的特点

SATWE 于 1996 年 12 月通过了部级鉴定，1999 年获国家科技进步二等奖，是一款集实用性、准确性、适用性和丰富的专业功能等特点于一身，能满足各种复杂多高层或超高层建筑结构分析与设计需要的优秀软件，是目前国内应用最广泛、最知名的建筑结构分析设计实用软件。它有如下特点：

（1）一个建筑结构设计的过程中既要实现对实际结构的合理抽象，创建合适的结构设计模型，也要在分析设计过程中严格恪守设计规范条文。在 CAD 过程中，SATWE 通过它提供的设计参数补充定义、特殊构件交互补充和计算结果文本和图形显示功能，使设计人员的设计意愿得以充分体现。

（2）它具有模型化误差小、分析精度高、计算速度快、解题能力强、前后处理功能强大等特点。SATWE 采用空间杆单元模拟梁、柱及支撑等杆件。采用在壳元基础上凝聚而成的墙元模拟剪力墙。对于尺寸较大或带洞口的剪力墙，按照子结构的基本思想，由程序自动进行细分，然后用静力凝聚原理将由于墙元的细分而增加的内部自由度去除，从而保证墙元的精度和有限的出口自由度。墙元不仅具有平面内刚度，也具有平面外刚度，能较好地模拟工程中剪力墙的真实受力状态，而且墙元的每个节点都具有六个自由度，可以方便地与任意空间梁、柱单元连接，而无需附加任何约束。

（3）对于楼板，SATWE 给出了四种简化假定，即楼板整体平面内无限刚、分块无限刚、分块无限刚加弹性连接板带和弹性楼板。在应用中，可根据工程实际情况和分析精度要求，选用其中的一种或几种简化假定。

（4）SATWE 适用于高层和多层钢筋混凝土框架、框架-剪力墙、剪力墙结构，以及高层钢结构或钢-混凝土混合结构及复杂体型的高层建筑、多塔、错层、转换层及楼板局部开洞等特殊结构型式。

（5）SATWE 可完成建筑结构在恒荷载、活荷载、风荷载、地震力作用下的内力分析及荷载效应组合计算，对钢筋混凝土结构还可完成截面配筋计算。

（6）可进行上部结构和地下室联合工作分析，并进行地下室设计。

（7）SATWE 前接 PMCAD 软件，读取 PMCAD 生成的建筑结构几何模型及荷载数据，补充输入 SATWE 特有信息，诸如特殊构件（弹性板、转换梁、框支柱等）、温度荷载、吊车荷载、特殊风荷载、多塔以及局部修改原有材料强度、抗震等级和其他相关参数，完成墙元和弹性楼板单元自动划分等。SATWE 所需的几何信息和荷载信息都从 PMCAD 建立的建筑模型中自动提取生成并有多塔、错层信息自动生成功能，大大简化了用户操作。

（8）SATWE 以墙梁柱施工图绘制、平面框架设计软件 PK、基础设计软件 JCCAD、箱型基础设计软件 BOX 等为后续程序。由 SATWE 完成内力分析和配筋设计后，可接墙梁柱施工图绘制墙柱梁施工图，并为 JCCAD 和 BOX 提供传递上部结构刚度及柱墙底组合内力作为各类基础设计的荷载。

SATWE 还具有自动搜索计算机内存功能，可把计算机的内存资源充分利用起来，最大限度地发挥计算机的硬件资源的作用，在一定程度上解决了在个人电脑上运行的结构有限元分析软件的计算速度有限和解题能力不足的问题。

7.1.2 SATWE 操作流程

当用 PMCAD 完成结构建模，并通过 PMCAD 的【平面荷载显示校核】后，即可选中 PKPM 主菜单的 SATWE 对结构进行分析与设计。

SATWE 对结构进行分析与设计的主要操作为：接 PM 生成 SATWE 数据、结构内力配筋计算、PM 次梁内力和配筋计算、分析结果图形和文本显示等几大步骤，其操作流程如图 7-1 所示。

1. 接 PM 生成 SATWE 数据的主要内容

在实际设计中，应根据设计的具体进度和所设计的建筑结构实际情况选择操作【接 PM 生成 SATWE 数据】的【特殊构件补充定义】、【特殊风荷载定义】和【多塔结构补充定义】。在第 4 章我们提到，对于坡屋面建筑、复杂平面建筑等风荷载作用比较复杂的建筑，需通过【特殊风荷载定义】补充风荷载作用参数，以便软件能精确计算风荷载。

如果 SATWE 数检报错，则应参照第 3.9 节所述操作方法，回到 PMCAD 对模型进行必要的修改。

2. 分析文本和图形显示

当通过 SATWE 完成了对建筑结构的分析设计之后，必须执行【分析文本和图形显

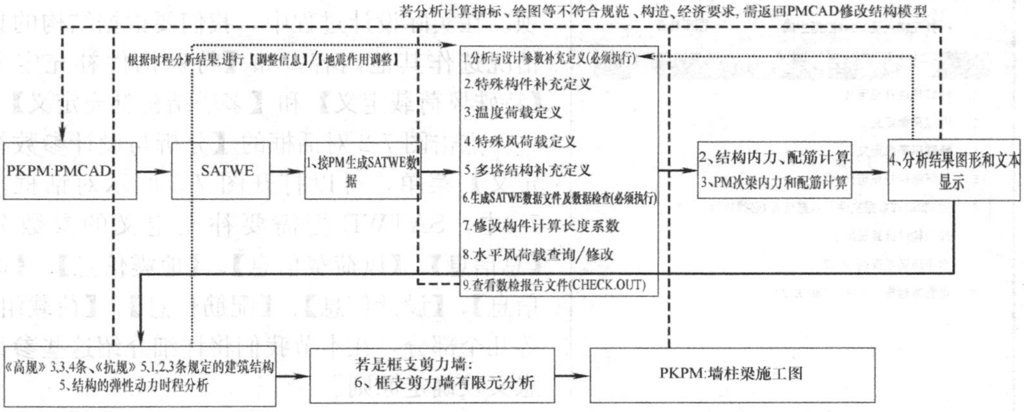

图 7-1　SATWE 操作主流程图

示】。SATWE 通过文本和图形等多种方式输出计算分析结果，用户通过这些输出，对结构体系的各项宏观受力指标、结构构件的配筋率、轴压比等微观指标进行检查评价，若发现输出结果中有不符合规范要求的现象，需根据情况选择合适修正策略，并返回 PMCAD 修改结构模型。

另外对于大多数建筑结构，尚需要根据 SATWE 初次分析结果，进一步修改 SATWE 分析设计参数后，再用 SATWE 进行二次分析计算，如结构基本周期、计算周期数、嵌固层、薄弱层可能需要多次分析运算。

3. 弹性动力时程分析

《高规》、《抗规》中均规定某些建筑结构需进行弹性动力时程分析。根据选定的几条符合规范要求的地震波，计算模拟真实地震作用下的结构受力特性，并依据弹性动力时程分析结果，与标准地震反应谱所得到的结构受力进行比较，确定是否需要对结构的地震作用进行放大调整，或返回 PMCAD 进一步修正结构体系布置方案。

4. 接力运行施工图绘制软件绘制墙柱梁施工图

SATWE 对结构分析设计完成之后，即可运行【墙柱梁施工图】，绘制上部结构施工图纸，并对图纸进行校审，根据校审情况有必要时仍需返回 PMCAD 修改结构模型，再重新进行分析设计绘图。上部结构施工图绘制完毕，可备份工作目录，调整必要的分析设计参数再次进行结构分析设计，后接基础设计软件进行基础设计，或用 PMCAD 绘制楼板施工图纸。

由于 SATWE-8 软件工作原理和方式与 SATWE 基本相似，故我们不再单独介绍 SATWE-8 软件。SATWE-8 软件操作流程可参考 SATWE。

7.2　分析与设计参数定义

点击 SATWE 的【接 PM 生成 SATWE 数据】菜单，弹出如图 7-2 所示的对话框。【接 PM 生成 SATWE 数据】实际仍是对 PMCAD 创建的结构模型的进一步完善，从图7-2 可以看到，不论是结构方案设计还是施工图设计阶段，【分析与设计参数补充定义】和

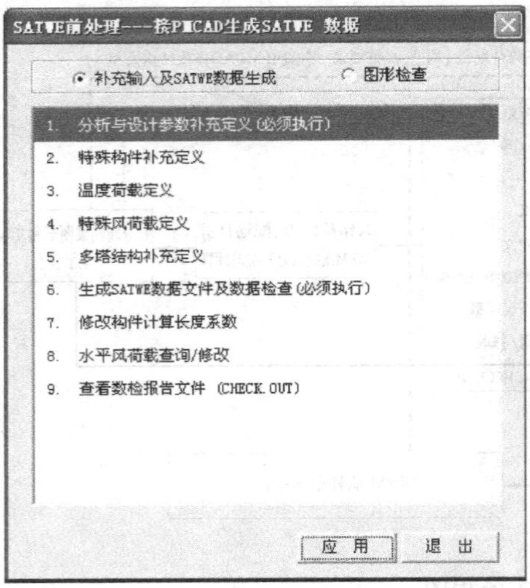

图 7-2 生成 SATWE 数据对话框

【生成 SATWE 数据文件及数据检查】是必做选项。在实际设计过程中，我们要根据结构的具体情况选作其他内容，如【特殊构件补充定义】、【特殊风荷载定义】和【多塔结构补充定义】等。

点击图 7-2 对话框的【分析与设计参数补充定义】菜单，可以打开图 7-3 所示对话框。图 7-3中，SATWE 把需要补充定义的参数分为【总信息】、【风荷载信息】、【地震信息】、【调整信息】、【设计信息】、【配筋信息】、【荷载组合】等几个部分，在本节我们将详细介绍这些参数的意义及确定原则。

7.2.1 总信息

总信息是对结构分析结果起主要控制作用的参数，在进行实际设计时，必须依据规范和SATWE 的规定填写正确的参数。

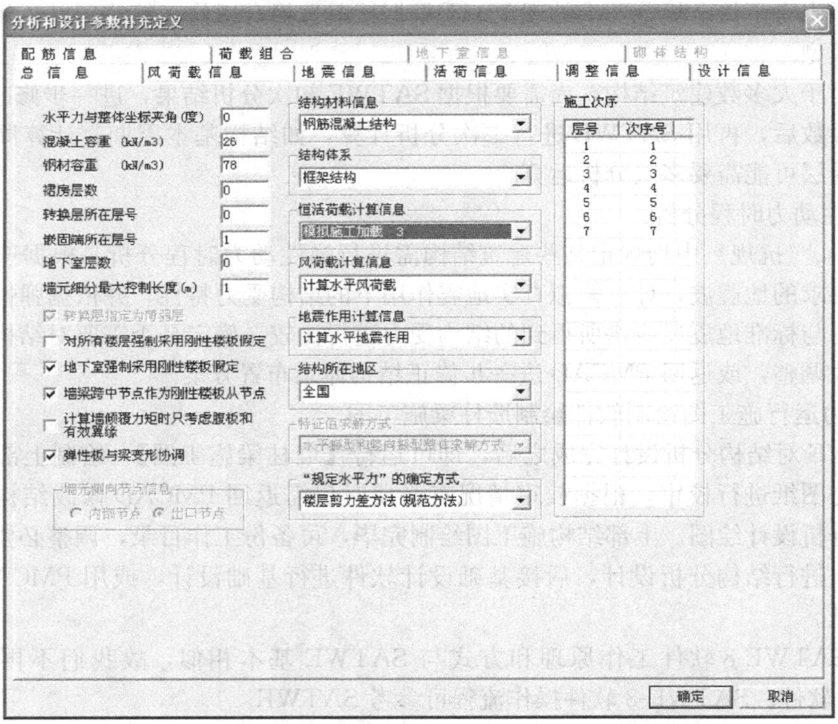

图 7-3 参数补充定义对话框

1. 水平力与整体坐标夹角：初始值可为 0.0，试算后据分析结果二次修改复算

在 SATWE 中，【水平力与整体坐标夹角】(以下简称“水平力夹角”) 为地震力、风荷载作用方向与结构整体坐标的夹角。

地震沿着不同的方向作用，结构地震反应的大小一般也不同。结构地震反应是地震作用方向角的函数，存在某个角度使得结构地震反应取极大，那么这个方向我们就称为最不利地震作用方向。该角度逆时针方向为正。TAT、SATWE 和 PMSAP 都可以自动计算出这个最不利方向角，并在文件中输出。这个角度与结构的刚度与质量及其位置有关，对结构可能会造成最不利的影响，在这个方向地震作用下，结构的变形及部分结构构件内力可能会达到最大，如图 7-4 所示。

《抗规》第 5.1.1 条和《高规》第 4.3.2 条规定，“一般情况下，应允许在建筑结构的两个主轴方向分别计算水平地震作用并进行抗震验算；有斜交抗侧力构件的结构，当相交角度大于 15°时，应分别计算各抗侧力构件方向的水平地震作用。”SATWE 程序初始默认该角度为 0°，当有两种情况出现时，需要考虑修改水平力夹角：一是地震力计算结果输出角度大于 15°，二是当某些工程经过风洞试验或主观判断，最不利风荷载角度明显不是 0°时。

水平力与整体坐标夹角改变后，作用在建筑结构上的地震力和风荷载作用方向会一起发生改变。这是因为尽管水平力分为地震作用和风荷载作用两种，从图 7-4 中可以看出，通常地震作用和风荷载可能的最不利作用方向是一致的。

(1)“水平力夹角”的计算与修改

SATWE 可以自动计算出地震作用的最不利方向角，并在 WZQ. OUT 文件中输出地震作用最大的方向角（可通过 SATWE 的【分析结果图形与文本显示】菜单查看该文件）。如果输出的角度绝对值大于 15°（比如为 25°），建议用户按此方向角重新计算地震力，以体现最不利地震作用方向的影响。

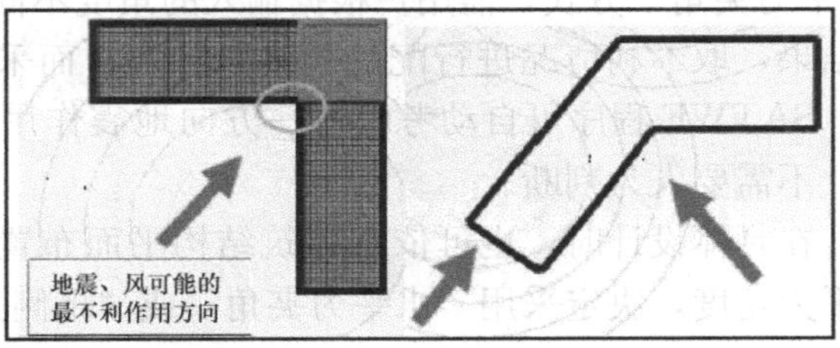

图 7-4　地震和风可能的不利作用方向

如原有一个沿坐标轴方向创建的结构模型，当用户输入一个非 0 角度（比如 25°）后，结构沿顺时针方向旋转相应角度（即 25°），但地震力、风荷载仍沿屏幕的 X 向和 Y 向作用，竖向荷载不受影响。经计算后，在 WMASS. OUT 文件中输出“水平力的夹角”为 −25°，如图 7-5 所示。

因此，在实际设计时，SATWE 用户手册中不建议用户修改“水平力夹角”参数，原因有三：①考虑该角度后，输出结果的整个图形会旋转一个角度，会给识图带来不便；②考虑到实际受力方向和结构内力分布的复杂变化，进行构件的配筋设计时应按“考虑该角度”和“不考虑该角度”两次的计算结果做包络设计；③旋转后的方向并不一定是用户所希望的风荷载作用方向。

综上所述，若结构设计考虑地震作用时，建议将 SATWE 初次计算后在 WZQ. OUT 文件中输出“最不利地震作用方向角”填到【地震信息】对话框的“斜交抗侧力构件夹角”栏（下称“抗侧力附加角”），这样程序输出上部结构分析图形时不会对原结构模型进行旋转操作，可以自动按最不利工况进行包络设计。PKPM2008 版的 WZQ. OUT 文件中已增加如下所示提示：“注：此角度可作为斜交抗侧力构件的附加地震方向回填【地震信息】”

(2)“水平力夹角”与“抗侧力附加角”

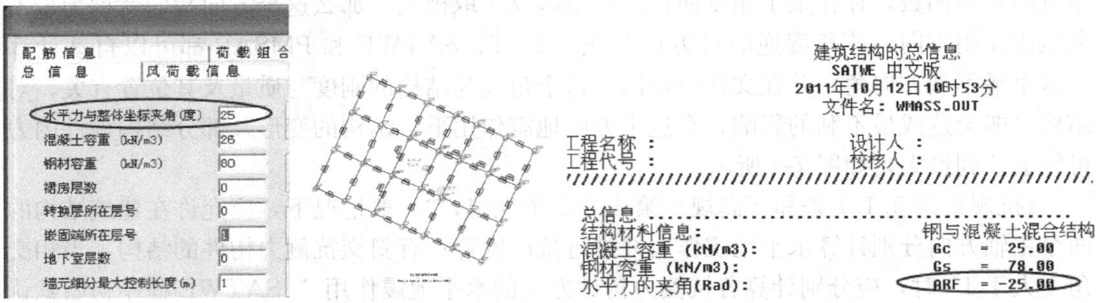

(*a*) (*b*) (*c*)

图 7-5 修改"水平力的夹角"

(a) 修改为 25° (b) SATME 分析结果图显 (c) 计算结果文件

"水平力夹角"与"抗侧力附加角"的区别是:"水平力夹角"不仅改变地震力的作用方向而且同时改变风荷载的作用方向;而"抗侧力附加角"仅改变地震力方向(增加一组或多组地震组合),是按《抗规》第 5.1.1 条第 2 款执行的。对于计算结果,采用修改"水平力夹角"方式,需用户根据输入的角度不同分两个计算工程目录,人为比较两次计算结果,取不利情况进行配筋包络设计等;而采用"抗侧力附加角"方式修改水平力作用,SATWE 程序可自动考虑每一方向地震作用下构件内力的组合,可直接用于配筋设计,不需要人为判断。

在具体设计时,也可依据建筑结构平面布置方位、当地主导风向和 SATWE 输出的水平力角度,决定采用"水平力夹角"或"抗侧力附加角"方案中的一种来修改水平力作用方向。

2. 混凝土容重:通常取 26~27kN/m³

钢筋混凝土理论容重为 25.0kN/m³。当考虑构件表面粉刷重量后,混凝土容重宜取 26~27kN/m³。一般框架、框剪及框架-核心筒结构可取 26.0kN/m³,剪力墙可取 27.0kN/m³。由于程序在计算构件自重时并没有扣除梁板、梁柱重叠部分(有的设计人员建议精确考虑梁柱节点区重叠部分,在设计时若根据工程粉刷情况测算一下具体的容重输入值,对于高层建筑结构则更合理),故结构整体分析计算时,混凝土容重没必要取大于 27.0kN/m³。

如果结构分析时不想考虑混凝土构件的自重荷载,该参数可取 0。

如果用户在 PM"荷载定义"中勾选"自动计算现浇板自重",则楼板自重会按 PMCAD 中输入的混凝土容重计算。楼(屋)面板板面的建筑装修荷载和板底吊顶或吊挂荷载可以在结构整体计算时通过楼面均布恒载输入,不必计入楼板自重之内。

3. 钢材容重:一般情况下,钢材容重取 82 ~93kN/m³

钢结构的理论容重为78.5kN/m³。对于钢结构工程,在结构计算时不仅要考虑建筑装修荷载的影响,还应考虑钢构件中加劲肋等加强板件、连接节点及高强螺栓等附加重量及防火、防腐涂层或外包轻质防火板的影响,因此钢材容重通常要乘以 1.04~1.18 的放大系数,即取 82~93kN/m³。如果结构分析时不想考虑钢构件的自重荷载,该参数可取 0。

SATWE 和 PMCAD 中的材料容重都用于计算结构自重,PMCAD 中计算相对简单的竖向导荷；SATWE 则将算得的自重参与整体有限元计算。PKPM2010 版中 SATWE 和 PMCAD 参数是联动的，修改 SATWE 或 PMCAD 二者中任意一个的材料容重，当进入另一个程序时会发现相应参数也会对应发生变化。

4. 裙房层数：裙房层数包含地下室层数；没有裙房，则填 0 值

《抗规》第 6.1.3 条第 2 款规定：主楼结构在群房顶板对应的相邻上下各一层应适当加强抗震构造措施，故《抗规》第 6.1.10 条文说明规定：抗震墙的底部加强区范围可延伸至裙房以上一层。

《高规》第 10.6.3 条条文说明指出："为保证多塔楼建筑中塔楼与底盘整体工作，塔楼之间裙房连接体的屋面梁以及塔楼中与裙房连接体相连的外围柱、墙，从固定端至出裙房屋面上一层的高度范围内，在构造上应予以特别加强。"

（1）程序自动处理内容

SATWE 设置了"裙房层数"参数，作为多塔楼结构的抗震墙底部加强部位的判断因素。输入裙房层数后，程序能够自动按照《高规》第 10.6.3-3 条、《抗规》第 6.1.10 条文说明的规定，将抗震墙的底部加强区范围加强区延伸至裙房以上一层。

"裙房层数"参数的加强仅限于剪力墙，程序没有对塔楼之间裙房连接体的屋面梁以及塔楼中与裙房连接体相连的外围柱构造上应予以特别加强，对于这些部分用户应自己在施工图中进行特别加强处理。

（2）裙房层数的填写

对于带裙房的大底盘结构，用户应输入裙房所在自然层号。裙房层数应包含地下室层数。

由于该选项的填写仅用于底部加强区范围判断，故是否填写该项还需考虑裙房层数与主楼层数的比例：当裙房层数与主楼层数相比所占不多时，可以填写该项；当裙房层数与主楼层数相比所占比例很高时，此时填写该项会引起 SATWE 程序计算得到的底部加强区范围与依据《抗规》第 6.1.10 条计算得到的结果差距很大，这种情况下应当慎重填写该项，转而采用其他的构造加强措施。

（3）有裙房设计时构件的构造要求

《抗规》第 6.1.3 条第 2 款及《高规》第 3.9.6 条规定，"主楼结构在裙房顶部上、下各一层应适当加强抗震构造措施"。SATWE 程序中该参数作用暂时没有反映，实际工程中用户可参考《高规》第 10.6.3-3 条，将裙房顶部上、下各一层框架柱箍筋全高加密，适当提高纵筋配筋率，予以构造加强，如图 7-6 所示。

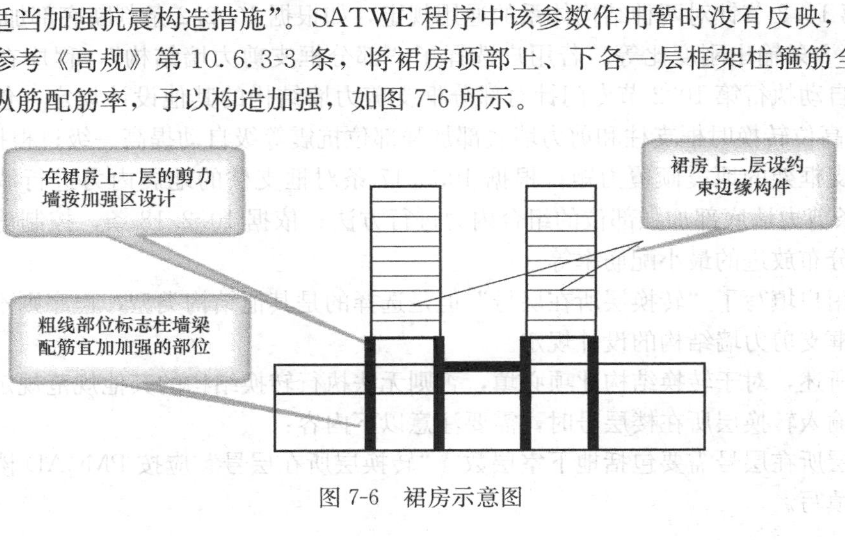

图 7-6　裙房示意图

对于体型收进的高层建筑结构、底盘高度超过房屋高度20%的多塔楼结构尚应符合《高规》第10.6.5条要求；目前程序不能实现自动将体型收进部位上、下各两层塔楼周边竖向构件抗震等级提高一级的功能，需要用户在“特殊构件定义”中自行指定。

(4) 有裙房时的边缘构件的设置问题

《高规》第10.6.3条第3款规定：塔楼中与裙房相连的外围柱、剪力墙，从固定端至裙房屋面上一层的高度范围内，柱纵向钢筋的最小配筋率宜适当提高，剪力墙宜按本规程第7.2.15条的规定设置约束边缘构件，柱箍筋宜在裙楼屋面上、下层的范围内全高加密；当塔楼结构相对于底盘结构偏心收进时，应加强底盘周边竖向构件的配筋构造措施。

《高规》第7.2.15条规定：“一、二级抗震设计的剪力墙底部加强部位及其上一层的墙肢端部应按规程第6.2.6条的要求设置约束边缘构件；一、二级抗震设计剪力墙的其他部位以及三、四级抗震设计和非抗震设计的剪力墙端部均应按高规第7.2.17条的要求设置构造边缘构件。”所以，依照SATWE软件功能及高规要求，对于一、二级抗震设计的带裙房建筑结构，确定裙房层数后，应按第7.2.15条规定，在所有裙房上两层布设约束边缘构件。

《11G101》图集把暗柱和端柱统称为“边缘构件”，又把它分为两大类：构造边缘构件和约束边缘构件。从编号上看，构造边缘构件在编号时以字母G打头，如GAZ、GDZ、GYZ、GJZ等，约束边缘构件以Y打头，如YAZ、YDZ、YYZ、YJZ等。在创建设计模型时，约束边缘构件可按受力柱输入，构造约束边缘构件（如端柱）若没有翼缘，则建模时可不输入，而是在绘制施工图时由软件自动生成。

5. 转换层所在层号：据实填写

《高规》第10.2节将转换结构区分为“部分框支剪力墙结构”和“带托柱转换层的筒体结构”，为了适应不同类型转换层结构的设计需要SATWE2010在结构体系项新增了“部分框支剪力墙结构”类型，软件通过“转换层所在层号”和“结构体系”两项参数来区分不同类型的带转换层结构。

(1) 填写【转换层所在层号】后，SATWE软件自动处理的内容

只要填写“转换层所在层号”后，程序即自动断定该结构为带转换层结构，自动执行《高规》第10.2节针对两种结构体系的通用规定，如根据10.2.2条判断底部加强区高度，根据10.2.3条输出刚度比等。若用户选择了“部分框支剪力墙结构”，程序在上述基础上，还将自动执行第10.2节专门针对部分框支剪力墙结构的其他设计规定，包括：根据10.2.6条高位转换时框支柱和剪力墙底部加强部位抗震等级自动提高一级；根据10.2.16条输出框支框架的地震倾覆力矩；根据10.2.17条对框支柱的地震内力进行调整；根据10.2.18条剪力墙底部加强部位的组合内力进行方法；依据10.2.18条，控制剪力墙底部加强部位分布放进的最小配筋率等。

如果用户填写了“转换层所在层号”但是选择的是其他结构类型，程序则不执行上述针对部分框支剪力墙结构的设计规定。

综上所述，对于转换结构此项必填，否则无法执行转换结构的其他规范规定。

(2) 输入转换层所在楼层号时，需要注意以下内容：

转换层所在层号需要包括地下室层数。“转换层所在层号”应按PMCAD楼层组装中自然层号填写。

对于高位转换的判断，转换层应从嵌固端层起算，即以（转换层所在层号-嵌固端所在层号+1）来进行判断是否为3层或3层以上转换。程序将据此确定采用剪切刚度法还是剪弯曲刚度算法进行结构分析计算。

（3）需要用户交互补充的内容

水平转换构件和转换柱需在“特殊构件补充定义”中进行指定。仅有个别转换构件时，无需填写此项，仅在“特殊构件补充定义”中进行指定即可。

对于水平转换构件和转换柱的设计要求，用户还需在“特殊构件补充定义”中对构件属性进行指定，程序将自动依据规范执行相应调整，如第10.2.4条规定水平转换构件的地震内力放大；第10.2.7条和第10.2.10条关于转换梁、柱设计要求等的规定。

另外，由错层或跃层建模方式引起的高位转换程序误判，可以依据《高规》第10.2.6条的规定，在“特殊构件补充定义”中自行核对修改框支柱、剪力墙底部加强部位的抗震等级。

6. 转换层指定为薄弱层：软件默认转换层为薄弱层

《抗规》第3.4.3条规定，竖向不规则的建筑结构，其薄弱层的地震剪力应乘以1.15的增大系数；《高规》第5.1.14条规定，楼层侧向刚度小于上层的70%或其上三层平均值的80%时，该楼层地震剪力应乘1.15增大系数；《抗规》第3.4.3条规定，竖向不规则的建筑结构，竖向抗侧力构件不连续时，该构件传递给水平转换构件的地震内力应乘以1.25～1.5的增大系数。

针对这些条文，程序通过自动计算楼层刚度比，来决定转换层是否采用值为1.15的楼层剪力增大系数。

当前面所述的“转换层所在层号”输入非零值时，此项将被自动激活。“转换层所在层号”输入非零值时，SATWE能自动关联到【调整信息】卡中“薄弱层调整”中，在总信息中指定转换层所在楼层号，与在【调整信息】标签“指定薄弱层号”中直接填写转换层号的效果一样，【调整信息】标签转换层“指定薄弱层号”可用于指定结构存在多个薄弱层的情况。

不论层刚度比如何，转换层都应强制指定为薄弱层。

7. 嵌固端所在层号：按规范要求布置构件，试算后据输出结果调整层号设置

这里的嵌固端指上部结构的计算嵌固端，当地下室顶板作为嵌固部位时，那么嵌固端所在层为地上一层，即“地下室层数+1”；而如果在基础顶面嵌固时，嵌固端所在层号为1。SATWE缺省的嵌固端所在层号为“地下室层数+1”，如果修改了地下室层数，应注意确认嵌固端所在的层号是否需要进行相应的修改。

嵌固端位置需用户依据规范条文，参照SATWE初次分析计算结果以及构件布置情况，自行确定。

（1）嵌固端构件布置要求

《抗规》第6.1.14条规定：

地下室顶板应避免开设大洞口；地下室在地上结构相关范围的顶板应采用现浇梁板结构，相关范围以外的地下室顶板宜采用现浇梁板结构；其楼板厚度不宜小于180mm，混凝土强度等级不宜小于C30，应采用双层双向配筋，且每层每个方向的配筋率不宜小于0.25%。

结构地上一层的侧向刚度，不宜大于相关范围地下一层侧向刚度的0.5倍；地下室周边宜有与其顶板相连的抗震墙。

（2）嵌固端配筋及构造要求

《抗规》第6.1.14条规定：

地下室顶板对应于地上框架柱的梁柱节点除应满足抗震计算要求外，尚应符合下列规定之一：

① 地下一层柱截面每侧纵向钢筋不应小于地上一层柱对应纵向钢筋的1.1倍，且地下一层柱上端和节点左右梁端实配的抗震受弯承载力之和应大于地上一层柱下端实配的抗震受弯承载力的1.3倍。

② 地下一层梁刚度较大时，柱截面每侧的纵向钢筋面积应大于地上一层对应柱每侧纵向钢筋面积的1.1倍；同时梁端顶面和底面的纵向钢筋面积均应比计算增大10%以上。

③ 地下一层抗震墙墙肢端部边缘构件纵向钢筋的截面面积，不应少于地上一层对应墙肢端部边缘构件纵向钢筋的截面面积。

《抗规》第6.1.3-3条规定了地下室作为上部结构嵌固部位时应满足的要求，该条文规定："当地下室顶板作为上部结构的嵌固部位时，地下一层的抗震等级应与上部结构相同，地下一层以下抗震构造措施的抗震等级可逐层降低一级，但不应低于四级。地下室中无上部结构的部分，抗震构造措施的抗震等级可根据具体情况采用三级或四级"。

《抗规》第6.1.10条规定剪力墙底部加强部位的确定与嵌固端有关；该条文规定：抗震墙底部加强部位的范围，应符合：

① 底部加强部位的高度，应从地下室顶板算起。

② 部分框支抗震墙结构的抗震墙，其底部加强部位的高度，可取框支层加框支层以上两层的高度及落地抗震墙总高度的1/10二者的较大值。其他结构的抗震墙，房屋高度大于24m时，底部加强部位的高度可取底部两层和墙体总高度的1/10二者的较大值；房屋高度不大于24m时，底部加强部位可取底部一层。

③ 当结构计算嵌固端位于地下一层的底板或以下时，底部加强部位尚宜向下延伸到计算嵌固端。

《高规》第3.4.2-2条规定结构底部嵌固层的刚度比不宜小于1.5。另外《高规》第12.2.1条对高层建筑地下室顶板作为上部结构嵌固端时，对楼板开洞、地下一层与其上部相邻层的侧向刚度比等还有具体的规定。

（3）SATWE输出分析结果对嵌固端的处理

自动确定底部加强区：除了定义嵌固端层号，SATWE能在结构分析之前依照规范条文，自动确定底部加强区。

自动处理钢筋实配情况：设定了嵌固端层号之后，SATWE会自动将嵌固端下一层柱纵向钢筋放大10%，梁端弯矩放大1.3倍(《抗规》第6.1.14条、《高规》第12.2.1条，SATWE此处梁端弯矩放大1.3倍的做法与规范规定不一致，属于自行处理的偏保守法)。

输出楼层侧向刚度供设计人员检查是否满足规范要求：设计人员需根据SATWE初次分析设计输出的楼层侧向刚度，来检查是否满足规范要求，若不满足则需返回PMCAD修改结构布置。SATWE输出的WASS.OUT注释行说明了SATWE输出的楼层侧向刚度内容："Ratx，Raty：X，Y方向本层塔侧移刚度与下一层相应塔侧移刚度的比值（剪切刚度)；Ratx1，Raty1：X，Y 方向本层塔侧移刚度与上一层相应塔侧移刚度 70%的比值或上三层平均侧移刚度 80%的比值中之较小者”。

8. 地下室层数：据实填写

有地下室时根据实际情况填写。主要是因为，风荷载、地震作用效应的计算、地下室侧墙的计算、底部加强区必须要用到这个参数。如果要用程序算人防，更应准确填写。

(1) 地下室层数的作用

当上部结构与地下室共同分析时，通过该参数程序在上部结构风荷载计算时自动扣除地下室部分的高度（地下室顶板作为风压高度变化系数的起算点），如图 7-7 所示，并激活【地下室信息】参数栏。无地下室时填 0。

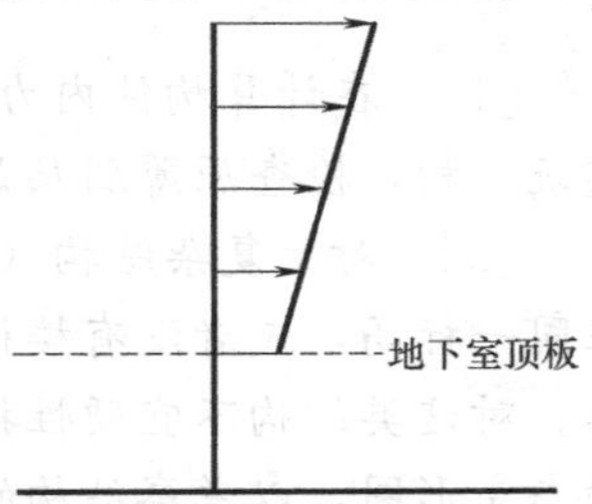

图 7-7　有地下室时风荷载计算

(2) 填写地下室层数时须注意

程序根据此信息来决定内力调整的部位，对于一、二、三及四级抗震结构，其内力调整系数是要乘在地下室以上首层柱底或墙底截面处。程序根据此信息决定底部加强区范围，因为剪力墙底部加强区的控制高度应扣除地下室部分。

当地下室局部层数不同时，应按主楼地下室层数输入。

地下室宜与上部结构共同作用分析。《SATWE 说明书》第 161 页的说明认为，SATWE 可以考虑上部结构刚度对基础计算的影响，且整个传递过程完全符合弹性理论，除了数值误差，不引进任何人为近似，该选项在“结构内力和配筋计算”中可供选择，对于这个问题，有学者认为，尽管程序或许可以准确考虑上部结构刚度对基础计算的影响，但是却无法反向考虑基础刚度对于上部结构的影响，故实际计算时，我们还是不宜考虑上部结构刚度对基础计算的影响。

(3) 地震时的振动约束端与基础嵌固端的区别

地震时的振动约束端是以“地下室层数”控制的，即地震作用下，只有地下室范围内才会受到侧土的约束作用。“嵌固端所在层号”选项只涉及嵌固端及其相邻层的抗震措施，并不影响振动约束端的确定，实际的振动约束端由本项确定。

9. 墙元细分最大控制长度：可统一采用 1m

墙元细分最大控制长度用于控制小壳元的边长不得大于给定的限值 Dmax，PKPM2005 和 2008 版默认为 2m，PKPM2010 版默认为 1m，《SATWE 说明书》建议 08 版模型导入 10 版重新计算时，应注意将该尺寸修改为 1m，否则会影响计算结果的准确性。鉴于现有计算机的性能，可统一采用 1m；初步建模阶段，为了节约计算时间，可采用 2m；但应注意，对于墙肢本身就较为短小的结构，不应采用较大的墙元细分控制长度。

10. 对所有楼层强制采用刚性楼板假定：计算周期比、位移比等参数时需勾选此项

《抗规》第 3.4.3 条的条文说明中规定，计算位移比时“对于结构扭转不规则，按刚性楼盖计算”。在结构设计过程中，规范规定了若干对结构的整体性能期控制作用的性能指标，这些指标为位移比、周期比等，在计算这些指标时应采用“对所有楼层强制采用刚性楼板假定”。因为这样做的目的是避免由于局部振动的存在而影响结构位移比等整体性能控制指标的正确计算，当选择该项后，程序将用户设定的弹性楼板强制为刚性楼板来参与计算。

在平常情况下，PMCAD 创建结构模型时，除斜板外会自动默认现浇楼板为刚性板。某些结构为了得到比较符合真实状态的内力分析结果，需要在 SATWE 的【特殊构件补充定义】中把 PMCAD 默认的刚性板改为弹性板，对于弹性板的定义我们将在后面章节中讨论。

在此，我们需要提醒的是，实际工程中要注意以下几点：

设计策略—强制刚性板注意问题

[1] 在计算构件内力和配筋时，应不勾选"采用刚性楼板假定"，在真实条件下计算建筑结构，检查原薄弱层是否得到确认，并计算结构的内力和配筋。

[2] 对于复杂结构（如不规则坡屋顶、体育馆看台、工业厂房，或者柱项、墙顶不在同一标高，或者没有楼板等情况），如果强制采用"刚性楼板假定"，结构分析会严重失真。对这类结构不宜硬性控制位移比，而应通过查看位移的"详细输出"，或观察结构的动态变形图，以考察结构的扭转效应。

[3] 对于错层或带夹层的结构，总是伴有大量的越层柱，如采用强制刚性楼板假定，所有越层柱将受到楼层约束，造成计算结果失真。

[4] 多塔结构如果上部没有连接，则各塔楼应分别计算并分别验算其周期比。对于体育场馆、空旷结构的特殊的工业建筑，没有特殊要求的，一般可不控制周期比。

11. 地下室强制采用刚性板假定：一般不勾选

该参数为 PKPM2010（V1.3）SATWE 新增参数。在以前版本中，即使用户指定地下室楼板为弹性板，软件内部仍默认地下室楼板为刚性板，这样对于有地下车库且上部结构偏置的建筑结构，由于假定刚性板导致地下室楼板地震作用下侧向位移分布规律过于平均，导致结果存在误差。V1.3 版释放此内定参数交由设计人员根据结构情况自己勾选。对于地下车库且上部结构偏置的建筑结构等，可设置地下室楼板为弹性板，这样结构内力计算会更加准确。

12. 墙梁跨中节点作为刚性楼板从节点：一般应勾选

一般应勾选此选项。如果不选择则程序会认为墙梁跨中节点为弹性节点，其水平内位移不受刚性板约束，这显然是不符合现实的，特别是在验算周期比和位移比的时候，我们通常要采用强制楼板刚性假定的，则楼板对墙梁的约束作用显然不能忽略。

勾选该项后，会影响结构基本周期、影响构件内力尤其是连梁内力，一定程度能缓解连梁超筋，勾选时连梁的弯剪轴力皆能满足平衡条件，如图 7-8 所示。

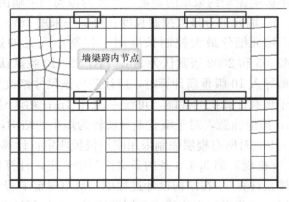

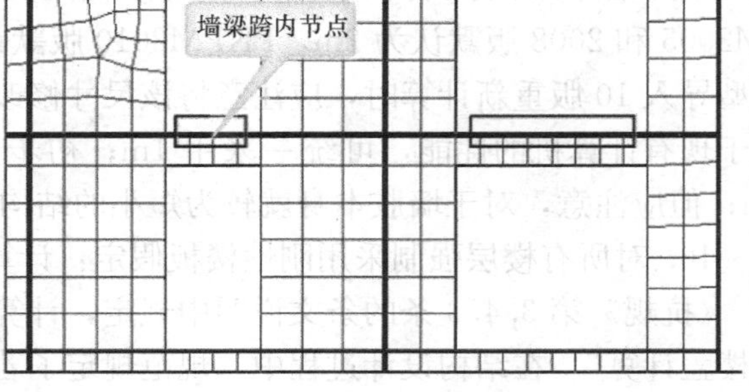

图 7-8 墙梁跨内节点

13. 墙元侧向节点信息：不用操作

新版本的 SATWE 就是灰色的，不能选，默认就是用出口节点，这样能控制计算精度。

14. 弹性板与梁变形协调

PKPM2010（V1.3）SATWE 新增参数，相当于旧版程序中的“强制刚性板假定时保留弹性板面外刚度”。勾选后，程序在进行弹性板划分时自动实现梁、板边界变形协调，计算结果符合实际受力。对坡屋面等采用弹性板方案的结构进行承载力设计时，应勾选此项。PKPM2010（V1.3）SATWE 程序默认不勾选，主要是便于在升级工程期间便于用户与旧版程序对比结果。

15. 计算墙倾覆力矩时只考虑腹板和有效翼缘

该参数为 PKPM2010（V1.3）SATWE 新增参数，此参数对计算墙平面外刚度的准确性及有效性得到进一步提高。

16. 结构材料信息：据实正确填写

SATWE 目前有“钢筋混凝土结构”、“钢与混凝土混合结构”、“有填充墙钢结构”、“无填充墙钢结构”、“砌体结构”五种。自 08 版开始 SATWE 已将砌体结构计算功能移到 QITI 分析模块中，因此该参数不能选为“砌体结构”。在选择结构类型时要注意，型钢混凝土和钢管混凝土结构属于钢筋混凝土结构，而不是钢结构。

SATWE 依据用户选择的结构材料信息自动套用相关规范确定其他参数的初始值。如“有填充墙钢结构”和“无填充墙钢结构”之分是为了计算风荷载中的脉动系数 ξ，并不影响风荷载计算时的迎风面宽度；PKPM2010 V1.3 程序相应在【风荷载信息】增加了“风荷载作用下的阻尼比”参数，其初始值由“结构材料信息”控制；“风荷载作用下的阻尼比”在“风荷载信息”一栏中填写，此处填写的“结构材料信息”控制其初始值（《荷载规范》第 8.4.4 条：钢结构第 0.01；有填充墙的钢结构第 0.02；钢筋混凝土结构和砖石结构为 0.05）。该参数还直接影响到不同规范、规程的选择，例如针对混凝土结构的 $0.2V_0$ 和针对钢框架-支撑体系的 $0.25V_0$（V_0 为地震作用产生的结构底部总剪力）。

当用户改变了结构材料信息，不会影响已经定义的与之相关的其他参数，若要改变相关的其他参数，则应手工修改。

17. 结构体系：据实正确填写

分为“框架”、“框剪”、“框筒”、“筒中筒”、“剪力墙”、“板柱剪力墙”、“异形柱框架结构”、“异形柱框剪结构”、“配筋砌块砌体结构”和“部分框支剪力墙结构”等。一般按结构布置的实际情况确定，选用不同体系，程序按照不同体系进行构造或内力调整放大。

与旧版程序相比，SATWE2010 增加了“部分框支剪力墙结构”、“单层钢结构厂房”、“多层钢结构厂房”和“钢框架结构”，取消了“短肢剪力墙”和“复杂高层结构”。当读入旧版程序时，程序自动将“短肢剪力墙”转为“剪力墙结构”，“复杂高层结构”转为“部分框支剪力墙结构”。SATWE 将根据结构体系判断底部加强区高度，及第 10.2.3 条输出刚度比等。

（1）关于异形柱框架结构或框剪结构的补充

当结构体系选为“异形柱框架结构”或“异形柱框剪结构”后，程序自动按《异规》进行计算。注意，新版 SATWE 对薄弱层地震剪力放大系数已开放，默认值取《高规》第要求的 1.25，而《异规》3.2.5 条 2 款仅要求“放大 1.2 倍”，需要用户自行修改。

在高烈度区控制异形柱结构高度的参数已不单是轴压比，主要是异形柱的节点强度。即使能勉强满足，节点配筋也很大，施工困难，一般可通过以下方法解决：

① 降低结构适用高度，减小内力。以往各地规范对框架和框-剪异形柱结构的高度规定各有不同，但从目前弹性计算的角度来说，都有些偏大，应有所降低。

② 增加节点承载力。在满足柱剪跨比大于1.5的前提下用较大的肢长；提高混凝土强度等级，但使用大于C40的混凝土时，楼板和节点强度等级宜分开，否则楼板易开裂；在满足建筑功能的情况下增加肢厚。

③ 尽量使用框架-剪力墙结构体系，减小框架节点剪力，而且从有关单位所做的两种体系的振动台试验来看，框-剪结构的工作性能也要明显好于比它层数低的框架结构，所以在高烈度区推荐使用框架-剪力墙结构体系。

④ 08版程序对异形柱的节点区抗剪验算已做改进，可缓解节点区抗剪验算的超限情况。

（2）关于异形柱的输入

由于L形、T形截面的定位点一般在两肢中线的交点上，故08版程序专门增加了L形、T形截面类型，其定位点就设置在其两肢中线的交点上，方便了用户输入。08版程序读取05版数据时，对于L形、T形截面，转换时采用十字形截面描述。

虽然用户对形状仅有角度区别的异形柱可以定义为一种类型，在旋转一定角度后分别进行布置，但由于PKPM软件的特殊性，对带有转角的异形柱的配筋结果会出现计算差异，08版及05版均有此问题。因此，建议用户应多定义几种异形柱类型，并按转角为0进行布置。当对结构模型进行镜像操作后，应对镜像后的异形柱进行重新定义并布置。

（3）关于板柱结构的补充

对于定义为“板柱结构”的工程，程序按《高规》第8.1.10条规定进行柱、剪力墙地震内力的调整和设计，并在WV02Q.OUT文件中输出各层柱、剪力墙的地震作用调整系数，不需用户对0.2V0调整再做特别设置。另外板柱结构中，除在轴网上布置虚梁（截面50×50）外，在一个房间内还应将板分割为较小的板块（每个大房间分为9个小房间），以考虑板对柱的弯曲作用；PMSAP程序中用户不需要对每个房间再增设虚梁。楼板应定义为弹性板。

18. 恒活荷载计算信息：上部结构设计和为基础设计准备数据，要分开选择

SATWE在【恒活荷载计算信息】中给出了“不计算恒活载”、“一次性加载”、“模拟加载1”、“模拟加载2”、“模拟加载3”等几种选项。

（1）不计算恒活载：它的作用主要用于对水平荷载效应的观察和对比等。

（2）一次性加载：

一次性加载即在计算单项内力时，把结构各个楼层上的单项竖向荷载一次性施加到结构模型上计算结构内力分析的方法。一次性加载适用于小型结构、钢结构或由于特殊结构要求需要一次性施工的建筑结构。多层建筑结构竖向变位对结构内力分布的影响很小，尽管施工时楼面结构层找平，也可采用一次性加载方法计算。

（3）模拟加载：

《高规》第5.1.9条规定：“高层建筑结构在进行重力荷载作用效应分析时，柱、墙、斜撑等构件的轴向变形宜采用适当的计算模型考虑施工过程的影响；复杂高层建筑及房屋高度大于150m的其他高层建筑结构，应考虑施工过程的影响。”

高层建筑结构的建造是遵循一定的施工顺序，逐层或者批次完成的，也就是说构件的自重恒载和附加恒载是随着主体结构的施工而逐步增加的，结构的刚度也是随着构件的形成而不断

增加与改变，即结构的整体刚度矩阵是变化的。按照一次性加载，竖向构件的位移差将导致水平构件产生附加弯矩，特别是负弯矩增加较大，此效应逐层累加，有时会出现拉柱或梁没有负弯矩的不真实情况，一般结构顶部影响最大。而在实际施工中，竖向恒载是一层一层作用的，并在施工中逐层找平，下层的变形对上层基本上不产生影响。结构的竖向变形在建造到上部时已经基本完成，因此不会产生“一次性加荷”所产生的异常现象。

(4)“模拟施工 1”与“模拟施工 3”的区别

模拟施工加载 1 和模拟施工加载 3 类似，都是真实的考虑的施工过程中的逐层找平效果，下层变形不会对上层结构的受力产生影响，可用于大多数上部结构的设计分析。两种加载模式的区别在于：模拟施工加载 1 考虑的是以前计算机计算能力有限，仅仅集成一个结构的整体刚度矩阵，仅是分层加载而已。

“模拟施工 1”就是上面说的考虑分层加载、逐层找平因素影响的算法，采用整体刚度分层加载模型。由于该模型采用的结构刚度矩阵是整体结构的刚度矩阵，加载层上部尚未形成的结构过早进入工作，可能导致下部楼层某些构件的内力异常（如较实际偏小）。

“模拟施工 2”就是考虑将柱（不包括墙）的刚度放大 10 倍后再按“模拟施工 1”进行加载，以削弱竖向荷载按刚度的重分配，使柱、墙上分得的轴力比较均匀，接近手算结果，传给基础的荷载更为合理，仅用于框剪结构或框筒结构的基础计算，不得用于上部结构的设计。有学者提出，对于非岩石类坚硬的地基条件，考虑到框筒结构的盆型沉降现象，剪力墙与框架柱的竖向位移差其实会被基础沉降差异平衡，故使用模拟 2 相对会更加准确。

“模拟施工 3”是对“模拟施工 1”的改进，采用分层刚度分层加载模型。而模拟施工加载 3 集成了 n 个分层模型，分层加载，计算结果更接近于施工的实际情况，故可以认为是现阶段理论上最为准确的加载模式。

提示角
对于大多数多高层建筑结构，模拟加载 3 更接近真实施工状态，模拟加载 3 既可用于进行上部结构设计，也可用于基础设计荷载导算。 模拟加载 2 只能用于基础荷载导算，不能用于上部结构设计。

设计策略—模拟加载问题

[1] 进行上部结构内力分析与设计时，SATWE 用户手册建议一般对多、高层建筑首选“模拟施工 3”；

[2] 对钢结构或大型体育场馆类（指没有严格的标准楼层概念）结构应选“一次性加载”。对于长悬臂结构或有吊柱结构，由于一般是采用悬挑脚手架的施工工艺，故对悬臂部分应采用“一次性加载”进行设计。

[3] 当有吊车荷载时，不应选用“模拟施工 3”。岩石类坚硬地基上的建筑结构使用模拟 3 计算，一端与剪力墙相连的框架梁，梁端负筋使用人工调幅方法处理，以控制一端与剪力墙相连的框架梁截面尺寸，同时使用模拟 2 包络底层柱截面（考虑轴压比的影响的）；

[4] 计算上部结构传递给基础的内力时，宜用模拟加载 2 分析上部结构。

所以对于采用模拟加载方式分析设计结构时，应用两个版本分别进行上部结构设计和计算传递给基础的内力。

19. 模拟施工次序信息：据实际施工次序填写

对于上述多塔结构、转换结构、跃层柱或跃层支撑、多层大悬挑共同受力体系四种特殊情况，应依据实际的施工及拆模次序填写“模拟施工次序信息”，不直接采用默认值。

20. 风荷载计算信息：视结构具体情况而定

一般工程建议直接选用“计算水平风荷载”，此时仅水平风荷载参与内力分析及组合，即便定义了特殊风荷载信息也不发生作用。

当选用“计算特殊风荷载”选项时，可以选择“自动生成特殊风荷载”，自动生成特殊风荷载与水平风荷载类似，但更为精细；用户也可根据结构情况自定义特殊风荷载，如坡屋面建筑。“计算水平和特殊风荷载”选项仅适用于坡屋面、多塔等特殊情况。一般工程不建议采用。

21. 地震作用计算信息：根据规范条文而定

依照规范，SATWE 的该选项共有“不计算地震作用”、“计算水平地震作用”、“计算水平和规范简化方法竖向地震”、“计算水平和反应谱方法竖向地震”等。

（1）不计算地震作用

《抗规》第 3.1.2 条规定：6 度区，除规范特别说明外，乙、丙、丁类建筑可不进行地震作用计算，此处可填“不计算地震作用”；对于不进行抗震设防的地区或者抗震设防烈度为 6 度时的部分结构，规范规定可以不进行地震作用计算，此时可选择该选项。

《抗规》第 5.1.6 条规定：“结构的截面抗震验算，应符合下列规定：① 6 度时的建筑（不规则建筑及建造于Ⅳ类场地上较高的高层建筑除外），以及生土房屋和木结构房屋等，应符合有关的抗震措施要求，但应允许不进行截面抗震验算。② 6 度时不规则建筑、建造于Ⅳ类塌地上较高的高层建筑，7 度和 7 度以上的建筑结构（生土房屋和木结构房屋等除外）应进行多遇地震作用下的截面抗震验算”。

因此这类结构在选择“不计算地震作用”的同时，仍要在【地震信息】页中指定抗震等级，以满足抗震构造措施的要求。

（2）计算水平地震作用

计算 X、Y 两个方向的地震作用，选项适用于大部分常见结构体系。

《抗规》第 5.1.1 条规定：“各类建筑结构的地震作用，应符合下列规定：①一般情况下，应至少在建筑结构的两个主轴方向分别计算水平地震作用，各方向的水平地震作用应由该方向抗侧力构件承担。②有斜交抗侧力构件的结构，当相交角度大于 15°时，应分别计算各抗侧力构件方向的水平地震作用。③质量和刚度分布明显不对称的结构，应计入双向水平地震作用下的扭转影响；其他情况，应允许采用调整地震作用效应的方法计入扭转影响。④8、9 度时的大跨度和长悬臂结构及 9 度时的高层建筑，应计算竖向地震作用”。

（3）计算水平和规范简化方法竖向地震

《抗规》第 5.3.1 条规定：9 度时的高层建筑，其竖向地震作用标准值可按竖向地震影响系数的最大值与结构等效总重力荷载的乘积计算，楼层的竖向地震作用效应可按各构件承受的重力荷载代表值，按层高加权比例分配，并宜乘以增大系数 1.50。

另外依据《抗规》第 5.1.1 条，8、9 度时的大跨度和长悬臂结构及 9 度时的高层建筑，应计算竖向地震作用。

（4）计算水平和反应谱方法竖向地震

《高规》第 4.3.14 条规定的“跨度大于 24m 的楼盖结构、跨度大于 12m 的转换结构和连体结构、悬挑长度大于 5m 的悬挑结构，结构竖向地震作用效应标准值宜采用时程分析方法或振型分解反应谱方法进行计算。时程分析计算时输入的地震加速度最大值可按规定的水平输入最大值的 65%计算，反应谱分析时结构竖向地震影响系数最大值可按水平地震影响系数的 65%采用，但设计地震分组可按第一组采用”。

对于时程分析方法我们将在后面章节中叙述。

《高规》第 4.3.2 第 3、4 条与《抗规》第 5.1.1 条规定相比增加了 7 度（0.15g）的大跨度、长悬臂结构应计算竖向地震作用。《高规》第 4.3.2 条的条文说明指出，大悬挑为悬挑长度大于 2m 的悬挑结构；《抗规》第 5.1.1 条的条文说明则对大悬挑有更细致的划分：9 度或 9 度以上时悬挑 1.5m、8 度悬挑 2m 阳台或走廊为长悬臂结构。

依据规范条文，建议对于整体结构仅有部分大悬挑或大跨构件需要考虑竖向地震作用时，可单独设置一计算模型用于重要构件的竖向地震作用验算，而整体计算时可不考虑竖向地震作用。SATWE 能按分解反应谱方法计算竖向地震作用。

22. 结构所在地区：据实填写

SATWE 分为全国、上海、广东，分别采用中国国家规范、上海地区规程和广东地区规程。

23. 规定水平力的确定方式：楼层剪力差方法（规范算法）适用于大多数结构

SATWE 总体参数的【规定水平力的确定方式】有两个选项：楼层剪力差方法（规范算法）和节点地震作用 CQC 组合方法。

（1）规定水平力的概念

在 2010 版《抗规》及《高规》中引用了“规定水平力”的概念，其计算方法是取上下两层地震剪力差的绝对值作为一个水平作用力，称之为“规定水平力”。其使用范围主要体现在以下两处：一是结构在地震作用下的位移比计算；二是结构的倾覆力矩计算。其中后者包含：框架倾覆力矩、短肢墙倾覆力矩、框支框架倾覆力矩和一般剪力墙的倾覆力矩统计。

对于何为“规定水平力”，《高规》第 3.4.5 条文解释给出了详细定义：“规定水平地震力”一般可采用振型组合后的楼层地震剪力换算的水平作用力，并考虑偶然偏心。水平作用力的换算原则：每一楼面处的水平作用力取该楼面上、下两个楼层的地震剪力差的绝对值；连体下一层各塔楼的水平作用力，可由总水平作用力按该层各塔楼的地震剪力大小进行分配计算。

（2）CQC 及 SRSS 方法

《抗规》第 5.2.2 条给出了不考虑扭转耦联的水平地震作用计算规定。该条所述方法即为 SRSS 方法，SRSS 是以平动效应为主的振型分解反应谱分析方法的简称。SRSS 法假定输入地震为平稳随机过程，各振型反应之间相互独立，并且各振型的贡献随着频率的增高而降低；它采用“平方和开平方”方法，《抗规》第 5.2.2 条规定：当相邻振型的周期比小于 0.85 时，水平地震作用效应 S_{ek}（弯矩、剪力、轴向力和变形），可按式 7-1 求得：

$$S_{ek}=\sqrt{\sum S_j^2} \tag{7-1}$$

S_j 为振型水平地震作用标准值的效应，可只取前 2～3 个振型，当基本自振周期大于 1.5s 或房屋高宽比大于 5 时，振型个数应适当增加。

CQC 方法是扭转耦联方法的缩写，《抗规》第 5.2.3 条给出了用 CQC 方法计算水平

地震作用效应 S_{ek} 的计算公式：

$$S_{ek}=\sqrt{\sum_{j=1}^{m}\sum_{k=1}^{m}\rho_{jk}S_jS_k} \tag{7-2}$$

其中 ρ_{jk} 为第 j 振型与 k 振型的耦联系数。

CQC 方法是一种完全组合方法，考虑了平扭耦联效应、振型间的相互影响，对复杂结构应采用此法。

(3) 计算“扭转位移比”和“层间位移比”时要用“规定水平力”

《抗规》第 3.4.3 条规定“在规定水平力下楼层的最大弹性水平位移或（层间位移），大于该楼层两端弹性水平位移（或层间位移）平均值的 1.2 倍 ”。《高规》第 3.4.5 条的条文解释：扭转位移比计算时，楼层的位移可取“规定水平地震力”计算。

《抗规》第 3.4.3 条的条文说明解释了为何采用“规定水平力”来计算位移比：“扭转位移比计算时，楼层的位移不采用各振型位移的 CQC 组合计算，按国外的规定明确改为取“给定水平力”计算，可避免有时 CQC 计算的最大位移出现在楼盖边缘的中部而不在角部，而且对无限刚楼板，分块无限刚楼盖和弹性楼盖均可采用相同的计算方法处理”。

(4) 计算“抗倾覆力矩”时要用“规定水平力”

《抗规》第 6.1.3 条和《高规》第 8.1.3 条对倾覆力矩的计算要求采用规定水平力。《抗规》第 6.1.3.1 条文：设置少量抗震墙的框架结构，在规定的水平力作用下，底部框架所承担的地震倾覆力矩大于结构总地震倾覆力矩的 50%时，其框架的抗震等级仍应按框架结构确定，抗震墙的抗震等级可与框架的抗震等级相同。明确了少墙框架结构应属于框架结构，其框架抗震等级应按框架结构采用，即明确了地震倾覆力矩用于判断结构类型时（即界定是否按框架-剪力墙设计，或是否短肢墙较多的结构），应采用规定水平力计算倾覆力矩，只需要看嵌固端（或第一层）的计算结果。

(5) 进行楼层位移和层间位移控制验算时用“CQC”方法

《高规》第 3.4.5 条文解释：“结构楼层位移和层间位移控制值验算时，仍采用 CQC 的效应组合”。SATWE 用户手册的地震计算技术条件说明中指出：“结构只要不是双轴对称就会有平扭耦联”，所以 SATWE 采用了 CQC 方法计算混凝土结构的水平地震作用。另外，PKPM 软件的砌体结构模块 QITI 采用的是《抗规》第 5.2.1 条的底部剪力法求解砌体结构或底框结构的地震作用。

(6) SATWE 地震作用下的倾覆力矩

SATWE 在 WV02Q. OUT 中输出三种抗倾覆计算结果：

① 抗规方式（V * H 求和方式，PMSAP 叫法，详《抗规》第 6.1.3 条文说明）；

② 为轴力方式（力学标准方式，PMSAP 叫法，即柱、墙轴力向轴力合力点取矩，并叠加柱、墙端局部弯矩形成抗倾覆力矩）；

③ 为 CQC 方式（旧规范算法，公式同《抗规》第 6.1.3 条，供参考）。

第②种轴力方式是高规的编写专家提出的方法，但并未写入规范里，只可作为参考；第三种内力 CQC 方法是 08 版及之前版本采用的方式，按旧抗规设计时，看此结果。第一种采用规定水平力方法，按 10 版新规范计算时，应看第一种结果。

一般对于对称布置的框剪、框筒结构，轴力方式的结果要大于抗规方式；而对于偏置的框剪、框筒结构，轴力方式与抗规方式结果相近。轴力方式的倾覆力矩一方面可以反映框架的数量，另一方面可以反映框架的空间布置，是更为合理的衡量“框架在整个抗侧力体系中作用”的指标。

24. 特征值求解方式：由设计人员自定

【特征值求解方式】选项包括“水平振型和竖向振型独立求解方式”（下文简称独立求解）和“水平振型和竖向振型整体求解方式”（下文简称整体求解）两个内容，此参数仅在选择了“计算水平和反应谱方法竖向地震”时才被激活，一般为灰色为不可选状态。

当采用“整体求解”时，则在“地震信息”栏中输入的振型数应为水平与竖向振型数的总和，且“竖向地震参与振型数”选项为灰色，用户不能修改。

当采用“独立求解”时，在“地震信息”栏中需分别输入水平与竖向的振型个数。注意：计算用振型数一定要足够多，确保水平和竖向地震的有效质量系数都满足 90%，一般宜选“整体求解”。

“整体求解”的动力自由度包括 Z 向分量，而“独立求解”不包括；“整体求解”做一次特征值求解，而“独立求解”做两次；“整体求解”可以更好地体现三个方向振动的偶联，但竖向地震作用的有效质量系数在个别情况下较难达到 90%；而“独立求解”则刚好相反，不能体现偶联关系，但可以得到更多的有效竖向振型。

当选择“整体求解”时，与水平地震力振型相同给出每个振型的竖向地震力；而选择“独立求解方式”时，还给出竖向振型的各个周期值。计算后程序给出每个楼层、各塔的竖向总地震力，且在最后给出按《高规》第 4.3.15 条进行的调整信息。

设计实例(参数设置 1)—7-1 设置总信息

[1] 以转化的楼梯模型所在文件夹“商业楼/LT”为当前工作目录。

[2] 点击【SATWE 前处理-接 PM 生成 SATWE 数据】对话框的“1. 分析与设计参数补充定义”菜单，打开如图 7-9 所示【总信息】对话框。

[3] 把“混凝土容重”设为 26，采用“模拟施工加载 3”，由于该工程为 6 度设防，依据规范不需计算地震作用，仅计算水平风荷载。PMCAD 默认楼板为刚性板。

[4] 由于该商业建筑屋面为斜屋面，SATWE 不能按普通风荷载自动计算坡屋面的风荷载，故“风荷载计算信息”选择“计算特殊风荷载”。

在此需要说明的是，当勾选“对所有层强制刚性楼板板假定”时，SATWE2010 对坡屋面仍保留其默认的“弹性板”模式。因此对于坡屋面来说，勾不勾选“对所有层强制刚性楼板板假定”其计算结果是一样的。

7.2.2 风荷载信息

总体参数设置完毕，即可点击 SATWE 的信息定义对话框的【风荷载】标签，进入风荷载参数定义页面，如图 7-10 所示。

1. 地面粗糙度类别：根据规范确定

《荷载规范》第 8.2.1 条把地面粗糙度可分为 A、B、C、D 四类：A 类指近海海面和海岛、海岸、湖岸及沙漠地区；B 类指田野、乡村、丛林、丘陵以及房屋比较稀疏的乡镇和城市郊区；C 类指有密集建筑群的城市市区；D 类指有密集建筑群且房屋较高的城市市区。

根据《荷载规范》第 8.2.1 条进行选择，程序按用户输入的地面粗糙度类别确定风压高度变化系数。其中的 D 类（密集高层市区）应慎用。实际设计选择地面粗糙度时，应注意靠近海边的建筑物选择。

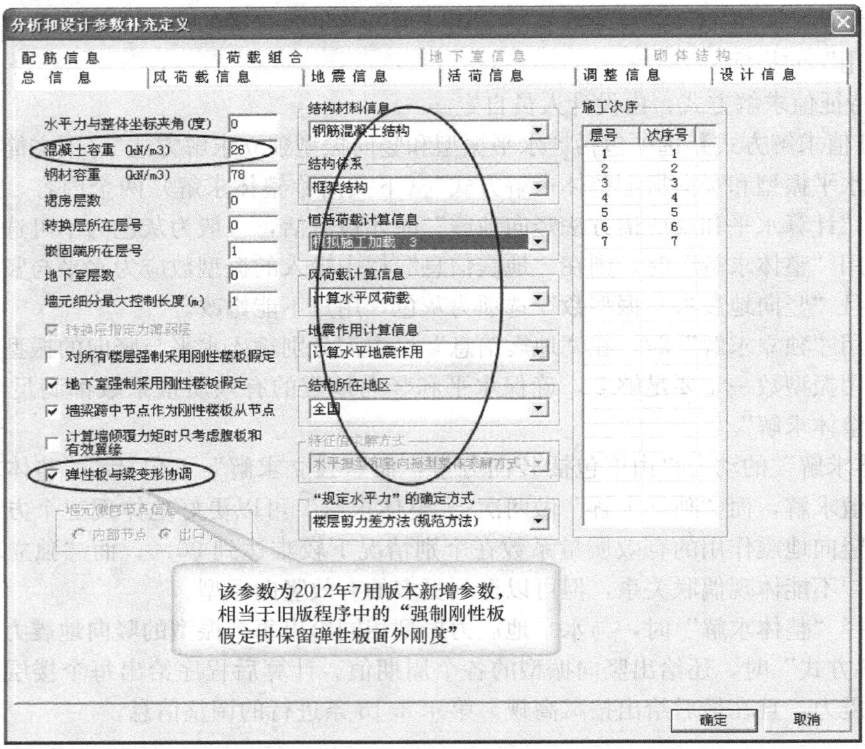

图 7-9　设置【总信息】

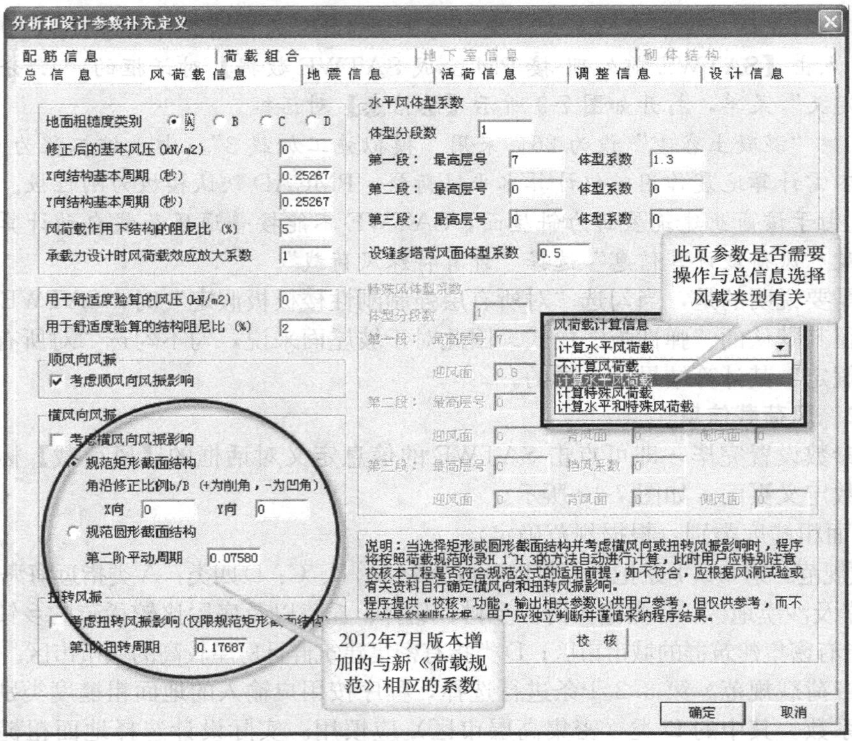

图 7-10　风荷载参数定义

2. 修正后的基本风压：一般按 50 年基本风压，地形条件修正系数需用户自行考虑

《荷载规范》第 8.1.2 条规定：一般按照 50 年一遇的风压采用，但不得低于 0.3kN/m^2。对于高层建筑、高耸结构及对风荷载敏感的结构，基本风压应适当提高。SATWE 程序只考虑了《荷载规范》第 8.1.1 条第 1 款的基本风压，地形条件的修正系数 η 需用户自行考虑。

对于门式刚架，《门规》规定基本风压按荷载规范的规定值乘以 1.05。依据《高规》第 4.2.2 条及条文说明，房屋高度大于 60m 时，按照 100 年一遇风压值采用。

风荷载作用面的宽度，程序按计算简图的外边线的投影距离计算，因此当结构顶层带多个小塔楼而没有设置多塔楼时，会造成风荷载过大，或漏掉塔楼的风荷载。因此一定要进行多塔楼定义，否则风荷载会出现错误。

另外，顶层女儿墙高度大于 1 米时应修正顶层风荷载，在程序给出的风荷载上加上女儿墙风荷，已在 3.6.7 节给出了女儿墙风荷载简化计算示例。

在 SATWE 中，风荷载的计算分为普通风荷载和特殊风荷载两种。在这里输入基本风压后由程序自动统计风荷载的方法是一种简化输入，它假定迎风面、背风面受荷面积相同，每层风荷载作用于各刚性块的形心上，楼层所有节点平均分配风荷载，忽略了侧向风影响，也不能计算屋顶的风吸力和风压力。所以，对于平面、立面不规则的结构（如空旷结构、大悬挑结构、体育场馆、较大面积的错层结构、需要计算屋面风荷载的结构等），应考虑特殊风荷载的输入，目的是更真实地反应结构受力的情况。

3. 结构基本周期：应当试算后二次填写

结构基本周期主要是计算风荷载中的风振系数 β_z 用的。新版程序可以分别指定 X 向和 Y 向的基本周期，用于 X 向和 Y 向风荷载的详细计算。

《荷载规范》第 8.4.1 条："对于高度大于 30m 且高宽比大于 1.5 的房屋和基本周期大于 0.25s 的各种高耸结构及大跨度屋盖结构，均应考虑风压脉动对结构顺风向的风振的影响"。

进行结构设计时，设计人员可以先按程序给定的缺省值（程序按近似公式计算）对结构进行计算。计算完成后可从 WZQ.OUT 文件中查询程序输出的第一平动周期值填入，再算一遍即可并与第一次计算进行比较。此处的结构基本周期值应为估算或计算所得数值，而不应为考虑周期折减后的数值。

风荷载计算与否并不会影响结构自振周期的大小。

4. 风荷载作用下结构阻尼比：软件自动计算，可人工修改

"风荷载作用下结构阻尼比"与"结构自震周期"类似，也是用于风荷载脉动系数的计算。

新建工程第一次进入 SATWE 时，软件根据"结构材料信息"以及《荷载规范》8.4.1-1 公式，自动计算该系数，并对其赋值。混凝土结构为 5%；钢结构为 1%；有填充墙钢结构或混合结构为 2%。

5. 承载力设计时风荷载效应放大系数：由设计人员根据实际情况确定

《高规》第 4.2.2 条规定："对风荷载比较敏感的高层建筑，承载力设计时应按基本风压的 1.1 倍采用。对于正常使用极限状态，一般仍可采用基本风压值由设计人员根据实际情况确定。"也就是说，部分高层建筑可能在风荷载承载力设计和正常使用状态时，需要

采用两个不同风压值。

"承载力设计时风荷载效应放大系数"就是针对承载力设计时按基本风压的1.1倍设计时，仍保证按基本风压计算变形和位移。

6. 用于舒适度验算的风压：舒适度验算的风压取重现期为10年的风压值

《高规》第3.7.6条规定："房屋高度不小于150m的高层混凝土建筑结构应满足风振舒适度要求"。规范还规定，按重现期为10年的风压值，计算得到的结构定点顺风向和横风向风振最大加速度限值及计算方法，计算时结构阻尼比宜取0.01～0.02。阻尼比对于混凝土结构取0.02，对混合结构可取0.01～0.02。

依据规范，用于舒适度验算的风压取重现期为10年的风压值。

7. 用于舒适度验算的结构阻尼比

参考上条，高规规定按0.01～0.02取值。

8. 顺风向风振：视情况勾选

根据《荷载规范》第8.4.1条："对于高度大于30m且高宽比大于1.5的房屋，以及当结构基本自振周期T_1大于0.25s的各种高耸结构，应考虑风压脉动对结构发生顺风向风振的影响。"当输入结构的基本周期小于0.25s时SATWE自动不计算风振系数。

9. 考虑横向风振影响：横风向风振作用效应明显的高层建筑勾选

《荷载规范》8.5.1条："对于横风向风振作用效应明显的高层建筑以及细长圆形截面构筑物，宜考虑横风向风振的影响。"《荷载规范》第8.5.2条第2款："对于矩形截面及凹角或削角矩形截面的高层建筑，其横风向风振等效风荷载W_{Lk}可按本规范附录H.2确定"，对于不在《荷载规范》附录H.2规定的建筑结构，其风振参数需通过风洞试验确定。该系数在PKPM2010（V1.3）版本中已按新规范调整。

为了辅助设计人员判断所设计的矩形或圆形平面建筑是否需要计算横向风振，软件在用户选定了图7-10所示的"规范矩形截面结构"或"规范圆形截面结构"后，点击【校核】按钮，程序能辅助计算《荷载规范》第8.5.2条和第8.5.3条的深宽比、高宽比、雷诺数R_e等，并通过【风振校核】对话框给出是否考虑横向风振建议，供设计人员判断使用。

一旦设计人员勾选了"考虑横向风振影响"，程序不管结构是否需要计算横向风振都会计算此项产生的荷载。

10. 水平风体型系数：

水平风体型系数包括体型分段数、体型系数、各段最高层号等参数。

（1）体型分段数

一般情况下分段数为1。当体型分段数为1时，即结构最高层号。其他情况按分段的最高层号填入。高层立面复杂时，可考虑体型系数分段。当定义了地下室层数后，SATWE程序会自动扣除地下室高度，不必将地下室单独分段。

（2）体型系数μ_s

体型系数按《荷载规范》第8.3节和《高规》4.2.3条，规则建筑（高宽比H/B不大于4的矩形、方形、十字形平面建筑）μ_s取1.3取用。《高规》第4.2.3条规定：圆形和椭圆形平面，$\mu_s=0.8$；正多边形及三角形平面，$\mu_s=0.8+1.2/\sqrt{n}$，其中n为正多边形边数；V形、Y形、弧形、双十字形、井字形平面、L形和槽形平面、高宽比H/B_{max}大于 4、长宽比 L/B_{max} 不大于 1.5 的矩形、鼓形平面的风荷载体型系数 $\mu_s=1.4$；若需更细致进行风荷载计算的场合，按《高规》附录 B 采用。

(3) 楼群效应的考虑

《荷载规范》第 8.3.2 条和《高规》第 4.2.4 条："多栋高层建筑间距较近时，宜考虑风力相互干扰的群体效应。一般可将单独建筑物的体型系数 μ_s 乘以相互干扰增大系数，该系数可参考类似条件的试验资料确定；必要时宜通过风洞试验得出。"

处于密集建筑群中的单体建筑体型系数应考虑相互增大影响，详见《工程抗风设计计算手册》(张相庭编)。根据国内学者的研究，当相邻建筑物的间距小于 3.5 倍的迎风面宽度且两建筑物中心线的连线与风向成 45°时，群楼效应明显，其增大系数一般为 1.25～1.5，最大到 1.8。

目前多栋高层建筑间距较近时，如多塔结构，群楼效应增大系数可取 1.25。

11. 特殊风体型系数

特殊风体型系数，只有在【总信息】中选定了计算特殊风荷载时才被激活，如图 7-11 所示。其与水平风体型系数的区别在于它区分了迎风面、背风面和侧风面体型系数，其对风荷载的计算比水平风荷载更加细致。

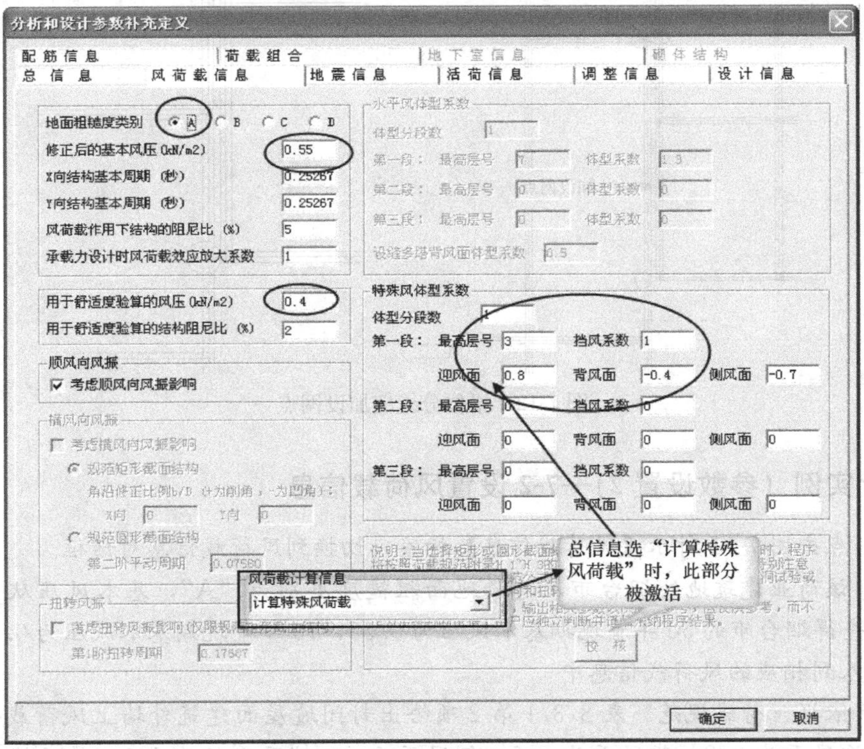

图 7-11　特殊风荷载参数

"挡风系数"时为了考虑结构外轮廓并非全部为受风面，而存在部分镂空的情况。当该系数为 1.0 时，表示建筑外轮廓全部为受风面，小于 1.0 时表示建筑外廓有效受风面所占全部外轮廓的比例，程序计算风荷载时按有效受风面积比例生成风荷载。填 0 时则为全部敞开建筑，不承受风荷载。

12. 设缝多塔被风面体型系数

该参数主要应用在带变形缝的结构关于风荷载的计算中。由于遮挡造成的风荷载折减值通过该系数来指定。

对于设缝多塔结构，用户可以在SATWE完成参数补充定义之后的【多塔结构补充定义】中指定各塔的挡风面，程序在计算风荷载时会自动考虑挡风面的影响，并采用此处输入的背风面体型系数对风荷载进行修正。“挡风面”的定义方法参见《PKPM新天地》05年4期中“关于‘遮挡定义’功能简介”一文。需要注意的是，如果用户将此参数填为0，则表示背风面不考虑风荷载影响。对风荷载比较敏感的结构建议修正；对风荷载不敏感的结构可以不用修正，当建筑分缝很小时，可取0值。

注意：在缝隙两侧的网格长度及结构布置不尽相同时，为了较为准确地考虑遮挡范围，当遮挡位置在杆件中间时，应在建模时人工在该位置增加一个节点，以保证计算遮挡范围的准确性，如图7-12所示。

设缝结构及多塔结构在7.4节还将加以补充叙述。

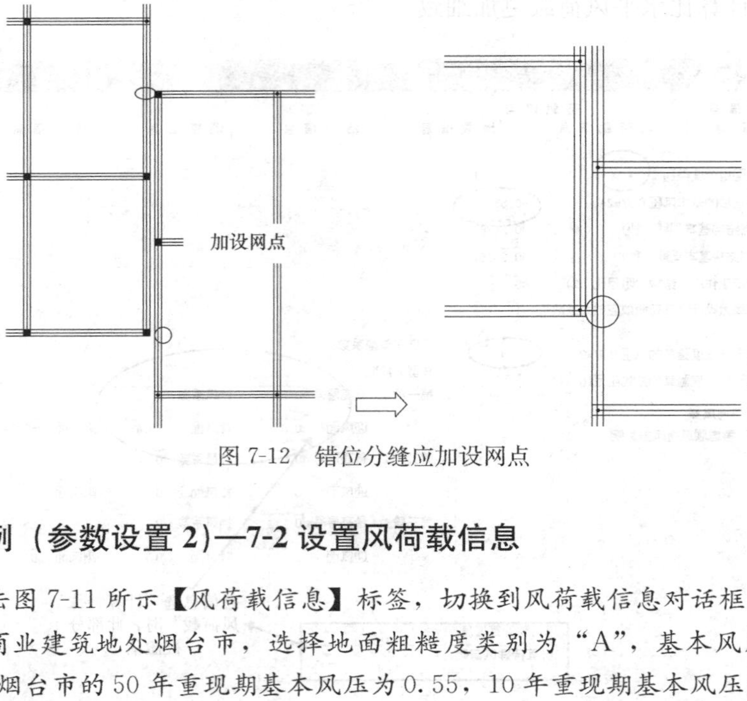

图7-12 错位分缝应加设网点

设计实例（参数设置2）—7-2 设置风荷载信息

[1] 点击图7-11所示【风荷载信息】标签，切换到风荷载信息对话框。

[2] 该商业建筑地处烟台市，选择地面粗糙度类别为“A”，基本风压从《荷载规范》E.4查得烟台市的50年重现期基本风压为0.55，10年重现期基本风压为0.40，将这些参数输入到相应的风荷载信息中。

[3] 依据《荷载规范》表8.3.1第2项给出封闭坡屋面建筑外墙上风荷载体型系数分别为：迎风面为0.8，背风面为-0.5，侧风面-0.7，挡风系数为1.0；最后输入的参数如图7-11。

7.2.3 地震信息

抗震设防烈度为6度时，某些房屋可不进行地震作用计算，但仍应采取抗震构造措施，若在第一项的【总信息】中选择了“不计算地震作用”后，本页中“地震烈度”、“框架抗震等级”和“剪力墙抗震等级”仍应按实际情况填写，其他参数可自动变为灰色，不必考虑。

当总信息中选择了考虑地震作用后，【地震信息】参数对话框显示的信息内容如图7-13所示。

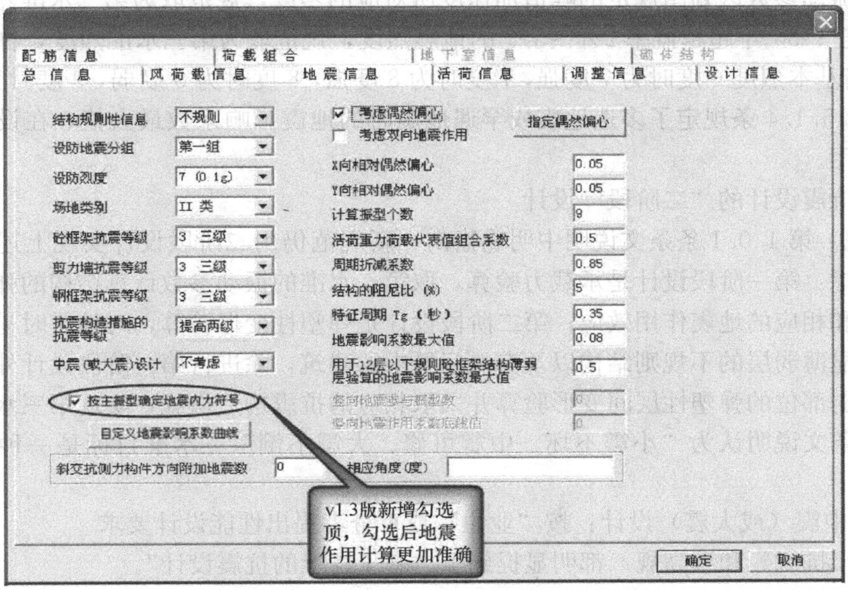

图 7-13　地震信息参数

1. 规则性信息

《抗规》第 3.4.2 条规定了不规则的类型：

平面不规则的类型：扭转不规则（位移比超标）、凹凸不规则（结构平面凹进大于30%）、楼板局部不连续（楼板的尺寸和平面刚度急剧变化）。

竖向不规则的类型：侧向刚度不规则（刚度比超标、立面收进超过 25%）、竖向抗侧力构件不连续（带转换层结构）、楼层承载力突变（层间受剪承载力小于相邻上一楼层的 80%）。

目前该参数对结构计算不起作用。

2. 设计地震分组、设防烈度、场地类别：据规范设定

根据结构所处地区按《抗规》附录 A 选用。如在附录 A 中查不到，则表明该地区为非抗震地区。由“设计地震分组”和“场地类别”确定“场地特征周期”，由“设防烈度”、“特征周期”、结构自振周期及阻尼比确定结构的水平地震影响系数，从而进行地震作用计算。

应注意“场地类别”自地质勘查报告中查得后应按照《抗规》第 4.1.6 条复核。一般上海地区“场地类别”选 0。

（1）抗震设计的“三水准”

《抗规》第 1.0.1 条规定，进行抗震设计的建筑，其抗震设防目标是：当遭受低于本地区抗震设防烈度的多遇地震时，一般不受损坏或不修理可继续使用（第一水准，小震不

坏）；当遭受相当于本地区抗震设防烈度的地震时，可能损坏，经一般修理或不修理仍可继续使用（第二水准，中震可修）；当遭受高于本地区抗震设防烈度预估的罕遇地震时，不致倒塌或发生危及生命的严重破坏（第三水准，大震不倒）。《抗规》第 1.0.1 条条文说明 50 年超越概率约 10% 的地震烈度，即 1990 中国地震区划图规定的“地震基本烈度”或中国地振动参数区划图规定的峰值加速度所对应的烈度，规范取为第二水准烈度，称为“设防地震”；50 年超越概率 2%～3% 的地震烈度，规范取为第三水准烈度，称为“罕遇地震”，当基本烈度 6 度时为 7 度强，7 度时为 8 度强，8 度时为 9 度弱，9 度时为 9 度强。《抗规》第 5.1.4 条规定了多遇地震或罕遇地震时的地震影响系数最大值，在设计时要根据情况取用。

（2）抗震设计的“二阶段”设计

《抗规》第 1.0.1 条条文说明中明确指出，新规范仍用二阶段设计实现上述三个水准的设防目标：第一阶段设计是承载力验算，取第一水准的振动参数计算结构的弹性地震作用标准值和相应的地震作用效应；第二阶段设计是弹塑性变形验算，对地震时易倒塌的结构、有明显薄弱层的不规则结构以及有专门要求的建筑，除进行第一阶段设计外，还要进行结构薄弱部位的弹塑性层间变形验算并采取相应的抗震构造措施，实现第三水准的设防要求。该条文说明认为“小震不坏、中震可修、大震不倒”三水准目标是一种抗震性能目标。

3. 按中震（或大震）设计：按“业主”或审查者提出性能设计要求

新的《抗规》和《高规》都明显提到了“基于性能的抗震设计”。

现行《抗规》是以小震为设计基础的，中震和大震则是通过地震力调整系数和施工图时的各种抗震构造措施来保证的。规范要求的构造措施对于大多数工程而言，其结构安全性可以保证；但对于复杂结构、超高超限结构的施工图审查，基本上都要求进行中震验算。目前在工程界，对结构进行中震设计有两种设计方法：第一种是按照中震弹性设计；第二种是按照中震不屈服设计。

（1）什么情况下需按中震（大震）不屈服或弹性做结构设计

目前规范并没有明确规定哪种情况或哪种结构必须做中震（大震）不屈服做结构设计。在做“中震弹性”或“中震不屈服设计”时，首先需要明确“业主”或审查者提出的是保证所有构件均“中震弹性”或“中震不屈服”还是保证重要构件（如框支结构构件）保持“中震弹性”或“中震不屈服”。在此基础上再确定如何分析计算结果和改进设计。要明确“中震弹性”或“中震不屈服设计”是一种基于性能设计的性能目标，这种性能目标并非是“硬性的”，设计人员在其中有很大的主动性。

（2）SATWE 软件处理

SATWE 新增了两种性能设计的选择，即“中震（大震）弹性设计”和“中震（大震）不屈服设计”。这两种设计方法属于结构性能设计的范畴，目前规范中没有相关的规定。只有在具体提出结构性能设计要点时，才能对其进行针对性的分析和验算。

SATWE 在“中震（大震）弹性设计”和“中震（大震）不屈服设计”均自动处理为不考虑风荷载，不屈服设计增加竖向地震主控组合，自动进行柱墙受剪截面验算，取消组合内力调整，取消强柱弱梁、强剪弱弯调整。

（3）SATWE 进行中（大）震设计时，地震影响系数最大值的选择用户选择“中震（大震）弹性设计”或“中震（大震）不屈服设计”后，需在【地震信息】对话框的输入“地震影响系数最大值” α_{max}，对于“中震（大）震弹性设计”，α_{max} 按中震（2.8 倍小震）或大震（4.5～6 倍小震）取值。

4. 框架抗震等级、剪力墙抗震等级：据规范设定

框架抗震等级和剪力墙抗震等级是结构设计中十分重要的参数，在定义抗震等级时，首先要对所设计的建筑结构进行正确的类别划分，之后依据规范确定结构的整体抗震等级和局部构件加强措施。

（1）建筑等级分类

《高规》第 3.1.2 条规定，高规中的甲类建筑、乙类建筑、丙类建筑分别为现行国家标准《建筑工程抗震设防分类标准》中的特殊设防类、重点设防类、标准设防类的简称。

（2）抗震等级

根据《抗规》表 6.1.2 或《高规》表 3.9.3、3.9.4 选择。《高规》第 3.3.1 条规定了不同设防烈度下 A、B 级高度高层建筑的最大适用高度，《高规》第 10.1.3 条对错层建筑的最大高度也有相应的规定。超过规范此条高度的建筑为超限建筑，对于超限建筑的设计要求过程在前面章节中已有叙述。在 SATWE 地震参数选项中，0 代表特一级；5 代表不考虑抗震构造要求。表 7-1 给出的是《抗规》表 6.1.2 的部分内容。

从表 7-1 中可以看出，框剪结构中的框架与剪力墙在某种情况下其抗震等级并不一致，因此在 SATWE 软件中的抗震等级分为“混凝土框架抗震等级”、“剪力墙抗震等级”和“钢框架抗震等级”三种。

对于框架-剪力墙结构，应依据《抗规》第 6.1.3 条、《高规》第 8.1.3 条框架部分承受的地震倾覆力矩与结构总地震倾覆力矩的比值（假定该比值为 β），确定是按“框架结构”、“框剪结构中的框架”还是“剪力墙”确定框架部分的抗震等级。《高规》第 8.1.3 条规定：$\beta \leqslant 10\%$时，框剪结构中的框架部分按剪力墙确定抗震等级；$10\% < \beta \leqslant 50\%$时，框剪结构中的框架部分按框剪结构确定抗震等级，$\beta > 50\%$时，框剪结构中的框架部分的轴压比和抗震等级按框架结构确定，结构允许最大高度按框架结构。《抗规》第 6.1.3 条规定：$\beta > 50\%$时，框剪结构中的框架部分的轴压比和抗震等级按框架结构确定。

现浇钢筋混凝土房屋的抗震等级 **表 7-1**

<table>
<tr><td colspan="2" rowspan="2">结构类别</td><td colspan="10">设防烈度</td></tr>
<tr><td colspan="2">6</td><td colspan="3">7</td><td colspan="3">8</td><td colspan="2">9</td></tr>
<tr><td rowspan="3">框架结构</td><td>高度(m)</td><td>≤24</td><td>>24</td><td colspan="2">≤24</td><td>>24</td><td colspan="2">≤24</td><td>>24</td><td colspan="2">≤24</td></tr>
<tr><td>框架</td><td>四</td><td>三</td><td colspan="2">三</td><td>二</td><td colspan="2">二</td><td>一</td><td colspan="2">一</td></tr>
<tr><td>大跨度结构</td><td colspan="2">三</td><td colspan="3">二</td><td colspan="3">一</td><td colspan="2">一</td></tr>
<tr><td rowspan="3">框架-剪力墙结构</td><td>刚度(m)</td><td>≤60</td><td>>60</td><td>≤24</td><td>25～60</td><td>>60</td><td>≤24</td><td>25～60</td><td>>60</td><td>≤24</td><td>25～60</td></tr>
<tr><td>框架</td><td>四</td><td>三</td><td>四</td><td>三</td><td>二</td><td>三</td><td>二</td><td>一</td><td>二</td><td>一</td></tr>
<tr><td>抗震墙</td><td colspan="2">三</td><td>三</td><td colspan="2">二</td><td>三</td><td colspan="2">一</td><td colspan="2">一</td></tr>
</table>

抗震设防类别划分时应注意 05SG109-1 中第 1.2.1 条所提到的情况，以免出现建筑抗震设防类别选择错误。

（3）结构局部加强与实现

结构局部构件抗震等级与结构总体设定的抗震等级不同时，需要到 SATWE 的【特殊构件补充定义】中进行定义补充，具体详细内容将在本章后面的特殊构件补充定义中详细叙述。

5. 抗震构造的措施等级：据规范设定

《高规》第 3.9.1 条规定：“甲类、乙类建筑：应按本地区抗震设防烈度提高一度的要求加强其抗震措施，但抗震设防烈度为 9 度时应按比 9 度更高的要求采取抗震措施。当建筑场地为Ⅰ类时，应允许仍按本地区抗震设防烈度要求采取抗震构造措施”。

《抗规》第 3.3.2 条：“建筑场地Ⅰ类时，丙类建筑允许按本地区抗震设防烈度降低一度的要求采取抗震构造措施。”

《抗规》第 3.3.3 条：“建筑场地为Ⅲ、Ⅳ类时，对设计基本地震加速度为 0.15g 和 0.30g 的地区，宜分别按 8 度（0.2g）和 9 度（0.40g）时各抗震设防类别的要求采取抗震构造措施。”

《抗规》第 6.1.3-4 条：“当甲乙类建筑按规定提高一度确定其抗震等级而房屋高度超过表 6.1.2 相应规定的上界时，应采取比一级更有效的抗震构造措施。”

6. 斜交抗侧力构件方向附加地震数及相应角度：根据具体情况设定

这里填入的参数主要是针对非正交的平面不规则结构中，除了两个正交方向外，还要补充计算的方向角度数。注意该参数仅对地震作用计算有关，与风荷载计算无关。此参数参见 7.2.1 节【总信息】的“水平力夹角”相关内容。

（1）附加地震数及相应角度

斜交抗侧力构件方向附加地震数（0～5）及相应角度可允许最多五种地震方向，附加地震数可在 0～5 之间取值。在相应角度填入各角度值，如图 7-14 所示。该角度是与 X 轴正方向的夹角，逆时针方向为正。斜交角度＞15°时应考虑；无斜交构件时取 0。根据《异规》中 4.2.4 条 1 款，7 度（0.15g）及 8 度（0.20g）时应做 45°方向的补充验算。

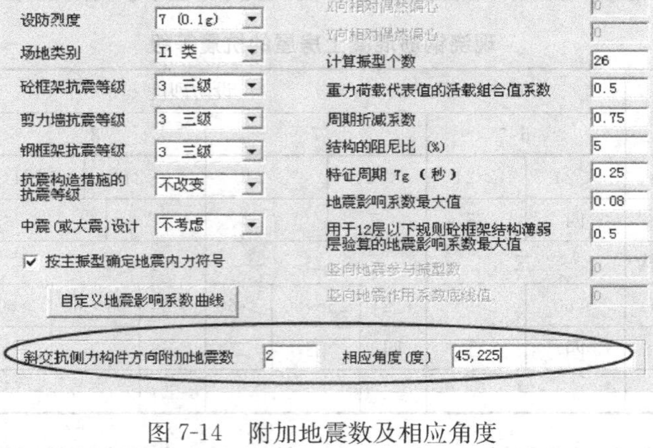

图 7-14　附加地震数及相应角度

（2）需要注意的问题

多方向地震作用造成配筋增加，但对于规则结构考虑多方向地震输入时，构件配筋不会增加或增加不多；多方向地震输入角度的选择尽可能沿着平面布置中局部柱网的主轴方向。

建议选择对称的多方向地震，因为风荷载并未考虑多方向，否则容易造成配筋不对称。如输入 45°和 225°，程序自动增加两个逆时针旋转 90°的角度（即 135°和 315°），并按这四个角度进行地震力的计算。

程序将计算每一对新增地震作用下的构件内力，并在构件设计时考虑进内力组合中，最后构件验算取最不利一组。

7. 考虑偶然偏心：多层建筑参考《高规》视情况而定

根据《高规》第 4.3.3 条“计算单向地震作用时应考虑偶然偏心的影响”。根据《高规》第 3.4.5 条，计算位移比时，必须考虑偶然偏心影响。

《抗规》第 3.4.3 条的条文说明：扭转位移比计算时，取“给定水平力”计；该水平力一般采用振型组合后的楼层地震剪力换算的水平作用力，并考虑偶然偏心。

考虑“偶然偏心”计算后，对结构的荷载（总重、风荷载）、周期、竖向位移、风荷载作用下的位移及结构的剪重比没有影响；而对结构的地震力和地震下的位移（最大位移、层间位移、位移角等）有较大区别，结构构件（梁、柱）的配筋也有所增大。

SATWE 程序在进行偶然偏心计算时，总是假定结构所有楼层质量同时向某个方向偏心，对于不同楼层向不同方向运动的情况（比如某一层向 X 正向运动，另一楼层沿 X 负向运动），设计人员可通过【指定偶然偏心】指定楼层的不同偶然偏心值。

“偶然偏心”对结构的影响是比较大的，一般会大于“双向地震作用”的影响，特别是对于边长较大结构的影响更大。

8. 双向地震作用：根据初算结果和规范条文而定

根据《抗规》第 5.1.1 条第 3 款及《高规》第 4.3.2 条第 2 款，“质量和刚度分布明显不对称的结构，应计入双向地震作用下的扭转影响”。

（1）对“质量与刚度分布明显不均匀不对称”的判别

《抗震规范》GB 50011 和《高规》JGJ 3 都以强制性条文的形式强调，在抗震设计时，对质量和刚度分布明显不对称、不均匀的结构，应计算双向水平地震作用下的扭转影响。但是《抗规》第 5.1.1 条第 3 款及《高规》第 4.3.2 条第 2 款条文及条文说明并没有给出“质量与刚度分布明显不均匀不对称”的界定方法。

“质量与刚度分布明显不均匀不对称”，主要看结构刚度和质量的分布情况以及结构扭转效应的大小，总体上是一种宏观判断，不同设计者的认识有一些差异是正常的，但不应该产生质的差别[14]。“质量和刚度分布明显不对称、不均匀”的结构，一般是指在刚性楼板假定下，在考虑偶然偏心影响的单向水平地震作用下，楼层最大位移与平均位移之比超过位移比下限 1.2 较多的结构[17]（例如，对 A 级高度的高层建筑大于 1.4；对 B 级高度的高层建筑或复杂高层建筑大于 1.3）。对复杂高层建筑及超限建筑工程，当不考虑偶然偏心时的楼层扭转位移比 $\mu \geqslant 1.2$ 时，可判定为结构的质量和刚度分布已处于明显不对称状态，此时应计入双向地震作用的影响[16]。

（2）SATWE“质量与刚度分布明显不均匀不对称”的判别方法

在 SATWE 中判断“质量与刚度分布明显不均匀不对称”，要结合对结构的规则性判别、位移比判断等一并进行，具体操作方法将在第 7.6.3 节详细介绍。

（3）如何考虑双向地震作用及偶然偏心

《抗规》第5.2.3条文说明："地震扭转效应是一个极其复杂的问题，一般情况，宜采用较规则的结构体型，以避免扭转效应。但现阶段，偶然偏心与扭转二者不需要同时参与计算"。目前的SATWE允许用户同时选择"偶然偏心"和"双向地震"，两者取不利，结果不叠加。SATWE在进行底框计算时，不应选择地震参数中的"偶然偏心"和"双向地震"，否则计算会出错。

9. 计算振型个数：根据结构情况和初算结果而定

计算振型数一般取3的倍数；当【总信息】中的"规定水平力确定方式"选择CQC（扭转耦联）时单塔不小于9，且不大于3倍层数，选择"非耦联"时不小于3，且不大于楼层数。

指定计算振型个数时，需要特别注意以下几点：

（1）要首先检查输出的计算结果中，有效质量系数是否满足要求，否则后续计算没有意义。不论何种结构类型，计算中振型数是否取够应根据试算后WZQ.OUT给出的有效质量的参与数是否达到90%来决定。如果振型少，剪重比等参数也不正确。

（2）振型数不能超过结构的固有振型总数，否则会造成计算结果异常。多层建筑采用刚性楼板时最少可取楼层总数，最多不能多于楼层总数的3倍。如果选取的振型组合数已经增加到结构层数的3倍，其有效质量系数仍不能满足要求，也不能再增加振型数，而应认真分析原因，考虑结构方案是否合理。

存在长梁或跨层柱时应注意低阶振型可能是局部振型，其阶数低，但对地震作用的贡献却较小。08版将计算振型数限制扩容到199个。

10. 活荷载重力荷载代表值组合系数

"活荷载质量折减系数"主要用于计算质量阵，填此参数则结构总质量将折减；该参数只改变楼层质量，不改变荷载总值（即对竖向荷载作用下的内力计算无影响），应按《抗规》第5.1.3条及《高规》第4.3.6条取值。《抗规》第5.1.3条规定："楼面活荷载按照实际情况计算时取1.0；按等效均布活荷载计算时。藏书库、档案库、库房取0.8；硬钩吊车悬吊物重力取0.3，软钩吊车悬吊物重力取0；其他民用建筑取0.5。"故一般民用建筑楼面该系数取0.5。

在WMASS.OUT文件中"各层的质量、质心坐标信息"项输出的"活载产生的总质量"为已乘上组合系数后的结果。在"地震信息"栏修改本参数，则"荷载组合"栏中"活荷载重力代表值系数"随之改变。

在WMASS.OUT文件中"各楼层的单位面积质量分布"项输出的单位面积质量为"1.0恒+0.5活"组合；而PM竖向导荷默认采用"1.2恒+1.4活"组合；故两者结果可能有差异。

11. 周期折减系数：根据填充墙情况而定

周期折减的目的是为了充分考虑非承重填充墙刚度对结构自振周期的影响，因为周期小的结构，其刚度较大，相应吸收的地震力也较大。若不做周期折减，结构则偏于不安全。

在框架结构及框剪结构中，由于填充墙的存在使结构实际刚度大于计算刚度，实际周期小于计算周期，据此周期值算出的地震剪力将偏小，会使结构偏于不安全。周期折减系数不改变结构的自振特性，只改变地震影响系数 α，详《高规》第 4.3.17 条及《高钢规》第 4.3.6 条。多层结构折减系数参考《高规》。

对于某些工程，输入周期折减系数后，计算结果没有任何变化。这主要是因为结构的自振周期很小，位于振型分解反应谱法的平台段，乘以周期折减系数后，仍位于平台段，所以在地震作用下结构的基底剪力和层间位移角不会有任何变化。

SATWE 说明书给出的周期折减系数如表 7-2 所示。

不同结构类型地震作用时的周期折减系数 ψ_T　　表 7-2

填充墙类型	框架结构	框-剪结构	剪力墙结构	短肢墙结构	钢结构
实心砖	0.6～0.7	0.7～0.8	0.9～0.99	0.8～0.9	0.90
空心砖或砌块	0.8～0.9	0.9～0.95	0.95	0.90	0.90

当结构层间侧移角略大于规范限值时，建议用户通过“周期折减系数”和“中梁刚度放大系数”调整，这往往可以达到事半功倍的效果。

12. 结构阻尼比

根据《抗规》第 5.1.5.1 条及《高规》第 4.3.8.1 条，混凝土结构一般取 0.05（即 5%）；高层钢筋混凝土结构应取 0.05；混合结构可取 0.04。《荷载规范》条文说明 8.4.2～8.4.6 中指出：“钢结构的阻尼比取 0.01；对有墙体材料填充的房屋钢结构的阻尼比取 0.02；对钢筋混凝土及砖石砌体结构取 0.05。”《抗规》第 8.2.2 条规定：“钢结构在多遇地震下的计算，高度不大于 50m 时可取 0.04；高度大于 50m 且小于 200m 时，可取 0.03；高度不小于 200m 时，宜取 0.02；在罕遇地震下的分析，阻尼比可采 0.05。”

13. 特征周期和地震影响系数最大值

当用户确定了设防烈度、场地类别和抗震等级等参数后，对于特征周期和地震影响系数最大值，软件将自动取值。

取值根据【总信息】中所选定的“结构所在地区”，以及《抗规》第 3.2.3 条、第 5.1.4 条、表 5.1.4-1 和表 5.1.4-2 以及其他地方设计规程，如《上海抗震设计规程》。

如果工程设计的地震加速度值不是规范中规定的值，通常在地震报告中都会提供多遇地震最大影响系数值，输入值 α_{max} 即可。

14. 用于 12 层以下框架薄弱层验算的 α_{max}：

本参数即旧版程序的“罕遇地震影响系数最大值”，仅用于 12 层以下规则钢筋混凝土框架结构的薄弱层验算。当用户确定了设防烈度、场地类别和抗震等级等参数后，该参数由 SATWE 自动确定。

15. 查看和调整地震影响系数曲线：一般结构设计不需执行该项

SATWE 允许用户输入任意形状的地震设计谱，以考虑来自安评报告或其他情形的比规范设计谱更贴切的反应谱曲线。点击该按钮，在弹出的对话框中可看到按规范公式的地震影响系数曲线，并可在此基础上根据需要进行修改，形成自定义的地震影响系数曲线。

一般结构设计按照《抗规》第 5.1.5 条给出的地震影响系数曲线执行，不需执行该项。

16. 竖向地震作用系数底线值

当【总参数】的“地震作用计算信息”项选择反应谱方法计算地震作用时，该参数被激活。程序按不同的设防烈度确定默认的竖向地震作用系数底线值，用户也可根据情况自行修改。

根据《高规》第 4.3.15 条规定："大跨度、选调结构、转换结构、连体结构的连接体的竖向地震作用标准值不宜小于结构或构件承受的重力荷载代表值与规范表 4.3.15 所规定的竖向地震作用系数的乘积。"程序设置改系数以确定竖向地震作用的最小值，当振型分解反应谱方法计算的竖向地震作用小于该值时，将自动取该参数作为竖向作用的底线。

设计实例（参数设置 3）—7-3 设置地震信息

[1] 点击参数定义对话框的【地震信息】标签，切换到地震信息对话框，如图 7-15 所示。

[2] 查《抗规》第 A.0.3，烟台市地震烈度 7 度，一类地区，地震加速度 0.1g。

[3] 该工程地质资料略，假定依据地质勘查资料给出的剪切波速和图层覆盖厚度，并经《抗规》表 4.1.6 校核后，确定场地类别为Ⅱ类场地。

[4] 依据《抗规》表 6.1.2，该商业建筑高度小于 24 米，框架抗震等级为Ⅲ级。

[5] 本商业建筑不考虑"中震（或大震）设计"按"不屈服"性能设计。

[6] 依据《抗规》表 5.1.4-2，特征周期为 0.35s。

[7] 根据《抗规》第 5.1.1 条第 1 款："一般情况下，应至少在建筑结构的两个主轴方向分别计算水平地震作用，各方向的水平地震作用应由该方向抗侧力构件承担。"《抗规》第 5.1.1 条 3 款："质量和刚度分布明显不对称的结构，应计入双向地震作用下的扭转影响"，该商业建筑不属于明显不对称且层数较少，故不考虑双向地震作用，考虑偶然偏心作用。

[8] 计算振型数暂按楼层数的 3 倍考虑，取 9 个。

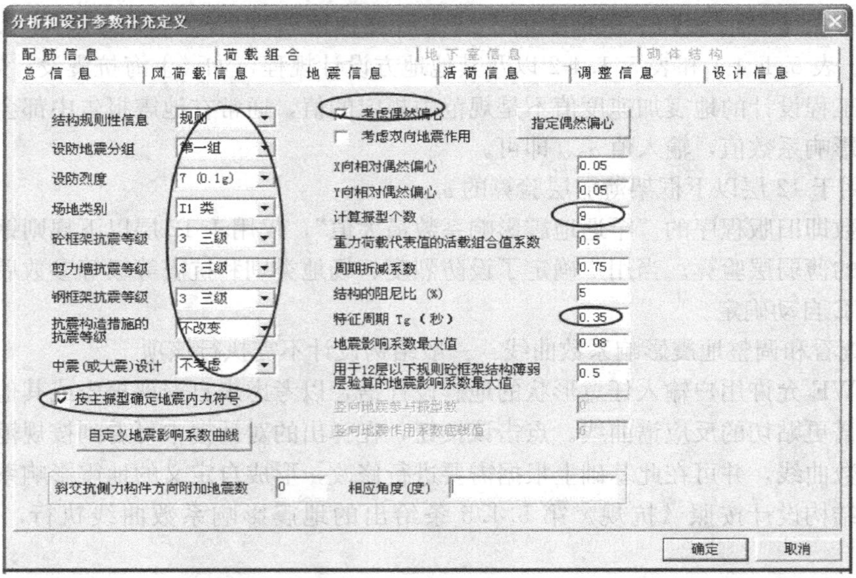

图 7-15 地震信息设置

7.2.4 活载信息

在第 3.6.4 节我们对楼面梁的活载折减已经进行了讨论，在本节我们继续探讨对墙、柱及基础的活荷载折减问题。

1.《荷载规范》条文

《荷载规范》第 5.1.2 条规定了楼面梁活荷载折减不能小于规范规定的数值。对于《荷载规范》表 5.1.1 的第 1（1）项建筑，如住宅、宿舍、旅馆、办公楼、医院病房、托儿所、幼儿园等建筑，在设计墙、柱和基础时，活荷载总和应按规范规定的系数进行活荷载折减，如某层柱其上部有 2～3 个楼层时，则该层柱活荷载产生内力总效应应折减为 85%；有 4～5 个楼层，则该层柱活荷载产生内力总效应应折减为 70%；有 6～8 个楼层，则该层柱活荷载产生内力总效应应折减为 65%。

提示角

注意新规范对柱、墙及基础的活载折减处限定词为“应”与楼面梁的限定词“不小于”有区别，与旧荷载规范不同，这是在运用新的《荷载规范》时需要注意的。

对于《荷载规范》表 5.1.1 的第 1（2）～7 项建筑如教室、试验室、阅览室、会议室、医院门诊室，食堂、餐厅、商店等，在设计墙、柱和基础时，应采用与其楼面梁相同的折减系数；由于 SATWE 采用的是 PMCAD 导荷程序把楼面活荷载导算给梁的活荷载值进行结构分析的，设计教室等时，不管楼面梁活荷载折减与否，设计墙柱和基础时不需要再进行活荷载折减。

2. SATWE 对墙柱及基础活荷载折减的改进

SATWE2010 版本针对竖向构件的活荷载折减功能进行了改进，增加了判断每一柱、墙计算截面上方的楼层数的分析计算，从而可以根据用户在【活载信息】中定义的荷载折减系数，对裙房和塔楼的柱、墙及基础进行正确活荷载效应折减。在【活载信息】中，SATWE 给出了“折减”和“不折减”两个选项，如果选“折减”，SATWE 还依据规范给出了默认的活荷载折减系数，如图 7-16 所示。

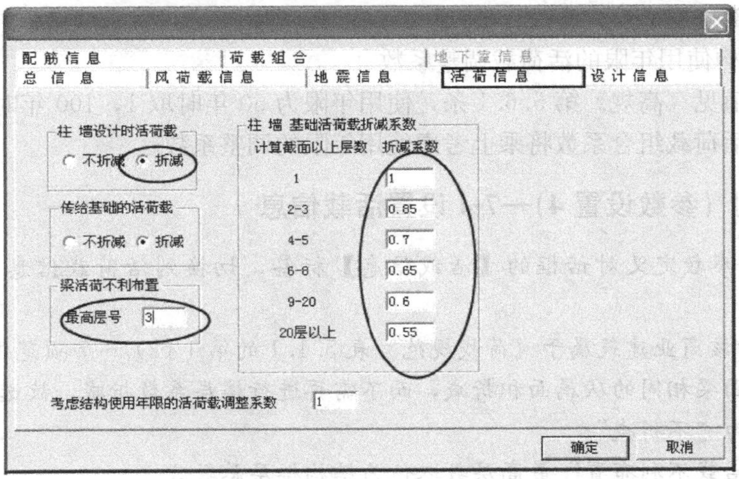

图 7-16　活载信息

在设计某些建筑结构时，用户需依据《荷载规范》判断建筑的类型，参照图 7-17 所示思路进行操作。

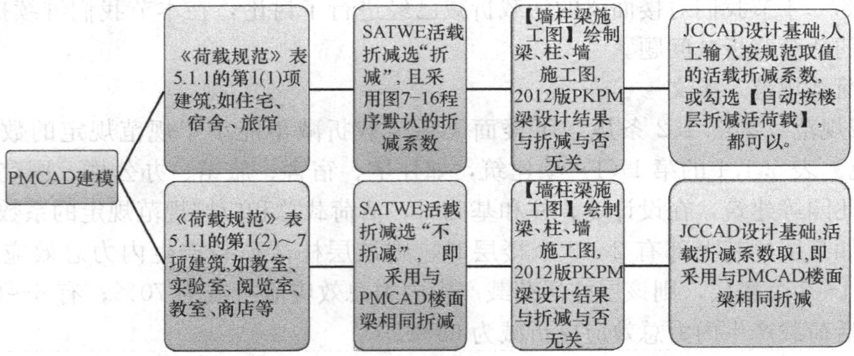

图 7-17　PKPM 活荷载折减运行策略

《荷载规范》条文的变化和 PKPM 软件对楼面活荷载及墙柱基础按楼层折减算法的改变，使得过去对活荷载折减的许多纠结不清的问题得以解决，也提高了设计的安全度和便利度。

3. 梁活载不利布置

此参数若取 0，表示不考虑梁活荷载不利布置作用；若取大于 0 的数 N_L，就表示从 1～N_L 各层均考虑梁活荷载的不利布置，而（N_L＋1）层以上则不考虑。若 N_L 等于结构的总层数 N_{st}，则表示对全楼均考虑活荷载的不利布置作用。

《高规》第 5.1.8 条规定："当楼面活荷载大于 4kN/m^2 时，应考虑楼面活荷载不利布置引起的梁弯矩增大。当整体计算中未考虑楼面荷载不利布置时，应适当增大楼面梁的计算弯矩。"

按照设计习惯，我们通常建议一般多高层混凝土结构取全部楼层考虑梁活荷载不利布置。考虑活荷载不利布置后，程序仅对梁作活荷载不利布置作用计算，对柱、墙等竖向构件并未考虑活荷载不利布置作用，而只考虑了活荷载一次性满布作用。建议一般多层混凝土结构应取全部楼层。

4. 考虑结构使用年限的活荷载调整系数

该参数取值见《高规》第 5.6.1 条，使用年限为 50 年时取 1，100 年时取 1.1。在荷载效应组合时活荷载组合系数将乘上考虑使用年限的调整系数。

设计实例（参数设置 4）—7-4 设置活载信息

［1］　点击参数定义对话框的【活载信息】标签，切换到活荷载信息对话框，如图 7-16所示。

［2］　由于该商业建筑属于《荷载规范》表 5.1.1 的第 1（2）～7 项范围的商店建筑，只需采用与楼面梁相同的从属面积折减，而不需再进行楼层系数折减，故选择"柱、墙设计时活荷载"为"不折减"。

［3］"梁活载不利布置"最高层数取值为结构楼层总数 3。

7.2.5　调整信息

PKPM2012（V1.3）版对以往版本的调整参数做了改进，其中尤其是增加了【混凝土矩形梁转 T 形（考虑附加楼板翼缘）】选项，使得梁的配筋设计结果更加合理。调整信息输入参数如图 7-18 所示。

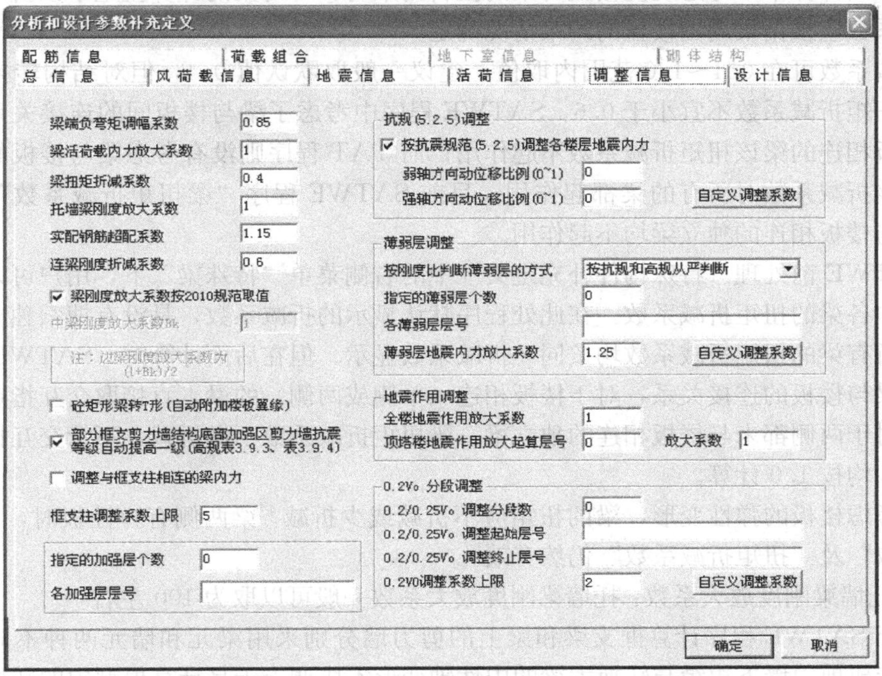

图 7-18　调整信息

1. 梁端负弯矩调幅系数：默认取 0.85

《高规》第 5.2.3 条规定竖向荷载作用下，可考虑框架梁端塑性变形内力重分布，其调幅系数为：现浇框架梁取 0.8～0.9；装配整体式框架梁取 0.7～0.8。

框架梁端负弯矩调幅后，梁跨中弯矩应按照平衡条件相应增大；应先对竖向荷载作用下的框架梁的弯矩进行调幅，然后与水平作用产生的框架梁弯矩进行组合。

对于现浇楼板，一般取 0.8。另外，程序隐含钢梁为不调幅梁，若需调幅，应在特殊构件定义中人工交互修改。

2. 梁活载内力放大系数：如果已考虑了整楼“梁活载不利布置”，则应取 1

目前版本 SATWE 把旧版中的“梁设计弯矩放大系数”改为“梁活荷载内力放大系数”。不过在 WMASS.OUT 文件中，输出的选项仍显示为“梁设计弯矩增大系数”，此为程序的疏漏。

如果已在【活载信息】中考虑了整楼“梁活载不利布置”，则应取 1。该系数只对梁在满布活荷载下的内力（包括弯矩、剪力、轴力）进行放大，然后与其他荷载工况进行组合，而不再乘以组合后的弯矩包络图。一般工程如梁按满布活荷载计算内力，则建议取 1.1～1.2。

《高规》第 5.1.8 条的条文说明：如果活荷载较大，可将未考虑活荷载不利布置计算的框架梁弯矩乘以 1.1～1.3，近似考虑活荷载不利布置影响时，梁正、负弯矩应同时放大。

3. 梁扭矩折减系数：建议一般取默认值 0.4

《高规》第 5.2.4 条规定："高层建筑结构楼面梁受扭计算时应考虑现浇楼盖对梁的约束作用。当计算中未考虑现浇楼盖对梁的扭转约束时，可对梁的计算扭矩予以折减。梁扭矩折减系数应根据梁周围楼盖的约束情况确定。"

折减系数可在 0.4～1.0 范围内取值，建议一般取默认值 0.4，但对结构转换层的边框架梁扭矩折减系数不宜小于 0.6。SATWE 程序中考虑了梁与楼板间的连接关系，对于不与楼板相连的梁该扭矩折减系数不起作用；而 TAT 程序则没有考虑梁与楼板的连接关系，故该折减系数对所有的梁都起作用。目前 SATWE 程序"梁扭矩折减系数"对弧形梁、不与楼板相连的独立梁均不起作用。

SATWE 前处理"特殊构件补充定义"中的右侧菜单"特殊梁"下，用户可以交互指定楼层中各梁的扭矩折减系数。在此处程序默认显示的折减系数，是没有搜索独立梁的结果，即所有梁的扭矩折减系数均按同一折减系数显示。但在后面计算时，SATWE 软件自动判断梁与楼板的连接关系，对于楼板相连（单侧或两侧）的梁，直接取交互指定的值来计算；对于两侧都未与楼板相连的独立梁，梁扭矩折减系数不做折减，不管交互指定的值为多少，均按 1.0 计算。

若考虑楼板的弹性变形，梁的扭矩应不折减或少折减。梁两侧有弹性板时，"梁刚度放大系数"及"扭矩折减系数"仍然有效。

4. 托墙梁刚度放大系数：托墙梁刚度放大系数一般可以取为 100 左右

由于 SATWE 程序计算框支梁和梁上的剪力墙分别采用梁元和墙元两种不同的计算模型，造成剪力墙下边缘与转换大梁的中性轴变形不协调，于是计算模型中的转换大梁的上表面在荷载作用下将会与剪力墙脱开，这样计算模型的刚度偏柔。这就是软件提供墙梁刚度放大系数的原因。

为了再现真实的刚度，根据经验，托墙梁刚度放大系数一般可以取为 100 左右。当考虑托墙梁刚度放大时，转换层附近若有超筋情况通常可以缓解。当然，为了使设计保持一定的富余度，也可以不考虑或少考虑托墙梁刚度放大系数。

使用该功能时，用户只需指定托墙梁刚度放大系数，托墙梁段的搜索由软件自动完成，即剪力墙（不包括洞口）下的那段转换梁，按此处输入的系数对抗弯刚度进行放大。最后指出一点，这里所说的"托墙梁段"在概念上不同于规范中的"转换梁"，"托墙梁段"特指转换梁与剪力墙"墙柱"部分直接相接、共同工作的部分，比如说转换梁上托开门洞或窗洞的剪力墙，对洞口下的梁段，程序就不看作"托墙梁段"，不作刚度放大。建议一般取默认值 100。目前对刚性杆上托墙还不能进行该项识别。

5. 实配钢筋超配系数：根据规范取值，强柱弱梁

《抗规》第 6.2.2 条：一、二、三、四级框架的梁柱节点处，除框架顶层和柱轴压比小于 0.15 者及框支梁与框支柱的节点外，柱端组合的弯矩设计值应符合下式要求：

$$\sum M_c = \eta_c \sum M_b \tag{7-3}$$

一级的框架结构和 9 度的一级框架可不符合上式要求，但应符合下式要求：

$$\sum M_c = 1.2 \sum M_{bua} \tag{7-4}$$

式中：η_c 为框架柱端弯矩增大系数；对框架结构，一、二、三、四级可分别取 1.7、1.5、1.3、1.2；其他结构类型中的框架，一级可取 1.4，二级可取 1.2，三、四级可

取 1.1。

另外《抗规》第 6.2.5 条、6.2.6 条、6.2.7 及《高规》第 6.2.1 条、6.2.3 条等还有其他相关规定。

由于 SATWE 程序在接【墙柱梁平法施工图】前并不知道实际配筋面积，所以程序将此参数提供给用户，由用户根据工程实际情况填写。程序根据用户输入的超配系数，并取钢筋超强系数（材料强度标准值与设计值的比值）为 1.1（330/300MPa＝1.1）。本参数只对一级框架结构或 9 度区框架起作用，程序可自动识别；当为其他类型结构时，也不需要用户手工修改为 1.0。

在此需要提示的是，9 度及一级框架结构仅调整梁柱钢筋的超配系数是不全面的，应按规范要求采用其他有效抗震措施。

6. 连梁刚度折减系数：一般工程取 0.7

多、高层结构设计中允许连梁开裂，开裂后连梁刚度会有所降低，程序通过该参数来反映开裂后的连梁刚度，详见《抗规》第 6.2.13-2 条及《高规》第 5.2.1 条。计算地震内力时，连梁刚度可折减；计算位移时，可不折减。连梁的刚度折减是对抗震设计而言的，对非抗震设计的结构，不宜进行折减。一般与设防烈度有关，设防烈度高时可折减多些；设防烈度低时可折减少些，但一般不小于 0.5，一般工程取 0.7。

位移由风荷载控制时取≥0.8。地震作用控制时，剪力墙的连梁刚度折减后，如部分连梁尚不能满足剪压比限值，可按剪压比要求降低连梁剪力设计值及弯矩，并相应调整抗震墙的墙肢内力。该参数对以洞口方式形成的连梁和以普通方式输入的连梁都起作用。

7. 梁刚度放大系数按 2010 混凝土规范取值：勾选

考虑楼板作为翼缘对梁刚度的贡献，对于每根梁，由于截面尺寸和楼板厚度的差异，其刚度放大系数可能各不相同，SATWE 提供了按 2010 规范取值的选项，勾选此项后，程序将根据《混凝土规范》第 5.2.4 条的表格，自动计算每根梁的楼板有效翼缘宽度，按照 T 型截面与梁截面的刚度比例，确定每根梁的刚度系数。

刚度系数计算结果可在【特殊构件补充定义】中查看，也可以在其基础上修改。如果不勾选，则仍将激活“连梁刚度折减系数”，按用户指定唯一的刚度系数计算。

推荐使用“梁刚度放大系数按 2010 混凝土规范取值”勾选项。

8. 中梁刚度放大系数：多层建筑结构通常按《混凝土规范》取值，此项可不做

根据《高规》第 5.2.2 条：“现浇楼面中梁的刚度可考虑翼缘的作用予以增大，现浇楼板取值 1.3～2.0。”通常装配式楼板取 1.0；装配整体式楼板取 1.3；现浇楼面的边框梁可取 1.5，中框梁可取 2.0；对压型钢板组合楼板中的边梁取 1.2，中梁取 1.5（详见《高钢规》第 5.1.3 条）。当梁翼缘厚度与梁高相比较小时梁刚度增大系数可取较小值，反之取较大值，而对其他情况下（包括弹性楼板和花纹钢板楼面）梁的刚度不应放大。程序自动处理边梁、独立梁及与弹性楼板相连梁的刚度不放大。该参数对连梁不起作用，对两侧有弹性板的梁仍然有效。

梁刚度放大的主要目的，是为了考虑在刚性板假定下楼板刚度对结构的贡献。梁的刚度放大并非是为了在计算梁的内力和配筋时，将楼板作为梁的翼缘，按 T 形梁设计，以达到降低梁的内力和配筋的目的，而仅仅是为了近似考虑楼板刚度对结构的影响。该参数的大小对结构的周期、位移等均有影响。

SATWE 前处理【特殊构件补充定义】中的右侧菜单【特殊梁】下的【刚度系数】，用户可以交互指定对某些工程或楼层中各梁的刚度放大系数，如单向空腔空心楼板具有的各向异性，宜在平行和垂直填充空心管的方向取用不同的梁刚度放大系数。

9. 混凝土矩形梁转 T 形（自动附加楼板翼缘）

勾选此项后程序能自动考虑楼板翼缘对混凝土矩形梁的刚度和承载力的影响，将矩形截面转换成 T 形截面进行刚度和承载力的计算。勾选此项后，由于梁中性轴上移，梁底正弯矩纵向钢筋比勾选有所减少，支座负弯矩纵筋变化不明显。此项与“中梁刚度放大系数”不应同时选择。

10. 调整与框支柱相连的梁内力

《高规》第 10.2.17 条：“框支柱剪力调整后，应相应调整框支柱的弯矩及柱端框架梁（不包括转换梁）的剪力、弯矩，但框支梁的剪力、弯矩和框支柱轴力可不调整。由于框支柱的内力调整幅度较大，若相应调整框架梁的内力，则有可能使框架梁设计不下来。”勾选后程序会调整与框支柱相连的框架梁的内力。

11. 指定的加强层个数及层号

加强层指高层建筑结构中设置连接内筒与外围结构的水平外伸臂（梁或桁架）结构的楼层，必要时还可沿该楼层外围结构周边设置带状水平梁或桁架。《高规》第 10.3 节有专门针对加强层的定义和设置规定。设置加强层，可以提高结构的整体刚度，控制结构位移。加强层的设置位置和数量如果合理，则有利于减少结构的侧移。

《高规》第 10.3.3 条作为设置加强层的强制条文，规定了加强层的抗震等级及轴压比等要求，SATWE 此项参数，即是针对规范此条文而设置，设置加强层后并填写此参数，SATWE 自动实现如下功能：

（1）加强层及相邻柱、墙抗震等级自动提高一级。

（2）加强层及相邻层轴压比控制减小 0.05。

（3）加强层及相邻层设置约束边缘构件。

多塔结构还可在“多塔结构补充定义”菜单分塔指定加强层。

12. 按抗震规范 5.2.5 条调整各楼层地震内力：用于调整剪重比，一般选“是”

用于调整剪重比，一般选“是”，详见《抗规》第 5.2.5 条和《高规》第 4.3.12 条。《抗规》第 5.2.5 条为强制性条文，必须执行。

抗震验算时，结构任一楼层的水平地震的剪重比不应小于《抗规》中表 5.2.5 给出的最小地震剪力系数 λ。

该内容可在计算结果文本信息中 WZQ.OUT 查看，如图 7-19 所示。从图 7-19 可知，该示例中计算剪重比为 2.38%，大于 0.80%，满足《抗规》要求。当结构某楼层的地震剪力小得过多，地震剪力调整系数过大（调整系数大于 1.2 时），说明该楼层结构刚度过小，其地震作用主要不是地震加速度而是地震地面运动速度和位移引起的。此时应先调整结构布置和相关构件的截面尺寸，提高结构刚度，使计算的剪重比能自然满足规范要求；其次才考虑调整地震力。

旧版程序是哪一层剪力不够只调哪一层；而根据《抗规》第 5.2.5 条文说明：只要底部总剪力不满足要求，则结构各楼层的剪力均需要调整，继而原先计算的倾覆力矩、内力和位移均需相应调整。

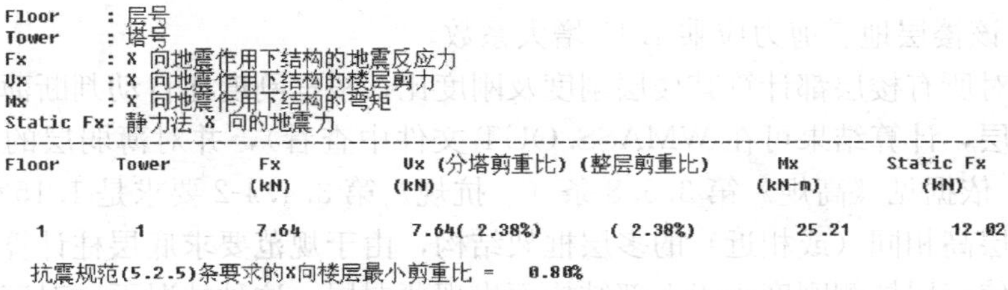
Floor : 层号
Tower : 塔号
Fx : X 向地震作用下结构的地震反应力
Vx : X 向地震作用下结构的楼层剪力
Mx : X 向地震作用下结构的弯矩
Static Fx: 静力法 X 向的地震力
Floor Tower Fx (kN) Vx (分塔剪重比) (整层剪重比) (kN) Mx (kN-m) Static Fx (kN)
1 1 7.64 7.64(2.38%) (2.38%) 25.21 12.02
抗震规范(5.2.5)条要求的X向楼层最小剪重比 = 0.80%

图 7-19 WZQ.OUT 剪重比计算结果

13. 强、弱轴方向动位移比例：依据初算情况而定

《抗规》第 5.2.5 条规定："抗震验算时，结构任一楼层的水平地震剪力应符合下式要求：$V_{eki} \geqslant \lambda \sum_{j=i}^{n} G_j$；其中 λ 为剪力系数；V_{eki} 为第 i 层对应于水平地震作用标准值的楼层剪力；G_j 为第 j 层的重力荷载代表值"。根据《抗规》第 5.2.5 条文说明："可采用下列方法调整：若结构基本周期位于设计反应谱的加速度控制段时，则各楼层均需乘以同样大小的增大系数；若结构基本周期位于反应谱的位移控制段时，则各楼层均需按底部的剪力系数 $\Delta\lambda_0$ 的差值增加该层的地震剪力 $\Delta F_{EKi} = \Delta\lambda_0 G_{Ei}$；若结构基本周期位于反应谱的速度控制段时，则增加值应大于 $\Delta\lambda_0 G_{Ei}$。"

对于两个方向，根据弱轴和强轴方向的第一个平动周期 T 在反应谱曲线的位置，可判断其位于哪一段，如在加速度控制端（$T \leqslant T_g$，T_g 为特征周期），需要填 0；速度控制段（$T_g \leqslant T \leqslant 5T_g$），填 0.5；位移控制段（$T > 5T_g$）需要填 1。

如图 7-20 所示为某结构平面及 SATWE 初算输出的结果文件，振型 1 的平动系数为 0.76，转角 28.62°，周期为 0.427s，为弱轴方向第一平动周期，同理振型 2 角度为 114.70°，周期为 0.4005s，为强轴第一平动周期。从《抗规》表 5.1.4-2 可以查得，该建筑当属二类场地，6 度三组时特征周期为 0.45s，属地震反应谱加速度控制端，故强弱轴方向动位移比例皆应填 0。

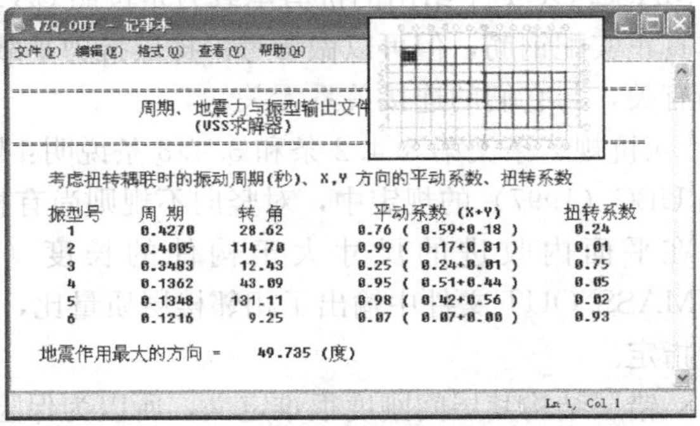

图 7-20 WZQ.OUT 基本周期初算结果

14. 指定的薄弱层个数及层号：部分情况下需设计人员自行确定

薄弱层处理是结构设计过程中需要认真对待的一个重要问题。在结构建模过程中，为了能更好地反映建筑设计意图和使设计有较好经济技术指标，我们往往要对不同楼层构件布置进行调整，如设置转换结构、沿高度方向柱截面和墙厚度递减措施、降混凝土标号措施等，这些结构措施会引起结构刚度的变化，变化过大时将会产生薄弱楼层。

（1）薄弱层的类型

薄弱层包括侧向刚度不规则产生的薄弱层、楼层承载力突变产生的薄弱层、相邻楼层质量突变或平面内收过大产生的薄弱层、错层结构产生的薄弱层等。

（2）SATWE 能自动处理的薄弱层——竖向不规则结构

《抗规》第 3.4.3 条规定：竖向不规则的建筑结构，其薄弱层的地震剪力应乘以 1.15

的增大系数；《高规》第 5.1.14 条规定：楼层侧向刚度小于上层的 70％或其上三层平均值的 80％时，该楼层地震剪力应乘 1.15 增大系数。

SATWE 对所有楼层都计算其楼层刚度及刚度比，根据刚度比自动判断薄弱层（多遇地震下的薄弱层，计算结果可在 WMASS.OUT 文件中查看），并对薄弱层的地震力自动放大 1.25 倍，依据见《高规》第 3.5.8 条（《抗规》第 3.4.4-2 要求是 1.15 倍）。

对于建筑层高相同（或相近）的多层框架结构，由于规范要求底层柱计算高度应算至基础顶面，致使底层抗侧刚度小于上部结构而出现薄弱层。这种情况下，对底层的地震力进行放大 1.15 倍即可，不必采取刻意加大底层柱截面、减小上部柱截面的做法。

（3）SATWE 能半自动处理的薄弱层——转换层

新版 SATWE 中增加了是否将转换层号自动识别为薄弱层的选项（详见“总信息”栏“转换层指定为薄弱层”参数），勾选后，则不需在此处层号中再输入转换层层号。

框支转换层结构的转换层，程序可能根据计算结果，按照《抗规》表 3.4.2-2 的第 1 条判断出它不属于薄弱层，但是按照《抗规》表 3.4-2-2 的第 2 条“竖向抗侧力构件不连续”判断，转换层应该为薄弱层，因此设计人员要人为指定转换层为薄弱层，否则会留下隐患。

（4）SATWE 不能自动判别处理，需要设计人员人工指定的薄弱层

SATWE 程序目前不能自动按照《抗规》表 3.4-2-2 第 3 条“楼层承载力突变”的楼层为薄弱层，但在 WMASS.OUT 文件中输出了楼层受剪承载力的计算结果，其是否为薄弱层需要设计人员人为指定。SATWE 之所以没有自动判别该情况为薄弱层，是因为 WMASS.OUT 中给出的抗剪承载力是按照 SATWE 计算配筋乘以超配系数近似求得，而非真正实配钢筋，但可以做参考。楼层抗剪承载力的简化计算，只与竖向构件的尺寸、配筋有关，与它们的连接关系无关。

《抗规》条文第 3.4.2 条和 3.4.3 条说明：除了《抗规》表 3.4.2 所列的不规则，美国 UBC（1997）的规定中，对竖向不规则尚有相邻楼层质量比大于 150％或竖向抗侧力构件在平面内收进的尺寸大于构件的长度（如棋盘式布置）等。最新版的程序在 WMASS.OUT 文件中输出了相邻楼层质量比，但没有做薄弱层的判断，需要设计人员人为指定。

错层结构其层间刚度很难定义，所以为保险起见，可将所有错层都定义为薄弱层。对于这种由于填充墙相邻层布置数量差异大造成的薄弱楼层，也最好指定为薄弱层。类似于这样的例子在工程中还有很多，就不一一列举。

通常情况下，如框支结构、刚度、承载力削弱层应人工定义为薄弱层。

（5）手工定义薄弱层号操作方法

用户可在这里手工指定各薄弱层个数以及薄弱层的具体楼层号，注意此时的楼层号为楼层组装时的自然层号，输入时以逗号或空格隔开。

15. 薄弱层地震内力放大系数：依据相关规范自行修改

《抗规》规定薄弱层的地震剪力增大系数不小于 1.1.5，《高规》则从旧规程的 1.15 改变为 1.25，《异规》第 3.2.5 条第 2 款，薄弱层的放大系数应取 1.2。SATWE 新版因此增加了“薄弱层地震内力放大系数”，由用户自行依据规程指定，以满足要求。SATWE 默认为 1.25。

16. 全楼地震作用放大系数：一般采用默认值1.0

为提高某些重要工程的结构抗震安全度，可通过此参数来放大地震力，建议一般采用默认值1.0。

在吊车荷载的三维计算中，吊车桥架重和吊重产生的竖向荷载，与恒载和活载不同，软件目前不能识别并将其质量带入到地震作用计算中，会导致计算地震力偏小。这时可采用此参数对其进行近似放大来考虑。二维PK排架计算地震作用时，可以考虑桥架质量和吊重。

根据《抗规》第5.1.2条第3款："特别不规则的建筑、甲类建筑和表5.1.2-1所列高度范围的高层建筑，应采用时程分析法进行多遇地震下的补充计算，可取多条时程曲线计算结果的平均值与振型分解反应谱法计算结果的较大值。"当采用时程分析计算出的楼层剪力大于按振型分解计算的地震剪力时，应乘以相应的放大系数，其他情况下一般不考虑地震作用放大。时程分析方法将在第9章专章讨论。

另外，当剪重比不满足要求太多时，在调整结构布置无效时，可通过考虑加大地震作用满足剪重比的要求，如剪重比达到规范要求的95%，则可设全楼地震作用放大系数为1/0.95来处理，剪重比可在计算结果输出文件WZQ.OUT中找到。

当时程分析的多条地震波的平均楼层响应大于振型分解反应谱法的楼层响应时，在PMSAP和SATWE中可用两种方法来满足规范要求：

（1）直接放大振型分解反应谱法分析的地震作用，使其大于弹性动力时程分析的各层平均值（如果取大于外包值，则过于保守），以对整个结构的设计结果进行放大；

（2）只对振型分解反应谱法分析后地震作用偏小的楼层进行放大，可利用"指定薄弱层及其层号"参数来实现，推荐采用这种方法。

此项调整对位移、剪重比、内力计算有影响而对周期计算没有影响。

17. 顶塔楼地震作用放大起算层号及放大系数：无顶塔楼时填0

《抗规》第5.2.4条："当采用底部剪力法计算地震剪力时，突出屋面的屋顶间、女儿墙、烟囱等的地震作用效应，宜乘以增大系数3；采用振型分解法时，可将突出屋面部分作为一个质点。单层厂房突出屋面天窗架的地震作用效应的增大系数，应按本规范第9章的有关规定采用。"

该参数实际是考虑顶塔结构的鞭梢效应。顶塔楼通常指突出屋面的楼、电梯间、水箱间等。当采用底部剪力法时，按凸出屋面部分最低层号填写；无顶塔楼时填0。目前的SATWE、TAT和PMSAP均是采用振型分解反应谱法计算地震力，因此只要给出足够的振型数，从规范字面上理解可不用放大塔楼（建模时应将突出屋面部分同时输入）地震力，但审图时往往会要求做一定放大，放大系数建议取1.5。该参数对其他楼层及结构的位移比、周期等无影响，只是将顶层构件的地震内力标准值放大，再进行内力组合及配筋。

此系数仅放大顶塔楼的内力，并不改变其位移。

18. $0.2V_0$分段数、调整起始层号及终止层号

《抗规》第6.2.13条规定："钢筋混凝土结构抗震计算时，尚应符合下列要求：侧向刚度沿竖向分布基本均匀的框架-抗震墙结构和框架-核心筒结构，任一层框架部分承担的剪力值，不应小于结构底部总地震剪力的20%和按框架-抗震墙结构、框架-核心筒结构

计算的框架部分各楼层地震剪力中最大值 1.5 倍二者的较小值。”

$0.2V_0$ 调整只针对框剪结构和框架-核心筒中的框架梁、柱的弯矩和剪力，不调整轴力，依据见《抗规》第 6.2.13 条和《高规》第 8.1.4 条及第 9.1.11 条规定。非抗震设计时，不需要进行 $0.2V_0$ 调整，其设计按照《高规》第 8.1.3 条规定。《高规》第 10.2.17 条规定了带转换层的高层建筑结构地震剪力调整方法。第 10.2.11 条对框支柱设计还做了相关的设计规定。

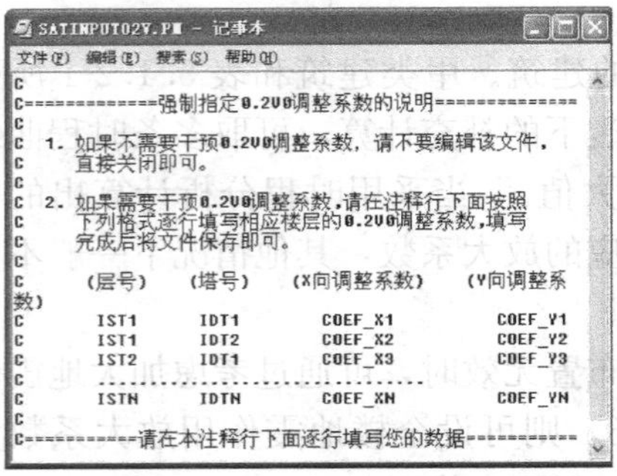

图 7-21　人工定义 $0.2V_0$

(1) 程序处理

SATWE 能根据规范及计算结果，自行进行框剪结构的框架剪力调整。并把调整情况在 WV02Q.OUT 文件中输出，供设计人员校核分析。在程序中，$0.2V_0$ 是否调整与“总信息”栏的“结构体系”选项无关。框架剪力的调整必须满足规范规定的楼层“最小地震剪力系数（剪重比）”的前提下进行。对框支剪力墙结构，当在特殊构件定义中指定框支柱后，程序自动按照《高规》实现 $0.2V_0$ 或者 $0.3V_0$ 的调整。

08 版 SATWE 当自定义 $0.2V_0$ 调整系数后，程序会按照自定义系数调整，具体调整前后剪力弯矩变化可查看“各层内力标准值 WWNL.OUT”文本文件，带＊号的工况为调整前内力，不带＊号工况为调整后内力。注意此时“WV02Q.OUT”文件中显示输出的仍为程序自动计算的调整系数，实际上内力及配筋并未采用此时的“WV02Q.OUT”系数。

SATWE2010 对旧版程序的 $0.2V_0$ 调整进行了改进，不再是全楼所有梁都进行 $0.2V_0$ 调整，仅有框架柱连接的梁端进行 $0.2V_0$ 调整，其他梁不调。

(2) $0.2V_0$ 调整也可以人工干预，实现分段、分塔 $0.2V_0$ 的调整

$0.2V_0$ 调整的起始层号和终止层号：按实填入。调整起始层号，当有地下室时宜从地下一层顶板开始调整；调整终止层号，应设在剪力墙到达的层号；当有塔楼时，宜算到不包括塔楼在内的顶层为止。可将起始层号填入负值，表示取消程序内部对调整系数上限 2.0 限制。

根据《高规》第 8.1.4 条：“框架柱的数量沿竖向有规律分段变化时可分段调整，对框架柱数量沿竖向变化更复杂的情况，设计时应专门研究框架柱剪力的调整方法。”程序还允许用户自己设定分段、分塔调整，点击【调整信息】的【自定义调整信息】按钮，通过记事本打开如图 7-21 所示 SATINPUT02V.PM 文件，在此文件中自行定义调整方案和系数。

08 版 SATWE 当自定义 $0.2V_0$ 调整系数后，程序会按照自定义系数调整，具体调整前后剪力弯矩变化可查看“各层内力标准值 WWNL.OUT”文本文件，带＊号的工况为调整前内力，不带＊号工况为调整后内力。注意此时 WV02Q.OUT 文件中显示输出的仍为程序自动计算的调整系数，实际上内力及配筋并未采用该系数。

设计实例(参数设置 5)—7-5 设置调整信息

[1]　点击参数定义对话框的【调整信息】标签，切换到【调整信息】对话框。

［2］ 由于已在【活载信息】中考虑了活载不利布置，故梁活载放大系数取1；梁端负弯矩调整系数取0.85。

［3］ 依照《抗规》第6.2.2条，三级框架柱实配钢筋放大系数取1.3，最后设置的参数在对话框中位置参见图7-18所示。

7.2.6 设计信息

【设计信息】对话框如图7-22所示。

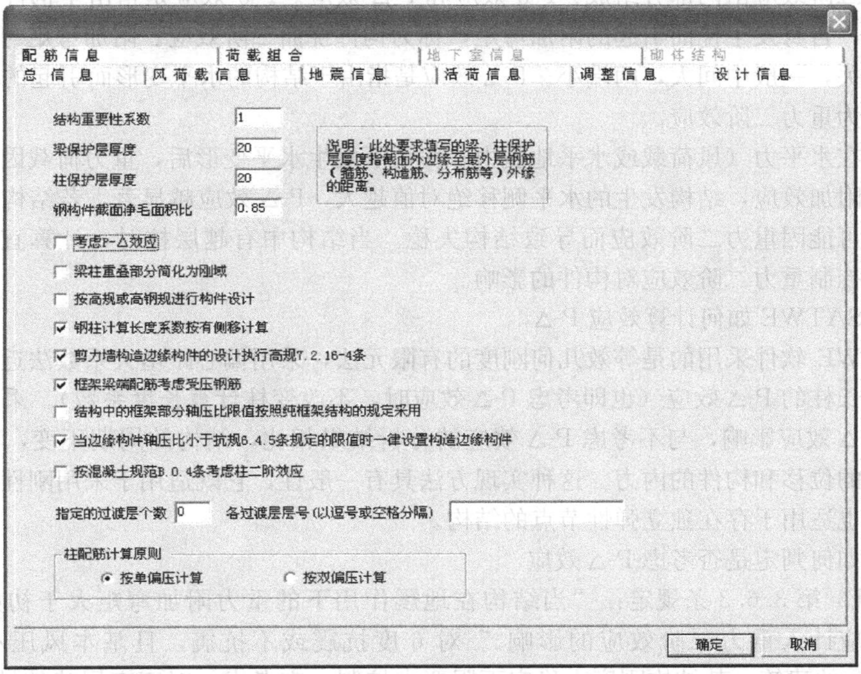

图7-22 设计信息

1. 结构重要性系数

该参数用于非抗震组合的构件承载力验算，详见《混凝土规》式（3.2.3-1）、《高规》式（3.8.1-1）。

对安全等级为一级或实际使用年限为100年及以上的结构构件，不应小于1.1；对安全等级为二级或使用年限为50年的结构构件，不应小于1.0；对安全等级为三级或设计使用年限为5年及以下的结构构件，不应小于0.9；在抗震设计中，不考虑结构构件的重要性系数。

2. 梁、柱保护层厚度

实际工程必须先确定构件所处环境类别，然后根据《混凝土规》第8.2.1条填入正确的保护层厚度。构件所属的环境类别见《混凝土规》表3.6.2。新混凝土规范调整了保护层厚度的定义，规定保护层为结构中最外层钢筋的外边缘至混凝土表面的距离，设计时应格外注意。

SATWE默认为正常环境（稳定的室内环境），环境类别为“一a”，梁柱保护层厚度为20mm。

3. 钢构件截面净毛面积比

钢构件截面净毛面积比取 0.85，该参数是用来描述钢截面被开洞（如螺栓孔等）后的削弱情况。该值仅影响强度计算，不影响应力计算。建议当构件连接全为焊接时取 1.0；为螺栓连接时取 0.85。

4. 考虑 P-Δ 效应：根据初算结果考虑

重力二阶效应一般称 P-Δ 效应，在建筑结构分析中指的是竖向荷载的侧移效应。建筑结构的二阶效应由两部分组成：P-δ 效应和 P-Δ 效应。P-δ 效应是指由于构件在轴向压力作用下，自身发生挠曲引起的附加弯矩，称为构件挠曲二阶效应。附加弯矩与构件的挠曲形态有关，一般中间大，两端小。P-Δ 效应是指由于结构的水平变形而引起的重力附加效应，称为重力二阶效应。

结构在水平力（风荷载或水平地震力）作用下发生水平变形后，重力荷载因该水平变形而引起附加效应，结构发生的水平侧移绝对值越大，P-Δ 效应越显著，若结构的水平变形过大，可能因重力二阶效应而导致结构失稳。当结构中有越层柱时，计算宜考虑 P-Δ 效应，以控制重力二阶效应对构件的影响。

（1）SATWE 如何计算效应 P-Δ

SATWE 软件采用的是等效几何刚度的有限元法，采用偏心距增大系数法近似计算偏心受压细长柱的 P-Δ 效应（也即考虑 P-Δ 效应时，不改变柱计算长度系数）。采用这种方法考虑 P-Δ 效应影响，与不考虑 P-Δ 效应的分析结果相比，结构的周期不变，变化的仅仅是结构的位移和构件的内力。这种实现方法具有一般性，它既适用于采用刚性楼板假定的结构，也适用于存在独立弹性节点的结构。

（2）如何判定是否考虑 P-Δ 效应

《抗规》第 3.6.3 条规定：“当结构在地震作用下的重力附加弯矩大于初始弯矩的 10%时，应计入重力二阶效应的影响。”对 6 度抗震或不抗震，且基本风压小于等于 0.5kN/m^2 的建筑，其结构刚度由稳定下限要求控制，宜考虑。对于高层建筑结构，《高规》第 5.4.1 条及 5.4.2 条有更详细的要求。如能满足《高规》第 5.4.1 条要求，也可不考虑。

在对结构进行分析设计时，建议一般先不选择，经试算后根据“WMASS.OUT”文件中给出的结论来确定，如图 7-23 所示。考虑 P-Δ 效应后，对高层的影响是“中间大两端小”。

```
==============================================================================
结构整体稳定验算结果
==============================================================================
层号   X向刚度     Y向刚度     层高      上部重量     X刚重比      Y刚重比
  1   0.209E+06   0.196E+06   3.90      9874.        82.70        77.22
  2   0.156E+06   0.154E+06   3.00      6506.        71.97        71.09
  3   0.188E+06   0.181E+06   3.00      3234.       174.15       167.89

该结构刚重比Di*Hi/Gi大于10,能够通过高规(5.4.4)的整体稳定验算
该结构刚重比Di*Hi/Gi大于20,可以不考虑重力二阶效应
```

图 7-23　WMASS.OUT 给出 P-Δ 效应建议

一般钢结构构件相对于钢筋混凝土构件来说，截面小、刚度小，因此结构的位移要比钢筋混凝土结构大些，因此在计算多层钢结构时，宜考虑 P-Δ 效应；计算高层钢结构时，应考虑 P-Δ 效应，详见《抗规》第 8.2.3 条 1 款。考虑 P-Δ 效应后，水平位移增大约 5%～10%。一般当柱间位移角大于 1/250 时应该考虑 P-Δ 效应。

5. 梁柱重叠部分简化为刚域：一般情况下可不考虑刚域的作用，作为安全储备

“不作为刚域”即将“梁柱重叠部分作为梁长度的一部分进行计算”；而“作为刚域”则是将“梁柱重叠部分作为柱宽度进行计算”，《高规》第 5.3.4 条：“在内力和位移计算中，可以考虑框架或壁式框架梁柱节点区的刚域”。SATWE2008 版只有梁刚域，SATWE2010 版增加了柱刚域。

一般情况下可不考虑刚域的有利作用，作为安全储备。但异形柱框架结构应加以考虑；对于转换层及以下的部位，当框支柱尺寸巨大时，可考虑刚域影响。

刚域与刚性梁不同，刚性梁具有独立的位移，但本身不变形。PKPM 对刚域的假定包括：不计自重；外荷载按梁两端节点间距计算，截面设计按扣除刚域后的长度计算。因此，当考虑了“梁端负弯矩调幅”后，则不宜再考虑“节点刚域”；当考虑了“节点刚域”后，则在【墙柱梁平法施工图】中不宜再考虑“支座宽度对裂缝的影响”。

6. 按高规或高钢规进行构件计算：根据情况选择

《高规》第 1.02 条给出混凝土高层建筑的适用范围为 10 层及以上或高度 28m 以上的民用建筑结构；《钢规》1.0.2 条没有给出使用高度的下限，多层钢结构也可按照高钢规进行构件计算。

符合高层条件的建筑应勾选，多层建筑不勾选。是否选择按《高规》或《高钢规》进行构件计算的区别在于，荷载组合和构件计算适用的规范不同。

7. 钢柱计算长度系数按有侧移：有侧移

《钢规》5.3.3 条给出钢柱的计算长度按照钢结构规范附录 D 执行，主要考虑的因素为支撑的侧移刚度。

一般选择有侧移，也可考虑以下原则：楼层最大杆间位移小于 1/1000（强支撑）时，按无侧移；楼层最大杆间位移大于 1/1000 且小于 1/300（弱支撑）时，取 1.0；楼层最大杆间位移大于 1/300（弱支撑、无支撑）时，按有侧移计算。

8. 剪力墙构造边缘构件的设计执行高规 7.2.16-4 条

《高规》第 7.2.16-4 条规定：“抗震设计时，对于连体结构、错层结构以及 B 级高度的高层建筑结构中的剪力墙（筒体），其构造边缘构件的最小配筋应按照要求相应提高。”

勾选此项时，对于不符合上述条件的结构类型，也进行从严控制，程序都按照《高规》的要求控制构件边缘构件的最小配筋；如不勾选则不执行此条规定。

9. 结构中框架部分轴压比限值按纯框架结构的规定采用

根据《高规》第 8.1.3 条，框架-剪力墙结构，底层框架部分承受的地震倾覆力矩的比值在一定范围内时，框架部分的轴压比需要按框架结构的规定采用。勾选此选项后，SATWE 将按照框架结构的规定控制结构中框架的轴压比，除轴压比之外，其余设计仍遵循框剪结构的规定。

10. 当边缘构件轴压比小于抗规 6.4.5 条规定时，一律设置构造边缘构件

根据《抗规》表 6.4.5-1 和《高规》表 7.2.14，当暗柱轴压比小于某值时，可以只设构造暗柱。需要注意的是：部分框支剪力墙结构的剪力墙不适用此项。程序会自动判断约束边缘构件楼层（考虑了加强层及其上下层）并按此参数来确定是否设置约束边缘构件，并可在“特殊构件定义”里分层、分塔交互指定。

11. 框架梁端配筋考虑受压钢筋：一般建议勾选

利用规范强制要求设置的框梁端受压钢筋量，按双筋梁截面计算配筋，以适当减少梁端支座配筋。根据《混规》11.3.6 条和第 5.4.3 条，梁端受压筋不小于受拉筋的 50%或 30%配置（一级抗震不小于 50%，二、三级不小于 30%），并依据《混规》第 11.3.1 条判别梁是否超筋，若超筋则给出梁筋超限提示。一般建议勾选。

勾选本参数后，同一模型、同一框梁分别采用不同抗震等级计算后，尽管梁端支座设计弯矩相同，但配筋结果却有差异。因为不同的抗震等级，程序假定的初始受压钢筋不同，导致配筋结果不同。

12. 指定的过渡层数和层号

《高规》第 7.2.14-3 条规定："B 级高度高层建筑的剪力墙，宜在约束边缘构件层与构造边缘构件层之间设置 1~2 层过渡层。"

程序自动判断过渡层，用户可在此指定。程序对过渡层执行如下原则：过渡层边缘构件的范围仍按构造边缘构件；过渡层剪力墙边缘构件的箍筋配置按约束边缘构件确定一个体积配筋率，又按构造边缘构件为 0.1，取其平均值配箍。

13. 柱配筋计算原则：按单偏压计算，双偏压复核

"单偏压"在计算 X 方向配筋时不考虑 Y 向钢筋的作用，计算结果具有唯一性，详《混规》第 7.3 节。

而"双偏压"在计算 X 方向配筋时考虑了 Y 向钢筋的作用，计算结果不唯一，详《混规》附录 F。建议用户采用"单偏压"计算，采用"双偏压"验算。《高规》第 6.2.4 条规定："抗震设计时，框架角柱应按双向偏心受力构件进行正截面承载力设计"。如果用户在"特殊构件补充定义"中"特殊柱"菜单下指定了角柱，SATWE 对其自动按照"双偏压"计算。对于异形柱结构，程序自动按"双偏压"计算异形柱配筋。详见 09 年 2 期《PKPM 新天地》中《柱单偏压与双偏压配筋的两个问题》一文。

建筑凸角处的框架柱为角柱，而凹角处框架柱并非角柱。全钢结构中，指定角柱并选《高钢规》验算时，程序自动按《高钢规》第 5.3.4 条放大角柱内力 30%。

设计实例（参数设置 6）—7-6 设置设计信息

[1] 点击参数定义对话框的【设计信息】标签，切换到【设计信息】对话框。

[2] 观察设计信息默认数值符合该工程的设置要求，故对该项参数不做修改。

7.2.7 配筋信息

【配筋信息】对话框如图 7-24 所示。

1. 梁柱及边缘构件主筋强度

钢筋强度信息在 PMCAD 中已经进行了定义，其中梁柱墙主筋定义是在 PMCAD 的【楼层定义】/【本层信息】中按标准层各层进行了设置，箍筋以及墙分布筋在 PMCAD 的【设计参数】/【材料信息】中进行了定义，SATWE 在此仅浅灰色显示箍筋和墙分布筋供用户查看。

2. 梁柱及边缘构件箍筋强度

一般情况下，墙的竖向分布筋由规范规定的最小配筋率确定，故宜选择 HPB300 钢筋，以降低钢筋成本。一般部位的混凝土墙的水平分布筋，HPB300 钢筋也能够满足墙受剪承载力的要求。

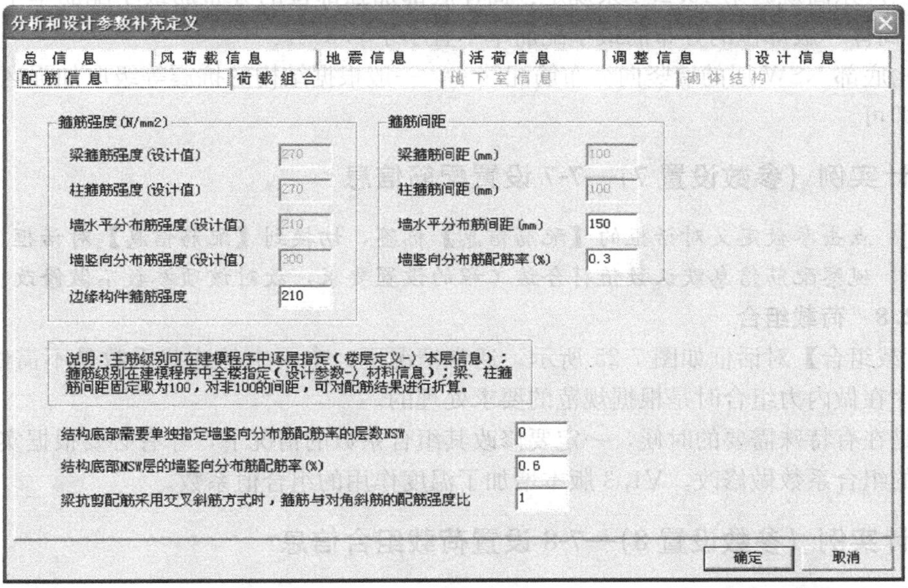

图 7-24　配筋信息对话框

对于复杂高层和筒体结构的特殊部位，因受力复杂，宜考虑 HRB400 钢筋作为墙分布筋。

混凝土墙的水平分布筋和竖向分布筋应采用同一型号，且都应符合最小配筋率的要求。

3. 梁、柱箍筋间距：100mm

通常情况下为 100mm，当抗震设计时，本参数为加密区的间距。

在【配筋信息】对话框中，SATWE 在配筋信息参数对话框中明确说明梁柱箍筋按间距 100mm 设计计算，不足 100mm 时软件则按配筋结果进行折算，并调整箍筋直径。

4. 墙水平分布筋间距及竖向分布筋配筋率

根据《混规》10.5.10 条取值，可取 100～300mm。抗震设计时水平钢筋间距不宜大于 200mm。

墙竖向分布筋配筋率取值可根据《混规》第 11.7.14 条和《高规》第 3.10.5-2 条、第 7.2.17 条、第 10.2.19 条的相关规定："特一级一般部位取 0.35%，底部加强部位取 0.4%；一、二、三级取为 0.25%；四级取为 0.2%，非抗震要求取为 0.2%；部分框支剪力墙结构的剪力墙底部加强部位抗震设计时取 0.3%；非抗震设计时取 0.25%。"

根据以上规范要求，通常情况下取墙水平分布筋的间距为 200mm，竖向分布筋的配筋率为 0.25%，特殊情况根据规范要求调整。混凝土墙分布筋的配筋率为水平、竖向两排或几排钢筋面积和配筋率。

5. 结构底部需要单独指定墙竖向分布筋的层数及其配筋率

当用户需要对结构底部某几层墙的竖向钢筋配筋率进行指定时，可在这定义。该功能主要用于提高框筒结构中剪力墙核心筒底部加强部位的竖向分布筋的配筋率，从而提高钢筋混凝土框筒结构底部加强部位的延性；也可以用来定义加强区和非加强区不同的配筋率。如《广东高规》第 10.2.4 条规定：筒体底部加强部位的分布筋最小配筋率不宜小于 0.6%，筒体一般部位的分布筋最小配筋率不宜小于 0.3%。

结构底部 NSW 层的墙竖向分布筋配筋率，一般根据结构的抗震等级取加强区的构造配筋率即可。

设计实例（参数设置 7）—7-7 设置配筋信息

[1] 点击参数定义对话框的【配筋信息】标签，切换到【配筋信息】对话框。

[2] 观察配筋信息默认数值符合该工程的设置要求，故对该项参数不做修改。

7.2.8 荷载组合

【荷载组合】对话框如图 7-25 所示。通常情况下，本页中的这些系数是不需修改的，因为程序在做内力组合时是根据规范的要求处理的。

只是在有特殊需要的时候，一定要修改其组合系数的情况下，才有必要根据实际情况对相应的组合系数做修改。V1.3 版本增加了温度作用的组合值系数。

设计实例（参数设置 8）—7-8 设置荷载组合信息

[1] 点击参数定义对话框的【荷载组合】标签，切换到【荷载组合】对话框。

[2] 观察荷载组合默认数值符合该工程的设置要求，故对该项参数不做修改。

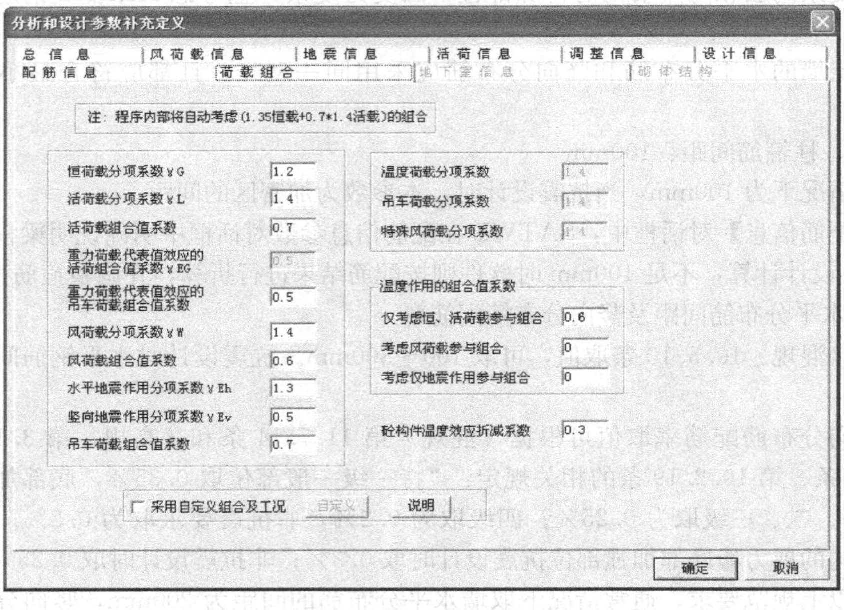

图 7-25 荷载组合对话框

7.2.9 地下室信息

【地下室信息】对话框如图 7-26 所示。SATWE 可以进行土、水、人防荷载作用下地下室外墙的平面外配筋设计，并给出配筋结果。

PKPM2010（V1.2）及以后的版本外墙详细计算书为 DXSWQ＊.OUT，详见《PKPM 新天地》10 年 5 期《PKPM 地下室外墙计算方法简介》一文；结构的地震作用效应

（周期、振型、位移和内力）受地下室侧向约束程度的影响；由地下室质量产生的地震力，主要被室外的回填土吸收；地下室剪重比不满足规范要求时，不作为结构不合理的标志。

1. 土层水平抗力系数的比例系数：根据回填土质选定适当的系数

特别要注意的是，2009 版 6 月之前的版本采用的参数是“回填土对地下室约束相对刚度比”，2010 版本改为“土层水平抗力系数的比例系数”，改动后的参数与以往版本含义完全不同，在查阅相关资料时要注意其发表时间。

（1）土层水平抗力系数的比例系数的取值

m 值是考虑土体对地下室的约束大小的一个指标，不管是否嵌固均应正确填写，在其他有限元软件中，要给地下室加上水平弹簧约束并确定弹性系数，SATWE 作为一个实用的结构分析软件，把通用有限元程序的水平弹簧约束替代为土层水平抗力系数，其原理同通用有限元软件是一致的。SATWE 说明书建议参照《建筑桩技术规范 JGJ 94—94》第 5.7.5 条中灌注桩项取值，现行《建筑桩技术规范 JGJ94—2008》的 5.7.5 中灌注桩项取值与 94 规范相同，其中松散及稍密填土，m 在 6～14 之间取值；中密填土，m 值在 14～35 之间取值；密实填土，m 值在 35～100 之间取值。

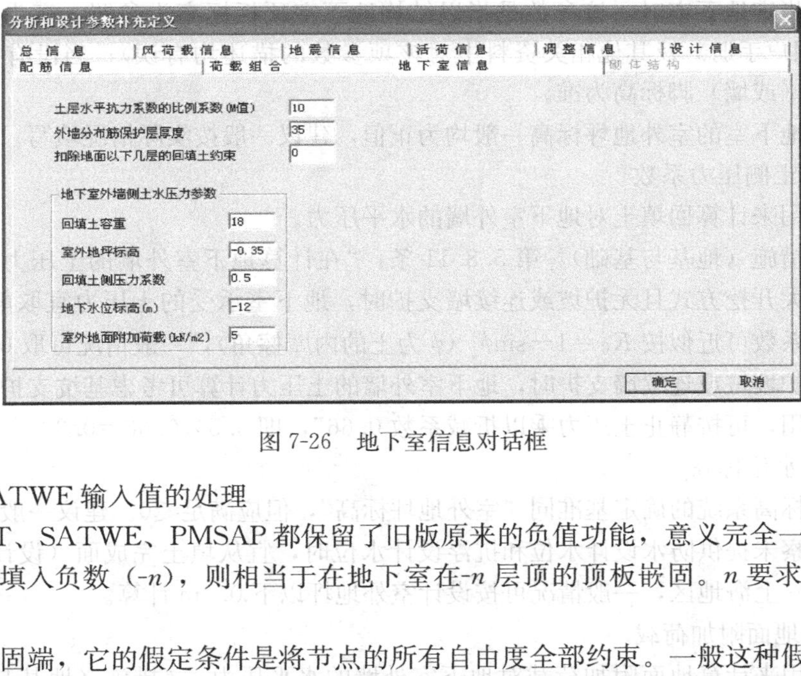

图 7-26　地下室信息对话框

（2）SATWE 输入值的处理

在 TAT、SATWE、PMSAP 都保留了旧版原来的负值功能，意义完全一样，即完全嵌固。即若填入负数（$-n$），则相当于在地下室在$-n$ 层顶的顶板嵌固。n 要求小于等于地下室层数。

所谓嵌固端，它的假定条件是将节点的所有自由度全部约束。一般这种假定条件在竖向结构构件与刚度较大的底板连接部位或地下室刚度足够大的箱型地下室顶板连接部位的计算模型中误差不大，这种假定条件是可行的。但某些建筑结构的地下室由于使用要求，其结构体系的布置不能满足箱型基础的要求，若将其地下室以上竖向结构构件与地下室顶板连接部位作为嵌固端，则会导致很大的计算误差。判断地下室顶板能否作为上部结构的嵌固端，可通过查看刚度比的计算结果确定，且要注意应严格采用“剪切刚度”计算层刚度，按照规范条文进行刚度及顶板厚度等设计，不要计入地下室的基础回填土的约束刚度。

2. 外墙分布筋保护层厚度

根据《混规》表 8.2.1 选择外墙分布筋保护层厚度，环境类别见表 3.5.2；在地下室外围墙平面外配筋计算时用到环境类别参数。

外墙计算时没有考虑裂缝问题，外墙中的边框柱也不参与水土压力计算。《混规》第 8.2.2-4 条："对地下室墙体采取可靠的建筑防水做法或防护措施时，与土层接触一侧钢筋的保护层厚度可适当减少，但不应小于 25mm"。《耐久性规范》3.5.4 条："当保护层设计厚度超过 30mm 时，可将厚度取为 30mm 计算裂缝最大宽度"。

3. 扣除地面以下几层的回填土约束

该参数的主要作用是由设计人员指定从第几层地下室考虑基础回填土对结构的约束作用，比如某工程有 3 层地下室，"土层水平抗力系数的比例系数"填 14，若设计人员将此项参数填为 1，则程序只考虑地下 3 层和地下 2 层回填土对结构有约束作用，而地下 1 层则不考虑回填土对结构的约束作用。

4. 回填土容重

该参数用来计算回填土对地下室侧壁的水平压力。建议一般取 18.0kN/m³。

5. 室外地坪标高

当用户指定地下室时，该参数是指以结构地下室顶板标高为参照，高为正、低为负(目前的《用户手册》及其他相关资料中对该项参数的描述均有误)；当没有指定地下室时，则以柱（或墙）脚标高为准。

单建式地下室的室外地坪标高一般均为正值，建议一般按实际情况填写。

6. 回填土侧压力系数

该参数用来计算回填土对地下室外墙的水平压力。

根据《措施（地基与基础）》第 5.8.11 条："在计算地下室外墙的土压力时，当地下室施工采用大开挖方式且无护坡或连续墙支护时，地下室承受的土压力宜取静止土压力，静止土压力系数可近似按 $K_0=1-\sin\phi^{\circ}$（ϕ 为土的内摩擦角)，一般情况可取 0.5。当地下室施工采用护坡桩或连续墙支护时，地下室外墙的土压力计算可考虑基坑支护与地下室外墙的共同作用，可按静止土压力乘以折减系数 0.66"，即 $0.5\times0.66=0.33$。

7. 地下水位标高

该参数标高系统的确定基准同"室外地坪标高"，但应满足≤0。建议一般按实际情况填写。若勘察未提供防水设计水位和抗浮设计水位时，宜从填土完成面（设计室外地坪）满水位计算。上海地区，一般情况可按设计室外地坪以下 0.5m 计算。

8. 室外地面附加荷载

该参数用来计算地面附加荷载对地下室外墙的水平压力。《措施（地基与基础）》第 5.8.11 条："计算地下室外墙时，一般室外活荷载可取 5kN/m²（包括可能停放消防车的室外地面)，有特殊较重荷载时按实际情况确定。"《措施（结构）》第 F.1.7 条："计算地下室外墙时，其室外地面荷载取值不宜低于 5kN/m²，如室外地面为通行车道则应考虑行车荷载的影响"，故室外地面附加荷载应考虑作用其上的恒载和活荷载，通常取 5.0～10.0kN/m²。

以上参数都是用于计算地下室外墙侧土、侧水压力的，程序按单向板简化方法计算外墙侧土、侧水压力作用，用均布荷载代替三角形荷载作计算。

7.2.10 需要经过多重分析修改的 SATWE 分析设计参数总结

由于 SATWE 的参数补充定义大多是与设计规范条文有关的内容，这些参数在设计中对结构分析的结果有至关重要的影响，因此在本节我们用较大的篇幅对它们进行了详细介绍。从上面介绍中我们可以发现，部分参数需要经过 SATWE 初步分析或多次分析后逐步修正，下面我们用图 7-27 来做进一步归纳总结。

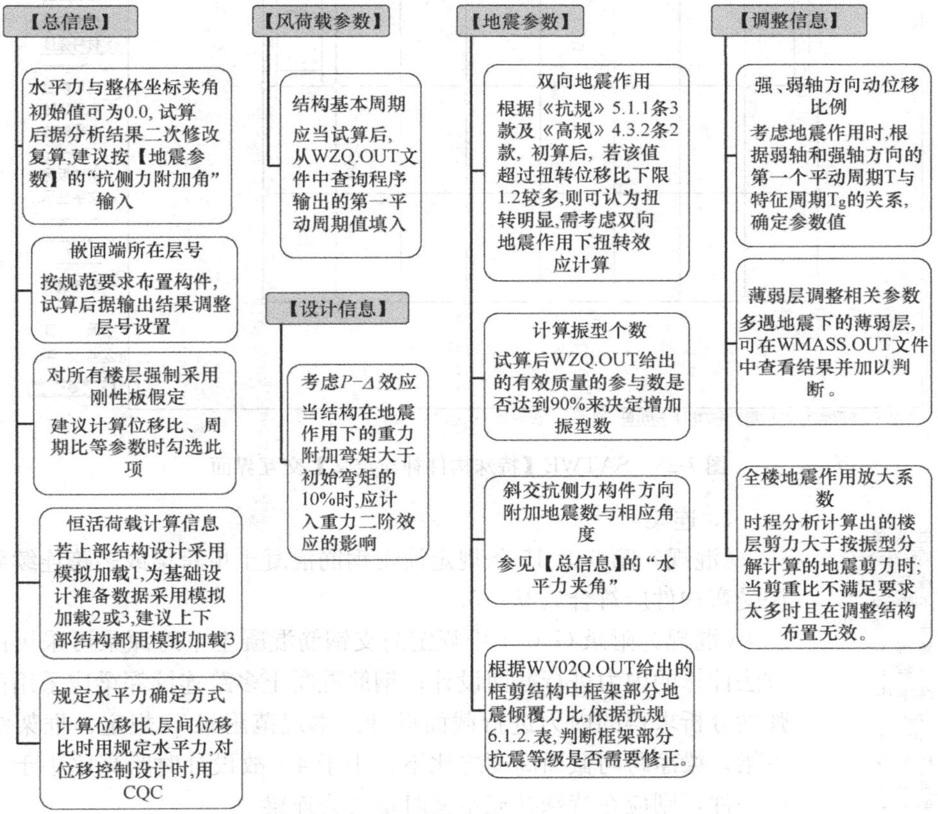

图 7-27 SATWE 中需要初算后再重新确定的参数

7.3 特殊构件补充定义

按照 SATWE 操作顺序，【参数补充定义】完成之后，对于某些建筑结构需要进一步进行【特殊构件补充定义】。点击 SATWE 前处理对话框的【特殊构件补充定义】菜单，可以进入特殊构件交互补充定义对话框，如图 7-28 所示。

从该界面可以看到，SATWE 特殊构件交互补充包括【换标准层】、【特殊梁】、【特殊柱】、【弹性板】等菜单。点击这些菜单，可以进入其下层子菜单，进行具体操作。在实际设计时可根据工程情况，逐个结构层进行相应的特殊构件补充定义，下面我们分节介绍其中的部分主要菜单内容及相应操作。

7.3.1 特殊梁定义

特殊梁定义包括图 7-29 所示内容，其中常用的是【连梁】、【一端铰接】或【二端铰接】。

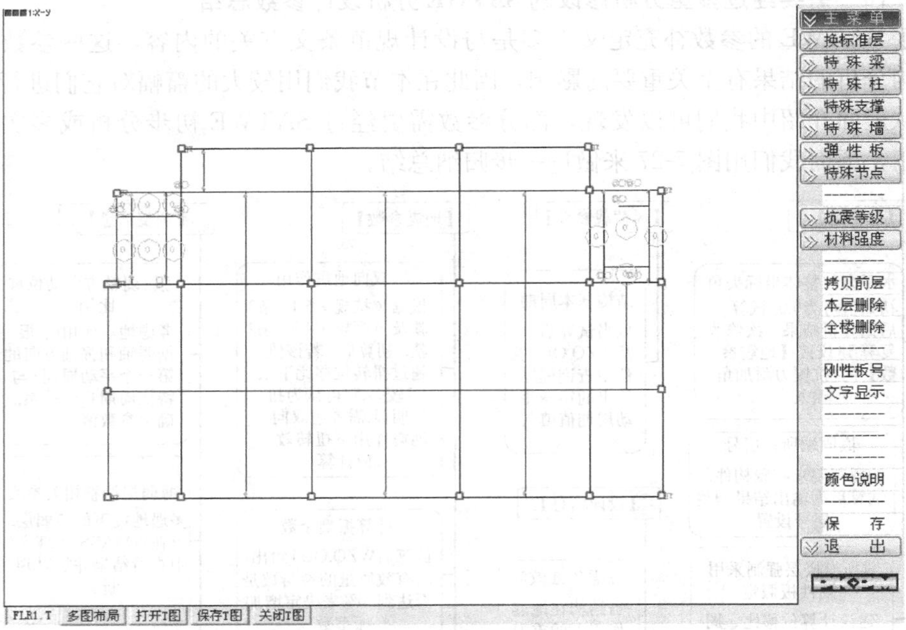

图 7-28　SATWE【特殊构件补充定义】交互界面

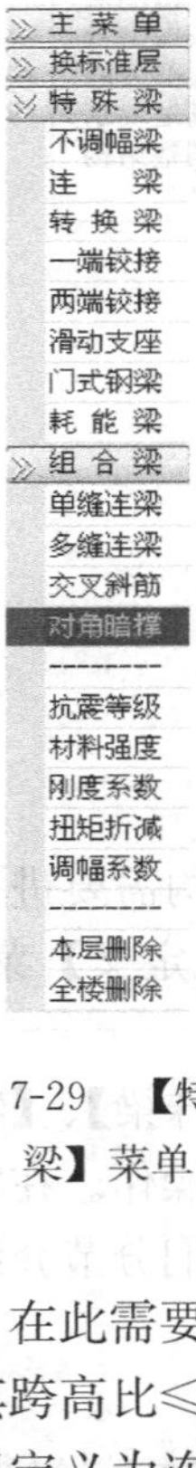

图 7-29　【特殊梁】菜单

1. 连梁

《混规》第 9.2.15 条规定简支钢筋混凝土单跨梁或多跨连续梁宜按深受弯构件应符合 $l_0/h<5.0$。

《混规》附录 G.0.1 中规定简支钢筋混凝土单跨深梁可采用由一般方法计算的内力进行截面设计；钢筋混凝土多跨连续深梁应采用由二维弹性分析求得的内力进行截面设计。本规范附录 G 规定：框架结构的主梁，梁净跨与截面高度之比不宜小于 4。故设计时跨高比小于 4 时的梁构件，则应在特殊补充定义时定义为连梁。

《混规》附录 G.0.7 中规定深梁的截面宽度不应小于 140mm。当 $l_0/h\geqslant1$ 时，h/b 不宜大于 25；当 $l_0/h<1$ 时，h/b 不宜大于 25。深梁的混凝土强度等级不应低于 C20。

通常我们认为与剪力墙面内相连的梁为连梁。根据《高规》第 7.1.3 条规定，跨高比≤5 的梁应按连梁相关规定进行设计。在建模时以框架梁输入的梁如果其跨高比≤5 且与剪力墙面内相连的梁应设置为连梁。

点击【连梁】菜单后，用鼠标选择相应的梁则可把其定义为连梁，如果再次点击已经定义为连梁的梁，则可以把其还原为框架梁。在交互界面中，框架梁显示颜色为绛蓝色，连梁显示为黄色。

在此需要说明的是，如果某梁一端与剪力墙面内相连，另一端与框架柱相连的梁，如果其跨高比≤5，且经过初次内力分析后发现其地震作用产生的内力所占比重较大，该梁可以定义为连梁，这样可以克服该种梁按框架梁设计抗剪能力不足等问题。

2. 铰接梁设置

根据结构力学的基本知识和第 3 章主次梁有关概念可知，对于悬挑部位的封边梁、按主梁布置的次梁形成的连续梁端部，通常需要设置梁端铰接。对于非井字形交叉次梁，宜按照扭转零刚度方法及铰接配筋构造，把井字连续梁的二端设为铰接。对于大跨度井字梁端部，如不设铰接需在图纸上对其端部配筋构造予以说明。

梁铰布置可通过【一端铰支】或【二端铰支】菜单来实现，如果梁铰设置有误，可在错误位置再次布置，即可去掉梁铰。

设计实例（特殊构件补充 1）—7-9 设置铰接梁

[1] 点击【一端铰支】菜单，用鼠标点击非框架梁支撑于主梁的一端布设梁铰。

[2] 点击【换标准层】菜单，逐个变换标准层，对其他标准层的非框架梁进行同样操作。

[3] 商业楼建筑第 4 标准层布设梁铰之后如图 7-30 所示。

[4] 楼梯处扁梁因为是模拟楼梯板，故其端部不要设铰。

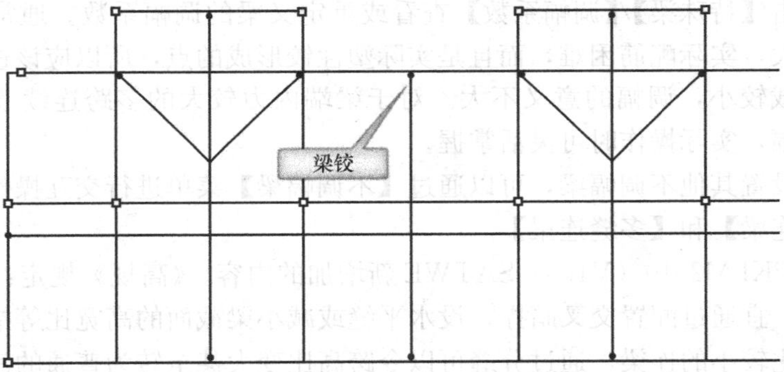

图 7-30 布设梁铰

3. 转换梁

如果某梁的上一层为剪力墙，则该梁需定义为转换梁。点击【转换梁】菜单后，用鼠标点击相应的梁即可实现转换梁定义。转换梁定义方式与连梁相似，其颜色用白色显示。

转换梁在框支剪力墙结构中可能会出现，其与普通梁在规范中规定的设计方法不同，如前面的【调整参数】定义中托墙梁刚度可以放大等等。

4. 组合梁

组合梁在大跨度结构设计中可能会出现，如钢梁两侧铺设现浇混凝土楼板，此时需要定义【组合梁】。SATWE 可以自动生成组合梁，之后用户可以选择修改组合梁参数，如图 7-31 所示。

5. 不调幅梁

《混规》第 5.4.1 条规定："钢筋混凝土连续梁和连续单向板，可采用基于弹性分析的塑性内力重分布方法进行分析。框架、框架-剪力墙结构以及双向板等，经过弹性分析求得内力后，可对支座或节点弯矩进行调幅，并确定相应的跨中弯矩"。

《高规》第 5.2.3 条只规定框架梁在竖向荷载作用下，可考虑框架梁端塑性变形内力重分布对梁端负弯矩乘以调幅系数进行调幅。

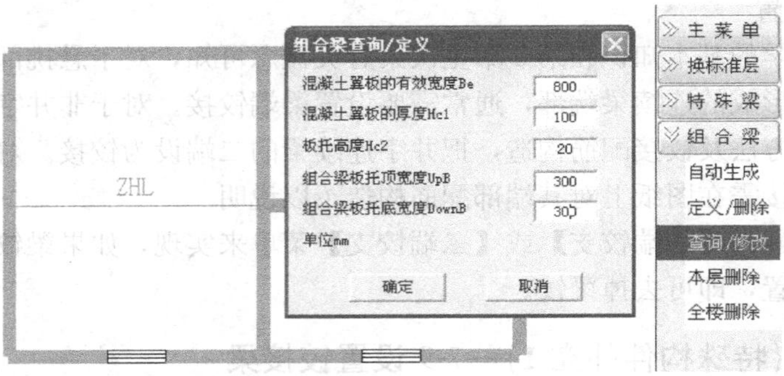

图 7-31 组合梁查询修改

SATWE 能依据规范规定，自动对梁两端的支撑情况判断，当梁两端的支座均为混凝土墙或柱时，隐含定义为调幅梁；非框架梁和悬挑梁为不调幅梁。

点击【特殊构件补充定义】主菜单的【文字显示】可以以文字形式显示 SATWE 自动判断的不调幅梁。

也可以点击【特殊梁】/【调幅系数】查看或重定义梁的调幅系数。通常情况下框架梁一般支座弯矩大，实际配筋困难，而且是实际塑性铰形成的点，所以应该进行调幅。多跨连续梁一般荷载较小，调幅的意义不大。对于梁端内力较大的多跨连续梁，按照规范规定，也可以调幅，实际操作时可灵活掌握。

如要额外设置其他不调幅梁，可以通过【不调幅梁】菜单进行交互操作。

6.【单缝连梁】和【多缝连梁】

该菜单为 PKPM2010（V1.3）SATWE 新增加的内容。《高规》规定："抗震设计时，核心筒的连梁，宜通过配置交叉暗撑、设水平缝或减小梁截面的高宽比等措施来提高连梁的延性。跨高比较小的连梁，通过分缝可以令跨高比变大甚至转为普通的浅梁，从而增大剪跨比，提高延性，同时也可以作为一种解决连梁超筋的办法应用；但是另一方面，这种做法也相应地降低了连梁的刚度，因此对于刚度控制下的设计，应特别考虑。"

有的时候由于机电安设管道等原因，或者是特殊设计的需要，需要用到水平开洞双连梁。设计有时为了改善连梁的延性和破坏形态，让水平开洞处的填充材料作为第一道防线耗能保护连梁，提高连梁的"可修复性"，经过精心的设计可以提高结构的抗震性能水平。一般双连梁可以分为两种：一种是跨高比较小的连梁中部分水平缝形成双连梁；另一种是中间逢比较大，形成水平开洞，高度通常达到 300～600mm 左右。这两种双连梁的设计应区分其异同点。

PKPM2010（V1.3）新规范版 PKPM2010（V1.3）宣传资料中明确指出，分缝连梁不能用双梁模型替代。分缝连梁在考虑与剪力墙变形协调时采用的是同一个平截面假定，而如果采用双梁模型，程序采用的是两个不同的平截面计算位移计变形，二者不能混淆。

7. 对角斜撑和交叉钢筋

该内容也为 PKPM2010（V1.3）SATWE 新增的内容。剪力墙的连梁。连梁的作用主要是抗剪，根据计算和抗震要求，有的连梁只需要足够密的箍筋，有的连梁还要斜向交叉的钢筋暗撑，还有的要配交叉带箍筋钢筋笼的暗撑，如图 7-32 所示。

8. 抗震等级

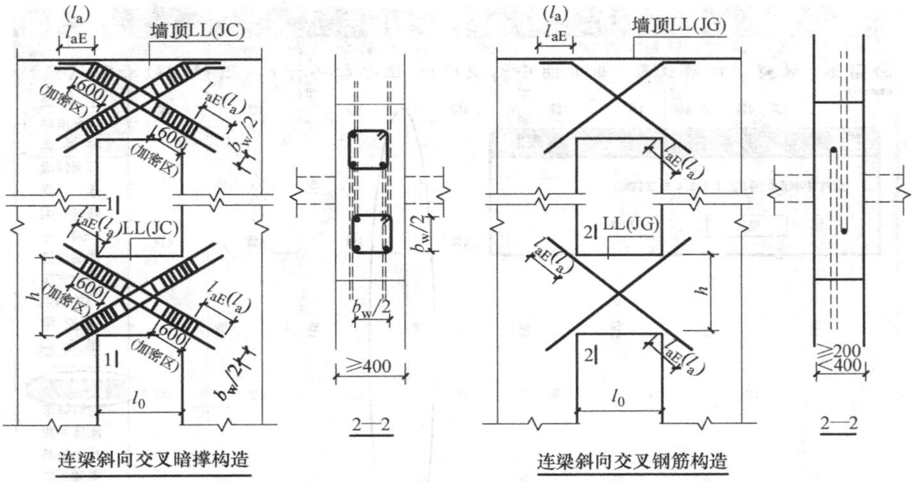

图 7-32　对角暗撑和交叉斜筋

通常情况下不需进行此项操作。

若在进行结构设计时，由于特殊需要个别梁构造或配筋要特别加强，可以通过提高的梁抗震等级来实现。

点击【抗震等级】，SATWE 会按照前面定义的梁抗震等级参数显示每根梁的抗震等级，在此需要说明的是，由于非框架梁可不考虑抗震设计，故 SATWE 默认非框架梁的抗震等级为 5 级，如图 7-33 所示。

9. 其他操作

滑动支座梁、门式钢梁、耗能梁根据实际情况指定，梁的抗震等级、材料强度、刚度系数、扭转系数通常由 SATWE 自动操作，一般不需要单独进行调整。

7.3.2　特殊柱定义

【特殊柱定义】中经常用到的是【角柱】和【转换柱】定义。

1. 角柱

角柱是指位于建筑角部、与柱正交的两个方向各只有一根框架梁与之相连接，且不与剪力墙相连的框架柱。

要判断角柱，必须先明确为什么要定义角柱。规范对于角柱的要求主要是因为角柱双向地震作用，属双向偏心受力构件且扭转效应对内力影响较大，受力复杂，需要在结构设计时注意给予加强。各规范、规程对角柱在计算、抗震构造等方面都有特殊规定。因此需将角柱从一般柱子中区分开来，给予特别关注。

我们可以根据定义判断出一些简单的情况，比如位于建筑平面凸角处的框架柱一般均为角柱，而位于建筑平面凹角处的框架柱，若柱的四边各有一根框架梁与之相连，则不按角柱对待。但对于比较复杂的情况还有一种简单的方法：即当钢筋混凝土楼板与柱的四边能直接连接少于三边时，也可判定为角柱。但需要注意的是第二种方法供参考，具体还需在结构分析时加以确定。

SATWE 不进行角柱自动判断，因此对角柱的定义需要设计人员交互补充定义。当角柱布置有误时，可在错误位置重复设置一次角柱即可取消错误的角柱定义。

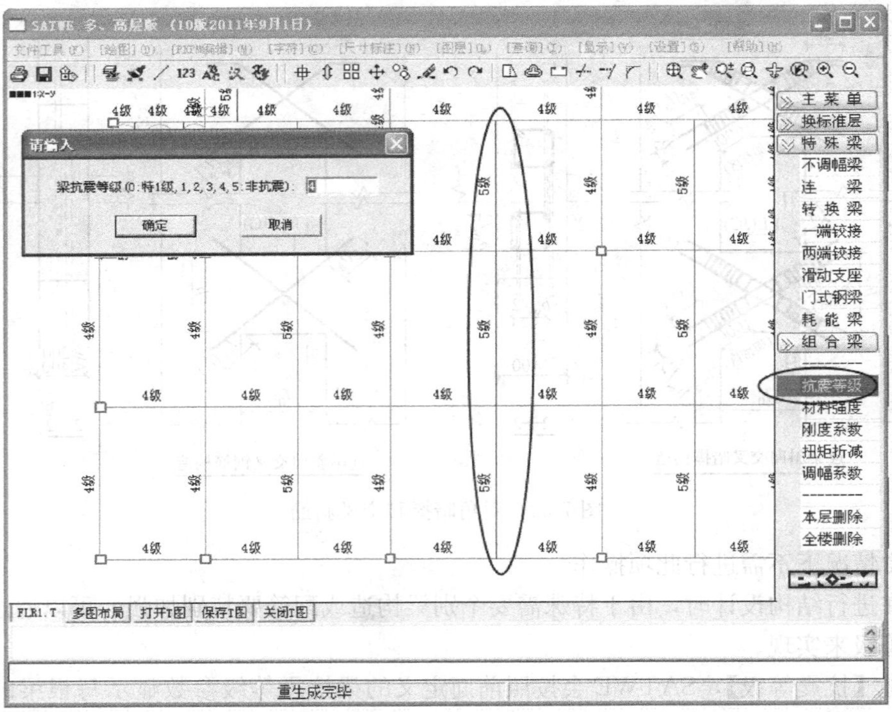

图 7-33　非框架抗震等级默认为 5 级

设计实例（特殊构件补充 2）—7-10 设置角柱

[1]　点击【特殊柱】/【角柱】菜单，用鼠标点击位于凸角位置的柱定义角柱。

[2]　点击【换标准层】菜单，更换到其他标准层，进行同样的角柱定义操作。

[3]　第 4 标准层的角柱定义如图 7-34 所示。

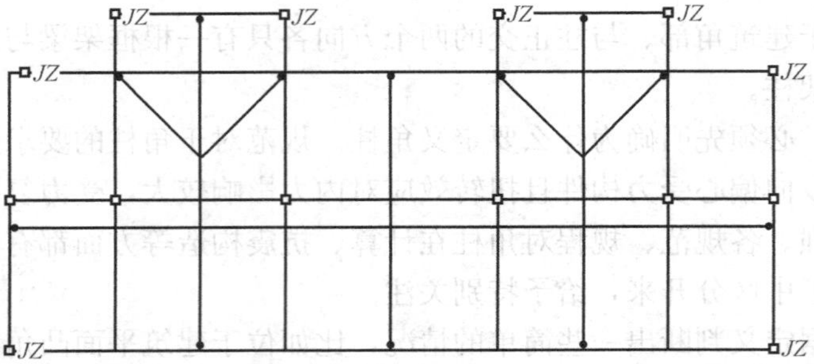

图 7-34　布设角柱

2. 转换柱

转换柱即为以前版本中的框支柱。规范对框支柱设计有专门的条文规定，定义了转换柱之后，SATWE 能自动按照相关设计规范分析。

3. 短柱处理

《抗规》第 10.1 条对于单层空旷房屋的规定，“当大厅采用钢筋混凝土柱时，其抗震等级不应低于二级。当附属房屋低于大厅柱顶标高时，大厅柱成为短柱，则其箍筋应全高加密。”当整个结构抗震等级低于二级时，则应在这里对大厅内的柱子单独进行抗震等级设置。

4. 其他特殊柱

其他如铰接柱（上端、下端）、门式钢柱根据实际情况指定；柱的抗震等级、材料强度、剪力系数广东规范中规定根据需要单独调整个别柱的相关参数。

7.3.3 弹性板的概念、定义方法及适用范围

在建筑结构中，楼板的主要作用是承受竖向荷载。但是由于楼板既有平面内刚度，又有平面外刚度，在水平或竖向力作用下楼板都会产生一定的变形，它对结构的整体刚度、竖向构件和水平构件的内力都有一定的影响。根据楼板所处位置及对构件或结构体系影响程度的不同，SATWE 对楼板的平面内刚度和平面外刚度进行了不同的假定，并将楼板分为多种类型。

1. 楼板计算模型的类型及适用情况

SATWE 程序以房间为单元指定进行定义。SATWE 程序将楼板划分为四类：

（1）刚性楼板

对于刚性板，SATWE 假定其平面内刚度无限大，平面外刚度为 0。SATWE 程序默认楼板为刚性楼板，楼层内相互临近房间的刚性板构成一个刚性板块。

“刚性楼板”的适用范围：绝大多数结构只要楼板没有特别的削弱、不连续，均可采用这个假定。

由于“刚性楼板假定”没有考虑板面外的刚度，所以 SATWE 通过“梁刚度放大系数”来提高梁面外弯曲刚度，以弥补面外刚度的不足。同样原因，也可通过“梁扭矩折减系数”来适当折减梁的设计扭矩。

（2）弹性楼板 3

对于弹性板 3，SATWE 假定其平面内无限刚，平面外有限刚，而面外刚度则需要按实际考虑。需要保证楼板平面内刚度非常大，如厚板转换层中的厚板，板厚达到 1m 以上，适用于厚板转换。厚板转换类结构在 PMCAD 建模时，与板柱结构一样布置虚梁，将厚板高度一分为二，分别加在上下楼层的层高上。

（3）弹性楼板 6

对于弹性板 6，SATWE 用壳元计算真实反映平面内、平面外的刚度。理论上所有的工程均可采用。

由于弹性板 6 考虑了楼板的面内、面外刚度，则梁刚度不宜放大、梁扭矩不宜折减。板的面外刚度将承担一部分梁柱的面外弯矩，而使梁柱配筋减少。

由于采用弹性板 6 的结构分析时间大大增加，因此，按照《高规》第 5.3.3 条的要求，弹性板 6 通常用于板-柱或板柱-剪力墙结构。

（4）弹性膜

SATWE 用应力膜单元真实反映该种板的平面内刚度，同时忽略平面外刚度。仅适用于梁柱结构，设计时弹性膜楼板面外刚度为 0，不会使梁柱配筋减少，从而保证了梁柱设计的安全度。适用于狭长结构、转换层、楼板开大洞、楼板弱连接的情况。弹性膜不能用

于“板柱结构”。

SATWE中各种楼板特征及适用范围见表7-3。

2. 为何要对楼板计算模型进行弹性板假定

对于板柱体系、厚板转换结构、狭长结构、楼板开大洞以及楼板弱连接结构，如果采用PMCAD或SATWE默认的刚性板方案，会导致结构分析出现较大的误差，如图7-35为狭长结构使用刚性板假定和弹性板假定时，结构在水平力作用下的位移以及柱内力分析示意图。

楼板假定的特点及适用范围 **表7-3**

楼板类型	楼板平面内刚度	楼板平面外刚度	适用范围
刚性板	无限刚	0	常规楼板
弹性板3	无限刚	真实刚度	厚板结构
弹性板6	真实刚度	真实刚度	板柱结构、厚板结构
弹性模	真实刚度	0	狭长板带、空旷结构

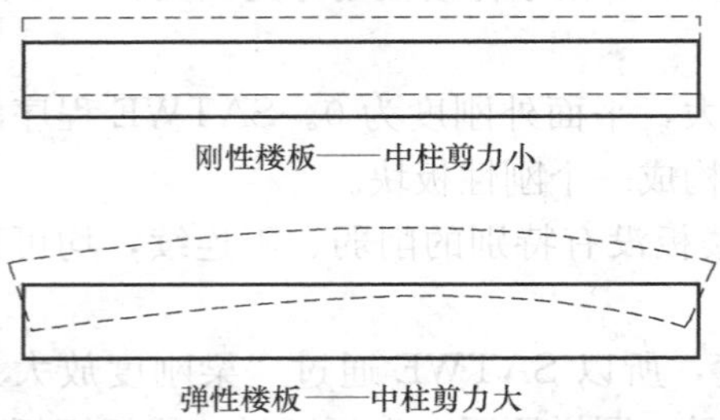

图7-35 刚性板与弹板对主体的影响

从图中可以看到，在梁柱均匀对称布置情况下，若楼板采用刚性假定，则结构在水平力作用下将产生近似均匀的侧向变形，从而使得所有框架柱剪力基本相同，此种受力分布和实际狭长结构的真实位移有较大差异。当采用弹性板6或弹性膜方案时，由于楼板平面内刚度得到真实反映，其对框架梁的约束接近真实状态，从而使得框架柱内力更接近真实状态。

在上部结构分析中，怎样考虑楼板的作用，应根据工程的特点来选择。

楼板在整体计算中，往往需要简化处理，以突出结构主体的作用，但是对一些关键部位的楼板，应采用二次计算，对其进行细部分析。

不与楼板相连的构件，如越层柱的计算长度系数，梁的刚度放大和扭矩折减等，要作特殊考虑。

3. 弹性板定义操作注意的问题

SATWE把弹性板分为：弹性板6、弹性板3及弹性膜三种。弹性楼板应用时应注意以下问题：

（1）弹性楼板设定应连续，不能出现弹性楼板和刚性楼板相间或包含布置的情况。

（2）梁两侧是弹性楼板时，程序在进行弹性板划分时自动实现梁、板边界变形协调，梁刚度放大及扭矩折减仍然有效。

（3）如果定义了弹性楼板，在计算位移比、周期比等控制参数时，应选择强制刚性楼板假定。

（4）采用弹性板3或弹性板6时，会影响梁配筋的安全储备，建议改用弹性膜假定。

（5）对于坡屋面的斜板，新版SATWE默认采用弹性膜假定。

在上部结构分析中，怎样考虑楼板的作用，应根据工程的特点来选择。楼板在整体计算中，往往需要简化处理，以突出结构主体的作用，但是对一些关键部位的楼板，应采用二次计算，对其进行细部分析。不与楼板相连的构件，如越层柱的计算长度系数，梁的刚度放大和扭矩折减等，要作特殊考虑。

设计实例（特殊构件补充 3）—7-11 设置弹性板

[1] 在当前标准层为第 1 标准层的情况下，点击【特殊构件交互定义】界面的【刚性板】菜单，楼板显示如图 7-36 所示。对于该建筑，可采用默认的刚性楼板。

[2] 结构第 2 层，仍采用刚性板。

[3] 点击【换标准层】菜单，选定第 3 结构层，点击【刚性板】菜单，显示楼板如图 7-37 所示。

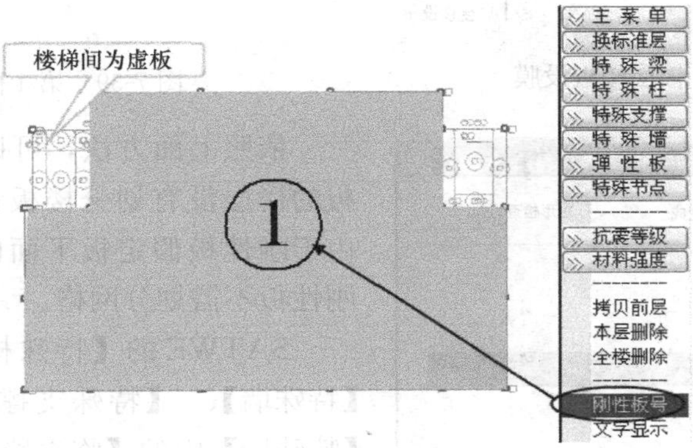

图 7-36 第 1 层默认为刚性板

[4] 由于第 3 层为该商业建筑平屋面部分，在结构建模时坡屋面被划分到第 4 层，故第 3 层平面上方出现空旷情况，为了保证结构分析时能得到较准确的结构位移，应把第 3 层楼板定义为弹性板。

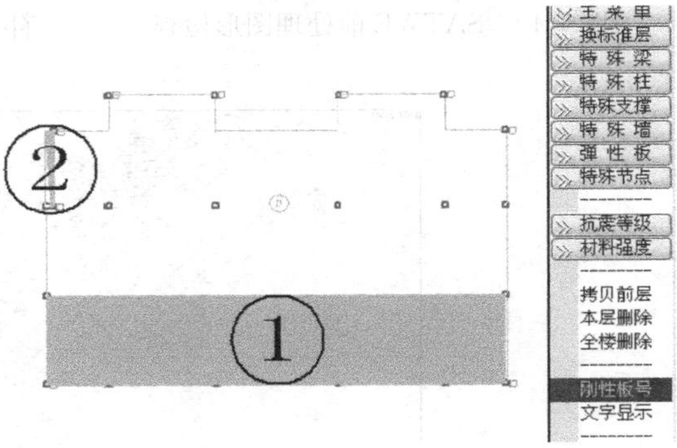

图 7-37 第 3 楼层默认为刚性板

[5] 点击【弹性板】/【全设膜】菜单，把第 3 层楼板全部设为弹性膜，如图 7-38 所示。

[6] 换标准层至坡屋面第 4 层，得到 SATWE 默认的楼板类型如图 7-39 所示，从图中可知 SATWE 默认斜板为弹性模，屋脊平板为刚性板。第 4 层维持软件默认不变。

[7] 点击【保存】后【退出】特殊构件补充定义。

4. 弹性板补充定义检查

点击【SATWE 前处理——接 PMCAD 生成 SATWE 数据】对话框的【图形检查】单选按钮，可以见到如图 7-40 所示对话框，点击该对话框的【结构轴测简图】菜单，进入图形交互检查界面，选择第 4 标准层后，点击其【板】菜单，显示设定弹性板后的楼板网格划分情况如图 7-41 所示。

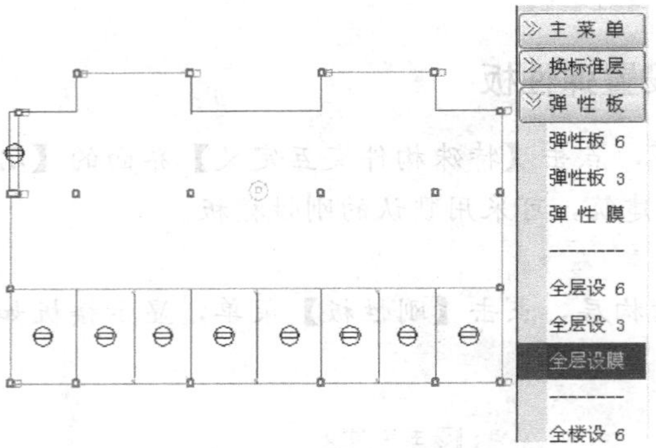

图 7-38　第 3 楼层楼板设膜

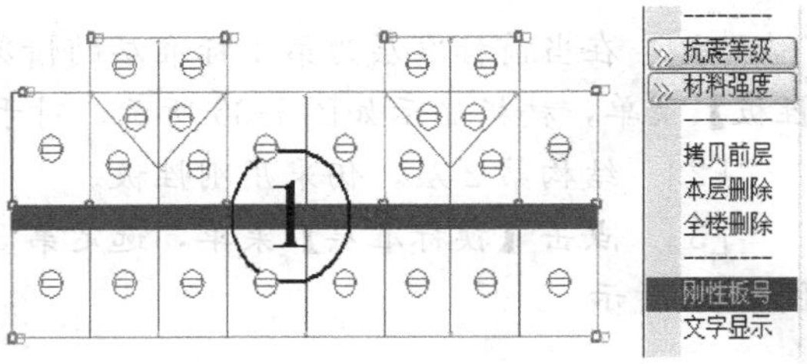

图 7-39　第 4 楼层默认楼板

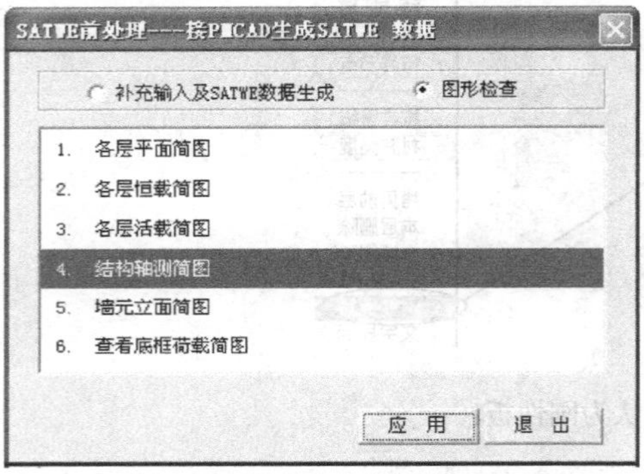

图 7-40　SATWE 前处理图形检查

依照上面方法，可以查看其他设置刚性板的楼层没有划分楼板计算单元网格，这是由于刚性板假定板平面内刚度为无限大，故刚性板不需划分网格。

SATWE 的【特殊构件补充定义】还有【特殊墙】、【特殊支撑】等其他补充操作，【特殊墙】中的【临空墙】、【地下外墙】定义在通常结构设计时有时也需要依据具体情况进行定义操作，由于其操作与前面所述构件补充定义类似，在此不再赘述。

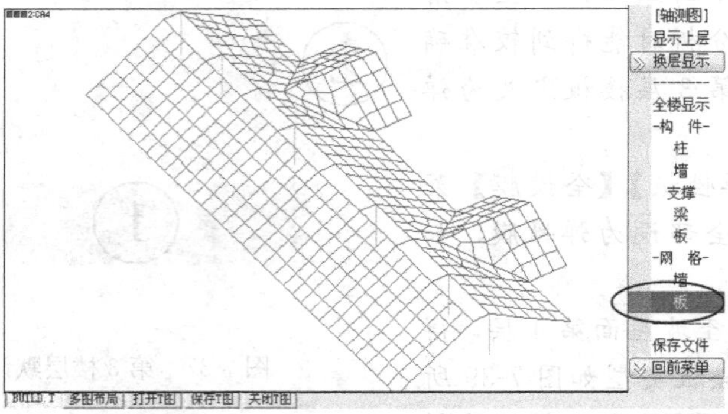

图 7-41　前处理图形检查显示弹性板单元

7.3.4　局部抗震等级调整

在前面 7.2.3 节我们叙述框架抗震等级时，已经注意到由于建筑高度和设防烈度的具体情况不同，在同一个建筑结构中框架剪力墙或框架结构中不同部分的抗震等级可能不同，尽管在参数设置时我们已经注意到这些区别，但是抗震等级确定尚应注意如下内容：

1. 结构局部抗震等级的确定依据

在通过 SATWE 的【特殊构件补充定义】对结构局部梁柱墙的抗震等级进行调整时，首先需要依据规范条文对需要调整的内容作出具体的判断。

（1）框架-剪力墙结构，当框剪结构中框架承受的地震倾覆力矩大于结构总地震倾覆力矩的 50%时，框架部分的抗震等级按框架结构确定；框剪结构特别要注意，此项限制的判别要等到 SATWE 对结构分析设计之后，根据程序输出的分析结果来加以考察。如果发现分析设计之后的结果超过 50%，而前面【地震参数】中规定的框剪结构的框架部分抗震等级需要调整，则要返回参数设计重新设定抗震等级，并用 SATWE 重新分析计算。

（2）裙房与主楼相连，除应按裙房本身确定外，不应低于主楼的抗震等级。

（3）当地下室顶板作为上部结构的嵌固部位时，地下一层的抗震等级应与上部结构相同，地下一层以下可根据情况采用三级或四级。

（4）无上部结构的地下室或地下室中无上部结构的部分，可根据情况采用三级或四级。

（5）乙类建筑时，应按照提高一度的设防烈度查表确定抗震等级。

（6）《高规》第 10.2.6 条规定："对部分框支剪力墙结构，当转换层的位置在 3 层及 3 层以上时，其框支柱、剪力墙底部加强部位的抗震等级宜按本规程表 3.9.3 和表 3.9.4 的规定提高一级采用，已为特一级时可不提高。"

（7）设计人员还可以根据具体工程情况，自行对某部分构件抗震等级进行提高调整，比如处于错层部位的柱、楼梯柱等。

2. 结构局部加强的实现

从上述规范条文可知，对于复杂高层建筑，因可能带来结构不同部位的抗震等级不同。如带转换层的高层建筑，底部加强部位和非底层加强部位以及地下二层以下抗震等级不一致，可在 SATWE 程序的【特殊构件补充定义】中指定。需要指出的是，SATWE 程序以手工修改的抗震等级为最优级别进行计算。

7.4 特殊风荷载定义

在前面章节中，我们已经知道 SATWE 把风荷载分为普通风荷载和特殊风荷载两种。对于坡屋面建筑作用在屋面的风荷载需要通过特殊风荷载来定义。

7.4.1 PKPM08 以后版本对特殊风荷载的改进

与普通风荷载自动生成不同，在对话框中输入了特殊风荷载的各参数后，还必须要到 SATWE 前处理"特殊风荷载"菜单中，点取"自动生成"右侧菜单后，程序才能按特殊风荷载生成作用于各楼层的风荷载。

1. 08 版本对于"特殊风荷载"菜单做了较大改进，该菜单有以下几个主要作用：

（1）自动生成特殊风荷载，即自动按照更加精细的方式生成风荷载；

（2）输入屋面风荷载参数，可以考虑并自动生成作用于屋面的风荷载；

（3）用户可以对程序自动生成的风荷载做人工修改。

其中（1）、（2）项是 PKPM08 以后版本新增功能。

2. 特殊风荷载的生成过程

对于特殊风荷载，程序根据在【分析与设计参数补充定义】中的“特殊风体型系数”定义迎风面体型系数、背风面体型系数、侧风面体型系数、挡风系数，程序自动搜索各塔楼平面，找出每个楼层的封闭多边形，而后生成特殊风荷载。

其中的挡风系数是为了考虑楼层外侧轮廓并非全部为受风面积，存在部分镂空的情况。当该系数为 1.0 时，表示外侧轮廓全部为受风面积；小于 1.0 时表示有效受风面积占全部外轮廓的比例，程序计算风荷载时按有效受风面积生成风荷载；若挡风系数为 0，则表示楼层外侧全部镂空，则不能自动生成特殊风荷载。图 7-42 为不同的遮挡系数定义对生成的风荷载的影响，当第 4～5 层挡风系数定义为 0 时，结构的 4～5 层不能生成特殊风荷载。

计算不同方向的风荷载时，将此多边形向相应方向做投影，找出最大迎风面宽度以及属于迎风面边界和背风面边界上的节点。

根据迎风面体型系数、迎风面宽度和楼层高度计算出迎风面所受的风荷载，再将迎风面风荷载仅分配给属于迎风面边界上的节点。这里的节点是布置有杆件的节点。同理，根据背风面体型系数、背风面宽度和楼层高度计算出背风面所受的风荷载，再将背风面风荷载仅分配给属于背风面边界上的节点。侧风荷载与迎风面的处理相似，不再详述。

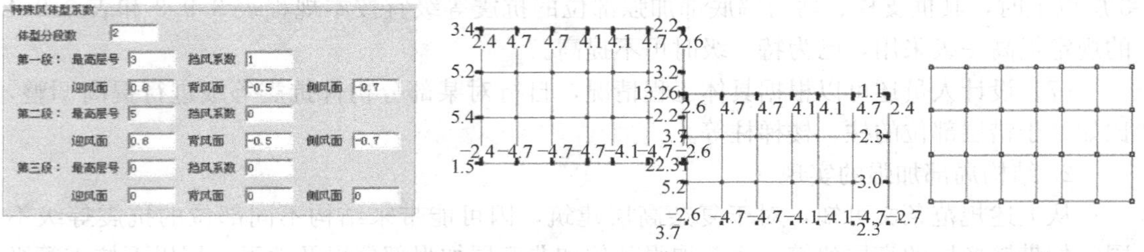

(*a*) (*b*) (*c*)

图 7-42 不同的遮挡系数生成的特殊风荷载

(*a*) 特殊风体型系数；(*b*) 1～3 层特殊风；(*c*) 4～5 层特殊风

08 版本的特殊风荷载分配与 05 版本不同，特殊风荷载在相关节点的分配是与节点两侧受风宽度相关的，即节点两侧受风面宽度越大，则节点分配的特殊风荷载越大；同时分别计算迎风面、背风面和侧风面的风荷载。按照此原则，如果各边界节点之间受风面宽度相同，则除角点外，属于同一受风面的中间节点所分配的风荷载均相同，角点所分配的风荷载是中间节点的一半。同样，位于迎风面的节点所分配的风荷载也比位于背风面的节点所分配的特殊风荷载大。

需要注意的是，程序在计算和分配特殊风荷载时，是将楼层平面的最外围多边形向风荷载作用方向的垂直方向做投影，以此计算受风面的宽度。同样，分配特殊风荷载时，是按投影后的节点两侧受风面宽度分配的。因此，对于平面上局部有凸出的部分，在沿凸出的方向做特殊风荷载计算会与没有凸出的情况完全相同。这样会出现角节点与其他节点所分配的特殊风荷载相同或相近的情况。

选择【特殊风荷载定义】的【自动生成】菜单后，程序将对各自然层自动生成 5 组特殊风荷载，分别在 X、Y 向各加 2 组。程序默认第 1 组为 Wx、第 2 组为 $-Wx$、第 3 组为

Wy、第 4 组为-Wy。

如果需要查看不同方向风荷载的作用情况，可执行“选择组号”菜单，选择需要的组号后，图形即显示当前组号下的风荷载分布，并在图形的左上角显示当前楼层的标准层号、自然层号以及风荷载组号。

3. 特殊风荷载自动生成需要注意的问题

对于不需要考虑屋面风荷载的结构，可直接执行“自动生成”命令，生成各楼层的特殊风荷载。但对于需要考虑屋面风荷载的结构，必须在执行“自动生成”命令之前，补充有关屋面风荷载的相关参数，然后再执行“自动生成”命令，程序才会自动生成各楼层的特殊风荷载包括屋顶层梁上的风荷载。

自动生成的特殊风荷载是针对全楼的，执行一次“自动生成”命令，程序会生成整个结构的特殊风荷载。

若在 PMCAD 建模中对某一标准层的平面布置进行过修改，须相应修改该标准层对应各层的特殊风荷载。所有平面布置未被改动的构件，程序会自动保留其荷载。

但当结构层数发生变化时，应对各层风荷载重新进行定义，若不进行相应修改可能造成计算出错。

7.4.2 坡屋面风荷载输入、生成与编辑

工业建筑或者多层框架采用轻钢屋面（坡屋面）的情况比较多，其顶层风荷载的作用和一般的高层建筑是不同的。这种结构不应按照 SATWE、TAT 计算一般风荷载那样，将风荷载均匀作用在所有节点上（不考虑屋面刚度），而是应将风荷载作用在受风面的柱顶节点上，然后通过屋面支撑系统和柱间支撑系统传递给下部结构。

这种结构还应该考虑屋面风的吸力，由于有时屋面恒载较小，屋面风吸力可能控制构件设计和连接设计，不考虑这种屋面风吸力是不安全的。顶层坡面梁间风荷载按照均布荷载作用，向上为负。当层高较高时，按《荷载规范》计算的风荷载比《门规》计算的风荷载大，当层高较小时，屋面所占面积比例加大，按《荷载规范》计算的风荷载较《门规》计算的风荷载偏小，偏于不安全。

对于屋面风荷载的输入和生成，需要补充以下两个参数：

1. 横向 X/横向 Y 选择“横向 X”或“横向 Y”

该菜单操作方式为异或方式，点击此菜单，会在 X 方向和 Y 方向来回切换，以确定屋顶层梁上的风荷载作用形式。当前显示的方向为计算屋面风荷载的作用方向。当横向为 X 方向时，屋面层与 X 方向平行的梁所在房间的屋面风荷载体型系数非零时，就生成梁上均布风荷载。反之，当横向为 Y 方向时，屋面层与 Y 方向平行的梁所在房间的屋面风荷载体型系数非零时，就生成梁上均布风荷载。

2. 屋面系数

在【屋面系数】菜单中，可指定屋面层各斜面房间的迎风面、背风面的体型系数。

有了以上两个补充参数后，程序在生成特殊风荷载时，就会自动形成相应方向的梁上均布风荷载。

定义了特殊风荷载以后，程序就会按默认方式将特殊风荷载与恒荷载、活荷载、地震等作用做组合。想要查看或修改程序默认的组合设计方式，可以在 SATWE 前处理【分析与设计参数补充定义】菜单中选择【荷载组合】页，选择【自定义组合及工况】后，可

查看和修改各组特殊风荷载与其他荷载的组合设计方式。

设计实例（特殊构件补4）—7-12 生成坡屋面特殊风荷载

［1］ 本实例商业建筑屋面坡度系数为0.5，通过计算得到屋面坡度角为25.565°，从图7-43所示的《荷载规范》屋面体型系数表可知，需通过插值方法计算本屋面迎风面体型系数μ_s，计算后得到μ_s为−0.137。

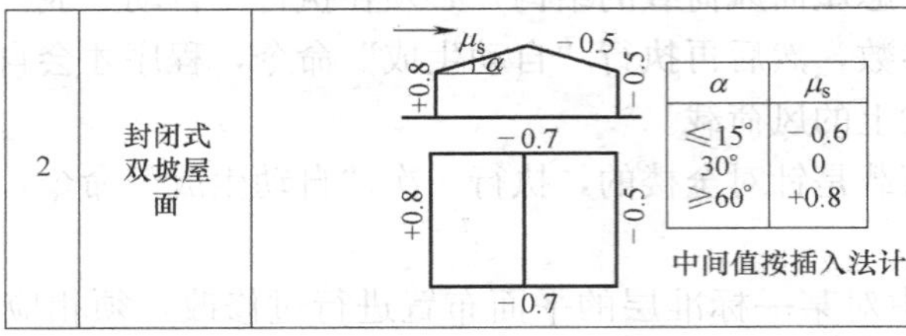

图7-43 规范给定的体型系数

［2］ 进入【特殊风荷载定义】交互界面。点击菜单【横向Y】，使之变为【横向X】把X轴定义为商业楼横向，点击【屋面系数】，在弹出的屋面系数对话框分别按迎风面为0.014，背风面为−0.5输入屋面系数，点击【TAB】热键转换输入方式为窗口方式，用窗口围住所有屋面板，设置屋面系数，得到如图7-44所示屋面坡度系数布置图。

［3］ 点击【自动生成】生成全楼特殊风荷载，如图7-45所示。

［4］ 点击【返回】菜单，结束特殊风荷载定义返回SATWE前处理对话框。

［5］ 点击【生成SATWE数据文件及数据检查】菜单，检查结束后（由于参数化楼梯转化后生成一些短扁梁，对于这里的警告错误可忽略，若有其他致命性错误，则应返回PMCAD进行检查修改，具体修改方法参见本书第3章），点击前处理对话框【退出】。

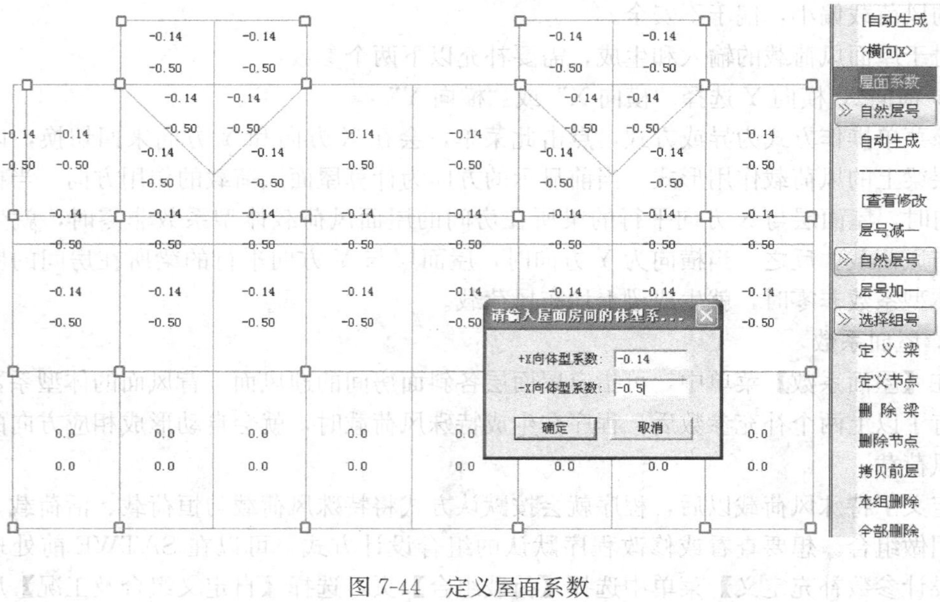

图7-44 定义屋面系数

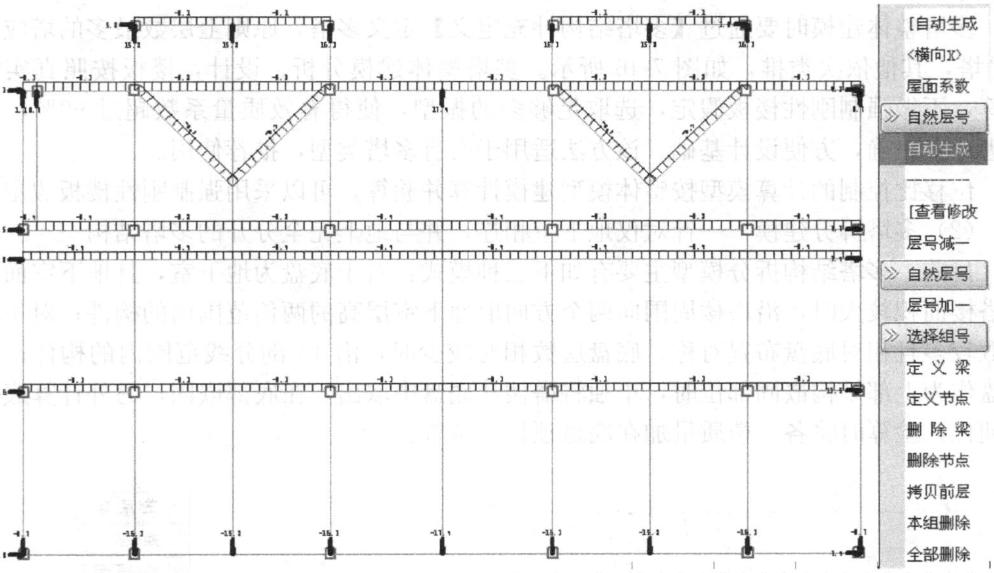

图 7-45　自动生成全楼特殊风荷载

7.4.3　多塔及有缝结构及温度荷载定义

1. 温度荷载定义

超长结构需进行温度荷载定义。

在 SATWE 前处理对话框中点击【温度荷载定义】菜单，即可进入温度荷载交互定义界面，选择适当的自然层后，点击【定义温差】，从定义温差对话框中输入“最高升温”和“最低降温”，再点击【捕捉节点】定义温差变化的节点即可完成温度荷载定义。

计算结构的温度荷载，应指定相应楼层为弹性楼板（为了计算梁板内力）；然后根据 30 年一遇的夏季最高日平均气温与夏季空调设计温度的差以及 30 年一遇的冬季最低日平均气温与冬季采暖设计温度的差确定最高升温和最低降温值，升温为正，降温为负，不考虑季节性温度变化温差，之后输入到温差定义对话框即可实现温度荷载定义。

2. 多塔定义

这里的塔是个工程概念，指的是四边都有迎风面且在水平荷载作下可独自形的建筑体部。将多个塔建同一个大底盘体部上，叫多塔结构。

因此，程序采用了分块平面内无限刚的假定以减少自由度，且同时考虑塔与塔的相互影响。对于多塔结构，各刚性楼板的信息程序自动定义，但其包含区域需由用户定义。《高规》第 5.1.14 条规定：“对多塔楼结构，宜按整体模型和各塔楼分开的模型分别计算，并采用较不利的结果进行结构设计。当塔楼周边的裙楼超过二跨时，分塔模型宜至少附带二跨的裙楼结构。”依据规范条文，多塔结构应采用拆分建模和整体建模分别计算，各塔底层（地上一层）的设计结果，两种模型取保守值。

（1）多塔整体建模

对于大底盘多塔结构、巨型框架结构，如果把裙房部分按塔的形式分拆计算，则裙房部分误差较大，且各塔的相互影响无法考虑。故进行结构内力分析时应采用多塔整体建模方法。

多塔整体建模时要通过【多塔结构补充定义】定义多塔，原则上层数最多的塔应设为1号塔，其他依次类推，如图7-46所示。多塔整体建模分析、设计，楼板按照真实情况计算，不做强制刚性楼板假定，选取足够多的振型，使得有效质量系数超过90%，该模型理论上正确，方便设计基础。该方法适用于所有多塔类型，推荐使用。

位移比控制的计算模型按整体模型建模计算并验算，可以采用强制刚性楼板假定。

(2) 多塔拆分建模——针对仅地下室相连，并与地上完全分开的多塔结构

目前，多塔结构拆分模型主要有如下三种模式：对于底盘为地下室，且地下室面积相对塔楼面积较大时，沿塔楼周围向两个方向取地下室层高的两倍范围内的构件；对于塔楼层数较多且相对底盘布置对称，底盘层数相对较少时，沿45°剖分线范围内的构件；对于底盘作为上部结构嵌固部位时，单独将塔楼从底盘中取出，在底部嵌固，另外计算底盘的周期比，验算时将各塔楼质量加在底盘顶相应位置。

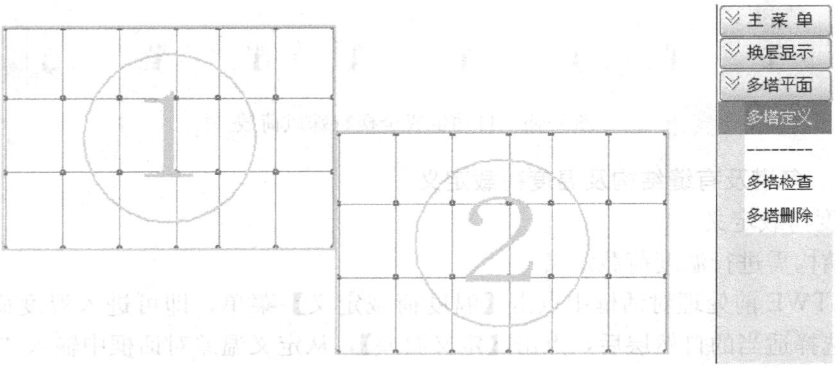

图7-46 定义设缝多塔背风面体型系数

周期比控制的计算模型必须采用拆分单塔模型，分塔验算、控制。上部有强连接的多塔，尚应补充验算整体周期比，可以采用强制刚性楼板假定。刚性楼板信息由程序自动搜索，无需用户交互操作。

(3) 多塔整体建模和多塔拆分建模结果综合比较

位移比、剪重比、刚度比、承载力比的计算可以采用拆分单塔模型或者整体多塔模型。如果采用多塔结构整体建模方式，计算得到的第一扭转周期与第一平动周期的比值限值、最大位移平动位移的比值限值，不能直接采用，必须将多塔结构分塔计算才能使用。

结构内力分析及构件配筋的计算可以按照多塔整体建模分析（节点数满足软件限制的前提下）或拆分单塔计算，最好采用两种模型包络设计（因本工程裙房层数较少，当裙房层数较多时，应按照整体建模分析）。

(4) 多塔风荷载

多塔结构需用户以围区方式定义，如存在遮挡，可以定义遮挡面，以准确计算风荷载。

3. 有缝结构

这里所说的有缝结构指设置了伸缩缝、沉降缝、防震缝的结构。在一个大的建筑物

中，因设伸缩缝、沉降缝、抗震缝，分成了若干小的建筑分体，叫分缝结构。分缝结构与多塔结构区别是四边中有的边不是迎风面。

（1）伸缩缝

伸缩缝是连续地设置在建筑物、构筑物应力比较集中的部位，将建筑物、构筑物分割成两个或两个以上独立单元，彼此能自由伸缩的竖向或水平缝。《混规》8.1.1 条：“钢筋混凝土建筑结构伸缩缝的设置应考虑温度变化和混凝土收缩对结构的影响，其最大间距可采用表 8.1.1 的规定”。其中现浇框架结构、剪力墙露天环境的伸缩缝最大间距为 30m，现浇挑檐、雨罩等外露结构的伸缩缝间距不宜大于 12m。《混规》第 8.1.3 条：“采取跳仓法、后浇带、膨胀补偿带、引导缝等施工方法时，伸缩缝最大间距可适当增大。”另外《砌体结构设计规范》、《钢结构设计规范》（GB 50017—2003）、《门式刚架轻型房屋钢结构技术规程》等对各类结构伸缩缝设置也有明确规定。

（2）防震缝

防震缝是为了防止建筑物的各部分在地震时相互撞击造成变形和破坏而设置的垂直缝。防震缝应将建筑物分成若干体型简单、结构刚度均匀的独立单元。防震缝应与伸缩缝、沉降缝协调布置。《抗规》第 6.1.4 规定：“框架结构（包括设置少量抗震墙的框架结构）房屋的防震缝宽度，当高度不超过 15m 时不应小于 100mm；高度超过 15m 时，6 度、7 度、8 度和 9 度分别每增加高度 5m、4m、3m 和 2m，宜加宽 20mm；8 度、9 度框架结构房屋防震缝两侧结构层高相差较大时，防震缝两侧框架柱的箍筋应沿房屋全高加密，并可根据需要在缝两侧沿房屋全高各设置不少于两道垂直于防震缝的抗撞墙。”

（3）沉降缝

沉降缝是设置在同一建筑中因基础沉降产生显著差异沉降和可能引起结构难以承受的内力和变形的部位的竖直缝。除屋顶、楼板、墙身都要断开，沉降缝不但应贯通上部结构，而且也应贯通基础本身。

《基础规范》第 7.3.2 条：“建筑平面的转折部位、高度差异或荷载差异处、长高比过大的砌体承重结构或钢筋混凝土框架结构的适当部位、地基土的压缩性有显著差异处、建筑结构或基础类型不同处、分期建造房屋的交界处宜设置沉降缝。”

设置在同一建筑中因基础沉降产生显著差异沉降和可能引起结构难以承受的内力和变形的部位的竖直缝。除屋顶、楼板、墙身都要断开，沉降缝不但应贯通上部结构，而且也应贯通基础本身。沉降缝的缝宽与地基情况和建筑物高度有关，其沉降缝宽度一般为30～70mm，在软弱地基上其缝宽应适当增加。五层以上沉降缝的宽度不宜小于 120mm，并应考虑缝两侧结构非均匀沉降倾斜和地面高差的影响。

（4）设缝结构建模方法及注意要点

设缝结构可以看作一类特别的多塔结构，只不过塔之间的距离非常之小而已。由于缝的宽度很小，导致缝隙面不是迎风面，需要定义遮挡面以准确计算风荷载。

对于设缝及多塔结构，缝两侧或塔间相互遮挡面处一般不承受风荷载或为风荷载的背风面，此背风面处风荷载的作用将减弱；图 7-47 所示 SATWE 的“设缝多塔背风面体型系数”的具体作用是其与遮挡面面积相乘后所得值为风荷载在此背风面处的减弱值，即按正常计算的背风面风荷载值中减去此值得到此背风面处最后的风荷载值。

例如，如果原来的背风面风荷载体型系数为-0.5，如果设缝多塔背风面遮挡体型系数

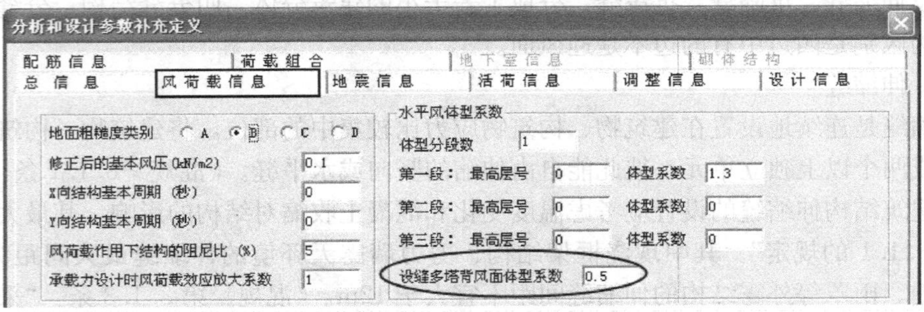

图 7-47　定义设缝多塔背风面体型系数

输入也为 0.5 时，表示该遮挡面处的背风面不承受风荷载；输入 0 时表示不考虑遮挡面的影响，此时即便输入了遮挡面也不起作用。

“设缝多塔背风面体型系数”需与指定遮挡面的功能结合使用。遮挡面的定义在【多塔结构补充定义】中进行。分拆建模的多塔结构也可以定义遮挡面。进入多塔定义交互界面后，点击【遮挡平面】/【遮挡定义】菜单，按照提示输入遮挡起始层、终止层和遮挡面数量后，用围栏方式在模型平面上定义遮挡面投影即可，如图 7-48 所示。

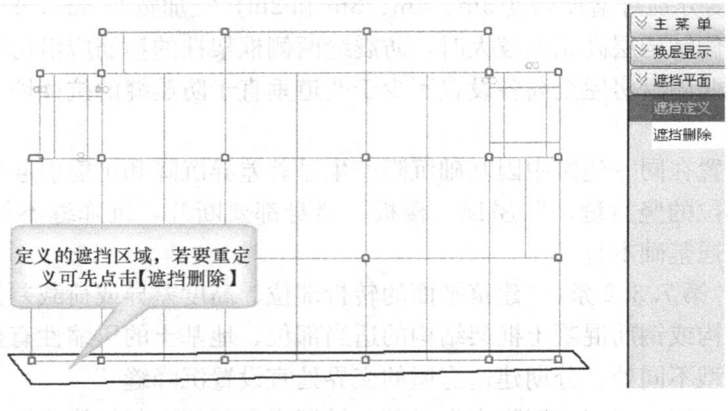

图 7-48　定义设缝多塔遮挡面

有缝结构可像多塔结构一样创建整体模型和分拆模型。

原则上各种设缝结构均可做整体计算，应把每个结构单元定义为独立的塔，参与振型取的足够多，使有效质量系数超过 90%，定义遮挡面，准确计算风荷载；也可通过【特殊风荷载补充定义】交互修改遮挡面的风荷载。

建立分拆模型各部分独立计算仅能用于缝自顶到底将结构完全分开，只有基础相连的情况。计算风荷载时也可通过计算特殊风荷载方式进行，同样通过【特殊风荷载补充定义】交互修改遮挡面的风荷载。

7.5　结构分析与配筋设计

执行完 SATWE 的【接 PM 生成 SATWE 数据】主菜单的【参数补充定义】、【特殊构件补充定义】、【特殊风荷载定义】及【生成 SATWE 数据文件及数据检查】之后，如果没有致命性的数检错误，即可进入 SATWE 的分析与配筋设计环节。

该环节包括【结构内力与配筋设计】和【PM 次梁内力与配筋设计】两项内容，如图 7-49 所示。

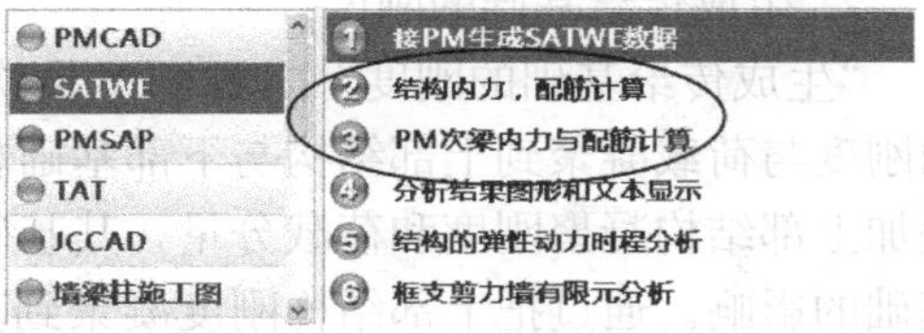

图 7-49　SATWE 主菜单

7.5.1　结构内力分析与配筋设计

点击图 7-49 的【结构内力，配筋设计】对话框，弹出如图 7-50 所示的【SATWE 计算控制参数】对话框，下面简要介绍一下该对话框的主要内容。

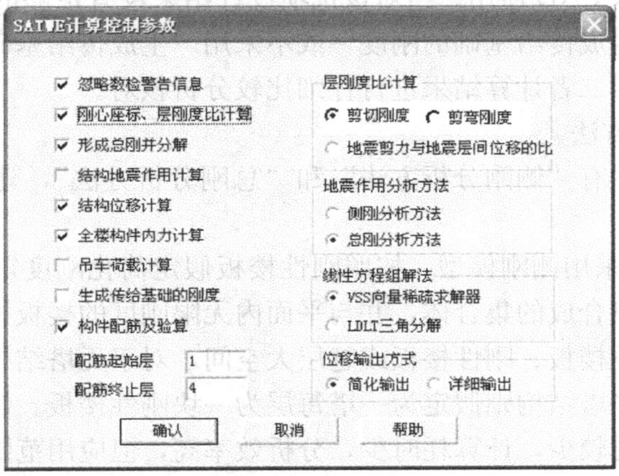

图 7-50　SATWE 计算控制参数

1. 吊车荷载计算

当设计工业厂房需要考虑吊车作业时应选择此项，并应在 PMCAD 建模时输入吊车荷载。程序默认为不选择。PMCAD 吊车布置操作可参考第 6 章 PK 中的吊车布置方法。

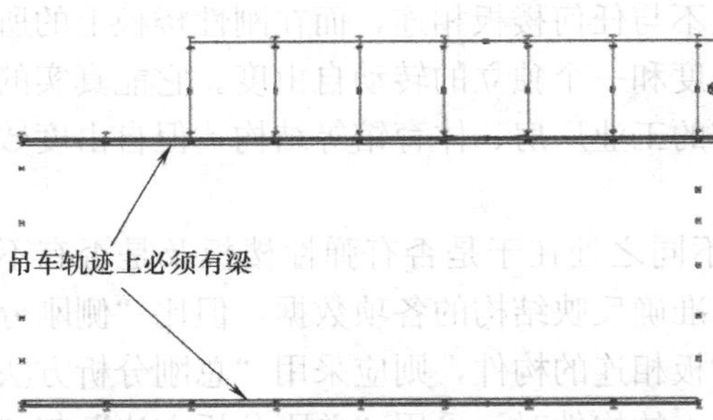

图 7-51　建模时吊轨方向框架梁

由于吊车荷载作用在吊车柱的牛腿上，所以在牛腿处应该设置一个标准楼层，并且在沿吊车运行轨迹方向应定义框架梁，如图 7-51 所示。如吊车柱在吊车运行轨迹方向没有框架梁，也应把吊车梁作为两端铰接梁输入，吊车荷载的移动顺序是通过轨迹上的梁所确定的，这是吊车运行轨迹方向必须布置梁的原因。

在吊车荷载作用的有牛腿的楼层一般没有楼板，所以应考虑该层的节点为“弹性节点”即不受刚性楼板假定的制约。即使是多层工业厂房，在吊车柱的外边有楼板，也要按“弹性楼板”考虑，或者不考虑楼板的存在，这样可以比较安全地求出水平刹车力对上下梁的影响。当这种结构产生了多个“弹性节点”后，地震振型数也要增加。振型分析也应该采用“总刚模型”；当吊车柱之间设有交叉支撑时，必须考虑支撑的作用，在吊车柱的设计中，可适当减少吊车柱在支撑布置方向的长度系数。

2. 生成传给基础的刚度

“生成传给基础的刚度”是SATWE软件在上部结构计算分析成果基础上，将上部结构刚度与荷载凝聚到上部结构与下部基础相连的节点上，在基础设计时JCCAD软件只要叠加上部结构凝聚刚度和荷载分量，其基础设计结果就可以在一定程度上包含上部结构对基础的影响。通过把上部结构刚度凝聚到基础上的方法，是PKPM软件提出的一种考虑基础与上部结构共同工作的算法，该方法曾获得建设部科技进步一等奖。

当基础设计需要考虑上部结构刚度影响时，选择【生成传给基础的刚度】选项，反之则不选。程序初始值为不选。勾选“生成传给基础的刚度”后，程序会生成SAT-FDK. SAT文件以供JCCAD使用。当对该选项设计结果没有足够的把握时，建议在实际设计时，分别采用“生成传给基础的刚度”或不采用“生成传给基础的刚度”两种情况分别进行基础设计，并对二者计算结果进行仔细比较分析核对。

3. 地震作用分析方法

地震作用分析方法有“侧刚分析方法”和“总刚分析方法”，建议采用“总刚分析方法”算法。

“侧刚分析方法”采用侧刚模型，按照刚性楼板假定简化刚度矩阵模型，把房屋理想化为空间梁、柱和墙组合成的集合体，并与平面内无限刚度的楼板相互连接在一起，不管用户在建模中有无弹性楼板、刚性楼板或越层大空间，对于无塔结构的侧刚模型假定每层为一块刚性楼板，而多塔结构则假定为一塔每层为一块刚性楼板。侧刚模型进行振型分析时结构动力自由度相对较少，计算耗时少，分析效率高，但应用范围有限。

“总刚分析方法”采用总刚模型，这是一种真实的结构模型转化成的刚度矩阵模型，结构总刚模型假定每层非刚性楼板上的每个节点的动力自由度有两个独立水平平动自由度，可以受弹性楼板的约束，也可以完全独立不与任何楼板相连，而在刚性楼板上的所有节点的动力自由度只有两个独立水平平动自由度和一个独立的转动自由度。它能真实的模拟具有弹性楼板、大开洞的错层、连体、空旷的工业厂房、体育馆等结构，但自由度数相对比较多，计算耗时稍多。

“侧刚分析方法”与“总刚分析方法”的不同之处在于是否有弹性楼板及是否有不与楼板相连的构件，另外“总刚分析方法”可以准确反映结构的各项数据，但比“侧刚分析方法”计算时间长。若有弹性楼板或有不与楼板相连的构件，则应采用“总刚分析方法”；若平面没有定义弹性楼板以及没有不与楼板相连的构件时，采用“总刚分析方法”与“侧刚分析方法”结果是一致的。

4. 层刚比计算

层刚度比是楼层侧向刚度比的简称。层刚比计算中，SATWE提供三种算法，分别是“剪切刚度”、“剪弯刚度”和“地震剪力与地震层间位移比值（抗震规范方法）”。“剪切刚度”是按《抗规》第6.1.14条文说明给出的方法计算；“剪弯刚度”是按《高规》附录E规定的方法，主要用于底部大空间层数大于一层的转换层结构刚度比计算。

根据2010新规范，SATWE程序对该选项进行了调整，取消了用户选项功能，在计算地震作用时，采用“地震剪力与地震层间位移比值”方法计算层刚比。不计算地震作用时，SATWE 默认为“剪切刚度”。

5. 线性方程组解法

SATWE 提供了两种线性方程组解法 VSS 向量稀疏求解方法和 LDLT 分解求解方法，供设计人员选择使用。VSS 向量稀疏求解器采用稀疏矩阵快速求解方法，计算速度快，但使用能力和稳定性稍差，在某些情况下可能求解不成功，如弹出图 7-52 所示对话框且提示换成另外 LDLT 解法试算。LDLT 三角分解求解方法，采用非零元素下三角求解方法，比稀疏求解器计算速度慢，但适应能力强，稳定性好。

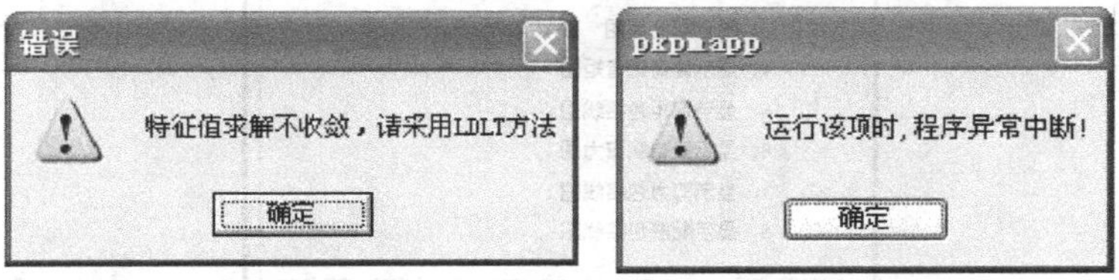

图 7-52 LDLT 解法不收敛错误提示

6. 位移输出方式

当选择“简化输出”时，在 WDISP. OUT 文件中仅输出各工况下结构的楼层最大位移值，不输出各节点的位移信息。按“总刚”进行结构的振动分析后，在 WZQ. OUT 文件中仅输出周期、地震力，不输出各振型信息。若选择“详细输出”时，则在前述的输出内容的基础上，在 WDISP. OUT 文件中还输出各工况下每个节点的位移，在 WZQ. OUT 文件中还输出各振型下每个节点的位移。

设计实例（分析计算 1）—7-13 结构三维分

[1] 以上一节的“商业楼/LT”为工作目录，点击 SATWE 主菜单的【结构内力，配筋设计】，打开图 7-50 所示计算参数选项对话框，并定义参数，点击【确定】开始进行计算。

[2] 在计算过程中，SATWE 会在计算进度显示对话框显示计算进程内容，大多数工程此时会顺利完成。若有特殊情况终止运算，应查看其终止进程内容，以便分析错误出现的原因。通常情况下，如果出现非法的参数定义，可能会导致计算过程终止。

[3] 计算过程结束后，SATWE 自动返回到其主界面。

7.5.2 PM 次梁内力与配筋计算

一般在 PM CAD 建模中，如果容量允许，一般都把次梁作为主梁输入，因此不必执行此项，如果有次梁，则需进行此项计算。SATWE 在计算次梁的过程与 PK 中的连续梁计算相似，只是 SATWE 一次算出全部次梁的内力和配筋。

计算完毕，可以查看次梁内力及配筋计算结果，以供校核。

设计实例（分析计算 2）—7-14PM 次梁内力与配筋计算

[1] 继续上一节设计实例。

[2] 此时继续点击【PM 次梁内力与配筋计算】，在弹出“请输入梁支座处负弯矩调

幅 Bt=1”时，右击鼠标继续运行（左击鼠标不计算退出）。

[3] 计算结束后，弹出图 7-53 所示的对话框，可以点击该对话框相关内容检查次梁内力。

[4] 如次梁内力检查完毕，点击该对话框的【退出】结束分析设计。

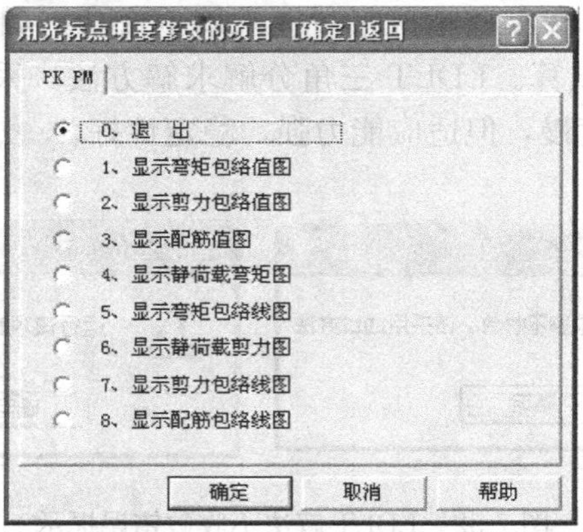

图 7-53　SATWE 次梁计算

7.6　结构整体性能控制与 SATWE 文本输出结果

为了保证建筑结构的整体性能，在抗震设计时，首先要对结构的规则性及整体性能进行评价和判断，对于不规则结构或整体结构性能不好的结构，要依据规范条文进行相应的调整。

7.6.1　不规则结构的界定及超限结构的处理

《抗规》第 3.4.1 条：“建筑设计应根据抗震概念设计的要求明确建筑形体的规则性。不规则的建筑应按规定采取加强措施；特别不规则的建筑应进行专门研究和论证，采取特别的加强措施；严重不规则的建筑不应采用。”不规则建筑的抗震设计按《抗规》第 3.4.4 条。

《抗规》第 3.4.1 条条文说明：规则与不规则的区分，本规范在第 3.4.3 条规定了一些定量的参考界限，但实际上引起建筑不规则的因素还有很多，特别是复杂的建筑体型，很难一一用若干简化的定量指标来划分不规则程度并规定限制范围，但是，有经验的、有抗震知识素养的建筑设计人员，应该对所设计的建筑的抗震性能有所估计，要区分不规则、特别不规则和严重不规则等不规则程度，避免采用抗震性能差的严重不规则的设计方案。三种不规则程度的主要划分方法如下：

(1) 不规则，指的是超过表 7-4 和表 7-5 中一项及以上的不规则指标。

平面不规则的主要类型（《抗规》表 3.4.3-1）　　**表 7-4**

不规则类型	定义和参考指标
扭转不规则	在规定的水平力作用下，楼层的最大弹性水平位移或(层间扭转不规则位移)大于该楼层两端弹性水平位移(或层间位移)平均值的 1.2 倍
凹凸不规则	平面凹进的尺寸，大于相应投影方向总尺寸的 30%

续表

不规则类型	定义和参考指标
楼板局部不连续	楼板的尺寸和平面刚度急剧变化，例如，有效楼板宽度小于该层楼板典型宽度的50%，或开洞面积大于该层楼面面积的30%，或较大的楼层错层

(2) 特别不规则，指具有较明显的抗震薄弱部位，可能引起不良后果者，其参考界限可参见《超限高层建筑工程抗震设防专项审查技术要点》，通常有三类：其一，同时具有表7-3、表7-4所列六个主要不规则类型的三个或三个以上；其二，具有表7-6所列的一项不规则；其三，具有表7-4、表7-5所列两个方面的基本不规则且其中有一项接近表7-6的不规则指标。对于特别不规则的建筑方案，只要不属于严重不规则，结构设计应采取比《抗规》第3.4.4条等的要求更加有效的措施。

竖向不规则的主要类型（《抗规》表3.4.3-2）　　表7-5

不规则类型	定义和参考指标
侧向刚度不规则	该层的侧向刚度小于相邻上一层的70%，或小子其上相邻三个楼层侧向刚度平均值的80%；除顶层或出屋面小建筑外，局部收进的水平向尺寸大于相邻下一层的25%
竖向抗侧力构件不连续	竖向抗侧力构件(柱、抗震墙、抗震支撑)的内力由水平转换构件(梁、衍架等)向下传递
楼层承载力突变	抗侧力结构的层间受剪承载力小于相邻上一楼层的80%

特别不规则举例（《超限高层建筑工程抗震设防专项审查技术要点》）　　表7-6

序号	不规则类型	简 要 涵 义
1	扭转偏大	裙房以上有较多楼层考虑偶然偏心的扭转位移比大于1.4(《抗规》第3.4.4条为1.5)
2	扭转刚度弱	扭转周期比大于0.9,混合结构扭转周期比大于0.85
3	层刚度偏小	本层侧向刚度小于相邻上层50%
4	高位转换	框支墙体的转换构件位置:7度超过5层,8度超过3层
5	厚板转换	7～9度设防的厚板转换结构
6	塔楼偏置	单塔或多塔质心与大底盘的质心偏心距大于底盘相应边长20%
7	复杂连接	各部分层数、刚度、布置不同的错层或连体两端塔楼明显不规则的结构
8	多种复杂	同时具有转换层、加强层、错层、连体和多塔类型中的2种以上

(3) 严重不规则，指的是形体复杂，多项不规则指标超过《抗规》3.4.4条上限值或某一项大大超过规定值，具有现有技术和经济条件不能克服的严重的抗震薄弱环节，可能导致地震破坏的严重后果者。

依据《超限高层建筑工程抗震设防专项审查技术要点》，严重不规则结构属于超限结构，所采取的“比《抗规》第3.4.4条等的要求更加有效的措施”必须通过超限专项审查，才算“抗震设防标准正确，抗震措施和性能设计目标基本符合要求”。另外由于近年来的几次大的震害给人民的生命财产安全造成极大的损害，部分省市出台了更加明确细致的地方性法规和规定，在设计时要注意执行。如《四川省抗震设防超限高层建筑工程界定规定》(川建勘设发［2006］133号)规定:“除转换层外,楼层侧向刚度小于相邻上一层的55%(8、9度时为60%),或小于其上相邻三个楼层平均值的65%(8、9度时为70%)即为抗震设防超限高层建筑工程。”

特别需要指出的是,严重不规则结构因“具有现有技术和经济条件不能克服的严重的抗震薄弱环节,可能导致地震破坏的严重后果者”,在结构设计中是必须避免的。

高层建筑结构设计中,为保证建筑物的整体性能,《抗规》和《高规》规定了六个主要控制指标,它们是层刚度比、周期比、位移比、剪重比、层间受剪承载力比、刚重比;设计中要严格执行,不满足时应进行合理调整,以确保建筑结构的整体安全可靠。

7.6.2 控制结构整体性能的六大宏观指标和六方面判断

为了保证结构的整体性能,设计规范对结构分析设计结果做了很多具体的条文规定,这些规定,是设计人员和图纸审查机构判断结构性能的有力依据。

1. 六大宏观指标

众所周知,高层建筑结构的设计有六个严格的指标控制:①刚重比,②周期比,③剪重比,④层刚度比,⑤位移比,⑥层间受剪承载力比。这些控制指标有的是《高规》单独规定的,有的则是《抗规》和《高规》同时都有规定的,对于《抗规》规定的控制指标,不管是多层建筑结构设计还是高层建筑结构设计,都必须遵循这些原则。我们把这些指标的相关规范条文列于表7-7。

控制结构性能的六大性能指标及适用结构范围 **表7-7**

类别	多层建筑结构	高层建筑结构	参数性能
周期比	—	《高规》第3.4.5条	控制结构平面扭转效应
刚重比	《抗规》第3.6.3	《高规》第5.4.1条、5.4.4条	重力二阶效应及结构抗震整体稳定性
层刚比	《抗规》第3.4.2条	《抗规》第3.4.2条、《高规》第3.5.2条	控制结构竖向规则性、薄弱层加强控制
剪重比	《抗规》第5.2.5条	《抗规》第5.2.5条、《高规》第4.3.12条	要求结构承担足够的地震作用
位移比	《抗规》第3.4.4条	《抗规》第3.4.4条、《高规》第3.4.5条	控制结构平面规则性
层间受剪承载力比	《抗规》第3.4.4条	《高规》第3.5.3条	抗剪承载力薄弱层判断及控制

当结构分析结果不满足相应的上述规范条文时,一般只能通过调整平面布置来改善这一状况,这种改变一般是整体性的,局部的小调整往往收效甚微。如周期比不满足要求时,则应力求结构承载布局更为合理,结构竖向构件布置分布均匀,或加强结构平面外廓竖向构件刚度,以求改善结构的整体扭转效应。

对于多层建筑结构(10层以下或28m以下的结构)来说,“周期比”不一定必须严格控制,但是一般情况下,宜使结构的第一周期为平动周期。多层结构的“刚重比”尽管规范没有要求,但可以适当参照《高规》规定,不过对于大多数多层建筑而言,刚重比指标比较容易满足《高规》。

2. 六方面判断

我们在这里给出的六方面判断包括结构规则性判断、抗震性能判断、抗倾覆性判断、结构舒适性、经济技术指标和薄弱层判断。

(1) 结构规则性判断包括结构的竖向规则性和平面规则性判断,规则性判断在上一节我们已有详细叙述。

(2) 抗震性能判断包括对结构抗震性能水平和设防目标的判断。在前面我们讨论SATWE设计参数补充定义中，我们对结构抗震性能水平和设防目标已做了讨论，另外在后面的分析结果评价分析中还要依据六大比值等进行定量化的研判。

(3) 抗倾覆性判断包括结构整体抗倾覆验算、框剪结构底层框架部分承受的地震倾覆力矩与结构总地震倾覆力矩的比值判断。这两项指标SATWE都会在计算分析结果中给出。

(4) 结构舒适性判断在后面也会依据SATWE计算分析结果和相关规范条文加以说明。

(5) 经济技术指标判断是一个负责任的设计人员在设计过程中必须进行的一项工作，尽管在设计时不可能得到确切的设计经济技术指标，但是设计人员应该能够根据以往的设计经验和所设计结构的计算指标，对所进行的设计进行一个初步评价，并依据评价确定下一步应该进行的工作。SATWE的计算分析结果中，会给出楼层结构重度指标以及构件轴压比、配筋率指标，这些指标对我们评价所设计的结构技术经济指标提供了有力的依据，本章后面我们将对这些内容进行叙述。

(6) SATWE软件在计算设计时，能够依据规范对结构的薄弱层进行判断，并给出设计建议。在本章第7.2.3节的【地震信息】中我们已经对薄弱层进行了详细的叙述，在后面我们还将有相关的实例操作。

7.6.3 设计信息—平均重度、层刚比、整体抗倾与舒适性 WMASS.OUT

在SATWE计算分析完成之后，点击SATWE主界面的【分析结果图形与文本显示】菜单，打开图7-54所示对话框，程序默认为“图形文件输出”。点击对话框的“文本文件输出”，显示图7-55所示对话框。

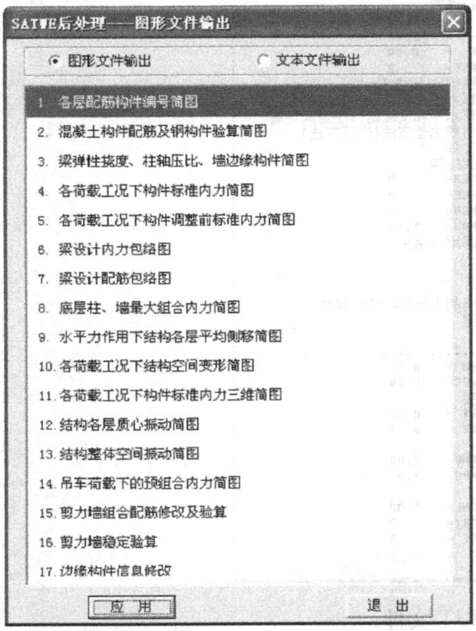

图7-54 SATWE图形文件输出

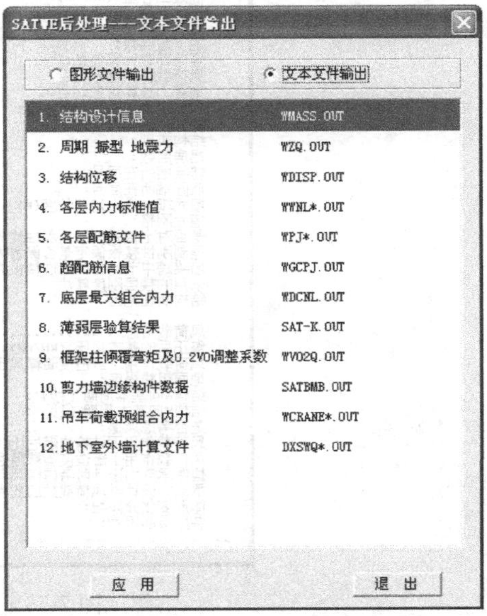

图7-55 SATWE文本文件输出

“图形文件输出”和“文本文件输出”分别输出不同的结算结果。在结构设计时，需要对这两种输出都进行检查分析。点击“结构设计信息 WMASS. OUT”，即可在记事本中打开该文件如图 7-56 所示。

1. 对分析设计参数进行校对

这个文件包括在 SATWE 参数补充定义中定义的参数，通过这个文件可以进一步校核前面输入的参数信息，如仔细校对、检查结构周期、地震信息、地震烈度、基本风压、活载信息、调整信息等是否有误。

2. 混凝土标号分布

结构设计时通常同一层的梁柱墙混凝土等级是相同的，对于高层建筑随着楼层变化允许混凝土标号分段递减其标号，但是其变化规律应该是向上递减，如果出现标号高低交错情况，则显然表示在建模时输入的楼层信息有误。

3. 风荷载统计信息

检查风荷载值、风荷载产生的剪力、倾覆弯矩分布是否有异常。通常情况下在层高一致的情况下，风荷载会随高度的增加呈逐渐增加趋势，剪力随层数增加呈递减趋势。

4. 平均重度

该文件中有结构的总质量输出信息以及楼层的结构平均重度（SATWE 输出结果量纲为 kN/m^2）。对于多层框架结构其合理平均重度通常在 11～12kN/m^2，高层框架 10. 5kN/m^2 左右，剪力墙结构在 15kN/m^2 左右。另外合理平均重度随着地震烈度的增加而增加。在方案设计阶段，可根据此项指标和设计经验判断结构的技术经济指标情况。

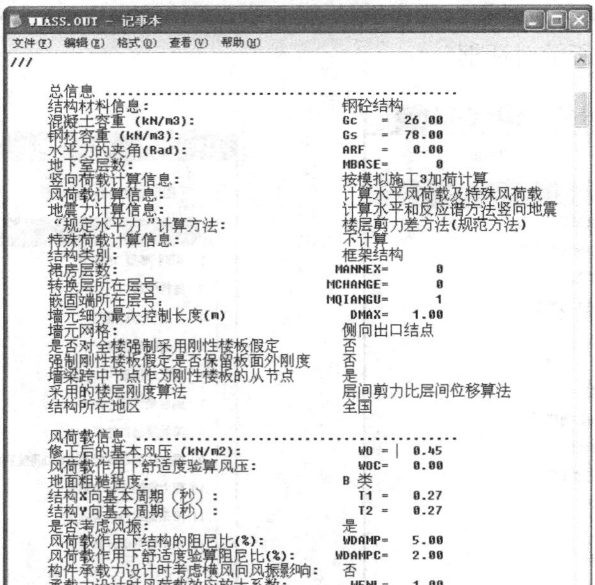
WMASS.OUT - 记事本
文件(F) 编辑(E) 格式(O) 查看(V) 帮助(H)

```
///

    总信息 ..............................................
    结构材料信息:                              钢砼结构
    混凝土容重 (kN/m3):                        Gc    =  26.00
    钢材容重 (kN/m3):                          Gs    =  78.00
    水平力的夹角(Rad):                         ARF   =   0.00
    地下室层数:                                MBASE=      0
    竖向荷载计算信息:                          按模拟施工3加荷计算
    风荷载计算信息:                            计算水平风荷载及特殊风荷载
    地震力计算信息:                            计算水平和反应谱方法竖向地震
     “规定水平力”计算方法:                    楼层剪力差方法(规范方法)
    特殊荷载计算信息:                          不计算
    结构类别:                                  框架结构
    裙房层数:                                 MANNEX=      0
    转换层所在层号:                          MCHANGE=      0
    嵌固端所在层号:                          MQIANGU=      1
    墙元细分最大控制长度(m)                     DMAX=   1.00
    墙元网格:                                  侧向出口结点
    是否对全楼强制采用刚性楼板假定             否
    强制刚性楼板假定是否保留板面外刚度         否
    墙梁跨中节点作为刚性楼板的从节点           是
    采用的楼层刚度算法                         层间剪力比层间位移算法
    结构所在地区                               全国

    风荷载信息 ..........................................
    修正后的基本风压 (kN/m2):                    W0 =   0.45
    风荷载作用下舒适度验算风压:                  WOC=   0.00
    地面粗糙程度:                              B 类
    结构X向基本周期 (秒) :                       T1 =   0.27
    结构Y向基本周期 (秒) :                       T2 =   0.27
    是否考虑风振:                              是
    风荷载作用下结构的阻尼比(%):               WDAMP=   5.00
    风荷载作用下舒适度验算阻尼比(%):          WDAMPC=   2.00
    构件承载力设计时考虑横风向风振影响:        否
    承载力设计时风荷载效应放大系数:             WENL=   1.00
    体形变化分段数:                            MPART=      2
    各段最高层号:                              NSTi =      3      5
```

Ln 51, Col 43

图 7-56　WMASS. OUT 文件

设计实例（结果检查 1）—7-15 平均重度检查

［1］ 点击图 7-55 对话框的“结构设计信息 WMASS”菜单，程序会自动用记事本打开该文件，移动滑动条到图 7-57 所示位置。

```
==========================================================================
          各楼层的单位面积质量分布(单位:kg/m**2)
==========================================================================

 层号   塔号      单位面积质量 g[i]      质量比 max(g[i]/g[i-1],g[i]/g[i+1])
   1      1          1012.01                          1.03
   2      1           984.78                          1.75
   3      1           562.82                          1.06
   4      1           528.67                          1.00
```

图 7-57 WMASS. OUT 各楼层平均重度

［2］ 从图中可以看到，坡屋面建筑第 3、4 层实际是一个结构层的分开模型，其总重度基本处于比较合理的重度范围。

［3］ 楼层平均重度变化未超过 150%，参照《抗规》第 3.4.3 条文说明不用考虑由于楼层质量引起的薄弱层人工指定问题。

5. 结构竖向规则性及薄弱层控制指标——层刚比

层刚比的概念用来体现结构整体的上下匀称度。规范要求结构各层之间的刚度比，并根据刚度比对地震力进行放大，规范对结构的层刚度有明确的要求，在判断楼层是否为薄弱层、地下室是否能作为嵌固端、转换层刚度是否满足要求等，都要求有层刚比作为依据。

（1）相关规范条文

《高规》第 3.5.2 条规定，抗震设计的高层建筑结构，其楼层侧向刚度小于其上一层的 70%或小于其上相邻三层侧向刚度平均值的 80%，或某楼层竖向抗侧力构件不连续，其薄弱层所对应于地震作用标准值的地震剪力应乘以 1.15 的增大系数。根据《高规》第 3.5.2 条，框架结构的层间刚度比应该按照地震剪力与地震层间位移的比值来验算层刚度比，框剪结构采用考虑修正层高的层刚度比。

《抗规》第 3.4.2 条：“建筑设计应重视其平面、立面和竖向剖面的规则性对抗震性能及经济合理性的影响，宜择优选用规则的形体，其抗侧力构件的平面布置宜规则对称、侧向刚度沿竖向宜均匀变化、竖向抗侧力构件的截面尺寸和材料强度宜自下而上逐渐减小、避免侧向刚度和承载力突变。不规则建筑的抗震设计应符合本规范第 3.4.4 条的有关规定。”第 3.4.3 条：“楼层的侧向刚度小于相邻上一层的 70%或小于其上相邻三个楼层侧向刚度平均值的 80%为竖向不规则结构”。第 3.4.4 条规定：“平面规则而竖向不规则的建筑，应采用空间结构计算模型，刚度小的楼层的地震剪力应乘以不小于 1.15 的增大系数。”

另外《高规》、《抗规》对底框结构、框支抗震墙、转换层、地下室顶板作为上部结构嵌固端、底部大空间剪力墙的楼层侧向刚度也有规定，其中“当地下室的顶板作为上部结构嵌固端时，地下室结构的楼层侧向刚度不应小于相邻上部结构楼层侧向刚度的 2 倍”，在设计这类结构时，要注意与此相关的层刚比条文。

（2）层刚比控制的意义

层刚度比主要控制建筑结构竖向规则性，以免竖向刚度突变，形成薄弱层。应尽量避免特别不规则和严重不规则的结构。

(3) 层刚比处理方法

对于“不规则”结构，SATWE 能够自动依据《抗规》第 3.4.3 条、《高规》第 3.5.2 条可以判定结构的薄弱层，并按 SATWE【分析与参数补充定义】的【调整信息】中确定的薄弱层及薄弱层地震内力放大系数对薄弱层地震内力进行放大。对于“特别不规则”结构（如表 7-5 的本层侧向刚度小于相邻上层 50%）应对结构方案进行调整。

层刚比不满足规范控制要求时，对结构方案调整措施为：可适当降低本层层高或加强本层墙、柱或梁的刚度，适当提高上部相关楼层的层高和削弱上部相关楼层墙、柱或梁的刚度等。

(4) SATWE 层刚度比输出检查

在 SATWE 文本结果输出文件 WMASS. OUT 中，结构将输出多种数据用于层刚比检查，

设计实例（结果检查 2)—7-16 层刚度比检查

[1] 点击“结构设计信息 WMASS”菜单，程序会自动用记事本打开该文件，移动滑动条到图 7-58 所示位置。

[2] 依据图 7-58 的 WMASS 文件注释：“Ratx1，Raty1：X，Y 方向本层塔侧移刚度与上一层相应塔侧移刚度 70%的比值或上三层平均侧移刚度 80%的比值中之较小者”，第一层 Raty1 为 0.699，设第一层侧向刚度为 A，第二层侧向刚度为 B，上三层平均侧向刚度为 C，根据 MWASS 注释，min（A/(B×0.7)，A/(C×0.8))＝0.699，故有A/B＝0.699×0.7＝0.489，或 A/C＝0.699×0.8＝0.489。依照《抗规》第 3.4.1 条及条文说明(表 7-6)，其值皆小于 0.5，为“特别不规则”结构，需对结构方案进行调整。从图 7-58 输出数据分析发现，实际是第一层和第二层的 RJY3 相差较大，需降低第二层的 RJY3。

```
==========================================================================
          各层刚心、偏心率、相邻层侧移刚度比等计算信息
 Floor No            : 层号
 Tower No            : 塔号
 Xstif, Ystif        : 刚心的 X, Y 坐标值
 Alf                 : 层刚性主轴的方向
 Xmass, Ymass        : 质心的 X, Y 坐标值
 Gmass               : 总质量
 Eex, Eey            : X, Y 方向的偏心率
 Ratx, Raty          : X, Y 方向本层塔侧移刚度与下一层相应塔侧移刚度的比值(剪切刚度)
 Ratx1, Raty1        : X, Y 方向本层塔侧移刚度与上一层相应塔侧移刚度70%的比值
                或上三层平均侧移刚度80%的比值中之较小者
 RJX1, RJY1, RJZ1: 结构总体坐标系中塔的侧移刚度和扭转刚度(剪切刚度)
 RJX3, RJY3, RJZ3: 结构总体坐标系中塔的侧移刚度和扭转刚度(地震剪力与地震层间位移的比)
==========================================================================
 Floor No.   1    Tower No.   1
 Xstif=    25.3488(m)    Ystif=    20.5047(m)    Alf  =     0.0000(Degree)
 Xmass=    21.3457(m)    Ymass=    16.8467(m)    Gmass(活荷折减)=   698.8590(    601.0544)(t)
 Eex  =     0.3247       Eey  =     0.2929
 Ratx =     1.0000       Raty =     1.0000
 Ratx1=     0.7754       Raty1=     0.6990
 薄弱层地震剪力放大系数= 1.25
 RJX1 = 1.6313E+06(kN/m)  RJY1 = 1.6313E+06(kN/m)  RJZ1 = 0.0000E+00(kN/m)
 RJX3 = 9.0546E+04(kN/m)  RJY3 = 7.0472E+04(kN/m)  RJZ3 = 0.0000E+00(kN/m)
--------------------------------------------------------------------------
 Floor No.   2    Tower No.   1
 Xstif=    27.2953(m)    Ystif=    18.7387(m)    Alf  =     0.0000(Degree)
 Xmass=    21.2567(m)    Ymass=    16.3788(m)    Gmass(活荷折减)=   640.5923(    547.4110)(t)
 Eex  =     0.5548       Eey  =     0.2084
 Ratx =     1.0000       Raty =     1.0000
 Ratx1=     2.9212       Raty1=     2.6645
 薄弱层地震剪力放大系数= 1.00
 RJX1 = 1.6314E+06(kN/m)  RJY1 = 1.6314E+06(kN/m)  RJZ1 = 0.0000E+00(kN/m)
 RJX3 = 1.6683E+05(kN/m)  RJY3 = 1.4402E+05(kN/m)  RJZ3 = 0.0000E+00(kN/m)
--------------------------------------------------------------------------
```

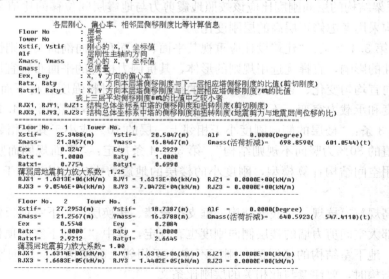

图 7-58 SATWE 输出的层刚度比数值

［3］ 返回 PMCAD，结合建筑及结构情况，对第二标准层 A～E 轴梁截面进行调整，调整原来 300×650 截面，调整后梁截面如图 7-59 所示（实际设计调整时应注意一起考察承载力等其他指标，本实例已做综合考察），再回到 SATWE 进行内力分析，第一层 Ratyl 变为 0.7253，计算后其与上层刚度比为 0.5077，属于不规则结构，SATWE 已自动视其为薄弱层并进行了地震力放大，满足了《抗规》第 3.4.1 条。

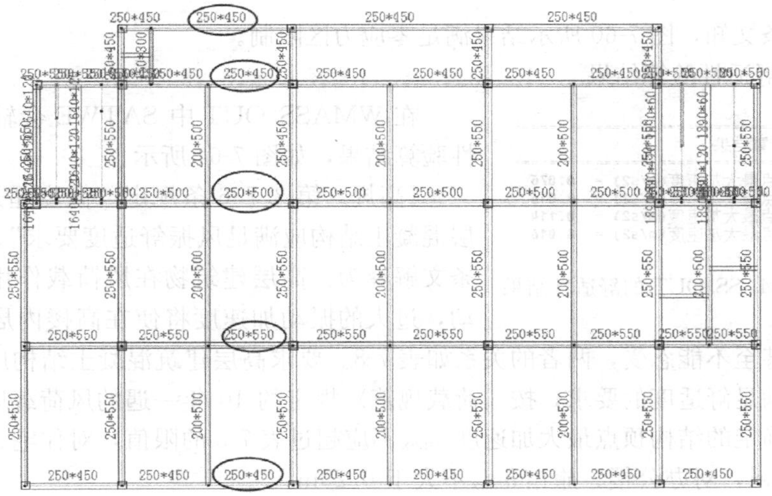

图 7-59 修改后的第二标准层梁截面

［4］ 该建筑首层之所以出现薄弱层，是由于首层柱高度从基础顶算起，埋置于±0.00室内回填土以下部分也计入层高。实际上由于室内回填土对底层柱有一定的约束嵌固作用，故亦不对其结构方案进行调整。如果在实际设计时，其他楼层出现薄弱层宜回到结构模型仔细分析出现的原因，并考虑是否对结构布置进行适当的调整。

提示角

实际设计中，也可以考虑通过设置拉梁层降低首层层高，改善结构整体性能。
关于基础拉梁与拉梁层等有问题的讨论，详见第 11 章。

［5］ 该结构的其他楼层层刚比检查从略。

需要注意的是，对于高层建筑的层高度比计算原则要按照《高规》第 3.5.2 条规定进行。

6. 结构整体抗倾覆验算结果

在 WMASS. OUT 中 SATWE 会输出在和方向在风荷载和地震作用下的倾覆弯矩和零应力区比例。零应力区指的基底应力小于等于零的区域，如图 7-60 所示。

结构整体抗倾覆验算结果

	抗倾覆力矩Mr	倾覆力矩Mov	比值Mr/Mov	零应力区(%)
X风荷载	258726.0	0.0	2587260.00	0.00
Y风荷载	168453.0	0.0	1684529.62	0.00
X 地 震	241572.6	5423.6	44.54	0.00
Y 地 震	157284.6	5750.2	27.35	0.00

图 7-60 WMASS. OUT 的抗倾覆结果

《抗规》第 4. 2. 4 条规定："高宽比大于 4 的高层建筑，在地震作用下基础底面不宜出现脱离区（零应力区）；其他建筑，基础底面与地基土之间脱离区（零应力区）面积不应超过基础底面面积的 15%。"

对于多层和高层钢筋混凝土房屋，《抗规》第 6. 1. 13 规定："主楼与裙房相连且采用天然地基，除应符合本规范第 4. 2. 4 条的规定外，在多遇地震作用下主楼基础底面不宜出现零应力区。"

从规范条文知，图 7-60 所示结果满足零应力区限制。

7. 结构舒适性验算结果

在 WMASS. OUT 中 SATWE 会输出结构舒适性验算结果，如图 7-61 所示。

```
=============================================
结构舒适性验算结果
=============================================
X向顺风向顶点最大加速度(m/s2) =    0.076
X向横风向顶点最大加速度(m/s2) =    0.016
Y向顺风向顶点最大加速度(m/s2) =    0.114
Y向横风向顶点最大加速度(m/s2) =    0.016
```

图 7-61　WMASS. OUT 的舒适性结果

《高规》第 3. 7. 6 条规定"高度超过 150m 的高层混凝土结构应满足风振舒适度要求"。第 3. 7. 6 条条文解释为：高层建筑物在风荷载作用下将产生振动，过大的振动加速度将使在高楼内居住的人们感觉不舒适，甚至不能忍受，两者的关系如表 7-8。要求高层建筑混凝土结构应具有更好的使用条件，满足舒适度的要求，按《荷载规范》规定的 10 年一遇的风荷载取值计算或专门风洞试验确定的结构顶点最大加速度 α_{max}不应超过表 7-8 的限值，对住宅、公寓 α_{max}不大于 0. 15m/s^2，对办公楼、旅馆 α_{max}不大于 0. 25m/s^2。

对结构舒适度，《高规》第 3. 7. 7 条还对楼板进行了类似的规定。PKPM2010 提供了楼板舒适度验算软件 SLADFIT，通过该软件可以进行楼板舒适度计算，我们可以通过软件计算得到的楼板振动最小固有频率和最大加速度值来判断楼板结构是否满足规范要求，如果不满足则进行相应的调整。

舒适度与风振加速度关系　　　　表 7-8

不舒适程度	建筑物加速度	不舒适程度	建筑物加速度
无感觉	<0. 005g	十分扰人	0. 05g～0. 15g
有感	0. 005g～0. 015g	不能忍受	>0. 15g
扰人	0. 015g～0. 05g		

8. 结构整体稳定性及重力二阶效应计算控制指标——刚重比

与层刚比一样，刚重比是反应结构整体性能的六大指标之一，也是在结构设计过程中必须重点考察的指标。

《抗规》第 3. 6. 3 条规定："当结构在地震作用下的重力附加弯矩大于初始弯矩的 10% 时，应计入重力二阶效应的影响。注：重力附加弯矩指任一楼层以上全部重力荷载与该楼层地震平均层间位移的乘积；初始弯矩指该楼层地震剪力与楼层层高的乘积。"

《高规》第 5. 4. 1 条规定：在水平力作用下，高层框架结构满足 $D_i \geqslant 20\sum_{j=i}^{n} G_j/h_i$ 或高层剪力墙结构等建筑结构满足 $EJ_d \geqslant 2.7H^2\sum_{i=1}^{n} G_i$，可不考虑重力二阶效应的不利影响。其中 EJ_d为结构一个主轴方向的弹性等效侧向刚度；H 为房屋高度；G_i、G_j分别为

第 i、j 楼层重力荷载设计值；h_i 为第 i 楼层层高；D_i 为第 i 楼层的弹性等效侧向刚度，可取该层剪力与层间位移的比值；n 为结构计算总层数。如果不满足前述规定时，应考虑重力二阶效应对水平力作用下结构内力和位移的不利影响。

《高规》第 5. 4. 4 规定：高层框架结构的稳定应符合 $D_i \geqslant 10\sum_{j=i}^{n} G_j/h_i$ 要求；剪力墙结构等应符合 $EJ_d \geqslant 1.4H^2\sum_{i=1}^{n} G_i$ 。

经过对《抗规》和《高规》条文及公式分析知，《抗规》第 3. 6. 3 条和《高规》第 5. 4. 4 条具有一致性，所以当多高层结构不满足《抗规》第 3. 6. 3 条和《高规》第 5. 4. 4 条，应考虑重力二阶效应，或者调整并增大结构的侧向刚度。

SATWE 在其计算结果文本文件 WMASS. OUT 中对结构的剪重比进行了输出，设计人员很容易进行输出结果与规范条文的对比检查。

设计实例（结果检查 3）—7-17 多层结构刚重比

［1］ 向下滚动 WMASS. OUT 记事本右侧滚动条，把文本滚动至图 7-62 所示位置。

［2］ 尽管规范对多层建筑结构刚重比没有条文规定，但可以参照《高规》对此指标进行适当考察。

［3］ 该工程需要调整 SATWE 参数，考虑重力二阶效应（该工程前面输出结果为已考虑重力二阶效应后的结果，故修改后重新计算不再重复前面校核）。

结构整体稳定验算结果

层号	X向刚度	Y向刚度	层高	上部重量	X刚重比	Y刚重比
1	0.948E+05	0.733E+05	5.86	23940.	23.21	17.95
2	0.153E+06	0.144E+06	4.00	15079.	40.60	38.31
3	0.740E+05	0.777E+05	7.19	7114.	74.84	78.53

该结构刚重比Di*Hi/Gi大于10,能够通过高规(5.4.4)的整体稳定验算
该结构刚重比Di*Hi/Gi小于20,应该考虑重力二阶效应

图 7-62 SATWE 输出的刚重比结果

9. 根据层间受剪承载力判断抗剪比薄弱层

《抗规》第 3. 4. 4 条："楼层承载力突变时，薄弱层抗侧力结构的受剪承载力不应小于相邻上一楼层的 65％ 。"

《高规》第 3. 5. 3 条规定："A 级高度的高层建筑的楼层抗剪侧力结构的层间受剪承载力不宜小于其相邻上一层受剪承载力的 80%，不应小于其相邻上一层受剪承载力的 65%；B 级高度的高层建筑的楼层抗侧力结构的层间受剪承载力不应小于其相邻上一层受剪承载力的 75%。"

设计实例（结果检查 4）—7-18 楼层抗剪承载力

［1］ 向下滚动 WMASS. OUT 记事本右侧滚动条，把文本滚动至图 7-63 所示位置。

［2］ 从图 7-63 可以看到，图中 X 方向最小楼层承载力之比为 1.0，没有突变，满足《抗规》第 3. 4. 4 条规定。

7. 6. 4 周期、振型、地震力 WZQ. OUT

在上一节我们对 SATWE 的结构总信息输出文件 WMASS. OUT 中的主要内容，以

```
************************************************************************
*                   楼层抗剪承载力、及承载力比值                         *
************************************************************************

     Ratio_Bu: 表示本层与上一层的承载力之比

------------------------------------------------------------------------
层号   塔号      X向承载力     Y向承载力    Ratio_Bu:X,Y
------------------------------------------------------------------------
  3      1      0.6992E+03   0.6625E+03   1.00    1.00
  2      1      0.1774E+04   0.1684E+04   2.54    2.54
  1      1      0.1767E+04   0.1733E+04   1.00    1.03
X方向最小楼层抗剪承载力之比:    1.00 层号:  1 塔号:  1
Y方向最小楼层抗剪承载力之比:    1.00 层号:  3 塔号:  1
```

图 7-63　WMASS. OUT 的楼层抗剪承载力

及如何结合规范检查及输出结果检查结构的合理性做了比较详细的描述。在本节我们将介绍结构分析中另一个比较重要的分析结果文件“WAZ. OUT”。点击【SATWE—文本输出】对话框的【周期、振型、地震力 WAZ】即可用记事本打开 WAZ. OUT。

1. 考虑扭转耦联时的振动周期（秒）、X 和 Y 方向的平动系数、扭转系数

在 WAZ. OUT 文件的第一个内容即是结构各振型的周期、转角、平动系数和扭转系数和地震作用最大方向。

对于地震力最大作用方向，在前面章节中我们已经知道，如果其角度偏离坐标轴角度大于 15°，则应把该角度输入到【总信息】的“水平力夹角”或【地震信息】的“斜交抗侧向方向夹角”进行重新分析计算。

（1）从基本周期判断结构刚柔程度

如果周期太短则表明结构偏刚，其承受的地震作用偏大；如果周期太长，则表明结构偏柔，则可能其水平力作用下侧向位移较大。在设计时，可参照旧的高层规范给出的结构基本周期近似值，考察结构的刚柔性是否合适，其中，框架结构 $T=(0.08-1.00)N$；框剪结构、框筒结构 $T=(0.06-0.08)N$；剪力墙结构、筒中筒结构 $T=(0.05-0.06)N$。N 为结构层数。

在实际进行结构设计时，结构的基本周期不起控制作用，而结构的周期比、位移比以及位移角等才是控制结构性能的主要指标，对这些比值规范有明确的条文规定。如果结构总体控制比值以及结构舒适度满足规范要求，则不必太拘泥于结构基本周期是否合适。结构偏刚偏柔总能从其他规范规定的控制指标中得以体现。

（2）周期比限制

《高规》第 3.4.5 条规定了结构扭转为主的第一自振周期 T_t 与平动为主的第一自振周期 T_1 之比的限制性要求：“结构平面布置应减少扭转的影响。结构扭转为主的第一自振周期 T_i 与平动为主的第一自振周期 T_i 之比，A 级高度高层建筑不应大于 0.9，B 级高度高层建筑、混合结构高层建筑及本规程第 10 章所指的复杂高层建筑不应大于 0.85。”

（3）基本周期的属性判断

对于结构的基本周期的考察通常主要考察前三个基本周期。

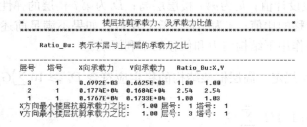

平动系数与扭转系数之和永远等于 1，平动系数为 1 的基本周期我们称之为纯平动周期，扭转系数为 1 的基本周期我们称之为纯扭转周期，介于 0 和 1 之间既有平动也有扭转的周期我们称之为混合周期。《高规》第 3.4.5 条的条文说明规定：在二个平动和一个扭转方向因子中，当扭转方向因子大于 0.5 时，则该振型可认为是扭转为主的振型。第一平动周期所对应的振型应该越单纯越好，在结构方案设计阶段，当前三个周期出现混合周期

时，应甄别其原因并尽可能进行结构方案上的调整。平动与扭转系数所在百分比为多少合适，规范并没有说明，应根据具体情况而定。

振型特征判断还与宏观振动形态有关。对结构整体振动分析而言，结构的某些局部振动的振型是可以忽略的，有利于主要问题的把握。对于各个振型结构的位移扭转情况还可以通过图形输出显示进一步查看，如果该周期从图形中看是局部振动引起，则应寻找更合理的周期作为第一平动或扭转周期（尤其有大悬挑、错层等结构）。

设计实例（结果检查5）—7-19 周期比检查

［1］ 点击【SATWE 后处理—文本文件输出】对话框的“周期、振型、地震力 WAZ”菜单，程序会自动用记事本打开该文件，SAWE 计算得到的振型、结构基本周期等如图 7-64 所示。

［2］ 从图中可以看到，地震作用最大的方向为 84°，与坐标轴夹角小于 15°，可不调整分析设计参数。

［3］ 图中振型 1 的平动系数为 0.98，是一个比较纯的平动周期，确定该周期为结构的第一平动周期。其周期为 1.070s。

［4］ 结构的第 2 振型是以平动为主的混合振型。

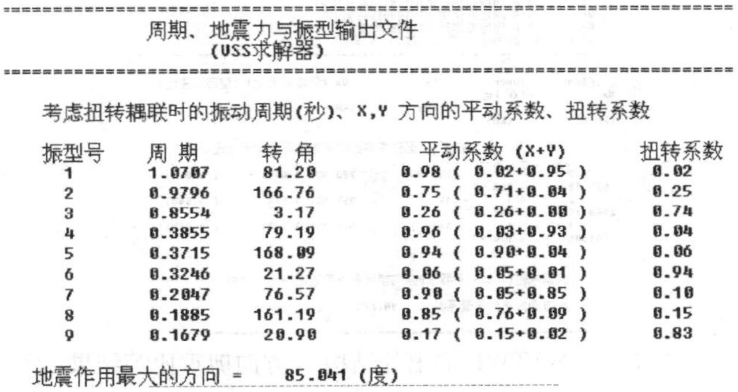
周期、地震力与振型输出文件
(VSS求解器)

考虑扭转耦联时的振动周期(秒)、X,Y 方向的平动系数、扭转系数

振型号	周 期	转 角	平动系数 (X+Y)	扭转系数
1	1.0707	81.20	0.98 (0.02+0.95)	0.02
2	0.9796	166.76	0.75 (0.71+0.04)	0.25
3	0.8554	3.17	0.26 (0.26+0.00)	0.74
4	0.3855	79.19	0.96 (0.03+0.93)	0.04
5	0.3715	168.09	0.94 (0.90+0.04)	0.06
6	0.3246	21.27	0.06 (0.05+0.01)	0.94
7	0.2047	76.57	0.90 (0.05+0.85)	0.10
8	0.1885	161.19	0.85 (0.76+0.09)	0.15
9	0.1679	20.90	0.17 (0.15+0.02)	0.83

地震作用最大的方向 = 85.041 (度)

图 7-64 SATWE 输出的周期比数值

［5］ 振型 3 的扭转系数为 0.75，为一个以扭转为主的振型，判定该振型为结构的第一扭转振型。其周期为 0.8554s。

［6］ 由于该建筑为坡屋面建筑，其平面上二个楼梯结构形式不同，在考虑楼梯对主体的影响后，导致结构的前 3 个振型出现了混合周期，仍属正常范畴，不需调整结构布置方案。

［7］ 该建筑属于多层建筑结构，其周期比不受规范限制。但是我们这里仍可计算一下周期比，周期比为结构扭转为主的第一自振周期 T_i 与平动为主的第一自振周期 T_i 之比，故 0.8554/1.0707=0.799。（假定该结果为某高层建筑结构的计算结果，根据前文所提的《高规》第 3.4.5 条 A 级高度高层建筑周期比不应大于 0.9，B 级高度高层建筑、混合结构高层建筑周期比不应大于 0.85。其周期比符合规范要求。）

2. 各层 X/Y 向剪力、剪重比及地震有效质量系数

在 WAZ. OUT 文件的该部分内容中，SATWE 将输出各个基本振型在各个结构层分别沿 X、Y 方向的地震作用力、剪重比以及地震有效质量系数。将这些输出数值与规范条

文要求对比，判断结构是否满足规范要求。

《抗规》第 5.2.2 条条文说明规定：“对于振型分解法，由于时程分析法亦可利用振型分解法进行计算，故加上“反应谱”以示区别。为使高柔建筑的分析精度有所改进，其组合的振型个数适当增加。振型个数一般可以取振型参与质量达到总质量 90%所需的振型数。”

《高规》第 5.1.13 条也规定 B 级高度的高层建筑结构、混合结构及高规第 10 章规定的复杂高层建筑，宜考虑平扭耦联计算结构的扭转效应，振型数不应小于 15，多塔结构不应小于塔数的 9 倍，且计算振型数应使各振型参与质量之和不小于总质量的 90%。

设计实例（结果检查 6）—7-20 剪重比核对

[1] 向下滚动 WMASS. OUT 记事本右侧滚动条，把文本滚动至图 7-65 所示位置。

[2] 图中显示，X 方向的有效地震质量系数为 98.79%，满足规范要求。

[3] X 向楼层最小剪重比为 3.59%，大于《抗规》第 5.2.5 条的楼层最小剪重比(1.6%)，满足规范要求。

[4] 向下继续移动滑动条，可以看到 Y 向有效地震质量和剪重比也满足规范要求。

```
各层 X 方向的作用力(CQC)
Floor     : 层号
Tower     : 塔号
Fx        : X 向地震作用下结构的地震反应力
Vx        : X 向地震作用下结构的楼层剪力
Mx        : X 向地震作用下结构的弯矩
Static Fx: 静力法 X 向的地震力
-----------------------------------------------------------------------
--------------------
   Floor      Tower        Fx            Vx (分塔剪重比) (整层剪重比)
Mx          Static Fx
                          (kN)          (kN)
(kN-m)          (kN)

                    (注意:下面分塔输出的剪重比不适合于上连多塔结构)

       3          1       226.03        226.03( 4.81%)      ( 4.81%)
1625.19         350.28
       2          1       181.87        355.42( 3.54%)      ( 3.54%)
2968.75         199.65
       1          1       178.53        477.15( 2.96%)      ( 2.96%)
5561.84         134.83

       抗震规范(5.2.5)条要求的X向楼层最小剪重比 =    1.60%

       X 方向的有效质量系数:     98.27%

-----------------------------------------------------------------
```

图 7-65　SATWE 输出的结构 X 方向剪重比等结果

7.6.5　层间位移角、位移比、最大层间位移与位移输出 WDISP. OUT

SATWE 的文本输出文件 WDISP. OUT 主要输出与结构整体位移有关系的计算结果，在这个文件中我们可以考察位移比、层间位移角等，这些指标也是规范明确在进行结构设计时要进行控制的影响结构整体性能的宏观指标。

点击【SATWE—文本输出】对话框的【结构位移 WDISP】即可用记事本打开 WDISP. OUT。

1. 层间位移角控制

层间位移角为按弹性方法计算的最大层间位移与层高之比。层间位移角控制主要是为了限制结构在正常使用条件下的水平位移，确保高层结构应具备的刚度，避免产生过大的位移而影响结构的承载力、稳定性和使用要求。层间位移角及最大层间位移判断要依照有关的规范条文进行。位移判断不等同于内力计算，这在设计时是需要注意的。

(1) 规范有关位移控制的条文

《抗规》第 5.5.1 条所列各类结构、《高规》第 3.7.3 条中高度不大于 150m 结构应进行多遇地震作用下的弹性层间位移角限值如表 7-9 所示。

《抗规》第 5.5.5 条、《高规》第 3.7.5 条规定的结构薄弱层（部位）弹塑性层间位移一弹塑性层间位移角限值稍有区别，可按表 7-10 采用；对钢筋混凝土框架结构，当轴压比小于 0.40 时，可提高 10%；当柱子全高的箍筋构造的体积配箍率比本规范第 6.3.9 条规定大 30% 时，可提高 20%，但累计不超过 25%。

《抗规》第 14.2.4 条：地下建筑的抗震验算，除应符合本规范第 5 章的要求外，尚应符合下列规定：对于不规则的地下建筑以及地下变电站和地下空间综合体等，尚应进行罕遇地震作用下的抗震变形验算。计算可采用本规范第 5.5 节的简化方法，混凝土结构弹塑性层间位移角限值 θ_{ep} 宜取 1/250。

弹性层间位移角限值 **表 7-9**

结构类型	[θ_e]	结构类型	[θ_e]
钢筋混凝土框架	1/550	抗震墙、筒中筒	1/1000
框架剪力墙、框筒等	1/800	框支结构	1/1000

薄弱层弹性层间位移角限值 **表 7-10**

结构类型	[θ_e]	结构类型	[θ_e]
钢筋混凝土框架	1/50	框架剪力墙、框筒等	1/100
底框结构中框架-剪力墙	1/100	抗震墙、筒中筒	1/120

（2）进行层间位移角核算时，是否考虑偶然偏心、双向地震作用、楼板强制刚性板假定及“规定水平力”

- 根据《高规》第 3.7.3 条第 2 款，计算层间位移角时可不考虑偶然偏心。由于多层建筑结构进行位移判断时是否考虑偶然偏心规范没有明确，在具体设计时可根据具体情况并参照《高规》进行。
- 计算层间位移角时，应采用强制刚性板假定。
- 《抗规》第 3.4.3 条的条文说明：结构楼层位移和层间位移控制值验算时，仍采用 CQC 的效应组合。层间位移控制指标为层间位移角。
- 规范条文没有规定计算层间位移角时采用哪种地震作用。双向地震作用计算，本质是对抗侧力构件承载力的一种放大，属于承载能力计算范畴，不涉及对结构扭转控制的判别和对结构抗侧刚度大小的判断。因此计算层间位移比时应采用单向地震作用。

设计实例（结果检查 7）—7-21 层间位移角、最大层间位移等核对

［1］ 参照前面规范条文，首先对 SATWE 设计参数进行检查，确认【总信息】中选择“地震作用信息”为“计算水平地震作用”，“规定水平力作用方向”为“节点地震作用的 CQC 组合”，【地震信息】中不勾选“考虑偶然偏心”。

［2］ 重新继续 SATWE 计算，打开 WDISP. OUT，得到的计算结果文件如图 7-66 所示。

［3］ 滚动滑动条，发现工况 4 的第 1 层 Y 方向最大层间位移角最大，其值为 1/731，小于规范控制限值，满足规范要求。

2. 位移比控制

“位移比”是“楼层扭转位移比”或“楼层位移比”的简称，是指楼层的最大弹性水平位移（或层间位移）与楼层两端弹性水平位移（或层间位移）平均值的比值。

控制位移比的目的是限制结构的扭转。参照第 7.2.3 节“地震信息”中对有关参数设置及规范条文，计算位移比应与“给定水平力”、“考虑双向地震作用”、“偶然偏心”、“质量和刚度分布明显不对称的结构”判断等同时考虑，由于这部分牵涉概念和规范条文较多，我们给出图 7-67 所示策略供设计时参考。

```
所有位移的单位为毫米

Floor    : 层号
Tower    : 塔号
Jmax     : 最大位移对应的节点号
JmaxD    : 最大层间位移对应的节点号
Max-(Z)  : 节点的最大竖向位移
h        : 层高
Max-(X), Max-(Y)      : X,Y方向的节点最大位移
Ave-(X), Ave-(Y)      : X,Y方向的层平均位移
Max-Dx , Max-Dy       : X,Y方向的最大层间位移
Ave-Dx , Ave-Dy       : X,Y方向的平均层间位移
Ratio-(X),Ratio-(Y): 最大位移与层平均位移的比值
Ratio-Dx,Ratio-Dy     : 最大层间位移与平均层间位移的比值
Max-Dx/h, Max-Dy/h    : X,Y方向的最大层间位移角
DxR/Dx,DyR/Dy         : X,Y方向的有害位移角占总位移角的百分比例
Ratio_AX,Ratio_AY     : 本层位移角与上层位移角的1.3倍及上三层平均位移角的1.2倍的比值的大者
X-Disp, Y-Disp, Z-Disp:节点X,Y,Z方向的位移


=== 工况  1 === X 方向地震作用下的楼层最大位移

Floor  Tower    Jmax     Max-(X)     Ave-(X)     Ratio-(X)       h
                JmaxD    Max-Dx      Ave-Dx      Ratio-Dx    Max-Dx/h     DxR/Dx    Ratio_AX
  3      1      228      12.06       10.35       1.16          7190.
                228       3.37        3.16       1.07        1/2135.      35.5%      1.00
  2      1      172       9.05        7.61       1.19          4000.
                172       2.73        2.43       1.12        1/1464.      45.8%      1.05
  1      1       90       6.39        5.27       1.21          5860.
                 90       6.39        5.27       1.21        1/ 916.      95.5%      1.42

X方向最大层间位移角:                 1/ 916.(第   1层第  1塔)
X方向最大位移与层平均位移的比值:       1.21(第   1层第  1塔)
X方向最大层间位移与平均层间位移的比值:  1.21(第   1层第  1塔)
```

图 7-66　SATWE 输出的层间位移角和最大层间位移

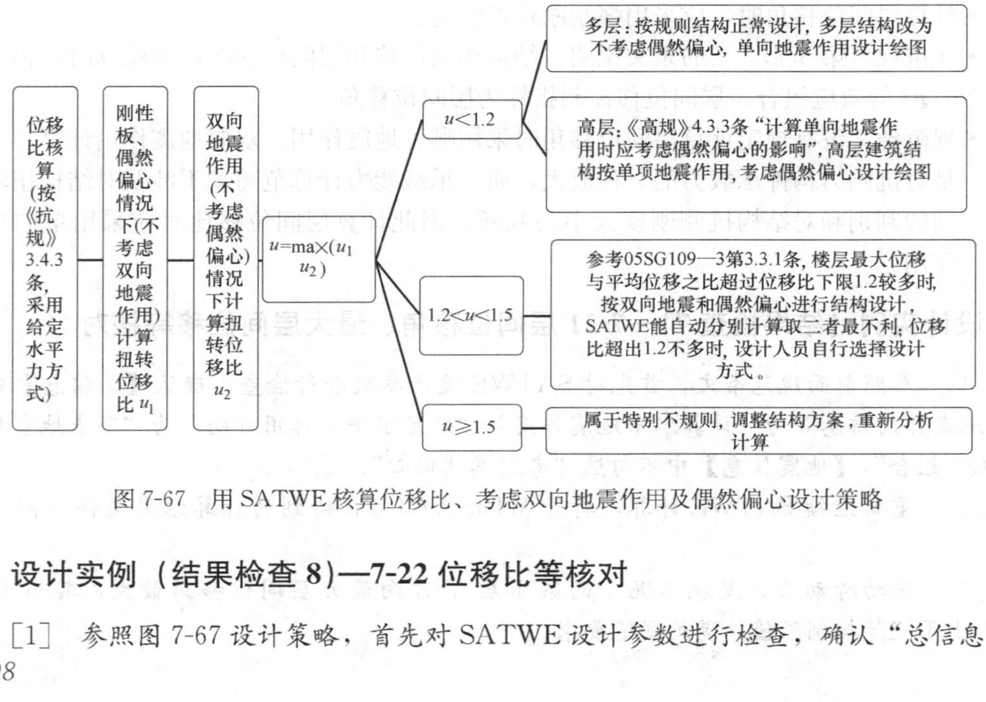

图 7-67　用 SATWE 核算位移比、考虑双向地震作用及偶然偏心设计策略

设计实例（结果检查 8）—7-22 位移比等核对

[1]　参照图 7-67 设计策略，首先对 SATWE 设计参数进行检查，确认“总信息”中

选择“地震作用信息”为“计算水平地震作用”，“规定水平力确定方式”为“规范方法”，“地震信息”中勾选“考虑偶然偏心”。

［2］ 打开 WDISP. OUT，向下滚动文本观察文件内容，找到规定水平力作用下最大位移比所在位置，如图 7-68 所示。得到规定水平力作用下考虑偶然偏心的最大位移比为 1. 25。

```
=== 工况 17 === Y+偶然偏心地震作用规定水平力下的楼层最大位移

Floor  Tower   Jmax     Max-(Y)    Ave-(Y)    Ratio-(Y)      h
               JmaxD    Max-Dy     Ave-Dy     Ratio-Dy    Max-Dy/h    DyR/Dy    Ratio_AY
  3      1      255      14.24      12.20       1.17        7190.
                255       3.32       2.81       1.18      1/2167.     64.6%       1.00
  2      1      223      10.92       9.38       1.16        4000.
                226       3.21       2.58       1.25      1/1245.     80.1%       1.26
  1      1      146       7.75       6.81       1.14        5860.
                146       7.75       6.81       1.14      1/ 757.     99.9%       1.86

 Y方向最大层间位移角:                     1/ 757.(第  1层第 1塔)
 Y方向最大位移与层平均位移的比值:            1.17(第  3层第 1塔)
 Y方向最大层间位移与平均层间位移的比值:      1.25(第  2层第 1塔)
```

图 7-68 SATWE 输出的规定水平力最大位移比

［3］ 回到 SATWE 的“参数补充定义”，把“地震信息”中勾选“考虑双向地震作用”，不考虑偶然偏心，重新计算，打开 WDISP 文件，得到双向地震作用下的最大位移比如图 7-69 所示。双向地震作用下最大位移比为 1. 22。

［4］ 以上两种位移比最大值 υ 为 1. 25，得到 $1.2<\upsilon<1.5$ 判别属于本例的商业楼属于不规则结构，依照规范选取按双向地震作用和偶然偏心最不利进行后续的结构设计绘图。

［5］ 回到 SATWE 的“参数补充定义”，把“地震信息”中勾选“考虑双向地震作用”，同时勾选“考虑偶然偏心”。

```
=== 工况  2 === X 双向地震作用下的楼层最大位移

Floor  Tower   Jmax     Max-(X)    Ave-(X)    Ratio-(X)      h
               JmaxD    Max-Dx     Ave-Dx     Ratio-Dx    Max-Dx/h    DxR/Dx
  3      1      228      12.29      10.48       1.17        7190.
                228       3.42       3.19       1.07      1/2105.     36.2%
  2      1      172       9.24       7.71       1.20        4000.
                172       2.80       2.46       1.14      1/1429.     45.6%
  1      1       90       6.52       5.34       1.22        5860.
                 90       6.52       5.34       1.22      1/ 899.     95.5%

 X方向最大层间位移角:                     1/ 899.(第  1层第 1塔)
 X方向最大位移与层平均位移的比值:            1.22(第  1层第 1塔)
 X方向最大层间位移与平均层间位移的比值:      1.22(第  1层第 1塔)
```

图 7-69 SATWE 输出的规定水平力最大位移比

7. 6. 6 框架柱倾覆弯矩及 $0.2V_0$ 调整系数

SATWE 的计算结果文本输出还有其他一些结果文件，这些文件如“框架柱倾覆弯矩及 $0.2V_0$ 调整系数”WV02Q 在进行框剪结构设计时，可能需要进行分析，具体规范条文规定已在本书第 7. 2. 5 节进行过讨论。

下面我们叙述一下针对框剪结构的框架部分承受的抗倾覆弯矩力矩与结构总抗倾覆力矩比值方面的问题。

设计实例（结果检查 9）—7-23 框架部分抗倾覆力矩

［1］ 点击【框架柱倾覆弯矩及 $0.2V_0$ 调整系数 WV02Q. OUT】菜单，打开该文件，滚动至图 7-70 所示位置。

规定水平力框架柱及短肢墙地震倾覆力矩百分比(抗规)

层号	塔号		框架柱	短肢墙
3	1	X	100.00%	0.00%
		Y	100.00%	0.00%
2	1	X	100.00%	0.00%
		Y	100.00%	0.00%
1	1	X	100.00%	0.00%
		Y	100.00%	0.00%

图 7-70 SATWE 输出的规定水平框架抗倾覆力矩比

［2］ 对于框剪结构而言，必须考察该项所占比例，如果超过 50%，则框剪结构的框架部分应该按照框架结构确定抗震等级，如果小于 10%，则框剪结构中的框架应该按剪力墙确定抗震等级，若介于二者之间，则按框剪结构确定框架部分的抗震等级，并回到 SATWE 的参数补充定义中确定修改，并重新计算。此部分的核查依据请参阅本章 7.2.3 节和 7.3.4 节与抗震等级有关的部分。

［3］ 由于本例为框架结构，且不属于大跨度，此项内容不需核查。

其他诸如地下室外墙、吊车组合内力、剪力墙边缘内力、结构内力、配筋结果等结果文件在进行某些特殊结果分析时采用，通常在设计普通的多层框架结构设计使用较少，在此不再赘述。

7.7 SATWE 计算结果图形显示与结构优化

在对分析结果数据文件进行评价分析结束之后，还要对 SATWE 的分析结果图形文件输出进行评价分析，其中“混凝土构件配筋及钢构件验算简图”、“梁弹性挠度、柱轴压比、边缘构件简图”、“超配筋信息”是结构设计过程中需要详细查看的内容，其他一些文件可以根据设计过程中的具体需要进行选择性查看。

7.7.1 结构构件设计需要检查或注意的六大微观指标

实际上，在结构设计过程中不仅要按照规范要求控制结构的宏观性能指标，设计规范对构件自身还有很多具体的设计要求，它们是构件的轴压比、剪压比、剪跨比、构件配筋率、挠度和裂缝。这些指标有些是在创建结构模型时即需要注意的，有的是在分析设计之后才能得出，下面我们简单介绍一下 PKPM 软件对它们的处理方式。

1. 剪压比：

剪压比是构件截面上平均剪应力与混凝土轴心抗压强度设计值的比值，用于说明截面上承受名义剪应力的大小。

依照《混规》第 6.3.1 条规定，当混凝土标号小于 C50 及矩形截面有效高度与梁截面宽度之比小于 4 时，梁截面上的名义剪应力 V 与 bh_0 及混凝土轴心抗压强度设计值的比值不能大于 0.25。值 0.25 即为梁的剪压比。对于 T 型截面或混凝土标号大于 C50 的情况，规范第 6.3.1 条还有相应的规定。

SATWE 软件能自动构件的剪压比是否符合规范条文规定，对不满足规范要求的构件会在其“超配筋信息 WGCPJ.OUT”文件输出。如图 7-71 所示。SATWE 文本输出结果显示某梁剪跨比不满足规范要求。

在检查输出结果时，可以通过 SATWE【图形文件输出】的【各层配筋构件编号简图】查找结果文件不满足剪跨比的梁号位置，之后再通过【混凝土构件配筋及钢构件验算简图】查看该梁配筋文字变红情况，以便进一步确定结构布置修改方案。

2. 剪跨比

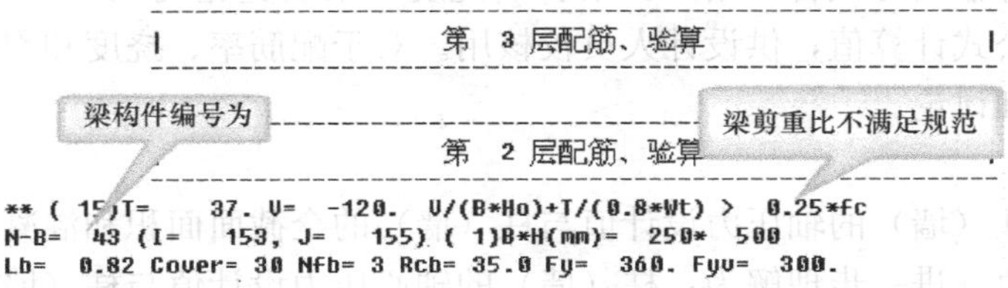

图 7-71 SATWE 输出梁的梁剪重比

剪跨比控制主要是为了避免在结构中出现短柱，关于短柱的问题我们在第 3.4.10 节中已有详细论述。剪跨比是决定异形截面柱截面特性的主要因素，当剪跨比较大时，截面正应变分布符合平截面假定，随着剪跨比的减小应变分布向曲面方向发展，异形柱的受力性能越来越接近短肢剪力墙。

(1) 规范规定

规范上对梁柱墙都有相关的剪跨比概念。

剪力墙的剪跨比：《混规》11.7.3 条规定：剪力墙的剪跨比 λ 等于 $M/(Vh_0)$，M 为与设计剪力值 V 对应的弯矩设计值。剪力墙的剪跨比影响剪力墙在偏心受压时的斜截面抗震受剪承载力。

梁的剪跨比：《混规》第 6.3.4 条规定：梁的剪跨比，为集中荷载作用点至支座截面或节点边缘的距离 a 与梁截面有效高度 h_0 的比值。梁的剪跨比影响了剪应力和正应力之间的相对关系，因此也决定了主应力的大小和方向，也影响着梁的斜截面受剪承载力和破坏的方式，也反映在第 6.3.4 条受剪承载力的公式上。

柱的剪跨比：《混规》第 6.3.12 条规定：柱的剪跨比 λ 为柱净高 H_n 与柱截面二倍有效高度的商（$H_n/2h_0$）。

(2) SATWE 处理方式

对于梁和剪力墙由于剪跨比反应在承载力计算公式上，SATWE 设计计算时会后台隐式自动处理。

对于柱的剪跨比，SATWE 依据《混规》第 11.4.11 条：剪跨比小于 1.5 的柱，轴压比限值应专门研究并采取特殊构造措施规定，软件默认当柱剪跨比小于 1.5 的时候，SATWE 限值取规范表数值减去 0.1 作为最大剪跨比。如果柱子剪跨比在 2～1.5 之间，程序则自动按规范限值表规定减去 0.05，如剪跨比小于 1.5，限值再减 0.05，相当于减去 0.1。

在对软件结果分析检查时，若 SATWE 计算混凝土柱子轴压比没有超规范限值，但是提示超限往往属于这种情况，这在使用软件时需要注意。

(3) 软件不能处理的情况

窗间墙、楼梯间由于填充墙嵌固、梁错位导致短柱出现的情况，在设计时要人工仔细校对，并采取相应的构造加强措施。

3. 配筋率、挠度和裂缝

当构件计算配筋小于最小配筋率时，SATWE 软件能自动按照规范规定的构件最小配筋率和配筋构造要求配置钢筋。当计算配筋率超过规范规定的最大配筋率时，软件会通过图形输出和文件输出方式告知用户。梁长期挠度和梁裂缝宽度在 PKPM 绘制施工图时能给出按照规范公式计算值，供设计人员校核用。对于配筋率、挠度和裂缝检查控制在本节后面我们将详细讨论。

4. 轴压比

轴压比指柱（墙）的轴压力设计值与柱（墙）的全截面面积和混凝土轴心抗压强度设计值乘积之比值（进一步理解为：柱（墙）的轴心压力设计值与柱（墙）的轴心抗压力设计值之比值）。它反映了柱（墙）的受压情况，《抗规》中第 6.3.6 条和《混规》中第 11.4.16 条都对柱轴压比规定了限制，限制柱轴压比主要是为了控制柱的延性，因为轴压比越大，柱的延性就越差，在地震作用下柱的破坏呈脆性。轴压比在“梁弹性挠度、柱轴压比、边缘构件简图”中可以查看，相关内容在后面本节后面还要详细讨论。

7.7.2 混凝土构件配筋与配筋率优化

在【SATWE 后处理—图形文件输出】对话框点击【图形文件输出】，选择【混凝土框架配筋及钢构件验算简图】菜单后点击【应用】，即可进入图形显示界面如图 7-72 所示，在界面上可以显示“混凝土构件配筋及钢构件验算简图”。

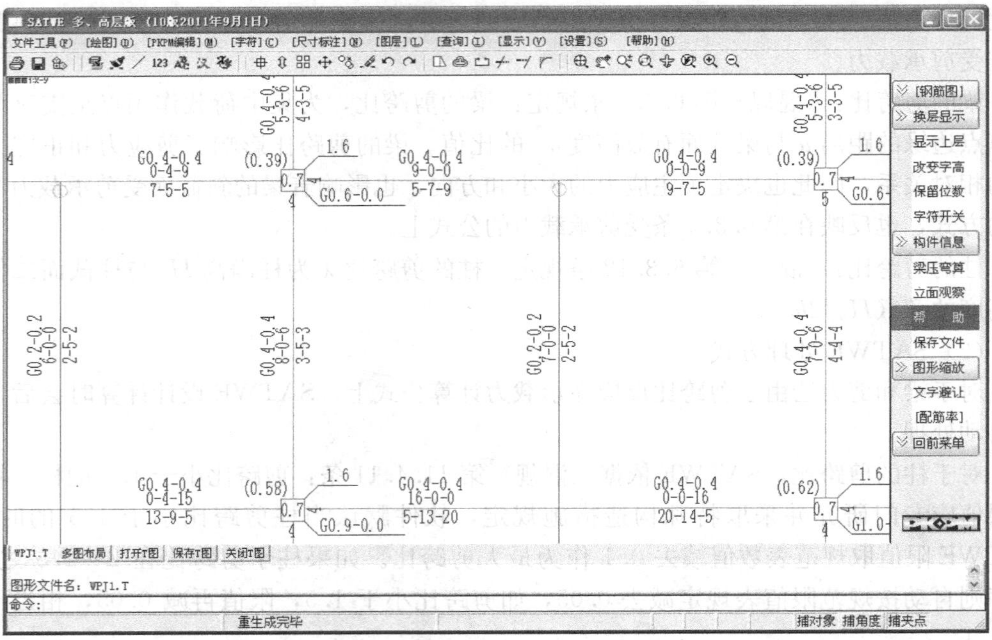

图 7-72　SATWE 输出的混凝土框架配筋图

SATWE 对于一般梁都是按照受弯构件设计计算。该界面还包含一个【梁压弯算】，在 PMCAD 中为了便于建模布板，对桁架构件中上弦杆按梁输入，这样的构件需进行压弯复核，人工修改构件配筋。

1. 图中文字内容及含义

点击图 7-72 所示【帮助】菜单，可以打开图 7-73、图 7-74 所示帮助对话框，从对话框中点击的【混凝土梁和劲性梁】或者【矩形混凝土柱或劲性柱】可以从帮助文件中查看输出图形中字符的含义。

2. 构件配筋率核查与人工优化

图 7-72 显示的是构件配筋面积，配筋面积量纲为 cm^2。点击图 7-72 的【配筋率】菜单，则会转换到配筋率显示图形，在实际设计时，可以对构件配筋率进行分析，如果大多数构件配筋率接近最小配筋率，在辅以结构的侧向位移、挠度、基本周期等计算结果，考虑构件截面是否过大，必要时需要对结构进行人工优化。

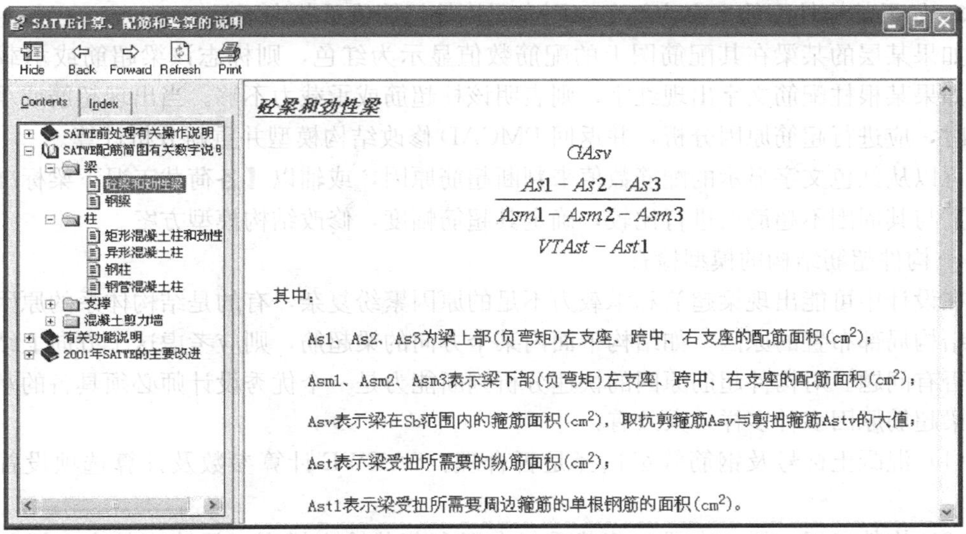

图 7-73　SATWE 输出混凝土梁配筋图文字含义

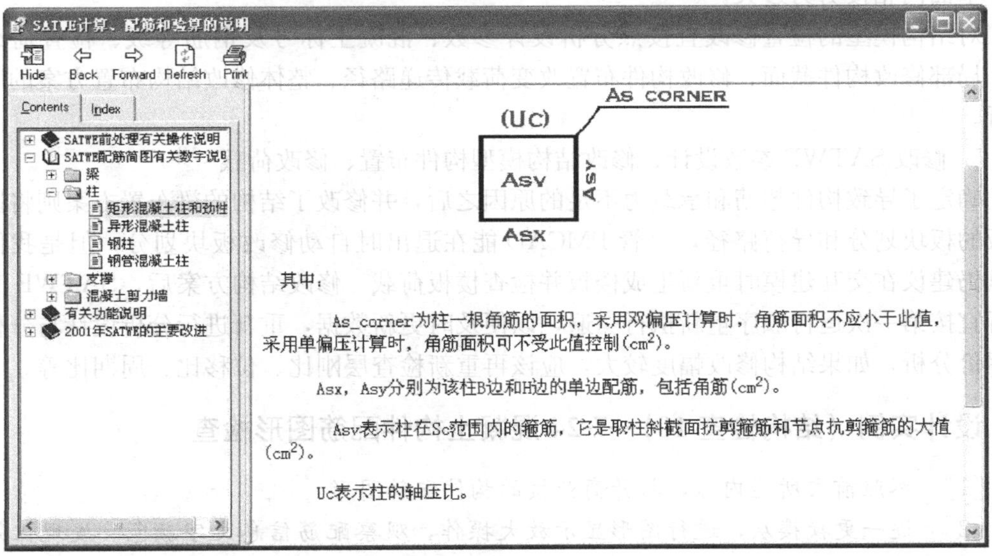

图 7-74　SATWE 输出混凝土柱筋图文字含义

SATWE 能自动依据规范条文对构件配筋率进行检查，《抗规》表 6.3.7 条规定了柱截面纵向配筋的最小配筋率见表 7-11。

柱截面纵向钢筋的最小总配筋率（%） **表 7-11**

类　别	抗震等级			
	一	二	三	四
中柱和边柱	0.9	0.7	0.6	0.5
角柱、框支柱	1.1	0.9	0.8	0.7

3. 如果某构件配筋文字为红色，则表明构件超筋或承载力不足

如果某层的某梁在其配筋图上的配筋数值显示为红色，则标志该梁超筋或承载力不够。如果某根柱配筋文字出现红字，则表明该柱超筋或承载力不够。当出现超筋或承载力不足时，应进行超筋原因分析，并返回 PMCAD 修改结构模型并重新分析计算。

可以从红色文字显示的配筋数值来判断超筋原因，或辅以【各荷载工况下梁标准内力简图】与其周围不超筋梁进行比较，确定其超筋幅度，修改结构模型方案。

4. 构件超筋结构的模型检查

在设计中可能出现梁超筋和承载力不足的原因繁纷复杂，有的是结构体系的原因，有的是结构局部布置的原因。如结构平面内某个方向的梁超筋，则应考虑这个方向上结构布置是否有问题。对构件超筋原因的快速分析判断能力是一个优秀设计师必须具备的基本能力。梁超筋原因多种多样，大致有：

（1）混凝土标号及钢筋等级选择是否合理、SATWE 计算参数及计算选项设置是否合理；

（2）构件（板、梁、次梁）荷载重复布置和荷载输入错误、梁跨度较大、梁截面过小、荷载传递路径是否过于集中、结构侧向刚度不够引起侧移过大导致梁剪力过大、与墙构件平面内相接剪力过大。

对结构模型的检查修改宜按照分析设计参数、混凝土标号及钢筋等级、检查荷载布置、局部修改构件截面、修改构件布置改变荷载传递路径、整体修改结构布置方案的顺序进行。

5. 修改 SATWE 参数设计、修改结构模型构件布置、修改荷载

确定了导致构件超筋和承载力不足的原因之后，并修改了结构的梁布置方案则将影响楼板的板块划分和导荷路径，尽管 PMCAD 能在退出时自动修改板块划分，但是我们在这里仍建议在交互建模时重新生成楼板并检查楼板荷载。修改结构方案后，SATWE 菜单执行宜按第一次运行顺序重新执行一遍，以便及时更新数据，重新进行分析设计与分析结果评价分析，如果结构修改幅度较大，应该再重新检查层刚比、位移比、周期比等。

设计实例（结构检查 10）—7-24 混凝土构件配筋图形检查

[1] 参照前文所述内容，打开商业楼的构件配筋图形。

[2] 逐一更换楼层，进行图形显示放大操作，观察配筋信息文字颜色。发现仅是楼梯间模拟楼梯板的扁梁配筋文字为红色。楼梯的施工图需要单独计算和绘制，楼梯扁梁仅是模拟楼梯对主体结构的影响，扁梁红色文字不会影响结构主体，故在本例中对扁梁红字问题不予以理会。

[3] 其他梁柱配筋颜色均不是红色，故不需回到 PMCAD 修改结构模型。

7.7.3 柱轴压比与轴压比优化

在SATWE的计算结果图形输出检查中还有两个重要内容需要进行，一个是梁挠度核查，另一个是柱轴压比检查。

1. 柱轴压比

《抗规》第6.3.6条规定柱轴压比不宜超过表7-12的规定，规范该条文还对某些情况轴压比限值调整进行了说明。《混规》第11.4.11条、《高规》第6.4.2条中规定的数值与表7-12一致。

柱轴压比限值 **表7-12**

结构类型	抗震等级			
	一	二	三	四
钢筋混凝土框架	0.65	0.75	0.85	0.9
框架剪力墙、框筒、筒体等	0.75	0.85	0.90	0.95
部分框支剪力墙	0.6	0.7	—	—

SATWE软件能自动依据规范条文，对柱轴压比进行检查。在轴压比图形显示时，对超规范限值的柱轴压比数值用红色显示。

2. 轴压比人工优化

如配筋率相同，如果某层柱轴压比普遍较小，则应考虑加大柱网、减小柱截面等方法对结构进行人工优化设计。增大柱网间距时要兼顾梁的承载力。

3. 轴压比超限检查

SATWE能自动依据规范条文对柱轴压比进行检查，如果某根柱的轴压比超出规范限值，则其图形文字显示为红色。当出现红色轴压比数字时，必须对相应的构件模型继续修改，并重新进行分析计算。

在轴压比图形显示时，显示在柱截面轮廓之内的为柱轴压比，显示在柱截面轮廓之外的两个数值分别为柱沿X、Y两个方向的计算长度系数。

设计实例（结果检查11）—7-25 轴压比核查

[1] 点击【梁弹性挠度、柱轴压比】菜单，显示柱轴压比显示界面如图7-75所示。

[2] 逐层显示，检查柱轴压比，没有发现红色数字，轴压比满足规范要求。

[3] 通过检查首层轴压比，发现首层建筑中间部分轴压比介于0.46～0.64之间，轴压比偏小。

[4] 回到PMCAD，只保留3、4轴线与B轴相交首层柱截面不变，修改一～三层柱截面边长为300mm，相应修改柱偏心对齐。

[5] 重新用SATWE分析计算，检查前面检查过的其他总体性能参数，除楼层混凝土平均重度进一步降低（混凝土用量减少）、柱配筋率略微上升外，基本未发生变化且皆满足规范要求。

[6] 重新检查轴压比，如图7-76所示，建筑中间部位轴压比介于0.61～0.82，实现了对结构的人工优化。

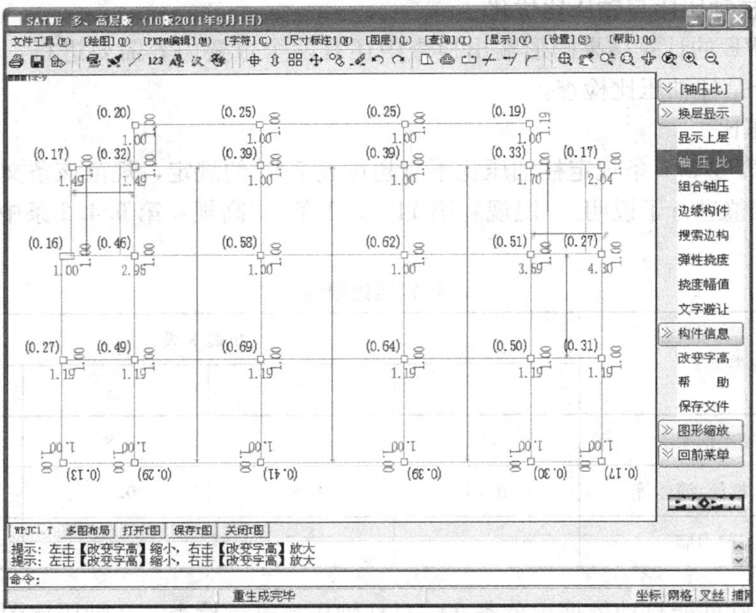

图 7-75 人工优化之前柱轴压比

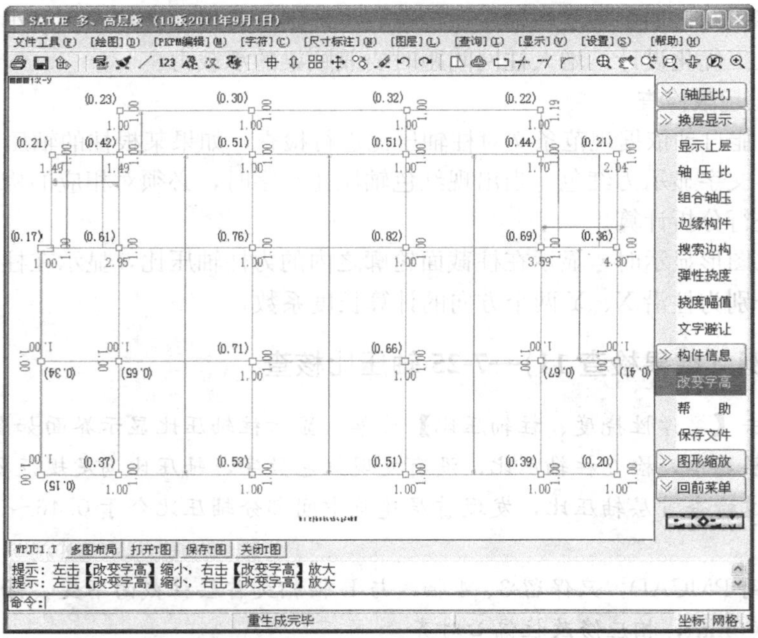

图 7-76 人工优化之后柱轴压比

7.7.4 用梁弹性挠度估算长期挠度并进行挠度限值检查

由于在 SATWE 对结构分析设计时，尚未确定最后施工图上梁钢筋的具体配置情况，在进行结构方案分析调整时，可以通过 SATWE 计算得到的梁弹性挠度对结构方案进行初步考察。

1. SATWE弹性挠度与《混规》的长期挠度的辨别

SATWE输出的是梁弹性挠度，是按照结构力学的概念计算出来的梁挠度，它只和截面形状及混凝土弹性模量有关，弹性挠度就是构件在弹性阶段的挠度，这个挠度值很小。而规范规定的挠度，是按照规范7.7.2条“考虑荷载长期作用影响的刚度”计算，二者之间有本质区别。

PKPM也可以计算规范中的长期挠度，可以在“墙梁柱施工图”菜单中的“梁平法施工图”模块中查看挠度和裂缝，“梁平法施工图”的挠度就是长期挠度，长期挠度和钢筋配置情况有关。

2.《混规》对梁挠度的条文

《混凝土规范》第3.5.3条规定：受弯构件的最大挠度应按荷载效应的标准组合或准永久组合并考虑荷载长期作用影响进行计算，其计算值不应超过表7-13规定的挠度限值。

受弯构件的挠度限值 **表7-13**

构件类型		挠度限值
屋盖、楼盖、楼梯构件	当 $l_0<7\text{m}$ 时	$l_0/200$ ($l_0/250$)
	当 $7\text{m}\leqslant l_0\leqslant 9\text{m}$ 时	$l_0/250$ ($l_0/300$)
	当 $l_0>9\text{m}$ 时	$l_0/300$ ($l_0/400$)

标注：1. 表中 l_0 为构件的计算跨度；计算悬臂构件的挠度限值时，其计算跨度 l_0 按实际悬臂长度的2倍取用；
2. 表中括号内的数值适用于使用上对挠度有较高要求的构件；

3. 弹性挠度查看

有专家建议，查看混凝土梁弹性挠度时，可以近似按照SATWE输出的弹性挠度的2.4～2.8倍左右匡算长期挠度，以便估算结构方案是否需要进行调整。

设计实例（结果检查12）—7-26 轴压比核查

［1］ 点击【梁弹性挠度、柱轴压比】菜单，点击【弹性挠度】菜单，显示的梁弹性挠度如图7-77所示。

［2］ 从第一结构标准层的弹性挠度图看出弹性挠度最大为5.39，估算梁的长期挠度为5.39×2.8≈15mm，该梁的计算跨度取为6m，按照规范允许的长度挠度值为6000/200=30，该层挠度初估满足规范要求。

［3］ 依照上面方法，估算其他结构层梁挠度亦满足规范。

7.7.5 结构整体空间振动等图的检查

在SATWE分析结果图形输出中，还有诸如构件内力图、组合内力图、结构整体空间振动等，在结构设计时需要依照需要进行检查和查看。

1. 结构整体空间振动图

通常结构整体空间振动图需要结构前面章节中的分析结构周期比等整体性能参数时一并查看，如通过查看振动图查看前面选定的结构第一平动周期或扭转第一周期是否适当，是否包含过多的局部振动。如果第一周期局部振动过强，则应进行修正。

点击【结构整体空间振动图】菜单，进入显示振动界面后，通过【选择振型】可以查看不同振型下的结构振动动态显示，SATWE对计算得到的振型进行了效果放大，实际结

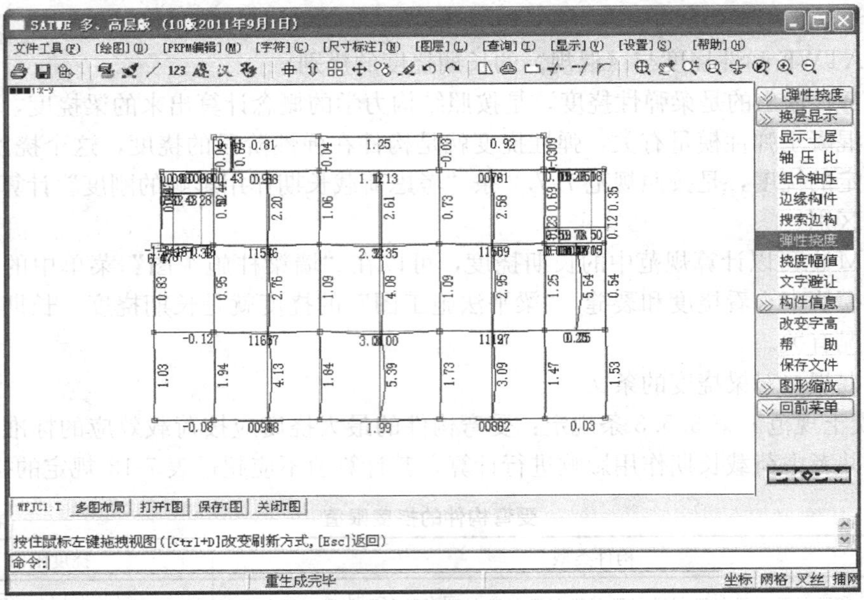

图 7-77　SATWE 输出的弹性挠度

构振动要比图形动态显示微小的多。图 7-78 为本书设计商业楼实例的结构整体振动图。

2. 结构内力分布图

内力图查看主要是对结构内力图用结构力学定性方法分析内力图分布规律是否有异常情况，以便分析结构布置是否有误、荷载及分析参数是否需要调整。如通过内力图检查风荷载布置是否有误，地下室层数设置是否正常等，是否出现第 3 章所述的梁柱布置导致梁

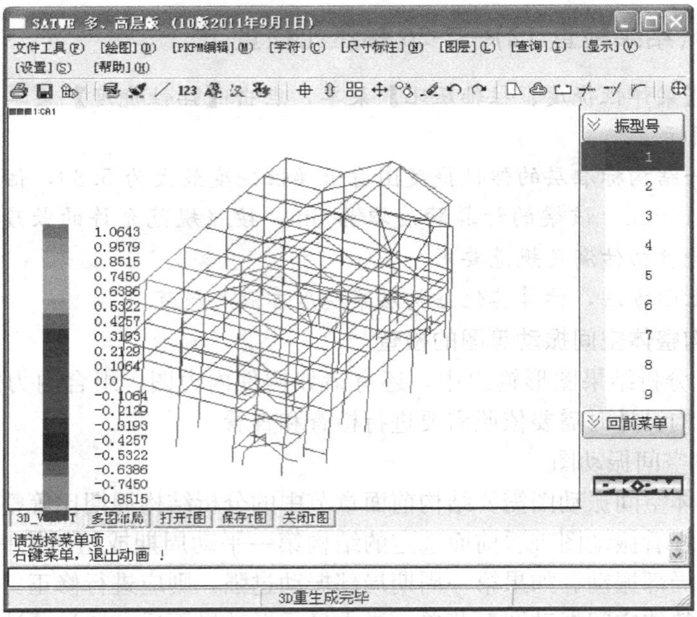

图 7-78　SATWE 输出的结构整体振动图形

由两端支撑变为悬臂杆件等。

除了结构整体振动图和内力图之外，其他图形大多数只有在需要仔细分析某个构件和某个设计参数时才需要仔细查看，在实际设计时设计人员应根据情况确定查看内容。

思考题与练习题

1. 思考题

(1) 简要叙述 SATWE 软件的功能和特点。

(2) 用文字或流程图方式简要叙述 SATWE 设计框架结构时的主要操作流程。

(3) SATWE 总信息都包含哪些主要参数?

(4) SATWE 地震信息中“中震(大震)设计”与《抗规》的抗震性能设计有何关联? 中大震设计时“地震影响系数最大值”如何确定?

(5) SATWE 中哪些参数需要经过二次分析后进行设置调整?

(6) SATWE 如何自动处理结构薄弱层?

(7) $0.2V_0$ 的含义是什么? 为何 SATWE 允许用户自定义 $0.2V_0$ 调整系数?

(8) 全楼地震作用放大系数是一个什么参数?

(9) SATWE 如何处理特殊风荷载的? 在 SATWE 中怎么考虑坡屋面风荷载?

(10) SATWE 软件默认楼板是刚性板还是弹性板? 刚性板适用哪种情况?

(11) SATWE 中的弹性板都有哪几种? SATWE 对其有什么假定? 其适用范围是什么?

(12) 怎样确定结构第一平动周期和第一扭转周期? 如何与结构整体震动图形结合分析?

(13) “规定水平力”是个什么概念? 楼层剪力差法适用那些情况和总体性能参数, CQC 方法适用求解那些总体性能参数?

(14) 结合位移比控制, 用 SATWE 流程说明什么情况下需要计算双向地震作用或偶然偏心?

(15) 校核楼层位移角时, SATWE 计算参数如何设置?

(16) 如何查看楼层混凝土平均重度?

(17) 如何进行层刚度比核查?

(18) SATWE 是如何处理剪重比问题的?

(19) SATWE 是如何处理刚重比问题的?

(20) 如何通过结果图形显示检查构件承载力不够或超筋? 它与 SATWE 的“超配筋文件 WGCPJ”有无关联?

(21) 如何核查构件配筋率? 构件配筋率普遍较低该如何处理?

(22) 如何通过梁弹性挠度框算梁长期挠度?

(23) 如何核查柱的轴压比? 柱的轴压比普遍偏小如何处理?

(24) 构件内力图输出检查的要点是什么?

(25) 如何确定“计算振型个数”? “地震的有效质量系”数不满足规范要求怎么处理?

(26) 计算输出的水平力角度与坐标轴夹角大于 15°时怎么处理?

(27) 什么是模拟加载? SATWE 是怎么处理模拟加载的?

(28) 什么时候需要对所有楼层强制采用刚性板假定? 强制刚性板假定会不会影响坡屋面板?

(29) 在 SATWE 和建模时怎么处理楼板作为上部结构嵌固端?

(30) 在 SATWE 中如何体现抗震设计的“三水准”设计?

(31) 抗震设计的“二阶段”在 SATWE 中如何体现?

(32) 怎么在 SATWE 判断“规则结构”、“特别不规则”和“严重不规则”结构?

(33) SATWE 参数设置中哪一项体现了“强柱弱梁”原则? 【调整信息】中的梁扭矩折减系数有何

工程意义？

(34) 请参照第3章，当楼板活荷载发生折减时，说明在SATWE中如何设置柱墙活荷载折减系数？

(35) 请结合SATWE参数设置和规范条文，请说明【地震信息】中的“计算水平地震作用”、“计算水平和规范简化方法竖向地震”和“计算水平和反应谱方法竖向地震”都是什么时候设置？

(37) SATWE参数补充中给出了很详细的结构体系分类选择，这是为什么？如果结构类型填错可能会带来什么问题？

(38) 在SATWE的计算结果中，哪里包含结构舒适度计算结果？如何结合规范对其合理性进行评价？

(39) 在SATWE的计算结果中根据哪项内容确定修改参数设置时是否考虑重力二阶效应？

(40) 层间受剪承载力比的概念是什么？《抗规》第和《高规》第对其有何规定？

2. 练习题

(1) 请自己在PMCAD中创建一个6度区多层框架结构模型，进行SATWE分析参数设置与计算结果评价。

(2) 请参照其他参考书，设计一个7度区多层框剪结构，并用SATWE进行分析设计。

(3) 请任意创建一个带一层裙房的多塔结构，用SATWE进行多塔设置。

(4) 请任意创建一个整体错层的多层框架结构，用SATWE进行弹性板设置，调整各种分析设计参数，并进行分析设计，查看分析设计结果。

第 8 章　PMSAP 软件基本功能介绍

学习目标

了解 PWSAP 的功能和特点

了解 PWSAP 快速创建塔架、网架类结构的操作

了解通过导入 DXF 文件快速创建空间网格系统的方法

掌握创建复杂结合结构的操作要点和方法

了解 PWSAP 前后处理的功能及要点

了解 PWSAP 进行结构分析设计的过程

复杂空间结构设计软件 PMSAP 是 PKPM 中的另一个三维建筑结构设计软件。PMSAP 能对建筑结构做线弹性范围内的静力分析、固有振动分析、时程响应分析和地震反应谱分析，并依据设计规范对混凝土构件进行配筋设计或对钢构件进行验算。

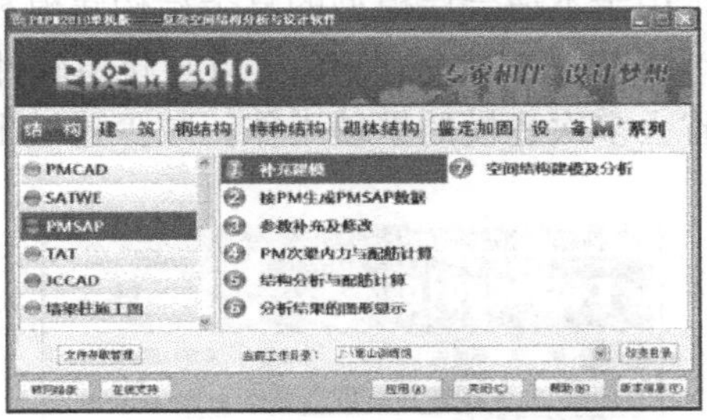

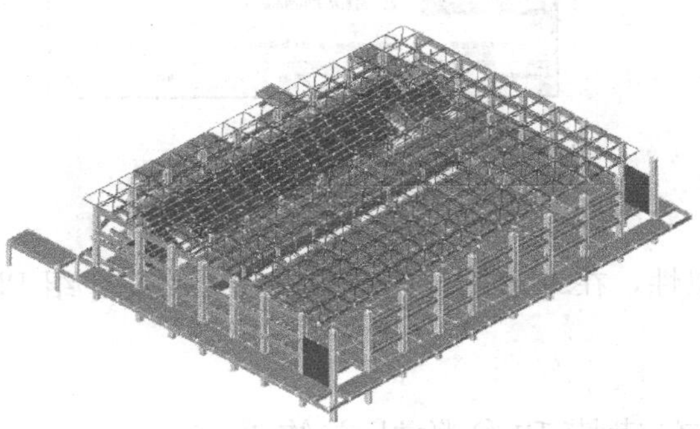

我们可以利用 SpasCAD 创建这类结构的组合模型，使得完全实现结构的整体分析设计，从而保证设计的准确性，提高设计效率。

当复杂工程需要两个或两个以上软件做对比计算时，SATWE 和 PMSAP 是合适的选择。

8.1 PMSAP 基本功能

复杂空间结构设计软件 PMSAP 是 PKPM 中的另一个三维建筑结构设计软件。PMSAP 能对建筑结构做线弹性范围内的静力分析、固有振动分析、时程响应分析和地震反应谱分析，并依据设计规范对混凝土构件进行配筋设计或对钢构件进行验算。除了程序结构上的通用性，PMSAP 的系统设计着重考虑了结构分析在建筑领域中的特殊性，对剪力

墙采用精度高、适应性强的壳元模式，并提供了“简化模型”和“细分模型”两种计算方式；针对楼板及厚板转换层，开发了子结构模式的多边形壳元，它可以比较准确地考虑楼板对整体结构性能的影响，也可以比较准确地计算楼板自身的内力和配筋；并可做施工模拟分析、温度应力分析、预应力分析、活荷载不利布置分析等。作为同一公司的产品，尽管 PMSAP 与 SATWE 的侧重有所不同（PMSAP 更多地考虑各种复杂情况），但对于多数建筑结构的分析、设计而言，它们的功能是基本相当的，PMSAP 主菜单如图 8-1 所示。

《抗规》第 3. 6. 6 条第 3 款：“计算软件的技术条件应符合本规范及有关标准的规定，并应阐明其特殊处理的内容和依据。复杂结构在多遇地震作用下的内力和变形分析时，应采用不少于两个合适的不同力学模型，并对其计算结果进行分析比较。所有计算机计算结果，应经分析判断确认其合理、有效后方可用于工程设计。”当复杂工程需要两个或两个以上软件做对比计算时，SATWE 和 PMSAP 是合适的选择。

PMSAP-8 模块（即 PMSAP 多层普及版）可以实现不超过 8 层的复杂结构分析与设计，所包含模块“空间结构建模及分析（普及版）”是 SpasCAD＋PMSAP 的一个普及版本，用于不适合层模型的复杂结构建模和设计，其主界面如图 8-2 所示。

PMSAP 与 SATWE 可以与建模软件 PMCAD、STS 共享模型数据，用于对比计算时可省去多次建模的繁琐工作，减少建模出错机会，给设计人员提供了便利。

图 8-1　PMSAP 主界面

图 8-2　PMSAP-8 主界面

PMSAP 和 PMSAP-8 具有一定的相似性，在本章以下内容中，我们简要介绍 PMSAP 的基本功能特点。

8. 2　PMSAP 的补充建模和参数补充修改

与 SATWE 类似，PMSAP 主要用于结构的分析设计，因此创建结构模型的工作首先需要由 PMCAD 或其他能与 PMSAP 兼容的具有建模功能（如钢结构 STS 等）的模块创建完成。

8. 2. 1　PMSAP 补充建模

当一个结构模型创建完毕，需要用 PMSAP 进行分析设计之前，也需要进行类似 SATWE 的分析参数补充定义和特殊构件补充定义等工作，与 SATWE 不同的是，PM-

SAP 首先进行的是补充建模。点击 PMSAP 主界面的【补充建模】，可以弹出图 8-3 所示补充建模菜单。

1. 与 SATWE 类似的补充建模内容介绍

从图 8-3 可以看到，【1. 特殊构件补充定义】、【2. 多塔信息】、【3. 温度场指定】、【5. 吊车荷载】、【6. 抗震等级和材料信息修改】、【9. 指定杆件计算长度】等是在 SATWE 中我们已经接触过和学习过的内容。

点击【特殊构件补充定义】菜单，可以进入 PMSAP 的特殊构件补充定义截面，如图 8-4 所示。

从图 8-4 中可以发现，PMSAP 特殊构件补充定义内容与 SATWE 基本相同，对 SATWE 有一定使用经验的用户来说，掌握 PMSAP 的特殊构件定义是一件顺水乘舟的事情。

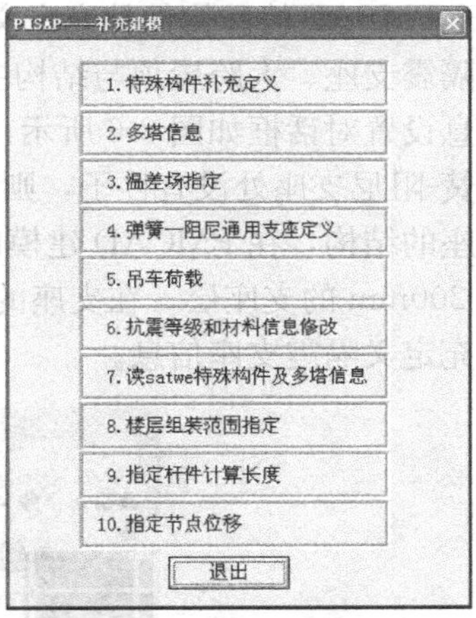

图 8-3　PMSAP 补充建模

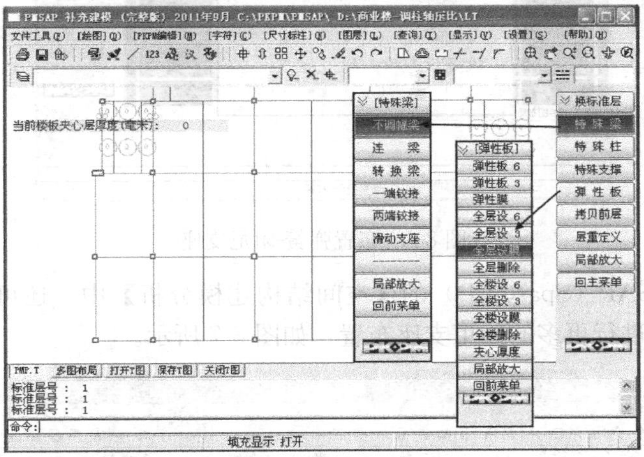

图 8-4　特殊构件补充定义

图 8-5　弹簧-阻尼支座

2. PMSAP 特殊构件补充定义的其他菜单

结构减震、隔震方法的研究和应用开始于 20 世纪 60 年代，70 年代以来发展速度很快。隔震的本质和目的就是将结构与可能引起破坏的地面运动尽可能分离开来；要达到这个目的，一般可通过延长结构的基本周期，避开地震能量集中的范围，来降低结构的地震作用。通过设置隔震系统形成隔震层，延长结构的基本周期，适当增加结构的阻尼，使结构的加速度反应大大减少，同时使结构的位移集中于隔震层，上部结构像刚体一样，自身相对位移很小，结构基本上处于弹性工作状态，从而建筑物不产生破坏或倒塌。隔震系统一般由隔震器、阻尼器、地基微震动与风反应控制装置等部分组成，如图 8-5 所示为安装在建筑物底部的某型号弹簧-阻尼支座装置。隔振系统在结构分析时可简化为弹簧-阻尼通用支座。

PMSAP特殊构件补充定义中的【弹簧-阻尼通用支座定义】可以布置包括结构底部的隔震支座、大跨屋顶与结构主体的连接支座、连廊与两侧主体结构的连接支座等，支座信息设置对话框如图8-6所示。弹簧-阻尼只能定义在柱顶或者柱底，如果实际结构中的弹簧-阻尼支座处没有柱子，则创建结构模型时需要在支座处设置辅助柱。对于存在隔震支座的结构，在PMCAD建模时，可以根据实际情况，在结构底部或屋面增加一个层高为200mm的支座层，在支座的位置定义刚性柱截面实现刚性柱布置，然后在柱顶或柱底补充定义隔震支座信息。

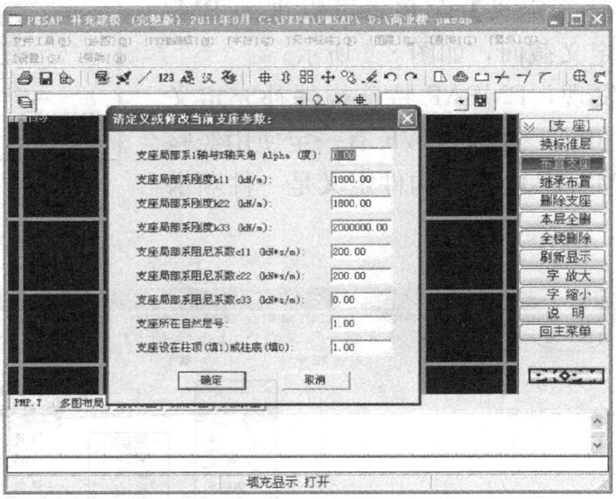

图8-6 布置弹簧-阻尼支座

另外，在PMSAP（SpasCAD）的【空间结构建模分析】中，还可以在SpasCAD的空间结构建模界面进行更多的约束支座布置，如图8-7所示。

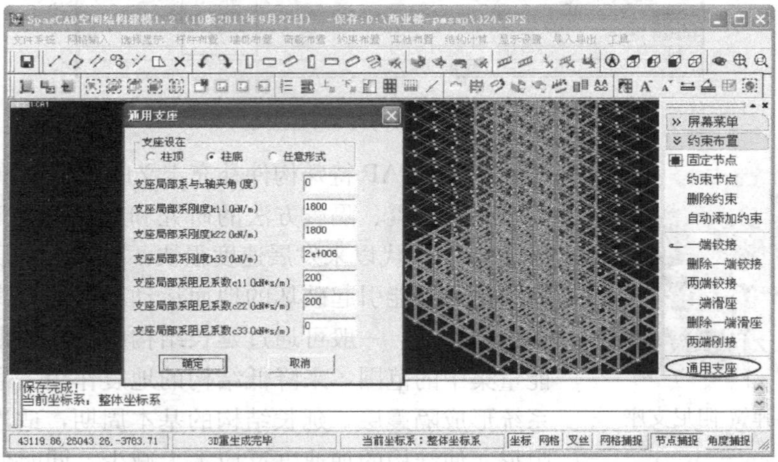

图8-7 复杂空间结构布置通用支座

8.2.2 接PM生成PMSAP数据、参数补充修改及结构分析设计

PMSAP补充建模之后，即可向下顺序执行PMSAP主界面的其他菜单，下面我们介绍一下【接PM生成PMSAP数据】和【参数补充修改】部分的有关内容。

1. 接 PM 生成 PMSAP 数据

点击 PMSAP 主界面的【接 PM 生成 PMSAP】数据菜单，此项菜单通常进行 PM 数据向 PMSAP 数据的转换。

在此需要提醒大家注意的是，PMSAP 在转化 PMCAD 楼面荷载数据时是直接接受布置在结构楼面的面荷载，而不是像 SATWE 那样接受的是经 PMCAD 导荷导算到梁上的荷载，因此 PMSAP 在计算柱墙活荷载折减时，其折减系数可以完全按照荷载规范有关条文执行，而不必像 SATWE 那样担心在楼面导荷时折减了的活荷载，在计算主体结构时由于参数设置原因导致二次重复折减的情况。

2. 参数补充修改

点击 PMSAP 主界面的【参数补充修改】菜单，即可打开图 8-8 所示对话框。

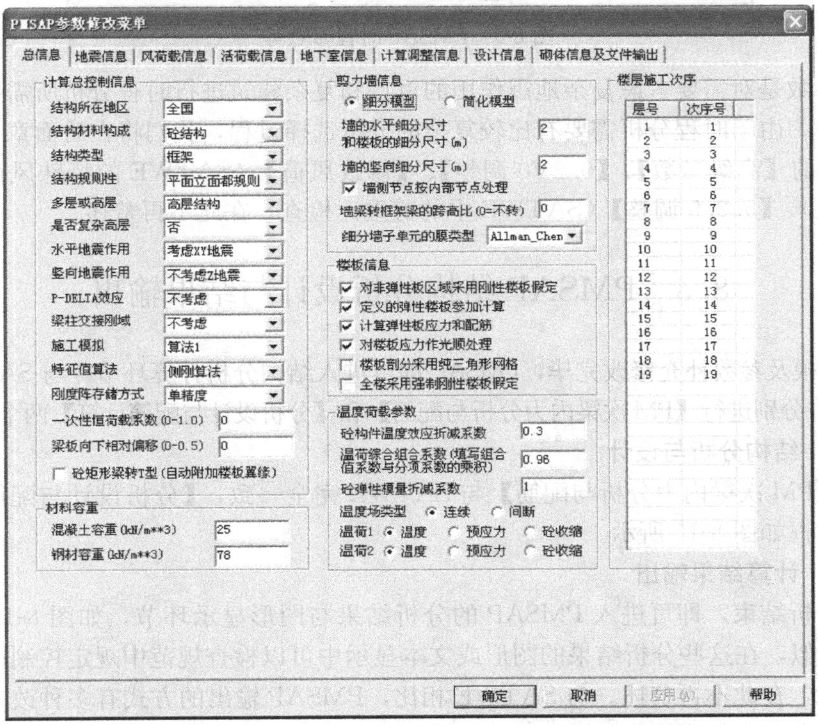

图 8-8 PMSAP 参数补充定义

从对话框可以看到，PMSAP 的参数补充定义尽管在细节安排上与 SATWE 有所差异，但总体基本相似。这是由于在结构设计时我们所依据的设计规范是一致的。如果对 SATWE 的参数设置已经很了解，并且对相关规范条文理解的也比较深刻，则在 PMSAP 中定义参数就是一件很轻松的事情。

由于我们在第 7 章已经很细致地讲解了 SATWE 参数定义的方法以及对有关规范条文的理解，所以在本节我们不再重复叙述有关参数的定义问题。

图 8-8 所示参数补充完毕，PMSAP 还将继续进行其他参数的补充修改与定义，其界面和内容如图 8-9 所示。

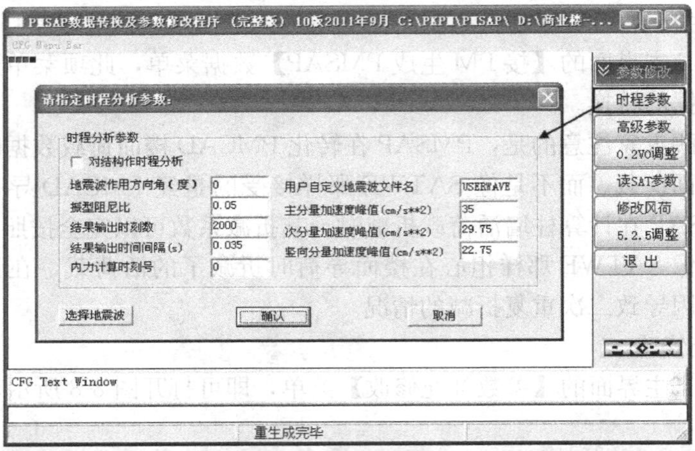

图 8-9　PMSAP时程参数等

时程参数是对需要考虑复杂地震作用的重点和复杂建筑进行时程分析所需要设置的地震波形参数，由于时程分析需要有比较复杂的分析选择过程，我们将在后面章节讨论。对于图 8-9 中的【高级参数】、【0.2V0 调整】、【修改风荷】（SATWE 的特殊风荷载定义中的风荷修改）、【5.2.5 调整】（SATWE 中的剪重比检查）在此不再赘述。

8.3　PMSAP 结构分析设计与结果输出

补充建模及参数补充修改完毕，PMSAP 即可进入结构分析计算环节。与 SATWE 类似，PMSAP 也许分别进行【PM 次梁内力分析与配筋】和【分析设计与配筋计算】两个阶段。

8.3.1　结构分析与设计

其中【PM 次梁内力分析与配筋】与 SATWE 完全一致，【分析设计与配筋计算】分析设计对话框如图 8-10 所示。

8.3.2　计算结果输出

结构分析结束，即可进入 PMSAP 的分析结果与图形显示环节，如图 8-11 所示。与 SATWE 类似，在这些分析结果的图形或文本显示中可以检查规范中规定控制的计算参数和计算结果，在此不再赘述。与 SATWE 相比，PMSAP 输出的方式有多种改进，使得用户对结果的分析更加直观，如图 8-12 所示。

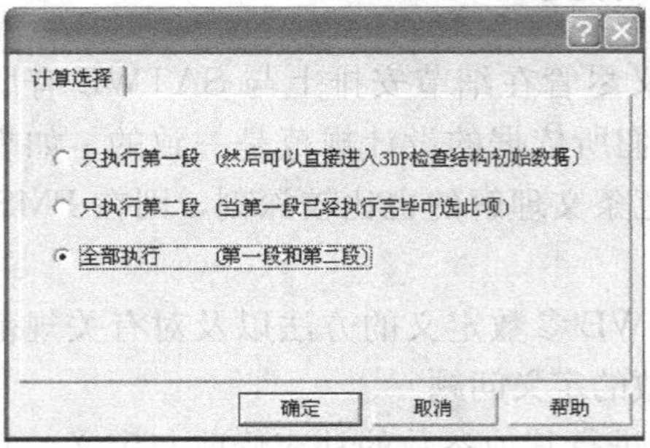

图 8-10　PMSAP 结构分析与设计

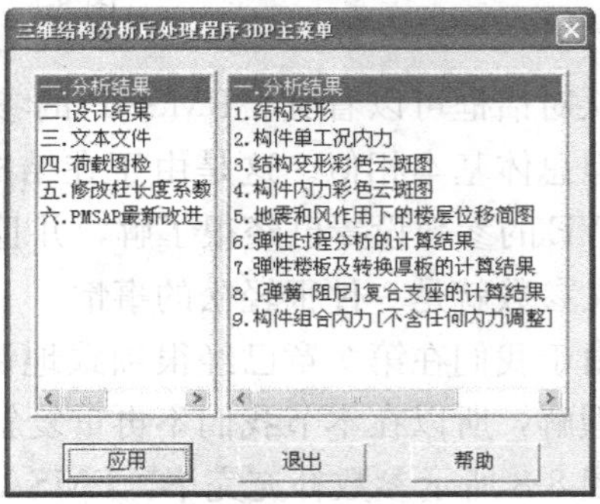

图 8-11　PMSAP 结构输出

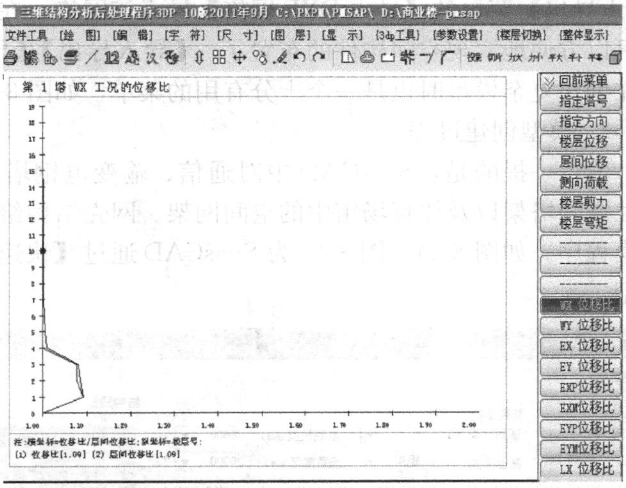

图 8-12　PMSAP 分析结果图形图

8.4　SpasCAD 创建复杂结构模型

目前设计院基本均使用 PKPMCAD 系列软件进行结构设计，且绝大部分设计院是采用 PMCAD 软件建模的。PMCAD 建模是采用层模型理论，对三维模型进行二维平面操作，最大程度地实现了简单、快速建模。但是该种建模方式在创建楼层构成不明确的建筑结构时就会显出其不方便之处。在 PMSAP 中的“复杂空间结构建模及分析”菜单（SpasCAD），可完成比 PMCAD 按层建模更复杂多变的空间结构的模型输入。SpasCAD 在构件、模型以及单元等多方面进行了修改与扩充。

8.4.1　突破传统的楼层概念

PMSAP 的复杂结构建模模块 SpasCAD 在建模方法上，突破层模型的概念，实现了三维模型三维立体操作的建模方式。在层管理上突破了标准层限制，对每一层均可以按照广义层定义；在整体模型上，实现所有节点的变形协调模式。

为了尊重 PKPM 系列软件老用户的习惯，并同时考虑到广大用户新的需求，SpasCAD 的输入界面仍然采用 PKPM 的传统风格，和 PMCAD 基本一致。但工具栏按钮、菜单和右侧菜单区的命令作了很大的改变。和 PMCAD 功能相同的命令，如显示变换、OpenGL 实时漫游显示命令，仍然和 PKPM 系列软件的其他软件相同。工具栏上新增加的命令按钮都有相应的 ToolTip（即当光标在该按钮上稍作停留后，会弹出一个小的提示窗口，简单告诉用户该按钮的功能）。

1. 创建复杂空间网格

为了便于实现构件的空间定位，SpasCAD 中可以创建竖向轴网，通过布置需要的任意形状的网格线，创建出我们需要的任意空间网格系统。

由于 SpasCAD 毕竟是一个实用的专业 CAD 软件，在图形交互方面不可能超越专业的图形通用工具，对于空间定位关系复杂的网格，我们可以通过 AutoCAD 的三维建模功能，创建结构的三维网格线，之后把其保存为 DXF 文件，之后再进入 SpasCAD，通过

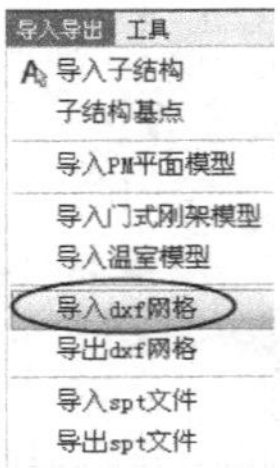

图 8-13　导入菜单

【导入导出】菜单的【导入 DXF 网格】导入该网格，在此网格基础上我们就可以方便地实现空间构件的布置了。【导入导出】/【导入 DXF 网格】菜单在创建复杂模型时也是一个十分有用的菜单，如图 8-13 所示。

2. 模型创建过程

值得一提的是，SpasCAD 中对通信、输变电钢塔架等具有一定的规律性空间塔架以及体育场馆中的空间网架、网壳结构给出了参数化的快速建模程序。如图 8-14、图 8-15 为 SpasCAD 通过【快速建模】创建的塔架模型。

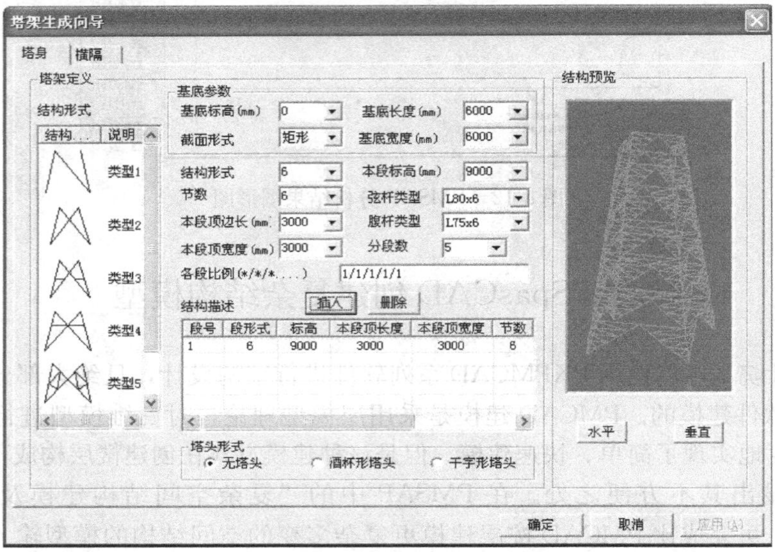

图 8-14　SpasCAD 快速建模

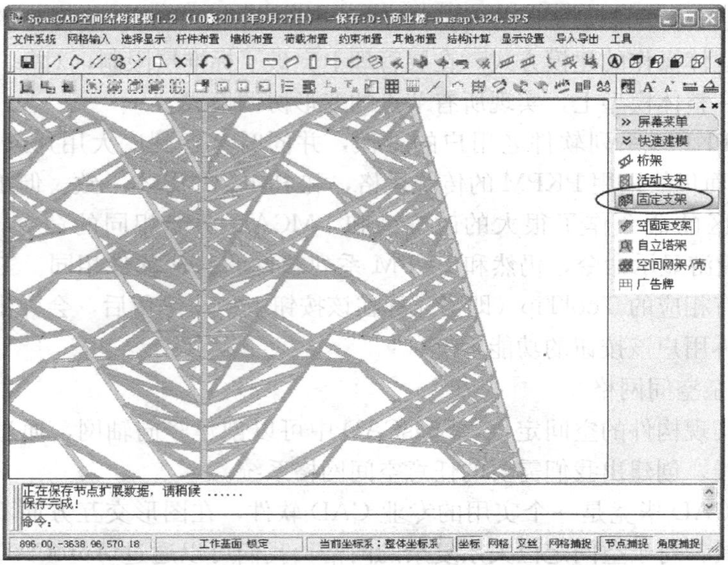

图 8-15　SpasCAD 创建的塔架

另外，SpasCAD 可根据用户的需要在空间任意位置进行三维布置，在构件形式上除了兼容原有 PMCAD 中的构件以外，SpasCAD 允许梁和楼板等水平构件在空间任意布置，不受层高的限制。输入竖向构件时，SpasCAD 允许柱、墙等竖向构件任意倾斜布置。

在快速创建了空间结构之后，可以通过类似 PMCAD 一样的菜单操作布置板构件，以及布置梁板荷载，模型创建完毕后，可以直接在 SpasCAD 内点击菜单，运行 PMSAP 的结构分析设计计算模块，对结构进行分析计算。分析结束，可以通过 SpasCAD 提供的【基础接口】菜单，生成供基础设计用的接口数据文件。

8.4.2 用 SpasCAD 创建组合结构模型

前面一节我们简要介绍了通过 PMSAP 的复杂结构建模模块 SpasCAD 的快速参数化建模方法，创建诸如塔架、空间桁架和网架等空间结构的方法，但是在实际工程设计中，我们会经常遇到下部为混凝土结构，上部为网架结构这样的大型公共建筑，如电影院、体育场馆、展览馆等。对于这类建筑我们可以采用模拟建模方法把混凝土结构和屋盖的钢结构创建成分开的结构模型，在分开的结构模型中分别用构件和支座模拟另外一部分，这种设计方法是设计人员经常使用的设计方法。

随着 PKPM 软件功能的不断更新和拓展，现在我们可以利用 SpasCAD 创建这类结构的组合模型，使得完全实现结构的整体分析设计，从而保证设计的准确性，提高设计效率。下面我们简单介绍一下组合模型的创建过程。

1. 用 PMCAD 创建分楼层混凝土结构模型

用 PMCAD 创建结构模型的过程我们在第 3 章已经有了详细的叙述。假定我们通过 PMCAD 已经创建了一个如图 8-16 所示的模型，屋顶部分网架在 PMCAD 中不输入，也不用模拟钢梁等构件替代。

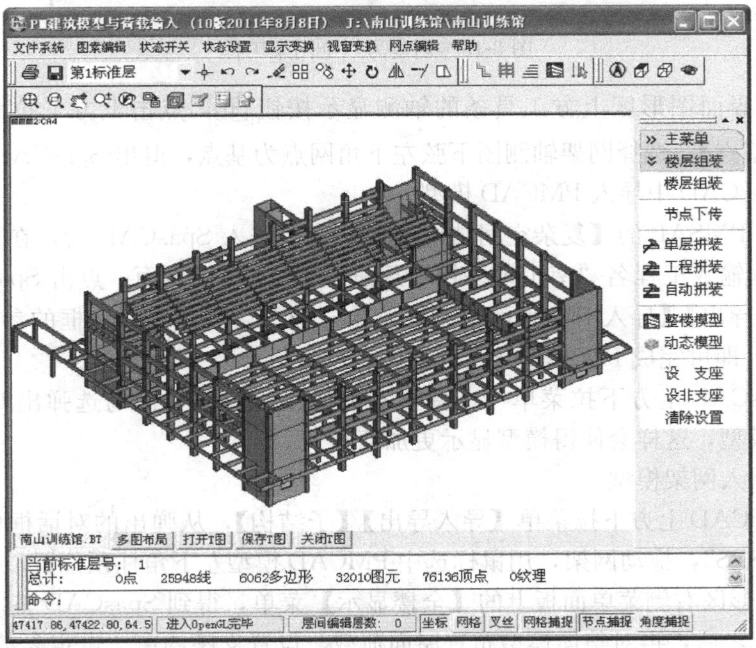

图 8-16 PMCAD 创建的模型

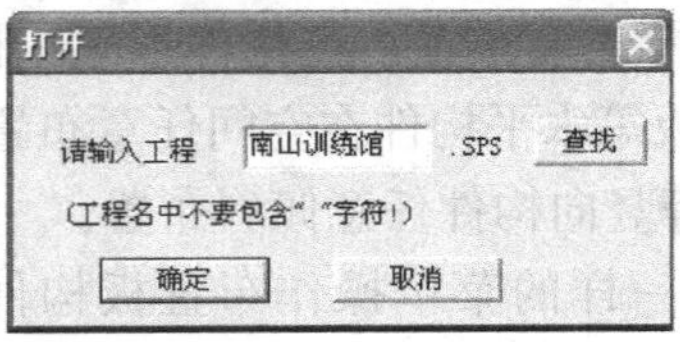

图 8-17　创建新的工程名

2. 创建屋面网架模型并确定基点

点击 PMSAP 的【复杂空间结构建模】菜单进入 SpasCAD 后，在系统弹出的图 8-17 对话框中输入一个新的工程名，假设名称为“南山训练馆网架”。

如果有已经做好的 DXF 网格线文件则导入该轴网文件。如果通过快速建模创建网格，也可不创建网格。点击【快速建模】/【空间网架/壳】菜单，在弹出的对话框中选定四角锥网架，并输入正确的网架尺寸和参数如图 8-18 所示，最后得到一个网架模型。

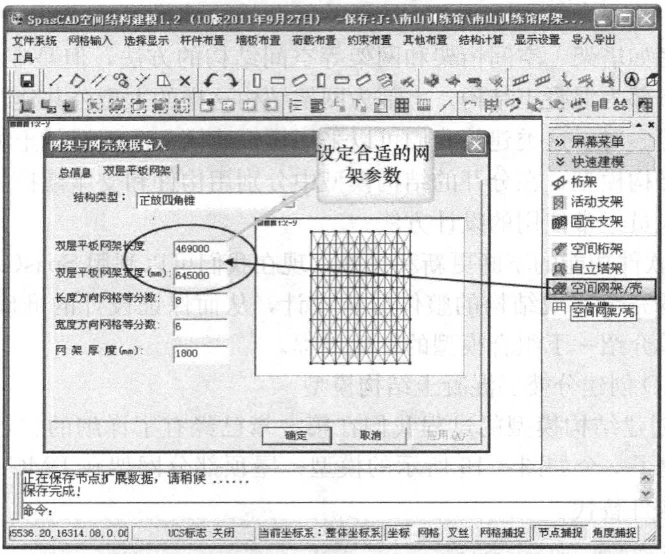

图 8-18　创建另一个网架工程

点击交互界面图形区上方工具条的轴测显示按钮，点击上方下拉菜单【导入导出】/【子结构基点】，选择网架轴测图下弦左下角网点为基点，退出 SpasCAD 保存。

3. 在 SpasCAD 中导入 PMCAD 模型

再次点击 PMSAP 的【复杂空间结构建模】菜单进入 SpasCAD 后，在系统弹出的如图 8-17 对话框输入工程名“南山训练馆”后进入 SpasCAD 界面，点击 SpasCAD 上方下拉菜单【导入导出】/【导入 PM 平面模型】菜单，选择后续弹出对话框的参数（读入 PM 特殊荷载等），即可完成 PM 模型导入，如图 8-19 所示。

点击 SpasCAD 上方下拉菜单【选择显示】/【按层显示】，仅勾选弹出对话框的 PMCAD 最顶层模型，这样会使得模型显示更加清晰。

4. 最后并入网架模型

点击 SpasCAD 上方下拉菜单【导入导出】/【子结构】，从弹出的对话框中选择“南山训练馆网架.SPS”，拖动网架，用鼠标选中 PMCAD 模型左下角柱顶位置，即可实现网架导入。点击图形区右侧菜单面板上的【全楼显示】菜单，得到 SpasCAD 整体模型如图 8-20 所示。导入之后，再对整体模型布置屋面荷载、设置支座约束、设定参数并进行计算，即可完成对整体模型的分析与设计。

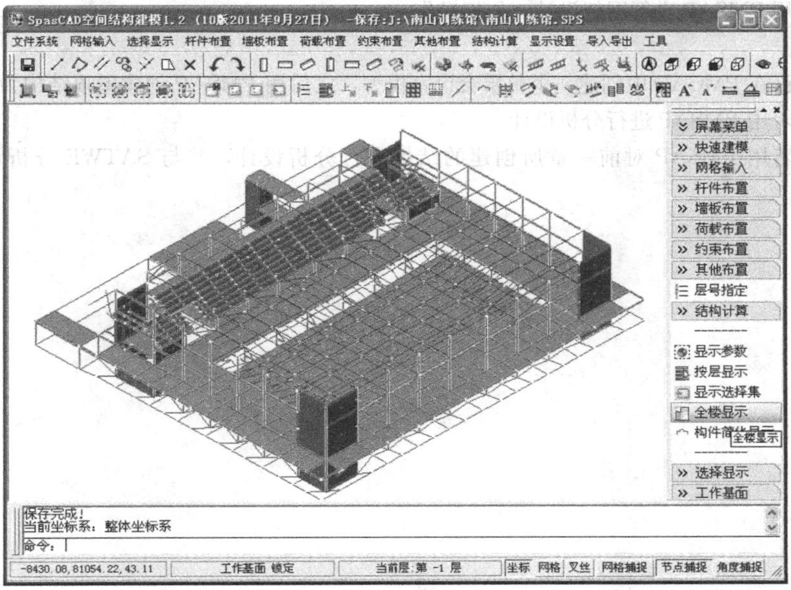

图 8-19 导入 PMCAD 模型

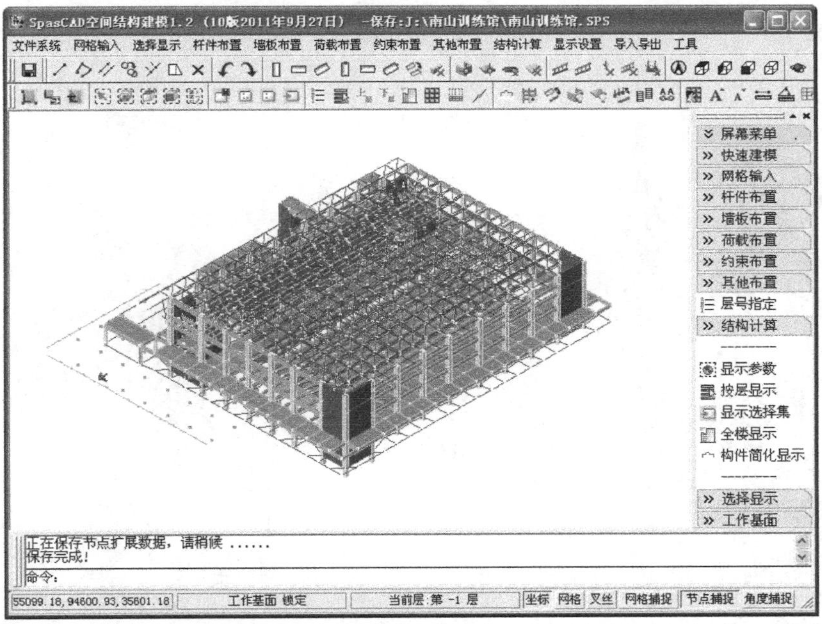

图 8-20 SPASCAD 整体模型

思考题与练习题

1. 思考题

（1）PMSAP 是一个什么软件，它的主要功能有哪些？

（2）SpasCAD 是一个具有什么功能的软件模块？

（3）能否用 PMSAP 进行网架设计？如何操作？

2. 练习题

（1）请自己在 PMCAD 中创建一个单层会议室模型，之后用 PMSAP 创建屋顶结构为网架的整楼结构模型，并试着用 PMSAP 进行分析设计。

（2）请试着用 PMSAP 对前一章所创建的结果进行分析设计，并与 SATWE 分析设计结果进行比对。

第 9 章 结构弹性动力时程分析

学习目标

了解结构弹性动力时程的概念和方法

掌握和理解规范条文对时结构弹性动力时程分析的要求

掌握结构弹性动力时程分析方法的基本步骤和方法要点

了解结构弹性动力时程分析方法的操作过程

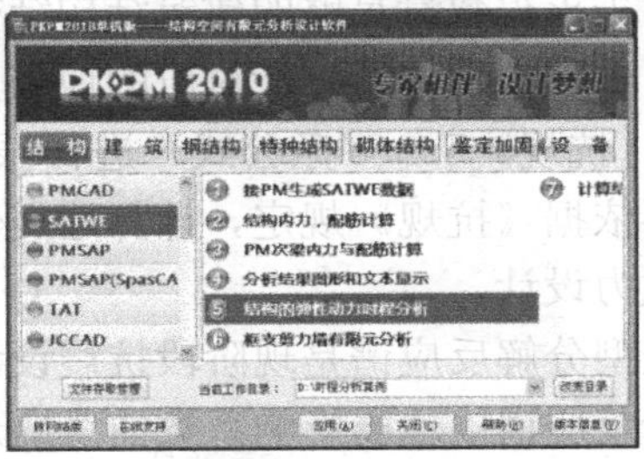

动力弹性时程分析通过分步积分方法，能求出地震天然波对结构的真实地震作用。所以规范要求对所有结构的地震作用分析采用振型分解反应谱方法外，还要求对某些特定的建筑结构用动力时程分析方法进行补充分析。

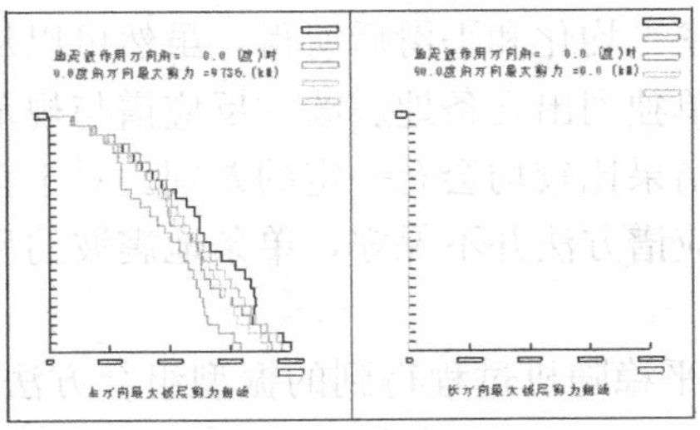

弹性动力时程分析主要包括按照规范选择地震波，确定时程分析参数，在时程分析之后依据结果和规范条文，对地震波进行筛选和更换，直到符合规范规定的要求之后，将时程分析结果与SATWE规范谱方法得到的地震作用进行比对分析，确定SATWE的“全楼地震作用放大系数”。

9.1 结构弹性动力时程分析计算及依据

结构动力时程分析，是在进行建筑结构抗震设计时对《抗规》的振型分解反应谱方法的一种补充，在进行不规则建筑结构或高层建筑结构设计时不可或缺的一个环节。

在PKPM2010中的SATWE软件中提供了结构弹性动力时程分析程序，在EPDA&PUSH软件中提供了结构弹塑性动力分析能力。在本章我们主要介绍用SATWE进行结构弹性动力时程分析的基本方法和操作。

9.1.1 动力时程分析的基本概念

弹性动力时程分析方法要解决的是结构阻尼振动的二阶常微分方程的求解问题，在结构质量矩阵、结构阻尼矩阵、结构刚度矩阵已知的情况下，通过给定的一个地震波加速度向量，来求解结构的加速度、速度和位移向量。时程分析法又称直接动力法，在数学上其求解方法有步步积分法和振型叠加法。

振型叠加分析方法是通过数学变换，把结构阻尼振动的二阶常微分方程，转化为 n（振型数）个相互独立的单自由度运动方程，并利用杜哈梅（Duhamel）积分得到各个振型所对应的单自由度体系在某条地震波作用下的广义位移响应，再利用各个振型所对应的振型向量累加为结构最终的时程响应结果。步步积分法是从结构动力方程的初始状态开始一步一步积分直到地震作用结束，求出结构在地震作用下的地震效应。

弹性动力时程分析一般采用振型叠加法计算，原因是计算效率更高，当振型数选取足够的精度也可以保证。SATWE 弹性动力时程分析采用的是振型叠加方法。

9.1.2 为何要对结构进行动力时程分析

目前 SATWE 等上部结构分析设计软件在进行高层建筑结构抗震设计时，采用的是《抗规》的振型分解反应谱方法求地震力。该方法是《抗规》对建筑结构建议的方法。该方法首先求得数量足够的建筑结构结构振型和频率，然后运用规范规定的反应谱得到各个振型（单自由度体系）所对应的地震力，再将各个振型所对应的地震响应通过 CQC 方法（参见《抗规》5.2.3 条公式）进行振型组合得到结构最终的地震响应。地震响应求出之后，再依据《抗规》规定，计算地震作用、其他荷载作用的基本组合效应，进行构件的截面承载力设计。

振型分解反应谱是现阶段抗震设计的最基本理论，《抗规》第 5.1.5 条把规范所采用的设计反应谱以地震影响系数曲线的形式给出。反应谱理论考虑了结构动力特性和地震特性之间的动力关系，使结构动力特性对结构地震反应的影响得以体现，但是在进行结构抗震设计时，它仍然把地震惯性力作为静力来对待，无法准确反映地震对结构的实际影响。规范的反应谱是很多条地震波所对应的反应谱通过概率平均化和平滑后所得，虽然可以从概率意义上保证振型分解反应谱法的一般性，但如果单独列出几条地震波的反应谱与规范反应谱比较，单条地震波响应与规范反应谱方法计算结果比较均会有一定的差别。对于特殊情况，单条地震波响应还可能偏大，即振型分解反应谱方法并不保守，单条地震波的反应谱可能大于规范反应谱。

另一方面，CQC 振型组合方法是将地震作用看作平稳随机过程得到的振型组合方法，该方法同样是一种概率保证法。

由于以上两方面的原因，振型分解反应谱法可以保证大多数结构的地震响应计算足够保守，或者说从概率意义上能够保证，但对于一些特殊情况，如复杂高层结构则可能会出现偏于不安全现象，所以要附加多条实际或人造地震波的弹性动力时程分析方法进一步保证结构的安全。

动力时程分析作为高层建筑和重要结构抗震设计的一种补充计算，其主要目的在于检验规范反应谱法的计算结果、弥补反应谱法的不足和进行反应谱法无法做到的结构非弹性地震反应分析。

9.1.3 弹性动力时程分析与弹塑性动力分析的应用范围

结构抗震设计的基本目标是“小震不坏，中震可修，大震不倒”。随着基于性能的抗震设计方法的采用，根据不同建筑的安全需求与经济性等要求，按照性能化目标的思想，抗震设计目标在基本目标下被进一步细化和提高。一般来说，在安全与经济双重目标要求下，结构在小震状态下处于弹性状态，而且变形也较小，此时采用线弹性方法分析内力与变形误差较小，是可行的。

在中震状态下，结构少部分构件已进入塑性状态且变形加大，此时若仍然采用线弹性的方法分析，则存在较大的误差。结构在大震状态下，大部分构件已进入塑性状态，并产生相当大的变形，其 P-Δ 效应加剧，几何非线性程度加大，所以计算分析不能采用线弹性方法，也不宜采用静力弹塑性方法，而应采用弹塑性动力时程分析方法。

《抗规》第 5.1.2 条第 5 款规定："计算罕遇地震下结构的变形，应按本规范第 5.5 节规定，采用简化的弹塑性分析方法或弹塑性时程分析法。"该条文的具体应用我们将在后面的 9.2.4 节讨论。

9.2　动力时程分析有关规范条文的运用及操作示例

由于动力时程分析方法比较复杂，并且所采用的地震波也是一种过往的地震形态，分析得到的结果并不足以在所有结构设计中应用，因此规范对需要做动力时程分析的建筑结构做了明确规定。

9.2.1　需要做动力时程分析的结构

《高规》第 4.3.4 条第 3 款规定：7～9 度抗震设防的甲类（建筑结构分类参见《抗规》3.1.2 条）高层建筑结构、表 9-1 所列的乙、丙类高层建筑结构、层刚比不满足《高规》第 3.5.2 条、层间受剪承载力比不满足第 3.5.3 条、竖向抗侧力构件上下不连通、结构竖向收进或外挑不满足第 3.5.5 条、楼层质量不均匀超过第 3.5.6 条限制高层建筑结构和《高规》第 10 章规定的复杂高层建筑结构，应采用弹性时程分析法进行多遇地震下的补充计算。

《高规》第 5.1.13 条：抗震设计时，B 级高度的高层建筑结构（高层建筑结构高度分级参见《高规》3.3.1 节）、混合结构和本规程第 10 章规定的复杂高层建筑结构，应采用弹性时程分析法进行补充计算。

采用时程分析法的建筑结构　　　　表 9-1

设防烈度、场地类别	建筑高度
8 度Ⅰ、Ⅱ场地和 7 度	＞100m
8 度Ⅲ、Ⅳ场地	＞80m
9 度	＞60m

《高规》第 4.3.14 条规定：跨度大于 24m 的楼盖结构、跨度大于 12m 的转换结构和连体结构、悬挑长度大于 5m 的悬挑结构，结构竖向地震作用效应标准值宜采用时程分析方法或振型分解反应谱方法进行计算。

在进行弹性动力时程分析时，SATWE 的动力弹性时程分析可进行竖向和水平向动力时程分析。

设计示例（时程分析 1）—确定是否进行时程分析

［1］　山东郯城某高层住宅示例工程共计 26 层，3 层裙房（含地下室 1 层），采用框

剪结构，结构总高度为83m，依据勘测报告，该场地类别为Ⅲ类场地，如图9-1所示。

[2] 经PMCAD创建结构设计模型，并已经由SATWE进行计算分析完毕，各项结构宏观控制参数经调整结构模型，已经符合设计规范要求。

[3] 查表9-1，该建筑高度83m大于80m，需做弹性动力时程分析。

[4] 点击SATWE主界面的【结构的弹性动力时程分析】菜单，打开图9-2所示对话框。

[5] 选择该对话框的“结构动力弹性时程分析计算”点击【应用】打开图9-3所示对话框。

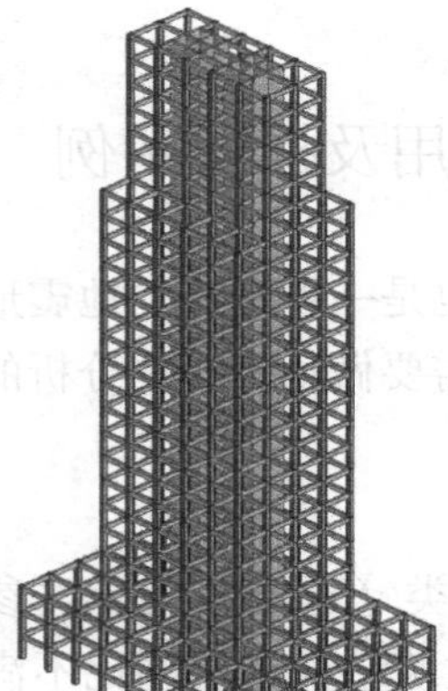

图9-1 某高层住宅轴测

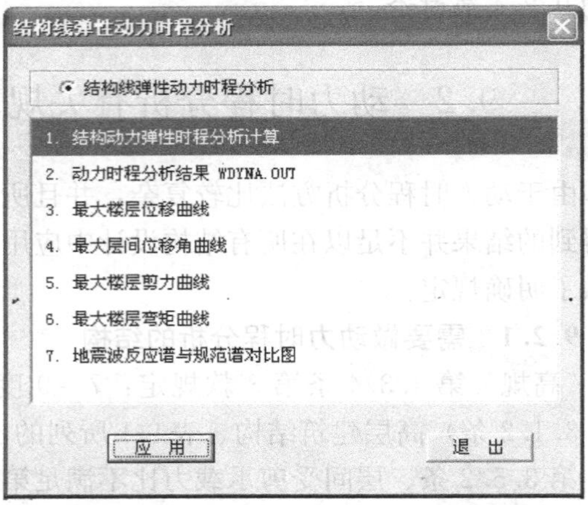

图9-2 时程分析菜单

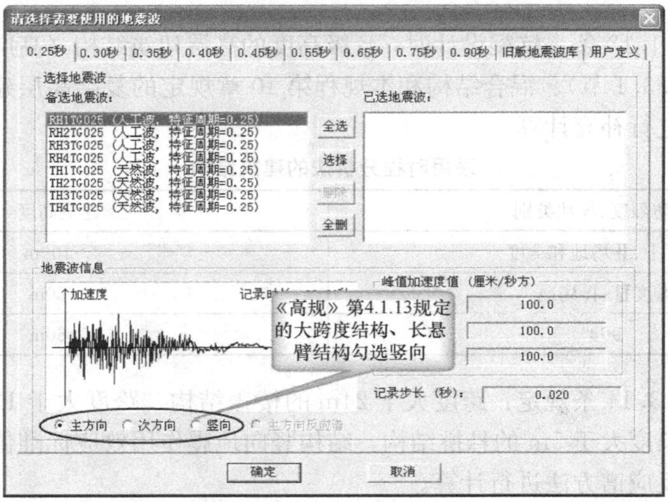

图9-3 选择地震波对话框

9.2.2 弹性动力时程分析时初始地震波选择

依据设计规范，波形选择要从波形数、地震特征周期、天然波与人工波比例、波形作用时间等方面考虑波形的选择。

1. 地震特征周期

《高规》第 4.3.5 条规定："应按建筑场地类别和设计地震分组选取实际地震记录和人工模拟的加速度时程曲线"。《高规》第 4.3.7 条和《抗规》第 5.1.4 条给出了不同场地类别和设计地震分组时的地震特征周期，如表 9-2 所示。

特征周期 T_g (s) **表 9-2**

场地类别 / 设计地震分组	I_0	I_1	Ⅱ	Ⅲ	Ⅳ
第一组	0.20	0.25	0.35	0.45	0.65
第二组	0.25	0.30	0.40	0.55	0.75
第三组	0.30	0.35	0.45	0.65	0.90

从图 9-3 可以看到，在进行时程分析时，SATWE 在不同地震特征值下提供了多条地震波供设计人员选择。在进行结构的弹性动力时程时，应根据所设计工程的场地类别和地震分组，根据表 9-2 给出特征周期选择地震波。

2. 地震波类型要求

《抗规》第 5.1.2 条及《高规》第 4.3.5 条规定：采用时程分析时，应按建筑场地类别和设计地震分组选取实际地震记录和人工模拟的加速度时程曲线，其中实际地震记录的数量不应少于总数量的 2/3。

当采用 SATWE 时程分析时，选三条地震波时必须至少选择两条天然波；选七条地震波时，必须至少选择五条天然波。

3. 波形作用时间

《高规》第 4.3.5 条规定："地震波的持续时间不宜小于建筑结构基本自振周期的 5 倍和 15s。地震波的时间间距可取 0.01s 或 0.02s"。

《抗规》第 5.1.2 条条文解释要求：输入的地震加速度时程曲线的有效持续时间，一般从首次达到该时程曲线最大峰值的 10%那一点算起，到最后一点达到最大峰值的 10%为止；不论是实际的强震记录还是人工模拟波形，有效持续时间一般为结构基本周期的 5～10 倍。

设计示例（时程分析 2）—选择地震波数

[1] 该示例工程，经 SATWE 计算后输出 WZQ.OUT 文件部分内容如图 9-4 所示。

[2] 依据《荷载规范》附录 A.0.3，该建筑所在地区地震烈度为 8 度区，地震分组第一组，地震加速度 0.2g，已知该建筑的场地类别为Ⅲ类。查表 9-2，其特征周期为 0.45s。

[3] 选择图 9-5 的 0.45s 表单，选择地震波。

[4] 依据《高规》第 4.3.5 条，输入地震波持续时间不宜小于结构自振周期的 5 倍或 15s，该示例工程第一平动周期为 1.9092s，取 max(5×1.9092，15)＝15s，则要求选择的地震波形记录时长不能小于 15s。

[5] 地震波记录波长（规范的时间间距）取 0.02s。时间越短，计算时间越长。

[6] 选择五条地震波，其中四条天然波、一条人工波，初选的地震波如图 9-5 所示。

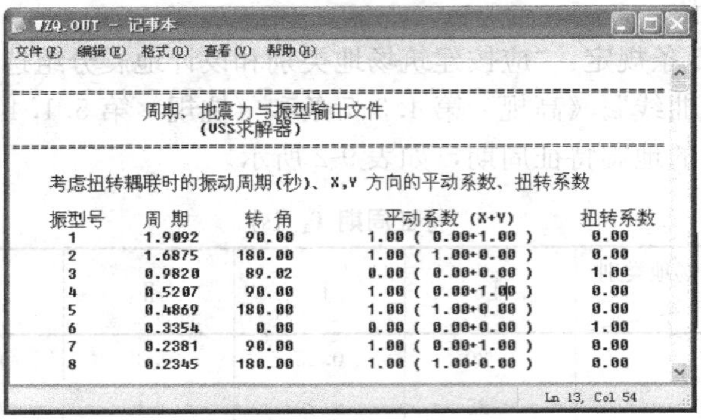

图 9-4 SATWE 上部结构分析结果

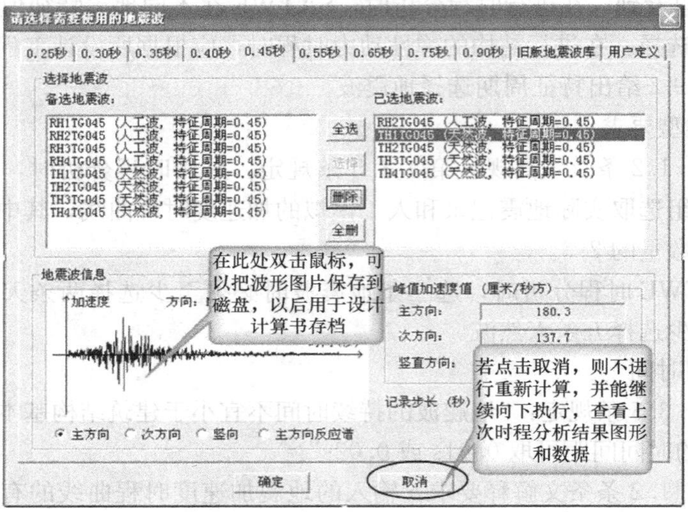

图 9-5 初选地震波形

[7] 点击【确定】向下进行。

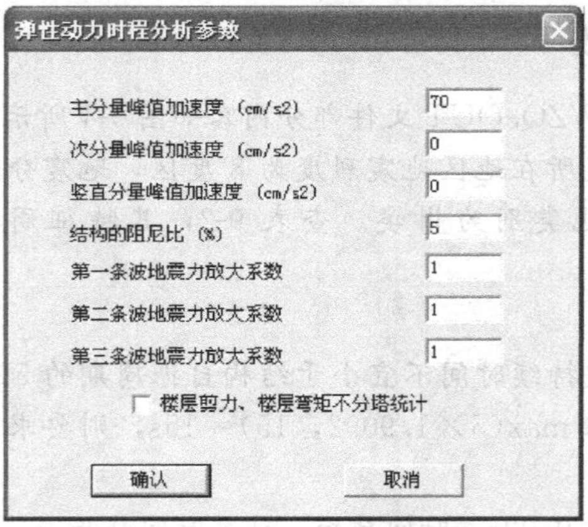

图 9-6 时程分析参数

选择合适的地震波是一项比较费时的工作。如果计算机性能较高，可尽可能多选地震波，经过计算后再筛除不合适的波形是效率较高的一种方法。如果在规定特征周期内找不到合适的波形，也可以在相近特征周期中筛选波形。

9.2.3 弹性动力时程分析参数

点击【确定】之后，程序弹出图 9-6 所示对话框，我们还要依照规范输入正确的时程分析参数，才能使得时程分析结果具有参考价值。

1. 主分量最大加速度

《抗规》第 5.1.2 条和《高规》第 4.3.5

条给出了进行动力时程分析时要输入地震加速度的最大值。其中《高规》规定的最大值如表 9-3 所示。在进行时程分析时，程序能根据在 SATWE 中输入的地震信息，自动套用表 9-3 数值。

时程分析时输入的地震加速度的最大值（cm/s^2）　　表 9-3

设防烈度	6 度	7 度	8 度	9 度
多遇地震	18	35(55)	70(110)	140
设防地震	50	100(150)	200(300)	400
罕遇地震	155	220(310)	400(510)	620

注：7、8 度时括号内数值分别用于设计基本地震加速度为 0.15g 和 0.30g 的地区

2. 次分量峰值和数值分类峰值加速度

《抗规》第 5.1.2 条规定："平面投影尺度很大的空间结构，应根据结构形式和支承条件，分别按单点一致、多点、多向单点或多向多点输入进行抗震计算。按多点输入计算时，应考虑地震行波效应和局部场地效应。"

《抗规》第 5.1.2 条规定："对于某些大空间结构，应根据结构及结构支撑条件，分别按单点一致、多点、多向单点或多向多点输入进行抗震计算，这是我国建筑抗震规范首次将多点激励分析纳入规程。"

《抗规》第 5.1.2 条条文解释：对周边支承空间结构，如：网架和下部圈梁-框架结构，当下部支承结构为一个整体且与上部空间结构侧向刚度比大于等于 2 时，可采用三向（水平两向加竖向）单点一致输入计算地震作用。单点一致输入，即仅对基础底部输入一致的加速度反应谱或加速度时程进行结构计算。多向单点输入，即沿空间结构基础底部，三向同时输入，其地震动参数（加速度峰值或反应谱最大值）比例取：水平主向：水平次向：竖向＝1.00：0.85：0.65。

3. 波形地震力放大系数

《抗规》第 5.1.2 条条文解释还有如下说明，估计可能造成的地震效应：对于 6 度和 7 度Ⅰ、Ⅱ类场地上的大跨空间结构，多点输入下的地震效应不太明显，可以采用简化计算方法，应乘以附加地震作用效应系数，跨度越大、场地条件越差，附加地震作用系数越大。

设计示例（时程分析 3）—弹性动力地程分析参数

［1］　点击【确定】按钮后，时程分析程序弹出图 9-6 所示对话框，在图 9-6 中填写合适的数据之后才能向下进行分析计算。

［2］　依据《抗规》5.1.2 条的条文解释，本示例工程可按"单点单向"激励进行动力时程分析。

［3］　故图 9-6 所示的"次分量峰值角速度"和"竖直分量峰值加速度"取默认值 0。

［4］　该结构不是大跨度结构，根据《抗规》第 5.1.2 条的条文解释，时程分析时地震力不放大，第 1～第 3 波地震力放大系数取默认的数值 1。

［5］　时程分析参数确定之后，点击【确定】进行动力时程分析计算。

9.2.4　时程分析结果有效性分析及波形筛查

初选地震波经过时程分析后，并不能直接利用其结果与 SATWE 采用 CQC 方法分析

的地震作用进行比对，还需要判断地震波的有效性。

《抗规》第 5.1.2 条和《高规》第 4.3.5 条规定：“时程分析的平均影响系数曲线应与分解反应谱法所采用的地震影响系数曲线在统计意义上相符；弹性时程分析时，每条时程曲线计算所得结构底部剪力不应小于振型分解反应谱法计算结果的 65%，多条时程曲线计算所得结构底部剪力的平均值不应小于振型分解反应谱法计算结果的 80%。”

《高规》4.3.5 条的条文解释：所谓“在统计意义上相符”指的是，多组时程波的平均地震影响系数曲线与振型分解反应谱法所用的地震影响系数曲线相比，在对应于结构主要振型的周期点上相差不大于 20%，计算结果在结构主方向的平均底部剪力一般不会小于振型分解反应谱法计算结果的 80%，每条地震波输入的计算结果不会小于 65%。从工程角度考虑，这样可以保证时程分析结果满足最低安全要求。但计算结果也不能太大，每条地震波输入计算不大于 135%，平均不大于 120%。

《抗规》第 5.1.2 条第 5 款规定：“计算罕遇地震下结构的变形，应按本规范第 5.5 节规定，采用简化的弹塑性分析方法或弹塑性时程分析法。”《抗规》第 5.5.1 条、5.5.5 条规定了各类结构应进行多遇地震作用下的抗震变形验算时，其楼层内最大的弹性层间位移控制指标（层间位移角），层间位移角限制参见第 7 章表 7-9、表 7-10。

依据上面规范条文，地震波有效性要基于五个方面：

1. 与分解反应谱统计意义上相符

设计示例（时程分析 4）—平均谱要接近规范谱

［1］ 双击【结构线弹性时程分析】窗口中的“7. 地震波反应谱与规范谱对比图”，程序绘出规范谱地震影响系数曲线和时程分析各波形的平均谱线如图 9-7 所示。

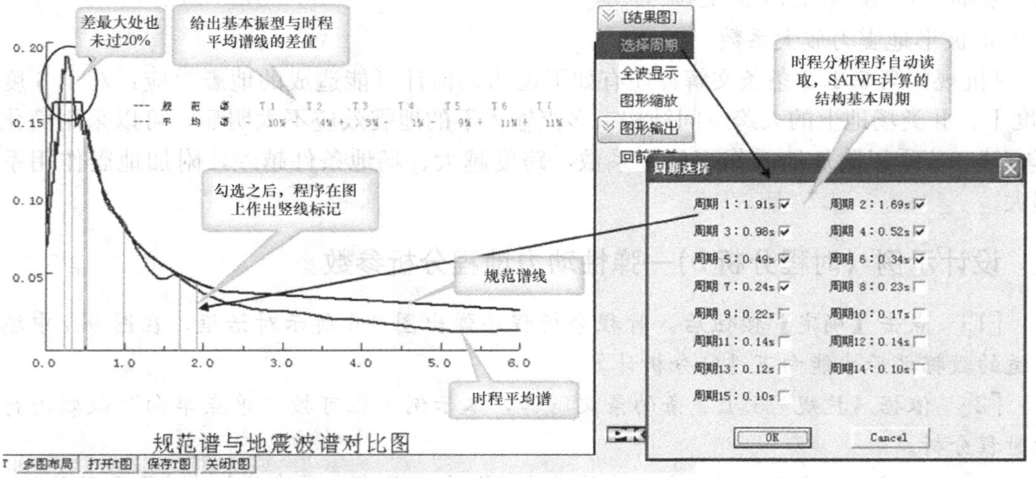

图 9-7 地震波形平均谱与规范谱比较

［2］ 点击【选择周期】，勾选上部结构基本周期，程序则在图上绘出相应的竖向标志线，并给出各个周期的统计差率，从图上可以看到，目前选择的地震波形未超出“不低于规范的 80%限制，不大于 135%”。

2. 每条波形的结构底部地震剪力不应小于 CQC 法的 65%

设计示例（时程分析 5）—每条波形底层地震力核查

［1］ 双击【结构线弹性时程分析】窗口中的“6. 最大楼层剪力曲线”，程序绘出规范谱地最大底层楼层剪力和时程分析各波形的最大楼层剪力曲线如图 9-8 所示。

［2］ 从图上可以看到有四条波形曲线的底层剪力十分靠近 CQC 底层剪力，其中“TH2TG045”、“TH1TG045”二个波形低于 CQC 的 65%，为不合适波形。

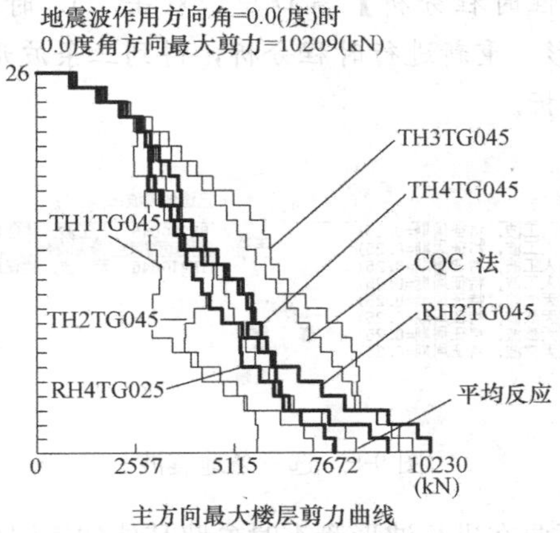

图 9-8　各波形底层地震剪力

3. 所有波形的底部剪力平均值不小于 CQC 方法结果的 80%

设计示例（时程分析 6）—底部剪力平均值检查

［1］ 从上图可以看出，所有波形的底部剪力平均值超出《高规》4.3.5 条的“不小于 CQC 方法结果的 80%”限制。

［2］ 需要进行波形另选或筛减。

4. 楼层最大弹性位移角核查

若层间弹性位移角不满足《抗规》第 5.5.1 条或第 5.5.5 条规定，则依照《抗规》第 5.1.2 条，应重新选择波形再进行弹性时程动力分析，若所选波形合适，但是经时程分析后所得的最大层间弹性位移角超过规范限制，则该结构不能再能进行弹性时程动力分析，而是应该用 EPDA&PUSH 软件进行弹塑性动力时程分析。

5. 地震波数量

《抗规》第 5.1.2 条规定：“特别不规则的建筑、甲类建筑和表 9-1 所列高度范围的高层建筑，应采用时程分析法进行多遇地震下的补充计算；当取三组加速度时程曲线输入时，计算结果宜取时程法的包络值和振型分解反应谱法的较大值；当取七组及七组以上的时程曲线时，计算结果可取时程法的平均值和振型分解反应谱法的较大值。”

从规范条文可知，在进行弹性动力时程分析时，地震波数量选择可以是三条，也可以是七条。

设计示例（时程分析 7）—地震波筛选

［1］ 依据《抗规》5.1.2 条，原来六条波形不合适，要么增加一条变为七条，要么去掉三条保留三条。

［2］ 根据上面示例分析，综合考虑拟删除“TH2G045”、“TH1G045”。

［3］ 当采用三条地震波时，只能有一条人工波，删除“RH2TG045”人工波。以 R 开头的波形为人工波。

［4］ 回到【结构线弹性时程分析】窗口中，双击“1. 时程分析”，在此进入图 9-5 所示窗口，删除这三条波形，重新进行时程分析，得到三条波形如图 9-9 所示。

［5］ 重新进行时程分析。

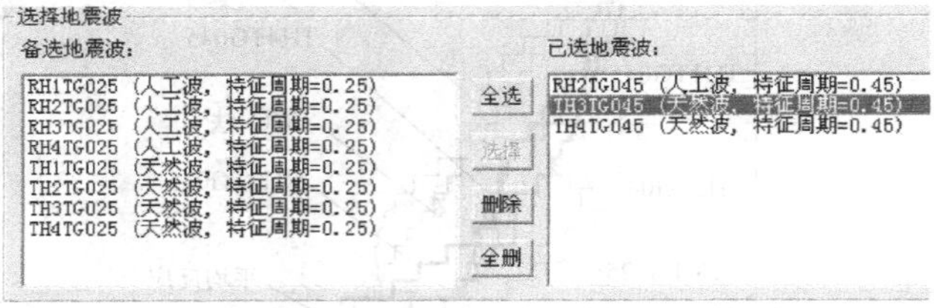

图 9-9 选三条地震波

在设计复杂工程时，还要在进行波形筛查时参照其他如楼层位移、楼层位移角等输出结果，对时程分析波形做综合选择判断。时程分析结果还可作为对结构体系调整优化的参考。

9.2.5 时程分析结果利用

依据《抗规》第 5.1.2 条规定：当取三组加速度时程曲线输入时，计算结果宜取时程法的包络值和振型分解反应谱法的较大值；当取七组及七组以上的时程曲线时，计算结果可取时程法的平均值和振型分解反应谱法的较大值。

最后根据时程分析结果文件 WDNYA.OUT 输出的楼层地震剪力与 SATWE 输出的楼层地震力进行比值分析，计算 SATWE 地震作用调整系数。

1. WDNYA.OUT 文件格式

WDNYA.OUT 在文件头部为 14 行的注解信息和时程分析参数输出行。在后面的内容中分为三个部分。

（1）具体地震波形时程结果输出，每个波形为一个子部，在时程计算时选择了几个波形，就有几个内容基本相同的子部，每个子部的首行内容为：

“==========The Maximum Response of the Seismic Wave［波形名称，如 TH3TG045］=======”。

在本节示例中，若有三个波形，则有三个子部输出。在查看时可以通过查找或翻页，仔细翻阅。

（2）时程分析平均结果输出，此部分在输出文件中只有一个子部，其行首内容为：

“============The Average of Max _ Response of These Seismic Waves===========”

（3）时程分析最大结果输出，此部分在输出文件中只有一个子部，其行首内容为：

"===========The Maximum of Max_Response of These Seismic Waves==========="

该部分为最后我们需要的内容，其部分内容截图如图 9-10 所示。

```
==========The Maximum of Max_Response of These Seismic Waves==========

======================================================================
   Current Main Direction Acceleration Angle :        0.000

                     (编者注：中间删除若干行)

                 Shear        Moment        Velocity      Acceleration
                 (kN)         (kN-m)        (mm/s)        (mm/s*s)
------------------------------------------------------------------------
   26     1      947.9       3128.1         306.4         2402.2
   25     1     1764.4       8948.0         289.8         2118.5
                 (编者注：中间删除 18～24 楼层)
   17     1     5551.5     108789.4         188.2         1457.2
   16     1     5887.1     124444.7         181.5         1573.3
   15     1     6057.9     140216.0         173.7         1638.4
                 (编者注：中间删除 10～14 楼层)
    9     1     7914.5     247433.2         102.2         1602.0
    8     1     8163.1     265226.6          88.4         1484.6
    7     1     8283.0     282129.3          74.8         1293.3
    6     1     8359.3     298247.2          60.7         1108.8
                 (编者注：中间删除 3～5 楼层)
    2     1     9873.1     386785.9          13.4          742.3
    1     1    10209.5     415416.7           5.0          357.2
```

水平主方向，同理后面还有90度次方向

时程分析得到的楼层最大剪力

图 9-10　选三条地震波的输出信息

2. SATWE 输出的地震力文件

在第 7 章我们已经了解到，SATWE 地震力输出结果文件为 WAZ. OUT。该文件首先输出各个振型的地震力计算结果，在本实例中为了减少计算工作量，我们要求程序只计算了 26 个振型，地震质量达到 97%，满足规范要求。

在每个振型结果输出之后，WZQ 给出了各个楼层 X 方向的 CQC 地震剪力值，如图 9-11 所示。

各层 X 方向的作用力(CQC)
Floor　　: 层号
Tower　　: 塔号
Fx　　　 : X 向地震作用下结构的地震反应力
Vx　　　 : X 向地震作用下结构的楼层剪力
Mx　　　 : X 向地震作用下结构的弯矩
Static Fx: 静力法 X 向的地震力

Floor	Tower	Fx (kN)	Vx (分塔剪重比) (kN)	(整层剪重比)	Mx (kN-m)	Static Fx (kN)
(注意:下面分塔输出的剪重比不适合于上连多塔结构)						
26	1	953.06	953.06(21.79%)	(21.79%)	3145.08	2617.27
25	1	782.09	1728.24(19.75%)	(19.75%)	8841.66	713.52
24	1	644.03	2341.66(17.84%)	(17.84%)	16536.26	684.98
23	1	556.18	2822.54(16.13%)	(16.13%)	25758.62	656.44
22	1	510.88	3201.81(14.64%)	(14.64%)	36134.92	627.90
21	1	489.49	3504.87(13.35%)	(13.35%)	47379.20	599.36
20	1	766.82	3919.60(11.78%)	(11.78%)	59613.80	915.69
19	1	743.65	4296.73(10.67%)	(10.67%)	72700.85	869.91
18	1	719.56	4634.03(9.80%)	(9.80%)	86544.32	824.13
17	1	711.34	4931.44(9.08%)	(9.08%)	101055.77	778.34
16	1	724.65	5197.70(8.47%)	(8.47%)	116151.79	732.56
15	1	747.41	5446.87(7.97%)	(7.97%)	131767.31	686.77
14	1	771.18	5692.42(7.55%)	(7.55%)	147866.53	640.99
13	1	792.93	5945.38(7.22%)	(7.22%)	164446.95	595.20
12	1	805.35	6212.22(6.95%)	(6.95%)	181537.67	549.42
11	1	806.03	6492.76(6.73%)	(6.73%)	199191.33	503.63
10	1	802.16	6782.71(6.56%)	(6.56%)	217472.03	457.85
9	1	795.43	7077.16(6.41%)	(6.41%)	236444.62	412.06
8	1	781.34	7369.81(6.27%)	(6.27%)	256166.66	366.28
7	1	763.69	7653.29(6.15%)	(6.15%)	276680.66	320.49
6	1	744.67	7921.40(6.02%)	(6.02%)	298010.00	274.71
5	1	710.62	8167.47(5.90%)	(5.90%)	320155.84	228.92
4	1	652.12	8381.07(5.76%)	(5.76%)	343095.22	183.14
3	1	1325.84	8825.76(5.46%)	(5.46%)	366913.66	317.68
2	1	997.85	9197.00(5.17%)	(5.17%)	391659.78	211.79
1	1	487.82	9379.54(4.83%)	(4.83%)	417264.81	105.89

抗震规范(5.2.5)条要求的X向楼层最小剪重比 =　3.20%

X 方向的有效质量系数:　97.41%

图 9-11　CQC 方法计算得到的地震剪力

设计示例（时程分析8）—时程分析结果利用

［1］ 采用上例三条地震波进行时程分析之后，得到平均谱线或最大底层楼层剪力分布如图9-12所示，分析后发现其平均效应、单波底层地震剪力、平均底层剪力满足《抗规》第5.1.2条和《高规》第4.3.5条规定。

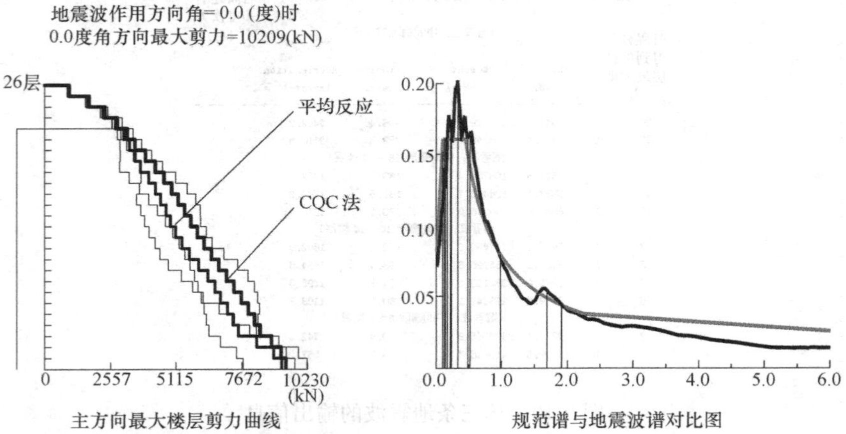

图9-12　最后时程分析结果图

［2］ 点击【结构弹性动力时程分析】的【最大层间位移角】，得到图9-13所示图形。0度角方向最大层间位移角为1/942＜1/800，满足《抗规》第5.5.1条，该结构可以进行弹性动力时程分析。

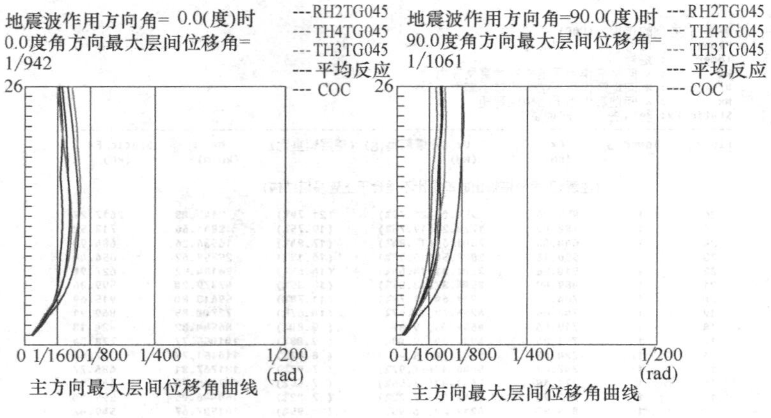

图9-13　最大位移角

［3］ 三条波形时，楼层地震剪力采用包络值，时程分析与CQC方法地震力差值较大的楼层为1～2层、6～9层、15～17层。

［4］ 根据前面对文件内容的描述，得到时程分析各层剪力与CQC方法的差值比例。由于SATWE不能分层进行地震力放大，所以我们最后取第16层时程剪力与CQC最大比值1.133，需要在SATWE采用地震力全楼放大方法，把地震力放大13.3%。

［5］ 回到 SATWE 的【分析与设计参数补充定义】，按图 9-14 输入全楼地震调整系数，重新用 SATWE 进行结构分析，最后绘制施工图纸。

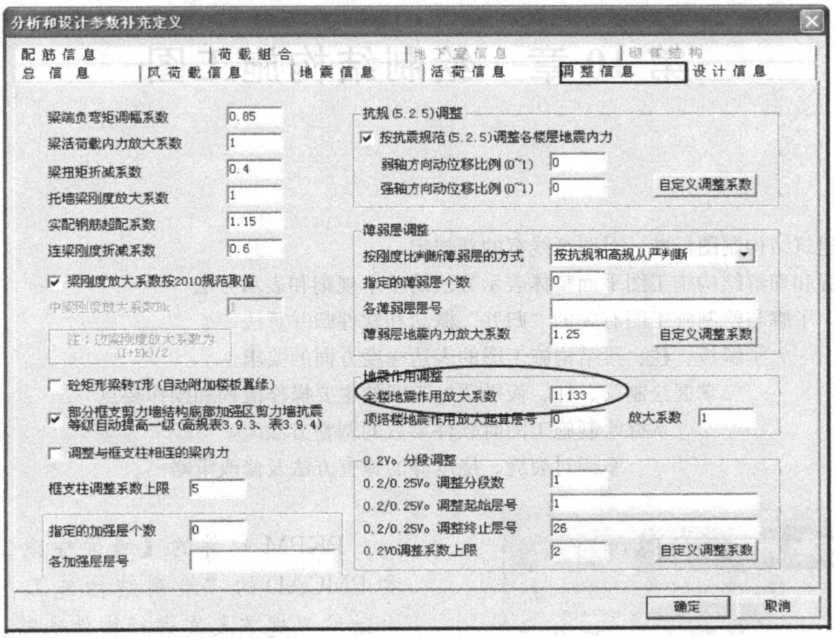

图 9-14 SATWE 全楼地震作用放大

思考题与练习题

1. 思考题

（1）结构弹性动力时程分析方法的作用是什么？

（2）规范对地震波的选择有哪几个要求？

（3）如何对地震波进行筛选？

（4）当选择的地震波是三条时，应如何确定 SATWE 的全楼地震作用放大系数？

（5）当选择的地震波是七条时，应如何确定 SATWE 的全楼地震作用放大系数？

2. 练习题

请自己在 PMCAD 中创建一个建筑高度大于 60 米的高层框剪结构模型，假定该建筑地震烈度为 9 度地震分组为第一组，场地类别为Ⅱ类场地，用 SATWE 进行结构分析设计，之后再用弹性动力时程分析确定地震作用放大系数值。

第 10 章　绘制结构施工图

学习目标

了解《建筑结构制图标准》对图纸线宽的新规定

掌握和理解结构施工图平面整体表示方法的基本规则和表示方法

了解与绘制施工图有关的“归并”概念和软件归并算法

了解板、柱、梁结构施工图的表达深度方面的要求

掌握绘制梁、柱、板平法施工图的主要操作流程和操作要点

掌握绘制施工图时软件参数的调整方法

掌握对裂缝、挠度等的检查方法及修改策略

PKPM 软件的【墙梁柱施工图】软件和 PMCAD 的“绘制结构施工图”模块能自动按照规范条文进行构件选筋、布筋，并且能自动按照有关规范和设计手册计算构件在长期载荷作用下的挠度和裂缝，是一款十分优秀的施工图绘制软件。

结构施工图平面整体表示方法是目前应用最广泛的施工图表达方式，它具有整体性、便捷性和构件结点标准化等特征。掌握平法施工图的表达方式和构成规则是每个建筑结构从业人员必须具备的专业素养。

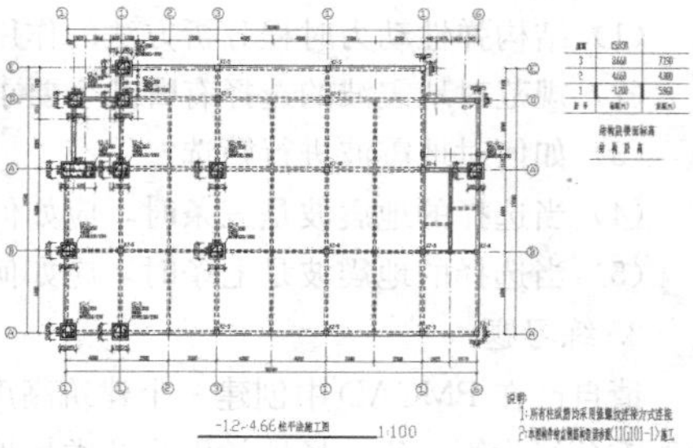

10.1　建筑结构施工图的基本组成及表达方式

结构施工图主要表达建筑物的结构布局和各承重构件的材料、形状、大小及其内部构造等情况，是建筑施工、编制预结算以及资料存档备案的依据。

10.1.1　建筑结构施工图的基本组成及表达深度

建筑结构按其主要承重构件所采用的材料不同可分为钢结构、木结构、砖混结构和钢筋混凝土结构等，不同结构类型的结构施工图所需表达的内容也不尽相同。

混凝土结构和砌体结构的结构施工图包含以下内容：图纸目录、结构总说明、基础平面布置图及基础详图、楼板配筋图及详图、结构平面图或梁柱墙平法施工图及节点详图、其他图纸（如楼梯结构平面及配筋图，预埋件布置及详图）、建筑幕墙的结构设计图等。钢结构施工图纸包括图纸目录、结构设计说明、基础平面布置图及详图、结构平面图（可包括各层混凝土楼面、屋面楼板配筋）、构件及节点详图等。下面我们介绍一下混凝土结构施工图的主要内容。

1. 图纸目录

图纸目录一般以表格的形式列举施工图纸的主要内容及排列序号，图纸顺序排列号通常按先地下后地上、先基础后楼层、先平面图后构件、先下部楼层后上部楼层、先主结构后次结构的顺序编排。

总而言之，图纸的编号顺序应考虑施工的方便，一般先施工的编号在前，后施工的编号在后，如图10-1所示是一个比较规范的图纸编排实例。结构施工图名称由“结施-”后缀以图纸顺序号组成。

某某建筑设计研究院有限公司

图纸目录表

工程名称:－－工号:－ 完成日期 年 月 日

图号	规格	图纸内容
结施-1	1#	结构设计总说明
结施-2	1#	基础平面图 基础大样图
结施-3	1#	一层柱平法施工图
结施-4	1#	二层梁平法施工图
结施-5	1#	二层楼板钢筋图
结施-6	1#	二层柱平法施工图
结施-10	1#	屋面梁平法施工图
结施-11	1#	屋面板钢筋图
结施-13	1#	LT1楼梯详图
结施-14	1#	LT2楼梯详图

图10-1 某结构图纸目录

2. 结构总说明

每一单项工程应编写一份结构设计总说明，对多子项工程宜编写统一的结构施工图设计总说明。如为简单的小型单项工程，则设计总说明中的内容可写在基础平面图或结构平面图上。

依据《建筑工程设计文件编制深度规定》结构部分（建质［2008］216号）结构总说明应按照上述内容分节或分标题给出。结构设计总说明主要内容包括：设计依据、图纸说明、主要荷载（作用）取值、主要结构材料、基础及地下室工程、钢筋混凝土工程、钢结构工程、砌体工程、检测（观测）要求、施工需特别注意的问题等，结构设计总说明应包括如下内容：

（1）工程概况：工程地点、工程分区、主要功能，地上与地下层数，主要结构跨度，特殊结构及造型，工业厂房的吊车吨位等。

（2）本工程的主要设计依据：主体结构设计使用年限；自然条件如基本风压、基本雪压、气温（必要时提供）等；工程地质勘察报告；场地地震安全性评价报告（必要时提供）；风洞试验报告（必要时提供）；建设单位提出的与结构有关的符合有关标准、法规的书面要求；初步设计的审查、批复文件；对于超限高层建筑应有超限高层建筑工程抗震设防专项审查意见；采用桩基础时，应有试桩报告或深层平板载荷试验报告或基岩载荷板试验报告（若试桩或试验尚未完成，应注明桩基础图不得用于实际施工）；设计所执行的主要法规和所采用的主要标准（包括标准的名称、编号、年号和版本号）。

（3）图纸内容说明：设计±0.00标高所对应的绝对标高值；图纸中标高、尺寸的单位；当图纸按工程分区编号时，应有图纸编号说明；各类钢筋代码说明，型钢代码及截面尺寸标记说明；混凝土结构采用平面整体表示方法时，应注明所采用的标准图名称及编号或提供标准图。

（4）建筑分类等级：应说明设计使用年限，混凝土结构的耐久性、建筑结构安全等级、建筑场地类别、建筑抗震设防类别、地基的液化等级、抗震设防烈度（设计基本地震加速度及设计地震分组）、钢筋混凝土结构抗震等级（无抗震设防要求时也要注明，这样施工时可按非抗震构造详图）、地下室防水等级、人防地下室的设计类别、防常规武器抗力级别和防核武器抗力级别、建筑防火分类等级和耐火等级、混凝土构件的环境类别、砌体结构结构施工质量控制等级等。这些是施工方确定施工方案、质量控制、钢筋构造等的依据。

（5）基础及地下室工程：简要说明有关地基概况，对不良地基的处理措施及技术要求、抗液化措施及要求、地基土的冰冻深度、地基基础的设计等级，地基验槽要求；基坑或基槽、室内回填土材料及施工要求；施工期间降水要求等。对水池、地下室等有抗渗要求的建（构）筑物的混凝土，说明抗渗等级，在施工期间存有上浮可能时，应提出抗浮措施。

（6）采用的设计荷载：楼（屋）面面层荷载、吊挂（含吊顶）荷载；墙体荷载、特殊设备荷载；楼（屋）面活荷载；风荷载（包括地面粗糙度、体型系数、风振系数等）；雪荷载（包括积雪分布系数等）；地震作用（包括设计基本地震加速度、设计地震分组、场地类别、场地特征周期、结构阻尼比、地震影响系数等）；温度作用及地下室水浮力的有关设计参数。

（7）主要结构材料：所选用结构材料的品种、规格、性能及相应的产品标准：混凝土强度等级、防水混凝土的抗渗等级、轻骨料混凝土的密度等级；注明混凝土耐久性的基本要求；砌体的种类及其强度等级、干容重，砌筑砂浆的种类及等级，砌体结构施工质量控制等级；钢筋种类、钢绞线或高强钢丝种类及对应的产品标准，其他特殊要求（如强屈比等）；成品拉索、预腕力结构的锚具。成品支座（如各类橡胶支座、钢支座、隔震支座等）、阻尼器等特殊产品的参考型号、主要参数及所对应的产品标准；钢结构所用的材料等。

（8）钢筋混凝土工程：按楼层或部位说明混凝土标号及品种要求（必要时给出表格）、应说明钢筋的保护层厚度、锚固长度，搭接长度、接长方法，预应力构件的锚具类型、预留孔道做法、施工要求及锚具防腐措施等，并对某些构件或部位的材料提出特殊要求。或给出所依据的规范和标准名称、目次和详图号。梁、板的起拱要求及拆模条件；后浇带或后浇块的施工要求（包括补浇时间要求）；特殊构件施工缝的位置及尺寸要求；预留孔洞的统一要求（如补强加固要求），各类预埋件的统一要求；防雷接地要求。混凝土浇筑工艺要求必要时也需要进行明确。

混凝土保护层厚度宜给出各种构件保护层厚度表格，若不指明保护层厚度，则应明确构件所处的环境类别、构件类别、混凝土强度等级，以便施工人员根据构件类别和混凝土强度等级直接从平法规则中查用保护层数据。

平法规则对钢筋的连接方式（钢筋接长方法）分为一般和较严格两级。一般连接要求即为常用的搭接方式，较严格连接要求则限定连接方式，如注明“采用机械连接或对接焊接。”由于较严格连接要求有两种方式，究竟采用机械连接还是对接焊接，设计者应根据具体工程的适用条件确定采用哪一种。应当注意的是，对于受拉纵筋不宜用搭接焊代替对接焊，更不宜用帮条焊代替对接焊，否则不能保证钢筋之间的净距，影响混凝土浇筑质量。

(9) 砌体工程：砌体墙的材料种类、厚度，填充墙成墙后的墙重限值；砌筑砂浆标号、品种要求；砌体填充墙与框架梁、柱、剪力墙的连接要求或注明所引用的标准图；图纸上未注明的砌体墙上门窗洞口过梁要求或注明所引用的标准图；图纸上未注明的但是需要设置的构造柱、圈梁（拉梁）要求及附图或注明所引用的标准图。

(10) 所采用的通用做法和标准构件图集，如有特殊构件需作结构性能检验时，应指出检验的方法与要求；需要进行试剂、试片试验的提出相关试验要求。

(11) 施工中应遵循的施工规范和注意事项。

(12) 辅助设计软件：结构整体计算及其他计算所采用的程序名称，版本号、编制单位；结构分析所采用的计算模型、高层建筑整体计算的嵌固部位等。

最后需要特别提醒的是，很多初学者对结构设计的图纸说明内容的严谨性重视程度不够，会给后期的施工带来很多不便。图纸说明中的寥寥几字，可能会影响到结构的整体施工质量和工程资金投入。一个严谨的设计工作者，都有逐字逐句推敲结构设计总说明的好习惯。

3. 基础平面图

基础平面图是表示基础平面布置的图样，是施工放线、基坑基槽开挖和砌筑浇筑基础的依据。不同类型的基础其基础平面图所表达的内容会有所区别。

在用 PKPM 软件的 JCCAD 进行基础辅助设计时，软件会自动生成基础的平面图样，在软件生成的基础图样上，设计人员还需要通过软件菜单或后期的图纸编辑工具对其进行下列内容的补充：

(1) 定位尺寸及基础名：在 JCCAD 软件中通过人机交互方式绘制定位轴线、注写基础构件名称、基础平面尺寸及定位尺寸、构件名称。

(2) 基础平面标高及厚度变化：若平面上基础标高或厚度不同，且在基础详图上不能给出确切表述的情况下，应在基础平面图上给出基础标高及其作用方位。

(3) 基础配筋：在 JCCAD 中通过人机交互方式标注钢筋混凝土条形基础、基础梁、拉梁、基础圈梁、筏板基础等基础配筋。具体需要绘制哪些内容要根据所设计的基础情况和图纸表达方式确定。

(4) 图名：在 JCCAD 中通过人机交互方式绘制图名。

(5) 绘制其他图纸内容：通过图纸编辑工具，绘制或标明地沟、地坑、预留孔与预埋件位置、后浇带位置以及其他细部大样索引等内容。

(6) 图纸说明：基础设计说明包括在图纸总说明中未注明的内容，如基础持力层及基础进入持力层的深度、地基的承载力特征值、持力层检测要求、基底及基槽回填上的处理措施与要求、基础拉梁下的回填土要求，以及其他对施工的有关要求等。

4. 基础详图

用 JCCAD 软件设计基础时，可以通过交互方式绘制基础圈梁、独立基础、条形基础、桩基础、桩承台等详图。

在绘制施工图纸时，对于形状简单、规则的无筋扩展基础、扩展基础、基础梁和承台板等也可用列表方法表示。平法表示时可不绘制基础详图。

5. 结构平面图

楼层结构平面图或屋面结构平面图用于表示该层楼板以及该层的墙、梁、柱等承重构件的平面布置。若采用平面整体表示方法，则结构平面图又可以分为楼板配筋图、梁配筋图、柱配筋图和墙及边缘构件配筋图等。

结构平面图宜按楼层顺序自下而上编号绘制，如有多个楼层相同则可统一绘制在一张图上（需在图上注明适用的层号和标高）；若多个楼层使用一张图纸，而部分内容不是所有楼层都有，则可以在图上圈出此区域，并在区域上对此作出特别说明；若部分楼层只有局部不同，则可以只绘制局部不同处，来表示该层平面，并规定出其他未绘出部分依照哪张平面图施工。结构平面图的这些表达模式并没有统一的要求，需要设计人员根据各自地区的行规或企业规定自行选定表达方式，但是不管采用哪种方式，施工图纸上表达的内容必须全面、准确、唯一，不能出现冲突、模糊、缺漏等情况。当用 PKPM 进行结构设计时，设计人员除可通过软件的人机交互功能绘制图纸的绝大部分内容外，尚需通过其他图形编辑工具对结构平面图进行补充、修改。

(1) 可通过 PKPM 软件人机交互方式绘制的内容为：

① 绘制墙梁柱板构件平面布置及配筋图，并注明其编号。

② 绘出定位轴线及构件必要的局部定位尺寸。

③ 采用预制板时注明预制板的跨度方向、板号、数量及板底标高，标出预留洞大小及位置；预制梁、洞口过梁的位置和型号、梁底标高。

④ 现浇板板厚、板面标高。

⑤ 图纸名称。

(2) 需要通过图形编辑工具补充绘制的内容为：

① 标高或板厚变化处绘局部剖面，有预留孔、埋件、已定设备基础时应标示出规格与位置，洞边加强措施，当预留孔、埋件、设备基础复杂时亦可另绘详图；附属于楼板的线脚、造型等也应给出详图索引及详图；必要时尚应在平面图中表示施工后浇带的位置及宽度；电梯间机房尚应表示吊钩平面位置与详图。

② 混凝土结构中的填充墙内有圈梁、过梁、构造柱时应绘出或注明其位置、编号、标高。

③ 楼梯间可绘斜线注明编号与所在详图号。

④ 屋面结构当通过结构找坡时应标注屋面板的坡度、坡向、坡向起终点处的板面标高；当屋面上有预留洞或其他设施时应绘出其位置、尺寸与详图索引及详图，女儿墙或女儿墙构造柱的位置、编号及详图。

⑤ 当选用标准图中节点或另绘节点构造详图时，应在平面图中注明详图索引号。

⑥ 图纸说明。图纸说明根据具体工程情况而定，如不同标高楼板的填充图例说明、楼板分布筋说明、楼面梁交叉位置吊筋或箍筋加强、小洞口位置的加强筋、轻质隔墙下的楼板加强筋、屋面檐口角部加强筋等。

6. 混凝土构件详图

钢筋混凝土构件可分为定型和非定型构件。定型的预制或现浇构件可直接引用标准图或通用图，只要在图纸上标明即可。而非定型构件（如暗梁、暗柱、翼墙柱、异形截面梁、异形截面柱、圈梁、构造柱、过梁、压顶、檐口造型、建筑立面混凝土现浇造型等）则必须绘制构件详图。PKPM 的施工图绘制软件提供了部分构件的详图图库，必要时可通过软件绘制构件详图。

混凝土构件详图名称应与结构平面图上的详图索引相呼应。有规律可循的详图也可以用图表给出。

7. 节点构造详图

在大多数情况下节点构造详图可采用标准设计通用详图集，如采用梁柱墙节点的钢筋锚固要求 11G101 等。此时可以在图纸总说明中加以明确。

在某些特殊情况下，如果某些节点没有可以借用的标准图，则应绘制节点详图（如梁加腋、梁托柱、坡屋面转折处、幕墙与主体连接节点等）。

8. 楼梯施工图

标准楼梯可采用标准图《混凝土结构施工图平面整体表示方法制图规则和构造详图》（现浇混凝土楼梯）。由于每个建筑结构受力情况不可能完全一致，所以楼梯通常需要给出具体的楼梯施工图。楼梯结构施工图与楼梯建筑图要相互吻合，结构图包括楼梯平面图、楼梯剖面图、楼梯构件详图等。绘制楼梯图纸时，可以参照平法标准给出的梯段命名方法标注楼梯板名称。

（1）楼梯平面图

楼梯平面图应绘出楼梯的平面尺寸、定位轴线、适用标高等。在平面图上应注明梯板名称及厚度、平台板名称及厚度、平台梁名称及截面、梯柱名称及截面、楼梯剖面位置等。楼梯梁柱、梯板和平台板的配筋可以通过表格方式统一给出，也可以直接注写在楼梯平面上。

（2）楼梯剖面图

楼梯剖面则给出楼梯平台板标高、楼梯标高；标注梯板、梯梁、平台板的名称或配筋与断面。楼梯平面图和楼梯剖面图在实际设计时应互相对应。

（3）楼梯构件或节点详图

用以绘制在平面图或剖面图上未表达或不好表达的构件及节点的尺寸、位置及配筋等。

9. 其他图纸

其他图纸指在上述内容中以及需作补充说明的其他内容。如装配式结构的吊装顺序图、组合结构的组装图等。

10.1.2 梁柱墙结构施工图的不同表达方式

尽管目前结构施工图纸大多采用平面整体表示法，但是在某些情况下，我们可能还需要绘制其他表达方式的图纸。在本节我们对钢筋混凝土结构施工图的几种表达方式进行简单介绍。

1. 整榀框架表示法

整榀框架表示法如图 10-2 所示（部分剖面图未给出）。

提示角

采用整榀框架画法时，需绘制结构平面图，在结构平面图上标注出框架和连梁名称，以便于施工定位。平面图上标注的框架名和连梁名必须与框架配筋图、连梁配筋图名称相对应。

在某些情况下，结构平面图可以与楼板配筋图合并绘制。

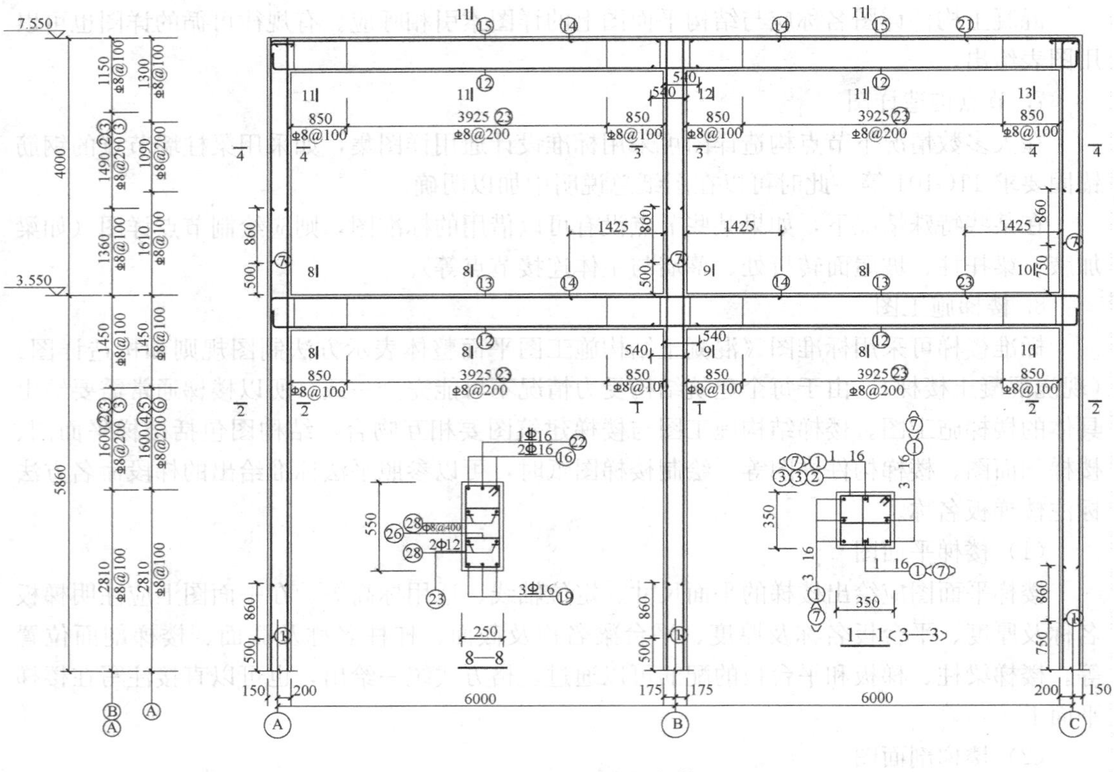

KJ-1 1∶50

图 10-2 某框架整榀表示画法

在平面整体表示法尚未出现之前，钢筋混凝土框架大多采用这种表示方法。该表示方法的优点是框架的梁柱节点构造描述清晰。在 PKPM 软件中，PK 软件的【框架绘图】有框架整榀画法。采用该种画法需要在结构平面图上标注框架名称。配筋相同的框架用同一个名字标注，框架配筋是否相同需要依靠设计人员自行判别，这在以前叫框架归并，框架归并是一个十分繁琐的过程。与框架归并一样，同一榀框架中的梁柱截面也需要归并，这个称之为断面归并，PK 可以自动进行框架的截面归并。

当一个框架结构某个方向的梁柱用框架表示之后，另一个方向把框架联系在一起的其他梁叫连系梁。连系梁采用立剖面画法绘制施工图，其表示方法类似框架整榀表示方法绘图，只是其中没有柱子的配筋，柱子仅给出梁支座附近的轮廓，用以构件定位。不同楼层或同一楼层配筋或几何尺寸相同的连系梁可用一个名字表示，也需把它标注在结构平面图之上。连系梁的归并也是由设计人员自行确定。

由前面对框架整体表示的介绍可知，该种图纸表达方式施工图绘制工作量大、效率低且易出错，并且在施工企业技术力量足够时，过细地重复描述梁柱节点构造关系也显得多余和啰嗦，图纸的读识工作量也很大，影响施工效率的提高。因此目前此种方法已经基本淘汰，只有在少量加腋梁、变截面或抽柱框架情况下作为其他图纸表达方式的一个补充而采用。

2. 梁柱分离表示法

梁柱分离画法类似前面的框架整体表示法，也是一种在详细给出梁柱配筋情况和节点构造的图纸表达方式。其与框架整体表示法的区别是梁柱配筋图分开绘制。它在采用框架整榀表示方式时，主要用来绘制楼层较多的建筑结构施工图。与整榀表示画法一样，此种施工图内容中存在大量的重复性内容，使得设计效率降低，质量难以控制。该种方法也是一种已经基本淘汰的画法。

3. 表格表示法

由于梁柱整体表示方法或分离画法设计绘图工作量大和施工时图纸的读识效率低，人们发明了用表格方式表示梁柱配筋的方法。该方法首先需在每一个工程的施工图中给出一个表格图例，该图例通常直接采用通用图。之后结构中的构件配筋按照图例的说明和图示，在表格中给构件的名称、层号、梁跨编号或柱段号、各种类型配筋型号规格根数等。施工时依据通用图标图例和构件配筋表格施工。

该种表示方法是一种比整榀表示方法效率高很多的图纸表达方式，但是该方式脱离了图纸的基本特征（不太像工程师的语言），并且对设计中结构的局部描述（索引、详图、节点）不能很好表达。

4. 平面整体表示法

平面整体表示法，是指混凝土结构施工图平面整体表示方法，简称平法，是把结构构件的尺寸和钢筋等，按照平面整体表示方法制图规则，整体直接表达在各类构件的结构平面布置图上，再与标准构造详图相配合，即构成一套完整的结构施工图的方法。平法改变了传统的那种将构件从结构平面布置图中索引出来，再逐个绘制配筋详图的繁琐方法，是混凝土结构施工图设计方法的重大改革。

（1）平法的由来

平面整体表示法最早的发明使用者是原山东大学陈青来教授[20]和山东省建筑设计研究院，该方法在 1991 年用于设计山东省济宁市工商银行 16000 平方米营业楼工程。从 1992 年到 1994 年，在没有任何推广措施的情况下，平法在山东省建筑设计研究院得到“自然普及”。1994 年底陈青来受北京有关部门邀请为在京的一百所中央、地方和部队大型设计院做平法讲座，首场便引起轰动效应，他的名字也从此传到我国政治文化中心，继而传遍全国结构工程界。

1995 年 7 月，由建设部组织的“《建筑结构施工图平面整体设计方法》科研成果鉴定”在北京举行，会上，我国结构工程界的众多知名专家对平法的六大效果一致认同，这六大效果是：能够采用标准化的设计制图规则；结构施工图表达数字化、符号化；单张图纸的信息量较大并且集中；构件分类明确，层次清晰，表达准确，设计速度快，效率成倍提高；平法使设计者易掌握全局，易进行平衡调整，易修改，易校审，改图可不牵连其他构件，易控制设计质量；平法能适应业主分阶段分层提图施工的要求，亦可适应在主体结构开始施工后又进行大幅度调整的特殊情况。

平法标准的结构层设计的图纸与水平逐层施工的顺序完全一致，对标准层可实现单张图纸施工，施工工程师对结构比较容易形成整体概念，有利于施工质量管理。

（2）平法的优点

与传统方法相比可使图纸量减少 65％～80％；若以工程数量计，这相当于使绘图仪的寿命提高三四倍；而设计质量通病也大幅度减少；以往施工中逐层验收梁的钢筋时需反复查阅大宗图纸，现在只要一张图就包括了一层梁的全部数据，因此大受施工和监理人员的欢迎。

平法采用标准化的构造详图，形象、直观，施工易懂、易操作；标准构造详图可集国内较成熟、可靠的常规节点构造之大成，集中分类归纳后编制成国家建筑标准设计图集供设计选用，可避免构造做法反复抄袭及伴生的设计失误，保证节点构造在设计与施工两个方面均达到高质量。此外，对节点构造的研究、设计和施工实现专门化提出了更高的要求。

(3) 平法标准的演变

1996 年，国家推出建筑标准设计 96G101《混凝土结构施工图的平面整体表示方法和构造详图》(现浇混凝土框架、剪力墙、框架-剪力墙、框支剪力墙结构) 至今，平法 00G101、03G101 的不断完善发展，至 2008 年已有包括筏板基础、箱型基础、独立基础与条基、梁柱墙等 8 种平法制图规则和构造详图。2011 年新颁布的平法规则 11G101-1～11G101-3 替代了 2003～2008 年颁布的旧平法制图规则和构造详图，成为现行的平法制图规则。

10.1.3 平法表达方式下自然层号与图名的关系

在第 3.2.3 节中我们在讨论结构建模时划分结构层和结构标准层时，已经提到在结构建模时，存在建筑学概念上的楼层与结构概念上的楼层不相一致的问题。在本节为了进一步明确平法的规则，我们还需要继续讨论这个问题。

1. 平法规则中自然层号与图名的关系

对于主体结构建模而言，从竖向剖面来看，每一层结构均由竖向支承构件和与该竖向支承构件的上端相连接的横向支承构件构成。

但是进一步分析我们却会发现，结构建模时的结构层其实仅仅是一种虚拟的结构存在，在实际施工时施工人员往往需要同时依据建筑图和结构图进行施工，如果把建模时结构层的概念照搬到平法施工图上 (结构模型的一层梁实际对应的是二层建筑平面位置)，往往会由于结构与建筑的错位引起图纸读识错误。

平法考虑到了结构建模时结构层与建筑自然层的矛盾，并给出了解决这个矛盾的方案。平法规则规定：在结构竖向定位尺寸表 (层高表) 中的结构层号，应与建筑楼层的层号保持一致。与此相呼应，平法施工图纸的图名中所出现的楼层号应当服从建筑自然层的编号，这样就可以实现建筑与结构施工图层号的一致，避免图纸读识错误。

2. 实际设计中的图名

在这里首先我们要明确的是，平法图纸中如果图名中出现楼层号，则应按照平法规则处理。但是由于在实际中广大建筑从业人员的工作经历、理论水平总是存在差异，为了避免完全按照平法规则，会导致某些人员按照结构设计时结构层的概念读识平法图纸带来另一种理解上的错误，我们可以采用下面既不违背平法规则，又能兼顾各种专业习惯的图纸命名方法。

(1) 一定要在每张平法图上插入层高表，并在层高表上用粗线明确该图纸适用标高。

(2) 当带楼层号的图纸命名时，如“第 2 层梁平法施工图”实际描述的是第 1 自然层顶部第 2 自然层楼面位置梁的施工图，为了避免各种图纸误读，宜在图名下标注该图所处标高。如果不在图名下标注标高，也可以在图纸说明中明确该图所处位置，如“本层梁标高位于建筑第 2 层楼面位置，具体标高见层高表”。

提示角

结构平面图、层高表、图名和图纸说明为平法构成的四大要素，缺一不可。

对于某些细部需要给出结构详图。当建筑立面造型变化复杂时，需在结构平面图上多个位置适时适当地重复给出详图索引，以免造成图纸读识歧义，给施工带来不便。

构件详图宜绘制在本张施工图纸之内，对于通用节点可构成单独的施工图纸。

(3) 直接用标高作为图名内容，如“3.55、8.55位置梁平法施工图”。该种表示方法可以杜绝图纸误读，但是施工时要从层高表找到该标高对应的楼层，有一定不便之处。

(4) 在图名中标明梁位置，如“一层顶梁平法施工图”、“一层底梁平法施工图”、“-1层地下室顶板配筋图”等，这些图名皆不属于平法规则规定的规范命名方法，但在实际设计中也有采用。

10.1.4 平面表示法制图标准介绍

在本节中为了便于大家学习平法，我们对平法的基本表示规则进行简要介绍，对于更加详细的规则要求和节点构造，请详细阅读11G101。

1. 总则

(1) 在平面布置图上表示各构件尺寸和配筋方式，分平面注写方式、列表注写方式和截面注写方式三种。

(2) 地下和地上各层的结构楼（地）面标高、结构层高以及相应的结构层号，用表格或其他方式注明。结构的楼面标高与结构层高在单项工程中必须统一，以保证各种结构构件用同一标准在竖向准确定位。

(3) 以下内容，通常在结构总说明中注写。

① 有抗震要求时的抗震设防烈度和抗震等级；无抗震要求时也应注明；

② 各类构件的混凝土强度等级和钢筋级别，以确定相应纵向受拉钢筋的最小锚固长度及最小搭接锚固长度等；

③ 墙、柱纵筋，墙身分布筋，梁上部贯通筋等的接头形式及相关要求；

④ 混凝土保护层厚度及有特殊要求时构件的环境类别。

2. 板的平面表示法

板的平法按有梁楼盖板、无梁楼盖两种表示规则。有梁板楼盖的平法规则采用平面注写方式，其注写包括两种方法：板块集中标注和板支座原位标注，如图10-3所示。

(1) 板块集中标注包括：板的编号、板厚、贯通纵筋、板面标高差。普通楼面一跨为一板块；密肋楼盖主梁至主梁为一板块。所有板块均应编号，相同板块编号的集中标注可注在任意板块中。板块编号由类型代号和序号组成。

楼面板分屋面板、悬挑板。LBxx 屋面板；WBxx 延伸悬挑板；YXBxx 纯悬挑板；XBxx 板厚注写为 h=H；若遇悬挑板变截面，则注为 h=x/n（根部/端部）。

贯通纵筋应分别注写，B表示下部纵筋，T表示上部纵筋；X表示X向纵筋，Y表示Y向纵筋；XC、YC表示构造钢筋。

板面标高差指该板相对于结构层板面标高的高差，有则在括号注写，无高差时则不注。

(2) 板支座原位标注包括：支座上部非贯通纵筋（负弯矩筋），纯悬挑板上部受力钢

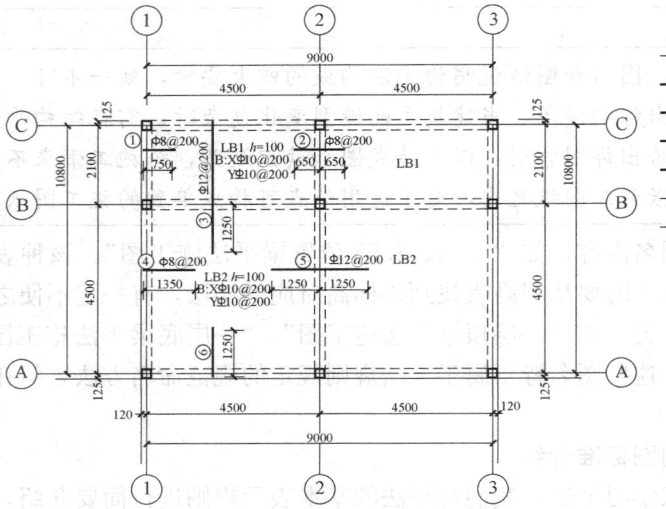

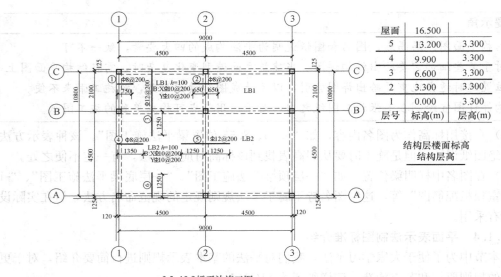

屋面	16.500	
5	13.200	3.300
4	9.900	3.300
3	6.600	3.300
2	3.300	3.300
1	0.000	3.300
层号	标高(m)	层高(m)

结构层楼面标高
结构层高

3.3-13.2板平法施工图
未注明的板分布筋为Φ8@250

图 10-3　3.3～13.2 板平法施工图

筋。板支座上部的负弯矩筋，原位标注于板的支座上，如若干跨配置相同，则在第一跨表达。在该钢筋的上方，标注钢筋编号、钢筋直径、钢筋间距、横向连续布置的跨数以及是否横向布置到梁的悬挑端；在该钢筋的下方，标注钢筋长度。

从图 10-3 的层高表可知，该梁平法施工图为某建筑一层至四层的层顶楼板施工图。从梁平法施工图可知，该楼盖分为 LB1、LB2 两种板块，板厚均为 100mm，板顶与层高表所列标高一致，板的底筋为 Φ10@200 钢筋网，板支座负筋的受力筋如图所示，负筋分布筋图名下说明为 Φ8@250。板负筋弯折长度图纸未注明，施工时应参见平法规则 11G101-1。

PKPM 软件绘制楼板施工图是在 PMCAD 中实现的，PMCAD 的楼板施工图采用的是传统画法，若要绘制平法施工图，则需要在软件绘制的图纸基础上进行适当的修改。

3. 梁的平面表示法

梁的平法施工图，采用平面注写方式或截面注写方式。PKPM 的“墙柱梁施工图模块”绘制的是平面注写方式梁平法施工图。

平面注写方式，系在梁平面布置图上，分别在不同编号的梁中各选一根梁，在其上注写截面尺寸和配筋具体数值的方式来表现施工图。平面注写方式采用集中标注和原位标注两种标注，如图 10-4 所示。

截面注写方式，系在分标准层绘制的梁平面布置图上，分别在不同编号的梁中各选择一根梁用剖面号引出配筋图，并在其上注写截面尺寸和配筋具体数值的方式来表达梁平法施工图。截面注写方式在实际设计时采用的较少，在此不详细叙述。

集中标注表达梁的通用数字。原位标注表达梁的特殊数字。当梁的某跨数值与集中标注不同时，则在该跨原位标注，施工时原位标注取值优先。

（1）集中标注可在梁的任意跨标出。集中标注包括五项必注值和一项选注值。五项必注值包括：梁的编号、截面尺寸、箍筋、上部通筋或架立钢筋、构造钢筋或受扭钢筋。

梁的编号：梁的编号由类型代号、序号、跨数及（有无悬挑代号）组成，无悬挑时则无括号内代号。

梁的代号为：楼层框架梁 KLxx（x）、屋面框架梁 WKLxx（x）、框支梁 KZLxx（X）、非框架梁 Lxx（x）、悬挑梁 XLxx 和井字梁 JZLxx（x）。

截面尺寸：等截面梁用 b×h 表示；加腋梁用 $b\times Hc_1\times c_2$ 表示，c_1 为腋长，c_2 为腋高；悬挑梁若变截面，表示为 $b\times h_1/h_2$（根部/端部）。

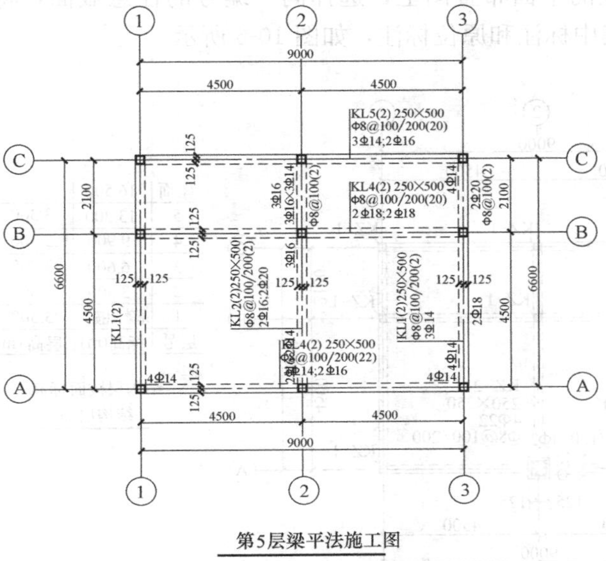

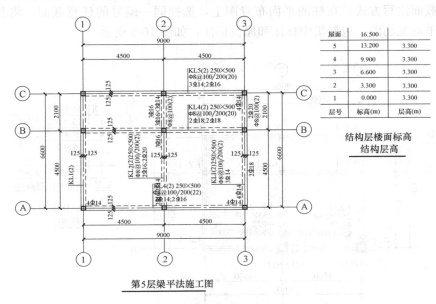

屋面	16.500	
5	13.200	3.300
4	9.900	3.300
3	6.600	3.300
2	3.300	3.300
1	0.000	3.300
层号	标高(m)	层高(m)

结构层楼面标高
结构层高

图 10-4　第 5 层梁（13.2 标高处）平法施工图

箍筋：包括钢筋级别、直径、加密区/非加密区间距、肢数（肢数写在括弧内），如 Ф8@100/200（2）表示Ⅱ级钢直径 8mm，加密区 100mm 间距，非加密区 200mm 间距，箍筋肢数为 2 肢（后文中Φ为一级钢，Ф为二级钢，Φ为三级钢）。

上部通筋或架立钢筋：若上部既有通长钢筋又有架立钢筋时，注写为：上部通长＋（架立钢筋），如 2Ф25＋（2Ф12）。当梁的上部纵筋、下部纵筋均为全跨相同，且下部纵筋多数跨配筋相同时，此项可注写为：上部通长；下部通筋，如 2Ф25＋1Ф22；3Ф25＋1Ф22。

构造钢筋或受扭钢筋：用字母 G 或 N 表示。一项选注值：梁顶标高差，即梁相对于结构层楼面标高的高差值。有高差时在括号内标注，无高差则不注。

（2）梁的原位标注。

梁上部纵筋标注在梁上部，按梁跨左、中、右三个位置标注。仅在跨中标注时钢筋为上部通长筋。当排数多于一排时，用“/”自上而下分开；当有两种不同直径时，用“＋”分开，角筋在“＋”之前；当梁中间支座左右两侧配筋相同时，在任意一侧标注，当左右两侧钢筋不同时，在两边同时标注，如图 10-5 所示。

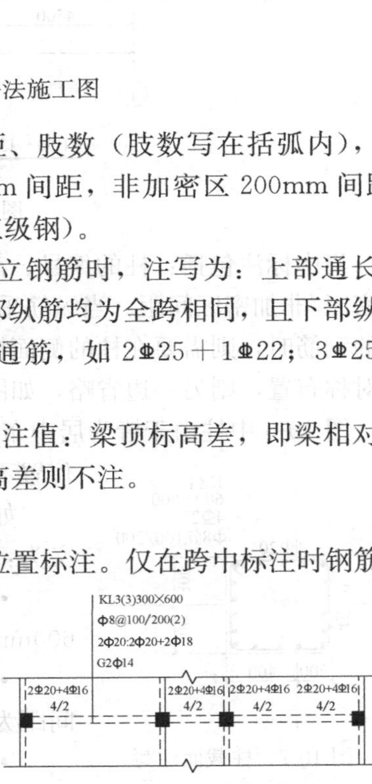

图 10-5　梁顶支座原位标注双排筋

梁下部纵筋标注在梁下方位置，其他规则同上部纵筋。

附加箍筋或吊筋：直接画在主梁上，用引出线引出总配筋值。

4. 柱的平面表示法

柱的平法施工图，采用列表注写方式或截面注写方式。在绘制施工图中，可以选用其中一种。

（1）原位截面注写方式

柱的截面注写方式是在柱的平面布置图上，选择同一编号的任意截面，将其原位放大，绘制平面配筋图，包括集中标注和原位标注，如图 10-6 所示。

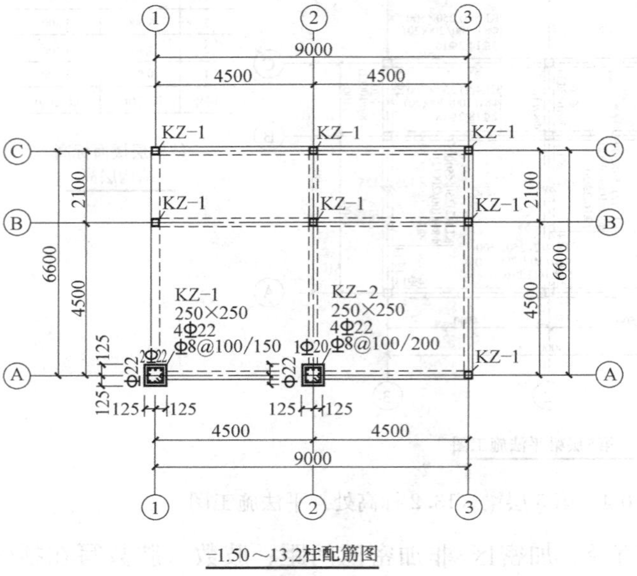

屋面	16.500	
5	13.200	3.300
4	9.900	3.300
3	6.600	3.300
2	3.300	3.300
1	基础顶(按实)	3.300
层号	标高(m)	层高(m)

结构层楼面标高
结构层高

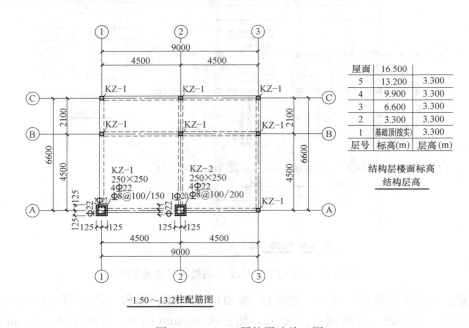

图 10-6　一～五层柱平法施工图

集中标注包括：柱的编号、截面尺寸、纵筋、箍筋。箍筋包括箍筋钢筋级别、直径、加密区/非加密区间距。当纵筋采用一种直径的钢筋时，无原位标注；当纵筋采用两种直径的钢筋时，则需要在柱的侧面标注原位标注，原位标注仅标注所在边的中部钢筋，若钢筋对称布置，则另一边省略，如图 10-7 所示。

图 10-6 中柱由于皆为居中布置，故没有标注各柱定位尺寸，在实际设计中若柱偏心位置不同，则应在各柱位标注柱定位尺寸。

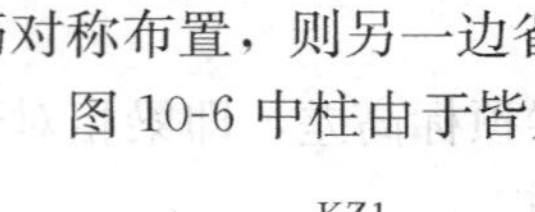

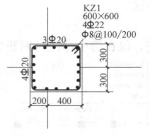

图 10-7　柱截面注写方式（箍筋略）

如图 10-7 所示柱平法施工图为柱的截面注写方式，其含义为：

• 该柱为框架柱，其编号为 1，截面尺寸为 600mm×600mm；

• 箍筋采用直径为 8mm 的一级钢筋，加密区采用 2 肢箍间距为 100mm，非加密区采用 2 肢箍间距为 200mm；

• 角部钢筋采用 4 根直径为 22mm 的二级钢筋（每个柱角一根）；

• 该柱沿垂直轴有偏心，偏心距为 100mm，沿 b 边一侧布置三根直径为 20 的二级钢筋；

• 该柱沿水平轴无偏心，沿 h 边一侧布置四根直径为 20mm 的二级钢筋。

（2）集中截面注写方式

该方法是在平面图上原位标注归并的柱号和定位尺寸，截面详图在图面上集中绘制的表达方式。该方式也是目前采用较多的一种施工图表达方式，适合于大尺寸结构平面，其优点是柱截面详图按名称顺序集中摆放在图中某一区域，图纸读识方便。

（3）平法列表注写

该法由平面图和表格组成，该表示方法是在平面图上标注柱名称，在表格中注写每一种归并截面柱的配筋结果，包括该柱各钢筋标准层的结果，注写了它的标高范围、尺寸、偏心、角筋、纵筋、箍筋等。程序还增加了 L 形、T 形和十字形截面的表示方法。该种图纸表达方式目前也多有采用。参照平法规则绘制，如图 10-8 所示。

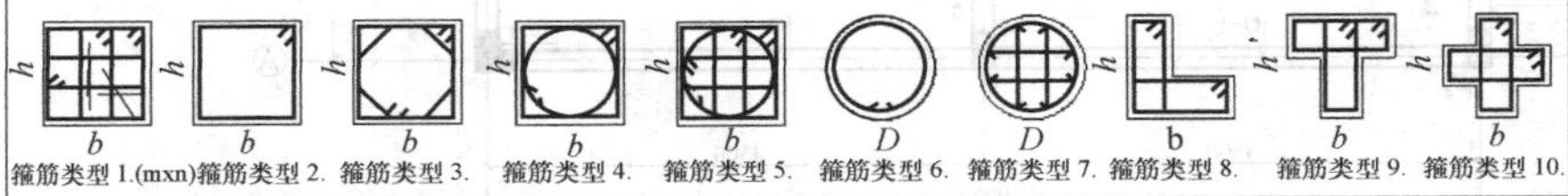

柱号	标高	$b_x h(b_i x h_i)$（圆柱直径 D）	b_1	b_2	h_1	h_2	全部纵筋	角筋	b 边一侧中部筋	h 边一侧中部筋	箍筋类型号	箍筋	备注
KZ-1	0.000–3.300	300×300	150	150	150	150		4Φ18	1Φ16	1Φ16	1.(3×3)	Φ8@100/150	
	3.300–16.500	300×300	150	150	150	150	8Φ16				1.(3×3)	Φ8@100/150	
KZ-2	0.000–18.300	300×300	150	150	150	150	8Φ16				1.(3×3)	Φ8@100/150	
KZ-3	0.000–3.300	300×300	150	150	150	150		4Φ25	2Φ25	1Φ25	1.(3×3)	Φ10@100/200	
	3.300–6.600	300×300	150	150	150	150		4Φ20	1Φ18	1Φ16	1.(3×3)	Φ8@100/150	
	6.600–16.500	300×300	150	150	150	150	8Φ16				1.(3×3)	Φ8@100/150	
KZ-4	0.000–3.300	300×300	150	150	150	150	8Φ22				1.(3×3)	Φ10@100/200	
	3.300–6.600	300×300	150	150	150	150		4Φ18	1Φ16	1Φ16	1.(3×3)	Φ8@100/150	
	6.600–18.300	300×300	150	150	150	150	8Φ16				1.(3×3)	Φ8@100/150	
KZ-5	0.000–3.300	300×300	150	150	150	150		4Φ25	1Φ20	1Φ25	1.(3×3)	Φ10@100/200	
	3.300–6.600	300×300	150	150	150	150		4Φ18	1Φ18	1Φ16	1.(3×3)	Φ8@100/150	

图 10-8　平法列表表达

5. 墙及墙节点平面表示法

剪力墙平法施工图系在剪力墙平面布置图上采用列表注写方式或截面注写方式绘制的施工图纸。PKPM 的“墙柱梁施工图”模块绘制的墙平法施工图采用的是截面注写方式，如图 10-9 所示。

剪力墙平面布置图可采用适当比例单独绘制，也可与柱或梁平面布置图合并绘制。当剪力墙较复杂或采用截面注写方式时，应按标准层分别绘制剪力墙平面布置图。

为表达清楚简便，剪力墙可视为由剪力墙柱、剪力墙身和剪力墙梁三类构件组成。剪力墙按剪力墙柱、剪力墙身、剪力墙梁（简称为墙柱、墙身、墙梁）三类构件分别编号。

墙身编号由墙身代号、序号以及墙身所配置的水平与竖向分布钢筋的排数组成，其中排数注写在括号内。

墙柱构件命名按约束边缘构件 YBZxx、构造边缘构件 GBzxx、非边缘暗柱 AZxx、扶壁柱 FBZxx 命名。

墙梁类型包括连梁 LLxx、连梁（对角暗撑配筋）LL（JC）xx、连梁（交叉斜筋配

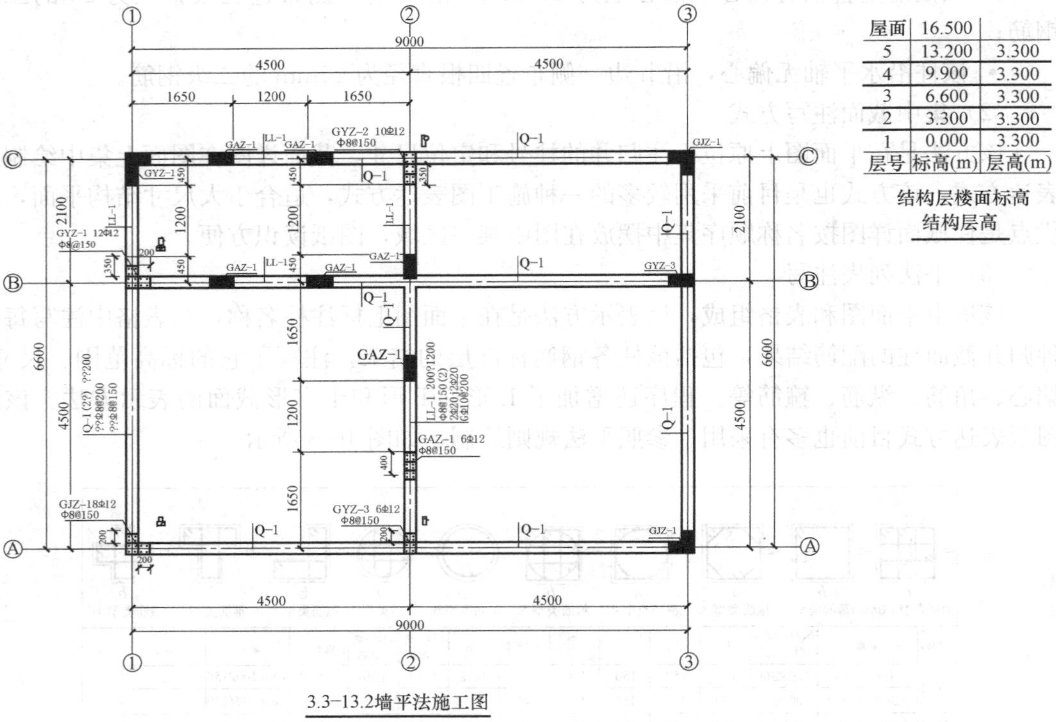

图 10-9　二～五层剪力墙平法施工图

筋）LL（JX）xx、连梁（集中对角斜筋配筋）LL（DX）xx、暗梁 ALxx、边框梁 BKL。

10.2　绘制结构平法施工图操作及实例

对于框架结构、框剪结构、剪力墙结构的楼板的计算和楼板配筋图的绘制，需要由 PMCAD 的【绘制结构平面图】菜单来实现，在绘制楼板施工图时还可以计算楼板的裂缝等。墙柱梁的平法配筋施工图，则需在 SATWE 或 PMSAP 软件对上部结构进行了分析设计之后，通过 PKPM 的“墙柱梁施工图”软件模型完成梁柱平法施工图的绘制。在本节我们将介绍用 PKPM 软件绘制楼板施工图、梁柱结构施工图的具体操作过程。

10.2.1　PMCAD 绘制结构平面图主要功能及操作流程

在 PKPM 主菜单，点击 PMCAD 的【画结构平面图】菜单，即可进入楼板计算及绘制楼板施工图人机交互界面。

1. PMCAD 绘制结构平面图的主要功能

PMCAD 绘制结构平面图功能，能完成如下功能的操作：

计算单向、双向和异形（非矩形）楼板的板弯矩及配筋计算，可人工修改板的边界条件，打印输出板弯矩图与配筋图，人工干预修改板配筋级配库，可设置放大调整系数等若干配筋参数，程序根据计算结果自动选出合适的板筋级配并供设计人员审核修改。

提供多种楼板钢筋画图方式和钢筋标注方式，可按用户选择自动进行房间归并，可按照“按房间画”、“通长画”、“连通画”方法绘制楼板的配筋等，随时干预洞口钢筋的长短级配，特别是可人工拖动图面上已画好的钢筋到其他位置，对于图面冲撞调整十分方便。

对于连续的现浇板，程序也可按用户指定范围和指定方向上的连续板计算板的内力。对于需要按人防设计的楼层楼板，程序可按用户输入的人防等级，考虑相应的等效荷载按人防相关规范做楼板的配筋计算。

2. 楼板计算及绘制楼板人机交互界面及操作流程介绍

PMCAD的楼板计算及楼板配筋施工图绘制界面如图10-10所示。在图中我们罗列出了进行楼板计算和绘制楼板施工图时的主菜单和常用的下拉菜单。

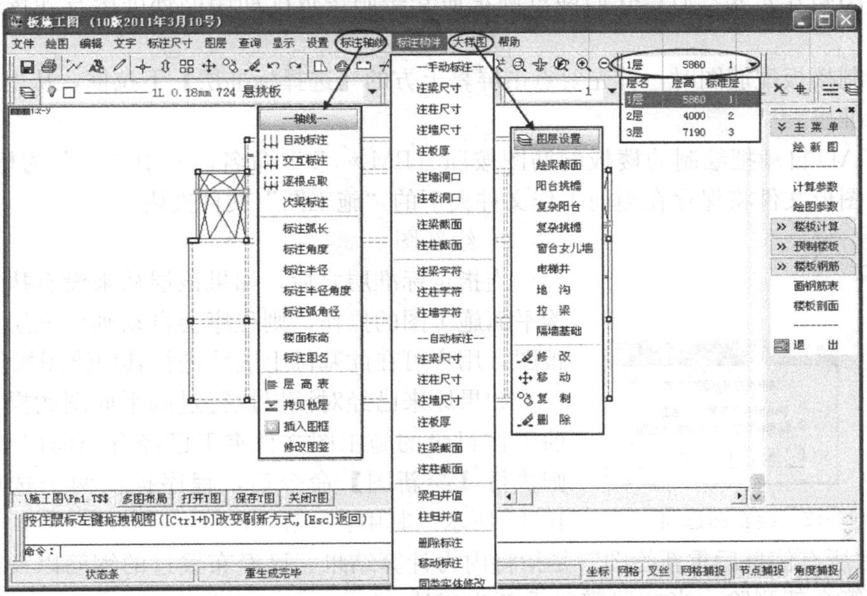

图10-10 PMCAD结构平面图人机交互界面

楼板计算和绘制楼板配筋图的常用软件操作流程如图10-11所示。

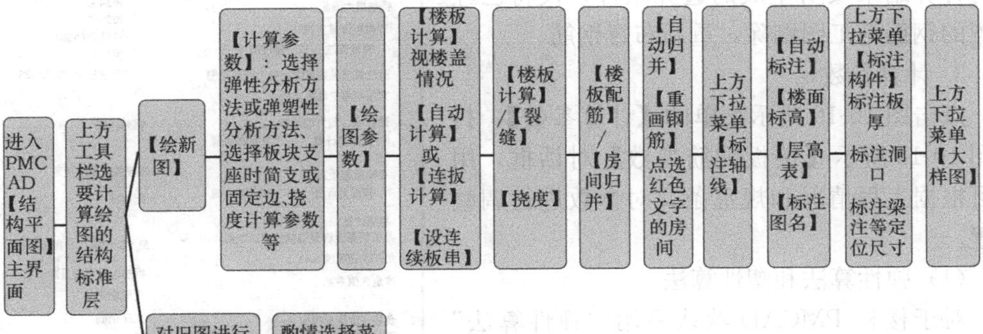

图10-11 PMCAD结构平面图操作流程

10.2.2 PMCAD绘制楼板配筋图的主要操作

实际上自从采用平法以来，PMCAD的【绘制结构布置图】菜单主要用以绘制楼板的配筋图。绘制楼板配筋的主要流程在前面我们已做了介绍，下面介绍一下有关的主要菜单。

1. 选择结构标准层及确认绘制图纸的文件名

在设计建模时，由于我们已经按照结构的标准层创建好了结构模型，通常情况下一个结构标准层需要绘制一张楼板配筋图。判别不同标准层的楼板配筋是否相同的过程我们称之为楼板配筋图归并，楼板配筋图的归并需要由设计人员人工进行。如果两个不同的标准层楼面结构布置及楼面荷载相同，则可以把这二个标准层的楼板配筋图归并为一张图纸。结构平面图归并完成之后，我们即可确定需要绘制楼板配筋图的标准层号和楼板配筋图张数。

在绘制楼板配筋图时，首先要点击屏幕上方的【选择标准层】下拉框，从中选择需要绘图的标准层。

PMCAD 自动把绘制的楼板配筋图按照“PM＊.T”命名，其中“＊”为标准层号。所绘制的图形文件将保存在当前工作文件夹下的“施工图”文件夹内。

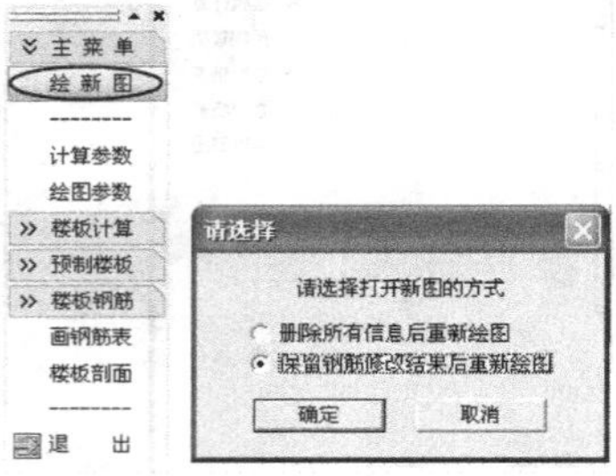

图 10-12　绘新图选项

2. 绘新图

当指定标准层之后，如果该层从来没有执行过画结构平面施工图的操作，则程序会自动画出该层的平面模板图，用户可在此基础上继续进行其他绘图操作。

如果原来已经对该层执行过画平面图的操作，且当前工作目录的施工图文件夹下已经有当前层的平面图，则执行【绘新图】命令后，程序提供两个选项，如图 10-12 所示。其中：

“删除所有信息后重新绘图”是指将内力计算结果、已经布置过的钢筋以及修改过的边界条件等全部删除，当前层需要重新生成边界条件，内力需要重新计算。

“保留钢筋修改结果后重新绘图”是指保留内力计算结果及所生成的边界条件，仅将已经布置的钢筋施工图删除，重新布置钢筋。

3. 计算参数

点击图 10-10 所示菜单的【计算参数】，打开图 10-13 所示【楼板配筋参数】对话框，用户可根据工程情况和规范条文对参数进行调整设置。

（1）弹性算法和塑性算法

对于楼板 PMCAD 默认采用“弹性算法”计算楼板内力，对于双向板若采用“塑性算法”，则需用户自行点选，选择“塑性算法”后，PMCAD 对于长边/短边$\leqslant$2 的双向板按塑性板计算，其他板或不规则板程序仍自动按弹性计算。

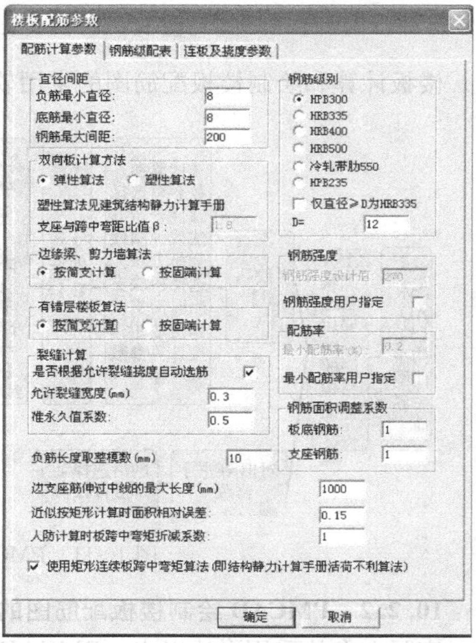

图 10-13　计算参数

塑性计算考虑了结构的内力重分布，充分发挥了钢筋的强度，因此配筋结果会比按弹性计算的结果小。弹性计算是根据弹性薄板小挠度理论的假定进行的。PMCAD的塑性算法是通过调幅来考虑塑性内力重分布，属于传统的结构分析计算方法。选用“塑性算法”时，支座与跨中弯矩比值β宜在1.5～2.5之间取值，若β过小将导致支座截面弯矩调幅过大，裂缝过早出现；若β过大支座可能导致支座区过早开裂，形成局部破坏机构，降低实际极限承载力。

《混规》第5.4.1条、5.4.2条规定：“钢筋混凝土连续梁和连续单向板，可采用基于弹性分析的塑性内力重分布方法进行分析。框架、框架-剪力墙结构以及双向板等，经过弹性分析求得内力后，可对支座或节点弯矩进行调幅，并确定相应的跨中弯矩。考虑塑性内力重分布分析方法设计的结构和构件，尚应满足正常使用极限状态的要求，并采取有效的构造措施。”在实际设计时，双向楼板采用弹性算法还是塑性算法有设计人员根据工程设计要求自行选用，选用“塑性算法”设计楼板时宜在图纸说明中对楼面承受荷载及荷载分布情况进行说明。

（2）简支边界和固定边界

边缘梁是靠扭转刚度来约束板的，扭转刚度一般不大，且一旦边缘梁出现裂缝，扭转刚度更加趋小，所以有零刚度法一说（参见第3章次梁有关内容），为安全着想目前大部分设计单位内部对楼板的边缘支座大多按简支边考虑。因此，对于框架结构、框剪结构、砖混结构的现浇混凝土楼盖位于边梁、混凝土外（边）墙支座（含错层处板支座）宜按简支计算。PMCAD默认为简支。

（3）是否允许根据裂缝、挠度自动选筋

对于大跨板（一般板跨不小于4.8m）及有防水要求的楼板应按裂缝、挠度控制配筋，准永久值系数按《荷载规范》相应的房间功能选取。此时在设计时，应勾选“是否允许根据裂缝、挠度自动选筋”选项。

（4）最小配筋率

《混规》第8.5.1条规定：受弯构件最小配筋率（%）为max（0.2，0.45 f_t/f_y），f_y为钢筋抗拉强度，f_t为混凝土轴心抗压强度设计值。

PMCAD默认的楼板最小配筋率为按规范取值，特殊情况下用户也可根据情况自行指定。

（5）允许裂缝

常规楼板裂缝0.3mm，防水楼板裂缝按0.2mm控制。

（6）连板及挠度

在【连板及挠度】页面如图10-14所示，用户可以设置连续板串计算时所需的参数。“左（下）端支座”、“右（上）端支座”为连续板最边端支座类型设置，连续板的负弯矩调幅系数一般取1.0。

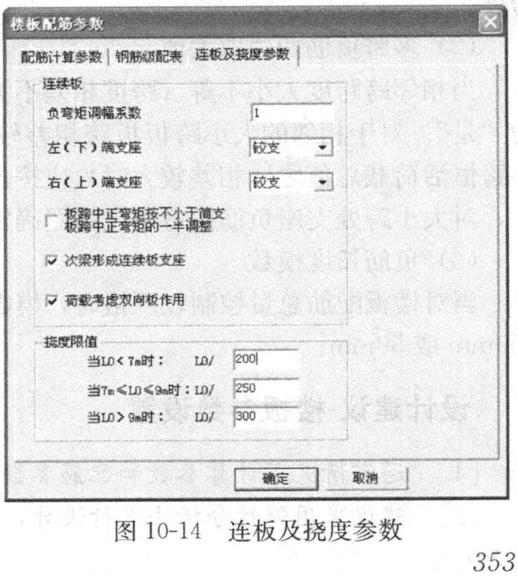

图10-14 连板及挠度参数

PMCAD默认挠度按《混规》第3.5.3

条要求控制。《混规》第 3.5.3 条还规定：构件制作时预先起拱，且使用上也允许，则在验算挠度时，可将计算所得的挠度值减去起拱值。对挠度有较高要求的构件其挠度允许值详见《混规》第 3.5.3 条表中括号内数值。若有此类情况，可自行修改挠度控制值。

4. 绘图参数

点击【绘图参数】菜单，弹出 10-15 所示对话框。

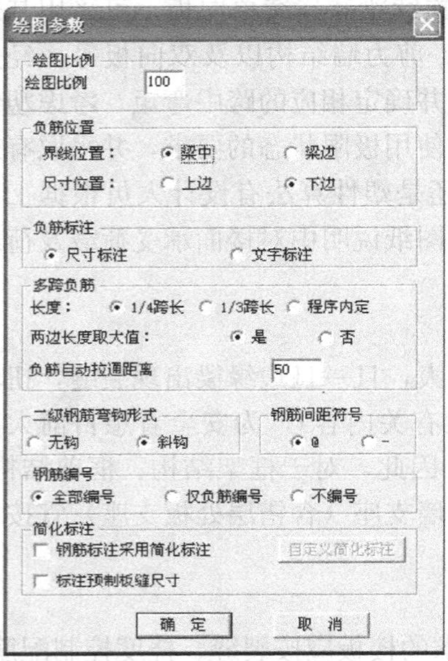

图 10-15 绘图参数

（1）多跨负筋长度

当参数选取“1/4 跨长”或“1/3 跨长”时，则负筋长度仅与跨度有关。当选取“程序内定”时，与恒载和活载的比值有关，当 $q \leqslant 3g$ 时，负筋长度取跨度的 1/4；当 $q > 3g$ 时，负筋长度取跨度的 1/3。其中，q 为可变荷载设计值，g 为永久荷载设计值。对于中间支座负筋，两侧长度是否统一取较大值，也可由用户指定。

《混规》第 9.1.6 条：“现浇板的受力钢筋与梁平行时，应沿板边在梁长度方向上配置间距不大于 200mm 且与梁垂直的上部构造钢筋。其直径不宜小于 8mm，单位长度内的总截面面积不宜小于板中单位宽度内受力钢筋截面面积的三分之一，伸入板内的长度从梁边算起每边不宜小于 $l_0/4$，l_0 为板计算跨度。”

《混规》第 9.1.7 条：“现浇楼盖周边与混凝土梁或混凝土墙整体浇筑的板，应沿支承周边配置上部构造钢筋，该钢筋自梁边或墙边伸入板内的长度，不宜小于 $l_0/4$。”

《混规》第 9.1.8 条：“嵌固在砌体墙内的现浇混凝土板，应沿支承周边配置上部构造钢筋，与板边垂直的构造钢筋伸入板内的长度，从墙边算起不宜小于 $l_0/7$，l_0 为板的短边跨度。”

（2）多跨负筋两边取大值

当相邻跨跨度大小不等（跨度相差不大于 20%）时，应注意选取“两边长度取大值”为“是”。对于相邻的大小跨板板跨相差较大的情况（板大小跨度之比不小于 1.2，或大小跨恒活荷载总值之比相差较大时）应按连板进行补充计算，且应在软件自动成图的基础上，对大小跨处支座负筋按弯矩包络图确定实配钢筋长度，并不得小于较大跨度的 $l_0/3$。

（3）负筋长度模数

当对楼板配筋总量控制较严格时，模数值宜取 10mm；若考虑宜施工性，则模数可取 100mm 或 50mm。

设计建议-楼板参数设置

[1] 通常情况下计算参数和配筋参数可直接选取 PMCAD 默认值。

[2] 建议采用弹性分析法进行设计，只有在对实配钢筋进行结构安全复核时，才采

用塑性内力重分布方法进行复核设计。

[3] 直接承受动荷载作用的楼板、无防水层的屋面板、要求不出现裂缝的楼板应采用弹性分析法进行设计、复核。

[4] 在人防设计中，计算冲击波荷载作用时一般采用塑性计算，不考虑裂缝，但在非人防设计中一般采用弹性计算。

[5] 楼板的楼盖边缘支座宜按简支边考虑。

[6] 裂缝控制常规取 0.3mm，防水板和防水楼板裂缝按 0.2mm 控制。

10.2.3 楼板计算

在【计算参数】和【绘图参数】设置完毕，即可进行楼板计算。

1. 楼板厚度及荷载修改

此菜单通常仅用于试算设计，即当后面的楼板初算计算完成后，若有楼板承载力、挠度、裂缝宽度不满足规范要求需要修改结构模型时，则可先在此通过修改板配筋、板厚进行试算，当试算不能通过，则应回到 PMCAD 交互建模修改模型，并重新进行 SATWE 等分析设计。

2. 显示边界与修改边界

在计算之前应进行边界检查，点击【显示边界】菜单，PMCAD 会显示其按照计算参数自动设置好的边界情况。

若发现楼盖中间部位边界出现错误，通常是由于在 PMCAD 人机交互建模时改变了梁布置而未重新生成楼板，导致板块边界与修改后梁布置不符，此时应返回到人机交互建模重新生成楼板。

若在结构平面外边缘等楼板边界出现错误，也可能是由于板块间的主次梁布置变化导致，此时可通过设置边界菜单进行修改，如图 10-16 所示。

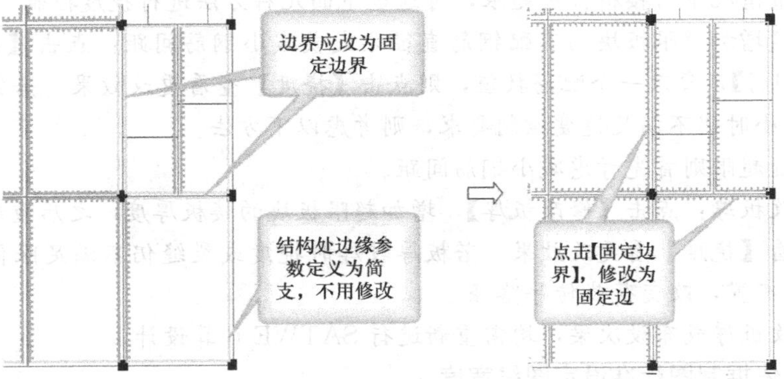

图 10-16 修改边界

同一个板块的同一个边界宜选用一种边界，否则在后面的挠度裂缝等显示时，PMCAD 可能会不显示该板挠度或裂缝数值。

3. 自动计算与连板计算

点击【自动计算】菜单，程序自动按各独立房间计算板的内力，砌体结构当楼盖支撑于砌体墙上时，可采用【自动计算】。点击【连板计算】后，需人工指定连续板串。PMCAD不能自动进行串板计算，需要用户人工指定，用鼠标左键指定两点，两点连线穿过的板块方向将被设置为连续板串，且程序会自动沿板串方向对板进行重新计算，并自动替代前面已有的计算结果。对于按连续板串计算的楼盖，需经过多次人工指定不同的板串。

计算连续板串时，PMCAD能自动按活荷载不利布置计算活载产生的内力。框架结构的现浇整体楼盖应按连续板串进行楼板计算。

4. 裂缝和挠度

PMCAD计算板的挠度按照下面算法：当板块为双向板时，使用按荷载效应标准组合并考虑荷载长期作用影响的刚度 B 代替《静力计算手册》中的 B_c，弯矩值分别是相应于荷载效应的标准组合和准永久组合计算的，准永久荷载值系数程序取0.5。挠度系数根据板的边界条件和板的长宽比查《静力计算手册》相应系数求得，刚度 B 按《混凝结构设计规范》第7章第2节相关规定求得。当板块为单向板时，程序采用与梁挠度计算完全相同的公式计算板的挠度。

楼板计算完毕后，可点击【裂缝】和【挠度】菜单，PMCAD会在每个板块显示裂缝和挠度值，如果某个板块的挠度或裂缝不满足【计算参数】设置的限值，则该板的挠度或裂缝会用红色字体显示出来。如果没有红色字体，则表示计算结果满足要求。

若某板块的挠度超过限值，可修改该板的实配钢筋（增大直径或减小间距）或通过【修改板厚】菜单增加板厚来减小楼板的挠度，修改上面数值时，应采用逐步增加逐步计算的方法检查挠度是否达到要求，对于常规现浇楼板厚度若超过150mm，则应考虑在板块内增设次梁来减小板的挠度。若裂缝超出限值则需考虑增加板厚或增加次梁。

设计建议-裂缝及挠度控制

[1] 通常情况下若楼板挠度超限，可通过下面几种方法进行挠度控制。

[2] 挠度增加超限板块的实配钢筋直径方式或减小钢筋间距：点击【改X向钢筋】或【改Y向钢筋】，每改一个配筋数值，则点击【挠度】查看更改效果。若钢筋直径较大且钢筋间距很小时仍不满足挠度控制要求，则考虑以下方法。

[3] 裂缝超限则首先考虑减小钢筋间距。

[4] 修改板厚：点击【修改板厚】，增加超限板块的楼板厚度，之后重新进行【连板计算】，再查看【挠度】看更改效果。若板厚较厚时挠度或裂缝仍不满足限值要求，则需考虑增加次梁布置，改变荷载传导路径。

[5] 修改板厚或布设次梁，均需重新进行SATWE计算设计。

10.2.4 依据制图标准设定图线宽度

当楼板计算完毕，对楼板的裂缝和挠度检查通过后，即可进行楼板配筋图的绘制。在绘制楼板钢筋之前，首先需要依据制图标准对所绘的施工图的图线宽度进行设定。

1. 制图规范对图线线宽的要求

《房屋建筑制图统一标准》(GB/T 50001—2010) 第4.0.1条规定：图线的宽度B宜从下列线宽系列中选取：2.0、1.4、1.0、0.7、0.5、0.35mm。每个图样，应根据复杂程度和比例大小，先选定基本线宽B，再选用表10-1中相应的线宽组。

房屋建筑制图统一标准规定的线宽组 **表 10-1**

名称		线宽	线宽组值(mm)			
线宽	粗	b	1.4	1.0	0.7	0.5
	中粗	0.7b	1.0	0.7	0.5	0.35
	中	0.5b	0.7	0.5	0.35	0.25
	细	0.25b	0.35	0.25	0.18	0.13

《建筑结构制图标准》（GB/T 50105—2010）在 GB/T 50001 的基础上，规定了建筑结构图纸的图纸比例、图纸幅面、图形线宽、图面符号以及钢筋绘制方式等。GB/T 50105 第 2.0.3 条规定：建筑结构专业制图，应选用表 10-2 所示的图线。

建筑结构制图线宽规定 **表 10-2**

名称		线型	线宽	线宽组值(mm)
实线	粗	━━━━	b	螺栓、钢筋线、结构平面图中单线结构构件线、图名下横线、剖切线
	中粗	━━━━	0.7b	结构平面图及详图中剖到或可见的构件廓线、基础轮廓线、钢、木结构构件线、钢筋线
	中	────	0.5b	结构平面图及详图中剖到或可见的构件廓线、基础轮廓线、钢、木结构构件线、钢筋线
	细	────	0.25b	标注引出线、索引符号线、标高符号线、尺寸线、折断线
虚线	粗	━ ━ ━ ━	b	不可见的螺栓、钢筋线、结构平面图中单线结构构件线、图名下横线、剖切线
	中粗	━ ━ ━ ━	0.7b	平面图中不可见的构件或墙身轮廓线及不可见的钢木结构构件线、不可见的钢筋线
	中	– – – –	0.5b	平面图中不可见的构件或墙身轮廓线及不可见的钢木结构构件线、不可见的钢筋线
	细	- - - - - -	0.25b	基础平面中不可见的混凝土构件轮廓、不可见的钢筋混凝土构件轮廓线
点划	粗	━━ · ━━	b	柱间支撑、垂直支撑、设备基础轴线图中的中心线
	细	── · ──	0.25b	定位轴线、中心线、对称线、重心线

新修订的制图标准与 2001 标准相比，增加了中粗线宽组。从新的制图标准中可知，结构施工图中的钢筋线可根据绘图的比例选择粗线、中粗线和中线中的一种，但是 GB/T 50105 第 2.0.4 条还规定："在同一张图纸中，相同比例的各图样，应选用相同的线宽组"。按照规范条文，如在一张既有结构平面图也有大样图的图纸中，结构平面图上的钢筋线可以采用中粗线，大样图上的钢筋线可以采用粗线。

2. 在软件中设定线宽

点击交互绘图界面上方的下拉菜单【设置】，可以见到图 10-17 所示菜单。菜单中【图层设置 1】和【图层设置 2】都可以设置图形线宽。其中【图层设置 1】包括了图纸上的所有图线，【图层设置

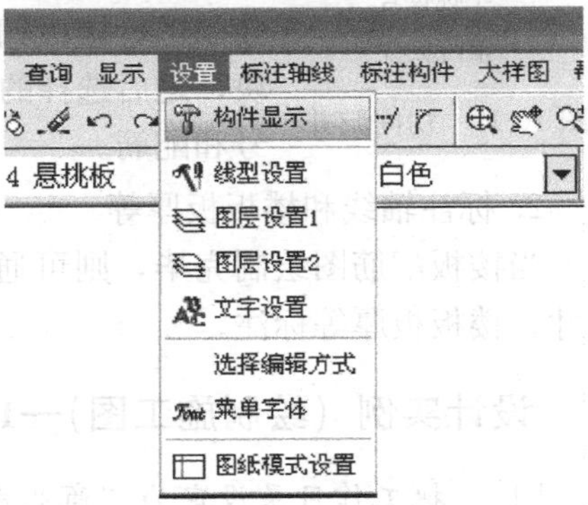

图 10-17　设置菜单

2】仅包括施工图上主要的图线宽度。

点击【图层设置 2】菜单，打开图 10-18 所示对话框。从对话框中可以见到，PKPM 默认的图线宽度没有按照制图标准设置，在进行实际工程结构施工图绘制时，需要用户人工设定。

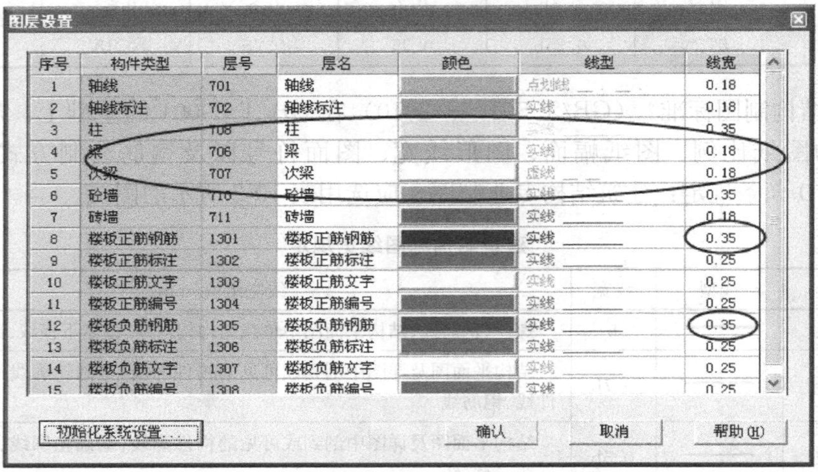

图 10-18　软件默认的线宽

10.2.5　楼板配筋及施工图绘制

在 PMCAD 的【楼板钢筋】菜单中，PMCAD 提供了很多种钢筋绘制方法，但是通常设计时常用的菜单为下面几种：

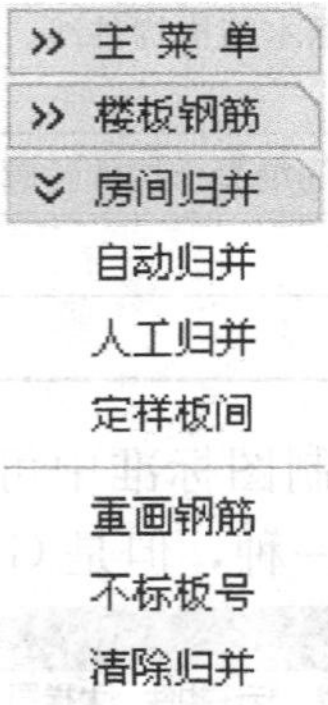

图 10-19　房间归并

1. 绘制楼板钢筋

在 PMCAD 中绘制楼板配筋图，通常采用 PMCAD 提供的房间归并功能进行。依次点击【楼板配筋】/【房间归并】，可打开 10-19 所示菜单。点击【自动归并】菜单后，PMCAD 会自动在平面图上显示房间规并结果，相同归并号的房间，只有一个房间用红色字体显示。点击【重画钢筋】菜单，逐个选择显示红色编号的板块即可完成楼板配筋图的绘制。

若对【自动归并】结果不满意，则可通过【人工归并】菜单，强制进行楼板归并，进行人工强制归并时，先点选一个归并样本板块，之后选择的其他板块均将强制使用与样本板块相同的归并板块号和配筋。

2. 标注轴线和楼板板厚等

当楼板配筋图绘制完毕，则可通过 PMCAD 人机界面的下拉菜单进行轴线、梁定位尺寸、楼板板厚等标注。

设计实例 (绘制施工图)—10-1——绘制楼板配筋图

[1]　把工作目录设定为“商业楼/LT”，点击【PMCAD】主菜单的【绘制结构平面图】进入楼板配筋图绘制人机交互界面。

［2］ 确认绘制的为第1标准层楼板配筋图。

［3］ 点击【设置】/【图层设置2】，设定钢筋图线为中粗线宽度为0.5mm，梁柱轮廓线为中线0.35mm，其他尺寸线、轴线为0.18mm。

［4］ 点击【计算参数】菜单，打开【楼板配筋参数】对话框，只把【配筋设计参数】页面的“负筋长度取整模数”改为50，其他均采用程序默认值。

［5］ 点击【绘图参数】菜单，本例取对话框内参数为默认值。

［6］ 点击【楼板计算】/【显示边界】菜单，参照图10-16所示把部分板块间的简支边界修改为固定边界（楼盖四周的楼板边缘按简支；由于该工程楼梯为折线楼梯，楼板与楼梯间交界处按简支）。

［7］ 点击【楼板计算】/【连板计算】菜单，用鼠标在楼板图的上绘制多道水平或竖向连线定义连续板串，过程从略。

［8］ 点击【楼板计算】/【裂缝】菜单，得到楼板裂缝图如图10-20所示。观察图10-20，未见用红色字体显示的裂缝，故判断楼盖中个房间楼板裂缝满足规范要求。

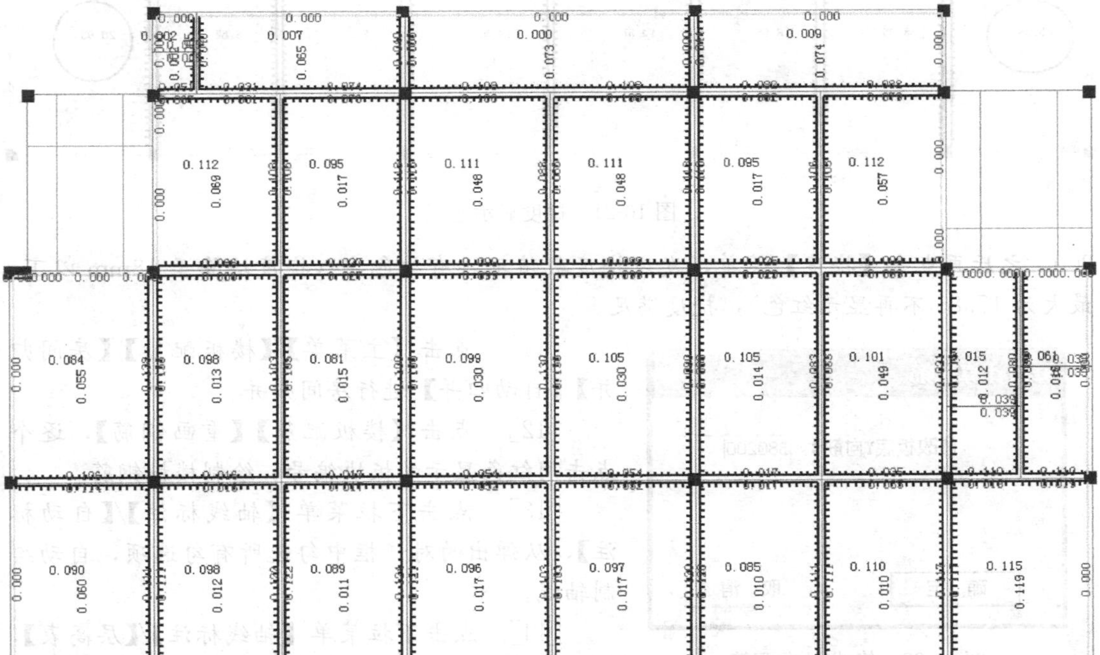

图10-20 裂缝显示

［9］ 点击【楼板计算】/【挠度】菜单，得到楼板挠度如图10-21所示。观察图10-21，发现有几个房间挠度值显示字体颜色为红色，则表明这几个房间挠度超出控制值，需要修改设计减小挠度（若考虑楼盖边缘梁对楼板具有一定的约束作用，则可适当放松挠度控制）。

［10］ 本设计先考虑增加楼板钢筋直径方案。点击【改Y向钢筋】菜单，分别点选图10-21所示画圆圈的三个房间，从弹出的图10-22所示对话框中把⌀8@200改为⌀10@

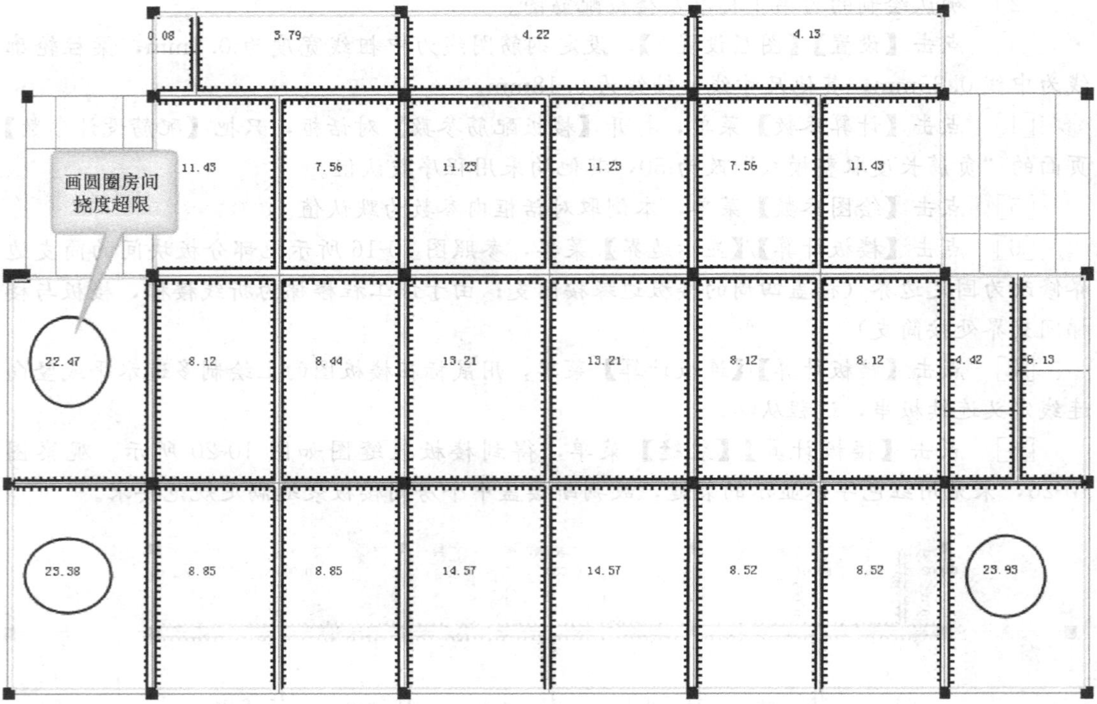

图 10-21　挠度显示超限

200，之后再点击【挠度】菜单，发现挠度数值不再有红色字（挠度均降至 18mm 以下，最大为 17.85 不再显示红色），挠度满足。

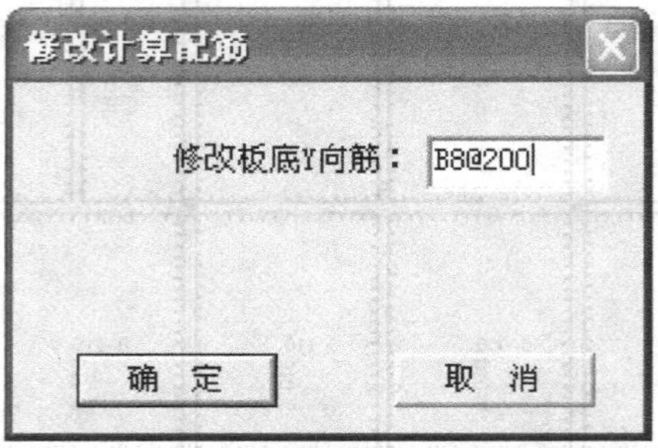

图 10-22　修改 Y 向配筋

[11]　点击【主菜单】/【楼板配筋】/【房间归并】/【自动归并】进行房间归并。

[12]　点击【楼板配筋】/【重画钢筋】，逐个点击用红色显示的板块编号，绘制楼板钢筋。

[13]　点击下拉菜单【轴线标注】/【自动标注】，从弹出的对话框中勾选所有勾选项，自动绘制轴线。

[14]　点击下拉菜单【轴线标注】/【层高表】，在适当位置绘制层高表。楼层表需要到图形编辑工具中加粗所在楼层标高的表横线。

[15]　点击下拉菜单【轴线标注】/【标注图名】，从弹出的图 10-23 所示对话框中输入图名和标高，在配筋图下方绘制出图示图名。

[16]　点击下拉菜单【构件标注】/【手动标注：注梁尺寸】，在图中适当位置沿 X、Y 方向各标注一行和一列梁定位尺寸。

[17]　若楼板厚度不同，则点击下拉菜单【标注构件】/【标注楼板】对少数厚度变化的楼板标注板厚，其他未注明板厚需在图纸说明中给出。

[18]　楼层标高由于已在图名处或楼层表中绘出，则只需在图中画出楼板标高变化的

板块，在实际设计中为了醒目起见，也可以通过图案填充方式绘出变标高板，在图纸说明给出填充图案标高说明。点击下拉菜单【绘图】/【填充】可以进行图案填充。

[19] 点击下拉菜单【文字】/【多行文字】，书写图 10-24 所示图纸说明。

[20] 若有大样图，可点击下拉菜单【大样图】，选择需要的大样图。通常情况下大样图需要编辑修改。

[21] 退出楼板绘图程序。

[22] 点击 PMCAD 的【图形编辑、转换及打印】，进入转换程序界面后，点击【工具】/【T 转 DWG】，从“商业楼/LT/施工图”文件夹选择“PM1. T”文件，将其转换为 DWG 文件。

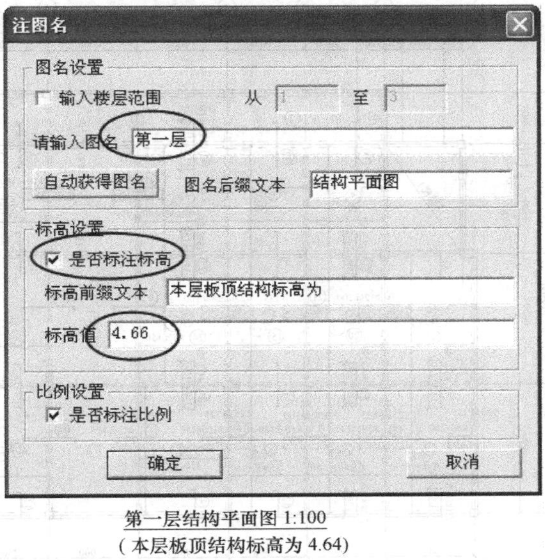

图 10-23 标图名

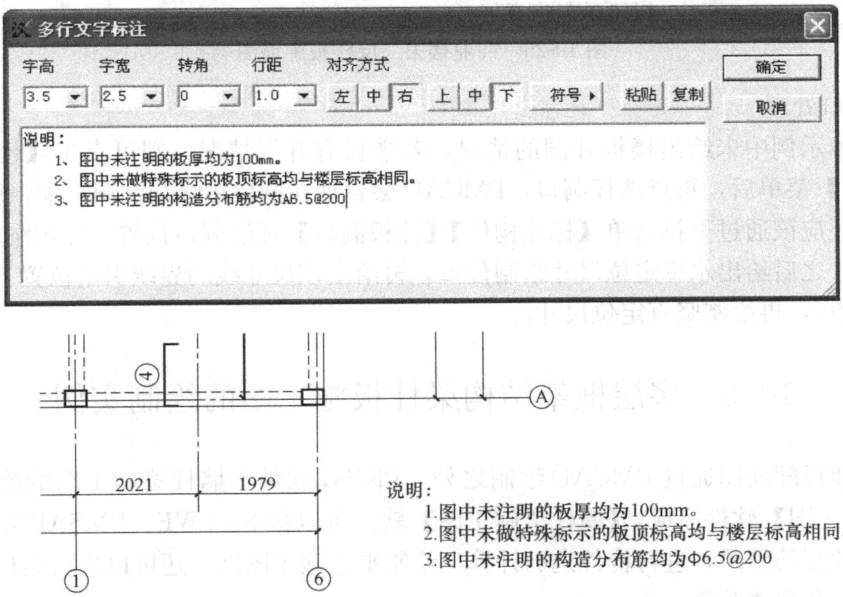

图 10-24 图纸说明

对于本书商业楼实例的其他楼层图纸的绘制，不再详细叙述。本节示例绘制的楼板配筋图经过 AutoCAD 简单编辑处理后，如图 10-25 所示（修改了楼梯 1 及层高表横线宽，楼梯 2 未改动）。

从图中可以看出，PMCAD 绘制的楼板配筋图未按照平法规则绘图，若要执行平法规则，则需参照 10.1.4 节自己修改图纸表达内容。由于篇幅有限，本节楼板配筋图不再进行修改，且图中未绘制建筑四周的线脚索引及大样图。

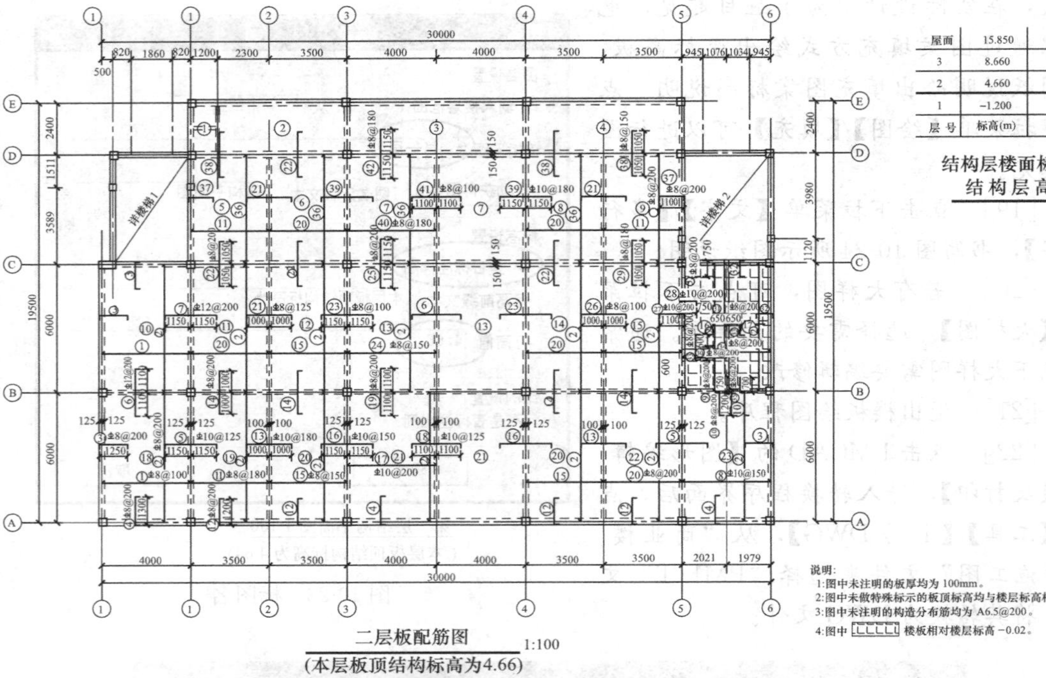
二层板配筋图 1:100
(本层板顶结构标高为4.66)
说明:
1:图中未注明的板厚均为 100mm。
2:图中未做特殊标示的板顶标高均与楼层标高相同。
3:图中未注明的构造分布筋均为 A6.5@200。
4:图中 楼板相对楼层标高 -0.02。

层号	标高(m)	层高(m)
屋面	15.850	
3	8.660	7.190
2	4.660	4.000
1	-1.200	5.860

结构层楼面标高
结构层高

图 10-25　商业楼第二层楼板配筋图

3. 洞口处理

由于本示例中未给出楼板开洞的情况，若楼板有开洞情况，则可点击【楼板配筋】/【洞口钢筋】菜单后，再点选板洞口，PMCAD 会自动在洞口边缘绘制洞口加强筋。

另外还应该通过下拉菜单【标注构件】/【注板洞口】标注洞口位置，注示洞口过程为：选择洞口，之后给出水平定位尺寸绘制位置，再给出该尺寸线的界线引出位置（一般是选择洞口某角），再绘制竖直定位尺寸。

10.3　多层框架结构梁柱板施工图的绘制实例

除了楼板配筋图通过 PMCAD 绘制之外，PKPM 软件中墙柱梁施工图的绘制是通过【墙柱梁施工图】软件完成。【墙柱梁施工图】软件可以接 SATWE、PMSAP 等结构分析设计软件的配筋结果，进行构件选筋计算，绘制平法施工图纸，还可以进行结构正常施工状态的挠度和裂缝验算。

10.3.1　梁平法施工图的绘制及梁挠度裂缝验算

点击 PKPM 软件主界面的【墙柱梁施工图】的【梁平法施工图】菜单，即可进入平法施工图绘制交互界面，并默认绘制第 1 结构层的平法图，如图 10-26 所示。

1. 钢筋标准层

若一个工程某些楼层的构件布置和配筋完全相同，则这些相同的楼层就可以绘制一张平法施工图。在“墙柱梁施工图”软件中，程序首先按一定的内定规则给出一个默认的钢筋标准层划分，之后由设计人员通过交互方式修改钢筋标准层与自然层的对应关系。不同

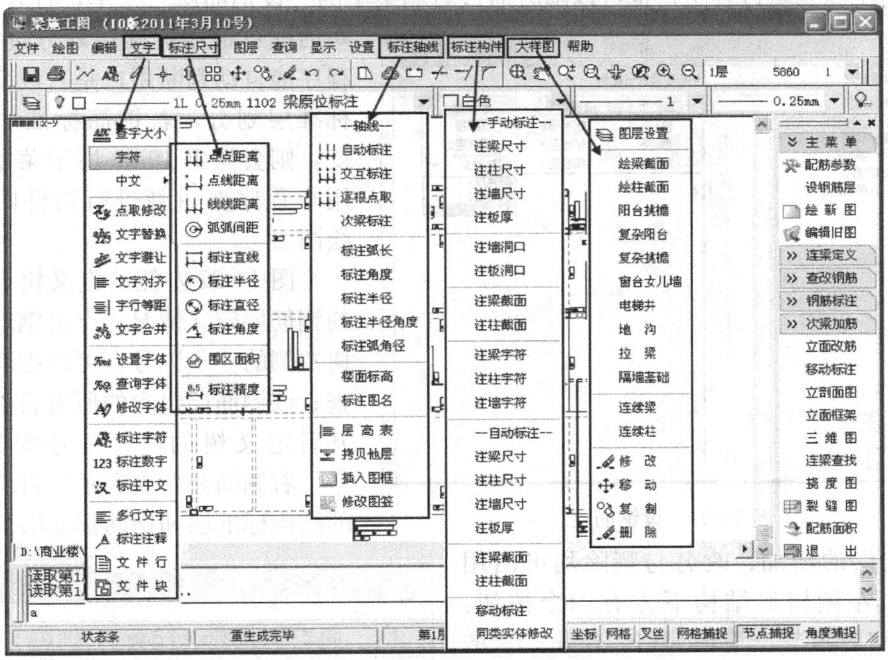

图 10-26　梁平法施工图界面及菜单

结构层能划分到同一个钢筋标准层的必要条件是这些结构层的梁布置必须相同。

钢筋标准层的概念与 PM 建模时定义的结构标准层相近但是有所不同。一般来讲，同一钢筋标准层的自然层都属于同一结构标准层，但是同一结构标准层的自然层不一定属于同一钢筋标准层。用户可以将两个不同结构标准层的自然层划分为同样的钢筋层，但应保证两自然层上的梁几何位置全部对应，完全可以用一张施工图表示。

由于处于同一结构标准层的梁内力不一定十分接近，所以同一结构标准层的梁配筋差异可能较大，如果采用默认的钢筋标准层划分，可能会导致配筋浪费，因此在设计过程中，设计人员应该认真修改钢筋标准层数。对于多层建筑惯常的做法是每个自然层设置单独的钢筋标准层，绘制单独的梁平法施工图纸。

当某个工程设计第一次进入梁施工图时，软件会根据内定的算法自动进行连续梁串并运算、连续梁梁跨及支座判断、连续梁命名和钢筋标准层预划分，绘制梁平法施工图并自动弹出图 10-27 所示对话框，要求用户调整和确认钢筋标准层的定义。用户应根据工程实际状况，进一步调整钢筋标准层的划分。调整之后软件会重新绘制梁施工图。

软件按钢筋标准层绘制施工图时，会为各层同样位置的连续梁给出相同的名称，配置相同的钢筋。读取配筋面积时，软件会在各层同样位置的配筋面积数据中取大值作为配筋依据。

在绘制墙梁平法施工图时，定义了多少个钢筋标准层，就应该画多少张梁平法施工图。梁名称是分钢筋层编号，各钢筋层都是从 KL-1 开始编号。因此，钢筋标准层的定义和划分是十分重要的一个环节，钢筋标准层的划分既要有足够的代表性，减少出图量，又要节省钢筋，达到尽可能降低工程造价的目的。

2. 调整钢筋标准层

在施工图编辑过程中，也可以随时通过右侧菜单的“设钢筋层”菜单，打开图 10-27 对话框对钢筋标准层划分进行调整。程序能自动判断用户是否改变了钢筋标准层划分，若钢筋标准层发生改变，则会弹出 10-28 所示菜单，提示用户程序要重新进行构件归并重新绘图。

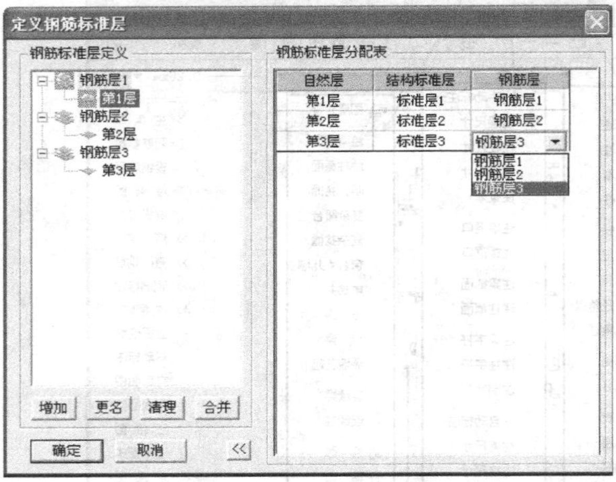

图 10-27　设钢筋层

图 10-27 左侧的定义树表示当前的钢筋层定义情况。点击钢筋层定义树左侧的“＋”号，可以把其展开并查看该钢筋层包含的所有自然层，展开后定义树的“＋”号变为“－”号。右侧的分配表表示各自然层所属的结构标准层和钢筋标准层。

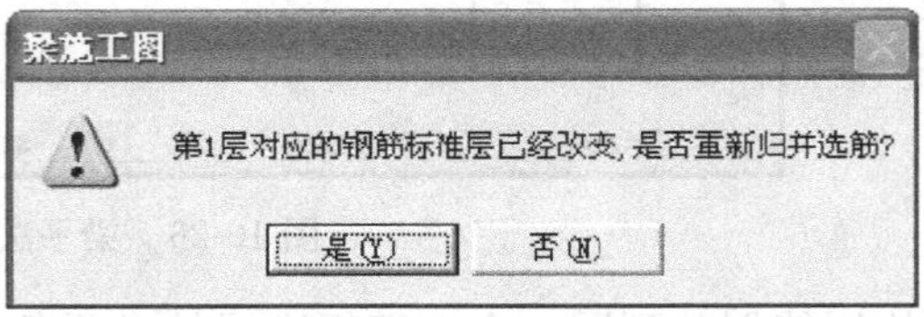

图 10-28　钢筋层发生改变

钢筋层的增加、改名与删除均可由用户控制。左侧树形结构下方有四个按钮：“增加”、“更名”、“清理”和“合并”。“增加”按钮可以增加一个空的钢筋标准层。“更名”按钮用于修改当前选中的钢筋标准层的名称，可按住【Ctrl】+【Shift】键选中多个钢筋层同时修改。“合并”按钮可以将选中的多个钢筋层合并为一个，也可在左侧树表中将要修改的自然层拖放到需要的钢筋层中去。比较特殊的是“清理”，由于含有自然层的钢筋标准层不能直接删除（不然会出现没有钢筋层定义的自然层），所以想删除一个钢筋层只能先把该钢筋层包含的自然层都移到其他钢筋层，将该钢筋层清空，再使用“清理”按钮，清除空的钢筋层。

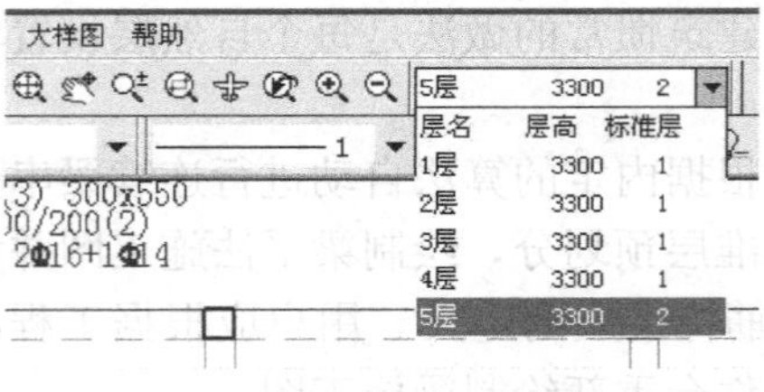

图 10-29　选择绘图的楼层

3. 选择绘制施工图的楼层

当钢筋标准层划分好之后，软件默认绘制第 1 结构层梁平法施工图，设计过程中，我们可以点击图形区上方的“选择楼层”下拉框选择要绘制图纸的楼层，如图 10-29 所示，选择时注意钢筋标准层和结构层之间的关系，不要漏选。

图形文件默认名称为“PL＊.T”，“＊”为楼层号。

4. 配筋参数

点击【配筋参数】菜单，弹出图 10-30 所示对话框。可以根据工程情况对对话框内参数进行修改设置。通过【配筋参数】对话框，用户可以修改梁的归并系数和主筋选筋库中的直径序列。通过该对话框还可以设置挠度和裂缝选筋参数。

在“墙柱梁施工图”软件中，梁的归并由软件根据归并系数自动完成，梁的归并仅在同一钢筋标准层平面内进行，程序对不同钢筋标准层分别进行归并。其归并过程可以分为

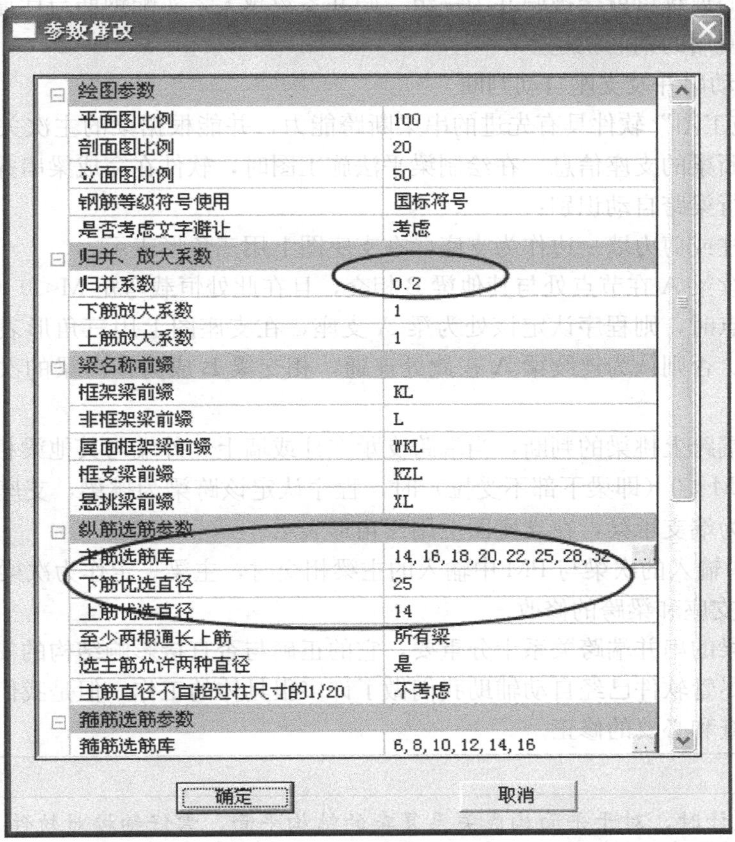

图 10-30 绘图参数

连续梁几何归并和连续梁钢筋归并两个分步：

（1）几何归并：首先根据连续梁的几何条件进行归类。找出几何条件相同的连续梁类别总数。几何条件包括连续梁的跨数、各跨的截面形状、各支座的类型与尺寸、各跨网格长度与净跨长度等。只有几何条件完全相同的连续梁才被归为一类。

（2）接着按实配钢筋进行归并。首先在几何条件相同的连续梁中选择任意一根梁进行自动配筋，将此实配钢筋作为比较基准。接着选择下一个几何条件相同的连续梁进行自动配筋，如果此实配钢筋与基准实配钢筋的差异系数小于归并系数，则将两根梁归并为一组，将不一样的钢筋取较大者作为新的基准配筋，继续比较其他的梁。

程序确定梁差异系数的算法为：每跨梁取左右端负筋、上部通长筋、底筋作为比较观察值，判别两根梁之间相同跨序号的观察位置是否相同，并累计实配钢筋不同的位置数。

差异系数＝实配钢筋不同的位置数/(连续梁跨数×4)。

如果差异系数小于归并系数，则两根梁可以看作配筋基本相同，可以归并成一组。程序采用的归并算法是一种截面差异率算法，连续梁归并还有一些其他的算法[21]。

从上面的归并算法可以看出，归并系数是控制归并过程的重要参数。归并系数越大，则归并出的连梁种类数越少。归并系数的取值范围是［0.0，1.0］，缺省值为 0.2。如果归并系数取 0，则只有钢筋完全相同的连续梁才被分为一组，如果归并系数取 1，则只要几何条件相同的连续梁就会被归并为一组。归并系数越大，实配钢筋与计算配筋的差异率则可能越大，使用的钢筋就越多。

5. 连梁自动串并及支座自动判断

“墙柱梁施工图”软件具有先进的串梁断跨能力，并能根据梁的主次关系和是否处于跨端等信息判断梁的支座信息。在绘制梁平法施工图时，软件在完成梁串并计算之后，依据下面准则进行梁跨自动识别：

（1）框架柱或剪力墙一边作为支座，在支座图上用三角形表示。

（2）当连续梁 A 在节点处与其他梁 B 相交，且在此处恒载弯矩 $M<0$（即梁下部不受拉）且为峰值点时，则程序认定该处为梁 A 支座，在支座图上用三角形表示。连续梁在此处分成两跨。否则认为连续梁 A 在此处连通，相交梁 B 成为该跨梁的次梁，在支座图上用圆圈表示。

（3）对于端跨上挑梁的判断，当端跨支承在柱或墙上，外端与其他梁相交时，如该跨梁的恒载弯矩 $M<0$（即梁下部不受拉）时，程序认定该跨梁为挑梁，支座图上该点用圆圈表示，否则为端支承梁，在支座图上用三角形表示。

（4）PM 中输入的次梁与 PM 中输入的主梁相交时，主梁一定作为次梁的支座。

6. 连续梁支座和梁跨的修改

在设计时梁的串并端跨关系十分重要，它的正确与否直接影响结构的安全度，所以在绘制施工图时尽管软件已经自动辅助我们做了许多很具体的工作，但是我们仍然需要对这些内容进行检查和必要的修正。

提示角

在实际设计时，对于平面构成关系复杂的结构平面，需仔细校对软件自动生成的支座关系是否与建模时构想一致，若不一致则需返回 PMCAD 对结构模型从梁等级、标高、截面尺寸、荷载布置等进行检查。

施工图绘制之后，还要仔细校对钢筋布设是否有问题。错误的支座关系会导致配筋与结构实际受力不符，给结构带来安全隐患。

软件用三角形表示梁支座，圆圈表示连梁的内部节点。在三角支座处，梁底纵筋允许断开，在圆圈位置梁底纵筋必须贯通。对于端跨，若把三角支座改为圆圈后，则端跨梁会变成挑梁；把圆圈改为三角支座后，则挑梁会变成端支撑梁。对于中间跨，如为三角支座，该处是两个连续梁跨的分界支座，梁下部钢筋将在支座处截断并锚固在支座内，并加配支座负筋；把三角支座改为圆圈后，则两个连续梁跨会合并成一跨梁，梁纵筋将在圆圈支座处连通。

支座的调整只影响配筋构造，并不影响构件的内力计算和配筋面积计算。一般来说，把三角支座改为圆圈后的梁构造是偏于安全的。支座调整后，软件会重配该梁钢筋并自动更新梁的施工图。

点击【连梁定义】菜单，可见其下的二级菜单如图 10-31 所示。点击【支座查看】菜单，可以得到图 10-32 图形。

点击【支座修改】，依据程序在命令窗口的提示操作可以修改支座，比如把支座（三角）改为连续通过节点（圆圈），或者把圆圈改为三角。

图 10-31 梁定义

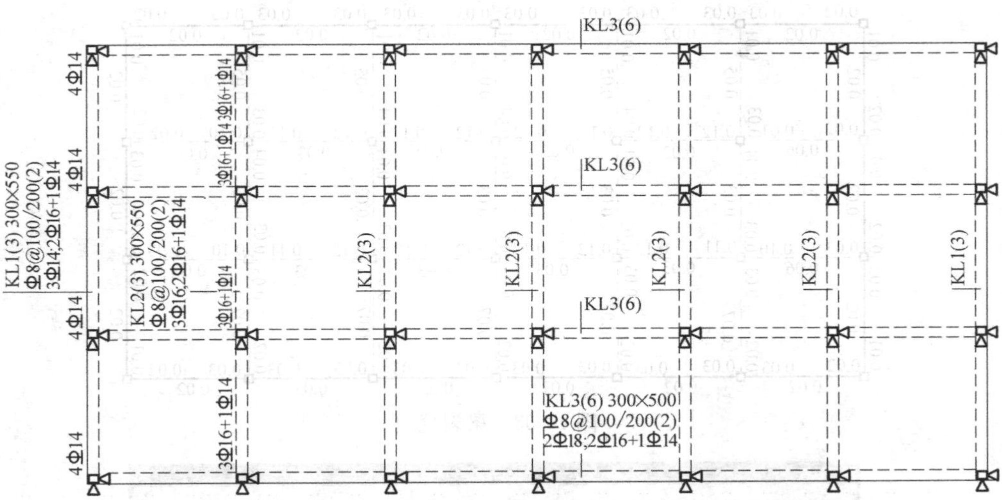

图 10-32　梁支座显示

对于复杂的工程，还可能需要手工调整梁的串并关系。调整梁的串并关系，可通过"连梁拆分"和"连梁合并"来实现。通过菜单还可以采用交互方式修改梁的名称，不过通常一般都默认采用软件命名结果。

7. 查改钢筋、钢筋标注和次梁加筋等

通过这些菜单可以人工修改软件的自动配筋结果、在平面图上增加大样索引及在图纸上绘制梁截面大样图、移动钢筋标注位置等。

8. 梁挠度和裂缝检查

点击【挠度】和【裂缝】菜单，程序会在梁平面图上标注挠度和裂缝数值，如图10-33为某工程的梁裂缝宽度图。可以从图上查看梁挠度和裂缝。如果挠度值超过限值，则软件会用红色字体显示出来。

9. 标注轴线、尺寸线和书写图名

在上述工作做完之后，还需要点击交互界面上方的下拉菜单，标注轴线、尺寸线和书写图名，另外作为平法施工图，还需要绘制层高表和书写图纸说明。

对于有次梁的工程，还需要点击下拉菜单【标注尺寸】给出次梁的定位尺寸。

设计实例（绘制施工图 2）—10-2 绘制梁平法施工图

［1］把工作目录设定为"商业楼/LT"，点击【墙柱梁施工图】的【梁平法施工图】，进入绘图人机交互界面。

［2］编辑钢筋标准层，该工程每一个自然层对应一个标准层，每一个标准层对应一个钢筋标准层，软件默认正确，不做改变。

［3］点击【配筋参数】菜单，从弹出的对话框中的"主筋选筋库"中去掉28、32直径规格的钢筋后，软件自动提示"选筋参数"。

［4］参照实例10-1点击下拉菜单【设置】/【图层设置2】，修改线宽，如图10-34所示。通过【图层设置2】把梁虚线线宽也设置为0.35。

［5］点击【连梁定义】/【支座查看】，仔细检查软件生成的支座关系，确认无误。

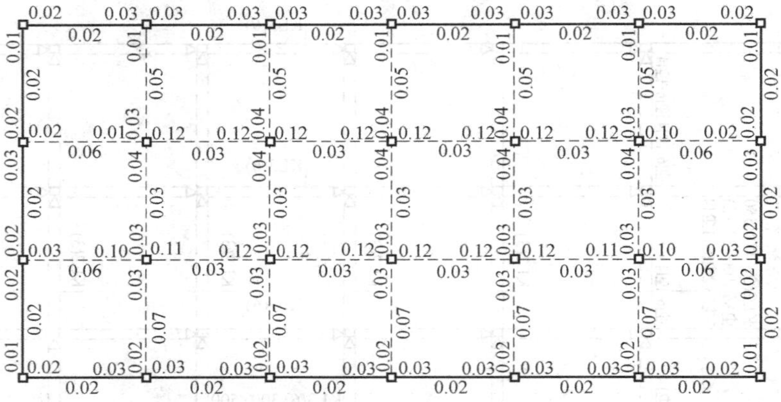

图 10-33　梁裂缝值

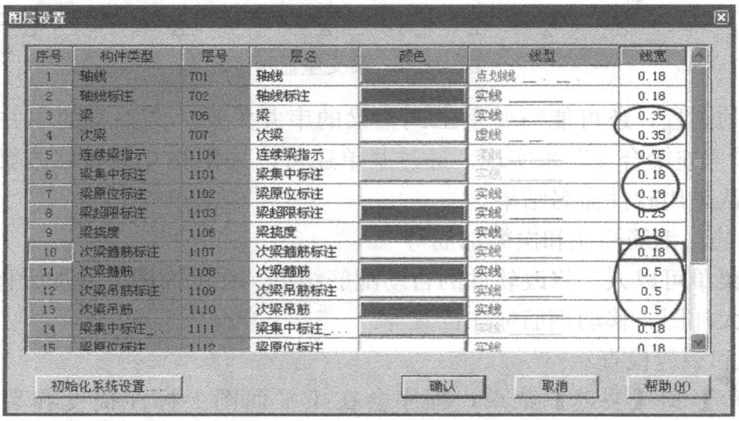

图 10-34　图线编辑修改

[6]　点击【挠度】菜单得到挠度图，该图中没有红色显示的挠度数值，挠度满足限值要求。

[7]　点击【裂缝】菜单，显示的裂缝图上未见红色文字，表明裂缝宽度满足限值要求。

[8]　参照实例 10-1 标注图纸的轴线尺寸、层高表、图名、梁定位尺寸、柱定位尺寸，标注次梁定位尺寸。

[9]　点击【钢筋标注】/【移动标注】，对重叠标注内容进行调整。

[10]　绘图完毕，把 T 文件转换为 DWG 文件，对楼梯部分建模时设置的扁梁进行删除操作等进行编辑修改，得到图 10-35 所示第 1 层梁施工图。其他楼层梁平法绘制从略。

提示角

梁平法施工图图名宜用标高范围作为图名内容。当用楼层号作为图名时，要注意沿用当地习惯，如第 1 层梁代表的是第 1 层顶层位置等。

必须在层高表中给出本张图纸的标高范围，并层高表上用粗横线绘出。

当个别梁跨的标高与层高表不符时，应在平面图原位在括号内给出相对层高表的相对标高。

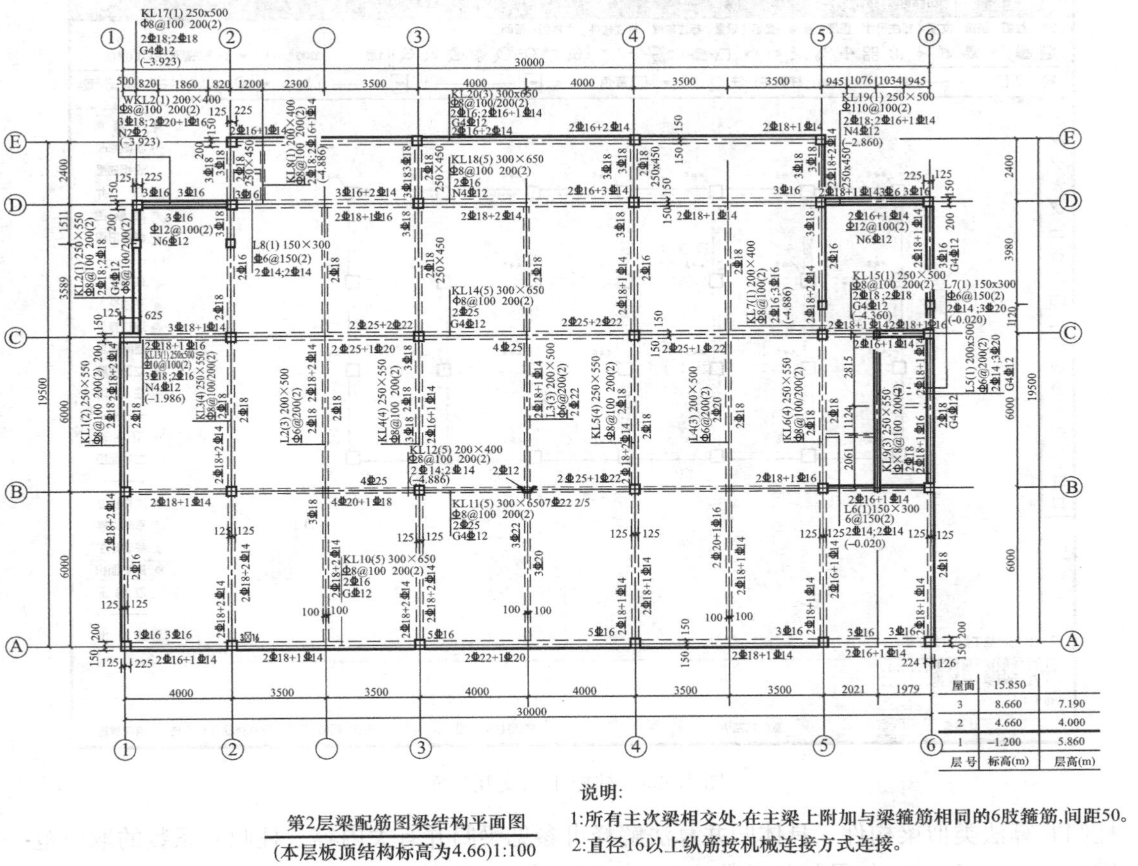

第2层梁配筋图梁结构平面图
(本层板顶结构标高为4.66)1:100
说明:
1:所有主次梁相交处,在主梁上附加与梁箍筋相同的6肢箍筋,间距50。
2:直径16以上纵筋按机械连接方式连接。
屋面 15.850
3 8.660 7.190
2 4.660 4.000
1 -1.200 5.860
层号 标高(m) 层高(m)

图 10-35　第二层梁平法施工图

10.3.2　柱施工图绘制及立面改筋与双偏压验算

柱施工图绘制也是通过【墙柱梁施工图】软件绘制完成的，点击【墙柱梁施工图】的【柱平法施工图】菜单，即可进入如图 10-36 所示交互绘图界面。

1. 参数修改

点击交互界面的【参数修改】菜单，程序弹出图 10-37 所示对话框，从对话框中可以设置各种选筋参数。柱的【参数修改】分为【绘图参数】、【选筋归并参数】和【选筋库】三方面内容。【选筋归并参数】改变后，程序会自动提示用户选择重新选筋归并。下面我们介绍一下这些参数。

(1)【绘图参数】：设置柱平面图的绘制参数，参见梁板有关章节的相关内容。

(2)【计算结果】：如果当前工程采用了不同的计算程序（TAT、SATWE、PMSAP）进行过计算分析，则可以选择不同的结果进行归并选筋，程序默认采用当前子目录中最新的一次计算分析结果。

(3)【连续柱归并编号方式】：分为“全楼归并编号”和“按钢筋标准层归并编号”两种。“按钢筋标准层归并编号”时，柱名前冠以钢筋标准层编号，如“1KZ1”、“2KZ1”。

(4)【归并系数】：归并系数是对不同连续柱（从底层到顶层）列作归并的一个系数。

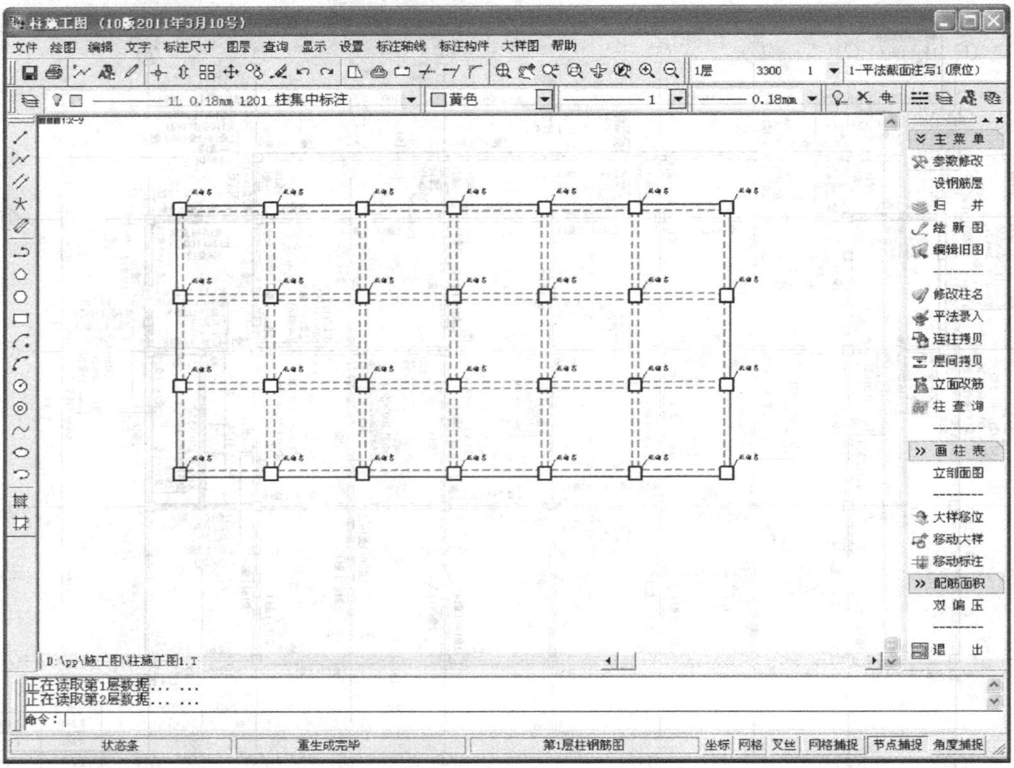

图 10-36　柱施工图交互界面

柱归并算法类似梁构件，具体归并算法解释可参见梁归并有关内容。柱归并系数的取值范围为［0.0～1.0］。如果归并系数为 0.0，则只有实配钢筋数据完全相同的柱才能归并到一个柱名之下。如果归并系数为 1.0，则只要几何条件相同的柱就会被归并为相同编号。

（5）【主筋放大系数】、【箍筋放大系数】：只能输入大于 1.0 的数，如果输入的系数小于 1.0，程序自动取为 1.0。程序在选择纵筋时，会把读到的计算配筋面积乘以放大系数后再进行实配钢筋的选取。

（6）【柱名称前缀】：程序默认的名称前缀为“KZ-”，用户可以根据施工图的具体情况修改。

（7）【箍筋形式】：对于矩形截面柱共有 4 种箍筋形式供用户选择，程序默认的是矩形井字箍。对其他非矩形、圆形的异形截面柱这里的选择不起作用，程序将自动判断应该采取的箍筋形式，一般多为矩形箍和拉筋井字箍。

（8）【矩形柱是否采用多螺箍筋形式】：当在方框中选择对勾时，表示矩形柱按照多螺箍筋的形式配置箍筋。

（9）【连接形式】：对于柱钢筋目前常用的连接方式为“电渣压力焊”、“套筒挤压”、“锥螺纹”等方式。在此处软件提供 12 种连接形式，主要用于立面画法，用于表现相邻层纵向钢筋之间的连接关系。对于平法施工图需要在图纸说明中对柱筋连接方式予以说明。

（10）【是否考虑上层柱下端配筋面积】：选配某层柱钢筋时，选筋面积按本层上下柱

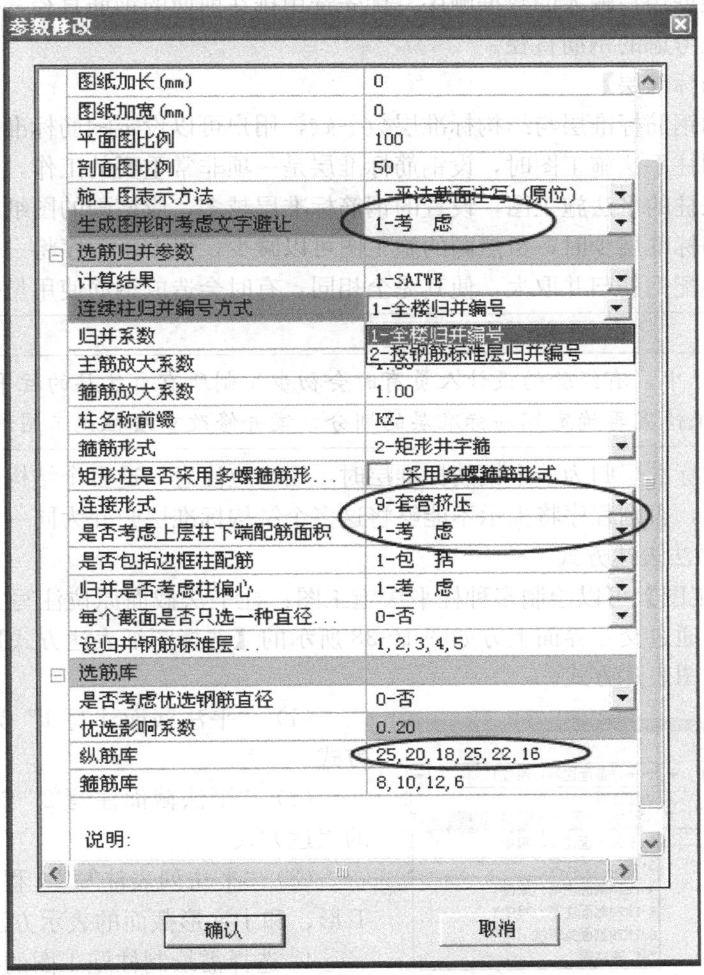

图 10-37　柱施工图参数修改

端以及上层柱底面积的最大值选配钢筋，此项在选择时要慎重考虑。

(11)【是否包括边框柱配筋】：可以控制在柱施工图中是否包括剪力墙边框柱的配筋，如果不包括，则剪力墙边框柱就不参加归并以及施工图的绘制，这种情况下的边框柱应该在剪力墙施工图程序中进行设计；如果包括边框柱配筋，则程序读取的计算配筋包括与柱相连的边缘构件的配筋，应用时应注意。

(12)【归并是否考虑柱偏心】：若选择“考虑”项，则归并时偏心信息不同的柱会归并为不同的柱。通常平法施工图可选择不考虑。

(13)【每个截面是否只选一种直径的纵筋】：如果需要每个不同编号的柱子只有一种直径的纵筋，选择“是”选项。

(14)【是否考虑优选钢筋直径】、【优选影响系数】：如果选择“是”，程序可以根据用户在【纵筋库】和【箍筋库】中输入的数据顺序优先选用排在前面的钢筋直径进行配筋。【优选影响系数】与归并系数类似，是程序内部设定的配筋参数，可以根据需要设定。

(15)【纵筋库】、【箍筋库】：用户可以根据工程的实际情况，设定允许选用的钢筋直径，程序可以根据用户输入的数据顺序，优先选用排在前面的钢筋直径，排在最前的直径就是程序最优先考虑的钢筋直径。

2.【设钢筋标准层】

程序默认的钢筋标准层与结构标准层数一致，用户可以设定钢筋标准层。与梁平法标准层类似，绘制柱平法施工图时，设钢筋标准层是一项非常重要的工作，每一个钢筋标准层都应该画一张柱的平法施工图，设置的钢筋标准层越多，应该画的图纸就越多。另一方面，设置的钢筋标准层少时，虽然画的施工图可以减少，但由于程序将一个钢筋标准层内所有各层柱的实配钢筋归并取大，使其完全相同，有时会造成钢筋使用量偏大。

提示角
在实际设计中，有经验的设计人员有时会初步绘制所有自然层的柱平法施工图，之后根据初绘图纸情况再确定钢筋标准层的划分方案并修改重绘柱施工图纸。

将多个结构标准层归为一个钢筋标准层时，用户应注意，这多个结构标准层中的柱截面布置应该相同，否则程序将提示不能够将这多个结构标准层归并为同一钢筋标准层。

3. 选择柱平法表达方式

【墙柱梁施工图】可以绘制多种柱平法施工图：柱平法截面原位注写方式、柱平法截面列表方式等，通过交互界面上方如图 10-38 所示的【选择图纸表达方式】下拉框可以选择需要的柱施工图表达方式。

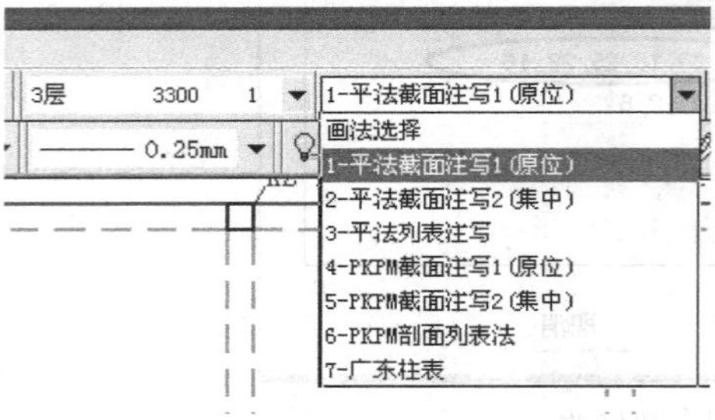

图 10-38　选择柱施工图表达方式

(1)“平法截面注写 1”为原位截面注写方式。

(2)“平法截面注写 2”为集中截面注写的表达方式。

(3)“平法列表注写”，程序增加了 L 形、T 形、和十字形截面的表示方法。

4. 选择需绘制柱施工图的楼层

从图形区上方的【选择楼层】下拉框选择要绘制施工图的楼层，进行施工图绘制。通常情况下，有几个钢筋标准层就需要绘制几张柱平法施工图。

软件自动给所绘制的施工图命名为“柱施工图 *.T”，“*”为柱钢筋标准层号。

5.【归并】

柱钢筋的归并和选筋，是柱施工图最重要的功能。程序归并选筋时，自动根据用户设定的各种归并参数，并参照相应的规范条文对整个工程的柱进行归并选筋。

柱施工图的柱编号是根据【参数修改】中定义的归并方式，对归并楼层的连续柱的几何信息和实配钢筋数据来进行归并编号的，其中只有几何信息完全一致，实配钢筋在归并系数范围内的连续柱才能归并为相同编号的柱。

影响柱编号的因素主要有以下几个方面：归并系数、纵筋库、归并是否考虑偏心、每个截面是否只选一种直径的纵筋等。如果要减少柱编号，可以采用：适当增大归并系数、不考虑柱偏心、减少纵筋库的种类、勾选每个截面只选一种直径的钢筋等方法。

点击【归并】菜单后，程序会自动依照【参数修改】定义的归并参数进行柱全楼归并，并依照命名规则对柱进行命名，并在平面图上自动进行柱名标注，至此柱平法施工图基本绘制完成。

6. 立面改筋

在设计时柱施工图的绘制要考虑上下柱钢筋的连接关系，通常情况下上柱钢筋根数不能多于下柱钢筋根数，否则会导致上下层间柱筋连接出现问题。

在实际设计时，设计人员应该通过【立面改筋】方式检查修改柱筋，如图 10-39 所示。如果出现钢筋规格过多时，还可以修改主筋直径类型库，重新进行选筋归并。

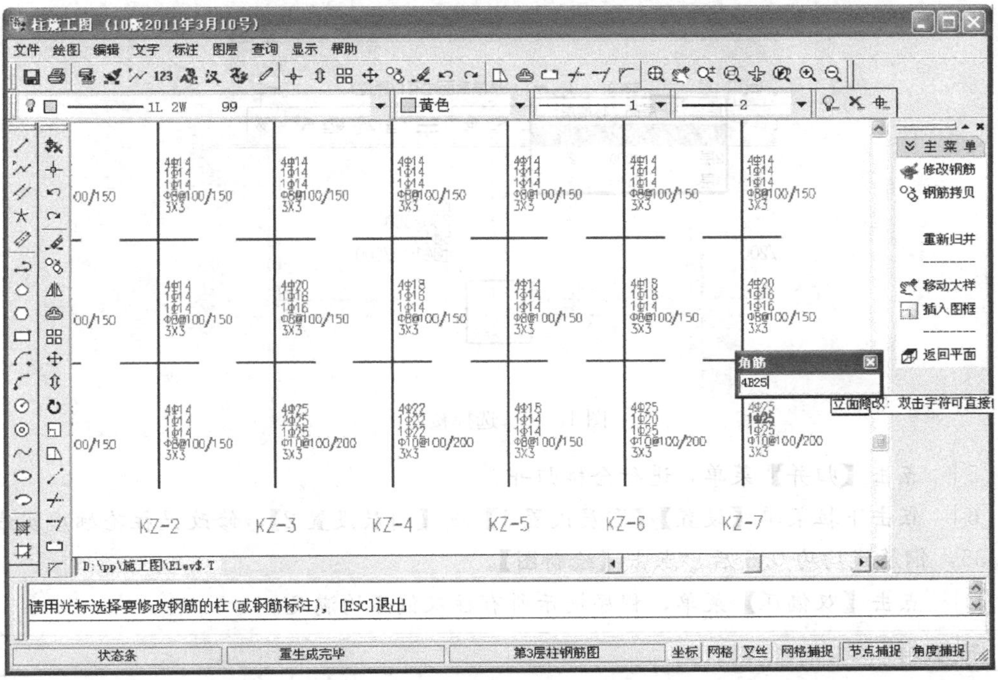

图 10-39 柱立面改筋

7. 【双偏压验算】

【墙柱梁施工图】程序将原来在 SATWE 和 TAT 中的执行双偏压验算移到柱施工图中执行，用户选完柱钢筋后，可以直接执行【双偏压验算】检查实配结果是否满足承载力的要求。程序验算后，对于不满足承载力要求的柱，柱截面以红色填充显示。用户可以直接修改实配钢筋，验算直到满足为止。

由于双偏压、拉配筋计算本身是一个多解的过程，所以当采用不同的布筋方式得到的不同计算结果，它们都可能满足承载力的要求。

8. 标注轴线、尺寸线及图名

钢筋归并选筋和修改完毕，即可参照前面叙述的梁板绘图过程，标注柱施工图的轴线和尺寸线。

设计实例（绘制施工图 3）—10-3 绘制柱平法施工图

[1] 把工作目录设定为“商业楼/LT”，点击【墙柱梁施工图】的【柱平法施工图】，

进入柱平法施工图绘制人机交互界面。

[2] 点击【参数修改】菜单，打开【参数修改】对话框。选择“剖面图比例 30”、“平法截面注写 1（原位)”、“全楼归并编号”、“不考虑上层柱下端配筋面积”、“归并不考虑柱偏心”、“采用锥螺纹连接”。其他参数取系统默认值。

[3] 点击【设钢筋层】，观察软件默认的钢筋标准层设置，不进行调整。

[4] 点击图形区上方的【选择楼层】下拉框，选择绘制第 1 层柱平法施工图，如图 10-40 所示。从图中可知，第 1 层至第 3 层需分别绘制柱平法施工图。

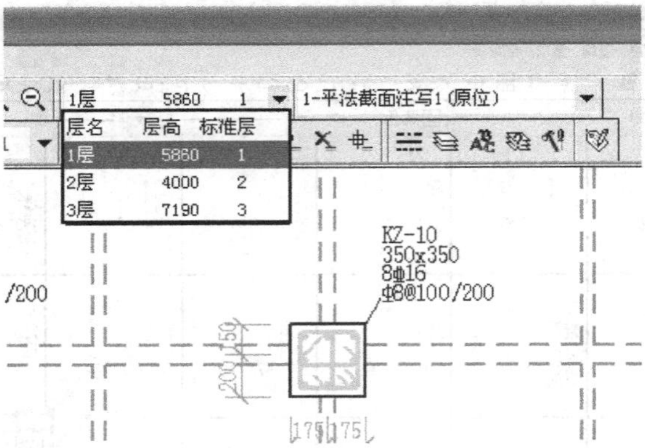

图 10-40 选择楼层

[5] 点击【归并】菜单，进行全楼归并。

[6] 点击下拉菜单【设置】/【图层设置 1】或【图层设置 2】，修改梁柱轮廓虚实线均为 0.35，钢筋线均为 0.5 后，点击【绘新图】。

[7] 点击【双偏压】菜单，程序提示所有柱双偏压均满足。

提示角

柱平法施工图图名宜用标高范围作为图名内容，也可用楼层作为图名。

必须在层高表中给出本张图纸的施工范围，柱的施工范围在层表中用粗竖线给出。

当个别柱的标高范围与标高表不符时，应在平面图原位给出具体数值，并在图纸说明中予以说明。

[8] 点击【立面改筋】，观察上下柱配筋关系后认为合理，不必修改软件配筋结果。

[9] 点击下拉菜单【轴线标注】标注尺寸线、层高表和图名；点击下拉菜单【标注构件】，采用半自动方式标注有代表性柱的定位尺寸；点击【文字】/【多行文字】书写“图纸说明”。

[10] 绘图完毕，退出施工图绘制人机交互界面。

[11] 点击【墙柱梁施工图】的【图形编辑、转换及打印】菜单，进入转换界面点击【工具】/【T 转 DWG】，选择“柱施工图 1. T”把它转换为 DWG 文件。

[12] 进入 AutoCAD 对图稍加修改，最后得到柱施工图如图 10-41 所示。在实际设计时，楼梯间的梯柱 TZ 需要经过手工计算后，补画配筋图，在此不再详述。

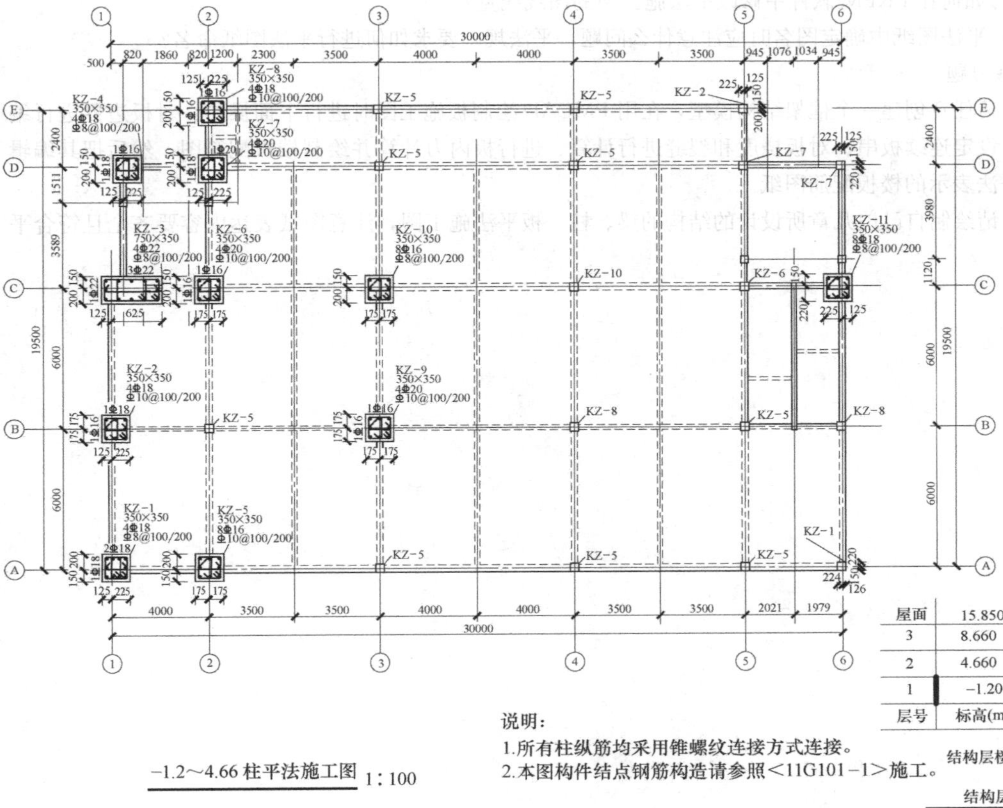

层号	标高(m)	层高(m)
屋面	15.850	
3	8.660	7.190
2	4.660	4.000
1	-1.200	5.860

结构层楼面标高

结构层高

说明：

1.所有柱纵筋均采用锥螺纹连接方式连接。

2.本图构件结点钢筋构造请参照<11G101-1>施工。

图 10-41　第 1 层柱平法配筋图

思考题与练习题

1. 思考题

（1）《建筑结构制图标准》对结构施工图纸中构件、钢筋和轴线等线条的宽度有何规定？

（2）什么是钢筋标准层？它与结构标准层、自然层和图纸张数之间的关系是什么？

（3）梁平法施工图中集中标注和原位标注是什么？集中标注和原位标注不同时，以哪个标注为准？

（4）柱平法施工图有哪几种？请说出其各自的图纸特征。

（5）平法施工图纸的四大要素是什么？

（6）当绘制梁平法施工图进行梁挠度检查时，发现有的梁挠度为红色文字，它表示的是什么含义？

（7）当梁、楼板的挠度不满足限值要求时，如何进行设计调整使之满足要求？

（8）当梁、楼板的裂缝宽度不满足限值要求时，如何进行设计调整？

（9）如何通过软件在楼板配筋图中插入一个构件详图？

（10）请叙述绘制梁平法施工图时软件的主要操作流程。

（11）请简要说明绘制柱平法施工图的主要操作。

（12）请说一下板平法施工图的主要标注规则。

（13）在绘制楼板施工图时，如何设置楼板的边界条件？如何检查软件自动生成的楼板边界？

（14）如何检查梁的支座关系？进行柱的立面改筋操作的目的是什么？

（15）梁、柱、墙平法施工图中的图名内容应如何书写？层高表应如何修改？

(16) 如何在 PKPM 软件中修改平法施工图的图线线宽？

(17) 平法图纸中确定图名时应注意什么问题，平法规则要求如何进行平法图纸命名？

2. 练习题

(1) 请任意创建一个框架结构模型，在用 PMCAD 绘制板施工图时进行下面操作：对板边界进行编辑修改、设定连续板串、对板挠度和裂缝进行计算、进行板内力计算并绘制楼板配筋图，然后把其编辑修改为平法表示的楼板配筋图纸。

(2) 请绘制自己前几章所设计的结构的梁、柱、板平法施工图，注意图纸表达内容要齐全且符合平法规则。

第 11 章 JCCAD 应用及基础设计实例

学习目标

了解 JCCAD 的功能和特点

掌握 JCCAD 基础设计数据准备的内容及操作

掌握柱下独立基础设计的基本方法和软件操作

掌握柱下条形基础设计的基本内容及操作要点

了解承台桩基础设计的主要方法及操作要点

了解筏板基础的类型、构造要求及平板式筏板操作过程

基础设计软件 JCCAD 是 PKPM 中一个很重要的模块，它具有集成程度高、功能强大、辅助设计能力强等特点。

由于软件的高度集成化，初学者在学习 JCCAD 时，首先要熟悉掌握设计各种基础的软件操作过程。

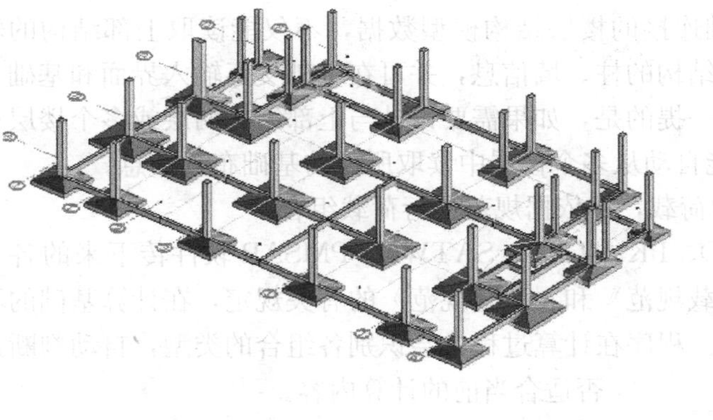

JCCAD 能够自动读取上部结构的几何信息和内力分析结果，并在读入的标准内力基础上依照规范，进行基础设计所需的各种荷载内力组合，为基础计算提供全面有效的数据。

我们可以利用 JCCAD 的自动设计、交互设计及强大计算功能，完成各类基础设计，并绘制施工图纸。

11.1 JCCAD 的基本功能及软件操作流程

基础是指建筑底部与地基接触的承重构件，它的作用是把建筑上部的荷载传给地基，由于上部结构和地基情况千变万化，所以建筑结构的基础有多种形式。在结构设计中，通常需要在结构概念设计阶段用上部结构传来的荷载进行基础概念设计，以便确定适当的基础形式及基础布置方案，并为上部结构方案的调整细化提供必要的技术支持。上部结构设

计和基础设计是互相影响互相关联的，PKPM 软件中用于基础设计的软件模块是 JC-CAD。

11.1.1 JCCAD 的基本功能

JCCAD 软件具有除箱型基础（箱型基础用 PKPM 的 BOX 软件模块）之外几乎所有类型基础的设计能力。

1. 具备多种基础设计能力

通过 JCCAD，设计人员可以利用软件自动或交互完成工程实践中常用的各类基础设计，其中包括柱下独立基础、墙下条形基础、弹性地基梁基础、带肋筏板基础、筏板基础、柱下桩基承台基础、桩筏基础、桩格梁基础等基础设计及单桩设计，还可进行由上述多种基础组合的大型混合基础设计，以及同时布置多块筏板的基础设计。

（1）独立基础

JCCAD 可设计多种独立基础形式，如倒锥型独立基础、阶梯型独立基础、现浇或预制杯口基础以及单柱、双柱、多柱的联合基础。

（2）条形基础

通过 JCCAD，设计者可以设计砖条基、毛石条基、钢筋混凝土条基（可带下卧梁）、灰土条基、混凝土条基。

（3）筏板基础

JCCAD 可以设计平板式筏基和梁板式筏基，平板式筏基支持局部加厚筏板类型；梁板式筏基支持肋梁上平及下平两种形式。

（4）桩基础

JCCAD 设计的桩基包括预制混凝土方桩、圆桩、钢管桩、水下冲（钻）孔桩、沉管灌注桩、干作业法桩和各种形状的单桩或多桩承台。

2. 能读取上部结构布置信息

JCCAD 能读取上部结构与基础连接的楼层结构模型数据，不仅能读取上部结构的轴线、网格线、轴号，还能读取上部结构的柱、墙信息，并可在基础交互输入界面和基础平面施工图中把它们绘制出来。值得一提的是，如果需要设计与上部结构两层或多个楼层相连的不等高基础，JCCAD 软件也能自动从多个楼层中读取所需的基础布置信息。

3. 能读取上部结构传递过来的荷载，并依据规范进行荷载组合

JCCAD 软件还可读取 PMCAD、PK、TAT、SATWE、PMSAP 软件传下来的各个工况荷载标准值，并自动按照《荷载规范》和《地基规范》的有关规定，在计算基础的不同内容时采用不同的荷载组合类型。程序在计算过程中会识别各组合的类型，自动判断是否适合当前的计算内容。

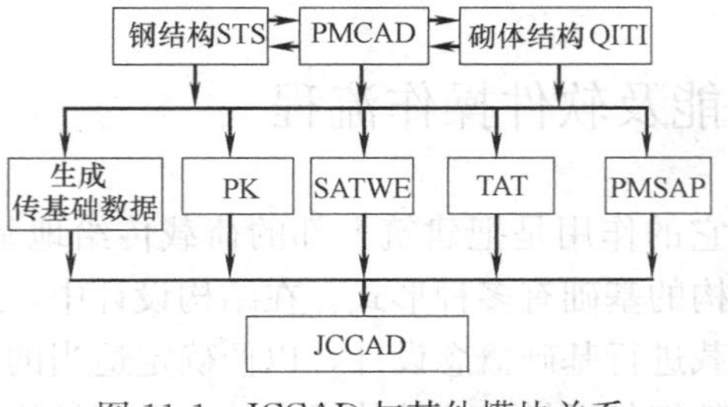

图 11-1 JCCAD 与其他模块关系

JCCAD 与各种上部结构分析设计软件的连接关系如图 11-1 所示。

4. 考虑上部结构刚度的计算

JCCAD 软件依据《地基规范》等规定的在多种情况下基础设计应考虑上部结构和地基的共同作用等条文，能够较好地考虑上部结构、基础与地基的共同作用。JCCAD 程序对

地基梁、筏板、桩筏等整体基础，可采用上部结构刚度凝聚法、上部结构刚度无穷大的倒楼盖法、上部结构代刚度法等多种方法考虑上部结构对基础的影响，其主要目的就是通过提供多种计算方案，使设计人员找到控制整体性基础的非倾斜性沉降差，即控制基础的整体弯曲的结构调整方案。

5. 提供多种基础分析设计模型

JCCAD 采用多种力学模型进行基础分析设计。对于整体基础的计算，软件提供多种计算模型，如交叉地基梁既可采用文克尔模型（普通弹性地基梁模型）进行分析，又可采用考虑土壤之间相互作用的广义文克尔模型进行分析。

筏板基础可按弹性地基梁单元、四边形中厚板单元、三角形薄板单元以及周边支承弹性板的边界元方法与解析法进行分析计算。沉降计算方法包括最常用的基础底面柔性假设的沉降计算、基础底面刚性假设的沉降计算及考虑基础实际刚度的沉降计算。

6. 具有丰富的辅助设计计算功能

JCCAD 能依据不同的规范，对各种基础形式采用不同的计算方法，但是无论是哪一种基础形式，程序都提供承载力计算、配筋计算、沉降计算、冲切抗剪计算、局部承压计算等全面的计算功能。

7. 具有较高的自动设计能力

对于独立基础、条形基础、桩承台等基础，软件可按照规范要求及用户交互填写的相关参数自动完成全面设计，包括不利荷载组合选取、基础底面积计算、按冲切计算结果生成基础高度、碰撞检查、基础配筋计算和选择配筋等功能。

对于整体基础，软件可自动确定筏板基础中梁肋计算翼缘宽度，同时程序还允许设计人员修改程序已生成的相关结果。

8. 具有自动辅助绘图能力

JCCAD 可以依照《制图标准》、《建筑工程设计文件编制深度规定》、《设计深度图样》等相关标准，绘制基础的施工图，包括平面图、详图及剖面图。对于地基梁提供了立剖面表示法、平面表示法等多种方式，还提供了参数化绘制各类常用标准大样图功能。

9. 具有地质资料的输入功能

JCCAD 提供直观快捷的人机交互方式输入地质资料，能读入多种 DWG 版本的勘测孔点布置图，充分利用勘察设计单位提供的地质资料，完成基础沉降和桩的各类计算。

11.1.2 进行基础设计时 JCCAD 的操作流程

在 PKPM 主界面选中 JCCAD 软件模块，其主界面如图 11-2 所示。从其主界面可以看到，JCCAD 是一个功能十分强大的基础设计软件，在进行基础设计时，要根据所设计基础的情况选择执行 JCCAD 的具体菜单。

图 11-2 JCCAD 的主界面

在 JCCAD 的主菜单中，【基础人机交互输入】是一个十分重要的菜单，基础设计的很多内容都是在它下面进行的。点击该菜单，可以进入图 11-3 所示基础交互输入界面，其主界面和交互界面有对各种基础的交互操作菜单，要掌握JCCAD操作首先要了解其设计各种基础时的主要菜单操作流程。

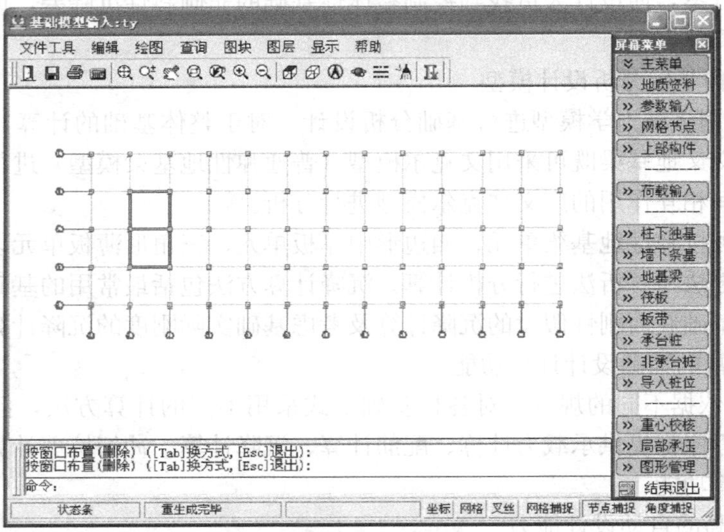

图 11-3　基础人机交互输入界面

1. JCCAD设计独立基础时的菜单流程

设计柱下独立基础时，并不需要执行JCCAD的所有菜单，我们在图11-4中用流程方式给出了设计柱下独立基础时执行的主要菜单。

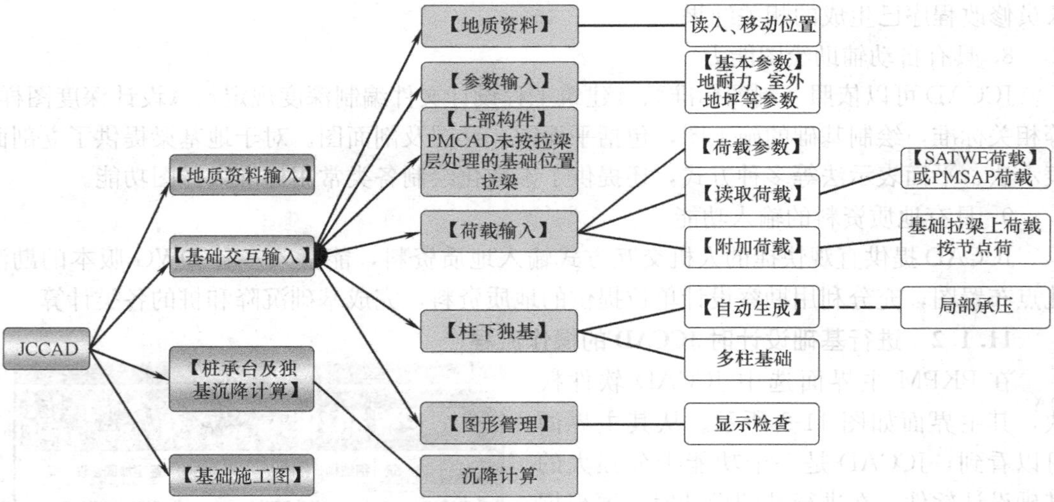

图 11-4　JCCAD设计柱下独立基础菜单流程

该图由左至右分别为JCCAD主界面菜单、主菜单下的二级菜单和二级菜单下的子菜单，在设计操作时按深度优先原则顺序执行该流程，在完成合理的参数及数值输入、必要的交互操作之后即可方便地得到基础设计的施工图。

2. 进行墙下条形基础设计时的JCCAD菜单流程

JCCAD可以设计砌体承重墙、填充墙等多种墙体类型下的钢筋混凝土、砖石、灰土等墙下条形基础，墙下条形基础一般用于设计砌体结构基础，其菜单操作流程如图 11-5 所示。

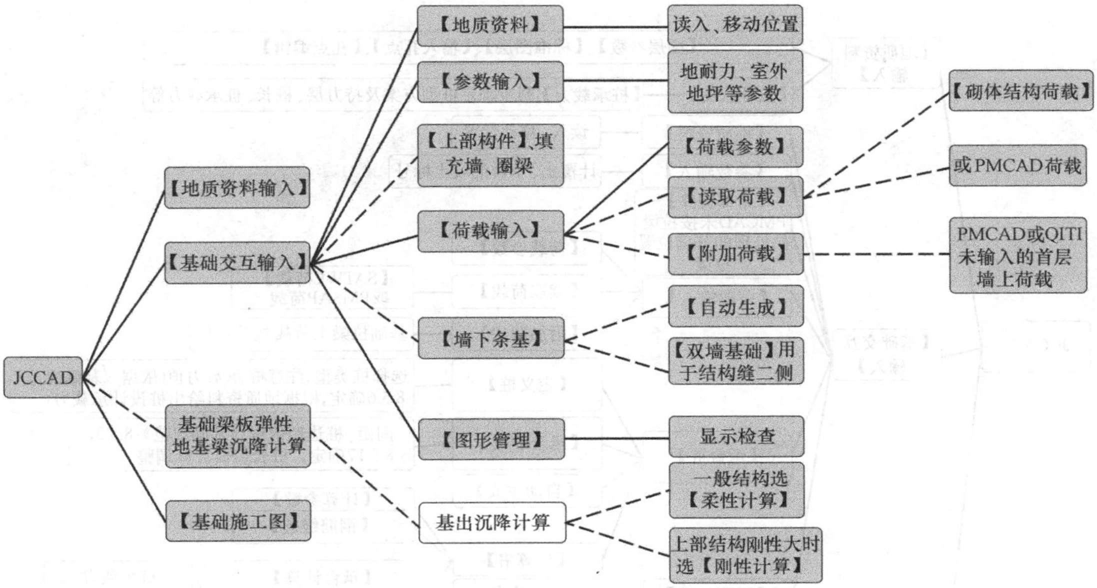

图 11-5　JCCAD 设计墙下条形基础菜单流程

在图 11-5 中，为了突出墙下条形基础与柱下独立基础的设计不同之处，其与独立基础设计菜单路线不同的内容用虚线表示。

3. 柱下条形基础设计时的菜单流程

柱下条形基础的菜单流程如图 11-6 所示。

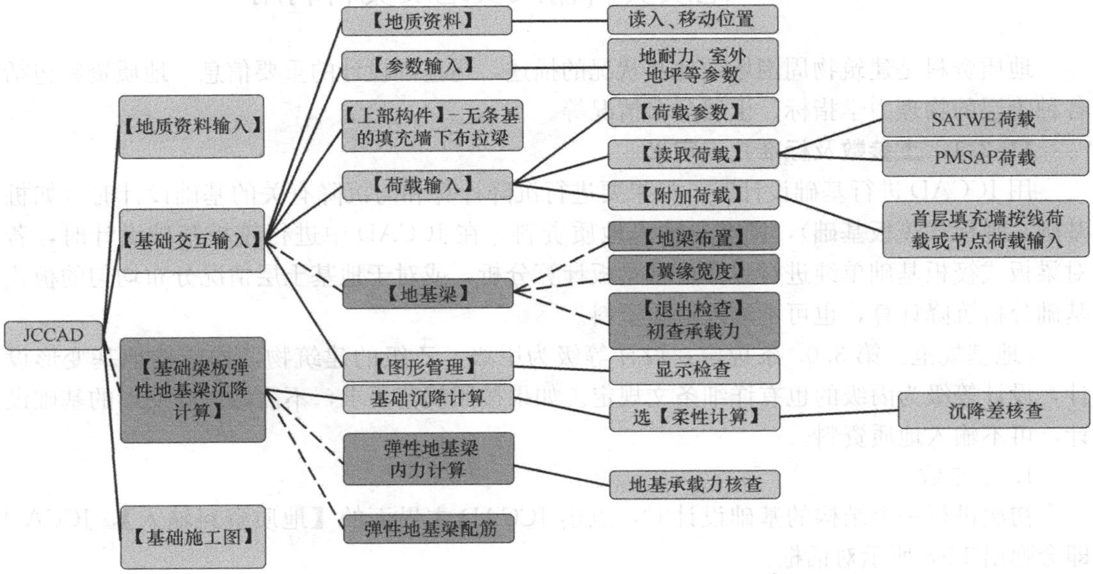

图 11-6　JCCAD 设计柱下条形基础菜单流程

4. 承台桩基础设计流程

承台桩设计其流程图如 11-7 所示。

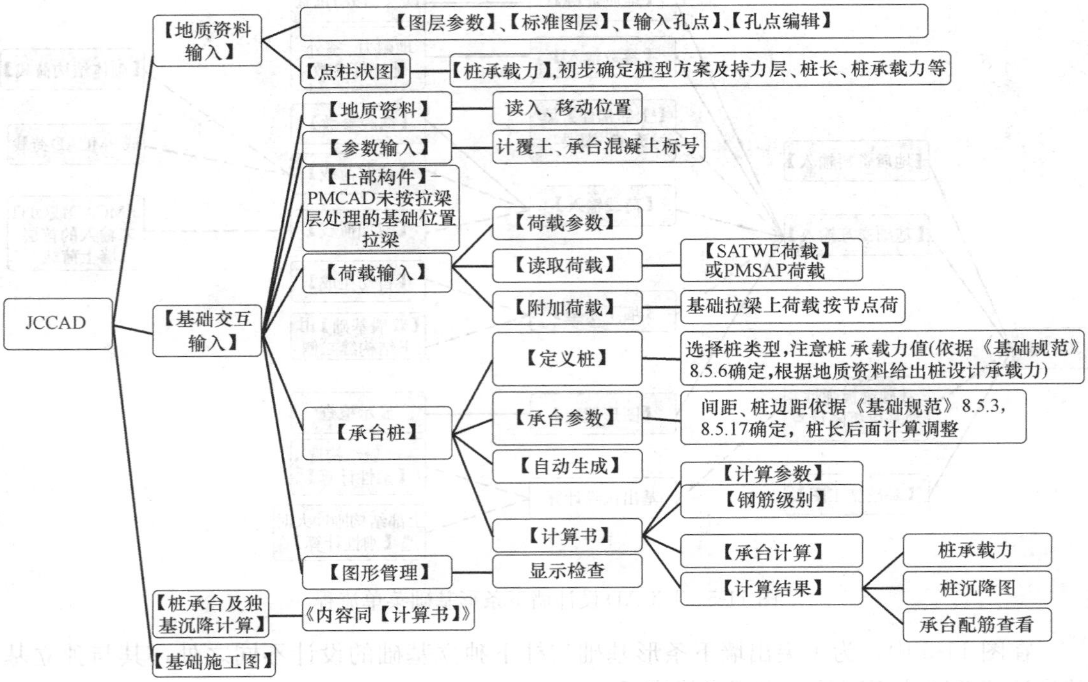

图 11-7　JCCAD 承台桩基础菜单流程

11.2　地质资料输入及地质资料利用

地质资料是建筑物周围场地地基状况的描述，是基础设计的重要信息。地质资料包括各种土层的物理力学指标、土层分布情况等。

11.2.1　土参数及标准孔点定义

用 JCCAD 进行基础设计时，如果要进行沉降计算和与沉降有关的基础设计时（如桩基础、平板式筏板基础），则需要输入地质资料。在 JCCAD 中进行筏板基础设计时，若对梁板式筏板基础单纯进行弹性地基梁板计算分析，或对于地基土层情况分布均匀的板式基础分析沉降计算，也可不输入地质资料。

《地基规范》第 3.0. 条规定：设计等级为甲级、乙级的建筑物，均应按地基变形设计，设计等级为丙级的也有详细条文规定。如果按照规范要求，不需做沉降变形的基础设计，可不输入地质资料。

1. 土参数

初次进行一个结构的基础设计时，点击 JCCAD 主界面的【地质资料输入】，JCCAD 即会弹出 11-8 所示对话框。

在该对话框中可以给出一个新的地质资料文件名或选择已有的地质资料文件，确定文件名称之后点击【打开】，即可进入地质资料交互输入界面。

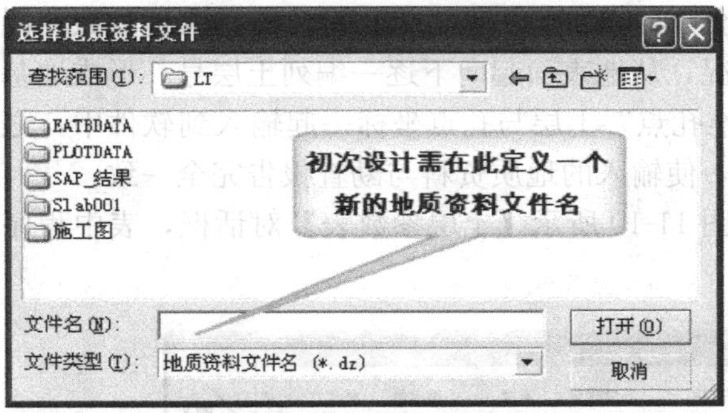

图 11-8　选择或命名地质资料文件

> **提示角**
>
> 在这里，要提醒初学者的是，在创建新的地质资料时，图 11-8 对话框的【打开】即相当于【新建】，此时不是要从磁盘上寻找地质资料文件，而是要由您给要输入的地质资料新起一个名字。
>
> 当第二次进入该工程的地质资料时，这个【打开】才是真的打开一个已有文件。

点击界面的【土参数】，可以打开如图 11-9 所示对话框。

土的力学指标包括：压缩模量、重度、状态参数、内摩擦角和粘聚力。由于用途不同，对土的物理力学指标要求也不同。因此，可以将 JCCAD 地质资料分成两类：有桩地质资料和无桩地质资料。有桩地质资料需要每层土的压缩模量、重度、土层厚度、状态参数、内摩擦角和粘聚力等六个参数；而无桩地质资料只需每层土的压缩模量、重度、土层厚度三个参数。

默认土层参数表

土层类型	压缩模量	重度	内摩...	粘聚力	状态参数	状态参数含义
(单位)	(MPa)	(kN...	(°)	(kPa)		
1填土	10.00	20.00	15.00	0.00	1.00	(定性/-IL)
2淤泥	2.00	16.00	0.00	5.00	1.00	(定性/-IL)
3淤泥质土	3.00	16.00	2.00	5.00	1.00	(定性/-IL)
4粘性土	10.00	18.00	5.00	10.00	0.50	(液性指数)
5红粘土	10.00	18.00	5.00	0.00	0.20	(含水比)
6粉土	10.00	20.00	15.00	2.00	0.20	(孔隙比e)
71粉砂	12.00	20.00	15.00	0.00	25.00	(标贯击数)
72细砂	31.50	20.00	15.00	0.00	25.00	(标贯击数)
73中砂	35.00	20.00	15.00	0.00	25.00	(标贯击数)
74粗砂	39.50	20.00	15.00	0.00	25.00	(标贯击数)
75砾砂	40.00	20.00	15.00	0.00	25.00	(重型动力触探击数

图 11-9　默认土参数

JCCAD 会给出土参数的默认值，如果勘测报告指标与其不同，则应以勘测报告指标为准。

2. 标准孔点

地质资料输入就是把地质勘查报告上的勘测孔位输入到 JCCAD 中。孔点输入之后，JCCAD 会自动根据用户提供的勘测孔的平面位置自动生成平面控制网格，并以线性函数插值方法自动求得基础设计所需的任一处的各土层竖向标高和物理力学指标，为后面的基础设计提供设计参数。

（1）标准土层列表

由于在实际工程中，场区地质状况不可能一致，设计人员首先应根据所有勘探点的地质资料，将建筑物场地地基土统一分层。分层时，可暂不考虑土层厚度，把其他参数相同的土层视为同层。再按实际场地地基土情况，从地表面起向下逐一编列土层号，形成地基土分层表。这个土层分布表首先作为“标准孔点”土层与孔点坐标一起输入到软件中，之后对每个孔点土层再进行具体的编辑修改，使输入的地质资料与勘查报告完全一致。

点击【标准孔点】菜单后，屏幕弹出图 11-10 所示【土层参数表】对话框，表中程序给出了一个默认的初始化土层。

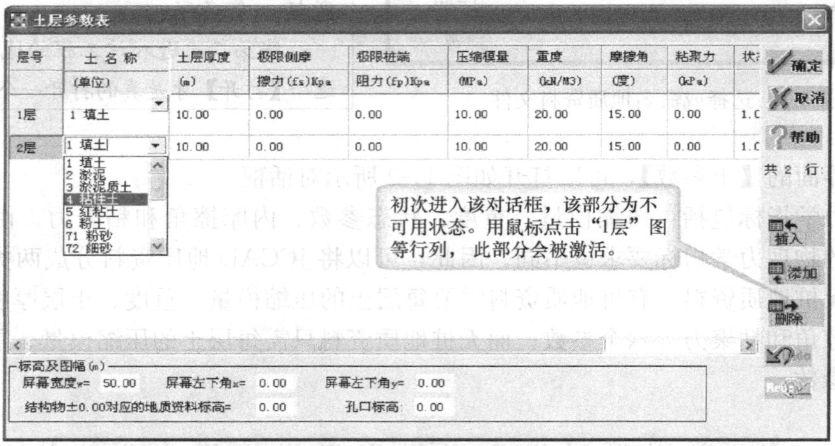

图 11-10　土层参数表

在该表中用户可以选择土质类别，修改土层厚度等参数。

（2）场地标高问题

地质资料中的标高可以按相对于上部结构模型中一致的坐标系输入，也可按地质报告的绝对高程输入。按相对标高输入时，“结构物±0.00 对应的地质资料标高”填 0.00，“孔口标高”填相对±0.00 的相对标高。按绝对高程填写时，“结构物±0.00 对应的地质资料标高”及“孔口标高”必须按绝对高程输入。

11.2.2　输入孔点及孔点编辑

建立标准土层表之后，即能在屏幕上进行交互孔点输入。孔点输入方式有两种，一种是按孔点坐标交互输入孔点，另一种是导入勘测报告孔点分布图作为参考底图进行孔点布置。

1. 导入勘测点平面分布图

一般地质勘测报告中都包含 AutoCAD 格式的钻孔平面图（DWG 图）。用户可导入该图作为底图，用来参照输入孔点位置，这样做可大大方便孔点位置的定位。其过程为：

点击 JCCAD 的【地质资料输入】界面的【插入底图】菜单，把 AutoCAD2004 以下版本格式保存的勘测钻孔平面图 DWG 导入到交互界面之内。在导入之前应先用 AutoCAD 打开孔位平面图，查询 DWG 文件的图形绘制比例。若图形比例是 1：1，则 JCCAD 导入时软件提示“输入缩放比例”时右击鼠标，再在图形窗口任意位置点击鼠标，即可实现图形插入，如图 11-11 所示。

导入勘测孔位图之后，点击【输入孔点】菜单，用鼠标点击勘测孔位图所在位置，一次性输入所有孔位后，右击鼠标 JCCAD 即会自动生成孔位三角网格，如图 11-12 所示。

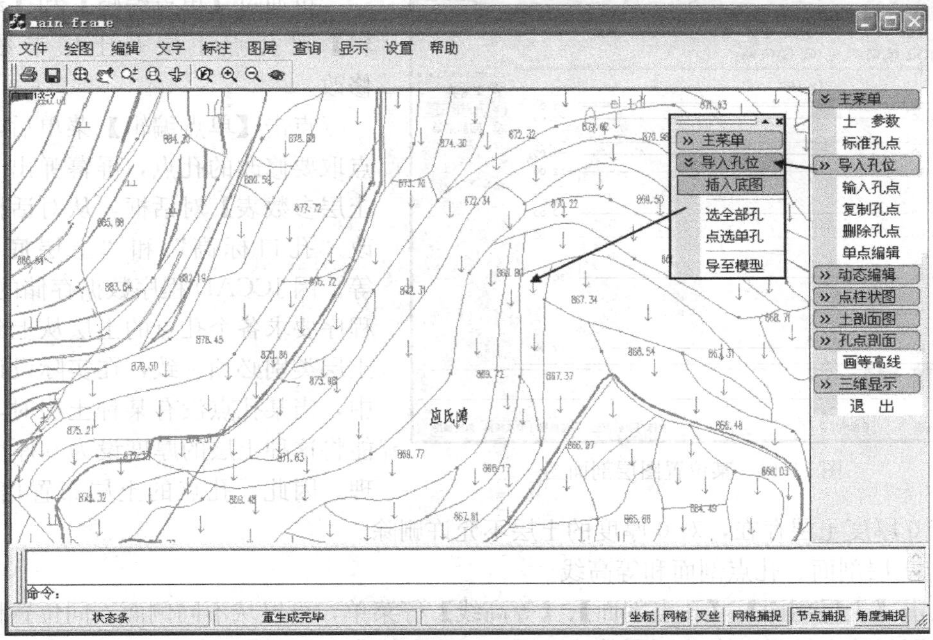

图 11-11　导入勘测钻孔平面图

2. 人工逐点输入

如果没有勘测孔位平面图，也可以先用鼠标在任意位置输入第一点，之后软件会默认前一个输入点为后一个输入点的参考点，直接在命令行输入下一点相对前一点的相对坐标即可实现第二点的精确输入。

若在输入过程中，参考点不是前一个输入点，则把鼠标移动到新的参考点上之后 JC-CAD 自动显示捕捉夹点后，即可输入相对这个参考点的相对坐标实现新的输入。一直重复前面操作，全部输入其他点位即可，如图 11-13 所示。

3. 单点编辑、动态编辑

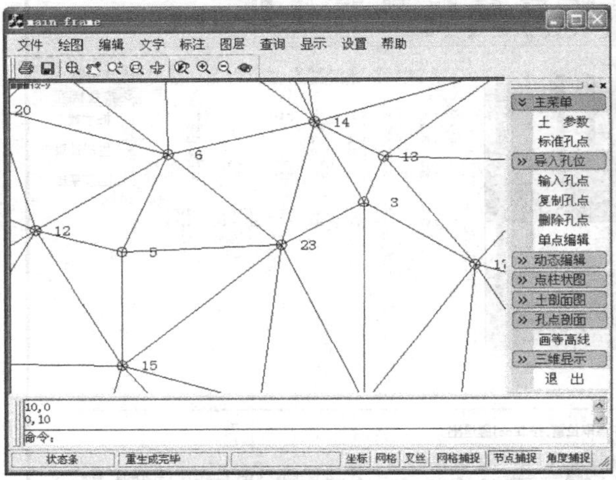

图 11-12　输入孔位形成三角网

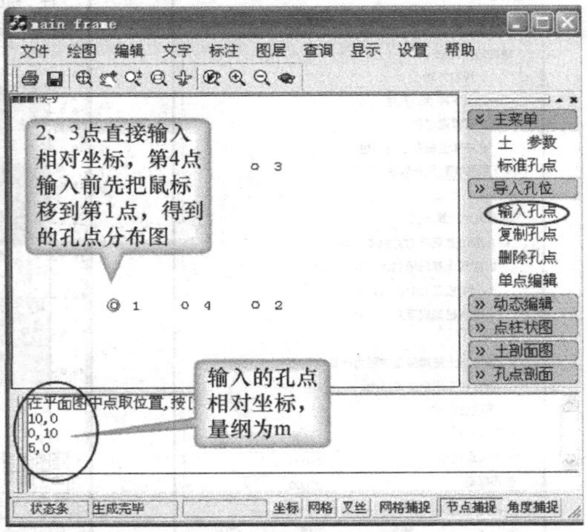

图 11-13　交互输入孔点坐标

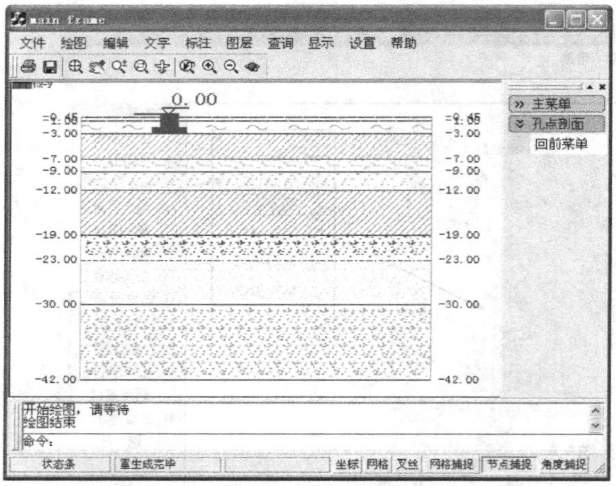

图 11-14　某位置图层剖面图

可通过【单点编辑】和【动态编辑】对孔点土层及土层参数进行修改。

点击【单点编辑】菜单后，光标点取要修改的孔点，屏幕弹出【孔点土层参数表】对话框，从对话框中修改“孔口标高”和“土层底标高”等。因JCCAD程序数据存储的需要，程序要求各个孔点的土层从上到下的土层类别必须一致，在实际设计过程中，当某孔点没有某种土层时，则只能将这种土层的厚度设为0厚度来处理。因此，孔点的土层布置信息中，可以有0厚度土层存在，对0厚度的土层不允许删除。

4. 土层剖面、孔点剖面和等高线

点击【土层剖面】、【孔点剖面】、【等高线】等菜单，可以从不同侧面不同位置核查场区地质资料输入结果，在此不再赘述。图11-14为某孔点剖面图。

11.2.3　用【点柱状图】确定桩基初步方案

点击【点状柱图】，程序弹出图11-15所示对话框，点击对话框的【确定】按钮，JCCAD自动根据规范规定选择合适土层作为桩的持力层，并对每个持力层给出桩长范围及其对应的竖向承载力、水平承载力、抗拔承载力的最大值及最小值。在此菜单下，设计人员通过选择不同的桩基施工方法、施工工艺和桩径，根据软件给出的各种桩长范围的竖向承载力和水平承载力特征值，通过多点的比较和各种桩径施工方法的比较，找到比较可行的施工方法和桩径、桩长，确定桩的初步方案。程序计算出的结果如图11-16所示。另外，此时设计人员还可输入具体桩长计算承载力，或可输入承载力计算桩长。

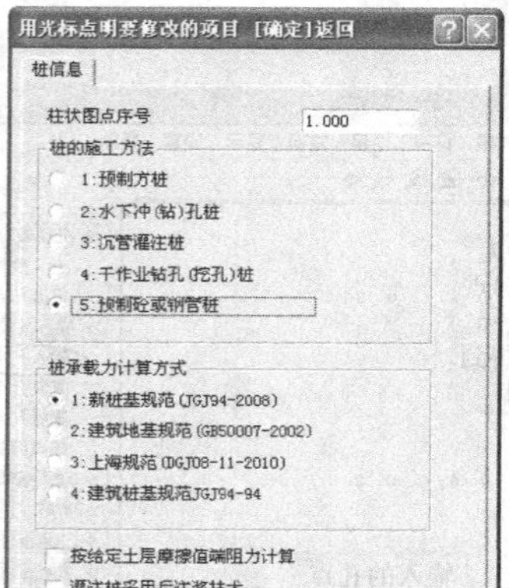

图 11-15　导入地质资料

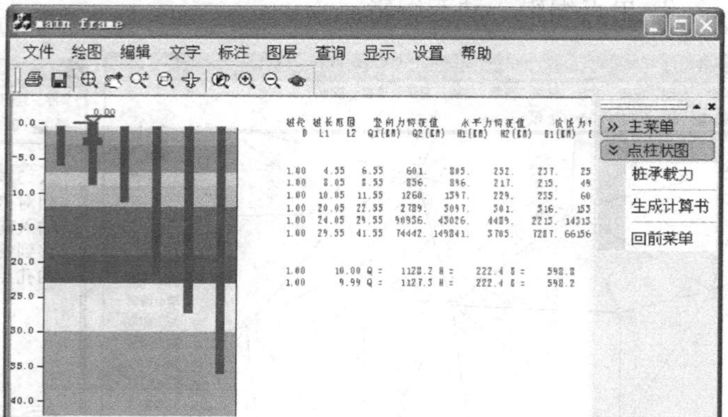

图 11-16　根据地质资料计算不同桩长承载力

【点柱状图】菜单下的桩长度只是参考，在后面进行桩基础设计时，JCCAD程序能根据设计人员给定的单桩承载力和地质资料，计算出每个桩所需的桩长，并根据桩长计算出等代地基刚度和基础沉降，供用户参考（桩基础具体承载力的确定要通过试桩才能确定）。

【生成计算书】可以生成桩基础选型设计计算书。

地质资料输入完毕，退出【地质资料输入】界面，即可开始进行基础的交互设计。

设计实例（基础设计准备1）—11-1　地质资料输入

［1］　把“商业楼/LT”作为当前工作目录。

［2］　点击JCCAD的【地质资料输入】菜单，在弹出的文件对话框中给新建的地质资料命名为*syl*后点击该菜单的【打开】，进入地质资料输入界面。

［3］　本实例采用软件默认的土参数，故对【土参数】菜单弹出的对话框不做调整。

［4］　假定该工程勘探报告土层分布为：室外自然地坪相对标高为−0.45m，原土层分布自地表向下依次是1m厚填土或耕植土、8m厚黏土、5m风化岩、10m新鲜花岗岩。其他参数以软件默认值（实际设计应以勘测报告为准）。

［5］　点击【标准孔点】菜单输入土层情况，如图11-17所示。

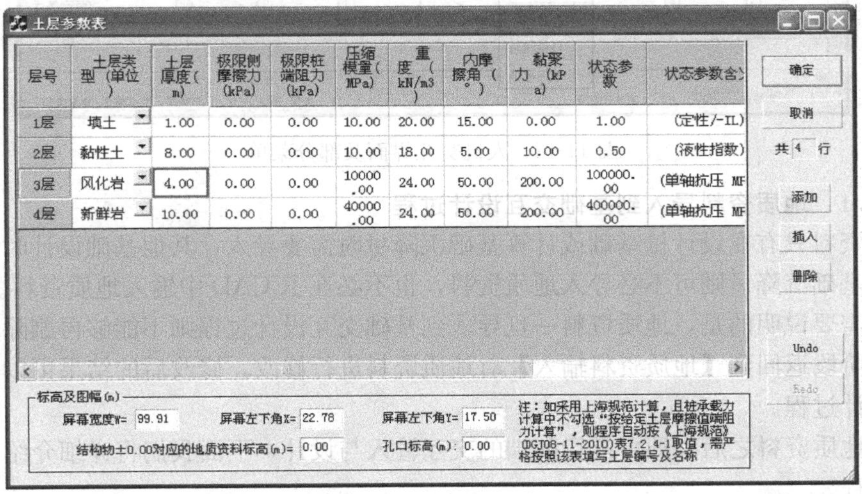

图11-17　输入图层参数

［6］　点击输入【孔点菜单】，用鼠标在交互界面任意位置随意布设孔点，得到孔位图。（实际设计中可导入勘测报告的勘测平面图，依据底图认真进行孔点布置。）

［7］　假定该场地地下土层分布完全相同，故不再执行【单点编辑】菜单。（实际设计中，由于土层分布不可能完全相同，所以必须要进行单点编辑。）

［8］　点击【退出】菜单，软件询问是否保存时，选择【是】。

11.3　基础设计数据的准备

点击JCCAD主界面的【基础人机交互输入】菜单，进入图11-18所示的交互设计界面。从该界面和11.1节各种基础的【基础人机交互输入】操作流程可以发现，尽管各种基础设计流程多有不同，都包括【地质参数】、【参数输入】、【网格节点】、【上部构件】和【荷载输入】等，在这些内容之后的操作将会由于设计的基础种类不同而不同。为了便于学习JCCAD，在这里我们把在具体的基础交互之前的这些工作归纳为基础设计数据的准备工作，下面我们详细讨论与这些准备工作有关的操作。

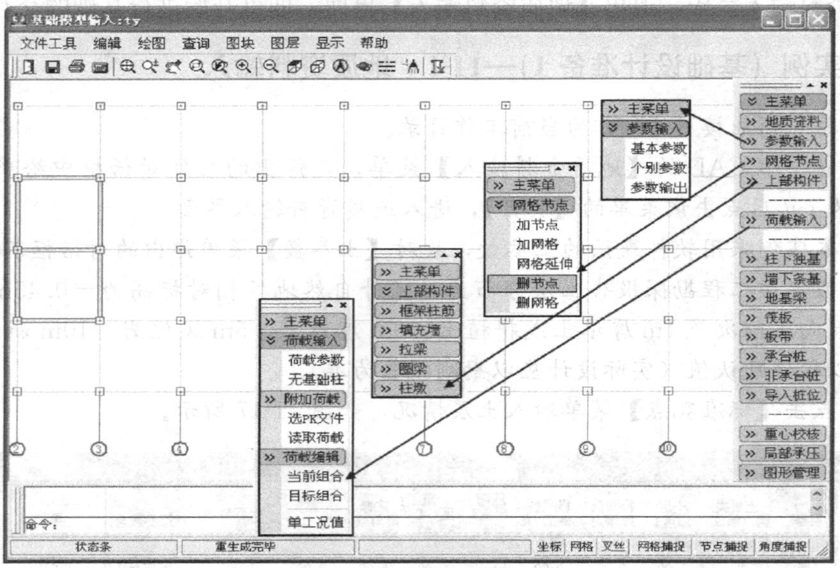

图 11-18 人机交互界面及部分菜单

11.3.1 地质资料导入到基础交互设计过程

地质资料只有在设计桩基础或计算基础沉降量时需要导入，其他基础设计时若有其他途径计算基础沉降量则可不必导入地质资料，也不必在JCCAD中输入地质资料。

在此需要说明的是，地质资料一旦导入到基础交互设计过程则不能够再删除，但是若交互设计阶段返回到【地质资料输入】对地质资料进行修改，修改后的结果可以传递给基础交互设计过程。

导入地质资料之后，即可进行基础的交互输入与设计，下面我们将详细介绍几种基础的设计过程。

设计实例（基础设计准备 2)—11-2 导入地质资料

［1］ 把“商业楼/LT”作为当前工作目录。

［2］ 点击JCCAD主菜单【基础人机交互输入】菜单进入交互设计人机界面，点击【地质资料】菜单，把前面输入的“syl.dz”地质资料导入到人机交互输入程序后，点击【相对平移】菜单，把地质资料移到正确位置后得到如图11-19所示图形。

11.3.2 基础设计参数设置

从图11-18可以看到【参数输入】菜单包括【基本参数】、【个别参数】和【参数输出】三个子菜单。在进行基础设计时，正确填写基础设计参数，是保证基础设计正确性的必要条件。

1. 基本参数

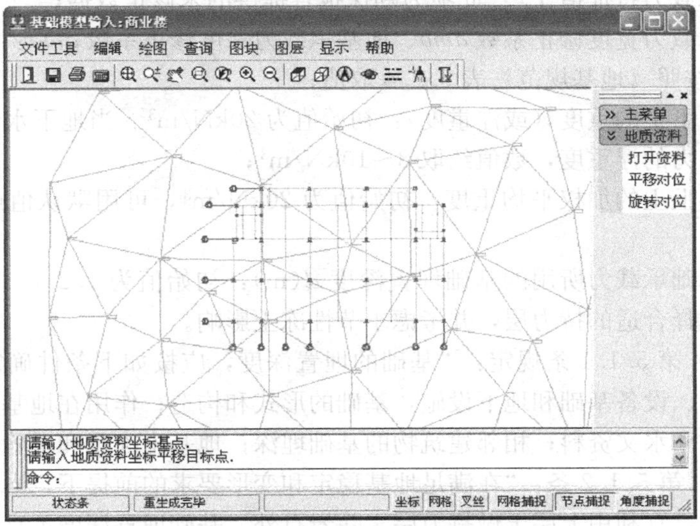

图 11-19 导入地质资料

点击【基本参数】菜单，弹出图 11-20 所示【地基承载力计算参数】对话框。下面介绍一下对话框中参数的有关规范等方面的知识。

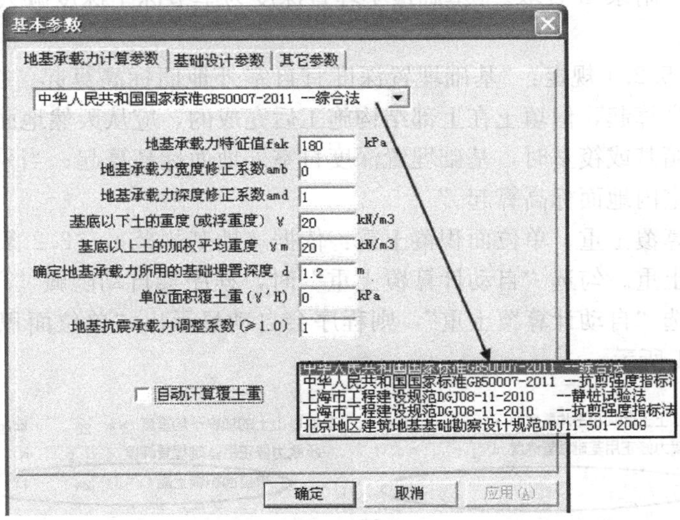

图 11-20 地基承载力计算参数

（1）计算地基承载力的方法

JCCAD 提供了 5 种计算地基承载力的方法供设计人员选择，一旦选定了某种方法，则会显示相应参数的对话框，要求设计人员按实际场地及地基情况输入相应参数。

JCCAD 提供的这五种方法可归结为三种：综合法、抗剪强度指标法及静桩实验法。综合法中地基承载力特征值由实验或计算等多种方法综合确定，需进行后期修正，目前综合法为常用的地基承载力计算方法；抗剪法的地基承载力特征值由土的强度指标与公式计算得出；

（2）地基承载力特征值 f_{ak}：此项为勘探报告提供的未修正数据；

（3）地基承载力宽度修正系数 amb、地基承载力深度修正系数 amd：默认取值为 0 和 1，可不修正或按照《地基规范》表 5.2.4 取值；

（4）基底以下土的重度（或浮重度）：初始值为 $20kN/m^3$。当地下水位较高时，土的重度为考虑水浮力的浮重度，数值约取 $8 \sim 10kN/m^3$；

（5）基底以上土的加权平均重度：初始值为 $20kN/m^3$，可用默认值或采用勘探报告数值；

（6）确定基础承载力所用的基础埋置深度 d(m)：初始值为 1.2m。基础埋置深度需根据地质资料选择合适的持力层，并考虑季节性冻土影响。

《地基规范》第 5.1.1 条规定："基础的埋置深度，应按如下条件确定：建筑物的用途、有无地下室、设备基础和地下设施，基础的形式和构造；作用在地基上的荷载大小和性质；工程地质和水文资料；相邻建筑物的基础埋深；地基土冻胀和融陷的影响。"

《地基规范》第 5.1.2 条："在满足地基稳定和变形要求的前提下，当上层地基的承载力大于下层土时，宜利用上层土做持力层。除岩石外，基础埋置深度不宜小于 0.5m。"

《地基规范》第 5.1.8 条规定："季节性冻土地区基础埋置深度宜大于场地冻土深度。对于深厚季节冻土地区，当建筑基础底面土层为不冻胀、弱冻胀、冻胀土时，基础埋置深度可以小于场地冻土深度，基础底面允许冻土层最大厚度应根据当地经验确定。没有地区经验时可按本规范附录 G 查取。"基础最小埋置深度为季节冻土深度减去基础底面下允许冻土层最大厚度。

《地基规范》5.2.4 规定："基础埋置深度宜自室外地面标高算起。在填方整平地区，可自填土地面标高算起，但填土在上部结构施工后完成的，应从天然地面标高算起。对于地下室，当采用箱基或筏基时，基础埋置深度自室外地面标高算起；当采用独立基础或条形基础时，应从室内地面标高算起。"

（7）自动计算覆土重、单位面积覆土重：依据《地基规范》5.2.2 条公式，计算基底反力时需考虑覆土重。勾选"自动计算覆土重"时，程序会自动隐藏"单位面积覆土重"输入项。若不勾选"自动计算覆土重"，则程序会自动显示出"单位面积覆土重"供用户修改，如图 11-21 所示。

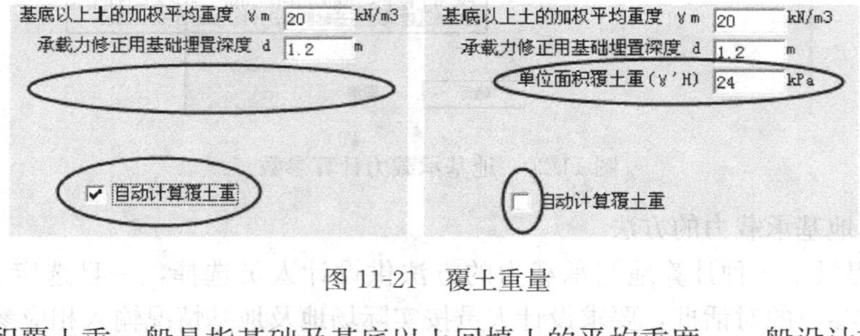

图 11-21 覆土重量

单位面积覆土重一般是指基础及基底以上回填土的平均重度。一般设计有地下室的条形基础、独立基础时，宜采用人工填写"单位面积覆土重"，且计算高度应从地下室室内地坪算起。其他类型选取"自动计算覆土重"。

（8）土的粘聚力标准值 ck 和土的内摩擦角 ϕk^{a}

当采用土的“抗剪强度指标法”时，需要输入的参数指标与综合法有所不同，如图 11-22 所示。土的粘聚力标准值和土的内摩擦角为土的抗剪强度指标，可通过实验测定。土的粘聚力 ck 和内摩擦角 ϕk^{a} 取值的可靠性直接关系到设计结果的准确性。在《地基规范》的第 5.2.5 条中规定，ck 为基底下一倍短边宽深度内土的粘聚力标准值，ϕk° 基底下一倍短边宽度的深度范围内土的内摩擦角标准值。亦即 ck、ϕk^{a} 取的是持力层的地基土的特征指标。在设计时由于沙土的粘聚力很低通常取 0 值，图 11-22 特意设有“沙土”勾选项。

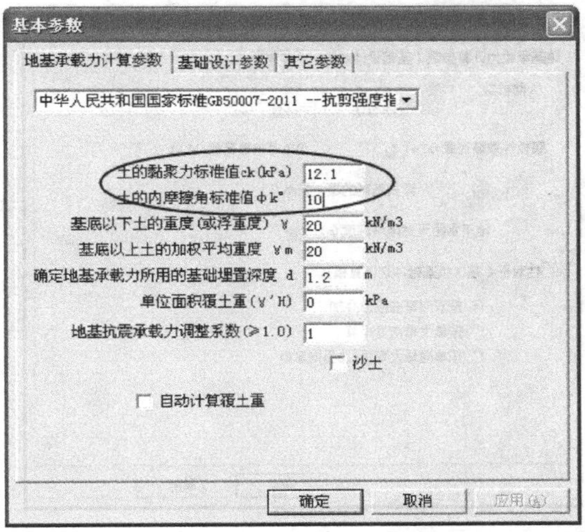

图 11-22　地基承载力抗剪强度法

（9）地基抗震承载力调整系数

该参数是 PKPM2012 年 6 月版本新增的参数。《抗规》第 4.2.3 条规定了地基抗震承载力调整系数 ζ_a 取值范围：岩石、密实的碎石土、密实的砾、粗、中砂，地基承载力特征值 $f_{ak} \geqslant 300$ kPa 的黏性土和粉土，ζ_a 取 1.5；中密、稍密的碎石土、中密和稍密的砾、粗、中砂，密实和中密的细、粉砂，$150\text{kPa} \leqslant f_{ak} < 300$ kPa 的黏性土和粉土、坚硬黄土，ζ_a 取 1.3；稍密的细、粉砂、$100\text{kPa} \leqslant f_{ak} < 150$ kPa 的改性土和粉土、可塑黄土，ζ_a 取 1.1；淤泥、淤泥质土、松散的砂、杂填土、新近堆积黄土及流塑黄土，ζ_a 取 1.0。《抗规》第 4.2.4 条给出了地基抗震承载力验算要求。

2. 基础设计参数

基础设计参数如图 11-23 所示。

（1）“室外自然地坪标高”影响梁式基础覆土重计算，设计人员应正确填入才能保证梁式基础覆土重的计算正确。室外自然地坪标高按结构相对标高输入。

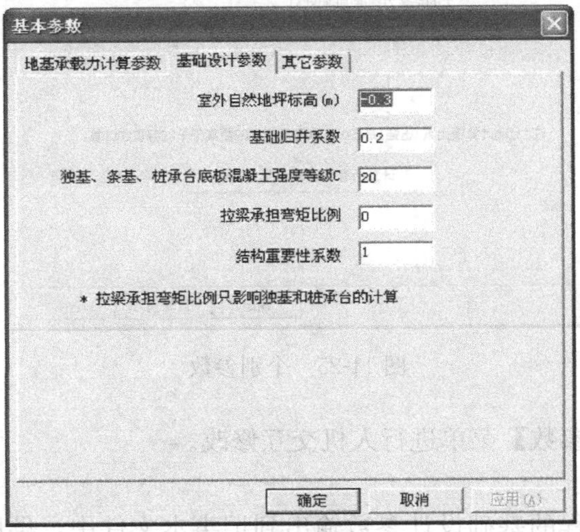

图 11-23　基础设计参数

（2）基础归并系数：指独基和条基截面尺寸归并时的控制参数，初始值为 0.2。归并系数为 0 时基础不进行归并，归并系数为 1 时，基础将归并为一种。

（3）拉梁承担弯矩比例：指由拉梁来承受独立基础或桩承台沿梁方向上的弯矩。承受的大小比例由所填数值决定，如填 0.5 就是承受 50%，填 1 就是承受 100%。初始值为 0，出于保守考虑，基础设计偏于安全，即拉梁不承担弯矩；通常取 10%左右，视拉梁刚度、地基土、基础沉降等情况由设计人员自己确定。

(4) 结构重要性系数：初始值为1.0，按《混规》第3.3.2条、《地基规范》第3.0.5条的规定，不应小于1.0。

3. 其他参数

其他参数内容如图11-24所示。

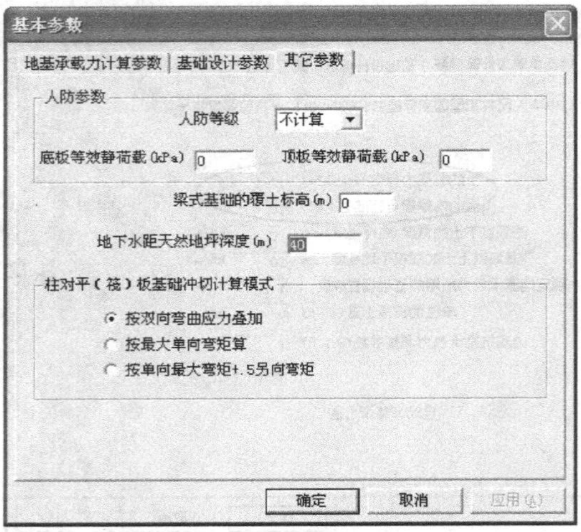

图11-24 其他参数

(1) 人防参数

人防等级按工程实际情况取值。取定人防等级后，软件自动给出底板、顶板静荷载默认值；人防等效静荷载可参考国标图集《防空地下室设计荷载及结构构造》(07FG01-05)，按照人防等级、顶板覆土厚度等从相关表格查找相应的数值。

(2) 梁式基础的覆土标高：用于计算梁式基础的覆土重，按工程实际，如果无地下室通常取±0.00。

(3) 地下水距天然地坪深度：该值用于计算水浮力，影响筏板重心和地基反力的计算结果。该值只对梁元法起作用。

(4) 柱对平（筏）板基础冲切计算模式：默认取双向弯曲。“筏板基础中柱节点冲切有限元分析”[22]计算及分析结果表明：由于地基反力作用，当配筋率较高时主筏板的破坏主要是以冲切破坏为主；由于不平衡弯矩的影响筏板中抗弯钢筋的屈服现象以及地基反力最大值都出现在筏板受弯方向的区域里；在实际设计中，此项参数宜根据情况酌情选定。

4. 个别参数

当有个别节点或区域基础参数不同时，可通过【个别参数】进行修改。点击【个别参数】菜单后，通过【Tab】热键弹出选择方式选择窗口。【个别参数】对话框内容如图11-25所示。

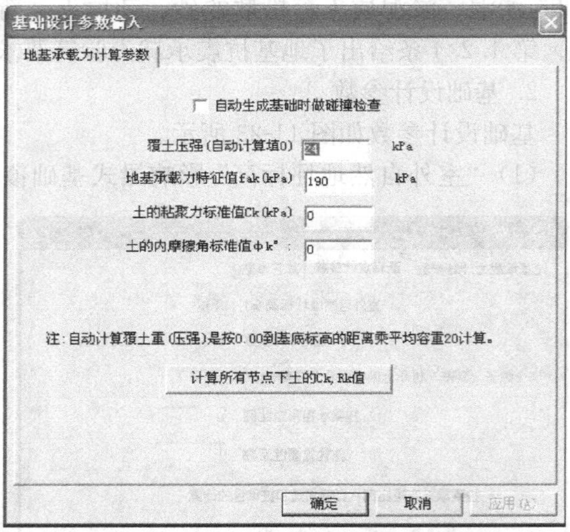

图11-25 个别参数

对于有地下室的独立基础或弹性地基梁基础，在计算基础的单位面积覆土重时，要注意建筑外围基础室内外覆土厚度的变化。筏板基础采用“板元法”计算筏板基础时需要输入“筏板上单位面积覆土重”和“筏板挑出范围单位面积覆土重”。对于这些情况，可通过【个别参数】菜单进行人机交互修改。

5. 参数输出

点击该菜单，JCCAD软件把所设计工程的基础设计参数输出到记事本文件中，供用户检查、存档用。

设计实例（基础设计准备 3）—11-3　设置基础参数

[1]　把"商业楼/LT"作为当前工作目录。

[2]　本工程由于层数较少，选定基础类型为浅埋柱下独立基础，考虑冻土深度及地下水位、土层参数等项内容，在第 3 章中我们已选定场地第二层土"黏土"层为持力层。现先预设基础顶标高为—1.2m，基础高度暂定为 0.6m 锥形基础，查《地基规范》附录 F，该建筑所在的烟台市冻土线为 1.0m，基础埋深 1.8m 位于季节冻土线以下，满足规范第 5.1.1 条、5.1.2 条和 5.1.8 条规定。持力层承载力特征值为 160kPa。现确定地基承载力参数如下：

• 选用规范"综合法"。

• 地基承载力：160kPa。

• 图 11-17 中，该工程黏土层液性指标 I_L 为 0.5，假定勘测报告给出的该黏土孔隙比 e 为 0.05，按照《地基规范》表 5.2.4，η_d（软件为 amd）为 1.6，宽度修正选 1.0，黏土重度为 18kN/m³。

• 基地以上土平均重度取 18kN/m³。

• 按照《地基规范》表 5.2.4，当采用独立基础或条形基础时，应从室内地面标高算起。故 d 取 1.8m。

• 取由 JCCAD 自动计算覆土重。

• 依据《抗规》4.2.3 条，该工程黏性土承载力特征值介于 150 和 300 之间，地基抗震承载力调整系数为 1.3。

[3]　点击【参数输入】/【基本参数】菜单，把上述系数填入弹出的【地基承载力基本参数】对话框内，如图 11-26 所示。

[4]　基础设计参数取值为：室内外高差 0.45m，基础归并系数暂取 0.2，基础混凝土等级 C30，考虑本工程首层填充墙较少且基础梁拟采用铰接钢筋节点构造，故此处拉梁承担弯矩取为 0，结构重要性系数为 1，输入结果如图 11-27 所示。

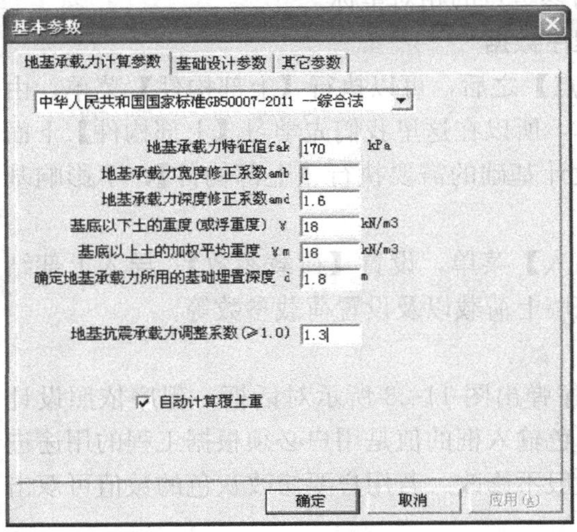

图 11-26　地基承载力计算参数

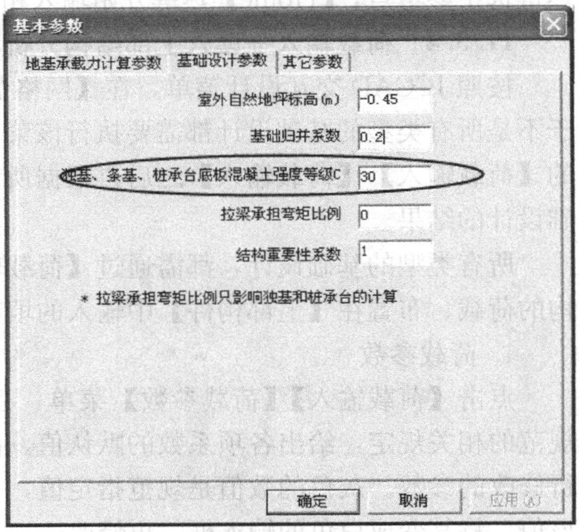

图 11-27　基础设计参数

[5] 在确定基础混凝土等级时，要注意《地基规范》第 8.2.1 条第 4 款柱下独立基础、8.3.1 条第 5 款柱下条形基础混凝土等级不宜小于 C20，8.4.5 条筏板基础混凝土标号不宜小于 C30 的规定。

[6] 【其他参数】对于独立基础没有作用，此处不填，采用软件默认值。

11.3.3 基础设计时的网格节点修改

【网格节点】的子菜单包括【加节点】、【加网格】、【网格外伸】、【删节点】、【删网格】等子菜单（如图 11-18 所示）。该菜单为补充增加 PMCAD 传下来的平面网格轴线。如设置弹性地基梁的挑梁、设置筏板加厚区域时需增加网格线或网格外伸等。需注意该菜单调用应在“荷载输入”和“基础布置”之前，否则荷载或基础构件可能会错位。

提示角
有经验的设计人员会在需要增加网格时，先执行增加网格操作，再回头进行基础设计参数定义。 这种工作流程，尤其在需要进行【个别参数】定义时，更加重要。

1. 网格外伸

点击该菜单，程序弹出窗口询问网线外伸尺寸（mm），输入外伸尺寸后，在已有网格线的端点点击网线，程序将自动把选中的网格外伸。该项操作可有“轴线”、“窗口”等多种外伸选择方式，设计人员可以通过键入【Tab】热键弹出方式选择窗口。在设计柱下条形基础和筏板基础时，依照《地基规范》基础需要外伸一定尺寸。

外伸操作不具有可逆性，若外伸有误则只能通过删除节点等方式进行回退。通过【加节点】、【加网格】或【网格延伸】导致节点增加时，务必要再次执行【参数输入】菜单进行检查，以保证所有节点的参数值是正确的。

2. 加网格或加节点

网格线外伸之后，可以通过【加网格】方式，把外伸部分的端点连接起来，形成网线网格。当加网格第一点选择完毕，第二点支持类似 PMCAD 的参考基点定点方式。【Tab】热键选中参考点，【Home】热键开始输入相对参考点的相对坐标。

11.3.4 荷载输入—读入上部结构分析程序数据

按照 JCCAD 交互设计菜单，在【网格节点】之后，可以执行【上部构件】菜单，由于不是所有类型的基础设计都需要执行该菜单，所以在这里我们先学习【上部构件】下面的【荷载输入】。【荷载输入】之后再根据所设计基础的需要执行【上部构件】，不影响基础设计的结果。

所有类型的基础设计，都需通过【荷载输入】菜单，设置【荷载参数】、导入上部结构的荷载、布置在【上部构件】中输入的填充墙上荷载以及设置荷载参数等。

1. 荷载参数

点击【荷载输入】/【荷载参数】菜单，程序弹出图 11-28 所示对话框，程序依照设计规范的相关规定，给出各项系数的默认值。白色输入框的值是用户必须根据工程的用途进行修改的参数。灰色的数值是规范指定值，一般不修改。若用户要修改灰色的数值可双击该值，将其变成白色的输入框，再修改。

（1）活荷载组合值系数、活荷载准永久系数

JCCAD在进行基础设计时，依据《地基规范》第3.0.6条公式，读取上部结构计算分析程序计算的上部结构单项内力标准值，根据此处这两个系数计算荷载的标准组合效应设计值S_k和基本组和效应设置值S_d。《地基规范》第3.0.6条规定这两个系数依据《荷载规范》第5.1.1条表格规定取值。工业建筑按《荷载规范》附录D取值。

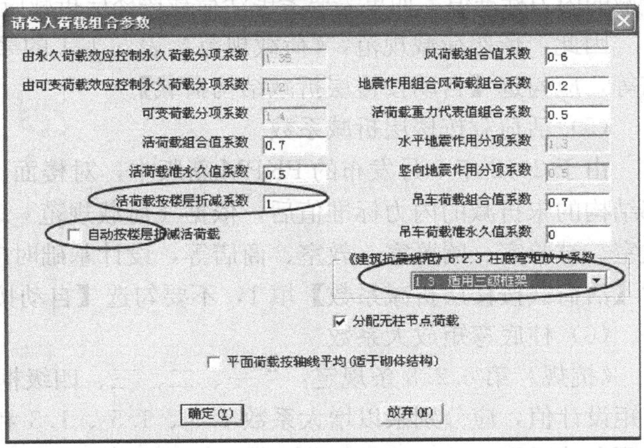

图11-28　荷载参数

(2) 风荷载组合值系数、地震作用组合风荷载组合系数

《荷载规范》第3.2.3条的条文说明：“对组合值系数，除风荷载取$\Psi_c=0.6$外，对其他可变荷载，目前建议统一取$\Psi_c=0.7$。但为避免与以往设计结果有过大差别，在任何情况下，暂时建议不低于频遇值系数。”

《抗规》第5.4.1条规定：“结构构件的地震作用效应和其他荷载效应的基本组合，风荷载组合值系数Ψ_c，一般结构取0.0，风荷载起控制作用的建筑应采用0.2。”

SATWE传递给JCCAD单项标准荷载内力后，JCCAD能自动按照有关规范条文对荷载进行各种组合，并取其最不利效应。故与手工设计不同，CAD中只需给出相应系数即可有计算机在后台帮助我们完成各种组合计算，最后取最不利组合效应进行设计。

建议角

与手工设计不同，CAD中只需依据规范填写正确的系数，即可有计算机在后台帮助我们完成各种组合计算，最后自动取最不利组合效应进行设计。

从【当前组合】菜单可以看到JCCAD对该工程的组合情况。

(3) 活荷载重力代表值组合系数

《抗规》5.1.3条规定：“计算地震作用时，建筑的重力荷载代表值应取结构和构配件自重标准值和各可变荷载组合值之和。各可变荷载的组合值系数，应按表5.1.3采用。”依据该条文，藏书室、档案库系数为0.8，其他民用建筑为0.5。

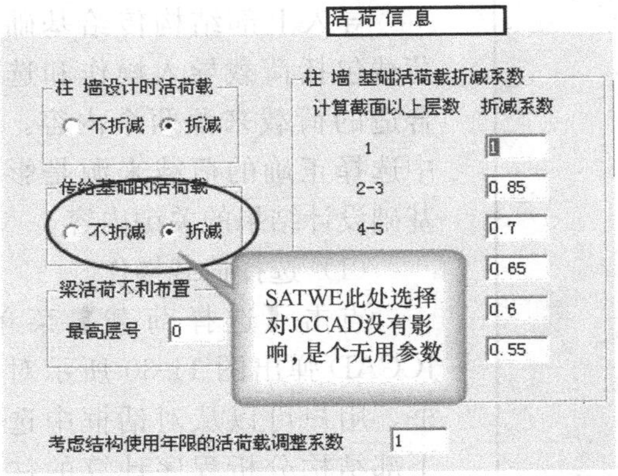

图11-29　SATWE的活载折减与JCCAD无关

(4) 自动按楼层折减活荷载

不管用户是否在上部结构分析程序定义了如图11-29所示的基础活荷载折减（如SATWE等【分析设计参数补充定义】/【活载信息】，虽然在SATWE中定义活荷载按楼层折减系数，但是对传给基础的荷载标准值没有影响）中，JCCAD读入的都是上部结构未

折减的内力标准值，如果需要考虑活荷载按楼层折减应该在JCCAD程序中考虑。

因此，依照荷载规范，《荷载规范》表5.1.1的第1（1）项建筑，如住宅、宿舍、旅馆等，应勾选【自动按楼层折减结构荷载】。

（5）活荷载按楼层折减系数

由于2012年6月发布的PKPM新版本，对楼面活荷载不做折减，当JCCAD读入上部结构的未折减的内力标准值后，依据《荷载规范》表5.1.1的第1（2）～7项建筑，如教室、试验室、阅览室、教室、商店等，设计基础时应采用与楼面相同的折减系数，故此时【活荷载按楼层折减系数】填1，不要勾选【自动按楼层折减结构荷载】。

（6）柱底弯矩放大系数

《抗规》第6.2.3条规定："一、二、三、四级框架结构的底层，柱下端截面组合的弯矩设计值，应分别乘以增大系数1.7、1.5、1.3和1.2。底层柱纵向钢筋应按上下端的不利情况配置。"《地基规范》第8.4.7节对地下室顶板作为嵌固端也有相关规定。

（7）分配无柱节点荷载

当选择【分配无柱节点荷载】后，程序可将墙间无柱节点或无基础柱上的荷载分配到节点周围的墙上，从而使墙下基础不会产生丢荷载情况。分配荷载的原则为按周围墙的长度加权分配，长墙分配的荷载多，短墙分配的荷载少。在设计墙下条形基础时，通常勾选此项。

设计实例（基础设计准备4）—11-4　设置荷载参数荷载

［1］　把"商业楼/LT"作为当前工作目录。

［2］　点击【荷载输入】/【荷载参数】菜单，弹出荷载参数对话框。依照上面介绍的规范条文，该商业建筑抗震等级为三级，调整"《抗规》第6.2.3条柱底弯矩放大系数"。

［3］　依据《荷载规范》，商店建筑基础活荷载取与楼面相同的折减系数，不勾选【自动按楼层折减活荷载】，活荷载按楼层折减系数取1。

［4］　依照前面对其他系数的规范条文，软件默认的其他参数符合规范要求，不做修改，最后得到的参数输入如图11-28所示。

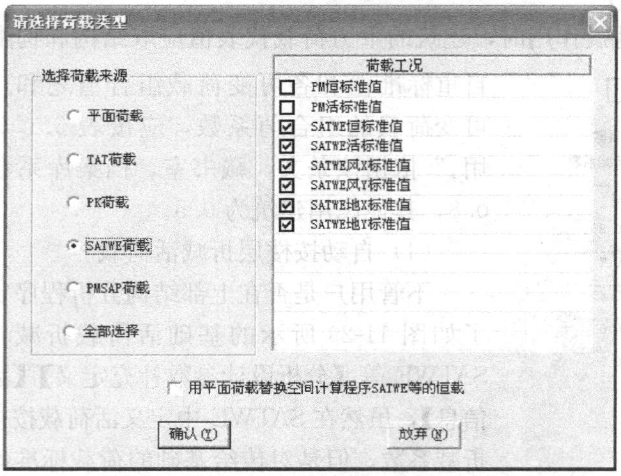

图11-30　选择荷载

2. 选择荷载来源及导入上部荷载操作

导入上部结构传给基础的荷载包括荷载导入操作和选择合适的荷载来源两个内容。其中选择正确的荷载来源是影响基础设计结果的关键内容。

（1）选择荷载操作

点击【选择荷载】菜单，JCCAD弹出图11-30所示对话框，用户可以从对话框中选择上部结构分析程序计算的柱底内力，由软件自动导入到基础对应位置上。

（2）选择合理的荷载来源

上部结构、基础和地基共同作用构成了基础荷载的真实状态，基础内力和荷载随着约定进度、结构工作环境及年限的变化而变化，在进行结构分析时我们只能在合理假定的基础上对其进行计算分析，以便尽可能地靠近真实的状态。

对于砌体结构或混合结构，由于上部结构荷载是通过承重墙或构造柱传递到基础上，上部结构荷载向基础传递时有“竖向传导，就地消化”的特性。若采用 SATWE 或 QITI 空间分析且构造柱按受力柱参与结构分析时，可能会出现构造柱传递到基顶的荷载过于集中，造成墙下基础宽度出现复杂变化，为了减少基础尺寸变化过于复杂，在设有基础圈梁等构造措施情况下，按照荷载总效应不变的原则，宜选择 PMCAD 或 QITI 导算的“平面荷载”设计墙下条形基础。

QITI 与 PMCAD 导算的荷载有些细微差异，QITI 不给基础传递集中力，对墙体荷载无论集中力下是否存在构造柱，均采用同轴平均原则导算墙体荷载，PMCAD 则当集中力作用在墙体节点上时，该集中力会直接传到基础上，而如果集中力直接作用在墙上（次梁传来的）则平均到墙段之上。

对于混凝土结构，柱下独立基础、承台桩基础、柱下条形基础可采用与上部结构分析设计软件相应的荷载来源。尤其是柱下独立基础在设计时柱底弯矩对基础设计结果有较大影响，不能被忽略，所以独立基础设计忌用平面荷载或 PM 恒荷载。

（3）用平面荷载替代空间计算程序 SATWE 等恒载

该选项即采用 PM 恒载方案，该选项是新版 JCCAD 新增加的内容，主要是为了解决在某些情况下模拟施工荷载处理仍不能得到可以采信的计算分析结果时，为基础设计提供一种可供选择的解决方案。对于筏板基础，基础沉降计算区分为刚性沉降计算和柔性沉降计算。刚性计算适用于基础和上部结构刚度较大的筏板基础；柔性计算适用于独基、条基、梁式基础、刚度较小或刚度不均匀的筏板等。如果上部结构刚度较大或地基土基床系数很大时，可以采用该方案进行比较设计，并据此选择合理的设计结果。

3. 选 PK 荷载

目前多层民用建筑的框架结构已很少使用 PK 进行上部结构设计，但是在进行单层厂房排架结构设计时，我们往往还会使用 PK 软件进行排架设计，进行排架基础设计时，我们需要导入 PK 软件生成的荷载。如果由于学习的需要，您用 PK 进行了上部框架结构的设计，则也可以在 JCCAD 设计时使用 PK 荷载。实际上在学习设计的过程中，我们还可以做 PK 设计和 SATWE 设计的比较分析，找出它们不同的原因，这样能更好地理解结构分析模型与设计结果之间的内在联系。

导入 PK 荷载时，先选择 PK 计算结果文件，在基础平面图上选择使用该计算结果的框架即可。根据上部结构框架归并结果，一榀框架结果文件可用于基础平面图上的多个框架。

4. 当前组合、目标组合和单项况值

点击这几个菜单，可以选择不同的工况观察基础荷载分布情况，对基础进行设计校核时经常用到这几个菜单。

设计实例（基础设计准备 5）—11-5　导入上部结构荷载

[1]　把“商业楼/LT”作为当前工作目录。

[2]　点击【读取荷载】菜单，从弹出的对话框中勾选 SATWE 荷载（第 3 章模拟荷载 3 进行的分析计算，可直接用于基础设计）。

[3]　得到图 11-31 所示荷载分布。

[4]　有需要时，点击【当前组合】，查看不同内力组合的结果，与 SATWE 程序进行校对分析。校对分析主要分析程序荷载折减、组合系数、数值传递关系等，本实例过程从略。

[5]　有需要时，点击【目标组合】菜单，选择不同组合目标，对结果进行校对分析。也可点击【单工况值】，进行校对分析。

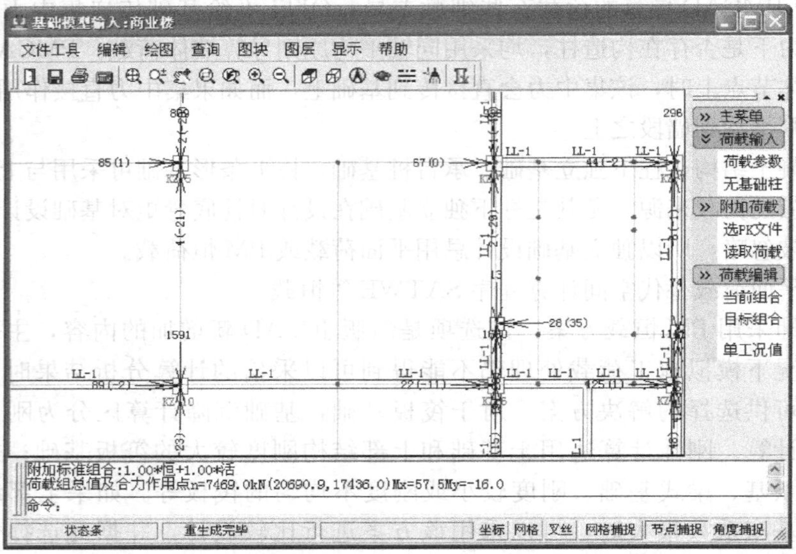

图 11-31　导入上部结构荷载

11.4　地基沉降控制相关知识

地基计算包括地基承载力计算、地基沉降变形计算和稳定性计算三个方面。地基沉降计算与控制是复杂地基与基础设计中必须认真对待的一个问题。正确的地基沉降计算不仅要选择合理的计算方法、计算假定，还需要依靠设计经验进行判别沉降计算的合理性，并找出解决问题的技术方案。

在必要情况下，需要分别预估建筑物在施工期间和使用期间的地基变形值，以便预留建筑物有关部分之间的净空，选择连接方法和施工顺序。一般多层建筑物在施工期间完成的沉降量，对于砂土可认为其最终沉降量已完成 80%以上，对于其他低压缩性土可认为已完成最终沉降量的 50%～80%，对于中压缩性土可认为已完成 20%～50%，对于高压缩性土认为完成 5%～20%[23]。

11.4.1 《地基规范》关于地基沉降的有关条文

《地基规范》第 5.3.1 条规定："建筑物的地基变形计算值，不应大于地基变形允许值。"

《地基规范》第 5.3.2 条规定："由于建筑地基不均匀、荷载差异很大、体型复杂等因素引起的地基变形，对于砌体承重结构应由局部倾斜值控制；对于框架结构和单层排架结构应由相邻柱基的沉降差控制；对于多层或高层建筑和高耸结构应由倾斜值控制；必要时尚应控制平均沉降量。"

《地基规范》第 5.3.4 条规定了建筑物的地基沉降量、沉降差、倾斜、局部倾斜等变形允许值。

11.4.2 《措施（地基与基础）》的有关规定

《措施（地基与基础）》对所设计的基础划分了不同等级，并对不同设计等级的基础沉降验算给出了具体的建议。

1. 基础的设计等级

《措施（地基与基础）》第 4.1.3 条根据地基复杂程度、建筑物规模和功能特征及由于地基问题可能造成建筑物破坏或影响正常使用的程度，将地基基础设计分为甲、乙和丙级三个设计等级。

（1）甲级为重要的工业与民用建筑、30 层以上的高层建筑、建筑形体复杂、软弱地基和严重不均匀地基上的建筑、建筑层数相差悬殊的大底盘基础上的高低层建筑、对原有工程有较大影响的新建建筑、复杂地质条件下的坡上建筑、位于复杂地质条件及软弱地区的二层及二层以上的地下室的基坑工程、开挖深度大于 15m 的基坑工程、周边环境条件复杂环境保护要求高的基坑工程等；

（2）场地和地基条件简单且荷载分布均匀的七层及七层以下民用建筑及一般工业建筑、次要的轻型建筑物、非软土地区且场地地质条件简单、单坑周边环境条件简单、环境保护要求不高且开挖深度小于 5m 的基坑工程为丙级；

（3）不属于甲级和丙级的均属于乙级。

2.《措施（地基与基础）》对建筑物地基验算的规定

《措施》根据不同基础的设计等级，给出了建筑物是否需要进行地基变形设计的具体规定，在设计基础时应该予以参考。

（1）《措施（地基与基础）》第 4.1.4 条规定甲级和乙级建筑物均应按地基变形设计。

（2）对于 $f_{ak} \leqslant 130$（单位为 kPa 下同）且建筑形体复杂、在基础上及附近由地面堆载或相邻基础荷载差异过大且可能引起地基产生过大不均匀沉降、软弱地基上的建筑物存在偏心荷载、相近建筑距离过近可能发生倾斜、地基内有厚度过大或厚度不匀的填土且自身固结尚未完成时的丙级建筑应进行地基变形验算。

（3）符合该条文表 4.1.4 规定的丙级建筑且不属于（2）情况（表 4.1.4 规定了不同地基承载力特征值 f_{ak} 下的可不做地基变形验算的不同类型建筑的层数高度），一般可不做地基变形验算；如 $100 \leqslant f_{ak} < 130$ 的少于或等于 5 层的框架结构、$130 \leqslant f_{ak} < 2000$ 的少于或等于 6 层的框架结构和 $200 \leqslant f_{ak} < 300$ 的少于或等于 7 层的丙级框架结构等可不做地基沉降计算。

11.4.3 基础沉降控制

《地基规范》对地基变形特征分为沉降量、沉降差、倾斜、局部倾斜四种，并针对各种不同的建筑结构提出了相应的限制要求。措施（地基与基础）第 4.3.3 条参照《地基规范》第 5.3.4 条，对框架结构等基础规定如表 11-1、表 11-2 所示。

建筑物的地基变形允许值（沉降量）表　　表 11-1

变形特征		地基土类别	
		中、低压缩性土	高压缩性土
体型简单的高层建筑基础的平均沉降量(mm)		200	
高耸结构基础的沉降量(mm)	Hg≤100 100<Hg≤200 200<Hg≤250	400 300 200	
单层排架结构(柱距 6m)柱基的沉降量(mm)		(120,仅用于中压缩性土)	200
多层和高层建筑的整体倾斜	6 <Hg≤24 24<Hg≤60 60<Hg≤100 Hg>100	0.004 0.003 0.0025 0.002	

建筑物的地基变形允许值（沉降差）表　　表 11-2

变形特征		地基土类别	
		中、低压缩性土	高压缩性土
工业与民用建筑相邻柱基的沉降差	(1)框架结构 (2)砌体墙填充的边排架 (3)当基础不均匀沉降时不产生的附加应力的结构	0.002L 0.0007L 0.006L	0.003L 0.001L 0.005L

整体刚度很好的高层建筑、筒体、烟囱、水塔等高耸结构，只要地基土质均匀沉降也会基本均匀，一般采用整体沉降控制。

排架结构的相邻柱基、框架结构、砌体墙填充的边框柱等，当基础不均匀沉降时不产生附加应力的结构，一般用相邻地基的沉降量差控制。

11.4.4 JCCAD 的沉降计算方法介绍

JCCAD 提供了完全柔性计算、完全刚性方法、考虑基础刚度的反算地基刚度方法、用于桩基础沉降计算的等代墩柱方法、基于 Mindlin 方法和群桩效应的沉降估算法以及考虑上下部结构及地基共同工作的协同计算方法等六种地基沉降计算方法，在具体设计时，设计人员可以根据地基土、基础以及上部结构刚度情况选择合理的沉降计算策略。

1. 基础完全柔性计算方法

完全柔性沉降计算方法采用如下假定计算地基沉降：假定基础底板为完全柔性的（特别是筏板基础）；将基础划分为 n 个大小不同的区格；采用规范使用的分层综合法计算各区格的沉降，计算时考虑区格间的相互影响。

对柱下独立基础自动采用规范的分层总和方法计算其沉降量；对墙下条形基础、柱下条形基础、刚度较小和刚度不均匀的筏板基础可选择完全柔性沉降计算方法。

2. 基础完全刚性计算方法

完全刚性方法是假定基础底板完全刚性，JCCAD 将基础划分为若干完全相等的区块，之后根据地基压缩模量、地基模型系数和地基某深度位置的压应力等创建柔度矩阵，通过与荷载和基础沉降建立柔度方程后求解基础沉降的一种方法。沉降计算后，程序再通过广义文克尔模型计算基础内力。

当基础刚度和上部结构刚度都较大的筏板基础，可采用完全刚性方法计算地基沉降。

3. 考虑基础刚度的反算地基刚度方法

由于完全刚性和完全柔性过于理想，因此 JCCAD 利用完全柔性方法计算地基沉降值，以此反算出地基刚度值，将该刚度值替代弹性地基筏板计算中的基床反力系数，通过考虑上部荷载、筏板基础和地基三者协同工作时的沉降分布情况。反算地基刚度方法用于“桩筏、筏板有限元计算”，在此之前要先进行【沉降试算】。

4. 用于桩基础沉降计算的等代墩柱方法

该方法为《桩地基规范》第 5.5 节的方法。在桩承台基础沉降计算时，用 JCCAD 主菜单【桩基承台计算及独基沉降计算】，并在【计算参数】子菜单中选择“建筑桩基技术规范 JGJ 94—2008”选项，即可采用此方法。在使用主菜单【桩筏、筏板有限元计算】时，尚应在其子菜单运行中点取【沉降试算】子菜单。

5. 考虑群桩效应的沉降估算法

在计算桩承台基础沉降时，用 JCCAD 主菜单【桩基承台计算及独基沉降计算】，以及在 JCCAD 主菜单【桩筏、筏板有限元计算】时的【计算模型】参数中，选择“Mindlin 理论”，使用该方法计算沉降。

6. 考虑上下部结构及地基共同工作的协同计算方法

该方法的原理考虑基础和上部结构刚度及荷载分布不同的影响和地质条件及地基土体之间的相互作用影响，利用刚性假定或柔性假定方法计算出沉降量与反力值，反算出地基刚度值，将该刚度值替代弹性地基梁计算中的基床反力系数，这样就可以求出上部荷载、筏板基础和地基三者间协同工作时的沉降分布情况。该方法在 JCCAD 主菜单【基础梁板弹性地基梁法计算】的【基础沉降计算】中使用，在后面的参数修改中选择“刚性假定”和“柔性假定”皆可。

JCCAD 新增加的这个方法，在设计梁式筏板等基础时软件能自动使用该方法，对于高层与裙房共存、多塔结构等更方便更准确，从而避免了以往柔性方案需要用户调整高层与裙房部位的附加荷载的不便。

从上述 JCCAD 提供的地基沉降计算方法介绍中，我们可以知道地基基础设计中的地基变形设计、地基沉降的计算与计算假定关系很大，较难对计算结果的合理性作出判断。地基的沉降值不应该完全依赖于手算或程序计算，影响地基最终沉降量的因素十分复杂，很难通过公式得到准确值，因此工程经验尤为重要，甚至是决定性的因素。

本节以前所有基础设计实例操作步骤，适用于本章后面所有的基础设计，在后面章节中，这部分内容不再叙述。

11.5 柱下独立基础自动设计、沉降计算及施工图绘制

柱下独立基础是所有基础中最简单的一种基础形式，当前面参数定义和荷载布置完成后，只需简单几步操作即可得到基础设计的最终结果。

11.5.1 独基设计的上部构件—拉梁及拉梁层问题

通过上部构件菜单，可以布置基础上的一些附加构件，以便程序自动生成相关基础或者绘制相应施工图之用。

1. 框架柱筋

在JCCAD中，框架柱筋用来定义基础插筋，通常情况下基础插筋与上柱配筋一致，对于基础插筋的构造，施工方将按照平法规则施工。基础插筋的定义、布置、修改方式与PMCAD的构件定义与布置类似。依照JCCAD说明书，如果在基础设计之前已绘制过柱的配筋图，且保存了柱配筋，则JCCAD可以读取柱筋数据。当基础插筋与上柱配筋不同时，设计人员也可以点击【框架柱筋】/【柱筋布置】来布置基础插筋，软件会弹出一个对话框，供设计人员定义上柱配筋，之后通过交互方式进行布置。在JCCAD交互界面中，基础平面图上已布置柱筋的柱标有“S-*”的柱筋类型号。

在实际设计中当需要绘制基础详图时，设计人员一般采用如图11-32所示的方法，在基础详图上或图纸说明中注明基础插筋与上柱配筋相同，而不是采用逐个修改基础插筋这样低效率的方法绘制图纸。

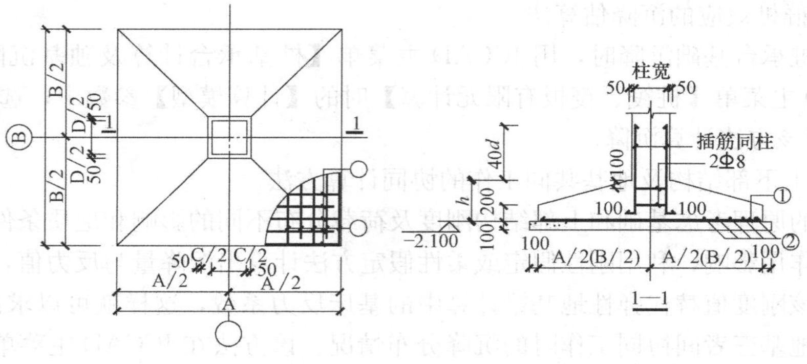

图11-32　其他参数

2. 填充墙和圈梁

本菜单用于输入基础上面的底层填充墙。在此布置完填充墙后，并在附加荷载中布置了相应的荷载，则在后续的菜单中，可自动生成墙下条基。独立基础设计时不进行此操作。

在设计砌体结构和混合结构时，首层结构的墙体和地圈梁在砌体软件QITI或PMCAD中通常已经输入，进入JCCAD之后基础能自动读取这些数据，不需要重新布置。

当框架结构采用柱下弹性地基梁基础（柱下条基）时，因为在PMCAD中首层填充墙不是结构构件，故进入JCCAD后需要布置填充墙以及地圈梁。

3. 拉梁

拉梁是基础之间的联系梁，其作用是承受一层隔墙的荷载、调节基础不均匀沉降、平衡柱底弯矩等。

（1）拉梁的设置及设置位置

《抗规》第6.1.11条规定，框架单独柱基有下列情况之一时，宜沿两个主轴方向设置基础系梁：①一级框架和Ⅳ类场地的二级框架；②各柱基础底面在重力荷载代表值作用下的压应力差别较大；③基础埋置较深，或各基础埋置深度差别较大；④地基主要受力层范围内存在软弱黏性土层、液化土层或严重不均匀土层；⑤桩基承台之间。

从《抗规》条文知道，并不是所有的单独基础设计都需要设置拉梁，而应该有一定的灵活性。一般当框架层数不超过三层，基础埋深较浅，各基础埋置深度差别不大，地基土主要受力层范围内不存在软弱土层，可以不设置双向基础拉梁。大型公建如体育馆等宜考虑设置双向拉梁。由于单层工业厂房一般采用铰接排架，层高又较高，适应不均匀变形的能力要强于民用建筑，所以单层工业厂房排架独立基础可不设拉梁。

拉梁截面尺寸高度通常是跨度的1/20～1/12，截面宽度取跨度的1/35～1/20。在实际设计时，还要参考工程具体情况选择合适的拉梁截面。由于目前拉梁对基础的影响不好估算，故截面不宜太大；拉梁截面也不宜过小，否则起不到增加结构整体性作用。

（2）JCCAD中的拉梁不传递荷载，基础设计时不能把填充墙布置在拉梁之上

在JCCAD中布置的拉梁只在绘制基础图纸时起到绘制轮廓的作用，JCCAD不计算拉梁内力，也不传导拉梁上的荷载。所以作用在拉梁上的底层填充墙及拉梁荷载一定要经过手工统计，按节点附加荷载，通过交互方式布置到拉梁两端的独立基础节点上。拉梁截面高度通常可取其跨度的1/15。

（3）设计中拉梁内力、配筋计算以及基础结点构造处理

在设计中拉梁的内力需要人工计算，也可使用PKPM软件的【特种结构】/【混凝土基本构建计算GJ】模块进行计算，其进行梁内力配筋计算界面如图11-33所示。

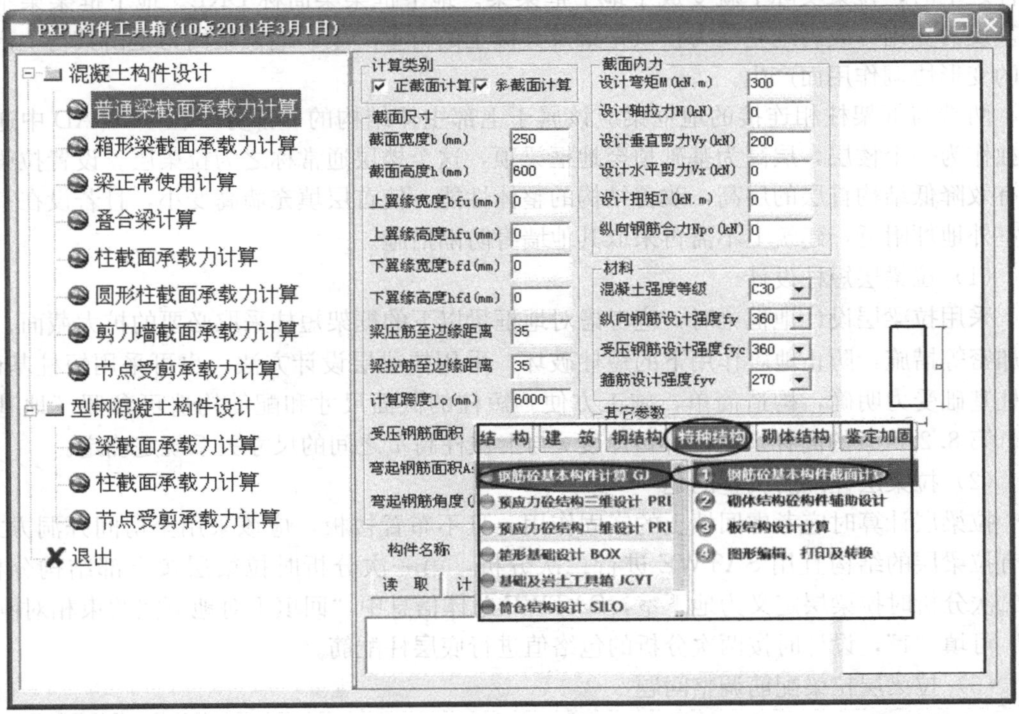

图11-33　GJ软件模块计算拉梁配筋

计算拉梁内力时，可以考虑仅承受自重和底层墙体重量，并将其传给两侧基础的铰支（或者有时可以考虑是弹性支座）的单跨梁计算内力，其在两侧基础内钢筋不连续，只需达到锚固长度即可。

(4) 设计中应考虑基础不均匀沉降对拉梁或地框梁的作用

若要考虑基础不均匀沉降导致的拉梁或地框梁产生的附加内力，可以按柱底轴力的1/10加强拉梁或地框梁配筋。

(5) 设计中应考虑回填土对拉梁或地框梁的反作用

拉梁或地框梁设计上应要求其梁下回填土采用虚填方式作业。通常回填土与梁间留300mm左右空隙，空隙用炉渣松填并留100mm空隙。例如基础梁的构造在图纸中注明：先素土夯实，再铺炉渣300mm厚，梁底留100mm高的空隙。

在设计中应充分考虑实际施工中的各种情况，若其基底下土层为老土或者施工中形成了压实土层，在结构沉降变形的过程中，拉梁会承受一定的两侧基础变形差异带来的影响，所以完全没有土反力是不可能的。因此，保守地说，拉梁计算应考虑上下部均配置受力钢筋以应付两种可能性的发生。一般可以考虑使其上下部钢筋配置一致。

对于拉梁的位置及对结构受力的影响，国内有很多研究文献，归纳起来通常有设置在独立基础间、设置在室外地坪或室内地坪处两端与框架柱相接、设置在基础顶部附近与框架柱相接三种情况。

4. PMCAD建模中的拉梁层

当拉梁的下表面与基础（承台）顶面持平或者高于基础（承台）顶面，两端支撑于框架柱之上时，拉梁实际上就变成了地下框架梁。地下框架梁简称DKL。地下框架梁不受地基反力作用，或者地基反力仅仅是梁及其覆土的自重产生，地框梁内力是由其与上部结构的变形协调作用而产生。

两端与框架柱相连接的地框梁应该属于上部主体结构的一部分，在PMCAD中通常单独作为一个楼层，层高为基础顶至地框梁顶，这个楼层通常称之为拉梁层。设置拉梁层能有效降低结构首层的层高，改善结构的整体性能，使首层填充墙高变小，且若设在室内与室外地坪附近，建筑上不需再采取其他墙身防潮措施。

(1) 拉梁层短柱设计

采用拉梁层设计地框梁时，应考虑对地框梁以下的框架短柱采取必要的扩大截面、箍筋加密等措施，防止地震作用下的短柱破坏。采用拉梁层设计方法，也可采用短柱基础，短柱基础受力明确，构造简单，施工方便。短柱的截面尺寸和配筋构造可参照《地基规范》第8.2.5条的高杯口基础杯口厚度t与上柱柱高h之间的尺寸关系规定确定。

(2) 拉梁层柱配筋调整问题

拉梁层计算时应考虑回填土的嵌固作用，且不布置楼板，应该采用全房间开洞方式。设有拉梁层的结构宜用SATWE进行二次分析，第一次分析时拉梁层按上部结构分析，第二次分析时拉梁层定义为地下室，SATWE总体信息中“回填土对地下室约束相对刚度比”可填“1”，设计时按两次分析的包络值进行底层柱配筋。

(3) 拉梁层拉梁配筋调整问题

《抗规》第6.1.14条第1款规定：地下一层柱截面每侧纵向钢筋不应小于地上一层柱对应纵向钢筋的1.1倍，且地下一层柱上端和节点左右梁端实配的抗震受弯承载力之和应大于地上一层柱下端实配的抗震受弯承载力的1.3倍。当把拉梁层当成地下室分析时，SATWE软件将自动按地下室梁来处理拉梁，对拉梁依据《抗规》第6.1.14条并进行配筋调整这样往往会导致地框梁配筋过大，因此设计拉梁层时宜用不定义拉梁层为地下室的配筋结果。

5. JCCAD中拉梁布置

JCCAD中拉梁布置类似PMCAD中的梁定义及布置。点击【拉梁】/【拉梁布置】菜单后，JCCAD弹出图11-34所示“请选择〔拉梁〕标准截面”对话框。点击对话框的【新建】按钮，在弹出的图11-35所示对话框中输入拉梁尺寸及梁顶标高后，回到11-34对话框，选择拉梁截面后点击【布置】按钮，到基础平面上交互布置拉梁，如图11-36所示。

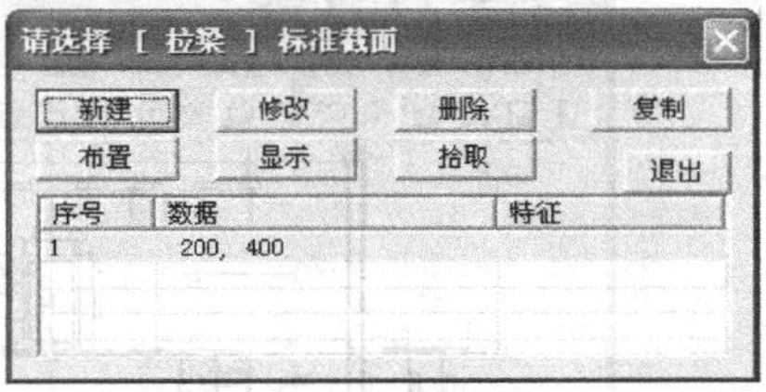

图11-34 创建拉梁

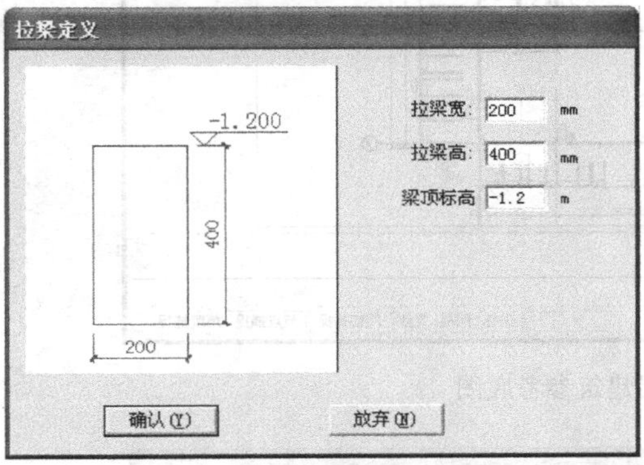

图11-35 定义拉梁截面

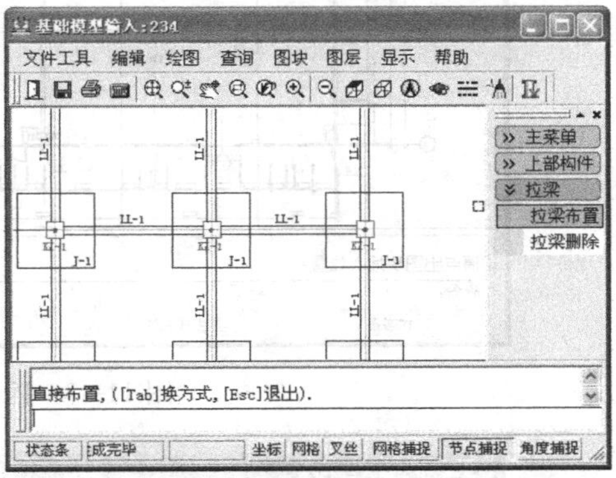

图11-36 布置拉梁

输入拉梁标高主要是为后面施工图绘制准备数据，对基础计算无实质影响。拉梁标高应不高于基础顶标高，若此时标高输入不能准确判断，则应在后期绘制施工图时把拉梁标高修正到正确的位置。

设计实例（独立基础1）—11-6 布置基础拉梁

[1] 把“商业楼/LT”作为当前工作目录。

[2] 点击上方下拉菜单【文件工具】/【插入图形】，从弹出的文件选择对话框中选择在第3章生成的“首层建筑平面图.T”，把该图插入到交互界面适当位置，得到如图11-37所示图形。

[3] 插入参考底图后不要进行图形缩放。

[4] 点击【拉梁布置】菜单，定义拉梁截面为200mm×400mm，拉梁顶标高取基础顶标高−1.2m，依照首层建筑平面图填充墙位置，在有填充墙的下面布置两端与柱节点相接的基础拉梁（基础将来位于柱下节点）进行基础梁布置（布置基础梁时要考虑梁的载荷传递去向），最后得到图11-38所示基础梁布置。

6. 无基础柱

构造柱下面通常不需设置独立基础，但不能排除个别情况下构造柱可能会向基础传递较大的荷载。如果所设计的结构中，存在类似构造柱这样没有基础的柱，则需通过此菜单把它们标记出来。被标记为无基础的柱，JCCAD会用黄色截面轮廓线加亮显示。若要取

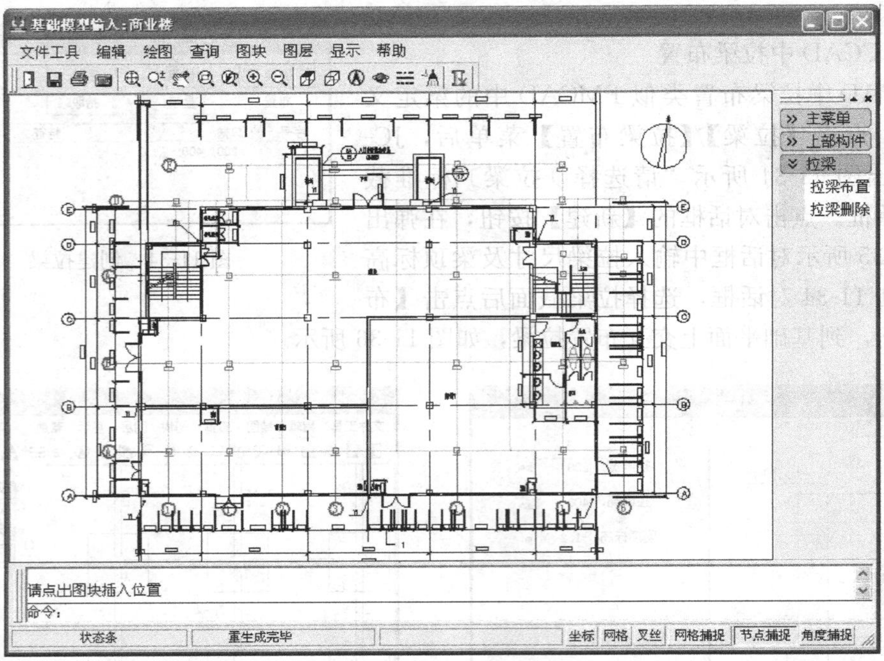

图 11-37　插入首层建筑参考底图

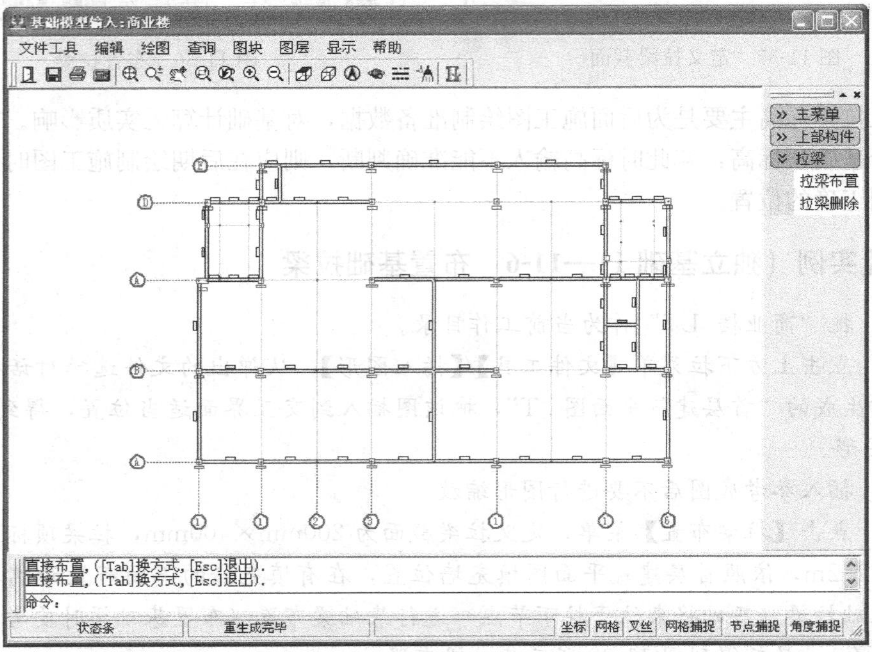

图 11-38　布置基础梁

消柱的无基础标记，可再点选一次该柱。

11.5.2　独立基础的附加荷载

框架结构首层的填充墙或设备重量，在上部结构建模时没有输入。当这些荷载是作用在基础上时，就应按附加荷载输入。对独立基础来说，虽然在独基上设置了拉梁，且拉梁上有填充墙，但是在JCCAD中的拉梁和填充墙只是为了在绘制基础平面图时能绘出其位置，并不对其进行荷载导算和内力计算，所以应将填充墙、拉梁的荷载以节点荷载方式输入到拉梁的端节点上，而千万不要把拉梁上的荷载作为拉梁均布荷载输入。计算填充墙重可参考第3.6.7节。

设计实例（独立基础2）—11-7　布置附加荷载

[1]　把“商业楼/LT”作为当前工作目录。

[2]　首层0.3m标高以下用蒸养粉煤灰砖，0.3m标高以上为加气混凝土砌块，首层组装高度为5.86m，梁高取0.55m。查《荷载规范》附录A.5，粉煤灰砖干容重为16kN/m³，取其湿容重为19kN/m³，加气混凝土砌块湿容重为7.5kN/m³，外墙面装饰与其他楼层一致，参照实例3-19，计算1～2轴外墙体加权容重：

$$(7.5\times(5.86-0.55-0.3)+19\times(1.2+0.3))/5.86=11.3\text{kN/m}^3$$

参考实例3-30，按照没有门窗洞口，每平方米外墙重量：

$$11.3\times0.2_{\text{墙}}+0.36_{\text{内墙面}}+0.5_{\text{外墙砖}}+(0.02+0.005)\times20_{\text{水泥找平}}+0.08\times0.5_{\text{聚苯保温层}}=3.645\text{kN/m}^2$$

基础梁自重：$0.2\times0.4\times26=2.08\text{kN/m}$

外墙下拉梁每米荷载为：$3.645\times(5.86-0.55)+2.08=21.44\text{kN/m}$

内墙下拉梁每米荷载计算：

$$(11.3\times0.2_{\text{墙}}+2\times0.36_{\text{内墙面}})\times(5.86-0.55)+2.08=17.9\text{kN/m}。$$

[3]　计算外墙基础节点集中荷载按照与该点相连的基础梁总长度与作用其上的线荷载乘积的一半近似考虑。其他轴线位置首层墙通过基础梁传给基础的附加节点荷载计算过程从略。

[4]　点击【附加荷载】/【加点荷载】菜单，弹出荷载参数对话框如图11-39所示，在对话框中输入不同的恒载标准值，布置到不同节点上，过程从略。

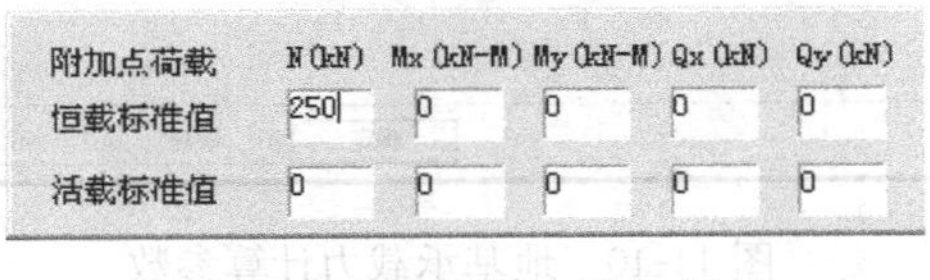

图11-39　输入节点附加荷载

[5]　在实际设计时，附加荷载布置也可在下面叙述的导入上部结构计算分析结果之后布置附加荷载，此时要注意如果梯柱下不设独立基础，则梯柱传来的荷载也按照附加荷载等效施加到基础节点之上。本设计示例梯柱与框架柱较近，拟采用联合基础方式设计梯柱基础，故在此处不考虑梯柱附加荷载。

11.5.3　独立基础设计

柱下独立基础是一种分离式的浅基础。它承受一根或多根柱传来的荷载，基础之间可用拉梁连接在一起以增加其整体性。JCCAD的独立基础设计，能根据用户指定的设计参数和输入的多种荷载，依据设计规范，自动计算独基尺寸、自动配筋。通常情况下，自动设计的结果即能满足设计要求，对于个别特殊情况，设计人员也可对设计结果进行合理干预。

1. 独立基础设计参数

点击基础交互设计界面的【柱下独基】/【自动设计】菜单后，可用鼠标在平面图上用围区布置、窗口布置、轴线布置、直接布置等方式，分区域或整体选取需要程序自动生成柱下独立基础的柱节点，从【基础设计参数输入】对话框中输入基础设计参数，JCCAD即可依据地基规范条文，自动生成基础设计结果。程序自动生成的柱下独立基础设计内容包括地基承载力计算、冲切计算、底板配筋计算。

（1）地基承载力计算参数

当程序弹出图 11-40 所示的【基础设计参数输入】对话框后，会把在前面【参数输入】/【基本参数】所输入的地基承载力参数显示在【地基承载力参数】表单中，供设计人员修改。

通常情况下，如果所设计的所有独立基础地基承载力参数相同，则不必修改此项。若存在基础埋深、地基承载力等有所变化的基础，则可以在此进行修改，只需勾选【自动生成基础时做碰撞检查】后，切换到【输入柱下独立基础参数】菜单。

对于相互碰撞的独立基础，JCCAD 能自动进行合并设计，生成多柱联合独立基础。

（2）输入柱下独立基础参数

【输入柱下独立基础参数】菜单参数如图 11-41 所示。

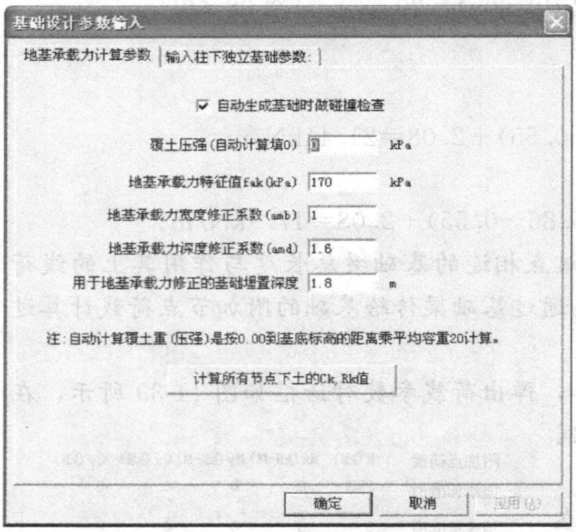

图 11-40　地基承载力计算参数

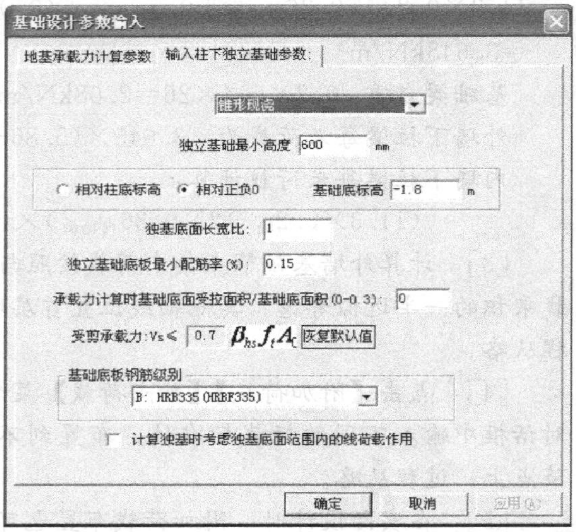

图 11-41　独基参数定义

“独立基础最小高度（mm）”：指程序确定独立基础尺寸的起算高度。若冲切计算不能满足要求时，程序自动增加基础各阶的高度。

“相对柱底标高”和“相对正负 0”勾选项与“基础底标高”：此两个勾选项用于确定填写的基础底标高值的起始点。当上部结构底层柱底标高不同时，宜勾选“相对柱底标高”，则此时的“基础底标高”退化为基础高度。当勾选“相对正负 0”选此项后，后面填写的基础底标高值则均为相对±0.00 的标高。

“独基底面长宽比”：用来调整基础底板长和宽的比值，其初始值为 1。该值仅对单柱基础起作用。

“独立基础底板最小配筋率（%）”：用来控制独立基础底板的最小配筋百分率，软件默认为《地基规范》规定的最小配筋率。《地基规范》第 8.2.1 条规定：“扩展基础受力钢筋最小配筋率不应小于0.15%，底板受力钢筋的最小直径不应小于10mm，间距不应大于200mm，也不应小于100mm。”如果不控制则填0，程序按最小直径不小于10mm，间距不大于200mm配筋。

“承载力计算时基础底面受拉面积/基础底面积（0～0.3）”：程序在计算基础底面积时，允许基础底面局部不受压。《抗规》第4.2.4条和《高规》第12.1.7条规定：“高宽比不大于4的高层建筑，基础底面与地基之间零应力区面积不应超过基础底面积的15%。”当基础出现零压力区时，《地基规范》规定地基承载力计算按5.2.2条第3款 $e>b/6$ 时计算基底压应力。如果该系数填0，则表示不允许基础底面出现零应力区，相当于规范 $e<b/6$ 的情况。对于柱下独立基础，如果柱轴力较小弯矩较大时则可能导致基础面积过大，可以修改“承载力计算时基础底面受拉面积/基础底面积”来设定允许基础底部出现零应力区的比例，从而达到减小基础底面积大小的目的。JCCAD默认该系数为0，可适当放大。

“独立基础底板钢筋级别”：用来选择基础底板的钢筋级别。

“计算独立基础时考虑独立基础底面范围内的线荷载作用”：若勾选此项，则计算独立基础时取节点荷载和独立基础底面范围内的线荷载的矢量和作为计算依据。

2. 基础自动设计及局部承压验算

《地基规范》第8.2.7条第4款规定：对于扩展基础，当基础的混凝土强度等级小于柱的混凝土强度等级时，尚应验算柱下基础顶面的局部承压承载力。当JCCAD自动进行基础设计之后，应点击【局部承压】/【局压柱】菜单，对基础进行局部承压验算。

若局部承压验算不够，可以通过提高基础混凝土标号或者增大基础顶面面积来改善基础的局部承压能力。

设计实例（独立基础3）—11-8 独立基础自动设计

[1] 把“商业楼/LT”作为当前工作目录。

[2] 点击【独立基础】/【自动生成】菜单，键入【Tab】切换鼠标输入方式为窗口方式，用鼠标分次框选基础平面所有柱节点后右击鼠标（排除梯柱），在弹出的【基础设计参数】对话框对参数进行设置：勾选【自动生成基础时做冲撞检查】、相对±0.00基础相对标高为−1.8m，其他参数采用默认值，得到图11-42所示基础设计结果。

[3] 把鼠标移动到任意基础上后右击，则弹出图11-43所示窗口，从窗口中可以观察基础设计结果，以便确定是否需要修改参数进行重新设计。从图中可以看到，JCCAD自动生成的柱下独立基础能自动满足《地基规范》第8.2.1条1款的“锥形基础的边缘高度不宜小于200mm，且两个方向的坡度不宜大于1∶3”的规定。

[4] 由于本工程柱混凝土标号为C35，基础为C30，基础标号低于柱标号，依照《地基规范》8.2.7条，需要进行局部承压验算。点击【局部承压】/【柱承压】菜单，进行局部承压计算，计算完毕自动在基础平面图上显示计算结果如图11-44所示，并通过如图11-45所示“局部成压-柱.txt”中发现有基础需配置间接钢筋，由于JCCAD不自动计算局压间接筋，需要手工计算，故本设计考虑从其他途径对基础局部承压进行改进。

[5] 考虑基础混凝土标高为C30，而上部结构柱为C35，先返回前面点击【参数输入】/【基本参数】菜单，修改【基础设计参数】中的独基混凝土标号从C30改为C35。

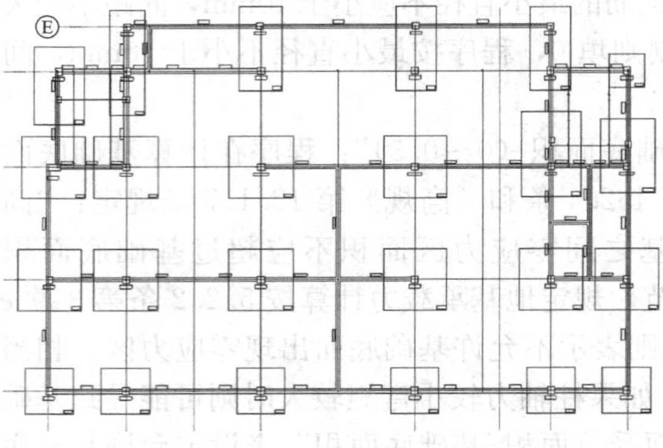

图 11-42　独基自动生成

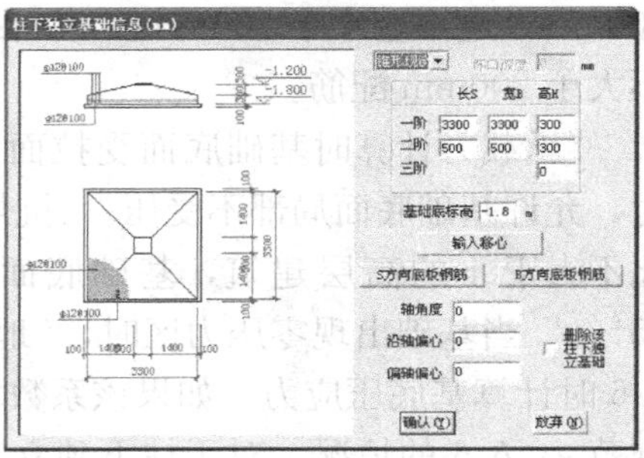

图 11-43　观察基础设计结果

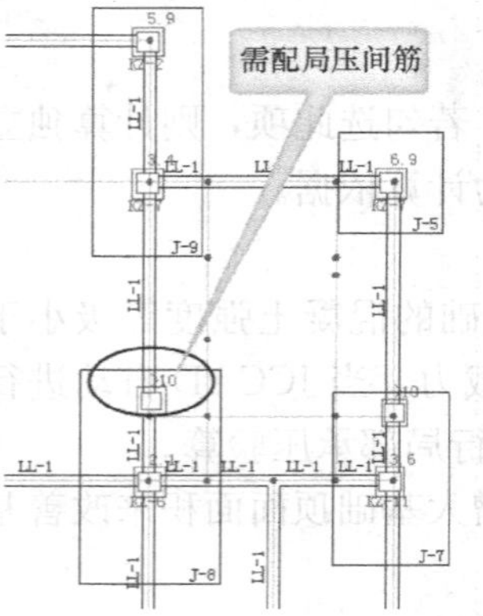

图 11-44　承压计算结果图

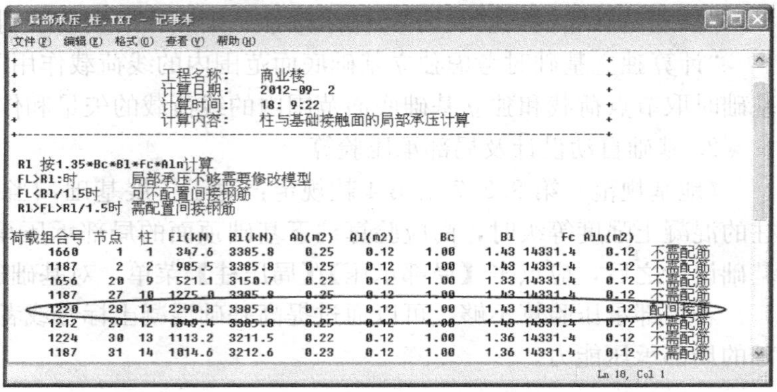

图 11-45　局部承压计算结果文件基础

［6］　由于混凝土标号改变，需要重新从头设计处。点击【柱下独基】/【独基删除】菜单，删除已经生成的所有基础。

［7］　重新点击【柱下独基】/【自动生成】菜单对所有基础重新设计。进行【局部承压】/【柱承验算】，结果显示修改基础混凝土标号后完全满足局压要求且不再需配置局压间接钢筋。

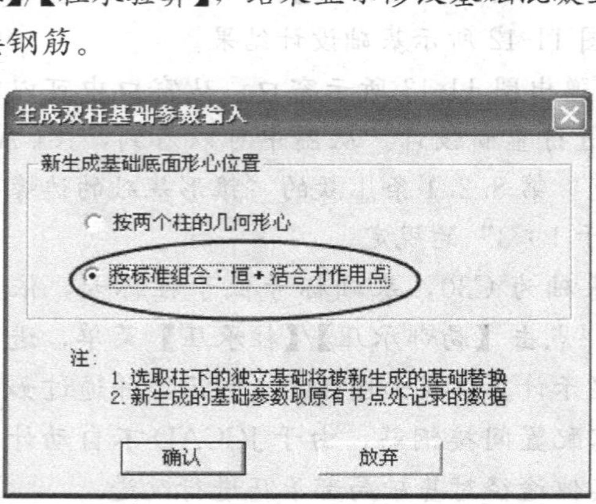

图 11-46　控制荷载文件

［8］　由于程序在自动生成双柱联合基础的底面积时，并没有考虑由于两根柱子的上部荷载不一致而产生的偏心情况，而本工程框架柱和梯柱双柱基础，框架柱荷载明显大于梯柱荷载，所以需要进行重新计算设计。点击【双柱基础】菜单，从图 11-46 对话框中勾选【按标准组合作用点】，依照提示以此点击楼梯间双柱基础的两个柱节点进行双柱重新设计，得到图 11-47 所示调整设计结果。重新进行局压验算，仍然满足。

[9] 点击【控制荷载】，从图 11-48 中可以看到控制荷载输出文件名，双击可以查看这些图形。生成的控制载荷 T 文件可以从 JCCAD 主界面的【图形编辑、转换机打印】中查看，或者转化为 DWG 文件。

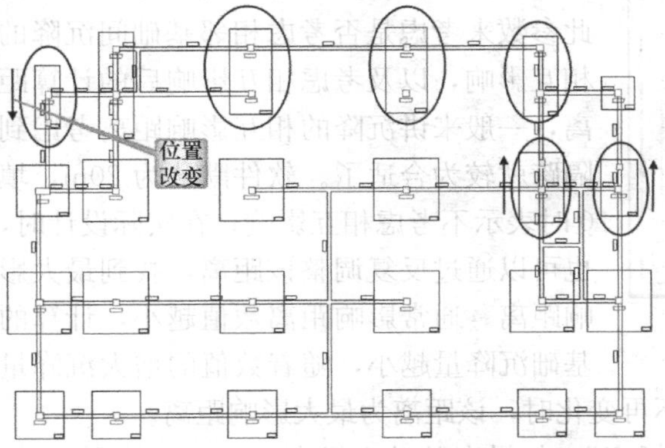

图 11-47 根据荷载形心调整双柱基础

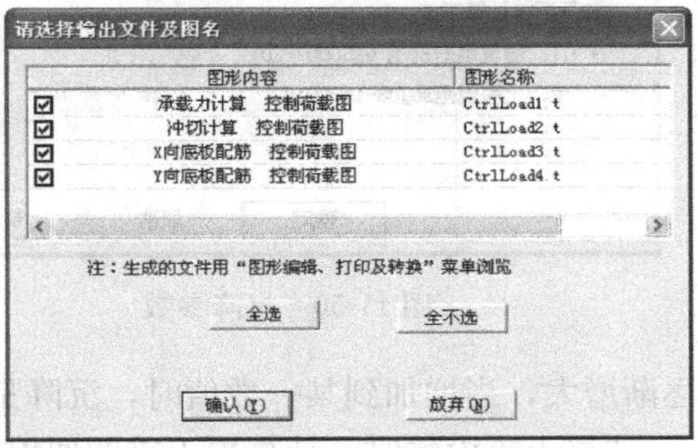

图 11-48 控制荷载图文件列表

[10] 点击【图形管理】/【三维显示】菜单，按住【Ctrl】键及鼠标中间滚轮，把图形旋转到适当位置观察，得到如图 11-49 所示图形。

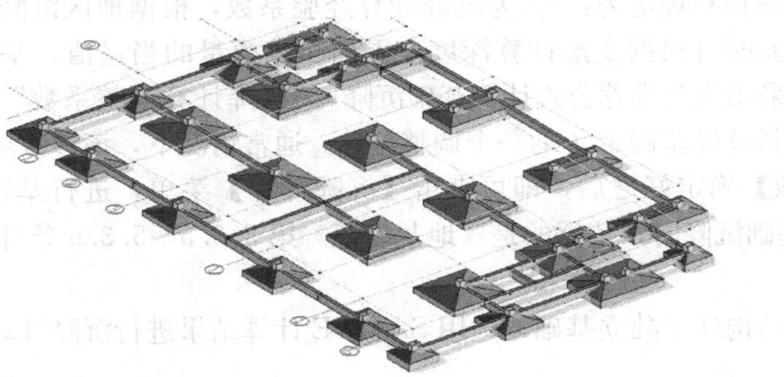

图 11-49 基础设计结果三维显示

[11] 点击【结束退出】菜单，独立基础交互设计完毕。

[12] 点击 JCCAD 主界面的【图形编辑、转换及打印】菜单，进入转换界面后点击【文件】/【打开】菜单，读入“CtrlLoad1.t”文件，进一步观察校核基础控制内力，进行校核分析。在实际设计中，有时需要用此与 SATWE 分析结果进行比较分析，以便深入研判设计的正确性。这些控制图形也是设计归档的依据。

11.5.4 柱下独立基础沉降计算

与其他基础类型相比，柱下独立基础大多用于多层框架或单层厂房的排架结构，其基础沉降问题比较简单。

1. JCCAD 中进行柱下独立基础沉降验算操作

点击 JCCAD 主菜单的【桩基承台及独基沉降计算】菜单，进入沉降计算人机交互界面，其界面只有【计算参数】和【沉降计算】两个菜单。

2. 地基沉降参数审核

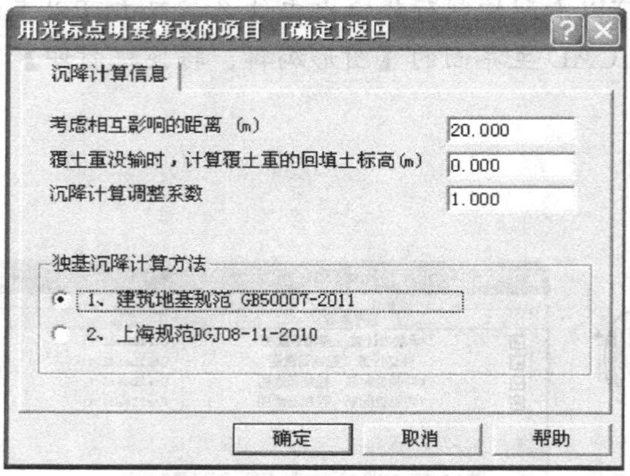

图 11-50　沉降参数

首先点击【计算参数】菜单，打开图 11-50 所示对话框，对参数做适当定义，即可进行基础沉降计算。

“考虑相互影响的距离”：JCCAD 由此参数来考虑是否考虑相邻基础间沉降的相互影响，以及考虑相互影响后的计算距离，一般来讲沉降的相互影响距离考虑到隔跨就较为合适了。软件默认为 20m，填 0 时表示不考虑相互影响；在实际设计时，也可以通过反复调整该距离，找到最大影响距离。通常影响距离数值越小，计算的基础沉降量越小，随着数值的增大沉降量逐渐增大，当增加到某一数值时，沉降量不再变化时，该距离为最大影响距离。

“覆土重没输时，计算覆土重的回填土标高”：如果在基础人机交互中未计算覆土重，在此处可以填入相关参数；通常由于在进行基础设计时已选考虑覆土重，所以参数填 0。

“沉降计算调整系数”：由于计算地基沉降是一个十分复杂的力学问题，目前尚无精确的解析解法，《地基规范》第 5.3.5 条给出的计算地基长期沉降量公式中含有一个系数 ψ_s，其对 ψ_s 的解释和规定为：“ψ_s 为沉降计算经验系数，根据地区沉降观测资料及经验确定，无地区经验时可根据变形计算深度范围内压缩模量的当量值、基底附加压力按表取值。”JCCAD 采用规范推荐公式计算基础沉降，“沉降计算调整系数”为设计人员根据地区沉降观测资料及经验确定 ψ_s 的一个调整参数。通常情况下，该参数填 1。

【沉降参数】确定好之后，即可点击【沉降计算】菜单，进行基础沉降量计算，JCCAD 在计算基础沉降时，依据的是《地基规范》第 5.3.5～5.3.9 条计算独立基础的永久沉降量。

对于框架结构柱下独立基础，选用 SATWE 计算结果进行沉降计算。

设计实例（独立基础 4）—11-9　独立基础沉降核算

[1]　依据《措施（地基与基础）》，初步判断该建筑可以不进行沉降量验算。但是由于该建筑沉降是否均匀目前尚无法作出准确判断，为了安全起见我们进行一下沉降量校核。把“商业楼/LT”作为当前工作目录。

[2]　点击 JCCAD 的【桩基承台及独基沉降计算】菜单，进入沉降计算交互界面。

[3]　点击【计算参数】，采用默认参数。

[4]　点击【沉降计算】/【SATWE 荷载】，软件即开始自动计算柱下独基沉降，得到图 11-51 所示沉降分布图。

[5]　从图上沉降等高线可以知道，等高线距离越近表示在该方向沉降变化越剧烈，图中 C 轴与 1、2 轴相交处基础沉降变化较大（左上角楼梯间下柱），其沉降量变化值为 41.8－23.6＝18.2mm。该处跨度为 4.1m，相对沉降差为 18.2/4100＝0.0044，大于表 11-2 的 0.002 限制，不满足要求。

[6]　【退出】沉降量计算界面，返回到 JCCAD 主界面，点击【基础人机交互输入】

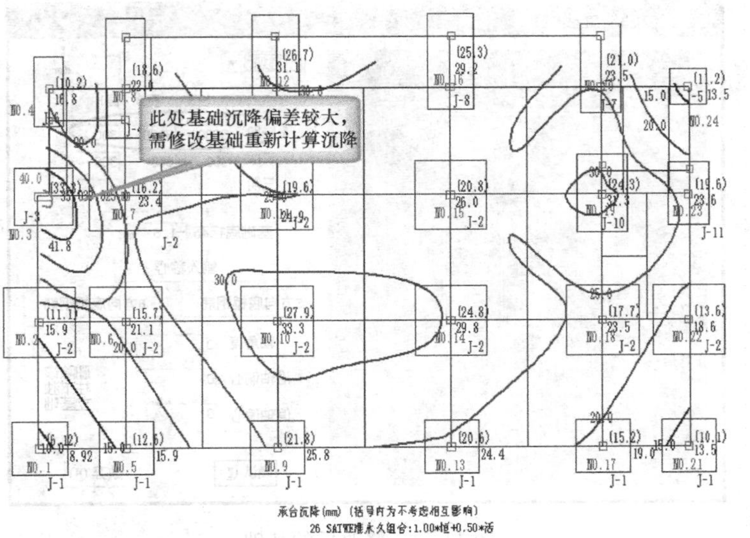

图 11-51　沉降分布图

后当弹出图 11-52 所示对话框后，点击【读取已有的基础布置数据】进入交互设计界面。

[7]　点击【柱下独基】菜单，把鼠标移至 C 轴与 2 轴相交基础上右击查询其基础尺寸为 3300×3300 后，再移至 C 轴与 1 轴相交基础右击鼠标，弹出图 11-53 所示对话框，把其尺寸修改为 C 轴与 2 轴相交基础同样的基底尺寸，如图 11-54 所示。

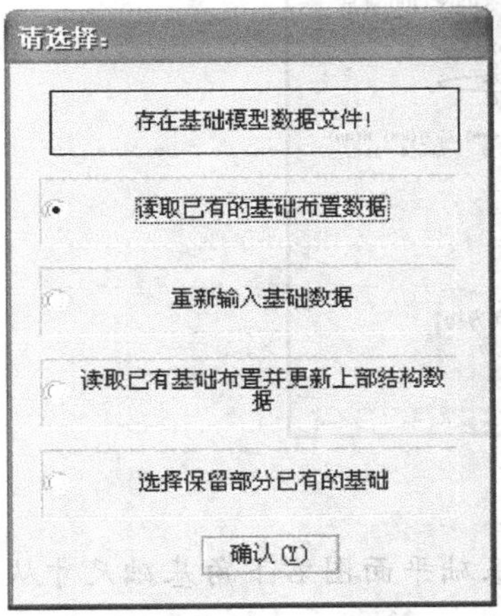

图 11-52　交互前选择

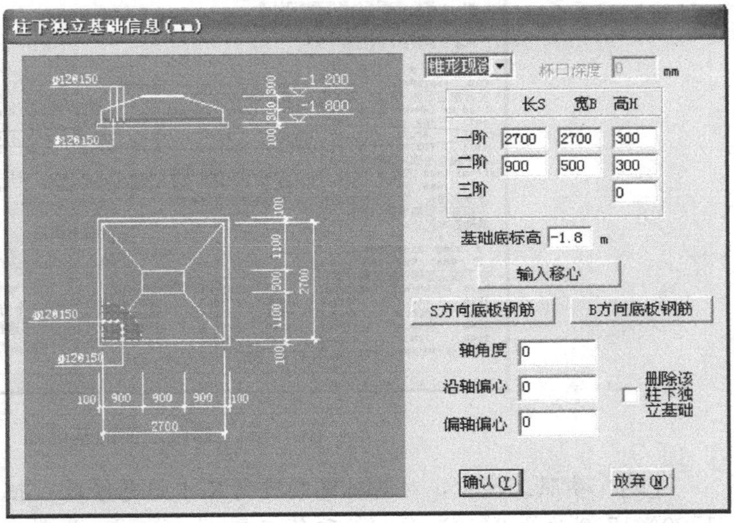

图 11-53　修改前的基础

[8]　若基础沉降差不满足规范限制，返回基础交互设计，通过调整基础尺寸、改变基础埋深或改变基础形式等对个别基础进行重新设计，之后重新进行沉降验算，直至合格为止。点击【单独计算】菜单后，选择刚修改的基础，弹出图 11-55 所示计算结果文件，及修改后的基础计算结果进行校核。

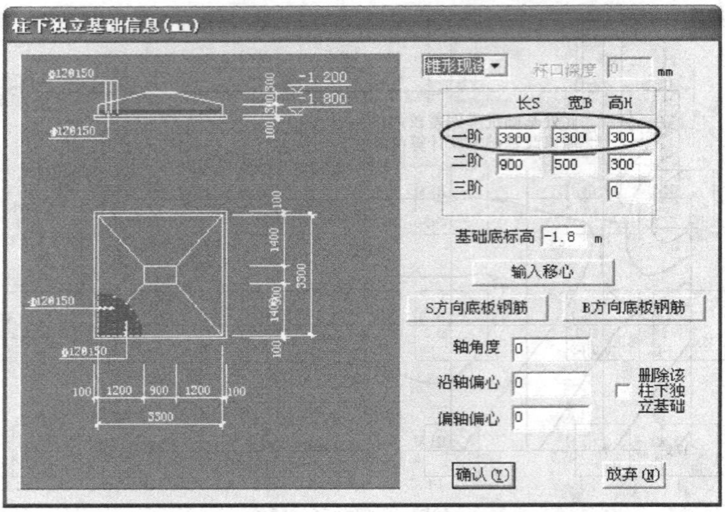

图 11-54　修改后的基础

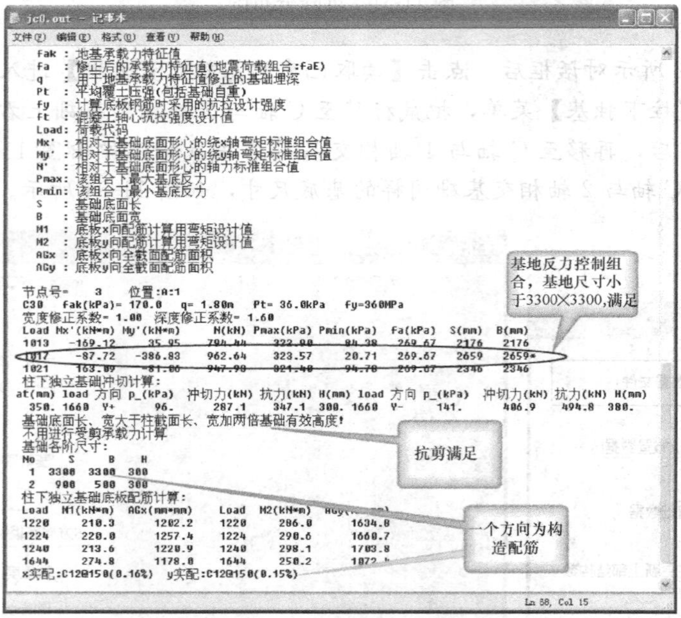

图 11-55　修改之前的基础图

[9]　参照上一步，对基础继续进行尺寸归并修改，把基础平面图右下角基础尺寸从1700×1700改为2400×2400，配筋不变。

[10]　基础设计完毕，在此点击【沉降计算】/【SATWE荷载】，软件即开始自动计算柱下独基沉降，得到图11-56所示沉降分布图，经检查沉降差满足规范要求。

[11]　基础设计结束，退出基础交互设计。

对于多层框架基础，如果通过在合理范围内加大基础平面尺寸，调整基础埋深后沉降仍不满足要求，则可考虑改用其他类型的基础。如局部采用柱下条形基础或筏板基础等，仍不

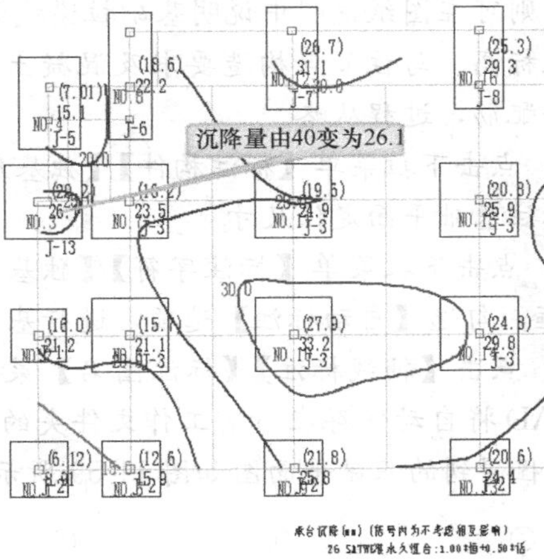

图 11-56 修改基底面积后的沉降分布图

满足要求，则可考虑采用其他地基处理方案或采用桩基础。当框架结构柱荷载大且地基承载力低或柱荷载差过大、地基土质变化较大且楼层数较多时，不宜选用柱下独立基础。

11.5.5 自动绘制传统基础施工图及交互绘制平法施工图

由于JCCAD是按照传统画法绘制基础施工图，如果要用平法表示，尚需在软件自动绘制图形基础上进行一定的编辑修改操作。

1. 用JCCAD绘制基础施工图

点击JCCAD的【基础施工图】菜单，可以绘制基础平面图和独立基础详图。通过软件我们可以完成基础平面图和基础详图的绘制，并进行轴线、基础编号标注，还可以通过快捷交互操作标注独立基础在基础平面上的定位尺寸。

设计实例（独立基础5）—11-10 绘制传统画法基础施工图

［1］ 把“商业楼/LT”作为当前工作目录。

［2］ 点击JCCAD的【基础施工图】菜单，进入基础施工图绘制交互界面。

［3］ 点击【参数设置】，弹出图11-57所示对话框检查绘图参数，采用默认值不做修改。

［4］ 若修改了绘图比例，则需要点击【绘新图】菜单重画基础平面图，新修改的比例才能发挥作用。

［5］ 点击上方下拉菜单【轴线标注】/【自动标注】，勾选所有勾选项，自动绘制轴线。

［6］ 若基础拉梁采用不同配筋，则需要标注不同的名称。点击下拉菜单【标注构件】/【基础拉梁】后，给出拉梁名称，点击拉梁进行名称标注。若采用同一种拉

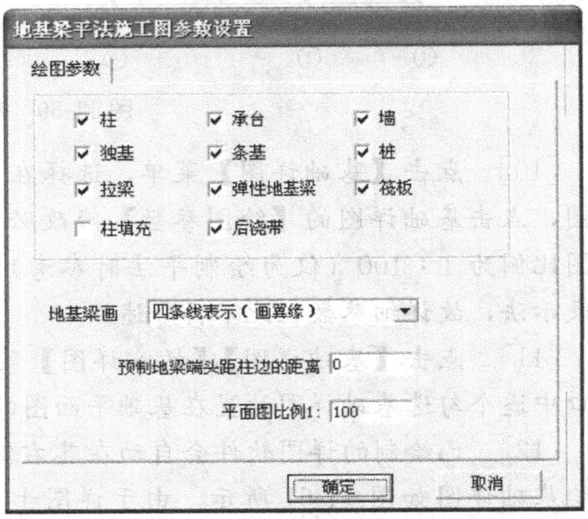

图 11-57 基础施工图参数设计

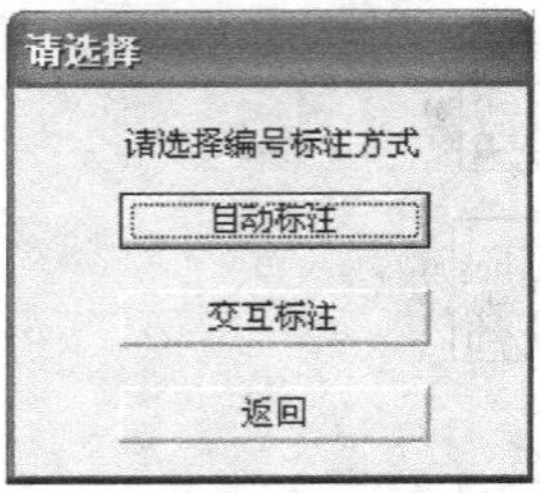

图 11-58　标注基础名称

梁配筋，则可在图纸说明中说明基础拉梁截面类型、截面尺寸、配筋、上标高、与柱节点构造要求及混凝土标号。本设计拉梁采用统一配筋，过程从略。

[7]　点击下拉菜单【标注构件】/【独基尺寸】，逐个点击独立基础标注基础平面定位尺寸。

[8]　点击下拉菜单【标注字符】/【独基编号】，弹出图 11-58 对话框，勾选【自动标注】选项，进行基础名称自动标注。

[9]　点击【轴线标注】/【标注图名】菜单，在平面图下标注图名，所绘制的基础平面图 JCCAD 将自动保存在当前工作文件夹的“施工图”子目录内，文件名为“JCPM. T”。上述过程得到的基础平面图如图 11-59 所示。

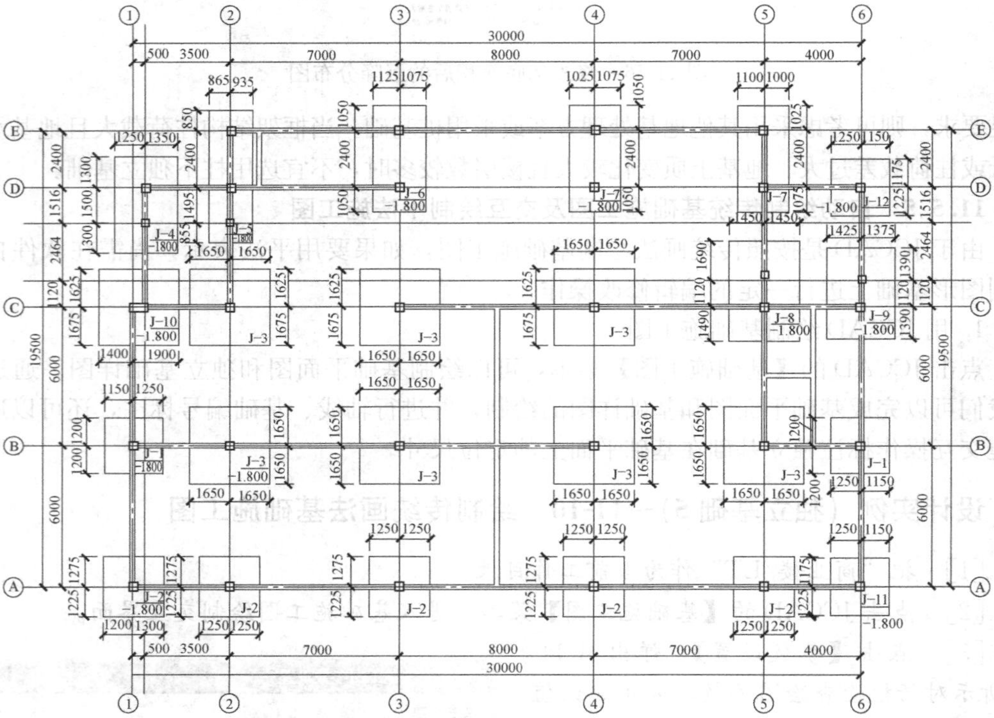

图 11-59　基础平面图

[10]　点击【基础详图】菜单，选择在当前图形中绘制详图，点击基础详图的【绘图参数】修改必要的参数，选定详图比例为 1：100（仅为绘制平法时参考），本例拟采用平面表示法，故详细参数在此不再赘述。

[11]　点击【基础详图】/【插入详图】菜单，从图 11-60 窗口中逐个勾选基础详图放置在基础平面图的一侧。

[12]　已绘制的详图软件会自动在其右侧显示勾号标志，所绘基础详图如图 11-61 所示。由于详图十分繁杂，我们只给出其大致图样供大家参考。

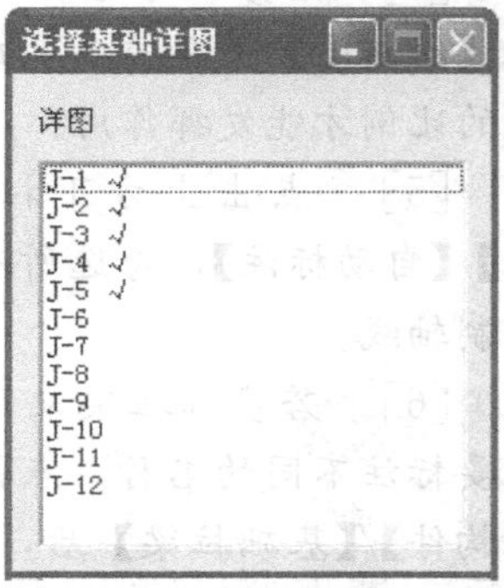

图 11-60　插入详图

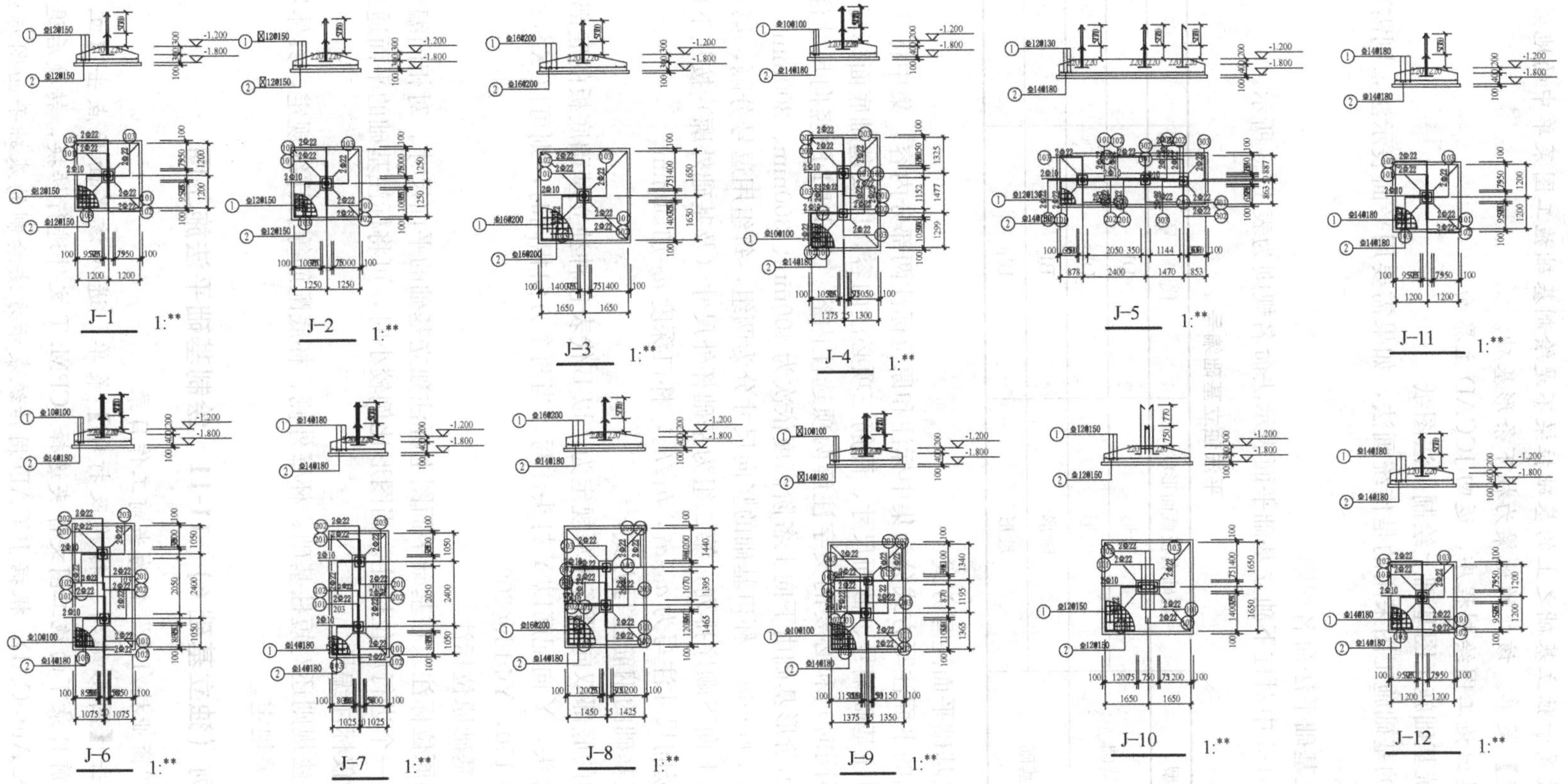

图 11-61 基础详图

[13] 设置于独立基础之上的基础拉梁不是绘制基础施工图菜单中的地梁，故不能执行【地梁裂缝】菜单。该处的地梁为柱下条形基础。

[14] 退出施工图绘制程序，返回JCCAD主界面。

2. 在传统基础施工图基础上绘制平法图纸

JCCAD的基础施工图采用的是传统画法，如果需要用平面表示法，则需要设计人员自行修改图纸。

(1) 独立基础平法命名规则

在11G101-3中对柱下独立基础平面表示法命名规则为表11-3所示。

平法独立基础编号 **表11-3**

类型	基础底板截面形状	代号	序号
普通独立基础	阶形	DJ_J	××
	坡形	DJ_P	××
杯口独立基础	阶形	BJ_J	××
	坡形	BJ_P	××

(2) 独立基础平面注写方式

独立基础的平面注写方式分为集中标注和原位标注两部分内容。集中标注系在基础平面图上集中引注基础编号、截面尺寸、配筋三项必注内容，以及基础底面标高（与基础底面基准标高不同时）和必要的文字注解两项选注内容。如DJ_j1的竖向尺寸注写为400/300/300，表示阶形基础由下向上各阶高度依次为400mm、300mm、300mm，该独立阶形基础总高度为1000mm。杯口基础的竖向尺寸分为两组，每组用逗号分隔，第一组为杯口深度尺寸按从上向下顺序排列，第二组为基础杯外尺寸（及基础外廓）按从下向上顺序注写。GJ_p1的竖向尺寸注写为a_0/a_1，h_1/h_2，杯口深度a_0加50mm。

(3) 独立基础的钢筋注写方式

独立基础的底部双向配筋注写规定为：以B代表各种独立基础底板的底部板配筋，X向配筋以X打头，Y向配筋以Y打头注写。当两个方向相同时，则可以X&Y打头注写。如B：XΦ16@150，YΦ16@200。

(4) 独立基础原位标注

独立基础原位标注系在基础平面图上标注独立基础的平面尺寸。对相同编号的独立基础，可以选择一个进行原位标注。当图形比例较小时，可将标注基础的平面适当放大，其他编号相同者仅标注编号。

另外，平法规则还对短柱基础、杯壁外侧、杯底配筋等有详细规定，具体规定请详查平法规则的有关规定。

设计实例（独立基础6）—11-11 绘制基础平法施工图

[1] 把“商业楼/LT”作为当前工作目录。

[2] 点击【图形编辑、转换及打印】菜单，进入该界面后点击【工具】/【T转DWG】，从当前目录下的施工图文件夹选择JCPM.T文件进行转换，转换后退出该程序。

[3] 进入AutoCAD，根据JCCAD用传统表示方法绘制的基础平面图标注的基础名

称、基础详图以及平法表示法绘图规则，用人工方式修改前面实例所绘的施工图，得到平法表示的基础施工图如图 11-62 所示。

[4] 把图 11-62 基础平法表示的施工图和用传统方法表示的图 11-60、11-61 施工图相比较，可以看出平法表示既简洁又直观。从传统方法修改到平法施工图并不麻烦。

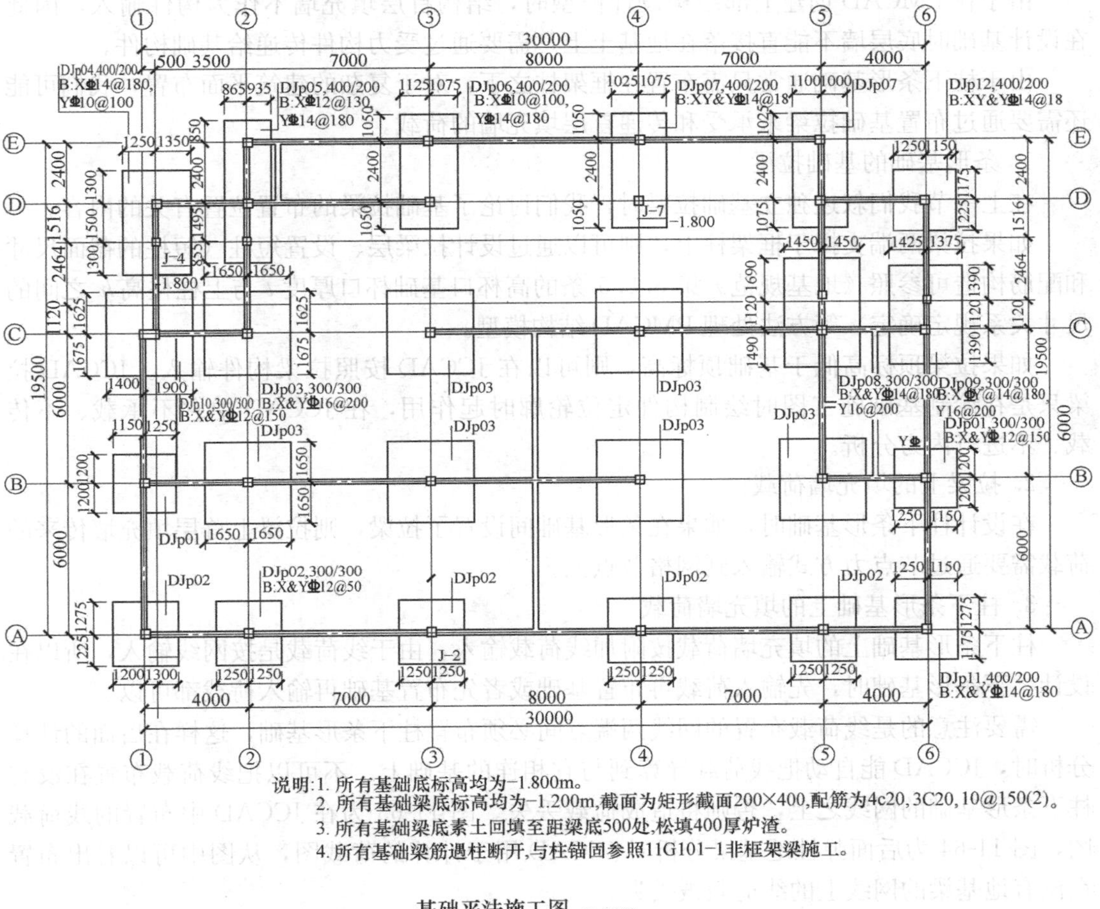

图 11-62 基础平法施工图

11.6 柱下条形基础设计

柱下条形基础是一种在多层框架结构中常用的基础类型，柱下条形基础计算方法有弹性地基梁法、倒梁法等。由于 JCCAD 是一款集成化程度很高的基础辅助设计软件，它可以设计柱下条形基础和有梁式筏板基础。柱下条形基础和有梁式筏板基础的梁肋就像搁置在地基上的梁，在 JCCAD 的交互基础输入中，将其形象地统称为地基梁，在后面的计算分析时，称之为弹性地基梁。初学者首先要理解，它们称谓的变化是由于软件集成的原因。

为了便于叙述，我们在本节仍以本书前面所设计的商业楼为设计实例工程，在此需要说明的是，作为3层商业建筑在地基承载力为170kN/m² 的情况下，使用柱下条形基础的可能性不大。

11.6.1 柱下条形基础的附加荷载和上部构件

由于在PMCAD创建上部结构设计模型时，结构首层填充墙不作为构件输入，因此在设计基础时底层墙不能直接落在地基土上，需要通过受力构件传递给基础构件。

由于柱下条形基础通常只需布置在框架柱之下，对于复杂的建筑平面布置，我们可能还需要通过布置基础拉梁来承受和传递首层填充墙的荷载。

1. 条形基础的基础拉梁

在上一节我们叙述独立基础拉梁时，我们讨论了基础拉梁的布置位置有关的内容。

如果拉梁两端支撑于框架柱上，则可以通过设计拉梁层、设置短柱（短柱的截面尺寸和配筋构造可参照《地基规范》第8.2.5条的高杯口基础杯口厚度 t 与上柱柱高 h 之间的尺寸关系规定确定）等方法处理PMCAD结构模型。

如果拉梁顶标高低于基础顶标高，则可以在JCCAD按照拉梁构件输入。JCCAD拉梁只是在绘制基础施工图时绘制构件定位轮廓时起作用，在JCCAD中它不承载、不传载、不进行内力分析。

2. 拉梁上的填充墙荷载

在设计柱下条形基础时，如果在条形基础间设置了拉梁，则拉梁上首层填充墙传来的荷载需要通过节点力方式输入到网格节点上。

3. 柱下条形基础上的填充墙荷载

柱下条形基础上的填充墙荷载按附加线荷载输入，由于线荷载是按网线输入，所以在设计柱下条形基础时，先输入荷载再布置基础或者先布置基础再输入荷载都可以。

需要注意的是线荷载布置的网线两端点间必须布置柱下条形基础，这样在后面的计算分析时，JCCAD能自动把线荷载导算到与它相连的基础上。不可以把线荷载布置在没有柱下条形基础的网线之上，否则将造成荷载丢失。图11-63为在JCCAD中布置的线荷载图，图11-64为后面弹性地基梁分析时JCCAD用于计算的荷载图，从图中可以看出布置在没有地基梁的网线上的线荷载被丢失。

附加线荷载布置与PMCAD的梁上荷载布置类似，在同一条网线上可以多次布置线荷载，每次新布置的荷载软件自动与前次布置的荷载进行累加，在进行荷载布置时应避免重复输入。

设计实例（柱下条基1)—11-12　布置附加荷载

[1]　把“商业楼/LT”作为当前工作目录。

[2]　在这里需要说明的时，由于本设计实例仅为3层框架结构无需采用柱下条形基础，采用柱下条形基础设计主要是为了说明柱下条形基础设计的主要内容。一个框架结构需要根据地基承载力、结构上部荷载大小、有无地下室、独立基础板底面积以及基础沉降量等多方面综合考虑，决定是否采用柱下条形基础。

[3]　点击JCCAD的【基础交互输入】菜单后，首先删除前面所布置或设计的拉梁、独立基础及附加节点荷载。

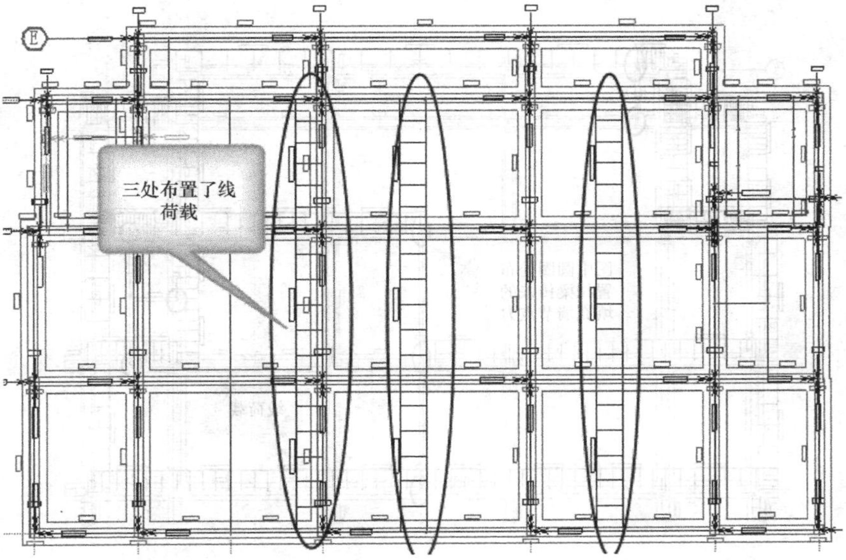

图 11-63　交互输入的线荷载

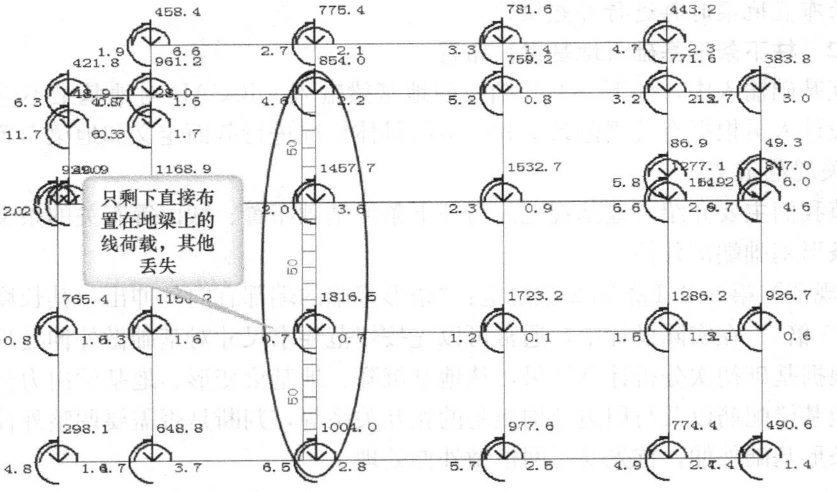

图 11-64　弹性地基梁计算时的线荷载

［4］　外墙下拉梁每米荷载为：21.44kN/m

内墙下拉梁每米荷载计算：17.9kN/m。

［5］　把基础平面图缩放到交互界面图形区以内。点击下拉菜单【文件工具】/【插入图形】，把首层建筑平面图插入到交互界面作为参考底图。

［6］　点击【附加荷载】/【加线荷载】菜单，弹出荷载参数对话框如图 11-65 所示，在对话框中输入不同的恒载标准值，布置到不同节点上，过程从略，最后

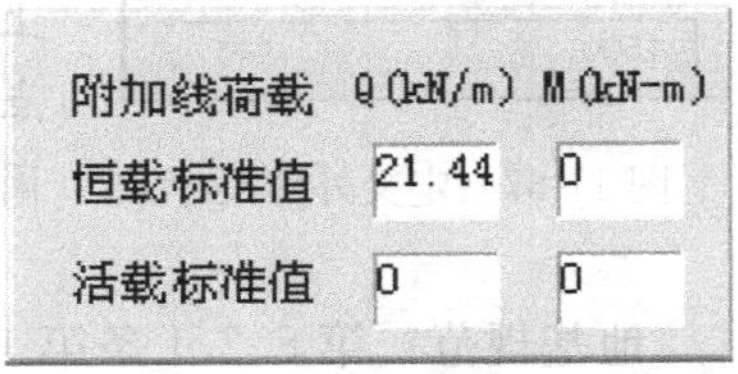

图 11-65　定义附加线荷载

得到图 11-66 所示线荷载布置。

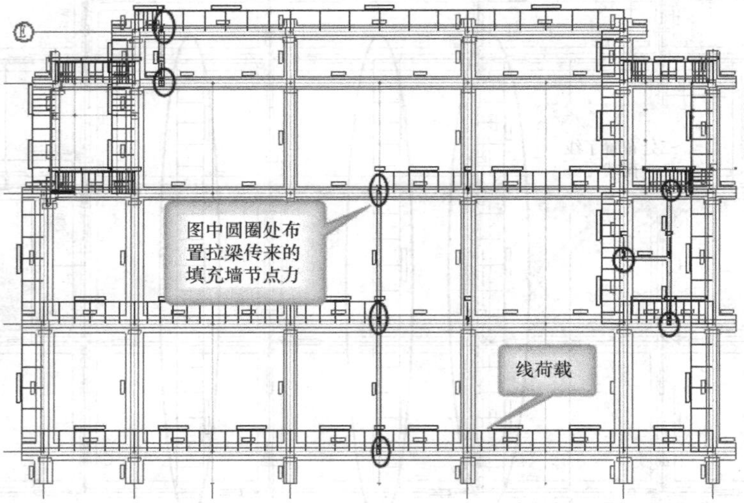

图 11-66　附加线荷载布置

[7]　卫生间及设备管井隔墙下不设条形基础，它们下面布置拉梁，拉梁与这些隔墙荷载在后面布置地梁时再进行补充操作。

11.6.2　柱下条形基础（地基梁）布置

在交互基础输入中，柱下条形基础按照地基梁输入。JCCAD 对地基梁不进行自动生成，需要设计人员根据有关规范条文和结构的具体情况进行截面定义和地梁布置。

1. 有关规范条文

在本节我们主要介绍《地基规范》与柱下条形基础布置、截面等有关的条文。

(1) 条形基础端部外伸

《地基规范》第 8.3.1 条第 2 款规定："条形基础的端部宜向外伸出，其长度宜为第一跨距的 0.25 倍。"在实际设计中，通常可以先按规范要求尺寸对基础做外伸处理，设计人员还需要根据基础初次分析计算结果，从地基沉降、地基梁变形、地基梁内力分布、地基梁反力、地基梁配筋以及与周边结构地基的相互关系等，判断是否需要调整外伸长度。

要使条形基础外伸，首先要对网格做外伸处理。

设计实例（柱下条基 2）—11-13　网格外伸

[1]　把"商业楼/LT"作为当前工作目录。

图 11-67　定义外伸尺寸

[2]　根据结构柱网布置，依据规范条文，确定网格上、下、左右外伸尺寸分别为 60mm、1500mm、1000mm，点击【网格节点】/【网格外伸】菜单，从图 11-67 中输入不同的外伸尺寸，点击外伸网线端点，对网线做外伸操作。

(2) 地梁截面尺寸

《地基规范》第 8.2.1 条第 1 款规定："锥形基础的边缘高度不宜小于 200mm，且两个方向的坡度不宜大于 1∶3；阶梯型基础的每阶高度，宜为 300～500mm。"

第 8.3.1 条规定："柱下条形基础的构造，除应符合第 8.2.1 条的要求外，尚应符合：柱下条形基础的基础梁的高度宜为柱距的 1/4～1/8。翼板厚度不应小于 200mm。当翼板厚度大于 250mm 时，宜采用变厚度翼板，其顶面坡度宜小于或等于 1∶3；现浇柱与条形基础梁的交接处，基础梁的平面尺寸应大于柱的平面尺寸，且柱的边缘至基础梁边缘的距离不得小于 50mm。"

如果基础梁宽度过宽，可以按规范规定，对基础梁进行侧腋处理，基础梁侧腋处理可不在 JCCAD 中输入，但是最后需要在基础平面图上画出侧腋，并注明要按照 11G101-3 第 75 页的"JL 基础梁与柱结合部侧腋构造"处理配筋，如图 11-68 所示的为其中一种侧腋配筋图。

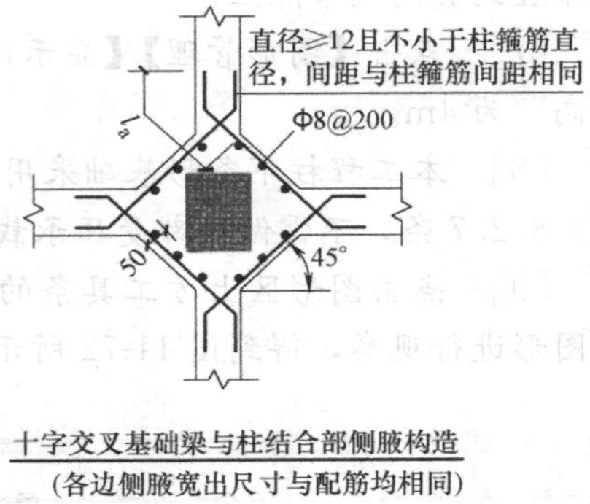

图 11-68　1G101-3 第 75 页截图

2. 确定地梁截面尺寸及地梁布置

设计实例（柱下条基 3)—11-14　确定地梁截面尺寸并布置地梁

[1]　把"商业楼/LT"作为当前工作目录。

[2]　本例依照规范对柱下条形基础截面构造要求，选定最大柱网间距确定地梁截面高度为 1000mm，翼缘宽度设定为 1400mm，梁肋宽选为 350mm，由于框架柱尺寸也为 350mm，地梁与柱交点为位置在施工图绘制阶段改为采用侧腋方案，翼缘端高取为 200mm，翼缘根部高度取为 450mm，在此处不能输入侧腋，翼缘其他尺寸见图。

[3]　点击【地基梁】/【地梁布置】菜单，在弹出的图 11-69 窗口中点击【新建】按钮，在图 11-70 对话框中输入地梁尺寸。

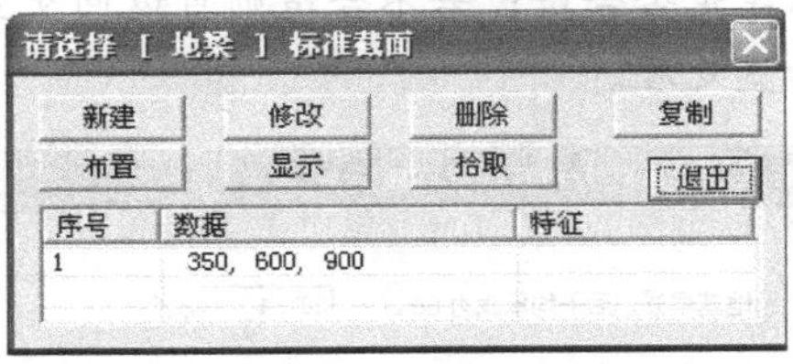

图 11-69　地梁布置对话框

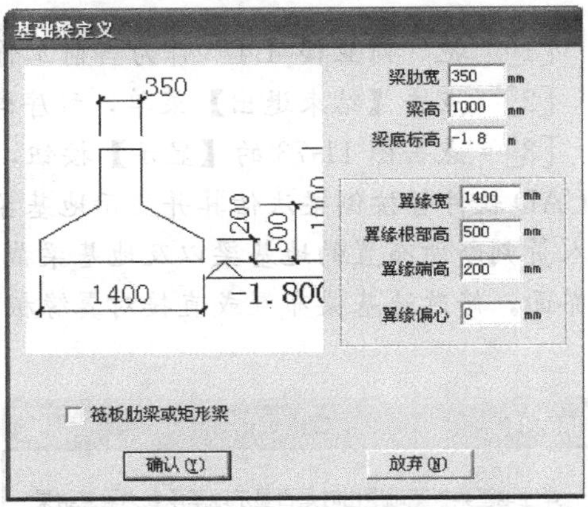

图 11-70　地梁布置对话框

[4]　选中所定义的地梁截面，采用交互方式布置地梁，得到图 11-71 所示地梁布置方案。

[5]　点击【上部构件】/【拉梁】菜单，在卫生间隔墙及设备管井隔墙下布置拉梁。

[6]　点击【荷载输入】/【附加荷载】/【节点荷载】菜单，把卫生间隔墙及管井隔墙荷

载布置到其两端节点上。

[7] 点击【图形管理】/【显示内容】，在弹出的对话框中设定“三维显示时柱、墙上标高”为4m。

[8] 本工程柱下条形基础采用C35混凝土，与上柱混凝土标号相同，根据《地基规范》8.2.7条，不需做局部受压承载力验算。

[9] 点击图形区上方工具条的【三维显示】按钮，通过【Ctrl】+鼠标滚轮平滑旋转图形进行观察，得到图11-72所示轴测图形。

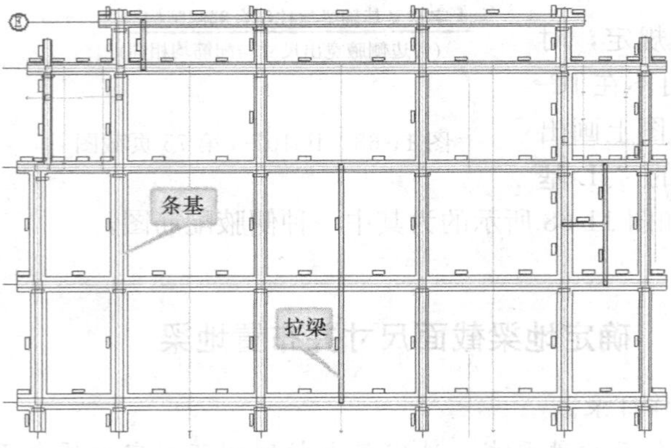

图11-71 地梁布置方案

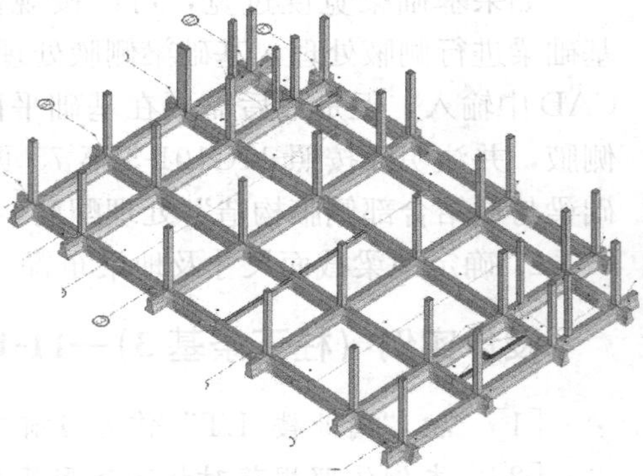
图11-72 基础轴测观察图

3. 退出检查

地梁布置完毕，在退出时JCCAD还将对基础布置是否合理进行自动检查，根据检查结果，可以确定下一步具体工作。

设计实例（柱下条基4）—11-15 退出交互输入时检查

[1] 把“商业楼/LT”作为当前工作目录。

[2] 点击【结束退出】菜单，程序弹出图11-73所示对话框。

[3] 点击图11-73的【显示】按钮，程序弹出图11-74所示对话框，在该对话框中，JCCAD软件暂按倒梁法估算并显示地基梁底板平均反力和修正后地基平均承载力，供设计人员判断所布置的地基梁以及地基梁截面、埋深等是否合适；若不合适则可返回交互输入界面，修改地基梁布置或直接对翼缘板宽进行加宽处理。

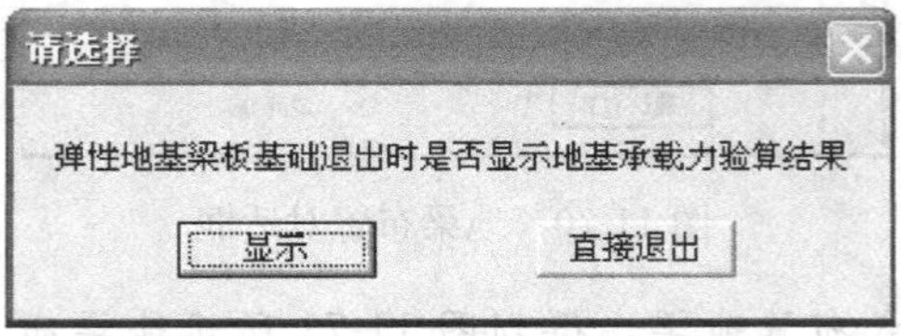

图11-73 退出选择对话框

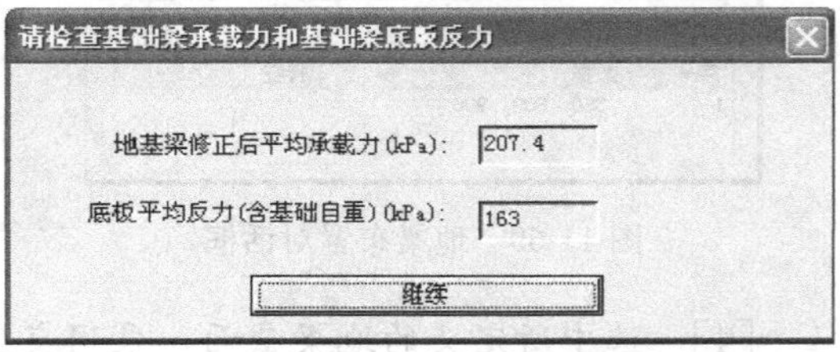

图11-74 估算承载力指标

[4] 由于柱下条形基础通常采用弹性地基梁方法计算地基反力，所以最后的地基梁上的地基反力分布并不均匀，若程序估算的平均地基反力接近修正后的平均地基承载力，

则可能导致分析后地基超载，所以应直接返回修改地基梁布置。本算例结果可以不修改地基梁布置。

[5] 后面程序会继续显示各种组合下荷载分布图，从命令行可以看到所显示内容的提示，对于柱下条形基础可以不管这些内容，一直左击鼠标，直到退出交互输入界面为止基础交互输入结束。

当柱下条形基础经过后面的沉降计算和地基梁内力计算后，若有基础沉降差、地基承载力不满足规范要求，或者出现地基梁承载力不足、梁超筋、裂缝超宽等情况，则应返回基础交互设计界面，通过调整基础翼缘宽度、基础梁高度、增加基础埋深等予以调整，若在合理调整之后尚不能满足要求，则应考虑整个基础或者基础的一部分改成其他基础类型，重新进行基础设计。

11.6.3 弹性地基梁沉降计算

柱下条形基础交互输入之后，即可执行图 11-75 所示的弹性地基梁计算环节。首先需要进行的是基础沉降计算。对于复杂结构的地基条件，沉降控制是基础设计中比较复杂的一项工作。

1. 基础沉降计算方法

点击【基础沉降计算】菜单，系统进入沉降计算界面。刚进入该界面时图形窗口尚未显示任何内容，此时界面右侧有图 11-76 所示的菜单可供选择。

图 11-75 弹性地基梁计算

图 11-76 沉降计算菜单

【刚性计算】：基础和上部结构刚度较大的筏板基础采用此菜单，独立基础和柱下条形基础通常不采用此方式进行分析计算。

【柔性计算】：对于独立基础、墙下条形基础、柱下条形基础、刚度较小和刚度不均匀的筏板基础通常需采用柔性计算方法计算地基沉降量。

点击【柔性计算】菜单，程序读入地质资料并显示勘测孔位与基础平面图，并询问用户地质资料平面与基础平面对应位置关系是否准确；若不准确则需返回到基础交互输入中进行地质资料位置调整。依据命令提示继续进行，JCCAD 弹出图 11-77 所示对话框。

2. 基础沉降计算参数

下面我们解释一下在进行弹性地基梁地基沉降时的几个参数：

“沉降计算经验系数”：柱下条形基础通常填 0，由程序自动按《地基规范》给出的沉

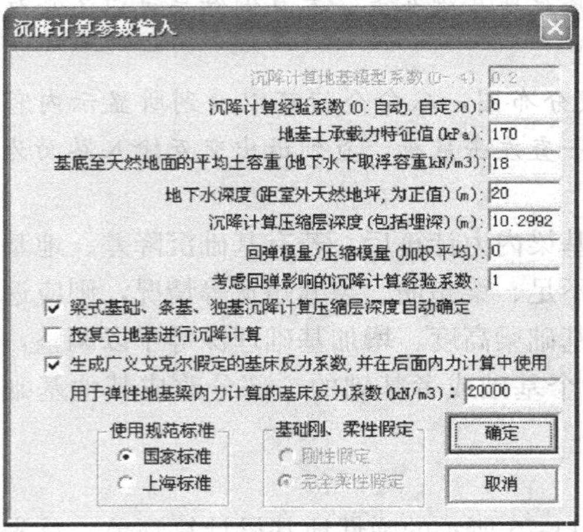

图 11-77　沉降计算参数输入

降计算经验系数进行沉降修正。

“基底至天然地面的平均容重”：按实际土层厚度加权平均取值。有地下水的地基土部分取浮容重。

“地下水深度”：按地下水位距室外天然地坪距离填写，该值为正值。

“沉降计算压缩层深度”：对于梁式条形基础、独立基础和墙下条形基础，程序自动计算压缩层深度，当选择“梁式基础、条形基础、独立基础沉降计算压缩层深度自动确定”，此处数据不起作用。

“回弹模量/压缩模量”：此项是根据《地基规范》第 5.3.10 条和《箱筏规范》第 3.3.1 条的要求出现的，这样在沉降计算中考虑了基坑底面开挖后回弹再压缩的影响，回弹模量或回弹再压缩应按相关实验取值。该参数取 0 时，计算就不考虑回弹影响和回弹再压缩影响。柱下条基通常为浅基础，可填 0。

“梁式基础、条基、独基沉降计算压缩层深度自动确定”：柱下条基勾选此项。

“用于弹性地基梁内力计算的基床反力系数”：JCCAD 按完全柔性方法计算地基沉降，此系数与沉降无关，但是在这里输入的基床反力系数，软件会传递给下一步的弹性地基梁内力计算。在这里我们暂不讨论基床系数问题，有关此方面的讨论详见后面弹性地基梁结构计算。

3. 基础沉降结果查询

当地基沉降系数填好之后，JCCAD 弹出图 11-78 所示对话框，要求用户给出保存计算结果的文件名，在该对话框可以选用默认文件名或指定文件名，向下继续执行后软件会在极短时间内完成沉降计算，再按照图 11-79 所示菜单操作即可进行沉降观察。

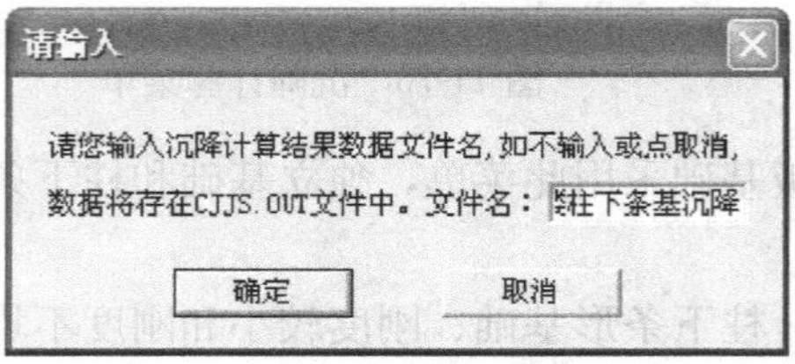

图 11-78　沉降计算参数输入

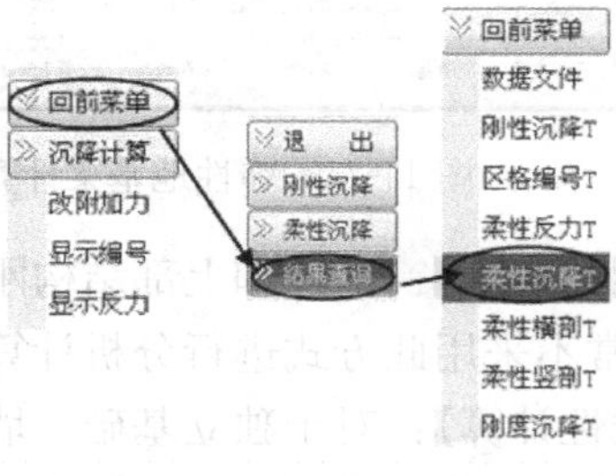

图 11-79　沉降计算菜单

对地基沉降控制要求可参考第 11.4 节有关内容。柱下独立基础主要控制柱间沉降差。

设计实例（柱下条基 5）—11-16　沉降计算及校核

[1]　把“商业楼/LT”作为当前工作目录。

[2] 点击JCCAD主界面的【地基梁板弹性地基梁法计算】/【基础沉降计算】菜单，进入沉降计算界面，点击【柔性计算】菜单，确认地质参数位置正确，并输入【地基沉降】计算参数。JCCAD能够读入在此前输入的有关参数，对新参数取软件默认值，勾选【压缩层深度自动确定】选项，取软件默认计算结果文件，在JCCAD沉降计算结束后，按照图11-79操作顺序，可得到柔性计算沉降。

[3] 还可点击【刚度沉降】观察JCCAD考虑荷载变化、地基刚度变化、基础梁刚度、上部结构刚度影响得到的柔性沉降的修正沉降量，如图11-80所示。刚度沉降为考虑基础刚度修正的沉降量，参见第11.4节。

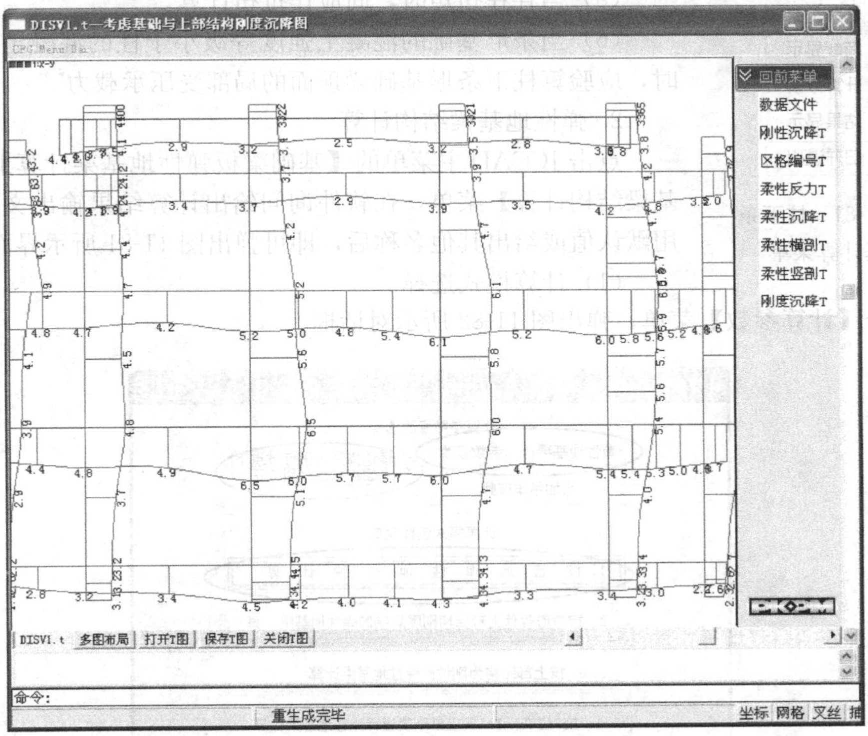

图11-80 柱下条基刚度沉降图

[4] 观察柱间沉降差显然满足规范要求。然后进行柱下条形基础内力计算及地基承载力校核。

若基础沉降满足规范限制要求，则可以继续进行柱下条形基础内力计算。

11.6.4 柱下条基内力计算

通过基础内力计算，我们可以得知所设计的基础是否能满足地基承载力要求，若不满足则需修改基础尺寸及基础布置方案，乃至选择其他基础类型。

1. 地基规范相关条文

《地基规范》第8.2.6条规定："扩展基础的基础底面积，应按本规范第5章有关规定确定。在条形基础相交处，不应重复计入基础面积。"

《地基规范》第8.3.2条规定："柱下条形基础的计算，除应符合本规范第8.2.6条外，尚应符合下列规定：

（1）在比较均匀的地基上，上部结构刚度较好，荷载分布较均匀，且条形基础梁的高度不小于 1/6 柱距时，地基反力可按直线分布，条形基础梁的内力可按连续梁计算，此时边跨跨中弯矩及第一内支座的弯矩值宜乘以 1.2 的系数。

（2）当不满足本条第 1 款的要求时，宜按弹性地基梁计算。

（3）对交叉条形基础，交点上的柱荷载，可按静力平衡条件及变形协调条件，进行分配。其内力可按本条上述规定，分别进行计算。

（4）应验算柱边缘处基础梁的受剪承载力。

（5）当存在扭矩时，尚应作抗扭计算。

（6）当条形基础的混凝土强度等级小于柱的混凝土强度等级时，应验算柱下条形基础梁顶面的局部受压承载力。”

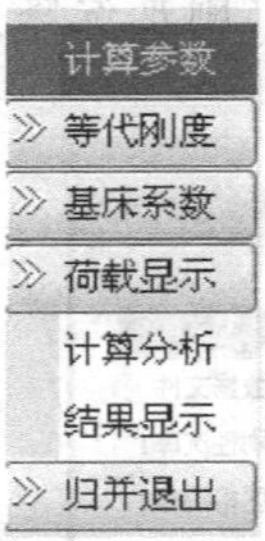

图 11-81　柱下条基计算菜单

2. 弹性地基梁结构计算

点击 JCCAD 主菜单的【基础梁板弹性地基梁计算】/【弹性地基梁结构计算】菜单，在软件询问给出计算结果输出文件名时采用默认值或给出其他名称后，即可弹出图 11-81 所示界面菜单。

（1）计算模式选择

点击【计算参数】菜单，弹出图 11-82 所示对话框。

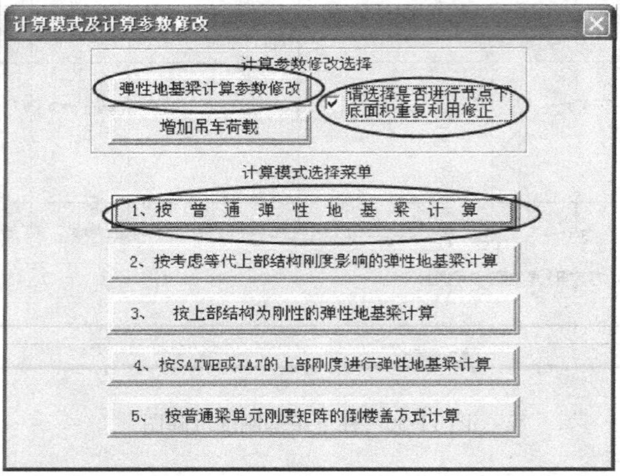

图 11-82　柱下条基计算菜单

依照《地基规范》第 8.2.6 条规定，在条形基础相交处，不应重复计入基础面积。故需勾选图 11-82 中的“节点下底面积重复修正”选项。

当弹性地基梁基础满足《地基规范》第 8.3.2 条第 1 款规定时选择“按普通梁单元刚度矩阵的楼盖倒梁法”，否则通常选择“按普通弹性地基梁计算”。

（2）弹性地基梁计算参数修改

点击该对话框的【弹性地基梁计算参数修改】按钮，打开图 11-83 所示【弹性地基梁计算参数修改】对话框，在该对话框中修改计算参数，并点击【确定】。

弹性地基基床反力系数：根据文克勒假设，地基上任一点所受的压力强度 p 与该点

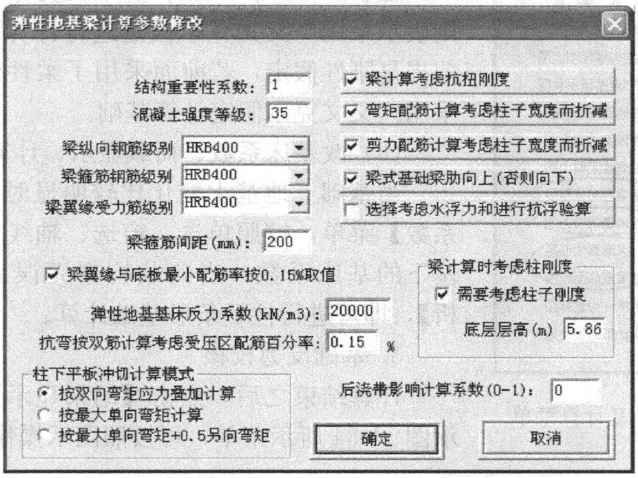

图 11-83　弹性地基梁计算参数修改

的地基沉降量 s 成正比，且有 $p=Ks$，这个比例系数 K 称为基床反力系数，简称基床系数。JCCAD 用户手册附录 C 给出了基床系数的参考值，现摘录如表 11-4 所示。

基床系数的参考值　　表 11-4

土 的 名 称	状 态	$K(kN/m^3)$
淤泥质土、有机质土或新填土		1000～5000
软弱黏性土		0.5×104～1.0×104
黏土、粉质黏土	软塑	10000～20000
	可塑	20000～40000
	硬塑	40000～100000
砂土	松散	10000～15000
	中密	15000～25000
	密实	25000～40000
砾石	中密	25000～40000
黄土及黄土类粉质黏土		40000～50000
软弱土层内摩擦桩		10000～50000
穿过软弱土层达到密实砂层或黏性土层的桩		50000～150000
打到岩层的支承桩		8000000

基床系数的确定比较复杂，它不仅是单纯表征土的力学性质的计算指标，还受基底压力的大小和分布、压缩性、土层厚度、邻近荷载等的影响。基床系数 K 值难于准确确定，必要时可以通过试验方法。尽管 K 的取值可能出入较大，但对梁的弯矩和剪力计算结果还不致有太大影响。在实际设计时，可以根据基础类型和地基土情况选择适当的参数值。

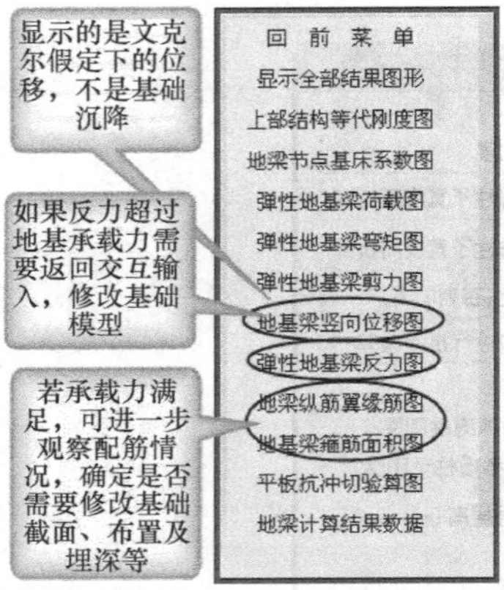

图 11-84　柱下条基计算菜单

在JCCAD中，如果基床反力系数输入值为负值，则表示采用广义文克尔假定进行计算。广义文克尔假定前提是刚性假定，若前面采用了柔性假定，则软件不能采用广义文克尔假定计算基础。

（3）改基床系数、荷载显示、计算分析

当基础下地基土变化比较明显时，可通过【改基床系数】菜单，按照单选、窗选、轴线等方式修改部分条基下的基床系数；当荷载检查无误后，点击【计算分析】，即可进行柱下条形基础计算。

3. 基础反力校核

计算结束之后，点击【结果显示】菜单，软件会显示图11-84所示菜单，可按照图示操作进行基础设计。

设计实例（柱下条基6）—11-17　条基计算及承载力校核

[1]　把“商业楼/LT”作为当前工作目录。

[2]　点击JCCAD主菜单的【基础梁板弹性地基梁计算】/【弹性地基梁结构计算】菜单，采用默认结果文件后，进入计算分析界面，点击【计算参数】菜单，按照图11-83修改计算参数，勾选图11-82的“底面积重复利用修正”，选择“按普通弹性地基梁”。

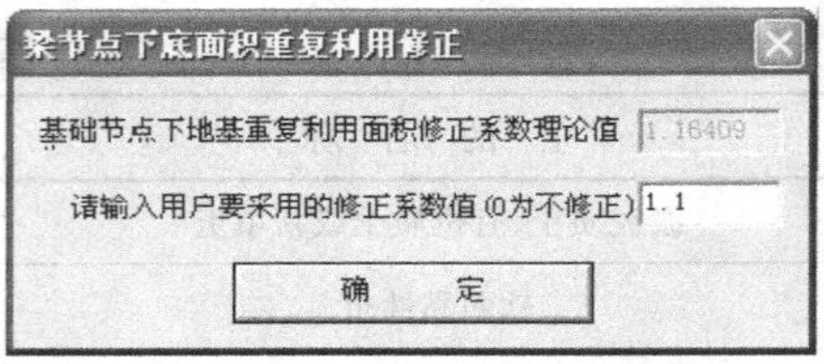

图 11-85　重复利用修正系数

[3]　点击【基床系数】和【荷载显示】，查看有关数据，不做修改。

[4]　点击【分析计算】进行柱下条基计算，弹出图11-85所示对话框，在对话框中输入节点下地基重复利用修正系数为1.1。

[5]　点击【结果显示】菜单，点击弹出的如图11-84窗口的【弹性地基梁反力图】，得到图11-86所示图形。

[6]　经各项内力查看，未有超过实例11-14中修正后地基承载力207kN/m^{2}的内力，地基承载力满足要求。

[7]　点击图11-84的【回前菜单】，返回交互计算界面。

[8]　点击归并退出，选择归并系数为默认值，结束计算。

11.6.5　绘制柱下条形基础施工图

JCCAD可以绘制基于平法规则的柱下条形基础施工图。需要说明的是，如果在绘图过程中，出现梁上不标注钢筋的情况，则说明基础有出现超筋或者裂缝宽度不满足要求的情况，需要检查修改后才能正确绘制平法施工图。

设计实例（柱下条基7）—11-18　绘制柱下条基施工图

[1]　把“商业楼/LT”作为当前工作目录。

[2]　点击JCCAD主菜单的【基础施工图】菜单，进入交互绘制施工图界面。

[3]　点击【参数设置】菜单，弹出如图11-87所示对话框，按照图示设置参数和勾

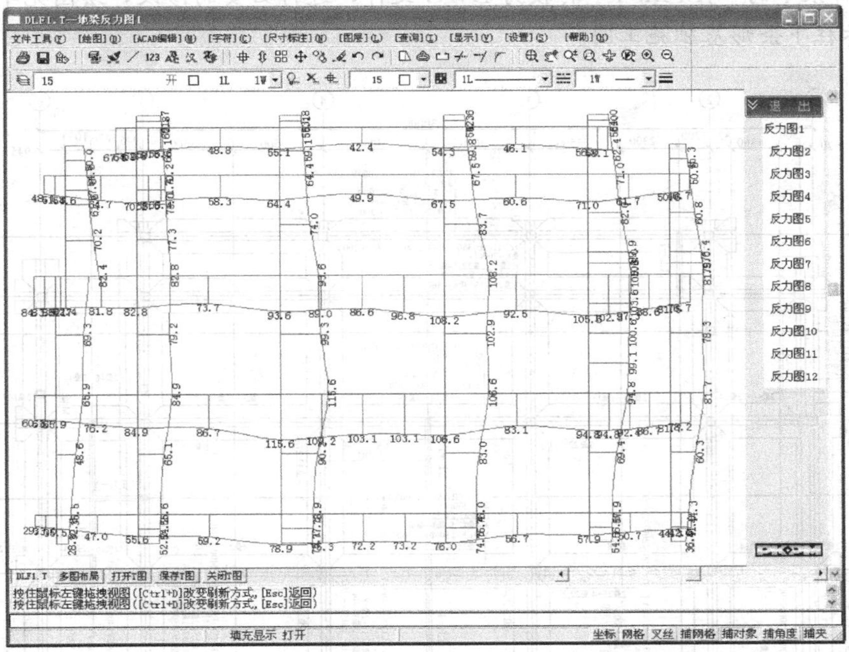

图 11-86 基底反力图

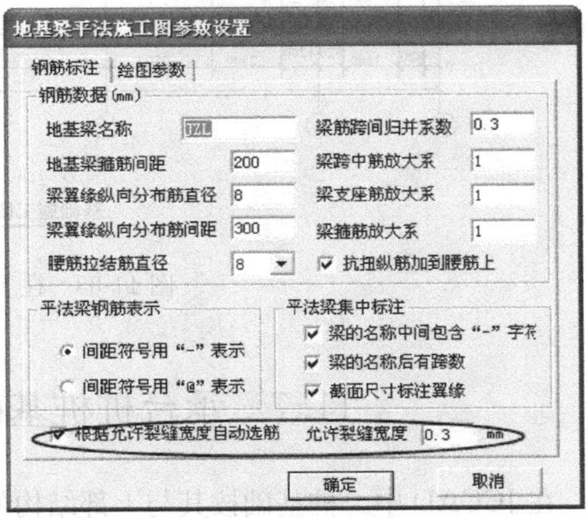

图 11-87 平法参数设置

选项。对话框中的【绘图参数】取用默认值。

[4] 点击【梁筋标注】菜单，由程序自动用平法标注钢筋。由于勾选了“根据允许裂缝宽度自动选筋”，故不需进行裂缝宽度验算。

[5] 点击下拉菜单【轴线标注】/【自动标注】，标注轴线尺寸。

[6] 点击下拉菜单【轴线标注】/【交互标注】，从弹出的对话框去掉“总尺寸”、“轴线号”勾选项，在基础平面图上点击拉梁及条基轴线，标注拉梁定位尺寸。首次标注时注意按命令行提示。也可以等最后把绘制的 T 文件转换为 DWG 文件，进入 AutoCAD 再行标注。

[7] 点击下拉菜单【标注字符】/【拉梁编号】，给基础拉梁统一编名为 LL1，配筋将在说明给出。

[8] 点击下拉菜单【轴线标注】/【标注图名】在图下方标注图名。

[9] 单击右侧【基准标高】菜单，注写基础基准标高。其他图纸说明部分从略。

[10] 最后退出绘图界面，点击 JCCAD 主界面的【图形编辑、转换及打印】菜单，

选中工作目录下的“JCPM. T”转换为DWG文件，进行必要的修改，绘图完毕，得到图11-88所示柱下条形基础施工图。

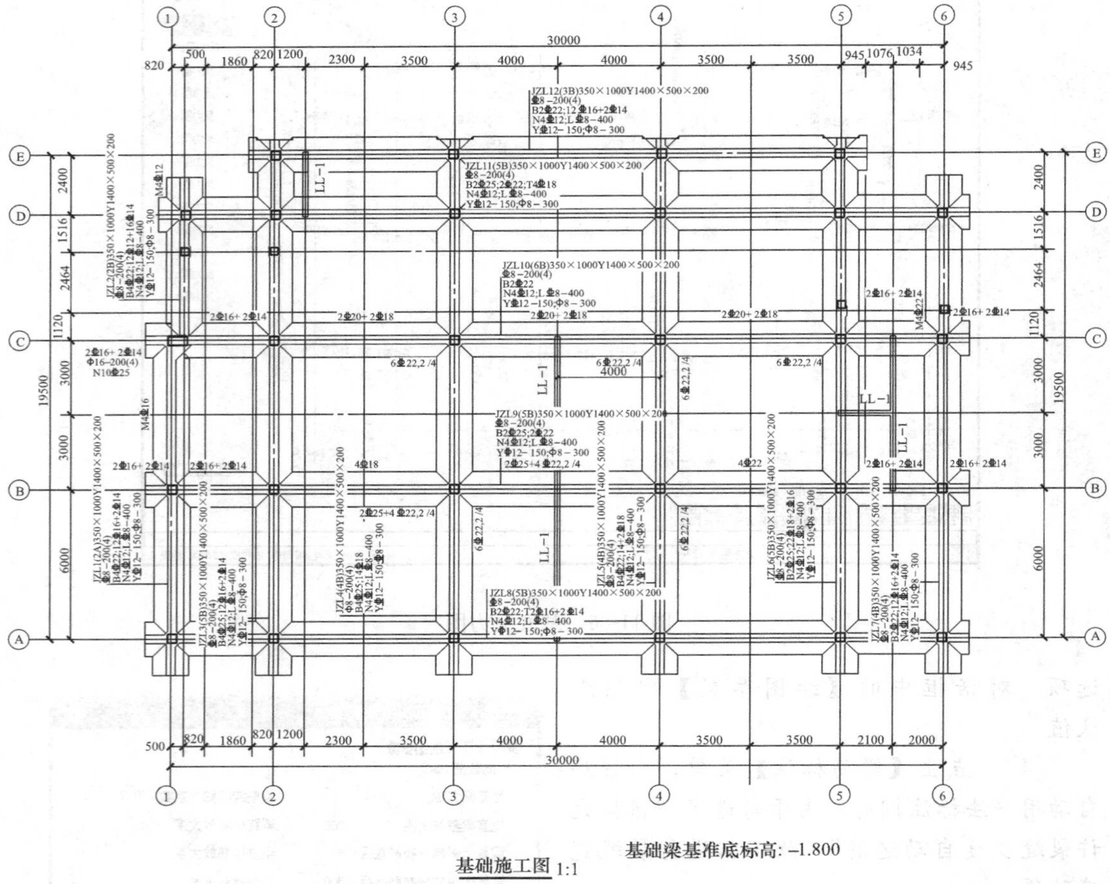

图 11-88　柱下条形基础平面图

11.7　承台桩桩基础设计及施工图绘制

在JCCAD中，桩基础按其与上部结构的连接方法分为承台桩和非承台桩。通过承台与上部结构的框架柱相连的桩称为承台桩，通过筏板或地梁与上部结构相连的桩基础为非承台桩。JCCAD能自动进行桩承台和布桩设计。

11.7.1　JCCAD承台桩交互输入

承台桩基础由基桩和连接于桩顶的承台共同组成。JCCAD桩承台软件部分可以实现单柱下独立桩承台基础、联合承台、围桩承台、剪力墙下桩承台、承台加防水板等桩承台基础的设计。

在地质资料输入之后，点击JCCAD的【基础人机交互输入】主菜单进入交互设计界面，参照前面11.3节完成从地质资料导入到上部荷载输入工作之后，即进入承台桩交互输入。

1.【上部构件】布置

承台桩与独立基础类似，建筑底层填充墙荷载要通过拉梁传递给桩承台，拉梁的相关概念及输入操作可参照 11.5.1 节所述内容。

2.【附加荷载】布置

与 11.5.2 节一样，作用于拉梁上的填充墙荷载需要以附加节点力的方式布置到承台节点上。

3.【桩承台】交互设计

点击【承台桩】菜单，JCCAD 显示如图 11-89 所示桩承台交互输入子菜单。

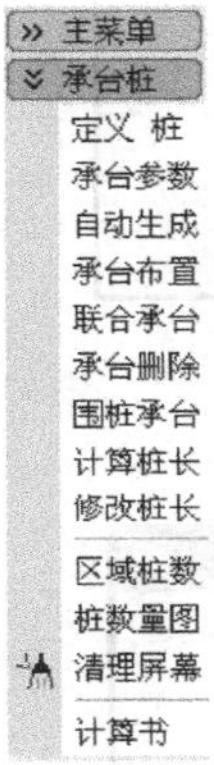

图 11-89 桩承台子菜单

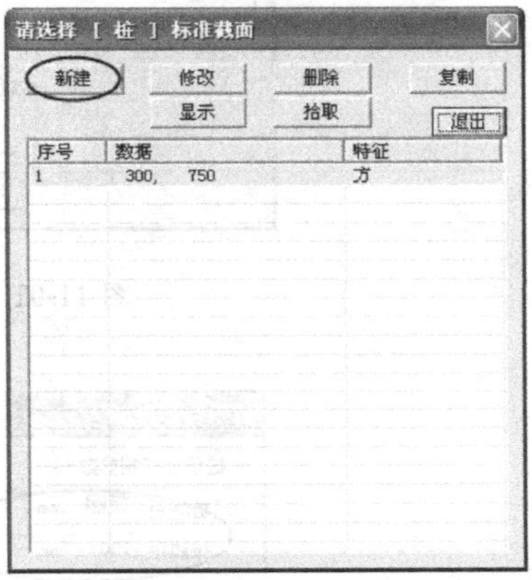

图 11-90 桩选择对话框

(1)【定义桩】

点击【定义桩】菜单，软件弹出类似梁柱构件布置的对话框如图 11-90 所示。

点击该对话框的新建按钮，可以弹出图 11-91 所示的【定义桩】对话框。

从图 11-91 所示【定义桩】对话框中，设计人员可以根据地质资料、施工工艺和桩静载试验结果等选择或定义桩类型、单桩竖向承载力特征值、桩直径或截面尺寸等参数，供后面 JCCAD 自动设计桩承台用。

《地基规范》第 8.5.6 条规定：单桩竖向承载力特征值应通过单桩竖向静载荷试验确定，规范附录 Q 给出静桩试验要点，并规定以单桩静载 P-S 曲线陡降段起点确定单桩极限承载力和以单桩极限承载力的一半作为桩承载力特征值。

在进行桩初步设计时，单桩竖向承载力特征值可按《地基规范》第 8.5.6 条第 4 款公式进行计算，在 JCCAD 中，我们可以通过【地质资料输入】的【点柱状图】菜单对设计桩长和单桩竖向承载力特征值进行估算，具体操作参见 11.2.2 节和本章后面的例题。

(2) 承台参数

点击【承台参数】菜单，程序弹出图 11-92 所示对话框。在该对话框中，设计人员需要依据规范定义桩的间距、桩边距，根据工程情况选择定义承台的类型、底标高和钢筋级别。

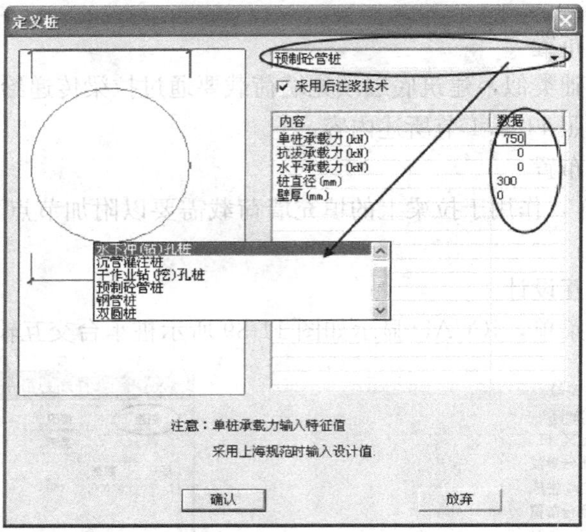

图 11-91　桩类型和参数定义对话框

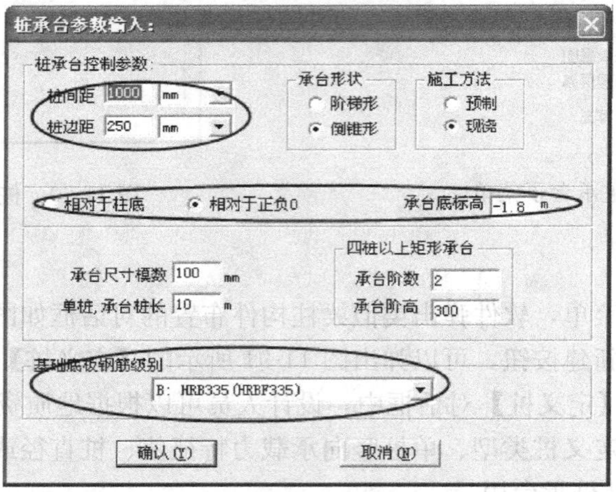

图 11-92　承台参数定义对话框

《地基规范》第 8.5.3 条和《桩基规范》第 3.3.3 条规定了摩擦桩间距等，规范规定：摩擦型桩的中心距不宜小于桩身直径的 3 倍；扩底灌注桩的中心距不宜小于扩底直径的 1.5 倍，当扩底直径大于 2m 时，桩端净距不宜小于 1m。在确定桩距时尚应考虑施工工艺中挤土等效应对邻近桩的影响。

《地基规范》第 8.5.16 条规定：桩距可采用 4～6 倍桩直径。

《地基规范》第 8.5.17 条及《桩基规范》第 4.2.1 条对桩承台构造尺寸做了规定。规范规定：立柱下桩基承台的最小宽度不应小于 500mm，边桩中心至承台边缘的距离不应小于桩的直径或边长，且桩的外边缘至承台边缘的距离不应小于 150mm。对于墙下条形承台梁，桩的外边缘至承台梁边缘的距离不应小于 75mm。承台的最小厚度不应小于300mm。

（3）承台自动生成

当桩定义和承台参数定义好之后，点击【自动生成】菜单，JCCAD即自动生成桩承台。程序自动生成桩承台过程大致为：程序首先按照传至承台底面的最大竖向荷载的标准组合值计算出桩的根数，再根据桩的根数从JCCAD的承台选型库中选出相应的承台形状，按照承台参数给出承台下桩的初步布置位置，之后再对各个荷载工况标准组合分别计算，按照上部结构传递至承台顶处的弯矩、剪力校核布桩情况，以承台参数中桩间距为最小距离调整桩布置，计算出最终抵抗弯矩所需的桩间距和桩布置，若目前桩数及排布情况不能满足抗弯抗剪要求，则程序自动增加桩的根数，并重新生成承台形状，直到满足要求为止。

桩位布置之后，JCCAD对承台高度进行迭代验算生成满足冲剪要求的最小高度，并按照承台参数中的桩边距和承台高度生成承台的几何尺寸，最后对承台进行受弯计算得到底板配筋。

一般情况下，通过桩【自动生成】可以完成大多数承台桩设计，当遇到复杂工程时可能会出现桩布置不成功或桩布置不合理的情况，此时则需要通过【承台布置】和【围桩承台】进行人工干预。

（4）【计算桩长】

此菜单程序根据单桩承载力和地质资料计算桩长，并在基础平面图上予以显示。

（5）【桩数量图】、【区域桩数】

点击该菜单，程序显示所需的理论桩数，通过该数与实际桩数比较，设计人员可以确定设计的下一步方略。

（6）承台删除和桩删除

点击【承台删除】菜单，可以通过围窗、轴线、单选等多种方式删除基础平面上的桩承台。要删除桩基，则需要回到上一层菜单，点击【非桩承台】菜单，从它下面可以找到【桩删除】菜单。

（7）承台布置

承台布置用于设计人员人工修改承台自动设计结果或人工布置承台。对于程序无法自动生成的桩承台，如剪力墙下桩承台、短肢剪力墙下桩承台等，或自动生成的桩承台不能满足工程需求时，也可以采用人工定义桩承台并人工布置在相应位置的方式进行交互设计。

点击【承台布置】菜单，程序弹出【选择承台】对话框如图11-93所示，点击该对话框的【新建】按钮打开图11-94所示对话框。

设计人员可以参考【桩数量图】、【区域桩数】显示的桩数量，自行选择定义承台类型和桩之后，再人工进行已有承台的删除和布置，进行布桩承台优化。

（8）围桩承台

通过【围桩承台】菜单可以把非承台下的群桩或几个独立桩围栏而生成一个承台桩。点击菜单后，可把在【非承台桩】菜单条目下输入的无承台的单桩或群桩，按围区方式选取将要生成承台的桩，可形成桩承台。

（9）计算书

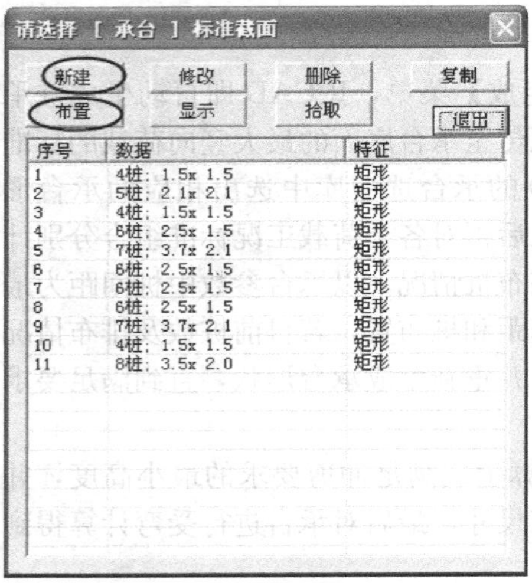

图 11-93 选择承台对话框

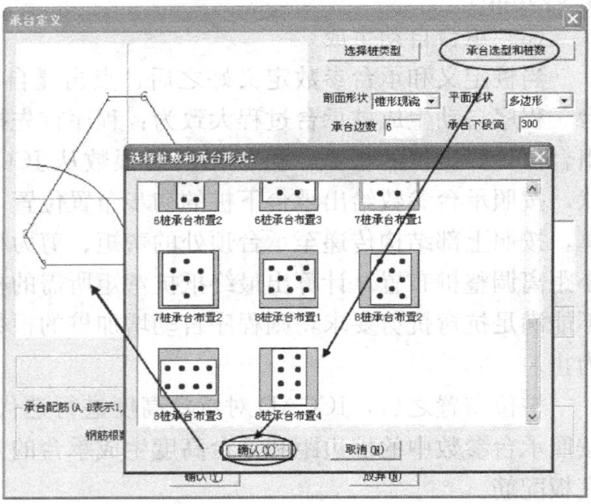

图 11-94 承台定义对话框

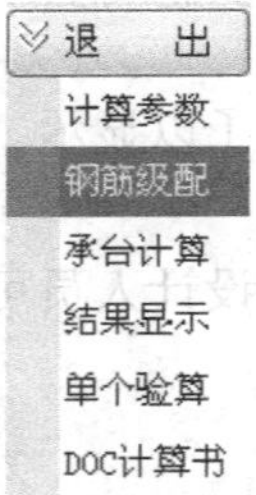

图 11-95 承台参数定义对话框

点击【计算书】菜单，可以显示其下级子菜单如图 11-95 所示。有过【桩基承台及独基沉降计算】使用经历的设计人员，都会发现此部分内容与在 JCCAD 主界面上点击【桩基承台及独基沉降计算】使用的是同一个程序模块。

JCCAD 对于初学者来说，在这里进行了操作，到后面执行沉降计算发现好像进了迷宫一样，故此部分内容暂时留在后面介绍。之所以 JCCAD 在这里出现这样的情况，是由于承台桩设计不仅有自动设计，还有人工布置承台桩等人工干预过程，在人工布置修改承台桩过程中，设计人员并未进行承台计算，所以为了防止出现设计安全隐患，JCCAD 在程序流程上做了这样的处理。这也是面向对象的软件设计方法和面向过程的基础设计之间矛盾共同作用的结果。

4. 重心校核

承台桩自动设计或交互布置完成之后，点击【重心校核】菜单，用户通过围栏选择方式选择整个基础平面所有桩或者部分区域的桩，观察荷载重心和桩群形心位置，以及桩群总抗力和区域合力。

“选荷载组”子菜单是供用户在所有荷载组合中选择其中一组进行重心校核，每次只能选择一组，若要用多组荷载校核，须分多次进行。特别对于联合承台，设计人员要注意校核恒加活组合下的重心的偏心距、桩群抗力和区域荷载合力，必要时要进行桩位移动或增删桩。

5.【局部承压】

对于承台桩，点击该菜单后要执行【柱局压】和【桩承压】两个菜单，对承台进行局压验算，验算结束后 JCCAD 弹出验算结果文件，用户要仔细查看验算结果及结论。

设计示例（承台桩 1）—11-19　承台桩交互输入

［1］　为了进行承台桩设计，我们用 PMCAD 创建了一个简单的 11 层框架结构，柱距为 5.4×7.8m。并通过 SATWE 进行了上部结构分析。假定其工作目录为“桩承台示例”，在使用 JCCAD 之前，在 PKPM 主界面把“桩承台示例”作为当前工作目录。

［2］　首先确定桩基方案。点击【SATWE】的【分析结果与图形显示】菜单，选择查看【底层柱、墙最大组合内力简图】如图 11-96 所示。从图中可知底柱最大组合轴力约为 4100kN。

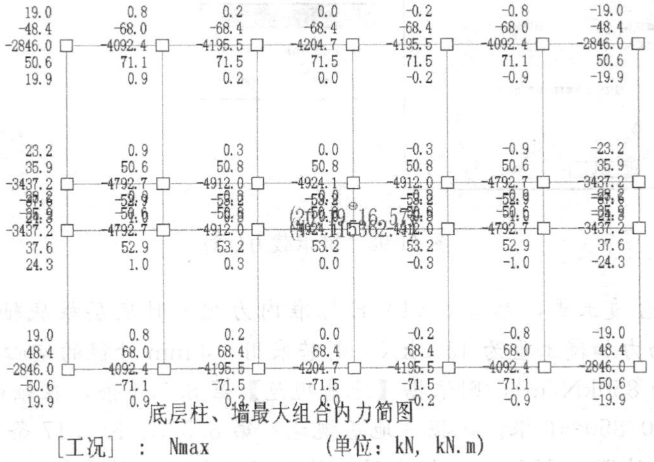

图 11-96　SATWE 底层柱组合内力

［3］　点击 JCCAD 主菜单的【地质资料输入】菜单，定义图 11-97 所示标准土层，并任意输入多个勘探孔位，孔位图暂略。

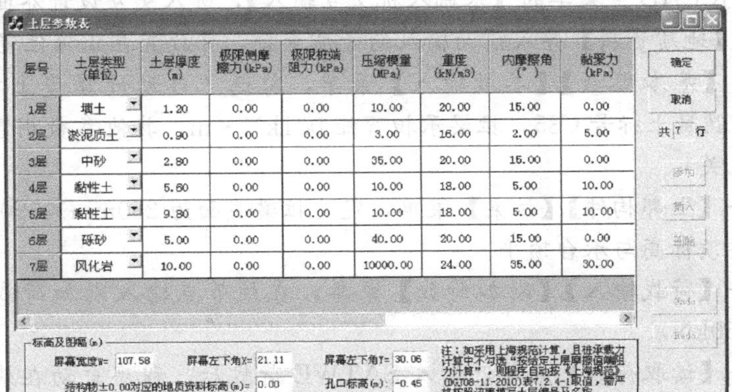

层号	土层类型(单位)	土层厚度(m)	极限侧摩擦力(kPa)	极限桩端阻力(kPa)	压缩模量(MPa)	重度(kN/m3)	内摩擦角(°)	粘聚力(kPa)
1层	填土	1.20	0.00	0.00	10.00	20.00	15.00	0.00
2层	淤泥质土	0.90	0.00	0.00	3.00	16.00	2.00	5.00
3层	中砂	2.80	0.00	0.00	35.00	20.00	15.00	0.00
4层	黏性土	5.60	0.00	0.00	10.00	18.00	5.00	10.00
5层	黏性土	9.80	0.00	0.00	10.00	18.00	5.00	10.00
6层	砾砂	5.00	0.00	0.00	40.00	20.00	15.00	0.00
7层	风化岩	10.00	0.00	0.00	10000.00	24.00	35.00	30.00

图 11-97　输入示例地质资料

［4］　点击【地质资料】/【点柱状图】菜单，在选择任意孔点后，点击【桩承载力】菜单，得到 JCCAD 计算各桩长的承载力特征值如图 11-98 所示。

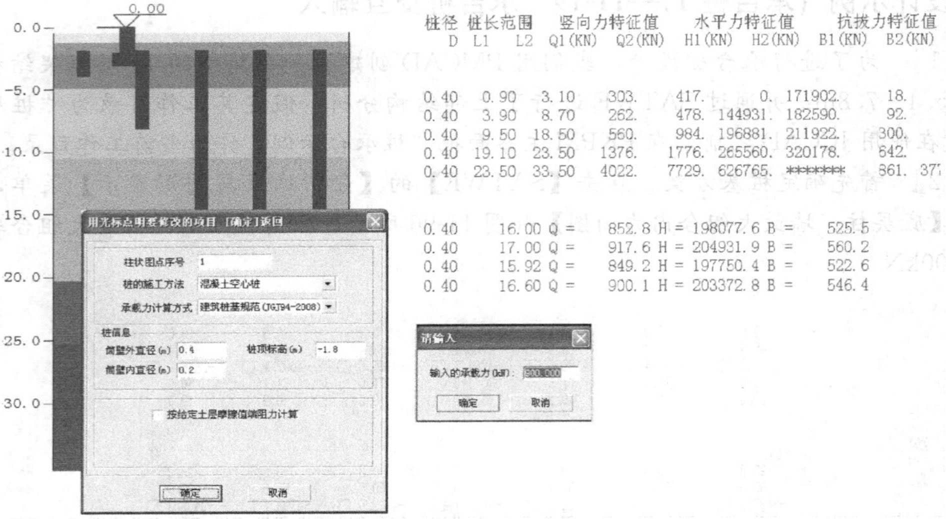

图 11-98 桩承载力估算

[5] 考虑承台覆土重，参考 SATWE 标准内力组合时底层柱底轴力 4100kN，估算承载基本组合时轴力加覆土重为 4500kN，则若采用 400mm 外径的空心管桩长为 15m 时，桩承载力特征值为 850kN/m^2，则依据【地基规范】第 8.5.4 条，在轴向力作用下单根柱下需要桩数为 4500/850≈6 根。依据《地基规范》第 8.5.3、8.5.17 条，取桩距为 3 倍桩径，桩外边至承台边距为 150mm，桩采用梅花形布桩方案，则承台边长大致为 1.7～2m，承台尺寸比较合理。

[6] 故设计桩承台时拟采用直径 400mm，壁厚 100mm，混凝土标号 C35，长度 17m 左右的预制空心管桩。经过桩静载试验后，需确定上述桩承载力估算有效。

[7] 点击 JCCAD 主菜单的【基础人机交互输入】，进入交互设计界面。

[8] 点击【地质资料】导入前面输入的地质资料，并放置在正确位置。

[9] 点击【基本参数】/【参数输入】菜单，勾选“自动计算覆土重”，室外地坪 −0.45m，承台混凝土标号 C35，拉梁承担弯矩 0.1kN · m，其他参数用默认（部分默认参数与承台桩无关）。

[10] 点击【上部构件】/【拉梁】菜单，定义拉梁截面为 250mm×550mm，窗口方式布置拉梁，拉梁顶标高与承台顶平。

[11] 点击【荷载输入】/【附加荷载】菜单，在柱节点输入附加荷载（近似按内柱 250kN，外柱 150kN）。

[12] 点击【读取荷载】菜单，读入 SATWE 荷载后，程序自动在基础平面上显示读入的上部结构传来的荷载数据。

[13] 点击【承台桩】/【定义桩】，在图 11-99 对话框中按上面预估方案输入桩参数，单桩承载力尚需经过打试验桩检测。

[14] 点击【承台参数】菜单，在图 11-100 对话框定义承台参数。在填写承台参数时，尽可能按相对于正负零输入，如果上柱底标高不同，则选柱底标高能避免承台出错。

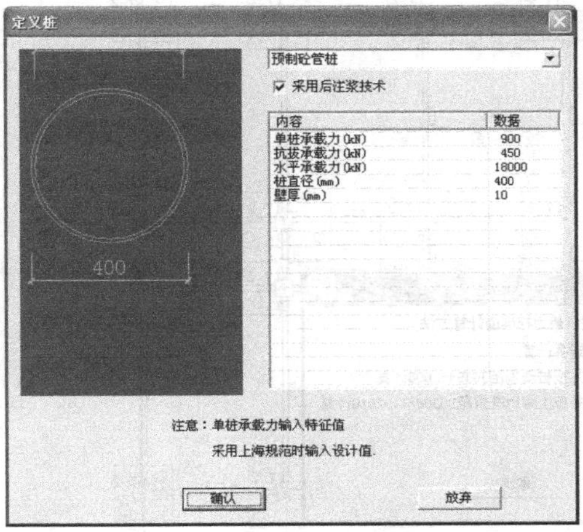

图 11-99　定义空心管桩

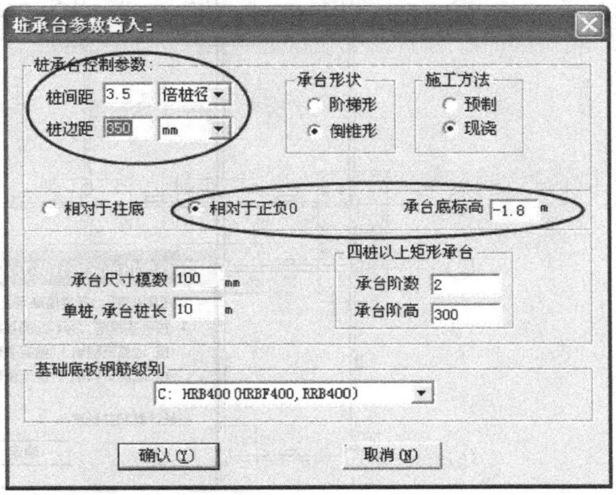

图 11-100　定义承台参数

[15]　点击【自动生成】菜单，生成承台。软件能自动从承台库选择合适尺寸并自动进行布桩计算。右击任意承台，查看承台数值，如图 11-101 所示。

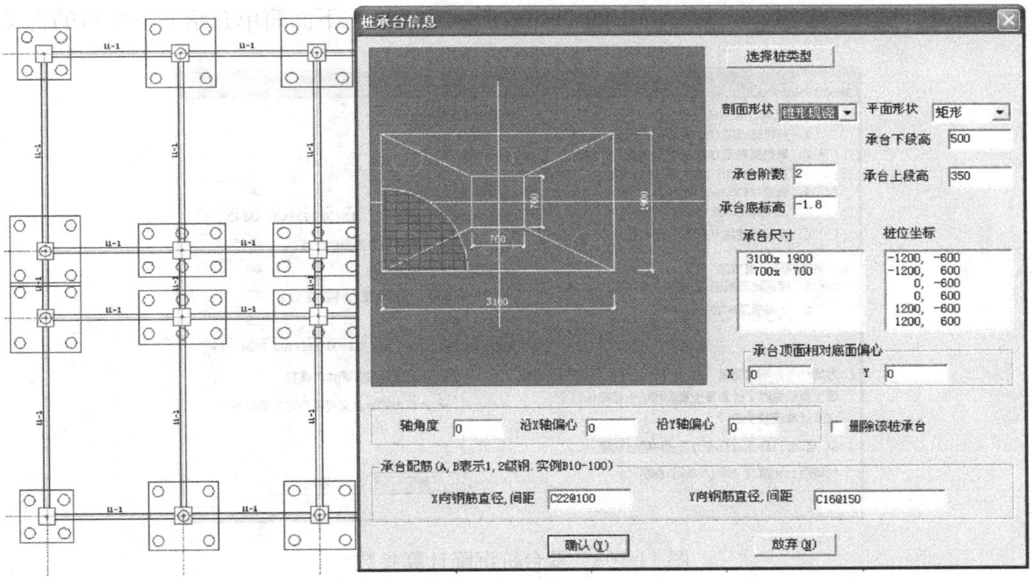

图 11-101　自动布置承台结果

[16]　点击【计算桩长】菜单，显示桩长度如图 11-102 所示。

[17]　点击【重心校核】和【局部承压】，满足要求，承台桩交互布置结束。

11.7.2　承台桩沉降计算及施工图绘制

在前面我们已经提到过，对于承台桩而言，点击 JCCAD 主界面的【桩承台及独基沉降计算】菜单，进入的界面与在基础交互设计时，点击承台桩的【计算书】菜单是一样的，这在设计时需要注意。

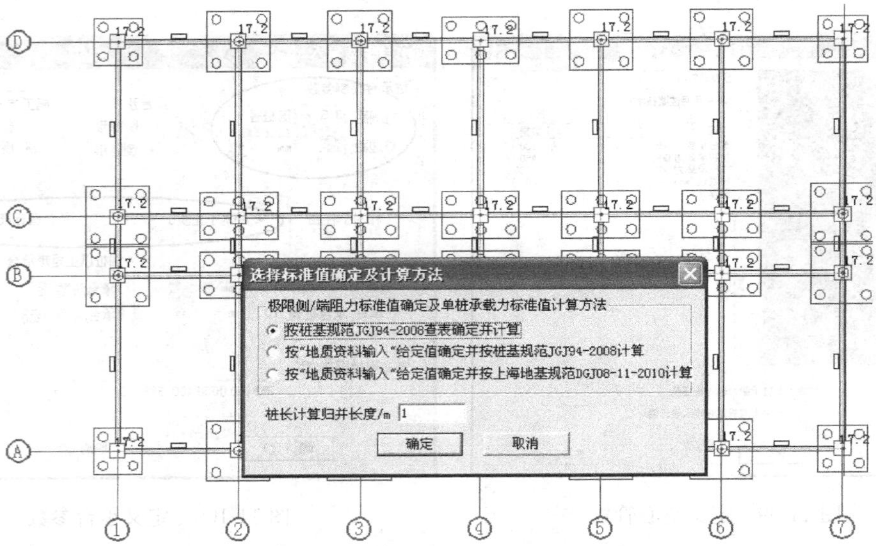

图 11-102　承台长度

1. 承台桩基础沉降计算参数

点击【计算参数】菜单，程序弹出图 11-103 所示对话框，下面简单介绍一下参数的含义。

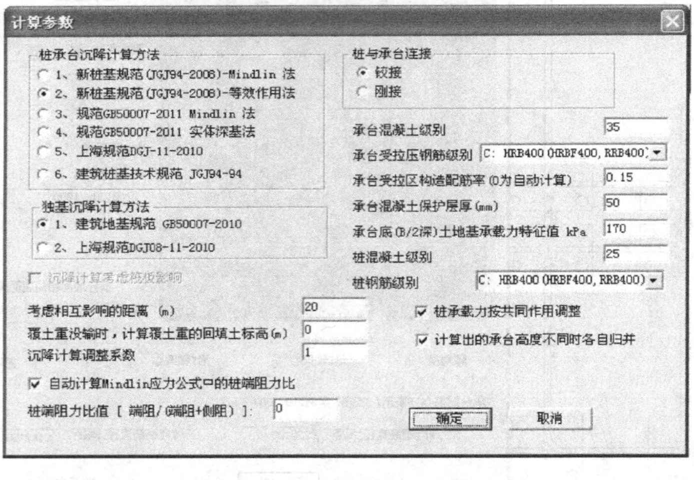

图 11-103　承台桩沉降计算参数

（1）“沉降计算考虑筏板影响”：程序不仅能够考虑桩承台之间的相互影响，而且还能考虑其他相邻基础形式产生的沉降对桩承台沉降的影响。勾选后表示桩承台沉降计算时考虑筏板沉降的影响。

（2）“考虑相互影响的距离”：程序可由此参数的填写来考虑是否考虑沉降相互影响，以及考虑相互影响后的计算距离。默认为 20m，一般来讲沉降的相互影响距离考虑到隔跨就较为合适了。填 0 时表示不考虑相互影响。

（3）“覆土重没输时，计算覆土重的回填土标高（m）”：此参数的设置影响到桩反力计算。如果在基础人机交互中未计算覆土重，在此处可以填入相关参数来考虑覆土重。

(4)“沉降计算调整系数”：《上海独基规范》中利用 Mindlin 方法计算沉降时提供了沉降经验系数，《地基规范》及《桩基规范》没有给出相应的系数，由于经验系数是有地区性的，因此 JCCAD 计算沉降时，提供了一个可以修改的参数—“沉降计算修正系数”。程序将根据此参数修正沉降值，使其最终结果符合经验值。

(5)“自动计算 Mindlin 应力公式中的桩端阻力比”：默认为程序根据《桩基规范》公式自动计算。

(6)“桩端阻力比值”：当用户根据实际经验想干预此值，可选择人工填写此值。

(7)“桩与承台连接”：一般为铰接。

(8)“承台受拉区构造配筋率”：《桩基规范》规定承台配筋率为 0.15%。

(9)“承台混凝土保护层厚度”：当有混凝土垫层时，不应小于 50mm，无垫层时不应小于 70mm；此外尚不应小于桩头嵌入承台内的长度。

(10)“承台底（B/2 深）土极限阻力标准值”：此名词为《桩基规范》名词，也称土极限承载力标准值。其输入目的是当桩承载力按共同作用调整时考虑桩间土的分担。

(11)“桩承载力按共同作用调整”：参数的含义为是否采用桩土共同作用方式进行计算。影响共同作用的因素有桩距、桩长、承台大小、桩排列等，有关技术依据参见《桩基规范》第 5.2.5 条。

(12)“计算出的承台高度不同时各自归并”：影响到最终生成承台的种类数。

2.【配筋等级】

通过该菜单，选择承台选筋可用的直径和间距。

3.【承台计算】及【结果显示】

点击【承台计算】，软件计算承台内力，进行配筋设计，并计算承台沉降量。计算完毕，点击【结果显示】可以查看承台内力、配筋及沉降量。

4. DOC 计算书

点击计算书菜单，可以生产承台桩的计算书，用于存档和桩基础施工。

设计示例（承台柱 2）—11-20　承台桩计算结果输出

[1] 点击 JCCAD 的【桩承台及独基沉降计算】进入沉降计算界面，点击【计算参数】、【钢筋等级】和【承台计算】菜单，按前面所述参数含义检查修改参数，并计算。

[2] 点击【结果显示】菜单，弹出图 11-104 所示对话框。

[3] 分别查看【沉降】、【水平力】、【单桩反力】等，得到图 11-105～图 11-107 所示单桩承载力、承台桩沉降图等，按照 11.4 节内容检查沉降分布及沉降值，满足规范要求。

[4] 点击查看承台配筋图，具体过程从略。

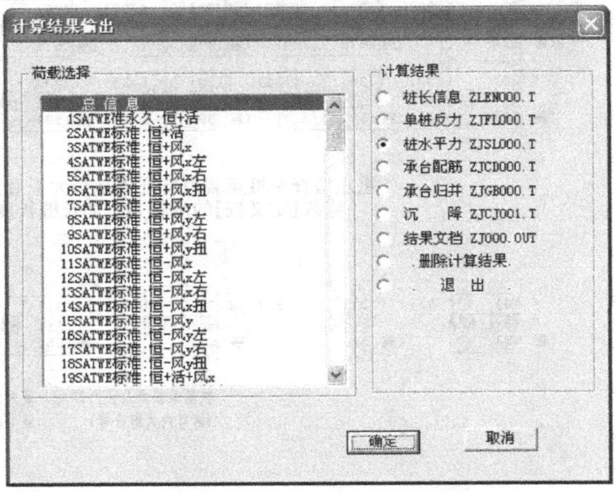

图 11-104　结果输出对话框

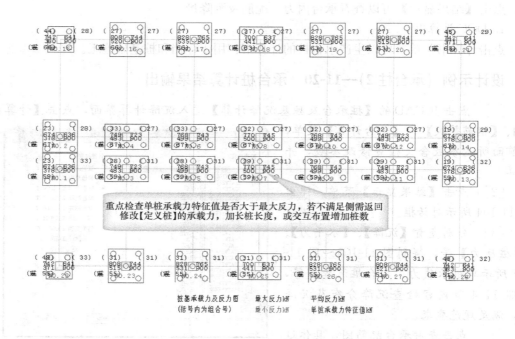

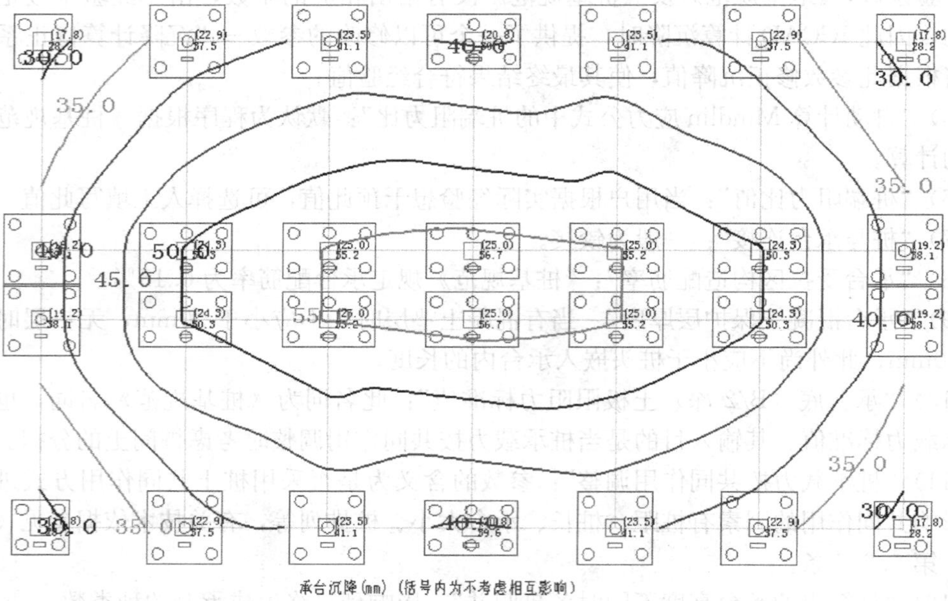

承台沉降(mm)（括号内为不考虑相互影响）

图 11-105　承台桩沉降图

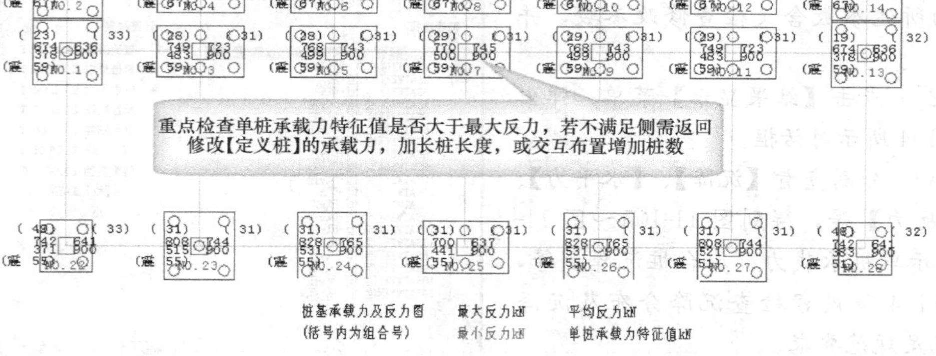

图 11-106　单桩反力图

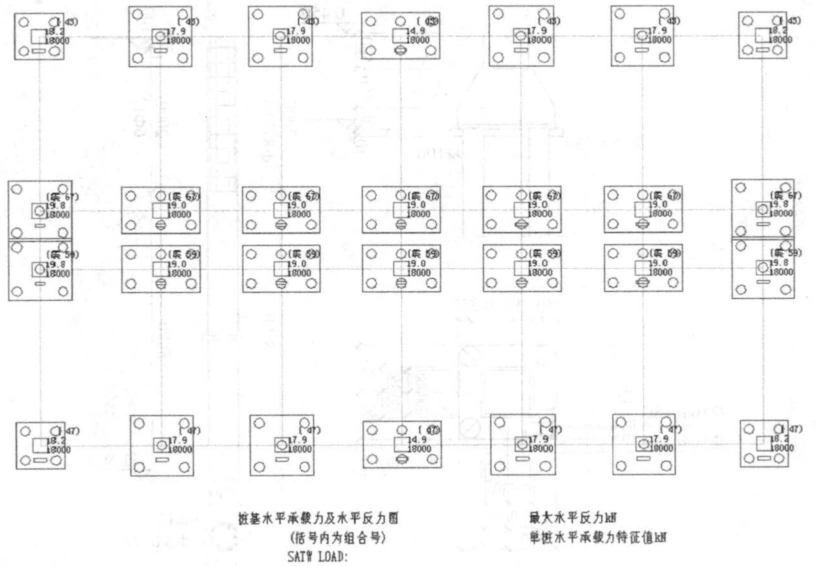

图 11-107　单桩水平力图

［5］　点击 JCCAD 的【绘制基础施工图】菜单，桩位平面图、绘制基础平面图如图 11-108 所示，绘制承台详图（部分）及桩详图如图 11-109 所示。

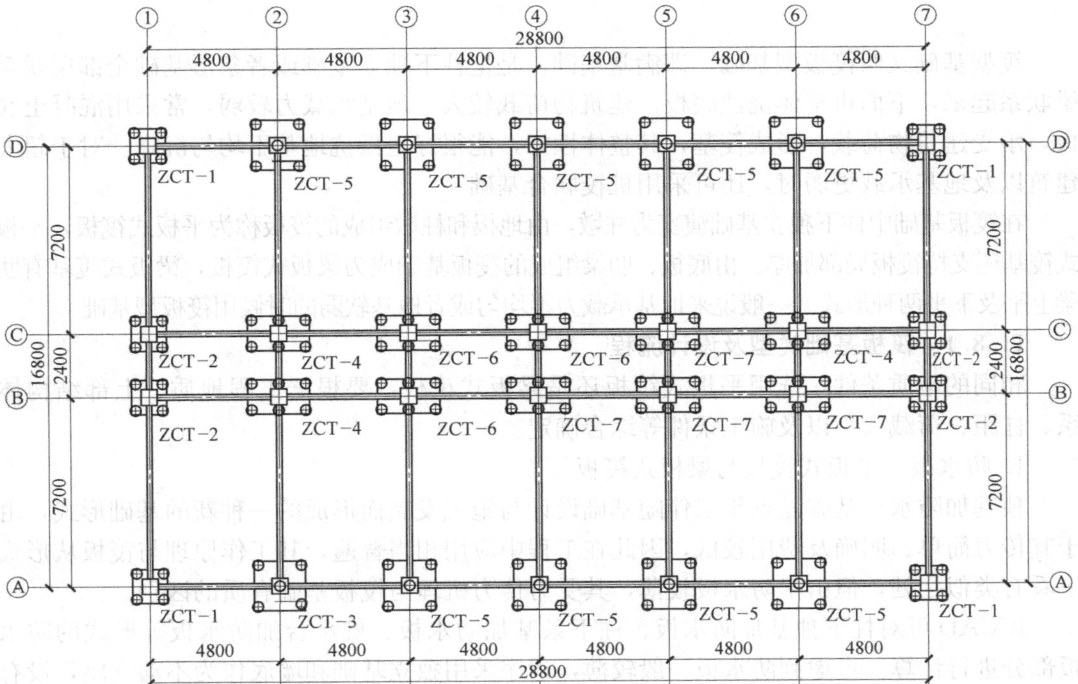

图 11-108　桩位图及基础平面图

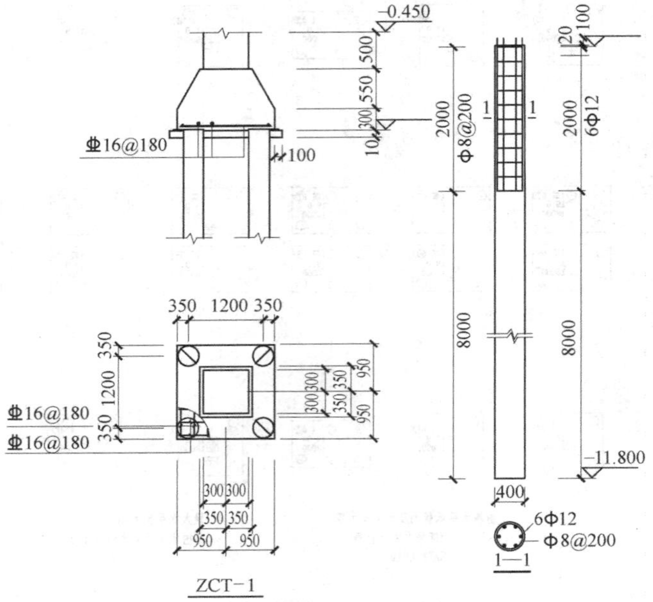

图 11-109 桩及承台详图

11.8 筏板基础设计及施工图绘制

筏型基础又叫筏板型基础，即满堂基础。是把柱下独立基础或者条形基础全部用联系梁联系起来，下面再整体浇注底板。建筑物荷载较大，地基承载力较弱，常采用混凝土底板，承受建筑物荷载，形成筏基，其整体性好，能很好地抵抗地基不均匀沉降。对于超大建筑以及地基承载更弱时，还可采用桩筏联合基础。

在筏板基础中柱下独立基础演变为柱墩，由地板和柱墩组成的筏板称为平板式筏板，平板式筏基还支持筏板局部加厚。由底板、肋梁组成的筏板基础成为梁板式筏板，梁板式筏基有肋梁上平及下平两种形式。一般说来地基承载力不均匀或者地基软弱的时候用筏板型基础。

11.8.1 筏板基础类型及设计流程

相同的地质条件，选用平板式筏板还是梁板式筏板，要根据工程地质、上部结构体系、柱距、荷载大小以及施工条件等综合确定。

1. 防水板、平板式筏板与梁板式筏板

独基加防水板基础是近年来伴随基础设计与施工发展而形成的一种新的基础形式，由于其传力简单、明确及费用较低，因此在工程中应用相当普遍，其工作原理与筏板从形式上看有类似之处，但由于防水板较薄，其受力传力机理与筏板基础有质的区别。

JCCAD 可对柱下独基加防水板、柱下条基加防水板、桩承台加防水板等形式的防水板部分进行计算。考虑到防水板一般较薄，程序采用独立基础和墙底作为不动支座，没有竖向变形的计算模式。程序对防水板做了“恒载＋活载组合”和“抗水浮力组合”的计算，对于“抗水浮力组合”计算考虑的荷载是：水浮力、筏板自重、板上覆土重等荷载。在独基加防水板基础中，防水板一般只用来抵抗水浮力，不考虑防水板的地基承载能力。

独立基础承担全部结构荷载并考虑水浮力的影响，在设计该种基础时可参考《独基加防水板基础的设计》[22]、[23]等文献。

平板式筏板适用于小开间柱网的框架结构或框剪及剪力墙结构，具有施工布筋、混凝土浇筑、防水处理容易的优点，但是混凝土用量大，造价略高。板式筏板抗冲切不够时可通过局部筏板加厚、布置柱墩等方式对抗冲切能力进行改善。

梁板式筏板适用于柱网大开间或筏板相对较薄的情况，如多层建筑结构。梁式筏板中的梁按地梁输入。该种类型的筏板基础，其具有刚度调节容易实现、耗材低、调节变形能力强的优点。其缺点是若采用上翻梁需增加填土，自重加大；下翻梁时土方量加大，基础防水处理复杂，要保证筏板平板部分与土层紧密结合，施工难度大。

2. JCCAD对筏板基础的计算分析主菜单及流程

JCCAD提供有两套筏板基础计算方法，它们分别是【基础梁板弹性地基梁法计算】或【桩筏、筏板有限元计算】，二者主菜单如图11-110所示。

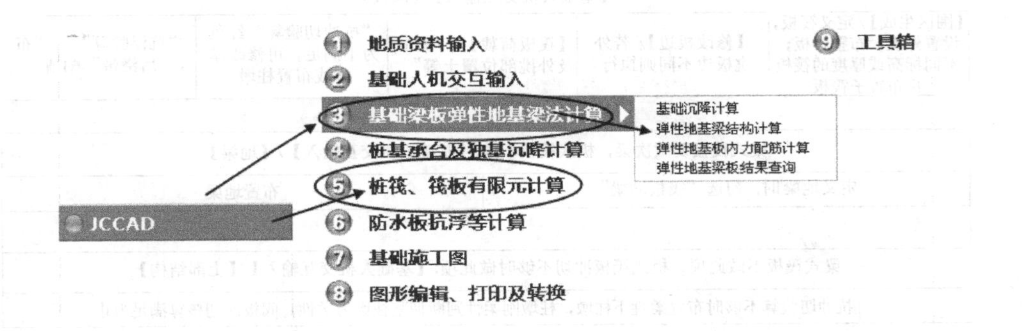

图11-110 JCCAD的筏板计算菜单

（1）梁式筏板

梁式筏板可用JCCAD主菜单的【基础梁板弹性地基梁法计算】或【桩筏、筏板有限元计算】，当梁式筏板采用【基础梁板弹性地基梁法计算】时，除需进行沉降分析外，JCCAD分两步对筏板进行分析设计，【弹性地基梁结构计算】对梁式筏板的地基梁进行分析计算后，再通过【弹性地基梁板内力】对筏板进行计算。

【桩筏、筏板有限元计算】可由JCCAD自动剖分筏板和地基梁单元，梁板一起参与筏板计算和设计。

（2）平板式筏板

平板式筏板（下文简称板式筏板）通常采用“桩筏、筏板有限元计算”方法计算。

若板式筏板按“梁板（板带）方式”进行交互配筋设计及绘制板筋施工图，则应设置板带（建模时应遵照《升板规范》有关规定，如一般柱网应正交，柱网间距相差不宜太大；板带布置位置不同可导致配筋的差异）。

布置原则是将板带视为暗梁，沿柱网轴线布置，但在抽柱位置不应布置板带，以免将柱下板带布置到跨中。因此布置了板带的平板式筏板也可以采用【基础梁板弹性地基梁法计算】主菜单进行分析，但除非特别情况（如《地基规范》第8.4.14条“平板式筏基板的厚跨比不小于1/6时，筏形基础可仅考虑局部弯曲作用”，可用倒楼盖法计算）对于框架结构柱下平板式筏板不提倡采用这种分析方法。

相比柱下独立基础、柱下条形基础和桩基础等，筏板基础设计过程及参数定义就相对复杂一些，图 11-111 所示为平板式筏板设计流程。

【地质资料输入】、【基础人机交互输入】/【地质资料】、【参数输入】、【个别参加】/使基础不同区域可用不同的地基参数"
【基础人机交互输入】/【网格节点】
用于增加、编辑PMCAD传下的平面网格、轴线和节点,以满足基础布置的需要
【基础人机交互输入】/【荷载输入】
【荷载输入】/"荷载参数"、"荷载折减"
【附加荷载】/"输入填充墙传递阀板的线荷载"
【读取荷载】/读SATWE、PMSAP等传来的荷载
【当前组合】、【目标组合】/显示荷载情况，供打印校核
【基础人机交互输入】/【阀板】
【围区生成】/定义筏板，设置外挑，布置母板；不同标高或厚度的筏板再布置子筏板
【修改板边】/若外挑板边不同则执行
【筏板荷载】/"覆土及外挑部位覆土等"
"抗冲切验算"红色为不满足，可修改厚度或布置柱墩
"抗浮验算"、"布后浇带"酌情
梁式筏板要做次梁，板式筏板不做:【基础人机交互输入】/【地梁】
定义地梁时，勾选"筏板肋梁"
布置地梁
梁式筏板不做此项，板式筏板冲切不够时做此项:【基础人机交互输入】/【上部结构】
抗冲切验算不够时布置柔性下柱墩，柱墩刚柔性判断调整柱墩为柔性，阀板冲切核算满足为止
梁式筏板不做此项:【基础人机交互输入】/【板带】
柱下平板基础按弹性地基梁元法计算时必须布置板带;若采用桩筏筏板有限元计算平板，且按"梁板(板带)方式"进行交互配筋设计及绘制板筋施工图时，也应设置板带
【布置板带】，软件自动计算板带宽度
【板带删除】
【基础人机交互输入】/【重心校核】、【局部承压】、【结束退出】时校核
选定某组荷载组合后、进行筏板重心校核、阀板承载力初步核算。
桩筏基础和无板带的平板基础则不能应用此菜单
【基础梁板、弹性地基梁法计算】-本菜单是采用弹性地基梁元法进行基础结构计算的菜单；采用广义文克尔法计算梁板式基础则必运行此菜单，并按刚性底板假定
【基础沉降计算】 桩筏基础和无板带的平板基础则不能应用此菜单。
【弹性地基板内配筋计算】
梁式筏板、板式筏板都可用此菜单分析【桩筏、阀板有限元计算】
【交互配筋】，局部配筋大时可返回加子筏板
【模型参数】
【网格调整】
【单元形成】
【荷载选择】
【沉降试算】
【基床系数】
【计算】
基础施工图-绘制筏板基础施工图

图 11-111　JCCAD筏板设计流程

3. JCCAD【基础梁板弹性地基梁法计算】简介

【基础梁板弹性地基梁法计算】包括“沉降计算”、“地基梁计算”和“筏板计算”三个子步。

(1)【基础梁板弹性地基梁法计算】的沉降计算

【基础梁板弹性地基梁法计算】的沉降计算分为【刚性沉降】和【柔性沉降】两种。在这里首先要明确的是，所谓刚性、柔性是对基础而言的，不是指地基土的软硬程度，这是初学者必须清楚的一个概念。对于基础刚度和上部结构刚度都较大的筏板基础，可以采用【刚性沉降】。对于计算独基、条基、梁式基础、刚度较小或刚度不均匀的筏板可用【柔性沉降】。

在进行【刚性沉降】计算时，JCCAD在假定基础底板属于完全刚性，在计算时首先将基础底板划分为若干网格，再计算出地基网格的形心沉降。之后继续点击【刚性沉降】的下级子菜单【刚度沉降】菜单（注意界面菜单显示，此处子菜单下还有子菜单，多重嵌套）中还可进一步考虑荷载变化、地基刚度变化、基础梁刚度、上部结构刚度等计算出构件的位置的地基沉降。计算采用文克尔模型或广义文克尔模型。

(2) 梁式筏板的地基梁计算

点击【基础梁板弹性地基梁法计算】/【弹性地基梁计算】/【计算参数】，JCCAD会弹出图11-112所示对话框，其中共有5种计算模型可供用户选择。对于框架结构，通常可选第1种方法，对于前面《地基规范》第8.4.14条“平板式筏基板的厚跨比不小于1/6时，筏形基础可仅考虑局部弯曲作用”，可选择第5种方法。第3种方法适用于上部结构刚度很大的情况，如基础嵌固端位于地下室顶板，地下室为混凝土墙且不宜按箱型基础设计的情况或者上部为框支剪力墙结构时，其计算结果接近倒楼盖方法。

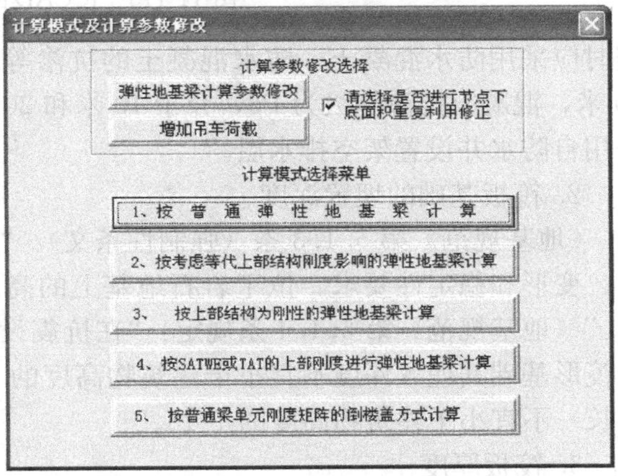

图11-112 筏板地梁计算模式选择

(3) 梁式筏板的筏板计算

梁式筏板的地基梁计算完毕，才能进行【弹性地基板内力计算】，点击该菜单后，JCCAD弹出图11-113所示对话框，用户根据情况选择合适的参数选项，即可进行筏板分析计算。对话框中的具体参数选择可详见JCCAD用户手册。

4. 平板式筏板计算

本章后面内容将针对平板式筏板设计与计算进行详细介绍。

11.8.2 筏板基础的设计要求

为了能更好地进行筏板基础设计，我们在进行具体的软件操作之前，还要了解一下筏板基础的板厚、埋置深度、外挑尺寸等要求。

1. 筏板基础混凝土标号及抗渗要求

《地基规范》第8.1.4条规定：“筏形基础的混凝土强度等级不应低于C30，当有地下

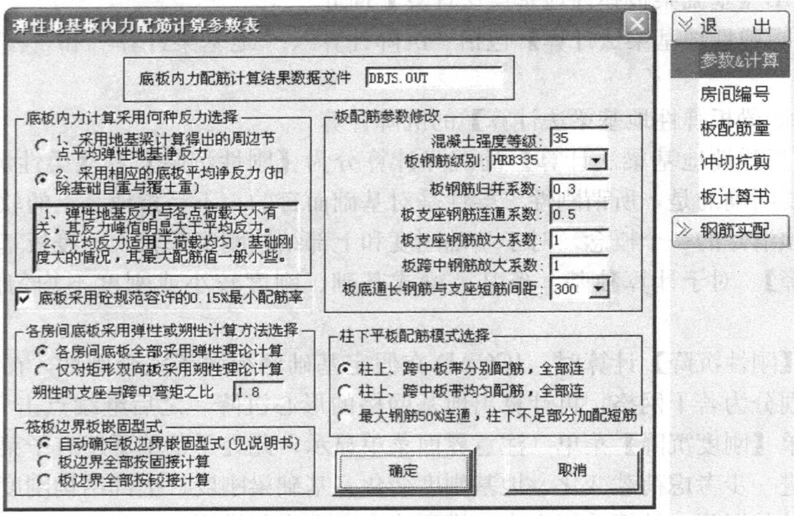

图 11-113　JCCAD 的筏板计算菜单

室时应采用防水混凝土。防水混凝土的抗渗等级应按规范表 8.4.4 选用。埋置深度小于 10 米，混凝土抗渗等级为 P6，介于 10 米和 20 米之间，抗渗等级为 P8。对重要建筑，宜采用自防水并设置架空排水层。”

2. 筏板基础的埋置深度

《地基规范》第 5.1.3 条（强制性条文）：“高层建筑基础的埋置深度应满足地基承载力、变形和稳定性要求。位于岩石地基上的高层建筑，其基础埋深应满足抗滑稳定性要求。”《地基规范》第 5.1.4 条规定：“在抗震设防区，除岩石地基外，天然地基上的箱形和筏形基础其埋置深度不宜小于建筑物高度的 1/15；桩箱或桩筏基础的埋置深度（不计桩长）不宜小于建筑物高度的 1/18。”

3. 筏板厚度

《地基规范》第 8.4.11 条（强制性条文）：“梁板式筏基底板应计算正截面受弯承载力，其厚度尚应满足受冲切承载力、受剪切承载力的要求。”

对于梁式筏板，《地基规范》第 8.4.12 条规定：“当筏板区格为双向板时，其底板厚度与最大双向板格的短边净跨之比不应小于 1/14；当区格为单向板或双向板时，板厚均不应小于 400mm”。

由于在筏板交互布置时尚未得到筏板的内力及承载力计算结果，所以通常要按照设计经验给出筏板的经验设计厚度，通常情况下筏板的厚度可按每一楼层平均 50～60mm 估计，筏板最小厚度不宜小于 250mm。如高层住宅通常开间较小，12 层住宅平板筏板厚度按 700mm 预估，12 层高层写字楼开间较大，筏板厚度按 600mm。

《地基规范》第 8.4.6 条（强制性条文）规定：“平板式筏基的板厚应满足受冲切承载力的要求。”

《地基规范》第 8.4.6 条规定：“当柱荷载较大，等厚度筏板的受冲切承载力不能满足要求时，可在筏板上面增设柱墩或在筏板下局部增加板厚或采用抗冲切钢筋等措施满足受冲切承载能力要求。”依据规范条文，在设计时应尽量避免因少数柱而将整个筏板加厚。

第 8.4.9 条规定：当筏板变厚度时，尚应验算变厚度处筏板的受剪承载力。

筏板局部抗冲切厚度的确定，除按柱底轴力及冲切面积的大小确定外，尚应考虑基础沉降的不均匀性、基础与地基岩土的相对刚度、板承载力及配筋率等多方面因素。筏板受力筋应满足规范中 0.15%的配筋率要求，因筏板较厚，除按计算确定配筋外，构造钢筋也须满足。

4. 筏板外挑尺寸

《地基规范》第 8.4.2 条："筏形基础的平面尺寸，应根据工程地质条件、上部结构的布置、地下结构底层平面以及荷载分布等因素按本规范第 5 章有关规定确定。对单幢建筑物，在地基土比较均匀的条件下，基底平面形心宜与结构竖向永久荷载重心重合。当不能重合时，在作用的准永久组合下，偏心距宜符合下式规定：$e<0.1W/A$；式中：W 为与偏心距方向一致的基础底面边缘抵抗矩（m^3），A 为基础底面积（m^2）。"

《地基规范》第 8.4.22 条："带裙房的高层建筑下的整体筏形基础，其主楼下筏板的整体挠度值不宜大于 0.05%，主楼与相邻的裙房柱的差异沉降不应大于其跨度的 0.1%。"

筏形边缘宜外挑，通过外挑减少偏心，均衡和降低板底压力。参照设计规范和设计经验，筏板挑出长度宜为边跨柱距的 1/4～1/3，对于平板式筏板，挑出长度不宜小于 1.0～1.5 倍的板厚。

5. 局部承压

《地基规范》第 8.4.18 条："梁板式筏基基础梁和平板式筏基的顶面应满足底层柱的局部受压承载力的要求。对抗震设防烈度为 9 度的高层建筑，验算柱下基础梁、筏板局部受压承载力时，应计入竖向地震作用对柱轴力的影响。"

6. 变形控制

《地基规范》第 5.3.12 条："在同一整体大面积基础上建有多栋高层和低层建筑，宜考虑上部结构、基础与地基的共同作用进行变形计算。"

《地基规范》第 8.4.20 条："当高层建筑与相连的裙房之间设置沉降缝时，高层建筑的基础埋深应大于裙房基础的埋深至少 2m。当高层建筑与相连的裙房之间不设置沉降缝时，宜在裙房一侧设置用于控制沉降差的后浇带，当沉降实测值和计算确定的后期沉降差满足设计要求后，方可进行后浇带混凝土浇筑。"

高层建筑基础面积满足地基承载力和变形要求时，后浇带宜设在与高层建筑相邻裙房的第一跨内。当高层建筑与相连的裙房之间不设沉降缝和后浇带时，高层建筑及与其紧邻一跨裙房的筏板应采用相同厚度，裙房筏板的厚度宜从第二跨裙房开始逐渐变化，应同时满足主、裙楼基础整体性和基础板的变形要求。

11.8.3 柱下平板筏板交互设计

平板式筏板交互设计是在基础模型交互输入界面中进行的，其中导入地质资料、【参数输入】、【荷载输入】等参照前面章节叙述进行操作后，可点击【筏板】菜单进行筏板交互输入。在本章我们假定某 11 层框架结构写字楼，地下一层外墙采用 C35 钢筋混凝土墙，墙厚 300mm，层高 3.3m，取建筑地上高度为 30m 进行筏板基础设计，地质资料取上一章数据。

1. 附加荷载

位于建筑底层填充墙（地下室内）荷载可以通过布置线荷载方式布置在筏板网线上，

具体过程可参考柱下条形基础有关内容。

2. 输入筏板

进入界面后，首先通过【承台桩】/【承台删除】和【非承台桩】/【桩删除】菜单删除前面一节输入的桩及承台。

点击【筏板】/【围区生成】菜单，在选择新建筏板构件，JCCAD 弹出图 11-114、图 11-115 所示对话框，在对话框中输入筏板厚度和底标高，采用围区方式在基础平面外绘制围区围住所有基础平面后右击鼠标确定围区完毕，按照命令行提示键入回车键即可布置好筏板，如图 11-116 所示。

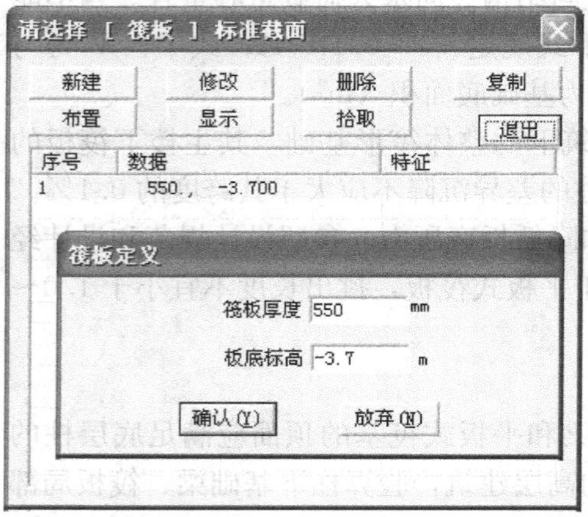

图 11-114　定义筏板构件

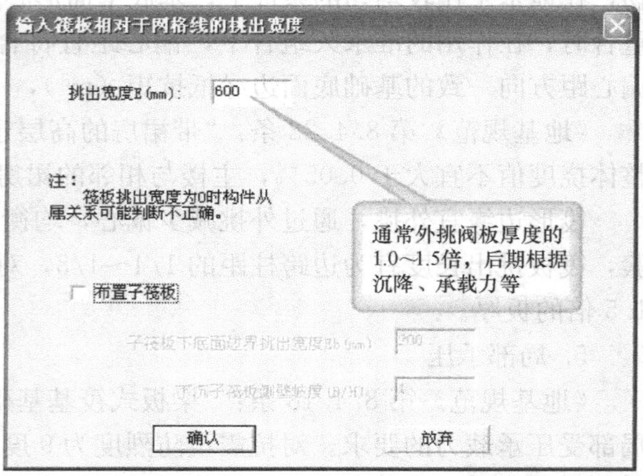

图 11-115　定义外挑宽度

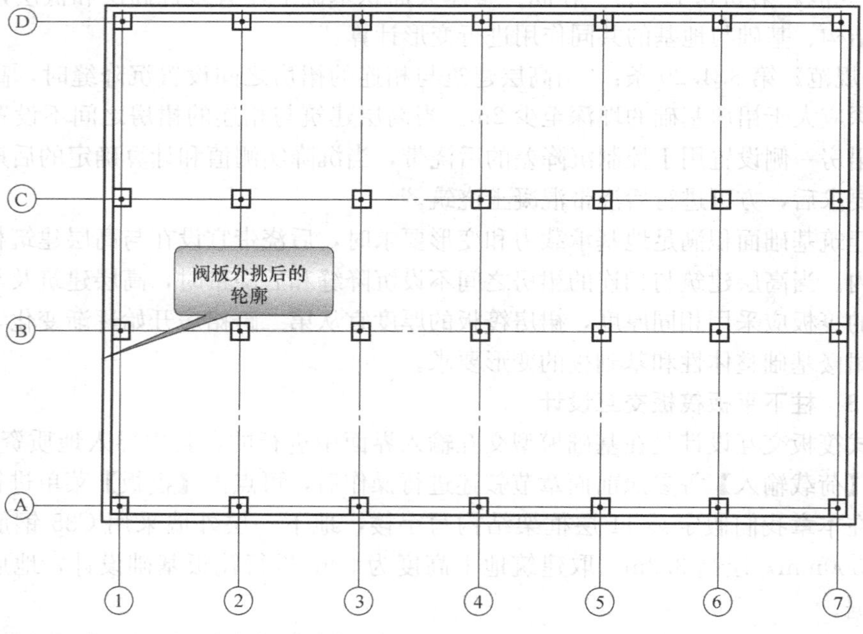

图 11-116　筏板基础平面

3. 筏板荷载

点击【筏板】/【筏板荷载】菜单，弹出图 11-117 所示对话框，在对话框中输入筏板荷载。当为地下室筏板时，地下室内无覆土层。对话框中的覆土以上面荷载可输入地下室房间地面恒载和活荷载。

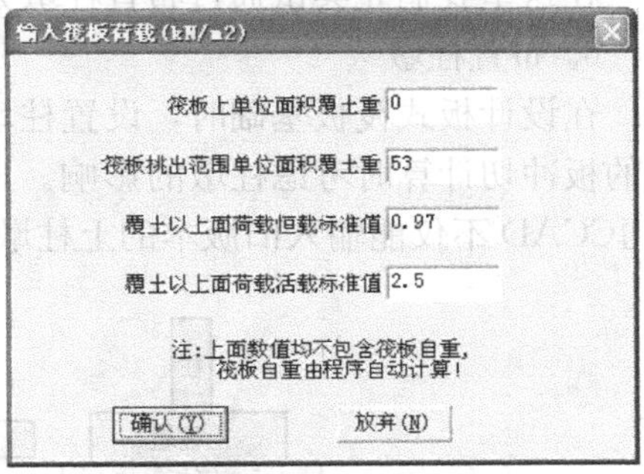

图 11-117　筏板荷载

4. 关于【单墙冲板】、【多墙冲板】、【单个验算】

JCCAD 依据《混规》6.5.1 条计算局部荷载对筏板的冲切。《混规》该条规定了矩形作用荷载长边与短边之比 β_z 不宜大于 4。也就是说 β_z 大于 4 的墙肢，JCCAD 不做冲板验算或有结果也仅供参考。对于在高层住宅中应用比较多的短肢剪力墙需做墙冲板计算。对于整片长肢墙在后面配筋计算中，JCCAD 会做抗剪设计，当剪力墙传递的剪力较大时，可通过布置子筏板来对局部筏板加厚。

5. 柱抗冲切验算

布置好筏板之后，点击【抗冲切验算】，检查所布置筏板的抗冲切能力，若 R/S 比值小于 1，证明冲切验算未获通过，需根据情况采用筏板整体加厚、局部加厚或者设置柱墩。上面布置的 600mm 厚筏板抗冲切验算结果如图 11-118 所示。

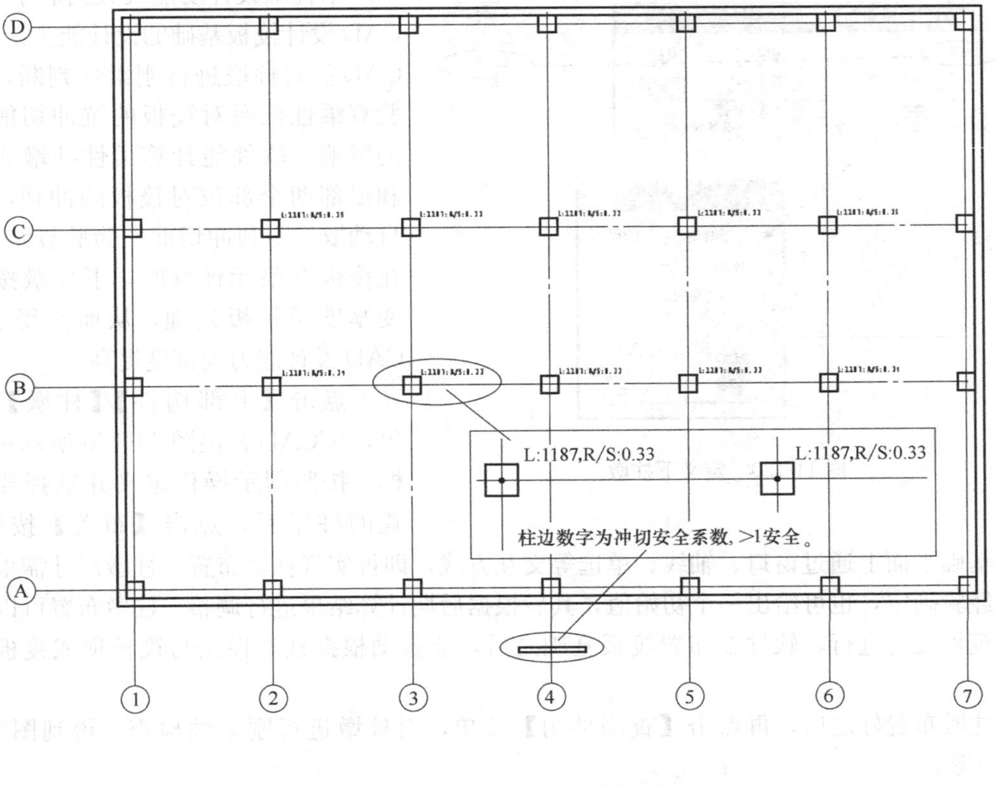

图 11-118　筏板冲切验算结果

在这里我们先尝试通过布置柱墩方式增加筏板的抗冲切能力。

6. 布置柱墩

在设计板式筏板基础时，设置柱墩时能增加筏板抗冲切能力，JCCAD 在计算筏板基础的板冲切计算时考虑柱墩的影响。PKPM2012 年新版本对柱墩做了重大升级，升级后的 JCCAD 不仅能输入旧版本的上柱墩，还可以输入下柱墩，如图 11-119 所示。

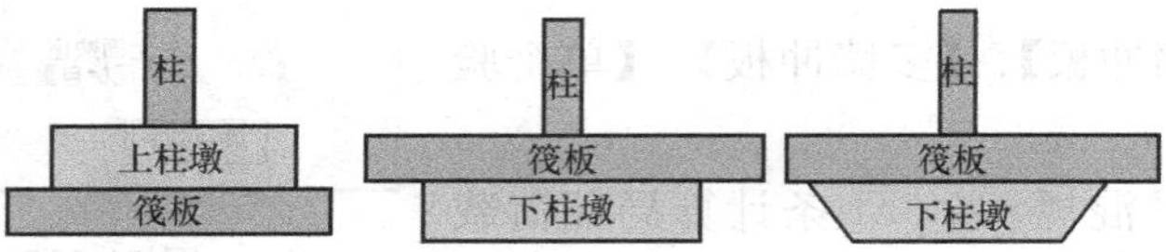

图 11-119　PKPM2012 新柱墩

(1) 筏板基础的上柱墩

上柱墩的底部与筏板平板板顶平齐，上柱墩需满足刚性角要求，若柱墩尺寸不满足刚性角要求，柱墩内的配筋需用其他方法另行计算。柱墩尺寸是否满足刚性角要求可以通过【查刚性角】菜单来校核。如果不满足刚性角要求程序将在柱墩外画红圈显示，不满足刚性角要求的柱墩为柔性柱墩。JCCAD 能验算上柱墩对筏板抗柱冲切能力的影响，但是由于上柱墩布置在筏板之上，不适合有地下室的平板式筏板。

(2) 筏板基础的下柱墩

下柱墩设计功能大大拓展了 JCCAD 设计筏板基础的设计能力。JCCAD 能对柱墩进行刚柔性判断，并验算柔性柱墩对筏板的抗冲切能力的影响。软件能计算柔性柱墩底部和根部两个部位对筏板的冲切，并自动取最不利冲切面作为验算结果。在筏板有限元计算时，下柱墩按照变厚度子筏板处理，从而使得 JCCAD 设计能力大幅度提高。

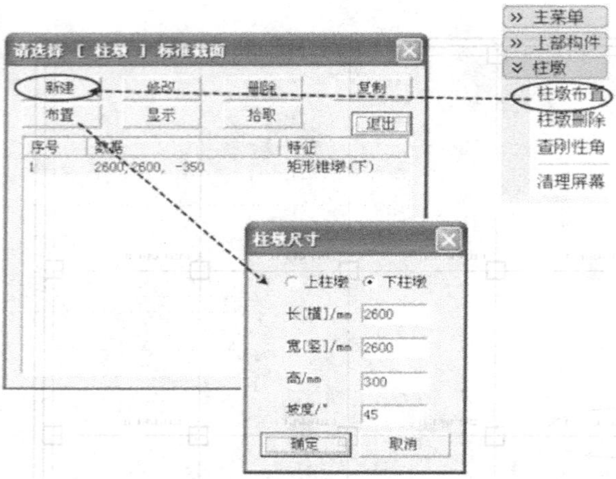

图 11-120　定义下柱墩

点击【上部构件】/【柱墩】菜单，JCCAD 弹出图 11-120 所示对话框。按照图示操作定义并选择要布置的柱墩后，点击【布置】按钮，可在基础平面上通过窗口、轴线、单选等交互方式，即可实现柱墩布置。柱墩尺寸需根据设计经验确定，也可给出一个初始值，其后根据后期计算结果进行调整。柱墩布置可以在布置筏板之前进行，软件在布置筏板基础之后，能自动根据柱墩性质与筏板顶或筏板底对齐。

柱墩布置好之后，再点击【查刚性角】菜单，对柱墩进行刚柔性检查，得到图 11-121 图形。

若柱墩为刚性柱墩则需打开图 11-120 对话框，选择要修改的柱墩序号后点击【修改】

对柱墩进行修改，修改柱墩尺寸及厚度，JCCAD能自动对已布置在基础平面上的柱墩进行修改，再点击【查刚性角】菜单，查看刚柔性。反复调整柱墩至合适尺寸。最后得到布置好的下柱墩轴测图如图 11-122 所示。这期间可能需要点击【清理屏幕】菜单，对无用的显示文字进行清理。

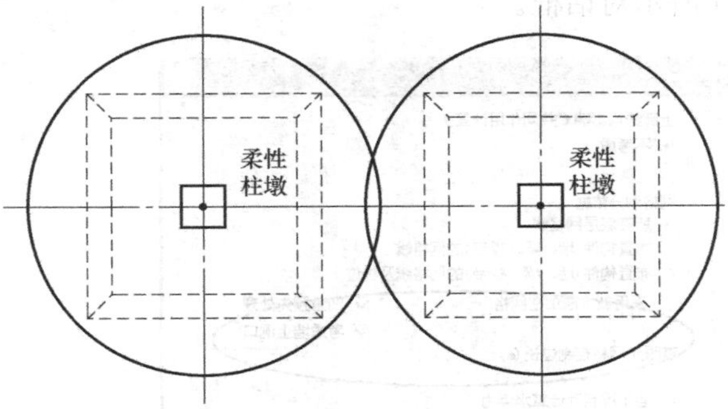

图 11-121　柱墩刚柔性检查

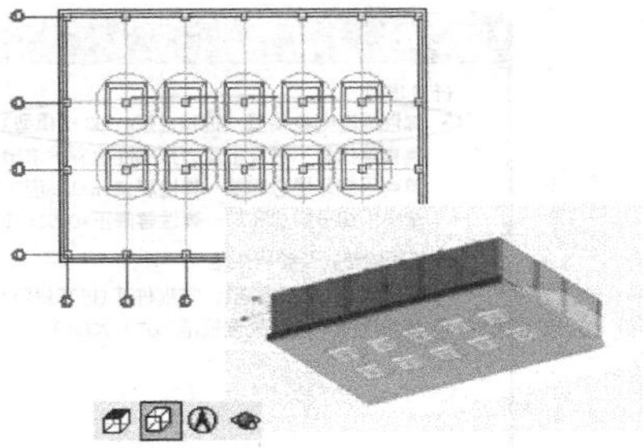

图 11-122　下柱墩轴测图

当布置好的下柱墩调整为柔性柱墩后，点击【筏板】/【柱冲板】验算，查看冲切验算结果。若有红色文字（R/S＜1.0），则需返回前面过程，调整柱墩尺寸及进行刚柔性检查。反复核算冲切，直至满足，得到图 11-123 所示图形。

7. 板带

依据前文所述《地基规范》第 8.4.14 条，本节示例工程柱网最大间距为 7.2m，筏板厚度为 0.6m，厚跨比为 12，大于规范要求的“不小于 1/6”，筏板底应力不能按线性分布计算，也不宜按板带方式配筋，故不设板带。

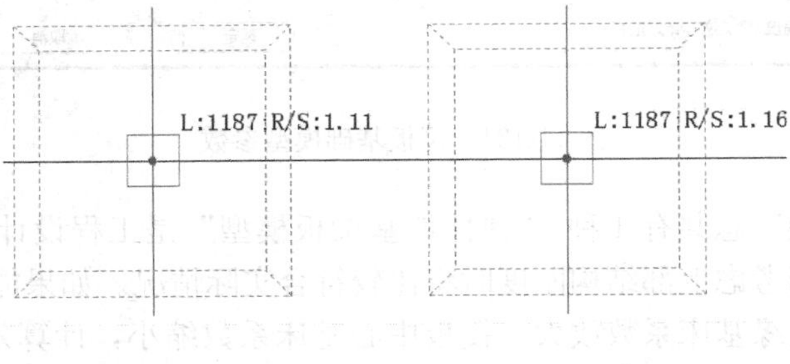

图 11-123　柱冲板验算通过

8. 筏板重心

依据前文《地基规范》第 8.4.2 条，基底平面形心与结构竖向永久荷载重心不能重合时，在作用的准永久组合下，偏心距宜符合下式规定：$e<0.1W/A$ 点击【重心校核】菜单，观察重心是否与质心偏移比值大于 0.1。由于示例工程为对称结构，此项满足。若不满足可通过调整筏板局部厚度、修改筏板外挑尺寸、改为桩筏联合基础的多个方式调整。桩筏联合基础的桩基布置需通过【非承台桩】菜单实现。

9. 局部承压

点击【局部承压】菜单，查看局压结果，满足规范要求。

11.8.4 平板式筏板有限元计算

筏板交互设计建模完毕，即可进入筏板分析计算设计环节。本章介绍的无梁筏板采用【桩筏、筏板有限元计算】。

1. 模型参数

点击【模型参数】，软件弹出图 11-124 所示对话框。

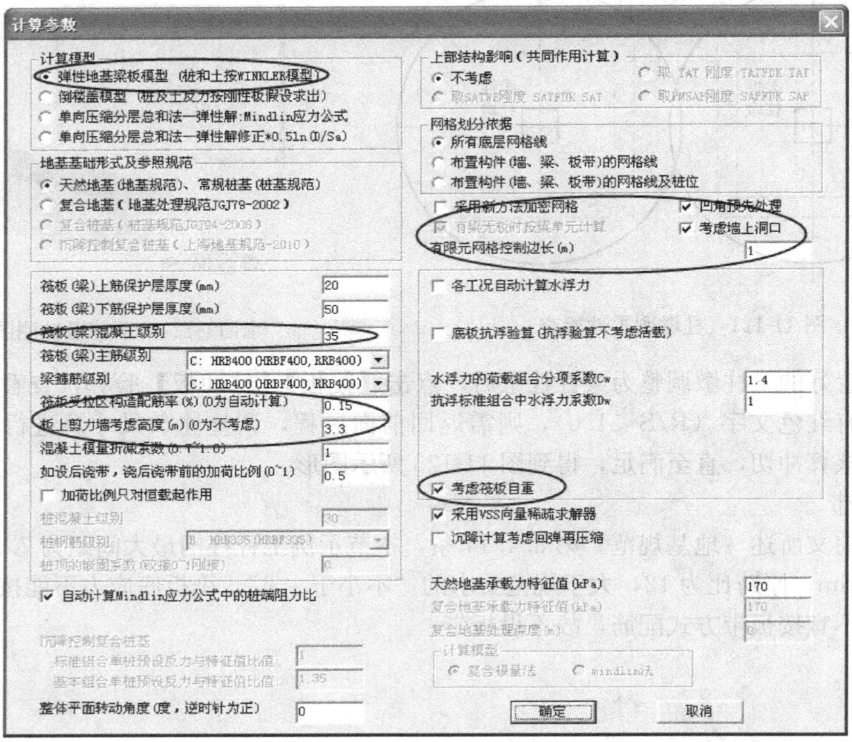

图 11-124　筏板基础模型参数

其中“计算模型”总共有 4 种：“弹性地基梁板模型”是工程设计常用模型，虽然简单，但受力明确。当考虑上部结构刚度时将比较符合实际情况。如果能根据经验调整基床系数，比如将筏板边缘基床系数放大，筏板中心基床系数缩小，计算效果会更好。Mind-Lin 模型由于是弹性解，与实际工程差距比较大，计算结果中会发现一些问题。如筏板边角处反力过大，筏板中心沉降过大，筏板弯矩过大并出现配筋过大或无法配筋。“修正 0.5ln 模型”是根据建研院地基所多年研究成果编写的模型，可以参考使用。

“板上剪力墙考虑高度”需根据结构上部刚度和剪力墙布置及洞口开设情况选择，可根据经验算定，无经验时可选择首层高度或默认高度 10m。

“上部结构影响”若在 SATWE 等上部结构计算分析时，勾选了“生成传给基础的刚度”，则可考虑上下部结构共同工作。本节示例计算上部框架时未勾选，故不能使用。

“底板抗浮”需根据地下水位情况酌情选择。由于水浮力作用，计算结果中土反力与桩反力都有可能出现负值，即受拉。如果土反力出现负值，基础设计结果是有问题的，可增加上部恒载或打桩来进行抗浮。

“有限元网格”可根据情况调整计算网格大小，基础平面比较复杂时，可多次调整查看内力变化情况取定网格大小。

“筏板受拉区构造配筋率”：按《混规》第 8.5.1 条取 0.2 和 $45f_t/f_y$ 中的较大值；也可按第 8.5.2 条取 0.15%，推荐输入 0.15。

“考虑筏板自重”：默认为“是”。

“沉降计算考虑回弹再压缩”：如果先打桩后开挖，可忽略回弹再压缩；对于其他深基础，必须考虑。根据工程实测，若不考虑回弹再压缩，裙房沉降偏小，主楼沉降偏大。

“混凝土模量折减系数”：默认值为 1，计算时采用《混规》4.1.5 中的弹性模量值，可通过缩小弹性模量减小结构刚度，进而减小结构内力，降低配筋。

“后浇带的荷载系数”：与后浇带配合使用，解决由于后浇带设置后的内力、沉降计算和配筋计算、取值。填 0 取整体计算结果，填 1 取分别计算结果。取 a 值为浇后浇带时沉降完成的比例，则后浇带按下式计算：实际结果＝整体计算结果×$(1-a)$＋分别计算结果×a。

2. 单元形成

点击【单元形成】，JCCAD 自动在筏板上生成有限单元网格，需检查网格划分情况，不能出现网格线夹角小于 15°角情况（将导致最后计算结果失真），若出现则应调整网格划分参数设置。

3. 筏板布置

本节示例此项不做。对于复杂建筑结构（多塔、大底盘单塔等）可通过此菜单进行筏板调平设计，而无需返回到交互输入界面调整筏板厚度、基床系数等。可在这里定义筏板，并通过其下层子菜单【筏板布置】在已经剖分网格的筏板上围区或选择有限单元进行筏板修改，还可布置后浇带。

4. 选择荷载

选择 SATWE 荷载。

5. 沉降试算

点击沉降试算，JCCAD 根据基础板沉降量反算地基刚度，再将反算得到的基床系数赋值给板。这样通过试算，可以更加合理地反映地基与基础的相互作用关系。

6. 计算

上述操作完成之后，点击【计算菜单】进行筏板有限元分析计算。

7. 结果查看

分析过程结束之后，点击【结果查看】菜单，JCCAD 弹出图 11-125 所示对话框，查看【板沉降图】、【最大反力图】、【板配筋图】。

图 11-125　结果查看图

查看【板沉降图】如图 11-126 所示，该示例工程沉降小于 200mm，符合 11.4 节所述规范控制限制，该工程为对称结构，地质情况简单，整体倾斜满足规范

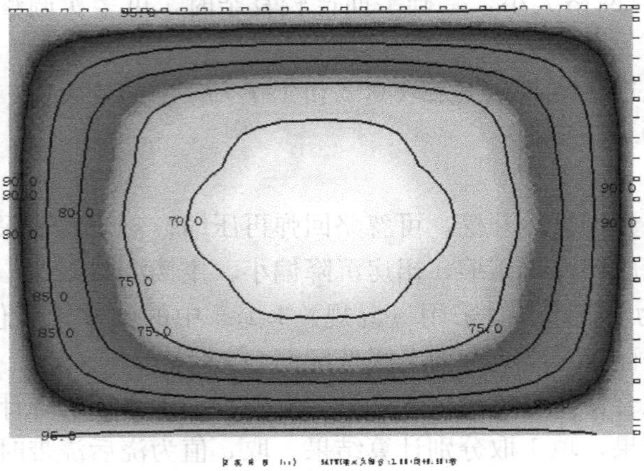

图 11-126　筏板沉降图

要求。

查看地基【最大反力】，未超过考虑深度修正的地基承载力。

查看【板配筋图】，在正常配筋率范围之内。图中灰色字体为由于钢筋值较小，程序按最小配筋率调整后数据；白色为计算配筋面积。核查配筋率时注意图下方的文字说明。

8. 交互配筋

点击【交互配筋】菜单，点击图 11-127 所示弹出对话框中【分区域均匀配筋】按钮，进入交互配筋界面。

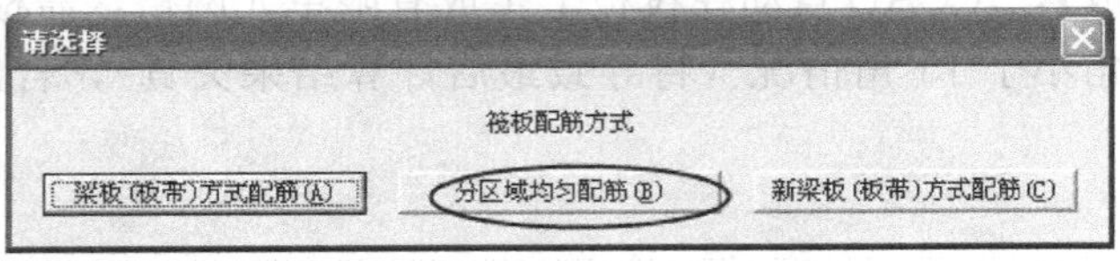

图 11-127　筏板配筋方式

(1) 配筋【信息输入】

点击【信息输入】菜单，程序弹出图 11-128 所示对话框，从中给定钢筋选筋参数。

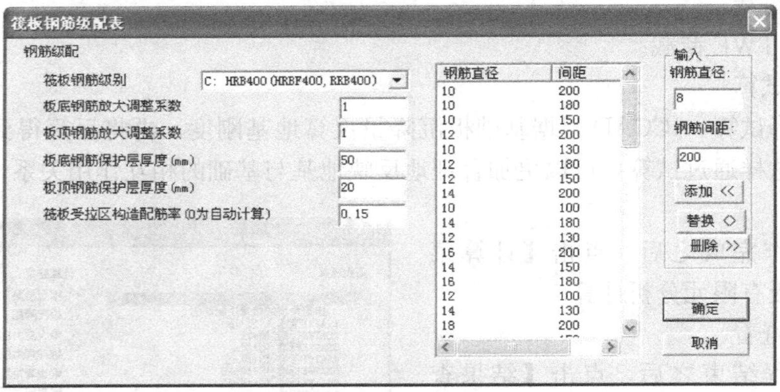

图 11-128　筏板配筋方式

(2)【区域选择】、【配筋计算】、【配筋修改】和【配筋简图】

程序根据计算配筋结果，按照配筋面积相似程度，自动划分了配筋区域，用户可以点击【区域布置】菜单，通过交互方式对区域进行修改调整，本节示例不做此菜单操作。

点击【区域选择】/【各区有效】，认可软件默认的选筋区域。

点击【配筋计算】菜单，进行选筋计算。

点击【配筋修改】菜单，软件弹出图 11-129 所示对话框，显示各个配筋区域选筋结果，用户可以观察选筋结果，并对结果进行编辑。

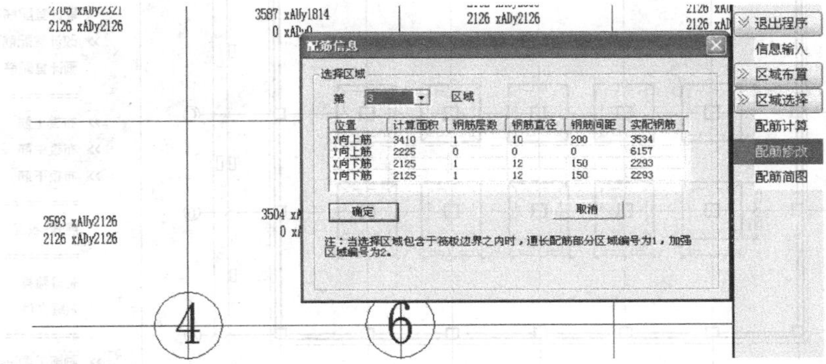

图 11-129　配筋修改

最后点击【配筋简图】菜单，得到图 11-130 所示配筋简图。筏板计算及选筋结果，退出筏板计算模块，准备绘制基础施工图。

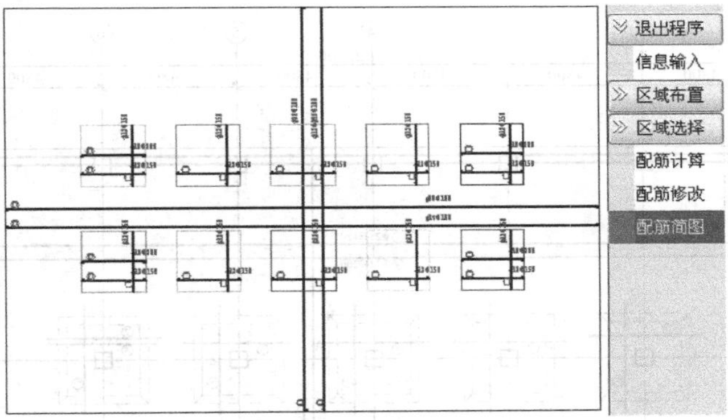

图 11-130　配筋简图

11.8.5　平板式筏板基础施工图

在 JCCAD 主界面点击【基础施工图】菜单，进入绘制施工图交互界面后，软件自动绘制出筏板基础轮廓图，依照前面章节所述操作，标注基础平面图的轴线、柱墩基础的定位尺寸【标注】/【点点标注】以及图名后，点击界面右下角的【筏板配筋图】菜单，进入下一级交互界面如图 11-131 所示。

依次点击图 11-131 的【取计算配筋】和【画计算配筋】，勾选软件弹出的对话框勾选项后，最后点击【画施工图】菜单，再进入绘制施工图界面。在施工图绘制界面，对所绘制的钢筋位置进行调整，或绘制剖面图（剖面图需设计人员后期进一步修改编辑），整个施工图即可绘制完成，最后逐层返回，直至退回 JCCAD 主界面，软件所绘制的筏板基础配筋图，以 JCPM. T 文件名形式保存在工作目录的施工图文件内，可通过【图形编辑转化及打印】模块的【T 转 DWG】转化为 DWG 图形。最后绘制的施工图如图 11-132 所示。

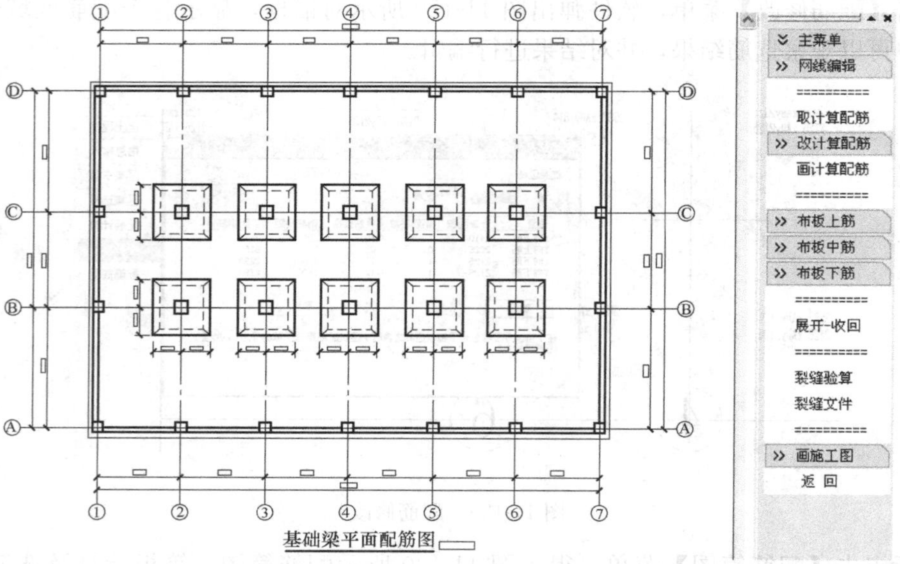

图 11-131 筏板配筋交互界面

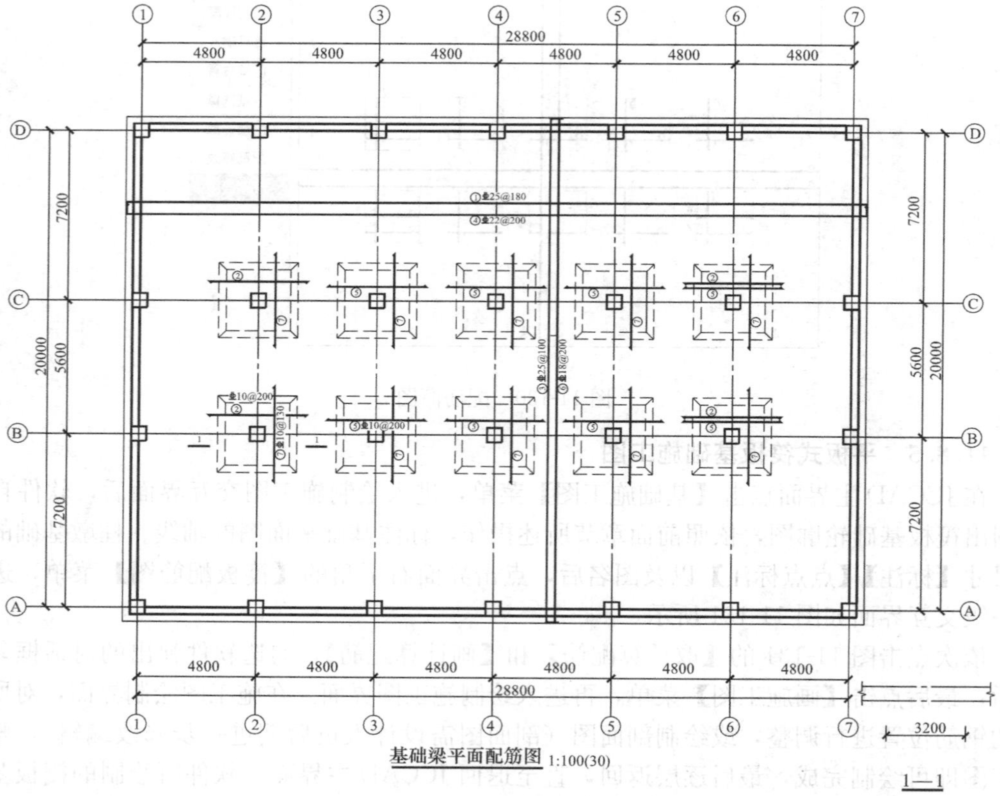

图 11-132 筏板配筋图

思考题与练习题

1. 思考题

(1) 地质资料有何作用？用JCCAD进行基础设计时，什么时候需要输入地质资料？

(2) 什么是标准土层表？如何在交互输入孔点时实现孔点精确定位？

(3) 如何对地质资料勘测孔点进行土层参数编辑修改？

(4) 如何根据地质资料确定桩基初步方案？

(5)《措施（地基与基础）》规定哪些建筑的基础可以不进行地基沉降验算？

(6) 地基沉降控制指标有哪些？说出多层框架结构控制独立基础沉降的规定。

(7) 基础拉梁的作用是什么？哪些基础需要布置拉梁？在JCCAD中，拉梁与地基梁是一种构件吗？

(8) 如何导入上部结构荷载？JCCAD导入SATWE的SATWE荷载是标准荷载还是设计荷载？

(9) 如何在进行基础设计时考虑上部结构的活荷载折减？

(10) 什么情况下可以勾选荷载参数的“自动按楼层折减”？什么情况下不能勾选“自动按楼层折减”而是需要输入具体的活载折减系数？

(11) 拉梁上填充墙荷载如何处理？JCCAD是否对拉梁进行计算分析与设计？

(12) 什么时候需要设置拉梁层？拉梁层建模的基本要求是什么？拉梁层短柱截面该如何考虑？拉梁短柱配筋构造如何确定？

(13) 用JCCAD进行独立基础自动设计时，都能自动进行哪些内容的设计？柱下独立基础沉降计算在JCCAD哪个菜单里进行？

(14) JCCAD自动布置时生成的双柱联合基础位置是根据什么原则确定的？其位置是否还需要进行交互处理？若需要，如何处理？

(15) 柱下条形基础在JCCAD中如何交互输入？柱下条形基础上的附加荷载是由谁产生的？如何布置柱下条形基础的附加荷载？

(16) 在JCCAD中柱下条形基础沉降如何计算？什么是刚性沉降和柔性沉降？柔性沉降适合于哪种情况？

(17) 设计柱下条形基础时，规范要求基础外伸尺寸是多少？在JCCAD如何实现柱下条形基础外伸？

(18) 对于柱下扩展基础，规范规定其外展面坡度有何规定？

(19) JCCAD能否进行墙下条形基础设计？墙下条形基础通常用于哪种结构的基础？其上部结构荷载宜用哪种软件生成的荷载？

(20) 在基础交互输入中的基本参数中，什么情况下不能由软件自动计算基础覆土重？

(21)《地基规范》对各类基础混凝土标号有何规定？

(22) 在JCCAD中如何自动进行桩承台设计？

(23) 什么情况下需要进行基础的局部承压计算？

(24) 应如何初估平板式筏板基础厚度？对于平板式筏板基础，若柱抗冲切能力不够，可以怎么做？请说出几种改进方案，并比较其优缺点。

(25) JCCAD能否设置下柱墩？JCCAD能对哪种板下柱墩与筏板一起进行有限元计算分析？

(26) 筏板基础有哪几种类型？在JCCAD它们可以用那种计算分析方法和分析模型进行分析设计？

(27) JCCAD筏板基础菜单下的墙冲板所指的墙是指哪种类型的墙？地下室外墙是否需要进行墙冲板验算？其传递给筏板的剪切力在设计时如何处理？

(28) 请说一下如何利用JCCAD的承台桩菜单下的“围桩承台”、“区域桩数”及重心校核下的“桩重心”进行桩基布桩设计？

(29) 请说一下如何对大底盘塔楼建筑下的平板式筏板基础不均匀沉降进行设计调整。

(30) 在 JCCAD 中，筏板基础在哪种情况下可以用倒楼盖方法？

(31) 在进行筏板有限元分析时，沉降试算的作用是什么？

(32) 如何考虑筏板基础的覆土荷载？

2. 练习题

(1) 请用前几章设计的工程进行基础设计，并绘制基础施工图。

(2) 请创建几种结构模型，分别进行独立基础、条形基础、承台桩和筏板基础设计。

参 考 文 献

[1] 王振东，钢筋混凝土结构构件协调扭转的零刚度设计方法——《混凝土结构设计规范》(GB 50010) 受扭专题修订背景介绍 (四)，《建筑结构》[J]，2004 (8)：68～71.

[2] 王振东，钢筋混凝土结构构件协调扭转的设计方法——《混凝土结构设计规范》(GB 50010) 受扭专题背景介绍 (三)，《建筑结构》[J]，2004 (7)：60～64.

[3] 赵玉星、张晓杰，高层或多层建筑中错层的一种结构构造处理 [J]. 工业建筑，2005 (6)：95-97.

[4] 代伟，结构设计中开洞版的不同处理办法，《四川建筑科学研究》[J]，2007 (6)：153～157.

[5] 金来建等，隔墙荷载在双向板上的等效荷载取值，《工业建筑》[J]，2006 (9)：75～76.

[6] 沈汝伟等，现浇板上隔墙等效均布荷载的确定，《山西建筑》[J]，2008 (2)：107～108.

[7] 杨星，PKPM 软件从入门到精通 [M]，北京：中国建筑工业出版社，2008.

[8] 汤德英，屋面女儿墙对主体结构的作用，《建筑结构》[J]，2001 (7)：36～37.

[9] 张鑫，徐向东，汶川大地震钢筋混凝土框架结构震害调查，《山东建筑大学学报》[J]，2008 (6)：547～550.

[10] 谢靖中、李国强、屠成松，错层结构的几点分析，《建筑科学》[J]，2001 (2)：35～37.

[11] 郭剑飞、杨育人、刘秀宏，多高层错层结构设计中的若干技术措施分析，《四川建筑科学研究》[J]，2011 (1)：55～57.

[12] 高向阳，钢筋混凝土框架的屋面斜梁在结构分析中的合理实现，《徐州工程学院学报》[J]，2006 (6)：5～9.

[13] 陈岱林，《PKPM 结构 CAD 问题解惑及工程应用实例解析》[M]，北京：中国建筑工业出版社，2008.

[14] 黄小坤.《高层建筑混凝土结构技术规程》(JGJ 3—2002) 若干问题解说 [J]. 土木工程学报，2004 (3)：1-11.

[15] 房屋建筑工程抗震设防审查细则编写组，《房屋建筑工程抗震设防审查细则》[M]，北京：中国建筑工业出版社，2007.

[16] 徐培福，复杂高层建筑结构设计 [M]，北京：中国建筑工业出版社，2005.

[17] 《民用建筑工程设计常见问题分析及图示》(混凝土结构) 05SG109-3 [M]，北京：中国建筑工业出版社，2005.

[18] 王亚勇、戴国莹，《建筑抗震设计规范疑问解答》[M]，北京：中国建筑工业出版社，2006.

[19] 李国胜，多高层钢筋混凝土结构设计中疑难问题的处理及算例 (第 2 版) [M]，北京：中国建筑工业出版社，2011.

[20] 陈青来，钢筋混凝土结构平法设计与施工规则 [M]，北京：中国建筑工业出版社，2007.

[21] 张晓杰，实现工程结构构件模糊聚类归并的冗余聚类筛除法 [J]，计算机辅助设计与图形学学报，2006 (2)：302～306.

[22] 朱炳寅，独基加防水板基础的设计，《建筑结构》技术通讯 [J]，2007 (7)：4～7.

[23] 朱炳寅、娄宇、杨琦，建筑地基基础设计方法及实例分析 [M]，北京：中国建筑工业出版社，2007.

[24] 杜永峰、邱志涛，筏板基础中柱节点冲切有限元分析，甘肃科学学报 [J]，2007 (19)：125～128.

[25] 《2010 版 SATWE 补充用户手册 v1. 3》BY wxh5330 QQ：102963688 2012-08-08-8 (第 7 章 SATWE 部分参数解释参考该文，在此感谢原创作者).

[26] 《建筑制图标准》(GB/T 50104—2010)，北京：中国计划出版社，2011.

[27] 《建筑结构制图标准》(GB/T 50105—2010)，北京：中国建筑工业出版社，2010.

[28] 《建筑结构可靠度设计统一标准》(GB 50068—2001)，北京：中国建筑工业出版社，2001.

[29] 《混凝土结构设计规范》(GB 50010—2010)，北京：中国建筑工业出版社，2010.

[30] 《建筑工程抗震设防分类标准》(GB 50223—2008)，北京：中国建筑工业出版社，2008.

[31] 《建筑抗震设计规范》(GB 50011—2010)，北京：中国建筑工业出版社，2010.

[32] 《建筑结构荷载规范》(GB 50009—2012)，北京：中国建筑工业出版社，2012.

[33] 《高层建筑混凝土结构技术规程》(JGJ 3—2010)，北京：中国建筑工业出版社，2011.

[34] 《建筑地基基础设计规范》(GB 50007—2011)，北京：中国建筑工业出版社，2012.

[35]《建筑桩基技术规范》(JGJ 94—2008)，北京：中国建筑工业出版社，2008.
[36]《全国民用建筑工程设计技术措施》(结构体系)(2009)，北京：中国计划出版社，2009.
[37]《全国民用建筑工程设计技术措施》(混凝土结构)(2009)，北京：中国计划出版社，2009.
[38]《全国民用建筑工程设计技术措施》(地基与基础)(2009)，北京：中国计划出版社，2009.
[39] G103-104《民用建筑工程结构设计深度图样》(2009年合订本)，北京：中国计划出版社，2009.
[40] 05SG105《民用建筑工程设计互提资料深度及图样-结构专业》，北京：中国计划出版社，2009.
[41]《混凝土结构施工图平面整体表示方法制图规则和构造详图(现浇混凝土框架、剪力墙、梁、板)》11G101-1，北京：中国计划出版社，2011.
[42]《混凝土结构施工图平面整体表示方法制图规则和构造详图(现浇混凝土板式楼梯)》11G101-2，北京：中国计划出版社，2011.
[43]《混凝土结构施工图平面整体表示方法制图规则和构造详图(独立基础、条形基础、筏形基础及桩基承台)》11G101-3，北京：中国计划出版社，2011.
[44] 中国建筑科学研究院PKPM工程部，PKPM结构系列软件用户手册及技术条件，2010.